I0493776

CARLO DARWIN

SULLA ORIGINE
DELLE SPECIE

PER ELEZIONE NATURALE

OVVERO

CONSERVAZIONE DELLE RAZZE PERFEZIONATE
NELLA LOTTA PER L'ESISTENZA

Traduzione DI GIOVANNI CANESTRINI

SUNTO STORICO

DEI RECENTI PROGRESSI DELLA DOTTRINA SULL'ORIGINE DELLE SPECIE

Voglio esporre un breve sunto dei progressi della dottrina sull'origine delle specie. La maggior parte dei naturalisti ammette che le specie sieno produzioni immutabili, e che ogni specie sia stata creata separatamente. Questa tesi fu abilmente propugnata da molti autori. Solamente pochi credono che esse subiscano delle modificazioni, e che le forme viventi attuali discendano per mezzo di generazione regolare da forme preesistenti. Lasciando in disparte alcuni cenni che troviamo nelle opere della classica antichità, Buffon, ne' tempi moderni, fu il primo autore che trattò scientificamente quest'argomento. Siccome però le sue opinioni furono diverse in periodi diversi, ed egli non trattò delle cause o dei mezzi della trasformazione delle specie, non ho bisogno di entrare in particolari.

Lamarck fu il primo a destare vivamente l'attenzione colle sue conclusioni. intorno a tale soggetto. Questo naturalista celebre pubblicò per la prima volta nel 1801 la sua dottrina; estese poscia notevolmente la sua teoria nel 1809 colla Philosophie Zoologique, e nel 1815 nell'Introduzione alla sua Histoire naturelle des animaux sans vertèbres. In queste diverse opere egli sviluppò l'idea che tutti gli animali, non eccettuato l'uomo, derivano da altre specie anteriori. Egli rendeva con ciò un servigio eminente alla scienza, abituando gli spiriti a considerare ogni cambiamento avvenuto nel mondo organico e nell'inorganico come il risultato probabile di una legge naturale e non già di un intervento miracoloso. Lamarck fu condotto ad ammettere il principio della trasformazione graduale delle specie per la difficoltà di discernere le specie dalle varietà, per la serie non interrotta delle forme in certi gruppi organici e per l'analogia colle nostre produzioni domestiche. Quanto ai mezzi di modificazione impiegati dalla natura, egli dava qualche peso all'azione diretta delle condizioni fisiche della vita, come agli incrociamenti fra le forme preesistenti, ed attribuiva la massima influenza all'uso e al non uso degli organi, oppure all'effetto delle abitudini. Sembra ch'egli

—

4

ripetesse da quest'ultima causa gli adattamenti meravigliosi degli esseri organizzati come, per esempio, il collo lungo della giraffa costrutto tanto ingegnosamente da permetterle di strappare le foglie dai rami degli alberi. Ma credeva anche all'esistenza di una legge di progressivo sviluppo; e siccome tutte le forme organiche avrebbero una medesima tendenza a progredire, egli spiegava l'esistenza attuale d'organismi semplicissimi coll'aiuto della generazione spontanea.

Stefano Geoffroy Saint-Hilaire fino dal 1795 avanzò l'ipotesi che le così dette specie di un medesimo genere non sieno che le varietà degeneri di uno stesso tipo. Solo nel 1828 egli espresse la convinzione che le medesime forme non si fossero perpetuate invariabili, dall'origine delle cose. Pare che egli abbia considerato le condizioni della vita, o ciò ch'egli chiama: «Le mond ambiant» come la cagione principale di ogni trasformazione; ma egli, circospetto nelle sue conclusioni, ricusava di credere che le specie viventi fossero attualmente soggette a modificazioni. E suo figlio aggiunge: «C'est donc un problème à réserver entièrement à l'avenir, supposé même que l'avenir doive avoir prise sur lui».

Nel 1813 il dottor W. C. Wells ha letto davanti alla Royal Society una breve notizia sopra una donna di razza bianca, la cui pelle somigliava in parte a quella di un negro; ma la memoria non fu pubblicata finchè non vennero alla luce i suoi due Saggi sulla vista doppia e semplice. In quella memoria egli riconosce decisamente il principio dell'elezione naturale, e fu quello il primo riconoscimento di tale principio. Ma egli lo applicò alle sole razze umane, e solamente a certi caratteri speciali. Dopo aver dichiarato che i Negri ed i Mulatti vanno esenti da certe malattie tropicali, egli soggiunge, in primo luogo, che tutti gli animali tendono a variare in un certo grado, e secondariamente che gli agricoltori migliorano i loro animali domestici colla elezione artificiale, e dice ancora «ciò che in quest'ultimo caso avviene a mezzo dell'arte, sembra succedere, tuttochè con maggior lentezza, in natura, nella formazione delle razze umane, le quali sono adattate alle regioni che abitano. Fra le varietà accidentali dell'uomo, le quali appariscono fra i pochi e dispersi abitatori delle medie regioni dell'Africa, alcune potranno meglio di altre sopportare le malattie del paese. In conseguenza di che queste razze si aumenteranno, mentre le altre decresceranno, e non solo perchè queste sono incapaci di superare le malattie, ma anche perchè non potranno contendere coi loro vigorosi vicini. Dopo ciò che dissi, ammetto, come cosa stabilita, che il colore di questa

—

5

razza forte sarà oscuro. Sussistendo però la tendenza a formare delle varietà, nel corso del tempo si produrranno razze vieppiù oscure; e siccome la più scura s'adatta meglio delle altre al clima, al fine nel paese in cui si produsse, se non sarà l'unica, sarà la dominante». Le stesse considerazioni egli estende poi ai bianchi abitatori di climi più freddi. Sono riconoscente al signor Rowley degli Stati Uniti di avermi fatto conoscere, a mezzo del signor Brace, il predetto passo della memoria di Wells.

In Inghilterra, il rev. W. Herbert, poi, decano di Manchester, scriveva nel 1822 che le esperienze d'orticoltura provano incontrastabilmente che le specie vegetali non sono altro che forme più elevate e più stabili delle varietà. Egli estendeva lo stesso principio agli animali. Supponeva che una sola specie d'ogni genere fosse stata creata in uno stato primitivo di grande plasticità, e che questi tipi originali avessero prodotto, principalmente col mezzo di incrociamenti, ma anche in seguito a modificazioni, tutte le nostre specie attuali.

Nel 1826 il prof. Grant, nell'ultimo paragrafo d'una memoria conosciutissima sugli spongilli, professò altamente la sua opinione che ogni specie discende da altre specie, e che si perfeziona con successive modificazioni.

Nel 1831 il sig. Patrick Matthew emise sull'origine delle specie considerazioni uguali a quelle manifestate da M. Wallace e da me nel Linnean Journal, e quali oggi io sviluppo nel presente scritto. Sfortunatamente M. Matthew espose con troppa brevità il suo concetto in alcuni periodi inseriti in un'appendice ad un'opera sopra argomenti affatto estranei; per cui passò inosservato, finchè Matthew stesso non venne a riportarlo nel Gardener's Chronicle. Le opinioni di Matthew differiscono poco dalle mie. Egli suppone che il mondo sia stato periodicamente spopolato e ripopolato quasi in totalità. Quanto all'origine delle specie nuovamente apparse, crede che novelle forme possano prodursi «senza il concorso di alcun modello o germe anteriore». Io non sono ben sicuro di intenderlo sempre, ma sembra ch'egli attribuisca molta influenza all'azione diretta delle condizioni esterne della vita. Pure egli riconosce chiaramente tutta la forza del principio di elezione naturale.

Il celebre geologo Leopoldo de Buch, nell'ottimo suo libro Description physique des Iles Canaries (1836, pagina 147), esprime chiaramente il suo convincimento, che le varietà possano lentamente diventare specie costanti, che poi sono incapaci di incrociarsi.

—

Secondo Rafinesque, nella sua Nuova Flora dell'America del Nord, «tutte le specie possono essere state una volta semplici varietà e molte varietà essersi trasformate in specie, consolidando gradatamente i loro caratteri, eccettuati però i tipi originali o antichi del genere».

Nel 1843-44 il prof. Haldeman ha esposto molto abilmente gli argomenti in appoggio e contro l'ipotesi dello sviluppo e della trasformazione delle specie, e pare che egli fosse inclinato a favore della variabilità.

Le Vestiges of Creation vennero in luce nel 1844. Nella decima edizione (1853), molto migliorata, l'anonimo autore dice: «Dopo matura riflessione è d'uopo concludere che le serie diverse d'esseri animati, dal più semplice ed antico al più elevato e recente, sono, sotto la divina provvidenza, il risultamento di due cause: primieramente d'un impulso, dato alle forme viventi che le spinge in un dato tempo e con generazione regolare per tutti i gradi di organizzazione fino alle dicotiledoni e ai vertebrati più perfetti: i gradi sono pochi e contrassegnati da lacune nei caratteri organici, dal che provengono le difficoltà pratiche che si incontrano nel constatare le loro affinità; in secondo luogo da un altro impulso dipendente dalle forze vitali, che tende, nel succedersi delle generazioni, a modificare la struttura organica a seconda delle circostanze esterne, come il nutrimento, la patria e gli agenti meteorici: da ciò deriverebbero gli adattamenti de' naturalisti teologi». Evidentemente l'autore pensa che l'organismo stesso si perfeziona per soprassalti, ma che gli effetti cagionati dalle condizioni esterne sono graduali. Egli deduce da premesse generali la conseguenza categorica che le specie non sono immutabili. Ma io non capisco in che modo i due impulsi supposti possano render conto scientificamente dei molti e segnalati adattamenti che si notano nella natura. Io non posso ammettere che ciò spieghi come, per esempio, l'organizzazione del picchio si sia adattata alle sue particolari abitudini. Questo libro, quantunque dia indizio delle prime edizioni di una scienza poco profonda e anche meno di riserva scientifica, per la potenza e lo splendore dello stile si diffuse rapidamente. Credo che egli abbia reso un servigio importante chiamando l'attenzione sopra questo soggetto, sradicando i pregiudizi e preparando in tal guisa le menti all'adozione di idee analoghe.

Il veterano della geologia I. d'Omalius d'Halloy, in una eccellente quantunque breve memoria, giudica più probabile che le specie siano state prodotte per discendenza modificata nei caratteri, anzichè create separatamente. Egli aveva esternato questa opinione fino dal 1831.

«L'idea archetipa, scrisse nel 1849 il prof. Owen, è stata manifestata nel regno animale del nostro pianeta sotto forme diverse molto tempo prima della esistenza delle specie animali che oggi la rappresentano. A quali leggi naturali o cause secondarie possa essere stato sottoposto l'ordine di successione e di progressione di tali fenomeni organici noi l'ignoriamo». Nel suo discorso davanti al Congresso degli scienziati inglesi egli pone come assioma «la continua attività della forza creatrice o della formazione ordinata delle cose viventi». Più oltre, a proposito della distribuzione geografica, aggiunge: «Questi fenomeni scuotono la nostra opinione che l'apterice della Nuova Zelanda e il gallo selvatico rosso inglese sieno creazioni distinte di queste isole. Del resto, non si deve dimenticare che col termine creazione lo zoologo vuol denotare un processo ignoto; e che quando cita in prova di creazioni distinte esempi analoghi al precedente, egli intende soltanto di confessare che non sa come un tale uccello si trovi in quel luogo esclusivamente; o meglio ancora egli crede che l'isola e l'animale debbano la loro origine a una stessa causa creatrice».

Se si confrontino insieme le asserzioni contenute in quel discorso, apparisce che nell'anno 1858 l'illustre naturalista era scosso nel convincimento, che l'apterice e il gallo selvatico rosso siano apparsi nella rispettiva loro patria in maniera sconosciuta ed in seguito ad un processo ignoto.

Questo discorso venne fatto dopo che le memorie sottocitate del Wallace e mie sulla origine delle specie erano state lette davanti alla Linnean Society. Quando venne alla luce la prima edizione dell'opera presente, io, insieme con altri, ero stato talmente ingannato da espressioni, come «l'azione continua dell'attività creatrice», che contava il prof. Owen tra i paleontologi che sono fermamente convinti dell'immutabilità delle specie. Ma sembra che questo fosse un significante mio errore (vedi Anatomy of Vertebrates, vol. III, pag. 796). Nella ultima edizione di questo libro giudicai da un passo che incomincia colle parole no doubt the type-form, etc. (ivi, vol. I, pag. XXXV) che il prof. Owen ammetta, essere l'elezione naturale attiva nella formazione di nuove specie, e tale deduzione, parmi ancor oggi giusta. Tuttavia non è esatto, nè dimostrato che questo fosse il concetto dell'Owen (vedi ivi, vol. III, pag. 798). Ho pubblicato anche degli estratti di una corrispondenza fra il prof. Owen e l'editore della London Review, e tanto l'editore quanto io abbiamo giudicato che l'Owen vi sostenga aver annunciata la teoria dell'elezione naturale prima d me; ed ho espresso la mia sorpresa e la mia compiacenza per tale asserto. Ma per quanto si può giudicare da scritti recentemente pubblicati (Opera citata, vol. III, pag. 798), io sarei nuovamente, in parte o affatto, caduto in errore: È per me un conforto il vedere, come nemmeno altri sappiano comprendere e mettere in armonia i diversi lavori controversi dell'Owen. Quanto all'enunciamento del principio della elezione naturale, torna inutile stabilire a chi spetti la priorità, se all'Owen o a me, giacchè, come è dimostrato in questo sunto storico, ambedue siamo stati precorsi dal dott. Wells e dal signor Matthew.

Isidoro Geoffroy Saint-Hilaire nel suo corso del 1850 espone brevemente le ragioni che lo inducono a credere che «i caratteri specifici sono fissi in ogni specie fintanto che la medesima si propaga fra le stesse circostanze, e che questi caratteri si modificano se si mutino le condizioni esterne della vita. In conclusione, egli dice, l'osservazione degli animali selvaggi dimostra già la variabilità limitata delle specie. Le esperienze sugli animali selvaggi addomesticati e sugli animali domestici che divennero selvaggi, la dimostrano ancora meglio. E queste medesime esperienze provano altresì che le differenze prodotte ponno avere un valore generico». Nella sua Histoire naturelle générale egli svolge delle considerazioni analoghe.

Il dott. Freke in una recente pubblicazione dichiara di avere esposto fino dal 1851 l'idea che tutti gli esseri organizzati siano discesi da una sola forma primitiva. Le sue ragioni e il suo metodo differiscono totalmente dai miei. Siccome il dott. Freke ha pubblicato solo adesso il suo lavoro Origin of Species by means of Organic Afinity, 1861, è inutile tentare qui l'analisi difficile del suo sistema.

Herbert Spencer ha paragonato abilmente la teoria di creazione degli esseri organizzati con quella del loro sviluppo. Dall'analogia delle produzioni domestiche, dai cambiamenti avvenuti nell'embrione di molte specie, dalle difficoltà di distinguere le specie dalle varietà e dal principio del progresso generale egli deduce che le specie si sono modificate, e che queste modificazioni derivano dal cambiamento delle circostanze. Lo stesso autore ha trattato anche della psicologia, partendo dal principio che ogni facoltà mentale

—

deve necessariamente essere stata acquistata gradatamente.

Un botanico distinto, M. Naudin, ha dichiarato apertamente che le specie allo stato naturale si sono formate in modo analogo a quello col quale le varietà sono prodotte per mezzo della coltivazione. Ma egli non dimostra come nella natura abbia luogo l'elezione. Però pensa, come Herbert, che le specie furono altra volta dotate d'una facoltà plastica maggiore di quella d'oggi, e si appoggia su quello che chiama principio di finalità, «potenza misteriosa, indeterminata, fatalità per alcuni, volontà provvidenziale per altri, l'azione continua della quale sugli esseri viventi determina in tutte le epoche dell'esistenza dell'universo, la forma, il volume e la durata d'ognuno, in ragione del suo destino nell'ordine delle cose di cui fa parte. Questa potenza armonizza ogni membro al tutto, adattandolo alla funzione ch'egli deve compiere nell'organismo generale della natura, funzione che è la sua ragione d'essere».

Nel 1853 un celebre geologo, il conte Keyserling, ha esposto l'idea che, come nuove malattie, cagionate probabilmente da un miasma qualunque, compariscono e si diffondono sopra la terra, così in certi periodi i germi delle specie esistenti possano essere stati affetti chimicamente dalle molecole ambienti di una natura speciale ed avere dato origine a nuove forme.

Nello stesso anno 1853, il dott. Schaaffhausen pubblicò un eccellente scritto, nel quale sostiene lo sviluppo progressivo delle forme organiche terrestri. Conclude che molte specie si sono conservate senza variazione, per lunghi periodi, nel mentre che altre si modificavano. La divergenza delle specie, secondo lui, devesi attribuire alla distruzione delle forme intermedie. «Così, egli dice, le piante e gli animali viventi non sono nuove creazioni rispetto alle specie estinte, ma debbono riguardarsi come discendenti da quelle per mezzo di continua riproduzione».

Nel 1854 un distinto botanico francese, il Lecoq, scrisse ne' suoi Études sur la géographie botanique, tom. I, pagina 250: «Si vede che le nostre ricerche intorno alla stabilità o mutabilità delle specie ci conducono direttamente alle idee già espresse da due uomini celebri, il Geoffroy Saint-Hilaire ed il Goethe». Altri passi però della stessa opera lasciano in dubbio fino a qual punto il Lecoq estendesse questo suo concetto.

La filosofia della creazione fu trattata stupendamente dal rev. Baden Powell nei suoi Essays on the Unity of Worlds, 1855. È assai notevole il suo modo di dimostrare come l'introduzione delle nuove specie sia «un fenomeno regolare e non accidentale», ovvero, come dice John Herschell, «un procedimento naturale, anzichè un evento miracoloso».

Il terzo volume del Journal of the Linnean Society contiene delle memorie lette il 1° luglio 1858 dal sig. Wallace e da me, nelle quali, come si vedrà nella introduzione al presente libro, la teoria dell'elezione naturale fu esposta da M. Wallace con molta forza e chiarezza.

C. E. Von Baer, che gode moltissima stima presso gli zoologi, intorno al 1859 espresse la sua convinzione, appoggiata alle leggi della distribuzione geografica, che forme oggi affatto differenti possono essere i discendenti di uno stipite comune (vedi Rud. Wagner, Zoologisch Anthropologische Untersuchungen, 1861, p. 51).

Nel giugno 1859 il prof. Huxley tenne un discorso davanti alla Royal Institution sui «tipi persistenti della vita animale». È difficile intendere il significato di simili fatti, egli dice, «se si suppone che ogni specie animale o vegetale ad ogni gran tipo organico sia stato formato e posto sulla superficie del globo dopo lunghi intervalli per un atto speciale della forza creatrice; è bene ricordare che una simile supposizione è in disaccordo colle analogie generali della natura e poco sostenuta dalla tradizione e dalla rivelazione. Se da un altro lato noi consideriamo i tipi persistenti, partendo dall'ipotesi che le specie viventi sono sempre il risultato delle graduali modificazioni di specie anteriori, partendo dall'ipotesi che quantunque non sia provata e si trovi deplorabilmente sostenuta da' suoi difensori, è pure la sola che venga appoggiata dalla fisiologia: l'esistenza di questi tipi sembra dimostrare che la somma delle modificazioni subite dagli esseri viventi nelle epoche geologiche è poca cosa rimpetto alla lunga serie di vicende che essi hanno sopportato».

Il dott. Hooker stampò la sua Introduzione alla Flora d'Australia nel dicembre del 1859. Nella prima parte di questa grande Opera, ammette il principio della discendenza e modificazione delle specie, e reca a sostegno di questa dottrina molte osservazioni originali.

La prima edizione della mia Opera uscì il 24 novembre 1859, la seconda il 7 gennaio 1860.

INTRODUZIONE

Io mi trovavo a bordo del vascello di S. M. Britannica The Beagle nella qualità di naturalista, allorchè fui vivamente colpito da certi fatti nella distribuzione degli esseri organizzati che popolano l'America meridionale e dai rapporti geologici esistenti fra gli abitanti passati ed attuali di questo continente. Come potrà vedersi negli ultimi capitoli di quest'opera, tali fatti sembrano diradare qualche poco le tenebre sull'origine delle specie, questo mistero dei misteri, al dire di uno de' nostri più grandi filosofi. Al mio ritorno, nel 1837, mi venne l'idea che forse sarebbesi potuto promuovere tale questione, raccogliendo le osservazioni d'ogni sorta che avessero riferimento alla sua soluzione e meditando sulle medesime. Solo dopo cinque anni di lavoro io mi permisi alcune induzioni e mi feci a redigere brevi annotazioni. Infine nel 1844 tentai quelle conclusioni che mi parvero più probabili. D'allora in poi mi occupai costantemente del medesimo oggetto. Il lettore mi perdonerà questi dettagli personali, che ho addotti soltanto per provare che io non fui troppo precipitoso nella mia determinazione.

Il mio lavoro è ora (1859) quasi finito; ma siccome occorrerebbero parecchi anni per completarlo, e la mia salute non è troppo ferma, così fui indotto a pubblicare il presente estratto. Io fui spinto a quest'opera soprattutto dalla considerazione che il sig. Wallace, nello studio della storia naturale dell'Arcipelago Malese, giunse quasi esattamente a conclusioni identiche alle mie sull'origine delle specie. Nel 1858 egli m'inviò una memoria sopra questo argomento, pregandomi di comunicarla a Carlo Lyell, il quale la presentò alla Società Linneana. Questo lavoro è inserito nel terzo volume del giornale della Società. Il signor Carlo Lyell e il dott. Hooker, che conoscono i miei lavori - quest'ultimo ha letto il mio sunto del 1844, - mi fecero l'onore di pensare che sarebbe stato opportuno di pubblicare, contemporaneamente all'eccellente memoria del Wallace, un corto estratto de' miei manoscritti.

L'estratto che oggi metto in luce è dunque necessariamente imperfetto. Io sono costretto ad esporvi le mie idee senza appoggiarle con molti fatti o con citazioni d'autori: e mi trovo nel caso di contare sulla confidenza che i miei lettori potranno avere sull'accuratezza de' miei giudizi. Senza dubbio questo libro non sarà esente di errori, benchè io creda di non essermi riferito che alle autorità più solide. Io non posso produrre se non le conclusioni generali alle quali sono arrivato, con alcuni esempi che tuttavia basteranno, credo, nella pluralità dei casi. Niuno è penetrato, più di me della necessità di pubblicare più tardi tutti i fatti che servono di base alle mie conclusioni, e spero di farlo in un'opera futura. Imperocchè io so bene che non vi è un passo in questo volume, al quale non si possano opporre argomenti, che in apparenza conducano a conclusioni diametralmente opposte. Un risultato soddisfacente raggiungesi soltanto raccogliendo tutti i fatti e le ragioni favorevoli e contrarie ad ogni questione, e pesando gli uni contro gli altri; ciocchè nell'opera presente non posso fare.

Mi rincresce assai che la ristrettezza dello spazio mi privi della soddisfazione di ricambiare il generoso concorso prestatomi da molti naturalisti, alcuni dei quali non conosco personalmente. Io non posso frattanto lasciar sfuggire questa occasione senza esprimere la profonda obbligazione ch'io professo al dott. Hooker, il quale negli ultimi quindici anni mi fu di grande aiuto, pel fondo inesauribile delle sue cognizioni e per le sue eccellenti opinioni.

Quando si riflette al problema dell'origine delle specie, considerando i mutui rapporti d'affinità degli esseri organizzati, le loro relazioni embrionali, la loro distribuzione geografica, la successione geologica ed altri fatti analoghi, si può conchiudere che ogni specie non è stata creata indipendentemente dalle altre, ma bensì discende, come le varietà, da altre specie. Pure una simile conclusione, anche fondata, non sarebbe soddisfacente fin tanto che non ci fosse dato dimostrare come le specie innumerevoli, che abitano il globo, si siano modificate al punto di acquistare quella perfezione di struttura, quell'adattamento che eccita a buon diritto la nostra ammirazione. I naturalisti si riportano continuamente alle condizioni esterne; come il clima, il nutrimento, ecc., e da esse traggono la sola causa possibile di variazione. Come vedremo, i medesimi non hanno ragione che in un senso molto ristretto. Per esempio, è un errore l'attribuire alle sole condizioni esterne la struttura del picchio, la formazione dei suoi piedi, della coda, del becco e della sua lingua, organi conformati tanto meravigliosamente per cogliere gli insetti sotto la scorza degli alberi. Così dicasi del vischio che trae il suo alimento da certi alberi, il seme dei quali deve essere sparso da determinati uccelli, mentre i loro fiori dioici esigono l'intervento di certi insetti per recare il polline dall'uno all'altro. Evidentemente non potrebbe attribuirsi la natura di questa pianta

---

parassita e i suoi rapporti tanto complicati con parecchi esseri organizzati distinti, all'influenza delle condizioni esterne, delle abitudini o della volontà della pianta stessa.

Quindi è di una importanza capitale il cercare di formarsi un concetto chiaro dei mezzi di modificazione e di adattamento impiegati dalla natura. Fino dai primordi delle mie ricerche fui d'avviso che un accurato studio degli animali domestici e delle piante coltivate mi avrebbe offerto probabilmente i dati migliori per risolvere questo oscuro problema. Nè mi sono ingannato, mentre non solo in questa circostanza, ma ben anche in tutti gli altri casi perplessi, ho sempre trovato che le nostre esperienze relative alle variazioni degli esseri organizzati avvenute allo stato di domesticità o di coltura, sono tuttavia la nostra guida migliore e la più sicura. Io non esito ad esprimere la mia convinzione sull'alta importanza di questi studi, benchè troppo spesso sieno stati trascurati dai naturalisti.

Per questo motivo io consacro il primo capitolo di questo compendio all'esame delle variazioni allo stato domestico. Vedremo ciò, che sono per lo meno possibili sopra una vasta scala variazioni ereditarie, e quel che più importa, vedremo quanto grande sia la facoltà dell'uomo di accumulare leggere variazioni, per mezzo dell'elezione artificiale, cioè mediante la loro scelta esclusiva. Passerò poscia alla variabilità delle specie nello stato di natura; ma io dovrò a malincuore trattare con troppa concisione questo soggetto, che non può svolgersi convenientemente se non colla scorta di lunghi cataloghi di fatti. Potremo nondimeno discutere quali sieno le circostanze più favorevoli alle variazioni. Il capitolo successivo tratterà della lotta per l'esistenza fra tutti gli esseri organizzati del globo, lotta che necessariamente deriva dal loro moltiplicarsi in proporzione geometrica. È questa la legge di Malthus applicata a tutto il regno animale e vegetale. Siccome gli individui d'ogni specie che nascono sono di numero assai maggiore di quelli che possono vivere, e perciò deve rinnovarsi la lotta fra i medesimi per l'esistenza, ne segue che se qualche essere varia anche leggermente, in un modo a lui profittevole, sotto circostanze di vita complesse e spesso variabili, egli avrà maggior probabilità di durata e quindi potrà essere eletto naturalmente. Inoltre, secondo le severe leggi dell'eredità, tale varietà eletta tenderà continuamente a propagare la sua forma nuova e modificata.

Di questo principio fondamentale di elezione naturale tratterò

---

diffusamente nel quarto capitolo: e noi conosceremo in qual modo questa elezione naturale produca quasi inevitabilmente frequenti estinzioni di specie meno adatte, e conduca a ciò che io chiamo divergenza dei caratteri. Nel seguente capitolo io discuterò le leggi complesse e poco note della variazione. Altri cinque capitoli risolveranno le difficoltà più gravi e più apparenti della teoria. In primo luogo la difficoltà delle transizioni, cioè come possa darsi che un essere o un organo semplice siasi trasformato in un essere più complicato oppure in un organo più perfetto; secondariamente l'istinto o le facoltà mentali degli animali; in terzo luogo l'ibridismo o la sterilità delle specie incrociate e la fecondità delle varietà incrociate; da ultimo l'insufficienza dei documenti geologici. Nel capitolo successivo io considererò la successione geologica degli esseri organizzati nel corso del tempo; nel dodicesimo e tredicesimo la loro distribuzione geografica nello spazio; nel decimoquarto la loro classificazione e le loro mutue affinità nello stato adulto quanto nello stato embrionale. L'ultimo capitolo comprenderà un breve riassunto di tutta l'opera con alcune osservazioni finali.

Se teniamo conto della nostra profonda ignoranza sulle reciproche relazioni di tutti gli esseri che vivono intorno a noi, non possiamo fare le meraviglie se ci restano ancora inesplicate molte cose sulla genesi delle specie e delle varietà. Come può spiegarsi che mentre una specie è numerosa e sparsa sopra una grande estensione, un'altra specie assai affine trovasi rara e in uno spazio ristretto? Ora questi rapporti sono della più alta importanza, giacchè determinano il benessere presente e credo anche la prosperità futura e le modificazioni di ogni abitante di questo mondo. Noi conosciamo poi ancor meno le relazioni reciproche degli innumerevoli abitanti terrestri in molte fasi geologiche del loro passato sviluppo. Quantunque molte cose restino oscure o rimarranno tali ancora per lungo tempo, io non posso dubitare, dopo lo studio più esatto e il giudizio più coscienzioso di cui sono suscettibile, che l'opinione adottata dalla maggior parte dei naturalisti e per lungo tempo anche da me, cioè che ogni specie sia stata creata indipendentemente dalle altre, sia erronea.

Io sono pienamente convinto che le specie non sono immutabili; ma che tutte quelle che appartengono a ciò che chiamasi lo stesso genere, sono la posterità diretta di qualche altra specie generalmente estinta: nella stessa maniera che le varietà riconosciute di una specie qualunque discendono in linea retta da questa specie. Finalmente io sono convinto che l'elezione naturale sia, se non l'unico, almeno il principale mezzo di modificazione.

CAPO I

VARIABILITÀ ALLO STATO DOMESTICO.

Cause della variabilità - Effetti dell'abitudine e dell'uso o non-uso degli organi - Correlazione di sviluppo - Ereditabilità - Caratteri delle varietà domestiche - Difficoltà di distinguere le varietà dalle specie - Origine delle varietà domestiche da una o più specie - Colombi domestici, loro differenze e loro origine - Principio di elezione applicato da lungo tempo e suoi effetti - Elezione metodica e inconscia - Origine ignota delle nostre produzioni domestiche - Circostanze favorevoli al potere elettivo dell'uomo.

CAUSE DELLA VARIABILITÀ

Quando si considerano gli individui appartenenti ad una medesima varietà o sotto-varietà fra le nostre piante coltivate da molto tempo e fra i nostri animali domestici più vetusti, una delle prime cose che ci colpisce consiste nel rimarcare che in generale essi differiscono fra loro più degli individui delle specie o varietà selvagge. Se noi consideriamo la molta diversità delle piante o degli animali che sono soggetti al potere dell'uomo e che variarono nella successione dei secoli sotto climi e regimi differenti, siamo spinti alla conclusione, che questa maggior variazione degli esseri coltivati debbasi riguardare come effetto di condizioni di vita meno uniformi e in qualche parte diverse da quelle a cui furono esposte allo stato di natura le specie madri. Vi è pure qualche probabilità nel modo di vedere di Andrew Knight, che la variabilità dipenda in parte da eccesso di nutrimento. Mi sembra evidente che gli esseri organici debbano essere esposti per diverse generazioni a nuove condizioni di vita perchè si manifesti in essi una somma apprezzabile di variazioni; e non appena l'organizzazione abbia incominciato a variare, essa rimane generalmente variabile per molte generazioni. Noi non abbiamo alcun esempio di forme variabili che abbiano cessato di modificarsi nello stato di domesticità; anche le più antiche fra le nostre piante coltivate, ad esempio il frumento, producono tuttora delle nuove varietà: e i nostri più antichi animali domestici sono pure suscettibili di modificazioni e miglioramenti rapidi.

A quanto posso giudicare dopo essermi lungamente occupato dell'argomento, le condizioni della vita sembrano agire in due modi: o direttamente sull'intero organismo, o solamente su determinate parti: oppure, indirettamente, a mezzo degli organi della riproduzione. Per ciò che riguarda la diretta azione, non dobbiamo dimenticare ciò che recentemente ha dimostrato il prof. Weismann e ciò che io stesso ho notato occasionalmente nel mio libro sulle variazioni allo stato domestico, che cioè due fattori sono in attività: la natura dell'organismo e la natura delle condizioni. La prima sembra la più importante, imperocchè, per quanto si possa giudicare, avvengano variazioni pressochè simili in condizioni diverse; e d'altra parte succedano variazioni dissimili in condizioni, che sembrano quasi uguali. L'effetto sui discendenti è ora definito, ora indefinito. Può dirsi definito quanto tutti o pressochè tutti i discendenti di individui, i quali per molte generazioni furono esposti alle medesime condizioni, sieno modificati nella stessa misura. È straordinariamente difficile giungere ad una conclusione rispetto ai cambiamenti che in tal guisa furono prodotti. Ma non può invece sorger dubbio intorno a parecchie piccole variazioni, come sarebbero la grandezza in seguito alla quantità del nutrimento, il colore in seguito alla natura del medesimo, la grossezza della pelle e del pelo in seguito al clima, ecc. Ciascuna delle innumerevoli varietà che noi vediamo nella livrea dei nostri polli deve aver avuto la sua causa efficiente; e se la medesima causa agisse uniformemente per una lunga serie di generazioni su molti individui, tutti probabilmente sarebbero modificati nello stesso modo. Alcuni fatti, come sarebbero i tumori complicati e straordinari che si formano invariabilmente nelle piante per effetto di una gocciolina di veleno di un insetto che produce galle, dimostrano quali particolari modificazioni possano risultare nelle piante da un cambiamento chimico nella natura del succo.

La variabilità indefinita è assai più spesso della definita un risultato di variate condizioni, ed ebbe probabilmente gran parte nella formazione delle nostre razze domestiche. Noi troviamo la variabilità indefinita nelle innumerevoli leggere particolarità che contrassegnano gl'individui di una medesima specie e che non possono essere state ereditate nè da una delle due forme genitrici, nè da un progenitore più lontano. Talvolta osservansi occasionalmente delle differenze ben marcate nei giovani dello stesso parto, o nei semi dello stesso frutto. A lunghi intervalli fra milioni d'individui che vengono allevati nello stesso paese e nutriti con cibo quasi eguale, appariscono talvolta deviazioni di struttura sì fortemente pronunciate che meritano il nome di mostruosità; ora le mostruosità non possono separarsi dalle leggere variazioni con una linea ben decisa. Tutte le variazioni di strutture siffatte, sieno assai leggere o ben marcate, le quali appariscono fra molti individui viventi insieme, possono considerarsi come effetti indefiniti sopra ciascun organismo individuale, nella stessa guisa che un'infreddatura agisce in modo indefinito sopra gli uomini diversi, cagionando, a seconda dello stato del corpo e della costituzione, ora tosse, ora corizza, ora dolori reumatici, od infiammazione di organi diversi. Relativamente a ciò che io chiamai effetto indiretto delle variate condizioni e che si manifesta negli organi riproduttivi, noi possiamo giudicare, essere la variabilità in parte effetto della estrema sensibilità di questo sistema per ogni cambiamento delle condizioni, in parte effetto della somiglianza che esiste, come Kölreuter ed altri osservarono, fra la variabilità che segue l'incrociamento di specie distinte e quella che fu osservata nelle piante e negli animali coltivati in condizioni nuove e non naturali. Molti fatti provano chiaramente quanto sia sensibile il sistema riproduttivo per i più leggeri cambiamenti nelle condizioni esterne. Non vi è cosa più facile che ammansare un animale, nè più difficile che ottenerne la spontanea riproduzione, anche ove i maschi e le femmine si accoppiassero. Quanti animali non vogliono riprodursi, benchè vivano lungamente in una reclusione poco severa e nel loro paese nativo! Si suol attribuire erroneamente questo fenomeno all'alterazione degli istinti naturali; ma molte piante coltivate spiegano il maggior vigore, e ciò non ostante non danno semente che di rado e anche mai. È stato provato che circostanze apparentemente poco influenti come una quantità d'acqua più o meno grande in qualche epoca determinata dello sviluppo, possono determinare la sterilità e la fecondità di una pianta. Io non posso entrare qui nei copiosi dettagli delle annotazioni da me raccolte sopra questo interessante soggetto; ma per dare un esempio della singolarità delle leggi che governano la riproduzione degli animali captivi, noterò che i carnivori, anche dei tropici, si riproducono liberamente nelle nostre contrade allo stato di reclusione, eccettuati i plantigradi e più particolarmente quelli della famiglia degli orsi, che difficilmente figliano: mentre gli uccelli rapaci, salvo rarissime eccezioni, non producono quasi mai uova feconde. Molte piante esotiche hanno pure un polline completamente inattivo, precisamente come negl'ibridi più sterili. Quando adunque da una parte animali e piante domestiche, quantunque deboli e malate, si riproducono volontariamente allo stato di reclusione, e da altra parte individui presi giovani allo stato selvaggio, perfettamente addomesticati, maturi e robusti, hanno tuttavia (di che potrei fornire parecchi esempi) il loro sistema riproduttore sì profondamente colpito da cause impercettibili da non poter funzionare; noi non possiamo essere sorpresi dal vedere che questo sistema allo stato di reclusione non agisce regolarmente, e produce una prole che non è esattamente simile ai suoi genitori. Io posso aggiungere che se certi organismi si riproducono nelle condizioni più opposte alla natura, ciò dimostra solamente che il loro sistema riproduttivo rimase illeso (citerò, come esempio, i conigli e i furetti in gabbia); e che perciò alcuni animali e piante resistono all'azione della domesticità o della coltivazione, e variano solo leggermente e forse poco più che allo stato di natura.

Alcuni naturalisti hanno sostenuto che tutte le variazioni siano collegate coll'atto della riproduzione sessuale. Ma questo è certamente un errore, e prova ne sia la lunga lista di sporting plants ch'io ho dato in un'altra Opera. I giardinieri chiamano così quelle piante, le quali producono improvvisamente una gemma che assume un carattere nuovo e spesso molto diverso da quello delle altre gemme della stessa pianta. Siffatte variazioni di gemme, come potrebbero chiamarsi, si lasciano riprodurre coll'innesto, con piantoni, ecc., e talvolta con semi. Esse si mostrano raramente in natura, ma con frequenza sotto l'azione della coltura. Siccome è noto che fra molte migliaia di gemme che annualmente crescono sullo stesso albero in condizioni uniformi, una sola di repente acquista un nuovo carattere, e che gemme di alberi diversi, le quali crescono in diverse condizioni, talvolta producono la stessa varietà (ad es., le gemme del pesco che producono le pesche-mandorle, e le gemme sulla rosa comune che producono le rose muscose); noi possiamo dedurre con evidenza che la natura delle condizioni ha importanza affatto secondaria nella produzione di forme variate a petto della natura dell'organismo, importanza non maggiore di quella che ha la natura della scintilla nel determinare la qualità della fiamma quando si appicca ad una massa di sostanza combustibile.

EFFETTI DELL'ABITUDINE, E DELL'USO E NON-USO DEGLI ORGANI CORRELAZIONE DI SVILUPPO - EREDITABILITÀ

Le abitudini hanno una speciale influenza sulle piante, che trasportate da un clima all'altro cambiano l'epoca della fioritura. Negli animali questo effetto è più sensibile; per esempio, m'avvidi che le ossa dell'ala pesavano meno e quelle della coscia pesavano di più nell'anitra domestica che nell'anitra selvatica, relativamente all'intero scheletro: ed è presumibile che questo cambiamento si possa attribuire alla circostanza che l'anitra domestica vola meno e cammina più della stessa specie in istato selvaggio. Il grande sviluppo delle mammelle delle vacche e delle capre trasmissibile per eredità, in luoghi ne' quali esse sono ordinariamente munte, in confronto dello stato di questi organi in altre contrade, ove ciò non accade, è pure un'altra prova in proposito. Non vi è un solo animale domestico che in qualche paese non abbia le orecchie pendenti; ed è probabile l'opinione esternata da qualche autore, che ciò sia effetto del non-uso dei muscoli dell'orecchio, essendo l'animale meno allarmato da qualche pericolo.

Molte leggi governano la variabilità. Alcune sono vagamente note, e io ne farò menzione brevemente in altro luogo. Qui voglio soltanto parlare di ciò che può chiamarsi correlazione di sviluppo. Un cangiamento importante nell'embrione o nella larva induce sempre un cangiamento corrispondente nell'animale adulto. Nelle mostruosità gli effetti di correlazione fra parti affatto distinte sono assai singolari. Isidoro Geoffroy Saint-Hilaire ne dà molti esempi nel suo grande lavoro su questo argomento. Gli allevatori credono che le membra lunghe siano quasi sempre accompagnate da una testa allungata. Alcuni fatti di correlazione sembrano puramente capricciosi: come quelli che i gatti affatto bianchi cogli occhi turchini siano generalmente sordi; il signor Tait però ha detto recentemente che tale fenomeno è limitato ai soli maschi. Certi colori e certe particolarità di costituzione si esigono a vicenda, e molti esempi del regno vegetale ed animale si potrebbero citare in proposito. Dalle osservazioni fatte da Heusinger sembrerebbe che le pecore e i maiali bianchi siano attaccati dai veleni vegetali in una maniera diversa da quella degli individui di altri colori. Il prof. Wyman mi ha comunicato recentemente una prova istruttiva di questo fatto. Egli chiese ad alcuni agricoltori della Virginia perchè

21

tutti i loro maiali fossero neri; essi gli risposero che questi animali mangiano la radice colorata di Lachnantes, la quale dava alle loro ossa una tinta rosea a faceva cadere le unghie di tutte le varietà, eccettuati i neri. Ed uno degli incoli (chiamati nella Virginia Squatters) soggiunse: «Noi scegliamo nell'allevamento tutti gli individui neri d'ogni parto, perchè sono i soli che abbiano probabilità di vivere». I cani calvi hanno i denti imperfetti. I ruminanti aventi un pelo lungo e ruvido sono molto disposti a portare corna lunghe e numerose. I colombi calzati hanno una membrana fra le loro dita esterne; quelli che hanno il becco corto hanno piedi piccoli; se invece hanno un becco lungo, i piedi sono grandi. Per conseguenza, ove si scelgano individui modificati e si aumenti costantemente per accumulazione una particolarità qualsiasi dell'organismo, ne avverrà che, anche senza averne l'intenzione, si modificheranno altre parti dell'organismo in virtù delle misteriose leggi della correlazione di sviluppo.

Il risultato delle varie leggi, completamente ignorate o vagamente comprese, della variabilità è infinitamente complesso e diverso. Vale la pena di studiare diligentemente i trattati pubblicati sopra parecchie delle nostre piante coltivate da lungo tempo, come il giacinto, la patata, la dalia, ecc., e di osservare le numerosissime variazioni di struttura e di funzioni per le quali differiscono fra loro le diverse varietà e sotto-varietà. La loro organizzazione intera sembra divenuta plastica e tende ad allontanarsi, almeno per qualche piccolo grado, dal tipo originale.

Variazioni non ereditarie sono per noi senza alcuna importanza. Ma le deviazioni trasmissibili, siano esse di poca o molta importanza fisiologica, sono molto frequenti e presentano una diversità quasi infinita. Il trattato del dott. Prospero Lucas in due grossi volumi è l'opera migliore e più completa che esiste a questo riguardo. Nessun allevatore dubita della forza delle tendenze ereditarie; il simile produce il simile: questo è il loro assioma fondamentale. Gli autori teorici soli hanno mosso dei dubbi contro questo assioma. Allorquando una deviazione spesso si palesa e noi la vediamo sul padre e sul figlio, non può sapersi se provenga dall'azione delle stesse cause sull'uno e sull'altro; ma quando fra gli individui apparentemente esposti alle medesime condizioni si manifesta qualche rarissima deviazione in un solo individuo, in mezzo a milioni d'altri che non ne sono affetti, cagionata da uno straordinario concorso di circostanze, e che in seguito questa deviazione si mostri di nuovo nel figlio, il solo calcolo delle probabilità ci forza ad attribuirne la manifestazione all'eredità. Ognuno ha inteso parlare di casi d'albinismo, di pelle spinosa, di villosità, ecc., che ripetonsi in parecchi membri di una stessa famiglia. Se adunque in realtà si ereditano deviazioni di struttura strane e rare, deve ammettersi la trasmissibilità di deviazioni meno straordinarie ed anzi comuni. Forse il miglior modo di vedere sarebbe il considerare l'eredità dei caratteri come la regola, e la loro cessazione come l'anomalia.

Le leggi della trasmissibilità dei caratteri sono completamente ignote. Niuno può dire per qual ragione una particolarità verificatasi nei diversi individui della medesima specie o in individui di specie diverse, qualche volta si erediti e qualche altra volta non si erediti; perchè in un discendente si riscontrino certi caratteri degli avi paterni o materni, o anche di avi più lontani; perchè un carattere particolare si trasmetta da uno a due sessi, o si limiti sempre al medesimo sesso. Per noi è un fatto di subordinata importanza il vedere che le particolarità manifestatesi solamente nei maschi delle nostre razze domestiche si trasmettono o esclusivamente o almeno assai più di sovente ai soli maschi. Ma havvi una regola ben più rilevante e della quale io credo ci possiamo fidare, ed è che, in qualunque fase della vita si osservi per la prima volta una particolarità dell'organizzazione, essa tende a prodursi nei discendenti all'età corrispondente, e qualche volta un po' prima. In molti casi non potrebbe avvenire diversamente: così i caratteri ereditari delle corna del bestiame non possono mostrarsi che verso l'età adulta; come le modificazioni che avvengono nel baco da seta si producono alla fase corrispondente di larva o di crisalide. Ma le malattie ereditarie, e qualche altro fatto mi inducono a pensare che la regola abbia una più larga estensione; e che anche quando non siavi alcuna ragione apparente per introdurre una modificazione particolare ad una certa età, tuttavia essa tende a ritornare nel discendente alla stessa epoca in cui apparve nel suo antenato. Io considero questa regola come d'una grande importanza per spiegare le leggi dell'embriologia. Questi rilievi si limitano naturalmente alla prima esterna manifestazione della modificazione, e non alle sue cause prime, le quali possono aver agito sugli organi di generazione del maschio o della femmina: così nel discendente di una vacca a piccole corna e di un toro a corna lunghe, la maggior lunghezza delle corna, quantunque non avvenga che a un'epoca inoltrata della vita, è dovuta evidentemente all'elemento paterno.

Ho fatto allusione alla tendenza di riversione ai caratteri degli avi. Debbo qui notare una osservazione spesso fatta da alcuni naturalisti, cioè che le nostre varietà domestiche, tornando selvagge, riprendono gradatamente, ma costantemente, i caratteri del loro tipo originale. Da ciò si volle dedurre non potersi fare alcuna induzione dalle razze domestiche alle selvagge. Ed io mi sono sforzato indarno di scoprire sopra quali fatti perentorii riposasse questa proposizione tanto spesso e tanto arditamente rinnovata. Sarebbe molto difficile provarne la verità: noi possiamo bensì affermare con piena sicurezza che molte delle nostre più distinte razze domestiche non potrebbero vivere allo stato selvaggio. In molti casi non conosciamo quale ne sia stato il tipo originale, e perciò non sapremmo decidere se abbia avuto luogo o meno una riversione perfetta. In ogni modo, per prevenire le conseguenze degli incrociamenti, dovrebbesi lasciare in libertà naturale una sola varietà nel suo novello domicilio. Ciò non ostante, siccome le nostre varietà ritornano certamente in alcune occasioni ai caratteri dei loro antenati, non mi sembra improbabile che riuscendo noi a naturalizzare o coltivare per molte generazioni, per esempio, le diverse sorta di cavolo in un terreno assai povero, le medesime tornerebbero, fino ad un certo punto od anche completamente, al tipo selvaggio originale; ma allora sarebbe pur d'uopo attribuire qualche effetto all'azione diretta del suolo. Del resto, riesca o no l'esperienza, ciò non tornerebbe di grande rilievo per la nostra argomentazione, dal momento che per fatto dell'esperienza stessa le condizioni d'esistenza sarebbero mutate. Se potesse provarsi che le nostre varietà domestiche hanno una forte tendenza di riversione, cioè tendenza di perdere i loro caratteri acquistati, anche quando rimangono sottoposte alle medesime influenze, mentre sono conservate in gran numero, e gli incrociamenti possono arrestare, colla mescolanza delle varietà, qualunque leggera variazione di struttura: allora io ammetterei che noi non possiamo trarre induzione alcuna dalle nostre varietà domestiche alle specie nello stato naturale. Ora manca perfino l'ombra di una prova in appoggio di tale ipotesi. Sarebbe cosa contraria ad ogni esperienza l'asserire che non sia in nostro potere il perpetuare i nostri cavalli da tiro o da sella, il nostro bestiame a lunghe corna o a corna corte, i nostri volatili d'ogni specie e le nostre piante alimentari, per un numero quasi infinito di generazioni.

CARATTERI DELLE VARIETÀ DOMESTICHE DIFFICOLTÀ DI DISTINGUERE LE VARIETÀ DALLE SPECIE ORIGINE DELLE VARIETÀ DOMESTICHE DA UNA O PIÙ SPECIE

Se noi esaminiamo le varietà ereditarie o le razze dei nostri animali domestici e delle piante coltivate, e le confrontiamo con specie fra loro assai affini, noi troviamo, come dicemmo, in ogni razza domestica una minore uniformità di carattere che nelle vere specie. Alcune razze domestiche della stessa specie hanno spesso un aspetto in qualche modo mostruoso; vale a dire, esse, differenziando fra loro e dalle altre specie del medesimo genere nella loro organizzazione generale, presentano frequentemente delle disparità estreme in un solo organo, sia che insieme si confrontino, sia che si paragonino alle specie selvagge di maggiore affinità naturale. Ove da noi si eccettui questo punto di vista, e così quello della perfetta fecondità delle varietà incrociate, argomento che discuteremo altrove, le razze domestiche della medesima specie differiscono fra loro nella stessa guisa, ma generalmente in grado minore, delle specie prossime o più affini appartenenti allo stesso genere nello stato naturale. Questa regola diviene evidente quando si rifletta non esservi razze domestiche, o fra gli animali o fra le piante, che non siano state considerate da giudici competenti come discendenti da altrettante specie originali distinte, e da altri non meno capaci, come semplici varietà. Quando esistesse qualche netta separazione fra le razze domestiche e le specie, questa sorgente di dubbi non si incontrerebbe tanto spesso. Si è ripetuto assai che le razze domestiche non differiscono fra loro per caratteri generici. Ma si può dimostrare che questa asserzione è erronea; inoltre i naturalisti sono interamente discordi rispetto alla determinazione dei caratteri generici, ed ogni apprezzamento su questo punto è oggi puramente empirico. Inoltre vedremo, secondo la teoria dell'origine delle specie da noi esposta, che noi non possiamo sperare di abbatterci troppo sovente in differenze generiche delle nostre produzioni domestiche.

D'altronde, quando si cerca di pesare il valore delle differenze di struttura che distinguono le nostre razze domestiche di una medesima specie, ci perdiamo tosto nel dubbio se siano provenute da una sola o da parecchie madri-specie. Questo problema, ove potesse risolversi, presenterebbe il massimo interesse. Se, per esempio,

---

potesse provarsi che il levriere, il bracco, il bassotto, lo spagnuolo e l'alano, le razze dei quali si propagano tanto pure, sono i discendenti di una specie unica; simili fatti avrebbero molto peso per farci dubitare della immutabilità di moltissime specie selvagge strettamente affini, come, ad esempio, delle numerose razze di volpi che abitano in diversi punti del globo. Non credo, e in breve ne vedremo la ragione, che tutte le differenze constatate fra le varie razze de' nostri cani siano state prodotte allo stato di domesticità; al contrario ritengo che una parte di queste differenze sia dovuta alla provenienza delle nostre razze canine da specie distinte. Rispetto poi ad altri animali domestici abbiamo delle presunzioni od una grande evidenza per opinare che tutte le varietà da noi possedute derivino da un solo tipo selvaggio.

Di sovente si è supposto che l'uomo abbia scelto da addomesticare animali e piante dotate d'una tendenza innata e straordinariamente forte di variare, come pure di sostenere climi assai diversi. Non negherò che queste due facoltà non abbiano accresciuto grandemente il valore delle nostre produzioni domestiche; ma un selvaggio, nell'addomesticare per la prima volta un animale, come avrebbe potuto sapere che la sua razza avrebbe variato nel corso delle generazioni e sarebbe stata capace di sopportare altri climi? La poca variabilità dell'asino e della gallina faraona, la ristretta facoltà della renna di resistere al calore, e del cammello di abituarsi al freddo, hanno forse impedito la loro domesticità? Io non posso dubitare che se altri animali od altre piante di numero eguale a quello delle nostre produzioni domestiche ed appartenenti pure a diverse classi e a paesi diversi, fossero presi allo stato di natura, e si riproducessero poi allo stato domestico per altrettante generazioni, esse non variassero tanto, quanto variarono le madri-specie delle attuali nostre produzioni domestiche.

Riguardo a molte delle nostre piante e dei nostri animali da tempo antichissimo in domesticità, è impossibile decidere definitivamente, se derivino da una sola o da parecchie specie selvagge. Quelli che sostengono l'origine multipla delle nostre razze domestiche s'appoggiano principalmente al fatto, che già negli antichissimi tempi, nei monumenti egiziani e nelle palafitte della Svizzera può osservarsi una grande varietà di animali domestici; e che alcune di queste razze antiche somigliano assai alle attuali, o sono con esse identiche. Ma ciò altro non prova se non che la civilizzazione risale a tempi più antichi che non si creda, e che gli animali furono ridotti alla domesticità in tempi remotissimi. Gli abitatori delle palafitte svizzere coltivavano parecchie qualità di frumento e di orzo, la lente, il papavero per ricavarne l'olio e la canapa, e possedevano diversi animali domestici; essi stavano anche in relazione con altri popoli. Come Heer ha osservato, ciò dimostra chiaramente che in quel tempo remoto essi avevano fatto grandi progressi nella coltura; e ne segue, essere preceduto un lungo periodo di civiltà meno progredita, durante il quale le specie tenute in domesticità da parecchie tribù e in diversi distretti possono aver subìto delle variazioni e prodotto razze distinte. Dopo la scoperta degli arnesi di piromaca negli strati superiori terrestri in parecchie parti del mondo, tutti i geologi sono convinti che in un tempo remotissimo sieno esistiti degli uomini selvaggi in uno stato di completa barbarie; mentre oggidì forse non si rinviene una sola tribù tanto incolta da non possedere almeno il cane allo stato di domesticità.

L'origine della maggior parte delle nostre specie domestiche rimarrà forse dubbia per sempre. Ma io posso osservare che rispetto al cane, dopo una laboriosa raccolta di tutti i fatti noti in ogni parte del mondo, io giunsi alla conclusione che molte specie di cani selvaggi furono domate: e che il loro sangue, più o meno frammisto, scorre nelle vene delle tante nostre razze domestiche. Quanto ai montoni e alle capre io non posso formarmi una decisa opinione. Dietro i fatti che mi furono comunicati dal signor Blyth sulle abitudini, sulla voce, sulla costituzione, ecc., dello zebu dell'India, è probabile che egli scenda da un tipo originale diverso da quello de' nostri buoi d'Europa; e parecchi giudici competenti credono che anche i nostri provengano da due o tre progenitori selvaggi, vogliansi riferire a specie o razze diverse. Quanto ai cavalli, per ragioni che sarebbe troppo lungo l'enumerare qui, io inclino a credere, con qualche riserva e all'opposto di quanto pensano diversi autori, che tutte le nostre razze domestiche discendano da un medesimo stipite naturale. Dopo aver coltivato ed incrociato pressochè tutte le razze inglesi di polli, e dopo l'esame de' loro scheletri, sono giunto alla convinzione ch'esse discendono tutte dal gallo indiano selvaggio (Gallus bankiva); ed a tale conclusione sono giunti anche il sig. Blyth ed altri che hanno studiato questo uccello nell'India. Riguardo alle anitre e ai conigli, le razze dei quali diversificano assai fra loro, i fatti non ci predispongono a credere che discendano tutte dall'anitra selvatica comune e dal coniglio.

La dottrina della moltiplicità d'origine delle nostre razze

domestiche fu spinta ad un assurdo estremo da alcuni naturalisti. Essi ammettono che ogni razza che si riproduce pura, per quanto lievi siano i caratteri distintivi, abbia avuto il suo prototipo selvaggio. Per conseguenza, nella sola Europa avrebbero esistito moltissime specie di buoi selvaggi, altrettante specie di montoni, molte sorta di capre. Ne sarebbero vissuti molti anche solo nei limiti della Gran Bretagna; un autore ha detto che questo paese diede ricetto ad undici specie di montoni selvaggi che gli erano propri. Quando noi ricordiamo che l'Inghilterra oggi possiede appena un mammifero speciale, che la Francia ne ha pochi differenti da quelli della Germania e viceversa, che ciò avviene anche in Ungheria, in Ispagna, ecc.; ma che in compenso ciascuno di questi Stati ha parecchie razze particolari di buoi, di pecore, ecc., dovremo stabilire che molte razze domestiche si sono prodotte in Europa. Infatti, d'onde potremmo noi ritenerle partite, quando le diverse contrade in essa contenute non posseggono un numero uguale di specie selvagge particolari che possano considerarsi come i loro tipi originali? Dicasi altrettanto dell'India orientale. Anche riguardo ai cani domestici del mondo intero, che io giudico derivati da parecchie specie selvagge, non potrebbe dubitarsi che non abbiano subìto una immensa congerie di variazioni ereditarie. Chi crederebbe mai che animali somigliantissimi al levriere italiano, al bracco, al bull-dog, al piccolo alano, o al cane da caccia Bleinheim, tutti diversi dai canidi selvaggi, abbiano esistito allo stato naturale? Spesso si è asserito che tutte le nostre razze di cani siano state prodotte dall'incrociamento di alcune poche specie originali; ma coll'incrociamento non possono ottenersi che forme intermedie a quelle dei parenti; e se noi ricorriamo a questo processo per spiegare l'origine delle nostre razze domestiche, allora bisogna ammettere l'esistenza precedente delle forme estreme, cioè del levriere italiano, del bracco, del bull-dog, ecc., allo stato selvaggio. Inoltre la possibilità di produrre razze distinte per mezzo degl'incrociamenti fu molto esagerata. È fuor di dubbio che una razza può essere modificata per incrociamenti occasionali, se si ha cura della scelta precisa di quei discendenti incrociati che offrono il carattere voluto. Ma io stento a credere che possa aversi una razza quasi intermedia fra altre due molto diverse. J. Sebright fece delle esperienze espressamente a questo scopo, ma non potè riuscire. I prodotti del primo incrociamento fra due razze pure sono abbastanza e qualche volta straordinariamente uniformi, come notai nei colombi. Ma quando tali prodotti sono incrociati gli uni cogli altri per molte generazioni, di rado rinvengonsi due soggetti che siano simili; ed è allora che si palesa l'estrema difficoltà o meglio la perfetta inattendibilità dell'impresa.

DELLE RAZZE DEI COLOMBI DOMESTICI
LORO DIFFERENZE ED ORIGINE

Pensando che sia opportuno scegliere un gruppo speciale di animali per farne oggetto di studio, ho preso a considerare i colombi domestici. Io ho conservato tutte le razze che potei procurarmi e ricevei nel modo più obbligante degli esemplari da diverse parti del mondo e specialmente dall'India orientale col mezzo dell'onorevole W. Elliot, e dalla Persia per opera dell'onorevole C. Murray. Molti trattati sono stati pubblicati in diverse lingue sui colombi, alcuni dei quali sono di molto pregio per la loro antichità. Io mi sono associato coi più celebri amatori di colombi e mi sono fatto iscrivere a due Società per l'allevamento dei colombi in Londra. La diversità delle razze è veramente meravigliosa. Si paragoni il colombo messaggero inglese col colombo giratore a faccia corta, e si vedranno le sorprendenti differenze nel loro becco, che accompagnano corrispondenti differenze nel loro cranio. Il messaggero inglese, e soprattutto il maschio, è notevole per lo sviluppo della caruncola della cute del capo, per le palpebre molto allungate, le narici assai larghe e l'ampio squarcio della bocca. Il colombo giratore a faccia corta ha un becco di forma quasi simile a quello del fringuello; e il giratore comune ha la singolare ed ereditaria abitudine di volare a grandi altezze in stormi compatti, per poi ridiscendere a capitombolo. Il colombo romano è di grandi dimensioni, con becco lungo e grosso, e piedi grandi; alcune delle sotto-varietà hanno un collo lunghissimo, altre hanno lunghe ali e coda lunga, altre una coda estremamente corta. Il barbo è affine al messaggere, ma il suo becco, invece d'essere lungo, è all'opposto molto corto e largo. Il colombo gozzuto ha il corpo, le ali e la coda allungati, egli ama gonfiare il suo enorme gozzo in un modo meraviglioso ed anche ridicolo. Il colombo turbito ha un becco corto e conico, una serie di piume arruffate lungo lo sterno e l'abitudine di gonfiare la parte superiore dell'esofago. Il colombo incappucciato ha le piume nucali tanto ritte, che gli formano una specie di cappuccio, e le penne delle ali e della coda relativamente molto lunghe. Il colombo trombettiere e il colombo ridente, come viene indicato dai loro nomi, fanno sentire un tubare diversissimo da quello delle altre razze. Il colombo pavone ha trenta ed anche quaranta penne alla coda in luogo delle dodici o quattordici normali; e queste penne stanno tanto spiegate e ritte, che nelle buone razze la testa e la coda si toccano; la ghiandola oleifera è rudimentale. Potrebbero citarsi altre razze meno distinte.

Negli scheletri delle diverse razze lo sviluppo delle ossa della faccia in lunghezza, larghezza e curvatura differisce enormemente. La forma, la lunghezza e la larghezza del ramo della mascella inferiore varia in un modo notevolissimo. Il numero delle vertebre caudali e sacrali e delle coste, come la relativa larghezza e la presenza dei processi variano pure assai. La larghezza e la forma delle aperture dello sterno sono grandemente variabili, come l'angolo e la lunghezza dei due rami della forchetta. La larghezza proporzionale dello squarcio della bocca, la lunghezza relativa delle palpebre, delle narici e della lingua, che non è sempre in esatta correlazione colla lunghezza del becco; lo sviluppo del gozzo, o della parte superiore dell'esofago; lo sviluppo o lo stato rudimentale della glandola oleifera, il numero delle penne remiganti e rettrici, la lunghezza relativa delle ali e della coda, sia fra loro, sia in relazione al corpo; la lunghezza relativa del tarso del piede e il numero delle squame delle dita; lo sviluppo della membrana fra queste ultime, sono tutte parti variabili nella struttura generale. L'epoca in cui le penne raggiungono la loro perfezione varia pure, come la peluria di cui sono rivestiti i piccoli sbucciati dall'uovo. La forma e la grandezza delle uova è pure variabile. Il volo e in alcune razze la voce e l'indole presentano rimarchevoli differenze. Finalmente in certe varietà i maschi differiscono qualche poco dalle femmine.

Si potrebbe in questo modo addurre una lunga serie di colombi diversi, che un ornitologo, se li credesse uccelli selvaggi, li riguarderebbe come altrettante specie ben distinte. Un ornitologo certamente non vorrebbe porre il messaggero inglese, il giratore a faccia corta, il colombo romano, il barbo, il gozzuto, il colombo pavone nello stesso genere: tanto più che gli si potrebbero mostrare in tutte queste razze parecchie sotto-varietà di discendenza pura, cioè di specie, come egli senza dubbio le chiamerebbe.

Benchè le differenze fra le razze dei colombi siano grandi, io tengo pienamente l'opinione comune dei naturalisti che reputano siano tutti discesi dal colombo torraiuolo (Columba Livia); comprendendo sotto questo nome parecchie razze geografiche o sotto-specie, le quali non differiscono le une dalle altre che nei rapporti più insignificanti. Siccome parecchie delle ragioni che mi hanno condotto a quest'opinione sono in qualche parte applicabili ad altri casi, io le esporrò brevemente.

Se le diverse razze dei nostri colombi non sono varietà e non derivano dal colombo torraiuolo, è mestieri che discendano almeno da sette od otto tipi originali; perchè sarebbe impossibile riprodurre le razze domestiche oggi esistenti coll'incrociamento di un numero minore di tipi. Ad esempio, come potrebbe ottenersi il colombo gozzuto dall'incrociamento di due specie, quando almeno una di esse non fosse fornita dell'enorme gozzo caratteristico? I tipi originali supposti debbono essere stati tutti colombi torraiuoli, che non si arrestavano nè annidavano volontariamente sugli alberi. Ma, oltre la Columba Livia e le sue sotto-specie geografiche, si conoscono soltanto due o tre altre specie di piccioni torraiuoli, le quali non presentano alcuno dei caratteri delle nostre razze domestiche. Sarebbe dunque necessario, o che le specie originali supposte esistessero ancora nei paesi in cui furono dapprima addomesticate e che siano tuttavia ignote agli ornitologi (cosa improbabile se si considera la loro grandezza, le loro abitudini e il loro carattere notevole), ovvero che tali specie fossero estinte allo stato selvaggio. Ma non possono tanto facilmente esterminarsi uccelli che fabbricano i loro nidi sulle rupi e che sono buoni volatori; e il piccione torraiuolo comune, che ha le stesse abitudini delle razze domestiche, non fu distrutto nemmeno sopra parecchie delle più piccole isolette britanniche o sulle coste del Mediterraneo. L'ipotesi della distruzione di tante specie aventi abitudini consimili a quelle del colombo torraiuolo, mi sembra quindi una ipotesi molto avventata. Di più, le razze domestiche tanto diverse, già citate, furono trasportate in tutte le parti del mondo; alcune debbono dunque essere ritornate nel loro paese nativo; pure niuna di esse è mai ridivenuta selvaggia, quantunque il piccione da colombaia, che non è altro se non il colombo torraiuolo appena alterato, si sia naturalizzato in alcuni luoghi. Tutte le più recenti esperienze provano quanto sia difficile ottenere la riproduzione regolare degli animali selvaggi ridotti allo stato di domesticità; però, secondo l'ipotesi delle origini multiple de' nostri colombi, sarebbe d'uopo ammettere che almeno sette od otto specie fossero tanto completamente addomesticate, nei tempi antichi e da uomini semi-civili, da divenire perfettamente feconde allo stato di reclusione.

Un altro argomento, che mi sembra di gran valore e suscettibile di estesa applicazione, è che le razze sopra citate, benchè generalmente siano molto affini al piccione torraiuolo nella loro costituzione, nelle loro abitudini, nella loro voce, nel loro colore e in molte parti della struttura del corpo, tuttavia sono assai differenti in altre parti di questa. Si cercherebbe indarno in tutta la famiglia dei colombidi un becco simile a quello del messaggero inglese, del giratore a faccia corta e del barbo; penne arruffate come quelle del giacobino; un gozzo uguale a quello del piccione gozzuto; delle penne caudali paragonabili a quelle del colombo pavone. Dovrebbe dunque conchiudersi, non solo che uomini semi-civili riuscirono ad addomesticare completamente parecchie specie: ma che, con una determinata intenzione o per caso, essi scelsero a quest'uopo specie grandemente anormali; inoltre si dovrebbe anche ammettere che tutte queste specie sieno estinte dappoi o rimaste ignote. Ora un tale concorso di circostanze stravaganti presenta il più alto grado d'improbabilità.

Alcuni fatti concernenti il colore dei colombi meritano di essere presi in considerazione. Il piccione torraiuolo è di colore bleu-ardesia, col groppone bianco (le sotto-specie indiane, fra le altre la colomba intermedia di Strickland, l'hanno turchiniccio); la coda ha una fascia nera terminale, con margine esterno bianco nelle penne esterne. Le ali hanno due fascie nere; ed alcune razze semi-domestiche, come alcune altre che sembrano razze pure selvagge, hanno inoltre le ali macchiate in nero. Tutti questi diversi caratteri non trovansi mai riuniti in qualsiasi altra specie della famiglia; ma in ognuna delle nostre razze domestiche e perfino in uccelli perfettamente sviluppati trovansi talvolta tutti questi caratteri riuniti ed evidenti, non eccettuato l'orlo bianco delle penne caudali esterne. Inoltre, quando si incrociano uccelli appartenenti a due o più razze distinte, e che nessuno di essi è turchino, ovvero non porta alcuna delle predette particolarità, tuttavia i bastardi così ottenuti si mostrano dispostissimi ad acquistarle rapidamente. Ad esempio, io ho incrociato alcuni colombi-pavoni affatto bianchi e di razza purissima con alcuni barbi uniformemente neri, dei quali io non vidi mai in Inghilterra alcuna varietà turchina; i bastardi che ottenni erano bruni, neri e macchiati. Incrociai anche un barbo con un colombo (Spot) macchiato, uccello bianco con coda rossa e una macchia rossa alla sommità del capo, notoriamente di razza assai costante: i bastardi furono di colore cupo macchiato. Allora incrociai uno dei bastardi barbo-pavone con un bastardo barbo-spot e mi diedero un colombo di un bel turchino col groppone bianco, con doppia fascia nera sulle ali, con fascia nera sulla coda e colle rettrici orlate di bianco come nel torraiuolo selvaggio. Se tutte le razze dei colombi domestici derivano dal colombo torraiuolo, questi fatti si spiegano col noto principio della riversione ai caratteri degli avi (principio del quale per verità ho sempre veduta l'azione circoscritta nei limiti del solo colore). Ove ciò si neghi, bisogna fare una delle due ipotesi seguenti poco probabili. O tutti i vari tipi originali erano colorati e macchiati come il piccione torraiuolo, mentre niun'altra specie esistente presenta gli stessi caratteri, di modo che in ogni razza vi abbia una tendenza a ritornare a questo colore e a questi segni; ovvero conviene che ogni razza, anche la più pura, abbia nell'intervallo di dodici o al più di venti generazioni subìto un incrociamento col piccione torraiuolo; e dico al più di venti generazioni, perchè non vi è un solo fatto in conferma dell'opinione che un discendente, dopo una più lunga serie di generazioni, sia ritornato ai caratteri dei suoi avi. In una razza incrociata una sola volta con una razza diversa, la tendenza di riversione a un carattere di questa diviene sempre minore, in ragione della quantità sempre descrescente del sangue della medesima che rimane in ogni generazione successiva. Ma all'opposto, quando non si abbia alcun incrociamento con una razza differente, e che ciò non pertanto si manifesti nei due progenitori una tendenza a ricuperare un carattere perduto per un certo numero di generazioni, questa tendenza, per quanto si voglia opporre, si può trasmettere senza indebolimento per un numero indeterminato di generazioni. Questi due casi distintissimi sono spesso confusi da quelli che hanno scritto sull'ereditabilità.

Da ultimo gli ibridi o i meticci provenienti dall'incrociamento delle varie razze dei piccioni sono perfettamente fecondi; io posso attestarlo per le mie osservazioni fatte a tale scopo sulle razze più diverse. Al contrario è difficile e forse impossibile trovare un esempio di ibridi provenienti da due animali evidentemente differenti e nondimeno perfettamente fecondi. Alcuni autori suppongono che una lunga domesticità elimini questa forte tendenza alla sterilità; dalla storia dei cani sembrerebbe che vi fosse qualche verità in questa ipotesi, principalmente se non venisse applicata che a specie strettamente affini, benchè finora non esista alcuna esperienza in appoggio. Ma parmi esagerato lo estendere tale ipotesi al punto di sostenere che specie originariamente tanto distinte, come i messaggeri, i giratori, i gozzuti, i colombi pavoni, possano generare ibridi fecondi fra loro.

Riassumendo: l'improbabilità che l'uomo abbia spinto nello stato di domesticità 7 - 8 supposte specie di colombi a riprodursi volontariamente, specie che noi non conosciamo affatto allo stato selvaggio, nè in alcun luogo ridivennero tali: i molti caratteri anormali per certi riguardi in confronto di tutti gli altri colombidi, quantunque per molti altri rapporti somiglianti al colombo torraiuolo; il frequente ritorno del colore turchino e delle diverse macchie nere in tutte le razze, siano pure, siano incrociate; la perfetta fecondità degli ibridi: tutte queste diverse ragioni ci spingono a concludere con sicurezza che tutte le nostre razze domestiche discendono dalla Columba livia e dalle sue sotto-specie geografiche.

In appoggio a quest'opinione posso aggiungere ancora alcuni argomenti. Primieramente il piccione torraiuolo, o Columba livia, fu trovato nell'Europa e nell'India facile da addomesticare, e vi ha una grande analogia fra le sue abitudini e le diverse parti della sua organizzazione con quelle di tutte le nostre razze domestiche. Secondariamente, sebbene un messaggero inglese, o un giratore a faccia corta differiscano immensamente per certi rapporti dal piccione torraiuolo, pure, se si confrontano le varie sotto-razze di queste varietà e segnatamente quelle che furono importate da regioni lontane, possono ricostituirsi serie non interrotte tra le forme estreme. In terzo luogo i principali caratteri distintivi delle diverse razze, come le verruche e il becco lungo del messaggere, il becco corto del giratore, e le numerose penne caudali del colombo pavone sono grandemente variabili, e la spiegazione evidente di questo fatto ci sarà data da quanto diremo più avanti riguardo all'azione naturale. In quarto luogo i colombi sono stati osservati e coltivati con molta cura e trasporto da molti popoli: essi sono domestici da migliaia d'anni in diverse parti del globo; la più antica menzione che ne troviamo nella storia risale alla quinta dinastia egiziana, cioè circa 3000 anni prima dell'êra nostra, secondo il prof. Lepsius; ma io seppi dal Birch che in una nota di cucina della dinastia precedente i colombi sono ricordati. Rileviamo da Plinio che al tempo dei Romani si dava un prezzo esorbitante a questi animali. «Essi sono giunti al punto di poter render conto della loro genealogia e della loro razza». Verso l'anno 1600, nell'India, Akber Khan era tale dilettante di colombi, che alla sua Corte se ne tenevano non meno di ventimila. «I monarchi dell'Iran e del Touran gli inviarono alcuni uccelli rarissimi». E il cronista reale aggiunge che «Sua Maestà, incrociando le razze, metodo non ancora praticato prima, le migliorò mirabilmente». A quell'epoca anche gli Olandesi si mostravano appassionati pei colombi, come gli antichi Romani. L'importanza di codeste considerazioni, per render conto dell'enorme somma di variazioni subìte dai colombi, apparirà manifestamente quando tratteremo dell'elezione naturale. Allora vedremo anche il perchè certe razze abbiano un carattere in qualche modo mostruoso. È poi una circostanza delle più favorevoli per la produzione di razze distinte che, nei colombi, un maschio possa facilmente appaiarsi colla medesima femmina durante tutta la loro vita, e che le diverse razze possano essere racchiuse insieme nella stessa colombaia.

Io ho discusso con qualche diffusione l'origine probabile de' nostri piccioni domestici, benchè in un modo ancora insufficiente; perchè fino dai primi giorni in cui io li riunivo per osservarli, vedendo con quale costanza le varie razze si riproducevano, provai molta ripugnanza a credere che discendessero tutte da una medesima specie-madre, quanta potrebbe risentirne qualunque naturalista che dovesse ammettere la stessa conclusione rispetto alle molte specie dell'ordine dei passeri o di qualsiasi altro gruppo naturale di uccelli selvaggi. Una cosa mi ha vivamente colpito, ed è che tutti gli allevatori di animali domestici e quasi tutti gli orticultori coi quali ho parlato o di cui lessi i trattati, sono fermamente convinti che le diverse razze, da essi allevate particolarmente, discendano da altrettante specie originali distinte. Domandate a un celebre allevatore di buoi d'Hereford, come ho fatto io, se il suo bestiame possa provenire da una razza a corna lunghe; egli vi deriderà. Non mi sono mai incontrato con un amatore di colombi, di polli, di anitre o di conigli che non fosse persuaso della discendenza di ogni razza principale da una specie distinta. Van Mons, nel suo trattato sui pomi e sui peri, si oppone apertamente all'opinione che un Ribston-pippin o un pomo Codlin possano procedere da semi del medesimo albero. Si potrebbero citare altri innumerevoli esempi analoghi. La spiegazione di questi fatti mi pare semplice. Tutti gli allevatori traggono dalle loro costanti osservazioni un sentimento profondo delle differenze che caratterizzano le razze; e benchè sappiano che ogni razza varia leggermente, non guadagnando essi alcun premio nei concorsi se non per mezzo di queste piccole differenze scelte con accuratezza, tuttavia essi evitano le generalità e non sanno valutare col loro spirito la somma delle leggiere differenze accumulate durante un lungo periodo di generazioni succedentisi. Come dunque i naturalisti (che ne sanno assai meno degli allevatori sulle leggi dell'eredità e che non conoscono meglio i legami intermedi che connettono fra loro delle lunghe serie genealogiche) ammetterebbero che molte delle nostre razze domestiche discendano da uno stesso tipo? come non debbono essi aspettarsi una lezione di prudenza, quando deridono l'idea che le specie allo stato di natura sieno la posterità diretta di altre specie?

PRINCIPIO DI ELEZIONE, APPLICATO DA LUNGO TEMPO, E SUOI EFFETTI

Consideriamo ora brevemente per quali mezzi le nostre razze domestiche furono prodotte, sia che esse derivino da una sola specie, sia che esse derivino da parecchie specie affini.

Si può attribuire una piccola parte dell'effetto all'azione diretta delle condizioni della vita, come pure alle abitudini; ma sarebbe stoltezza il ritenere che da tali cause fossero prodotte le differenze del cavallo da tiro e di quello da corsa, del levriere e del bracco, del colombo messaggere e del colombo giratore. Una delle proprietà più segnalate delle nostre razze domestiche è il loro adattamento, che non è propriamente utile all'animale o alla pianta, ma bensì secondo il vantaggio e il capriccio dell'uomo. Alcune variazioni che loro sono favorevoli possono certamente essersi prodotte improvvisamente, in una sola volta; parecchi botanici, ad esempio, pensano che il cardo dei follatori coi suoi uncini, che non può essere superato da alcun congegno meccanico, sia soltanto una varietà del Dipsacus selvaggio; e questa trasformazione può essere avvenuta in una sola pianta giovane. Altrettanto può ritenersi del cane che in Inghilterra è adoperato per muovere il girarrosto, e sappiamo che questo è il caso della pecora d'Ancon americana. Ma se si confrontino il cavallo da tiro col cavallo da corsa, il dromedario col cammello, le varie razze di pecore adattate alle pianure coltivate o ai pascoli di montagna, con lana propria a diversi usi; se confrontiamo le molte specie di cani, ciascuna delle quali è utile all'uomo in vario modo; se si paragoni il gallo combattente, così ostinato nella zuffa, con altre specie tanto pacifiche e pigre, che fanno continuamente uova senza mai covare, o col gallo Bantham tanto piccolo ed elegante; se finalmente si confrontino le piante de' nostri campi e dei giardini, gli alberi fruttiferi e le piante alimentari utili all'uomo nelle varie stagioni e per usi diversi, o solo gradevoli all'occhio, è pur mestieri ravvisarvi qualche cosa di più di un semplice effetto della variabilità. Noi non potremmo supporre che tutte queste varietà sieno state repentinamente prodotte, con tutta la loro perfezione e l'utilità che ne ricaviamo; e realmente in molti casi sappiamo dalla loro storia, che la cosa è ben diversa. La chiave di questo problema è il potere elettivo d'accumulazione che l'uomo possiede. La natura somministra gradatamente diverse variazioni; l'uomo le aumenta in una determinata direzione per proprio vantaggio o per capriccio; in tal riflesso può dirsi ch'egli si forma a proprio profitto delle razze domestiche.

Il grande valore del principio d'elezione non è dunque ipotetico. È certo che molti de' nostri celebri allevatori hanno, nel corso della sola vita d'un uomo, modificato sopra estesi limiti alcune razze di buoi e di pecore. Per stimare convenientemente ciò, che essi poterono fare, è quasi indispensabile leggere alcuni dei numerosi trattati speciali scritti sull'argomento e vedere i loro stessi prodotti. Gli allevatori parlano abitualmente dell'organismo di un animale come di una cosa plastica, che possono modellare quasi come più loro talenta. Se lo spazio non mi mancasse, potrei citare molti testi tratti da autorità sommamente competenti. Youatt, cui sono tanto familiari i lavori degli orticultori e che è pure un giudice esimio in fatto di animali, ammette che il principio d'elezione dà all'agricoltore non solo la facoltà di modificare il carattere del suo gregge, ma di trasformarlo per intero. È la bacchetta magica, colla quale egli chiama alla vita quella forma che gli piace. Lord Somervihe, scrivendo intorno a ciò che gli allevatori fecero rispetto alle razze delle pecore, dice: «sembrerebbe che essi avessero dipinto sulla parete una forma perfetta e che poi l'avessero animata». In Sassonia l'importanza del principio d'elezione riguardo alle pecore merinos è tanto riconosciuta, che certi individui ne fanno un mestiere. Tre volte l'anno ogni montone è steso sopra una tavola per studiarlo, come farebbe un intelligente per un quadro; ogni volta è segnato e classificato; e soltanto i soggetti più perfetti vengono scelti per la riproduzione.

Gli, enormi prezzi assegnati agli animali che offrono una buona genealogia provan pure quanto si sia ottenuto dagli allevatori inglesi in questo senso; i loro prodotti sono oggi esportati in quasi tutti i paesi del mondo. Generalmente il miglioramento della razze non è dovuto punto al loro incrociamento, e tutti i migliori allevatori sono assai contrari a questo sistema, eccettuato l'incrociamento fra alcune poche sotto-razze strettamente affini. Quando un tale incrociamento fu operato, l'elezione la più severa è molto più necessaria che nei casi ordinari. Se l'elezione consistesse soltanto nel separare qualche varietà ben spiccata per farla riprodurre, il principio sarebbe di tale evidenza che tornerebbe inutile discuterlo. Ma la sua importanza consiste principalmente nel grande effetto prodotto dall'accumulazione in una direzione determinata e per un gran numero di generazioni successive, di differenze assolutamente inapprezzabili ad occhi inesperti, differenze che io stesso ho tentato indarno di scoprire. A stento un uomo su mille possiede la sicurezza del colpo d'occhio e del giudizio necessario per divenire un abile allevatore. Ma colui che, dotato di queste facoltà, studia lungamente l'arte sua e vi dedica tutta la sua vita con una perseveranza indomabile, può riuscire a fare grandi miglioramenti. Pochi hanno una giusta idea della capacità naturale e della lunga esperienza che sono necessarie per formare un abile allevatore di colombi.

Gli orticultori seguono i medesimi principî, ma le variazioni sono qui spesso più improvvise. Chi supporrebbe mai che molti dei nostri prodotti più delicati derivano immediatamente, per mezzo di una semplice modificazione, dal tipo naturale? Ma noi sappiamo altresì che ciò non avvenne in altri casi, dei quali abbiamo esatte notizie storiche come può dirsi del costante aumento di grossezza dell'uva spina. Puossi constatare ancora un progresso meraviglioso nelle piante da fiori, se si raffrontino i fiori attuali coi disegni fatti soltanto venti o trent'anni fa. Quando una razza vegetale è bene sviluppata e stabilita, i coltivatori non raccolgono più dalle vaneggie i migliori individui: ma svelgono quelli che più deviano dal loro tipo. Rispetto agli animali si pratica pure questa specie di elezione; giacchè non esiste alcuno così trascurato da permettere la produzione dei soggetti più difettosi.

Havvi ancora un altro mezzo di osservare gli effetti accumulati dell'elezione quanto alle piante: ed è nel confrontare nei giardini la diversità grande dei fiori delle differenti varietà d'una medesima specie; la diversità delle foglie, dei gusci, dei tuberi o più generalmente di tutte le parti della pianta relativamente ai fiori delle stesse varietà; e nei frutteti, la diversità di frutti della medesima specie in confronto alla uniformità delle foglie e dei fiori di questi alberi stessi. Come infatti sono diverse le foglie del cavolo, mentre i fiori sono tanto simili! Al contrario quanto non diversificano i fiori della viola del pensiero, mentre le foglie sono rassomiglianti! Quanto diversi sono i frutti delle varie qualità di uva spina nella grossezza, nel colore, nella forma, nella villosità! frattanto i fiori non ne presentano che differenze insignificanti. Nè può dirsi che le varietà molto diverse in qualche punto non differiscano in alcun modo per altri rapporti; al contrario ciò non avviene mai, come io posso asserire dietro minuziose osservazioni. Le leggi della correlazione di sviluppo, delle quali non è mai da dimenticare l'importanza, produrranno sempre alcune differenze; ma in generale io sono certo che l'elezione costante di piccole variazioni nelle foglie, nei fiori o nel frutto produce delle razze che differiscono fra loro specialmente in questi organi.

Potrebbesi obbiettare che il principio d'elezione non divenne un metodo pratico che or sono appena tre quarti di secolo. Per vero egli attirò maggiormente l'attenzione in questi ultimi tempi ed assai più dopo la pubblicazione di molti trattati sull'argomento; e il risultato ne fu anche proporzionatamente rapido ed efficace. Ma d'altra parte è falso che il principio stesso formi una nuova scoperta. Io potrei citare molte opere antichissime che provano essersene da gran tempo riconosciuta l'importanza. Durante il periodo barbaro della storia d'Inghilterra animali scelti furono spesso importati, e furono emanate leggi per impedirne l'esportazione; si impose inoltre la distruzione dei cavalli che non giungevano a una certa altezza, e tale misura può ravvicinarsi a quella dell'estirpamento sopra mentovato di piante. Io ho trovato il principio d'elezione in un'antica enciclopedia cinese. Alcuni autori latini stabiliscono regole analoghe. Da alcuni passi della Genesi risulta manifestamente che allora si poneva qualche attenzione al colore degli animali domestici. I selvaggi incrociano anche al presente qualche volta le loro razze di cani con canidi(1) selvaggi per migliorarle, come Plinio attesta che essi facevano anche anticamente. I selvaggi dell'Africa meridionale aggiogano i loro buoi da tiro secondo il colore, come fanno gli Esquimesi per i loro cani da tiro. Livingstone riferisce che i Negri dell'interno dell'Africa, che non hanno relazioni sociali di sorta cogli Europei, danno un valore considerevole alle buone razze d'animali domestici. Alcuni di questi fatti non si attengono in modo esplicito al principio d'elezione; ma dimostrano che l'allevamento degli animali fu oggetto di cure particolari dai più remoti tempi e che anche al presente forma un soggetto di attenzione pei popoli più selvaggi. Sarebbe strano che le leggi così manifeste dell'eredità dei caratteri utili o nocevoli non si fossero osservate.

ELEZIONE INCONSCIA

Attualmente abili allevatori cercano produrre una nuova discendenza o sotto-razza, superiore a tutte quelle che esistono nel paese, per mezzo di un'elezione metodica e con un determinato scopo: ma per noi una specie d'elezione che può chiamarsi inconscia e che risulta dalla gara formatasi per possedere e moltiplicare i migliori individui d'ogni specie è di un'importanza molto maggiore. Così un uomo che desidera un buon cane da ferma cerca di acquistarne possibilmente i migliori, e di ottenere dai migliori fra questi una prole, senza avere l'intenzione o la speranza di variare in questo modo permanentemente la razza. Tuttavia noi possiamo ritenere che questo processo continuato pel corso dei secoli finirebbe per modificare e migliorare la razza, non altrimenti di Bakewell, Collins, e tanti altri che collo stesso metodo, impiegato sistematicamente, per la sola durata della loro vita, hanno modificato grandemente le forme e le qualità del loro bestiame. I cambiamenti lenti ed insensibili non potrebbero constatarsi, quando non si prendessero fin da principio esatte misure o disegni correttissimi delle razze modificate, onde valersene per termini di confronto. In alcuni casi, però, individui della medesima razza, senza alcuna modificazione, od anche poco modificati, possono trovarsi in quei luoghi in cui il miglioramento della razza primitiva non è ancor progredito o solamente di poco. Vi sono motivi da pensare che il cane spagnolo Re-Carlo è stato inavvertitamente eppure molto profondamente modificato dall'epoca di questo monarca. Alcune autorità competentissime sostengono che il cane da ferma è derivato direttamente dallo spagnolo per lente variazioni. Sappiamo che il cane da ferma inglese ha variato assai nel secolo passato, e che gli incrociamenti avvenuti col cane-volpe furono la cagione precipua di questi cangiamenti. Ma ciò che più monta è che tutte queste variazioni sono avvenute inavvertitamente e gradatamente: tuttavia sono tanto pronunciate, che, quantunque l'antico cane da ferma

---

venga certamente dalla Spagna, il signor Borrow mi ha assicurato di non avere veduto in quel paese un solo cane paragonabile al nostro cane da ferma.

In seguito a tale processo d'elezione e col mezzo di una educazione accurata, la maggior parte dei cavalli da corsa inglesi sono giunti a superare in leggerezza e statura i cavalli arabi da cui discendono: al punto che questi ultimi, dietro i regolamenti delle corse di Goodwood, sono caricati d'un peso minore dei corridori inglesi. Lord Spencer e tanti altri hanno dimostrato che il bestiame inglese è aumentato nel peso e nella precocità in confronto degli antichi prodotti del paese. Se si faccia un paragone fra i documenti antichi da noi posseduti sui colombi messaggeri e giratori e lo stato attuale di queste razze nelle Isole Britanniche, nell'India e nella Persia, possono seguirsi tutte le fasi percorse successivamente da tali razze per giungere a differire siffattamente dal colombo torraiuolo.

Youatt dà un esempio degli effetti ottenuti mediante elezioni continuate, che possono essere chiamate inconscie, in quanto gli allevatori non potevano aspettarsi o desiderare il risultato ottenuto: e cita due razze ben differenti. Sono queste le due greggie di montoni di Leicester, che i signori Buckley e Burgess da 50 anni a questa parte hanno allevato unicamente dallo stipite di Bakewell. Niuno può supporre che il proprietario dell'uno o dell'altro gregge abbia mai frammisto il puro sangue della razza Bakewell; nondimeno la differenza fra i montoni del Buckley e quelli del Burgess è tanto marcata, che hanno tutta l'apparenza di due razze distinte affatto.

Anche supposto che sianvi popoli selvaggi tanto barbari da non pensare a modificare i caratteri ereditari dei loro animali domestici, tuttavia essi conserverebbero con maggior cura, nelle carestie e negli altri flagelli, ai quali i selvaggi sono tanto esposti, qualunque animale che fosse loro utile in particolare. Tali animali così prescelti avrebbero generalmente maggiore probabilità degli altri di lasciare una posterità; per modo che ne seguirebbe un'elezione inconscia ma continua. Perfino i selvaggi della Terra del Fuoco attribuiscono tanto valore ai loro animali domestici, che in tempo di carestia ammazzano e divorano le loro vecchie donne, piuttosto che i loro cani, trovando questi più utili di quelle.

Lo stesso graduato processo di perfezionamento ha luogo nelle piante, conservando occasionalmente i migliori individui, sia che essi diversifichino abbastanza per essere alla prima apparenza riguardati come distinte varietà, sia che essi derivino da due o più razze o specie, con o senza incrociamento. Il progresso manifestasi con evidenza nell'aumento delle dimensioni e nella bellezza che oggi si osserva nella viola del pensiero, nella rosa, nel pelargonio, nella dalia e in atri fiori, quando si confrontino colle più antiche varietà delle medesime specie. Niuno potrebbe mai aspettarsi di ottenere subito una viola del pensiero o una dalia dal seme di una pianta selvatica, o di produrre improvvisamente una pera succosa col seme d'una pera selvatica; benchè si potesse riuscirvi col mezzo di una semente cresciuta allo stato selvatico ma proveniente da un frutto coltivato. La pera coltivata negli antichi tempi, al dire di Plinio, pare sia stata un frutto di qualità molto inferiore. Certe opere d'orticoltura si diffondono sulla meravigliosa abilità de' giardinieri che ottennero sì magnifici risultati con materiali tanto scarsi; pure nessuno ebbe la coscienza delle lente trasformazioni che egli contribuiva ad operare. Tutta la loro arte consistette semplicemente nel seminare sempre le migliori varietà note, e non appena sorgeva casualmente una varietà alquanto superiore, la sceglievano per riprodurla. I giardinieri dell'epoca classica che coltivarono le migliori pere che poterono procurarsi, non hanno mai pensato agli stupendi frutti che noi un giorno avremmo mangiato; quantunque noi li dobbiamo, in qualche parte, allo studio da essi impiegato per scegliere e perpetuare le migliori varietà raccolte.

I grandi cambiamenti che si sono accumulati lentamente e inavvertitamente nelle nostre piante coltivate, spiegano il fatto notissimo che nella massima parte dei casi noi non conosciamo la pianta madre selvatica; e perciò non possiamo asserire da quali piante derivino quelle che noi teniamo negli orti e nei giardini. Se occorsero centinaia o migliaia d'anni per modificare e migliorare i nostri vegetali domestici fino all'attuale loro grado di utilità, è facile capire per qual ragione nè l'Australia, nè il Capo di Buona Speranza, nè qualsiasi altro paese abitato da genti non civilizzate, non ci diedero una sola pianta degna di coltivazione. Ciò non vuol dire che quei paesi tanto ricchi di specie non possano avere i tipi originali di molte utili piante, ma che queste piante indigene non furono migliorate da una continua elezione fino ad un grado di perfezione paragonabile a quello che osserviamo nelle piante dei luoghi da lungo tempo coltivati.

Quanto agli animali domestici dei popoli selvaggi non bisogna perdere di vista che essi debbono quasi sempre provvedere da sè al loro nutrimento, almeno in determinate stagioni. Ora in due regioni differentissime individui della medesima specie, aventi alcune piccole differenze di costituzione, ponno spesso riuscire molto meglio gli uni nella prima, gli altri nella seconda; e mediante un processo d'elezione naturale, che noi esporremo fra poco più completamente, ponno formarsi due sotto-razze. Ciò spiega forse in parte quanto venne osservato da alcuni autori; vale a dire che le varietà domestiche presso i selvaggi hanno in maggior grado i caratteri di specie particolari di quello che le varietà domestiche coltivate dai popoli civilizzati.

Questo importante intervento del potere elettivo dell'uomo rende facilmente conto degli adattamenti sì straordinari della struttura o delle abitudini delle razze domestiche a' nostri bisogni e a' nostri capricci. Noi vi troviamo la spiegazione del loro carattere sì spesso anormale, come pure delle loro grandi differenze esterne relativamente alle leggiere differenze de' loro organi interni. L'uomo infatti non potrebbe senza un'estrema difficoltà scegliere le variazioni interne della struttura; e stiamo per dire ch'egli in generale poco se ne cura. La sua scelta non può cadere che sopra variazioni che la natura stessa gli offre in grado dapprima assai lieve. Così nessuno avrebbe mai cercato di formare un colombo pavone quando non avesse osservato in uno o più individui uno sviluppo alquanto insolito della coda, nè avrebbe pensato al colombo gozzuto quando non avesse veduto un colombo già dotato di un gozzo di notevoli dimensioni. Ora quanto più un carattere a tutta prima sembra inusitato o anormale, tanto più esso attirerà l'attenzione dell'uomo. Ma nella pluralità dei casi almeno, è inesatto il servirsi di questa frase: provarsi a fare un colombo pavone! La persona che per la prima scelse un colombo ornato di una coda un po' più larga delle altre, non immaginò mai che cosa sarebbero divenuti i discendenti per effetto di questa elezione continuata in parte inavvertitamente, in parte metodicamente. Forse l'uccello stipite di tutti i nostri colombi pavoni aveva solamente 14 penne caudali un po' spiegate, come al presente il colombo pavone di Giava, oppure come gl'individui di altre razze nei quali trovansene perfino diciassette. Forse il primo colombo gozzuto non gonfiava il suo gozzo più di quanto il turbito ora gonfia la parte superiore dell'esofago, abitudine che resta inosservata agli amatori di colombi perchè non offre scopo alcuno per l'elezione.

Tuttavia non si creda che una deviazione di struttura debba essere molto palese per attirare l'attenzione di un amatore, il quale s'avvede anche di differenze piccolissime ed è conforme alla natura dell'uomo l'apprezzare altamente qualsiasi novità che sia in suo possesso, per quanto insignificante. Inoltre, il valore attribuito a leggiere differenze accidentali in un solo individuo della specie, non devesi paragonare a quello che si attribuisce alle medesime differenze quando si sono già formate diverse razze pure. È ben probabile che nei colombi si sieno formate e si formino tuttora leggiere variazioni, che vengono respinte come deviazioni difettose dal tipo perfetto d'ogni razza. L'oca comune non ci ha dato alcuna varietà ben marcata; per cui la razza di Tolosa e la razza comune, differenti solo pel colore, il meno costante fra tutti i caratteri, furono spacciate come specie distinte nelle nostre esposizioni di volatili.

Da ciò emerge il motivo della nostra ignoranza sull'origine e sulla storia delle nostre razze domestiche. In fatto ad una razza, come al dialetto d'una lingua, non si può assegnare una origine ben definita. Alcuno alleva e fa riprodurre un individuo che presenta qualche modificazione poco sensibile, o prende maggior cura di un altro ad accoppiare i suoi soggetti più belli: in tal modo egli migliora i suoi allievi, e questi, così perfezionati, si spargono nei più vicini contorni. Ma essi non hanno ancora un nome speciale, e non essendo ancora apprezzato il loro valore, la loro storia è trascurata. Dopo aver subito un nuovo perfezionamento col medesimo processo lento e graduato, essi si disseminano sempre più, sono riguardati come cosa distinta e pregevole, ed allora solamente essi ricevono un nome provinciale. In alcuni paesi semicivilizzati, ove le comunicazioni sono difficili, una nuova sotto-razza sarebbe anche più lentamente diffusa ed apprezzata. Appena che le qualità pregevoli sono riconosciute, l'elezione inconscia tende ad aumentarne lentamente e incessantemente i tratti caratteristici, qualunque siano; ma non ugualmente in tutti i tempi, secondo che la razza nuova acquista o perde voga; e forse anche in certi distretti meglio che in altri, secondo il grado di civiltà dei loro abitanti. Ma avremo sempre pochissima probabilità di conservare una cronaca esatta delle sue modificazioni lente ed insensibili.

CIRCOSTANZE FAVOREVOLI AL POTERE ELETTIVO DELL'UOMO

Debbo ora dire qualche cosa delle circostanze propizie o contrarie al potere elettivo dell'uomo. Un grado elevato di variabilità è evidentemente favorevole, mentre somministra materiali all'azione elettiva; quantunque le differenze puramente individuali siano sufficienti a permettere, mediante un'accuratezza estrema, di accumulare una grande congerie di modificazioni in qualsiasi direzione. Ma siccome le variazioni utili o aggradevoli all'uomo non appariscono che a caso, le probabilità della loro comparsa si accrescono in ragione del numero degli individui, per cui la pluralità di essi diventa un elemento di successo della massima importanza. Su questo principio Marshall ha verificato che nella contea di York le pecore, appartenendo a gente povera ed essendo generalmente riunite in piccoli gruppi, non sono suscettibili di miglioramento. D'altra parte i giardinieri che ad uso di commercio allevano molti individui della stessa pianta, riescono assai più spesso degli amatori a formare nuove e preziose varietà. Per riunire un gran numero di individui d'una specie in un paese, è necessario che essi sieno posti in condizioni di vita abbastanza favorevoli a riprodurvisi liberamente. Quando gli individui sono pochi, tutti riescono a riprodursi, qualunque siano le loro qualità, il che impedisce la manifestazione dell'azione elettiva. È probabile che la condizione più importante sia quella che l'animale o la pianta sieno per l'uomo talmente utili ed apprezzabili, che egli ponga la più seria attenzione anche alle leggiere variazioni dei caratteri e della struttura di ogni individuo. Senza queste condizioni nulla può farsi. Io ho inteso dire seriamente essere stato un caso felicissimo che la fragola abbia cominciato a variare quando i giardinieri cominciarono ad osservarla attentamente. Senza dubbio la fragola ha sempre variato dacchè la si coltiva, ma queste leggere variazioni furono trascurate. Appena i giardinieri si presero la premura di scegliere gli individui i quali producevano frutta più grosse, più precoci e più profumate degli altri, e quando allevarono le piante giovani, onde presceglierne ancora le piante migliori e propagarle: allora, coll'aiuto di incrociamenti con altre specie, apparvero quelle ammirabili varietà che si sono ottenute negli ultimi cinquant'anni.

Riguardo agli animali forniti di sessi separati, la facilità colla quale si possono impedire gli incrociamenti è di grande aiuto per la formazione di nuove razze, almeno in un paese già dotato di altre razze. L'isolamento influisce assai in tale effetto. I selvaggi nomadi o gli abitanti delle pianure aperte posseggono di rado più d'una razza della medesima specie. Due colombi possono essere accoppiati per tutta la vita, ed è cosa assai comoda per l'amatore; giacchè in tal modo molte razze possono essere perfezionate e conservate pure, quantunque allevate assieme nella stessa uccelliera. Ciò senza dubbio ha agevolato assai la formazione di nuove razze. Io potrei anche aggiungere che i colombi moltiplicano molto e presto, e che i soggetti difettosi possono essere sacrificati senza perdita perchè servono di cibo. I gatti al contrario non possono essere facilmente appaiati a nostra scelta per la loro abitudine di vagabondaggio notturno; e quantunque siano molto apprezzati dalle donne e dai ragazzi, vediamo di rado sorgere una nuova razza e quando ci scontriamo in tali razze, convien dire che esse sono state importate da qualche altro paese. Non dubito menomamente che certi animali domestici non variino meno d'altri, tuttavia la scarsezza o l'assenza di razze distinte nel gatto, nell'asino, nella gallina faraona, nell'oca, ecc., deriva principalmente dal non essere intervenuta l'azione elettiva; nei gatti per la difficoltà di accoppiarli a piacimento; negli asini perchè trovansi sempre in piccol numero e in potere dei poveri, che poco si curano del loro miglioramento, mentre recentemente, in certe provincie della Spagna e degli Stati Uniti, questi animali furono modificati e migliorati in un modo sorprendente per mezzo di una giudiziosa elezione; nelle galline faraone per la difficoltà di allevarle e per non trovarsi esse mai in grandi gruppi; nelle oche da ultimo per non avere le medesime altro valore che quello della loro carne e delle loro penne, per cui niuno trovò mai incitamento per allevarne nuove razze; ma è d'uopo anche osservare che l'oca sembra dotata di una organizzazione singolarmente inflessibile, sebbene abbia subìto leggere modificazioni, come ho dimostrato altrove.

Alcuni autori hanno asserito che le nostre forme domestiche raggiungono presto un alto grado di variazione che poscia non possono giammai oltrepassare. Ma sarebbe prematuro l'asserto che tale limite sia stato toccato in un solo caso, imperocchè tutte le nostre piante e gli animali sieno stati soggetti a dei miglioramenti nei tempi moderni, ciò che non avrebbe potuto avvenire senza variazioni. Sarebbe anche prematuro il dire, che quei caratteri, i quali furono accresciuti fino al massimo limite e si conservarono costanti per molti secoli, non possono variare in nuove condizioni di vita. Certamente, come ha detto benissimo il Wallace, un limite sarà al fine raggiunto; ad esempio vi deve essere un limite alla velocità di ogni animale terrestre determinato dall'attrito che deve essere superato, dal peso del corpo e dal potere contrattile della fibra muscolare: ma qui importa solo stabilire che le varietà domestiche differiscono tra loro più che non le specie distinte di uno stesso genere in quasi tutti quei caratteri, cui l'uomo ha rivolto la sua attenzione e che ha preso in mira nella elezione artificiale. Isidoro Geoffroy Saint-Hilaire lo ha dimostrato per la grandezza; altrettanto potrebbe provarsi pel colore e probabilmente anche per la lunghezza del pelo. Quanto alla velocità, la quale dipende da parecchi caratteri fisici, Eclipse correva assai più, ed un cavallo da carretta è incomparabilmente più forte che non due specie naturali del genere equino. Dicasi altrettanto delle piante: i semi delle diverse varietà di fava e di frumentone differiscono probabilmente più nella grandezza che i semi di due specie distinte in uno stesso genere delle due famiglie. Si possono estendere queste conclusioni anche ai frutti delle diverse varietà di susini, e più ancora ai melloni, e ad innumerevoli altri analoghi casi.

Riassumendo quanto abbiamo detto sull'origine delle nostre razze domestiche animali o vegetali, io reputo che le condizioni della vita, per la loro azione sul sistema riproduttore, sieno cause di variabilità della maggiore importanza. Ma non è probabile che la variabilità sia una qualità costante e necessariamente inerente a tutti gli esseri organizzati, come alcuni autori hanno pensato. Gli effetti della variabilità sono modificati in diverso grado dall'eredità e dalla riversione dei caratteri. La variabilità è pure governata da molte leggi ignote, e particolarmente dalla legge di correlazione di sviluppo. Si può annettere qualche influenza all'azione diretta delle condizioni esterne della vita, come pure all'uso o al non uso degli organi; il risultato finale diventa perciò molto complesso. In qualche caso l'incrociamento delle specie distinte in origine ebbe probabilmente molta parte nella formazione delle nostre razze domestiche. Quando in un paese parecchie razze domestiche già stabilite furono occasionalmente incrociate, questo incrociamento, favorito dall'elezione, avrà senza dubbio contribuito alla formazione di nuove razze; ma l'importanza dell'incrociamento delle varietà venne molto esagerata sia rispetto agli animali, sia rispetto alle piante propagate per mezzo di semi. Fra le piante che sono temporaneamente propagate per mezzo di innesto, di gemme, ecc., l'importanza degli incrociamenti, vuoi fra specie distinte, vuoi fra varietà, è immensa; perchè, in tal caso, il coltivatore trascura completamente l'estrema variabilità degli ibridi e dei meticci e la frequente sterilità degli ibridi; ma le piante propagate senza semi sono di poca importanza per noi, perchè la loro durata è temporanea. Di tutte le cause di variabilità la prevalente, secondo la mia persuasione, è l'azione accumulata dell'elezione, sia che venga applicata metodicamente, e con rapidità, sia che operi inavvertita e lenta, ma tanto più efficace.

CAPO II

VARIAZIONE ALLO STATO DI NATURA

Variabilità - Differenze individuali - Specie dubbie - Le specie molto estese, molto diffuse e comuni variano assai - Le specie dei grandi generi in ogni paese variano più delle specie dei generi piccoli - Molte specie dei generi grandi rassomigliano a varietà per essere strettamente e diversamente affini fra loro o geograficamente assai circoscritte.

VARIABILITÀ

Prima di procedere all'applicazione dei principii da noi svolti nel capo precedente agli esseri organizzati nello stato di natura, dobbiamo esaminare brevemente se questi sono variabili o no. Per trattare convenientemente tale soggetto, sarebbe necessario redigere un lungo catalogo di fatti; ma io debbo serbarli per la mia opera futura. Io non posso inoltre discutere qui le diverse definizioni che si diedero del termine specie. Nessuna di queste definizioni soddisfece ancora pienamente tutti i naturalisti; frattanto ogni naturalista conosce almeno in modo vago che cosa intende, quando parla di una specie. In generale questa espressione sottintende l'elemento incognito d'un atto distinto di creazione. Anche il termine varietà è parimenti difficile a definirsi; ma qui l'idea d'una discendenza comune è generalmente implicata, quantunque ben di rado possa provarsi. Da ultimo sonovi le mostruosità; ma esse si fondono insensibilmente colle varietà. Intendo per mostruosità una deviazione ragguardevole di una singola parte che può essere o nociva o almeno inutile alle specie. Alcuni autori impiegano la parola variazione, nel significato tecnico, per indicare una modificazione dovuta direttamente alle condizioni esterne della vita; e le variazioni in tal senso non si suppongono ereditarie: ora chi può affermare che le proporzioni minime delle conchiglie nelle acque salmastre del Baltico e la piccolezza delle piante sulle vette alpestri, oppure il fitto pelo degli animali della zona polare non siano in molte occasioni trasmissibili almeno per alcune generazioni? In questo caso io presumo che la forma sarebbe considerata come una varietà.

È dubbio se le variazioni di struttura profonde e repentine, come quelle che assai spesso notansi nelle nostre razze domestiche e più particolarmente fra le piante, possansi propagare con un carattere di costanza nello stato di natura. Generalmente gli esseri organici sono tanto meravigliosamente adatti alle loro condizioni di esistenza da sembrare improbabile che ogni parte di essi sia stata improvvisamente formata nella sua intera perfezione, come una macchina complicata non potrebbe essere stata inventata dall'uomo con tutti i suoi perfezionamenti. Allo stato domestico appariscono spesso delle mostruosità che somigliano a produzioni normali di animali assai diversi; ad esempio, nacquero dei maiali forniti di una specie di proboscide. Se nel genere Sus esistesse una specie naturale fornita di proboscide, si potrebbe concludere ch'essa sia apparsa repentinamente come forma mostruosa; ma per quanto io abbia cercato, non rinvenni un solo caso, in cui una mostruosità somigliasse ad una forma normale in specie affini; e ciò solamente sarebbe d'interesse nella presente questione. Se allo stato dì natura apparissero siffatte forme mostruose, e se fossero trasmissibili (ciò che non sempre si verifica), essendo rare ed isolate, la loro conservazione dipenderebbe da condizioni straordinariamente favorevoli. Si aggiunga che esse nella prima e nelle successive generazioni s'incrocierebbero colle forme comuni, e si comprenderà che debbano perdere quasi inevitabilmente il loro carattere anormale. Ma in un capitolo seguente io riparlerò della conservazione e riproduzione di singole ed occasionali variazioni.

DIFFERENZE INDIVIDUALI

Vi sono leggiere differenze che potrebbero chiamarsi differenze individuali, siccome si trovano nei discendenti dai medesimi genitori, oppure fra individui riguardati per tali, perchè appartenenti alla medesima specie e viventi in una stessa località limitata. Nessuno suppone che tutti gli individui della medesima specie siano formati assolutamente sopra uno stampo eguale. Ora queste differenze individuali sono per noi della massima importanza, e perchè più frequentemente sono trasmissibili, come tutti sanno, e perchè forniscono degli elementi all'accumulazione per elezione naturale; nello stesso modo che l'uomo accumula in una data direzione le differenze individuali che si rilevano nelle razze domestiche.

Queste differenze individuali affettano generalmente quegli organi che i naturalisti considerano come poco importanti; ma io potrei dimostrare con un lungo catalogo di fatti che alcuni organi di una importanza incontestabile, sia che si considerino dal punto di vista fisiologico, sia che si riguardino sotto l'aspetto della classificazione, variano qualche volta fra gli individui della medesima specie. I naturalisti più esperti sarebbero meravigliati del numero delle variazioni che affettano le parti più importanti dell'organismo, delle quali potei prendere cognizione dalle più autorevoli sorgenti nel corso di un certo numero danni. Nè deesi dimenticare che i classificatori sistematici sono ben lontani dal dichiararsi soddisfatti quando trovano qualche deviazione in caratteri importanti. D'altronde sonvene assai pochi che esaminino attentamente gli organi interni (che sono di tanto valore), e che li confrontino in molti campioni d'una medesima specie. Io non mi sarei mai aspettato che le biforcazioni del nervo principale presso il ganglio maggiore centrale di un insetto, fossero variabili in una stessa specie; ma avrei creduto piuttosto che cambiamenti di questa natura dovessero effettuarsi lentamente e gradatamente. Eppure ultimamente il Lubbock ha dimostrato che nel principale filamento nervoso del Coccus esiste una variabilità paragonabile alle irregolari biforcazioni del tronco di un albero. Lo stesso naturalista ha eziandio notato recentemente che nelle larve di alcuni insetti i muscoli sono tutt'altro che uniformi. I dotti s'aggirano in un circolo vizioso quando pretendono che gli organi importanti non variino mai; imperocchè

---

essi cominciano a porre empiricamente fra i caratteri importanti tutti i caratteri invariabili, come alcuni in buona fede confessano. Ora, partendo da questo principio, nessun esempio di variazione importante si affaccerebbe mai. Pure da un altro punto di vista questi esempi sono all'opposto molto frequenti.

Esiste un fenomeno, connesso alle differenze individuali, difficilissimo a spiegarsi. Alludo a quei generi che si dissero proteici o polimorfi, perchè le specie che li costituiscono presentano una straordinaria variabilità. Appena trovansi due naturalisti concordi sulle forme che debbono considerarsi come specie e come semplici varietà. Tali sono i generi Rubus, Rosa e Hieracium fra le piante, parecchi generi d'insetti e di molluschi brachiopodi fra gli animali. Nella pluralità dei generi polimorfi alcune specie hanno carattere fisso e definito. Alcuni generi che sono polimorfi in un paese, a quanto pare lo sono altresì in tutti gli altri, salvo rare eccezioni, e ciò si verificò anche in altre epoche geologiche, come può desumersi dalle conchiglie dei brachiopodi fossili. Questi fatti sono di grave imbarazzo per la scienza, comechè tendano a provare che tale variabilità è indipendente dalle condizioni di vita, Quanto a me propendo a ritenere che nei generi polimorfi noi vediamo delle variazioni di struttura che per essere di niuna utilità, anzi di nocumento alle specie che ne sono affette, non si resero stabili per mezzo dell'elezione naturale, come esporremo.

Gli individui di una medesima specie offrono spesso, come è noto generalmente, delle grandi differenze di struttura, indipendenti da ogni variazione; così differiscono tra loro in parecchi animali i due sessi, oppure negli insetti le due o tre forme di femmine sterili od operaie, od anche in molti animali inferiori gli stadii immaturi e larvari. Si hanno anche esempi di dimorfismo e trimorfismo, tanto nelle piante come negli animali. Così il Wallace, che ha recentemente rivolto l'attenzione a questo soggetto, ha mostrato che le femmine di alcune specie di lepidotteri dell'Arcipelago Malese appariscono regolarmente sotto due ed anche tre forme affatto diverse, le quali non sono collegate insieme da varietà intermedie. Non è molto, Fritz Müller ci ha fatto conoscere degli esempi analoghi, ma ancora più sorprendenti, nei maschi di certi crostacei brasiliani: così il maschio di una Tanais apparisce sotto due forme molto diverse, possedendo l'una delle chele assai più forti e diversamente conformate, l'altra delle antenne assai più abbondantemente fornite di peli olfattivi. Sebbene ora nel maggior numero dei casi le due o tre forme, tanto negli animali come nelle piante, non siano collegate insieme da anelli intermedi, è nondimeno probabile che fossero connesse in passato. Il Wallace, a mo' d'esempio, descrive un lepidottero, il quale in una medesima isola presenta una lunga serie di varietà collegate insieme da anelli, ed i membri estremi di questa serie somigliano assai alle due forme di una specie affine dimorfa che abita un'altra parte dell'Arcipelago Malese. Dicasi altrettanto delle formiche: le varie forme di operaie sono generalmente affatto diverse; ma in alcuni casi, come più tardi vedremo, le diverse forme sono congiunte insieme da varietà lentamente graduate, e la stessa, com'io potei osservare, avviene in alcune piante dimorfe. Sembra certamente un fatto molto singolare, che una medesima femmina di lepidottero possa contemporaneamente produrre tre forme femminili ed una maschile; che una pianta ermafrodita da una stessa capsula produca tre distinte forme ermafrodite che contengono tre diverse forme di femmine e tre od anco sei diverse forme di maschi. Nondimeno questi esempi non sono che esagerazioni del fatto comune che la femmina produce dei discendenti di ambedue i sessi, i quali talvolta differiscono tra loro in modo sorprendente.

SPECIE DUBBIE

Di grande importanza, sotto vari aspetti, sono per noi quelle forme che hanno in grado considerevole il carattere di specie, ma presentano profonde rassomiglianze con altre forme, o sono tanto affini ad esse, per gradi intermedi, che i naturalisti esitano a farne altrettante specie distinte. Noi abbiamo grandi ragioni per credere che molte di queste forme dubbie, o strettamente affini, hanno conservato costantemente i loro caratteri nel paese nativo abbastanza a lungo per essere credute buone e vere specie. Nella pratica, allorchè un naturalista può congiungere due forme qualsiansi per mezzo di altre forme dotate di caratteri intermedi, egli denota come specie la più comune, o quella che fu descritta per la prima, e classifica l'altra come varietà. Frattanto si offrono casi, che non voglio enumerare in questo luogo, nei quali riesce sommamente difficile decidere se una forma debba mettersi come varietà d'un'altra, anche se le medesime siano strettamente legate da forme intermedie; e tale difficoltà non viene appianata dal riconoscere che le forme intermedie sono ibridi. Anzi avviene spesso che una forma si consideri come varietà d'un'altra, non dalla cognizione dei legami intermedi, ma dall'ipotesi formata per analogia dall'osservatore, che essi esistano in qualche luogo, o che possano essere esistiti in altre epoche, e allora apresi un'ampia porta ai dubbi e alle congetture.

Ne segue che ove abbiasi a determinare se una forma debba prendere il nome di specie oppure di varietà, l'opinione dei naturalisti dotati di un raziocinio sicuro e di una grande esperienza è l'unica guida. In molti casi poi devesi decidere a pluralità di voti fra gli opposti pareri; perchè poche sono le varietà spiccate e ben conosciute che non siano state collocate fra le specie almeno da alcuni giudici competenti.

Inoltre ognuno deve convenire che queste varietà dubbie non sono rare. Se si confrontino le diverse flore d'Inghilterra, di Francia e degli Stati Uniti, descritte da vari botanici, si riconosce che un numero sorprendente di forme furono classificate dagli uni come vere specie, e dagli altri come semplici varietà. Il signor C. Watson, al quale io vado profondamente grato del concorso prestatomi in mille modi, mi diede una nota di 182 piante inglesi che in generale si riguardano come varietà, che furono innalzate da qualche botanico al rango di specie. E si osservi ch'egli trascurò molte varietà più semplici, che nondimeno sono considerate come specie da certi botanici, ed omise affatto alcuni generi assai polimorfi. Nei generi che comprendono le specie più polimorfe, Babington conta 251 specie e Bentham 112 soltanto; questa è una differenza di 139 forme dubbie. Fra gli animali che si uniscono per ogni accoppiamento e che vagano assai, le forme dubbie oscillanti fra la specie e la varietà si trovano di rado nel medesimo paese, ma sono frequenti in luoghi separati. Molti uccelli ed insetti del Nord dell'America e dell'Europa, che differiscono assai poco fra loro, furono classificati da qualche naturalista eminente come altrettante specie ben definite e da altri come varietà, oppure come razze geografiche.

Il Wallace ha dimostrato in parecchie memorie pregevolissime che ha pubblicato recentemente sopra i diversi animali e principalmente sopra i Lepidotteri dell'Arcipelago Malese, che si possono suddividere in quattro categorie, e cioè in forme variabili, forme locali, razze geografiche o sottospecie, e varie specie rappresentative. Le prime forme o variabili variano notevolmente entro i limiti di una medesima isola. Le forme locali sono in ciascuna isola abbastanza costanti e distinte; se però si confrontino tra di loro tutte le forme delle diverse isole, le differenze si presentano talmente piccole e graduali, che torna impossibile classificarle o descriverle, benchè le forme estreme siano sufficientemente definite. Le razze geografiche o sottospecie sono forme locali ben determinate ed isolate; ma siccome non differiscono tra di loro per caratteri molto marcati ed importanti, così non può essere stabilito da una prova, ma soltanto dall'opinione individuale, quali si debbano considerare come specie e quali come varietà. Le specie infine rappresentative occupano nella economia naturale di cadauna isola lo stesso posto come le forme locali e le sottospecie; ma siccome le distingue un maggior grado di diversità di quello che corre tra le forme locali e le sottospecie, così i naturalisti le considerano come buone specie. Nondimeno è impossibile indicare un criterio esatto, col quale si possano riconoscere le forme variabili, le forme locali, le sottospecie e le specie rappresentative.

Sono molti anni che, istituendo un confronto degli uccelli delle isole Galapagos fra loro o con quelli dell'America, rimasi vivamente impressionato dall'incertezza e dall'arbitrio di tutte le distinzioni delle specie e delle varietà. Sulle isolette del piccolo gruppo di Madera trovansi molti insetti descritti come varietà nell'ammirabile opera di Wollaston e che tuttavia sarebbero innalzati a livello della specie da molti entomologi. Anche l'Irlanda possiede alcuni animali che si considerano come varietà, mentre alcuni zoologi li riguardano come specie. Parecchi fra i nostri migliori ornitologi considerano il nostro gallo selvatico inglese solo come una razza ben distinta della specie di Norvegia, quando la maggior parte dei dotti ne formano una specie ben caratterizzata e particolare alla Gran Bretagna. Una distanza notevole fra i luoghi occupati da due forme dubbie predispone molti naturalisti a classificarle come specie distinte. Ma quale distanza può ritenersi sufficiente? Se la distanza fra l'Europa e l'America è grande abbastanza, lo sarà anche quella che passa fra l'Europa e le Azzorre, o Madera, o le Canarie, o parecchie isolette di questo piccolo arcipelago.

Il dott. Walsh, distinto entomologo degli Stati Uniti, ha descritto recentemente delle varietà fitofaghe e delle specie fitofaghe. La maggior parte degli insetti fitofagi vive di una specie o di un gruppo di piante: alcuni vivono indistintamente di molte specie, senza che in conseguenza ne sieno cambiate. Ora Walsh ha osservato altri casi di questo genere, d'insetti, cioè, i quali furono trovati sopra parecchie piante, e che allo stato di larva oppure di immagine, o in ambedue questi stati, presentavano delle differenze, piccole sì, ma costanti nel colore, nella grandezza o nella qualità delle secrezioni. In alcuni casi si trovarono solamente i maschi, in altri i maschi e le femmine diversi tra loro in grado leggero. Se le differenze sono piuttosto pronunciate, ed estese ad ambedue i sessi e a tutte le età, allora gli entomologi considerano queste forme come buone specie. Nessun osservatore però può rispondere ad altri, come risponde a sè, della bontà di queste specie o varietà cui appartengono quelle forme fitofaghe. Il Walsh considera come varietà quelle forme, delle quali presuppone che, forzate, s'incrocierebbero; e come specie quelle che sembrano aver perduto tale facoltà. Siccome le differenze dipendono da ciò che gl'insetti si sono lungamente nutriti di diverse piante, non possiamo aspettarci di trovare degli anelli fra queste differenti forme. Perciò al naturalista viene meno il miglior criterio nel decidere, se forme così dubbie siano da ritenersi varietà o specie. La stessa cosa avviene necessariamente negli organismi molto affini che abitano continenti od isole diverse. Tutte le volte però che un animale o una pianta è ampiamente diffusa sopra un medesimo continente, od abita molte isole dello stesso arcipelago, e se presenta forme diverse nei diversi distretti; allora possiamo attenderci di rinvenire le forme intermediarie, le quali congiungono insieme le forme estreme; ed allora queste si fanno discendere al rango di varietà.

Alcuni naturalisti sostengono che gli animali non presentano mai delle varietà; per conseguenza considerano le più piccole differenze come aventi un valore specifico; e quando anche una identica forma si trovi in due luoghi lontani, o in due diverse epoche geologiche, essi vanno tant'oltre da supporre che due specie differenti siano nascoste sotto un medesimo abito. L'espressione di specie diventa perciò una inutile astrazione, per la quale s'intende ed ammette un atto creativo particolare. È cosa certa che molte forme, considerate come varietà da giudici competenti, hanno tali caratteri di specie, che vengono classificate come buone e vere specie da altri giudici di uguale merito. E sarebbe fatica gettata il discutere, se coteste forme siano specie o varietà, infino a tanto che non vi sia una definizione di questi due termini. Molte di queste varietà ben marcate o specie dubbie meritano una particolare considerazione, imperocchè alla loro distribuzione geografica, all'analoga variazione, all'ibridismo, ecc., si attinsero degli argomenti per decidere del rango che loro appartiene. Ma lo spazio non mi permette di trattare qui quest'argomento. Un attento esame insegnerà in molti casi ai naturalisti quale rango sia da darsi a siffatte forme dubbie. Tuttavia dobbiamo confessare che precisamente nei paesi meglio esplorati s'incontra il maggior numero di tali forme. Io sono rimasto sorpreso nel vedere, come di tutti quegli animali e quelle piante, che vivono allo stato naturale e sono utilissime all'uomo, od attirano per altre ragioni la sua particolare attenzione, si conoscono quasi dappertutto delle varietà, le quali, oltre ciò, da alcuni autori sono credute specie distinte. Quanto non fu esattamente studiata la quercia comune! Eppure un autore tedesco stabilisce una dozzina di specie sopra quelle forme che i botanici hanno creduto fino ad oggi quasi generalmente semplici varietà; ed in Inghilterra possono citarsi le più alte autorità ed i migliori pratici sia in appoggio dell'idea che la quercia sessiliflora e la peduncolata sono specie ben distinte, sia per l'altra che sono semplici varietà.

Devo qui alludere ad un recente lavoro di A. De Candolle sulle quercie del globo. Giammai un autore ebbe tra le mani un più ricco materiale per la distinzione delle specie, nè potè studiarlo con maggior cura e sagacia. Egli espone dapprima in dettaglio i vari punti, ne' quali varia la struttura delle diverse specie, e calcola numericamente la frequenza delle variazioni. In particolare egli adduce oltre una dozzina di caratteri, i quali presentano delle variazioni, talvolta sopra uno stesso ramo, a seconda dell'età e dello sviluppo, spesso senza una causa conosciuta. Cotesti caratteri non hanno naturalmente alcun valore specifico; sono però di quelli, i quali, come dice Asa Gray nel suo rapporto sulla predetta memoria, entrano generalmente nella definizione della specie. De Candolle dice inoltre che considera come specie quelle forme, le quali diversificano fra loro per caratteri che non variano mai sul medesimo albero e non sono collegate insieme da forme intermediarie. Dopo tale esposizione, che è il risultato di lunghi lavori, egli accentua le seguenti parole: «Sono in errore coloro, i quali vanno ripetendo che le nostre specie siano in generale ben limitate, e che le forme dubbie costituiscano una debole minoranza. Tale opinione poteva sostenersi, quando un genere era imperfettamente conosciuto, e le sue specie si fondavano sopra pochi esemplari, ossia erano provvisorie. Appena noi arriviamo a conoscerle meglio, si mostrano le forme intermediarie e nascono i dubbi sui confini delle specie». Egli soggiunge ancora che precisamente le specie meglio conosciute presentano il maggior numero di varietà e di sottovarietà spontanee. La Quercus robur, ad esempio, offre ventotto varietà, le quali tutte, ad eccezione di sei, si aggruppano intorno a tre sottospecie, che sono le Q. pedunculata, sessiliflora e pubescens. Le forme che collegano insieme queste tre sottospecie sono relativamente rare, e se esse si estinguessero, le tre sottospecie, come osserva Asa Gray, starebbero tra loro nello stesso rapporto, come le quattro o cinque specie provvisoriamente ammesse che si aggruppano strettamente intorno alla tipica Quercus robur. Infine De Candolle confessa che delle 300 specie che saranno accolte nel suo Prodromo come appartenenti alla famiglia delle quercie, ben due terzi sono provvisorie, ossia non tanto bene conosciute da soddisfare alla sopra citata definizione delle vere specie. Io poi devo soggiungere che il De Candolle non considera le specie come creazioni immutabili, ma arriva alla conclusione che la teoria della trasformazione delle specie è la più naturale, e quella «che meglio concorda coi fatti della paleontologia, della geografia vegetale, della geografia animale, della struttura anatomica e della classificazione».

Quando un giovine naturalista comincia a studiare un gruppo di organismi a lui completamente ignoti, sulle prime egli trovasi molto imbarazzato per distinguere le differenze ch'egli deve considerare come di valore specifico, da quelle che solo indicano le varietà; perchè egli non sa quale sia l'insieme delle variazioni di cui il gruppo è suscettibile; locchè prova la generalità del principio di variazione. Ma se egli concentri la sua attenzione sopra una sola classe in una regione determinata, egli giunge tosto a sapere come debba riguardare le forme dubbie. Egli sarà inclinato a formare molte specie, trovandosi sotto l'impressione della differenza delle forme che egli ha costantemente sotto gli occhi, come il dilettante di colombi o d'altri volatili di cui ho già parlato; e perchè egli ha ancora poche cognizioni generali delle variazioni analoghe in altri gruppi e in altri luoghi che potrebbero rettificare quelle prime impressioni. Nello estendere maggiormente le sue osservazioni egli troverà nuove difficoltà, abbattendosi in un numero grande di forme affini; ma potrà finalmente dopo altre esperienze determinare con certezza ciò ch'egli deve chiamare varietà o specie; però vi giungerà solo ammettendo una grande variabilità nelle forme specifiche, la quale sarà spesso combattuta da altri naturalisti. Inoltre, quando si faccia a studiare le forme affini derivate da regioni attualmente separate, nel qual caso egli non può aspettarsi di rinvenire i legami intermedi fra le forme dubbie, dovrà attenersi puramente all'analogia, e le difficoltà diverranno molto maggiori.

È indubitato che niuna linea di separazione fu ancora tracciata fra le specie e le sotto-specie, cioè fra quelle forme che nel concetto di alcuni naturalisti si avvicinano molto, ma non giungono al grado di specie; non meno che fra le sotto-specie e le varietà, ben caratterizzate, od anche fra le varietà meno decise e le differenze individuali. Queste differenze si fondono insieme in una serie insensibilmente graduata; ora ogni serie desta nello spirito l'idea di un vero passaggio.

Per questo io penso che le differenze individuali, quantunque siano di poca importanza per il sistematico, sono invece per noi del massimo rilievo, comechè formino il primo distacco verso quelle leggiere varietà che sono appena degne d'essere ricordate nelle opere di storia naturale. Io considero le varietà più distinte e permanenti come il primo gradino che conduce a varietà più permanenti e distinte, dalle quali poi si passa alla sotto-specie e alle specie. La transizione da un grado di differenza ad un altro più elevato può in qualche cosa attribuirsi semplicemente all'azione continua e protratta delle condizioni fisiche in due regioni diverse; ma non ho molta fiducia in questa opinione e amo attribuire le modificazioni successive di una varietà che passa da uno stato pochissimo diverso da quello della specie madre ad una forma che ne diversifica maggiormente, alla elezione naturale che agisce in modo di accumulare in una certa determinata direzione le differenze d'organizzazione, come spiegherò altrove più diffusamente. Ritengo quindi che una varietà bene staccata debba considerarsi come una specie nascente. Potrà giudicarsi del valore di questa opinione dal complesso dei fatti e delle considerazioni che si contengono nella presente opera.

Del resto non fa d'uopo supporre che tutte le varietà, o specie nascenti raggiungano necessariamente il rango di specie. Possono estinguersi nello stato nascente; possono anche durare come varietà per lunghi periodi, come lo hanno provato Wollaston per certe conchiglie terrestri fossili di Madera, e Gaston de Saporta per le piante. Se una varietà prosperi fino al punto di eccedere in numero la specie-madre, questa prenderà allora il rango di varietà e la varietà quello di specie. Una varietà può anzi esterminare e soppiantare la specie-madre; oppure entrambi ponno esistere come specie indipendenti. Ma noi ritorneremo altrove sopra questo argomento.

Dalle osservazioni esposte apparisce che io non considero il termine specie se non come una parola applicata arbitrariamente, per comodo, a un insieme di individui molto somiglianti fra loro e che questo termine non differisce sostanzialmente dall'altro varietà, dato a forme meno distinte e più variabili. Non altrimenti che la parola. varietà, in confronto alle differenze semplicemente individuali, viene applicata arbitrariamente ed anzi per sola convenienza.

LE SPECIE MOLTO ESTESE E MOLTO COMUNI VARIANO ASSAI.

Diretto da considerazioni teoriche pensai che potrebbero ottenersi importanti risultati, rispetto alla natura ed ai rapporti delle specie che variano maggiormente, formando delle tavole di tutte le varietà comprese nelle diverse flore bene studiate. Questo còmpito sembra assai facile sulle prime; ma il signor H. C. Watson, cui sono molto tenuto per gli importanti servigi e l'aiuto prestatomi in questa materia, mi convinse tosto delle molte difficoltà che presenta, come il dottore Hooker mi esternava poi in termini più precisi. Io serberò dunque per il futuro mio lavoro la discussione di queste difficoltà e le tavole dei numeri proporzionali delle specie variabili. Del resto io sono autorizzato dal dott. Hooker ad aggiungere che, dopo l'attenta lettura dei miei manoscritti e dopo l'esame di quelle tavole, egli crede che i principii che andrò svolgendo siano abbastanza ben fondati. Però l'argomento che io debbo necessariamente trattare con tanta brevità è abbastanza complicato e perplesso, e richiede alcune allusioni alla lotta per l'esistenza, alla divergenza dei caratteri ed alle altre questioni che saranno discusse più innanzi.

Alfonso de Candolle ed altri hanno dimostrato che le piante che hanno una grande estensione geografica presentano in generale delle varietà. Nè sarebbe stato malagevole l'indovinarlo, considerando le differenti condizioni fisiche à cui sono esposte e la lotta alla quale prendono parte con altri gruppi di esseri organici, cosa della massima importanza, come vedremo. Ma le mie tavole provano altresì che in ogni paese limitato le specie più comuni, vale a dire di maggior numero di individui, e le specie più disseminate nella loro regione nativa (circostanza che non devesi confondere con una grande estensione e neppure fino ad un certo punto coll'essere comuni) sono quelle che danno più spesso origine a varietà abbastanza spiccate per essere enumerate nelle opere di botanica.

Dunque le specie più fiorenti o, come potrebbero chiamarsi, le specie dominanti, cioè aventi una grande estensione geografica, sono le più sparse nel paese da esse abitato e posseggono anche un numero maggiore di individui; e producono più spesso delle altre quelle varietà tanto distinte che io considero come altrettante specie nascenti. Ciò poteva prevedersi, dacchè le varietà debbono lottare necessariamente contro gli altri abitanti della medesima regione per acquistare un certo grado di permanenza. Ora le specie dominanti hanno anche una probabilità maggiore di lasciare una discendenza, la quale, benchè leggermente modificata, gode pure dei vantaggi che assicurano alla specie-madre la prevalenza sulle altre specie indigene. Queste osservazioni sul predominio delle specie non si applicano, s'intende, che alle forme organiche, le quali entrano in lotta fra loro, ed in ispecie ai membri dello stesso genere o della stessa classe che hanno analoghe abitudini di vita. Rispetto all'essere comuni, o al numero d'individui d'una specie, il confronto deve istituirsi soltanto fra i membri di uno stesso gruppo. Una pianta può riguardarsi come dominante, se si distingue per la quantità maggiore di individui e sia più diffusa di tutte le altre della medesima regione, le quali non esigono condizioni di vita troppo diverse. Tale pianta non è meno dominante, nel senso da noi attribuito a questa espressione, anche in confronto di qualche conferva acquatica o di qualche fungo parassita infinitamente più sparso e numeroso; ma se una specie di conferva o di fungo parassita supera tutte le affini, nelle predette condizioni essa diverrà la specie dominante della propria classe.

LE SPECIE DEI GRANDI GENERI IN OGNI PAESE VARIANO PIÙ DELLE SPECIE DEI GENERI PICCOLI

Se si dividono in due serie le piante che popolano una regione e che sono descritte nella sua flora, ponendo in una di esse tutti i generi più ricchi e nell'altra tutti i generi più poveri, si troverà un numero prevalente di specie dominanti comunissime e molto estese dal lato dei generi più ricchi. Anche questo poteva prevedersi; imperocchè il solo fatto che molte specie del medesimo genere abitano una stessa contrada, dimostra che avvi qualche cosa nelle condizioni organiche od inorganiche di questa contrada ad esse particolarmente favorevole; e quindi era da ritenersi che nei generi più grandi, cioè in quelli che contengono più specie, si sarebbe trovato un numero relativamente più forte di specie dominanti. Tante cause però tendono a nascondere questo risultato, che mi stupisco nel vedere tuttavia nelle mie tavole una maggioranza debole dal lato dei generi più ricchi. Basterà che accenni a due di queste cause contrarie. Le piante di acqua dolce e quelle d'acqua salata hanno in generale una vasta estensione geografica e sono molto diffuse; ma ciò sembra derivi dalla natura dei paesi da esse abitati e non ha che ben poca o niuna relazione colla ricchezza dei generi a cui queste specie appartengono. Inoltre le piante collocate agli infimi gradi della scala dell'organizzazione sono generalmente assai più disseminate delle più perfette, ed anche in tal caso non esiste alcun rapporto necessario colla ricchezza dei generi. La causa della grande estensione delle piante di organizzazione inferiore sarà trattata nel capo della Distribuzione geografica.

Considerando le specie come varietà ben distinte e definite, io potei prevedere che le specie dei generi più ricchi in ogni paese debbono anche presentare un maggior numero di varietà delle specie appartenenti ai generi più scarsi; perchè là dove si produssero molte specie strettamente affini, cioè del medesimo genere, debbono generalmente trovarsi in via di formazione molte varietà o specie nascenti. Dove crescono molti alberi grandi possiamo attenderci di scoprire molti polloni. Dove si formarono molte specie di un genere per mezzo della variazione, vuol dire che le circostanze hanno favorito la variabilità; e se ne può dedurre con fondamento che in generale esse continueranno ancora ad essere loro favorevoli. D'altra parte, se noi riguardiamo ogni specie come il prodotto di un atto speciale di creazione, non havvi alcuna ragione apparente, per la quale si abbia un maggior numero di varietà in un gruppo contenente molte specie di quello che in altro gruppo che ne racchiuda poche.

Onde comprovare la verità di questa induzione ho disposto le piante di dodici paesi e gli insetti coleotteri di due distretti in due masse quasi uguali, ponendo le specie dei generi più ricchi separatamente da quelle dei generi poveri; ed ho sempre trovato una proporzione superiore di specie variabili nei generi più abbondanti. Di più, fra le specie dei grandi generi che presentano delle varietà, il numero medio di queste è invariabilmente più forte di quello delle varietà spettanti alle specie dei generi più piccoli. Questi risultati sussistono anche quando si faccia un'altra divisione e si tolgano dalle tavole tutti i generi più scarsi, i quali non contengono più di quattro specie. Questi fatti hanno un'altra portata nell'ipotesi che le specie non siano che varietà permanenti e bene staccate; perchè dovunque vennero formate molte specie dello stesso genere, oppure, se l'espressione è lecita, dove la fabbricazione delle specie era in corso, noi dobbiamo generalmente aspettarci di rinvenirla ancora in azione, tanto più che abbiamo ogni motivo di credere che il processo di fabbricazione delle nuove specie sia assai lento. Ciò avviene senza dubbio se le varietà sono da considerarsi come specie nascenti; mentre le mie tavole stabiliscono chiaramente che, in massima generale, dovunque formaronsi molte specie d'un genere, le medesime specie presentano un numero di varietà o di specie nascenti superiore alla media. Questo non toglie però che qualche genere abbondante non sia presentemente molto variabile e in grado d'accrescere il numero delle sue specie, oppure che qualche genere piccolo si trovi in uno stadio di variazioni e di aumento. Se fosse altrimenti, ciò sarebbe assai fatale alla mia teoria; tanto più che la geologia c'insegna chiaramente che alcuni generi piccoli sono cresciuti assai nel corso dei tempi e che altri generi grandi sono giunti al massimo loro sviluppo, indi declinarono e scomparvero. A noi interessa stabilire che nei luoghi in cui si formarono molte specie d'un genere, generalmente ne sorgono anche oggi molte altre: e questo è un fatto.

MOLTE SPECIE DEI GENERI GRANDI RASSOMIGLIANO A VARIETÀ PER ESSERE DIRETTAMENTE E DIVERSAMENTE AFFINI FRA LORO E GEOGRAFICAMENTE CIRCOSCRITTE

Abbiamo altre relazioni fra le specie dei grandi generi e le loro varietà. Abbiamo veduto che non possediamo un criterio infallibile per distinguere le specie dalle varietà ben caratterizzate; e che quando i passaggi intermedi fra due forme dubbie non furono trovati, i naturalisti sono obbligati a determinarne il rango dall'insieme delle differenze esistenti fra loro, giudicando per analogia se siano sufficienti o no per contrassegnarne una od entrambe col titolo di specie. L'insieme di queste differenze è quindi uno dei criteri più importanti per decidere se due forme debbano considerarsi come specie o come varietà. Fries ha osservato nelle piante e Westwood negli insetti, che nei grandi generi la somma delle differenze fra le specie è alle volte eccessivamente piccola. Ho cercato di stabilire numericamente questa proporzione col mezzo delle medie, e per quanto potei rilevare dai miei calcoli imperfetti, essi la confermano pienamente. Consultai anche alcuni osservatori esperti e sagaci, e dopo discussione, i medesimi aderirono a questi risultati, Sotto questo aspetto, dunque, le specie dei generi più abbondanti somigliano alle varietà più di quelle dei generi più poveri. Si può esprimere altrimenti questo concetto col dire che nei generi più ricchi, nei quali un certo numero di varietà o di specie nascenti superiori alla media sia per formarsi, molte specie già formate rassomigliano in qualche modo alle varietà, distinguendosi fra loro per una somma di differenze minore della consueta.

Inoltre le specie dei grandi generi stanno fra loro come le varietà di ciascuna specie. Nessun naturalista crede che tutte le specie d'un genere siano ugualmente distinte le une dalle altre; esse possono generalmente suddividersi in sotto-generi, sezioni o gruppi ancora minori. Come Fries notava, piccoli gruppi di specie sono generalmente raccolti come satelliti intorno a certe altre specie. Le varietà non sono forse gruppi di forme di disuguale affinità reciproca e che circondano certe altre forme che sono le loro specie-madri? Senza dubbio, havvi una distinzione più importante fra le varietà e le specie, ed è che la somma delle differenze fra le varietà, paragonate fra loro e colle specie-madri, è molto minore che fra le specie di un medesimo genere. Ma quando noi ci faremo a discutere il principio che chiamiamo divergenza del carattere, vedremo come ciò possa spiegarsi; e che le più piccole differenze fra le varietà tendono ad aumentare per dar luogo alle differenze più profonde fra le specie.

Ma havvi un altro fatto degno di attenzione. Le varietà hanno generalmente un'estensione molto ristretta: ciò è tanto evidente, che potremmo dispensarci dal constatarlo, perchè, quand'anche una varietà avesse una estensione maggiore di quella della specie-madre, le loro denominazioni sarebbero invertite. Tuttavia abbiamo anche qualche motivo di ritenere che le specie che sono vicinissime a qualche altra, e che per tale riflesso sembrano varietà, hanno spessissimo una estensione limitata. Così. H. C. Watson mi ha indicato nel catalogo delle piante di Londra (4a edizione), redatto con tanta accuratezza, sessantatre piante che vi figurano come specie, le quali egli trova tanto simili ad altre specie prossime, che il loro valore specifico rimane molto dubbio. Queste 63 specie, credute tali, si estendono in media sopra 6,9 provincie, nelle quali Watson divideva la Gran Bretagna. D'altronde, nel medesimo catalogo, troviamo 53 varietà ben determinate, le quali sono sparse sopra 7,7 di queste provincie; mentre le specie, a cui queste varietà appartengono, si estendono in 14,3 provincie. Per modo che le varietà certe hanno una estensione media approssimativamente uguale a quella delle forme affini registrate da Watson fra le specie dubbie, che sono però quasi generalmente considerate dai botanici inglesi come buone e vere specie.

SOMMARIO

Finalmente le varietà non ponno distinguersi dalle specie, eccettuato primieramente il caso della scoperta di forme intermedie che le rannodino insieme; in secondo luogo tranne una certa somma di differenze, perchè due forme assai poco diverse sono generalmente classificate come varietà, anche quando non si trovarono legami intermedi; ma la somma delle differenze considerata come necessaria per dare a due forme il carattere di specie è completamente indefinita. Nei generi che posseggono un numero di specie superiore alla media, in qualunque paese, le specie contengono pure un numero di varietà più alto della media. Nei grandi generi le specie sono suscettibili d'essere strettamente ma disugualmente affini fra loro, formando piccoli gruppi intorno a certe altre specie. Le specie strettamente affini ad altre sembrano di estensione più ristretta. Sotto questi rapporti vari, le specie dei grandi generi presentano molta analogia colle varietà. E noi possiamo comprendere facilmente queste analogie, se ogni specie ha esistito dapprima come varietà e si è formata come questa; al contrario queste analogie rimangono inesplicabili quando ogni specie sia stata creata indipendentemente.

Abbiamo anche osservato che le specie più variabili sono in ogni classe le più fiorenti o le dominanti dei generi più ricchi; e le loro varietà, come vedremo, tendono a divenire specie nuove e distinte. I generi più grandi hanno pure una tendenza di accrescersi maggiormente. In tutta la natura le forme viventi, ora dominanti, manifestano una tendenza di dominare maggiormente, lasciando molti discendenti modificati e dominanti. Ma, come spiegheremo altrove, mediante fasi graduate i generi più grandi tendono anche a

---

spezzarsi in generi minori. Per tal modo le forme viventi nel mondo intero dividonsi gradatamente in gruppi subordinati ad altri gruppi.

CAPO III

LOTTA PER L'ESISTENZA

È sostenuta dall'elezione naturale - Questo termine deve impiegarsi in un senso largo - Progressione geometrica d'accrescimento - Rapido accrescimento degli animali e delle piante naturalizzate - Natura degli ostacoli all'accrescimento - Concorrenza universale - Effetti del clima - Protezione derivante dal numero degl'individui - Rapporti complessi degli animali e dei vegetali nella natura - Lotta per l'esistenza più severa fra gli individui e le varietà di una medesima specie; spesso anche fra le specie del medesimo genere - I rapporti più importanti sono quelli che passano da uno ad altro organismo.

Prima di intraprendere la trattazione dell'argomento di questo capo, debbo fare alcune osservazioni preliminari sul modo con cui la lotta per l'esistenza si fonda sul principio della elezione naturale. Nel capo precedente abbiamo veduto che fra gli esseri organici allo stato di natura riscontransi variazioni individuali; e per vero io credo che ciò non sia mai stato messo in dubbio. Poca importa che una moltitudine di forme dubbie siano collocate fra le specie, sottospecie, o varietà; nè fa d'uopo, per esempio, conoscere quale rango debbano avere le duecento o trecento forme dubbie di piante inglesi, quando si ammetta l'esistenza di varietà ben distinte. Ma la sola esistenza delle variazioni individuali e di alcune varietà spiccate, quantunque necessaria in sostanza a questo lavoro, poco ci aiuta per spiegare in qual guisa le specie giungano a formarsi naturalmente. Come possono essersi effettuati questi mirabili adattamenti di una parte dell'organismo ad un'altra, alle condizioni esterne della vita, e di un essere organico ad un altro essere? Questi adattamenti stupendi li vediamo più chiaramente nel picchio e nel vischio; essi esistono, benchè meno evidenti, nel più umile parassita che si attacca al pelo del mammifero e alle penne di un uccello, nella struttura del coleottero che si tuffa nell'acqua, nel seme alato che viene trasportato dalla brezza più leggiera: in una parola, noi vediamo delle armonie meravigliose nell'intero mondo organico e nelle sue parti.

Si può anche cercare per quale processo le varietà, da me chiamate specie nascenti, si trasformino alla fine in specie ben definite, le quali nella pluralità dei casi differiscono fra loro assai più delle varietà d'una stessa specie. Come si formano quei gruppi di specie che costituiscono i così detti generi distinti, e che sono fra loro più diversi che non lo sono le specie di questi generi? Tutti questi effetti risultano necessariamente dalla lotta per l'esistenza, come noi dimostreremo più completamente al capo seguente. In seguito a questa continua lotta per l'esistenza, ogni variazione, per piccola che sia e da qualsiasi cagione provenga, purchè sia in qualche parte vantaggiosa all'individuo di una specie, contribuirà nelle sue relazioni infinitamente complesse cogli altri esseri organizzati e colle fisiche condizioni della vita alla conservazione di quest'individuo, e in generale si trasmetterà alla sua discendenza. Inoltre questa avrà maggiori probabilità di sopravvivere; perchè, fra i molti individui d'ogni specie che nascono periodicamente, pochi soltanto rimangono in vita. Io chiamo elezione naturale il principio, pel quale così conservasi ogni leggera variazione, quando sia utile, per stabilire la sua analogia colla facoltà elettiva dell'uomo. Ma l'espressione usata da Herbert Spencer «sopravvivenza del meglio adatto» è più precisa e alcune volte ugualmente conveniente. Noi abbiamo notato che l'uomo, per mezzo dell'elezione, certamente può produrre grandi risultati e può adattare gli esseri organizzati ai propri bisogni, accumulando le variazioni leggere, ma vantaggiose, che la natura gli fornisce. Ora l'elezione naturale, come più tardi vedremo, è incessantemente in azione ed è incomparabilmente superiore ai deboli sforzi dell'uomo, come le opere della Natura lo sono rispetto a quelle dell'Arte.

Facciamoci ora ad esaminare con maggiori dettagli il principio della lotta per l'esistenza. Codesta questione verrà trattata nel mio prossimo lavoro, con tutto lo sviluppo che esige. Piramo De Candolle e Lyell dimostrarono filosoficamente e completamente che tutti gli esseri organizzati sono sottomessi alle leggi di una severa concorrenza. Niuno trattò questo argomento con tanto spirito ed abilità come il dott. W. Herbert, decano di Manchester, per quanto riguarda le piante, e ciò devesi evidentemente alle sue profonde cognizioni di orticoltura. Non vi ha cosa più facile dello ammettere in teoria la verità della universale lotta per l'esistenza, ma è estremamente difficile, come io almeno trovai, di conservare sempre presente allo spirito questa legge. Eppure, se non ce la imprimeremo bene nella mente, intravvederemo solo confusamente, o anche non comprenderemo affatto, l'intera economia della natura con tutti i suoi fenomeni di distribuzione, di rarità, d'abbondanza, d'estinzione e di variazione. Noi vediamo l'aspetto della natura brillare di prosperità, e vi ravvisiamo una sovrabbondanza di nutrimento; noi dimentichiamo che la maggior parte di tanti uccelli che cantano intorno a noi, vivono solo d'insetti o di sementi, e per conseguenza distruggono continuamente altri esseri viventi; oppure noi non riflettiamo che questi cantatori, o le loro uova, o la loro covata, sono distrutti da uccelli od altri animali rapaci; e noi non pensiamo sempre che se in certi istanti essi hanno un nutrimento eccedente, ciò non avviene in tutte le stagioni dell'anno.

IL TERMINE «LOTTA PER L'ESISTENZA» DEVE IMPIEGARSI IN UN SENSO LARGO

Qui io debbo premettere che adopero il termine lotta per l'esistenza in un senso largo e metaforico, comprendente le relazioni di mutua dipendenza degli esseri organizzati, e (ciò che più monta) non solo la vita dell'individuo, ma le probabilità di lasciare una posterità. Può con sicurezza asserirsi che in un'epoca di carestia due cani lotteranno fra loro per carpirsi il nutrimento necessario alla vita. Una pianta al confine d'un deserto deve lottare contro la siccità, anzi più acconciamente potrebbe dirsi che essa dipende dall'umidità. Di una pianta che produce annualmente un migliaio di semi, de' quali in media uno solo giunge a maturità, può dirsi più veramente che deve lottare contro le piante di specie simili o diverse, che già ricuoprono il terreno. Il vischio dipende dal pomo e da alcuni altri alberi; in senso assai lato, egli lotta contro di essi; perchè se un numero troppo grande di questi parassiti si sviluppa sul medesimo albero, questo deperisce e muore. Parecchie sementi di vischio, che crescono vicine sul medesimo ramo, al certo lottano fra loro. Il vischio poi dipende inoltre dagli uccelli, perchè viene sparso dai medesimi; e può dirsi per metafora che egli lotta con altre piante, offrendo come queste i suoi semi all'appetito degli uccelli, affinchè essi li spargano a preferenza di quelli d'altre specie. In tutti questi vari significati che si trasfondono insieme, io adotto, per maggior comodo, il termine generale di lotta per l'esistenza.

PROGRESSIONE GEOMETRICA DI ACCRESCIMENTO

Questa lotta deriva inevitabilmente dalla rapida progressione, colla quale tutti gli esseri organizzati tendono a moltiplicarsi. Ognuno di questi esseri che, durante il corso naturale della sua vita, produce parecchi semi ed uova, deve trovarsi esposto a cause di distruzione in certi periodi della sua esistenza, in certe stagioni o in certi anni; altrimenti, per la legge delle progressioni geometriche, la specie arriverebbe a un numero d'individui sì enorme, che nessuna regione potrebbe bastare a contenerla. Quindi nascendo un numero d'individui superiore a quello che può vivere, deve certamente esistere una seria lotta per l'esistenza, sia fra gli individui della medesima specie, sia fra quelli di specie diverse, oppure contro le condizioni fisiche della vita. Questa è la dottrina di Malthus, applicata con maggior forza a tutto il regno organico; perchè in questo caso non è possibile un aumento artificiale di nutrimento, nè alcun prudente ritegno dal matrimonio. Quantunque alcune specie siano attualmente in aumento, più o meno rapido, altrettanto non avviene per tutte, giacchè il mondo allora non potrebbe dar loro ricetto.

Non havvi alcuna eccezione alla regola generale che ogni essere organizzato si propaga naturalmente, con una progressione tanto rapida, che la terra sarebbe in breve coperta dalla discendenza di una sola coppia, se non intervenissero cause di distruzione. Anche la specie umana, che si riproduce con tanta lentezza, può raddoppiare di numero nell'intervallo di venticinque anni; e secondo questa progressione, basterebbero poche migliaia d'anni perchè non rimanesse più posto per la sua progenie. Linneo ha calcolato che se una pianta annua producesse soltanto due semi (nè si conosce pianta così poco feconda), e questi dessero altri due semi nell'anno seguente per ciascuno e così via via, in soli vent'anni la specie possederebbe un milione d'individui. Sappiamo che l'elefante è il più lento a riprodursi fra tutti gli animali conosciuti; ed ho cercato di valutare al minimum la probabile progressione del suo accrescimento. Si rimane al disotto della verità coll'ammettere ch'egli si propaga dall'età di trent'anni e continua fino all'età di novant'anni, dando in questo intervallo tre coppie di figli. Ora, in questa ipotesi, dopo cinquecento anni vi sarebbero quindici milioni di elefanti, derivati tutti da una prima coppia.

Ma noi abbiamo prove migliori di questa legge, oltre i calcoli puramente teorici: e lo sono specialmente i casi frequenti di moltiplicazione prodigiosamente rapida degli animali allo stato selvaggio, quando le circostanze sono loro favorevoli solo per due o tre stagioni successive. L'esempio di parecchie delle nostre razze domestiche che di nuovo divennero selvagge, in varie parti del mondo, è ancora più notevole. Se i fatti constatati nell'America del Sud, ed ultimamente in Australia, dell'aumento e della lenta moltiplicazione de' buoi e dei cavalli, non fossero perfettamente autentici, sarebbero incredibili. Avviene altrettanto delle piante: si ponno citare delle piante introdotte in certe isole, nelle quali divennero comuni in meno di dieci anni. Diverse piante, come il cardo de' lanaiuoli, e il cardone, che sono ora estremamente comuni nelle vaste pianure della Plata, ov'esse ricoprono molte leghe quadrate di superficie, escludendo quasi tutte le altre piante, furono colà recate dall'Europa; e il dott. Falconer mi disse che nell'India certe piante, che oggi si estendono dal capo Comorin fino all'Himalaia, furono importate dall'America dopo la scoperta di questa. In questi casi diversi e negli esempi infiniti che potrebbero citarsi, niuno ha mai supposto che la fecondità di queste piante o di questi animali si fosse aumentata improvvisamente e temporariamente in un modo sensibile. La sola spiegazione soddisfacente di questo fatto sta nell'ammettere che le condizioni della vita furono molto favorevoli, che conseguentemente si ebbe una minore distruzione di individui vecchi e giovani, e che quasi tutti i discendenti poterono prolificare. In questi casi, la ragione geometrica della moltiplicazione, il risultato della quale è sorprendente, spiega l'aumento straordinario e la diffusione immensa di queste specie naturalizzate nella nuova loro patria.

Allo stato naturale quasi tutte le piante producono annualmente semi, e fra gli animali hannovene pochi che non s'accoppiino ogni anno. Si può inferirne con piena sicurezza che tutte le piante e tutte le specie d'animali tendono a moltiplicare in ragione geometrica, che ciascuna specie basterebbe a popolare rapidamente il paese, nel quale essa può vivere, e che la loro tendenza ad aumentare secondo una progressione geometrica deve necessariamente essere frenata da cagioni distruttrici, in qualche periodo della loro esistenza. Noi potremmo essere indotti in errore dall'asserta cognizione de' nostri maggiori animali domestici, siccome non li vediamo esposti a grandi pericoli; ma dimentichiamo che se ne uccidono ogni anno delle migliaia per nutrimento dell'uomo, e che anche allo stato di natura sarebbe d'uopo che altrettanti perissero in qualche modo.

La sola differenza fra gli organismi che producono annualmente uova o semi a migliaia e quelli che ne producono assai pochi consiste nel richiedersi, pei riproduttori più lenti, alcuni anni di più onde popolare un'intiera contrada per quanto estesa, sotto circostanze favorevoli. Il condor depone due uova, e lo struzzo una ventina; nondimeno in uno stesso paese il condor può essere la specie più numerosa delle due. Il fulmar procellaria (Procellaria glacialis) non fa che un uovo solo, eppure fra gli uccelli è creduta la specie più ricca del mondo. Una mosca depone centinaia d'uova, e un'altra, l'ippibosca, ne depone uno solo; ma questa differenza non decide affatto del numero d'individui delle due specie che un medesimo distretto può nutrire. Una grande quantità di uova è di qualche importanza per quelle specie, le quali nutronsi di alimenti che variano rapidamente nella quantità, perchè la moltiplicazione deve aver luogo in breve tempo. Ma il vantaggio reale che esse ricavano da un gran numero d'uova o di semi sta nel poter combattere contro le grandi cause di distruzione, ad una certa epoca dell'esistenza; epoca in molti casi più o meno affrettata. Se un animale è capace di proteggere le sue uova o i suoi piccoli, egli può procrearne soltanto un numero ristretto e però il contingente medio della specie rimarrà al completo; ma se molte uova o molti figli sono esposti ad essere distrutti, è necessario che se ne produca una grande quantità, altrimenti la specie si estinguerebbe. Se una specie d'alberi vive in media mille anni, per mantenere al completo il numero degli individui di essa, basterebbe che un solo seme fosse formato ogni migliaio di anni, posto che questo seme non venisse mai distrutto e germogliasse tranquillamente in luogo adatto. Così che in ogni caso il numero medio d'ogni specie animale o vegetale dipende solo indirettamente dal numero delle uova o dei semi.

Quando osservasi la natura, è necessario sopra tutto d'aver sempre presente allo spirito che ogni singolo organismo che ci circonda, deve riguardarsi come tutto intento ad accrescersi in numero; che ogni essere non vive che in seguito a una lotta sostenuta in qualche periodo della sua vita; e che giovani e vecchi vanno incontro inevitabilmente a una grande distruzione durante ogni generazione, oppure solamente ad intervalli periodici. Se l'ostacolo al moltiplicarsi diminuisca o si mitighino le cause di distruzione, anche in menomo grado, il numero degli individui si accrescerà quasi istantaneamente.

NATURA DEGLI OSTACOLI ALL'ACCRESCIMENTO

Le cause che si oppongono alla tendenza naturale delle specie di moltiplicarsi sono molto oscure. Quanto più una specie è vigorosa, più facilmente si moltiplica, e cresce anche la sua tendenza a moltiplicarsi. Noi non conosciamo esattamente niuno degli ostacoli che inceppano la tendenza a moltiplicarsi, nè dobbiamo farne le meraviglie se riflettiamo alla nostra grande ignoranza in ciò, anche per quanto riguarda l'uomo, che noi conosciamo per altro meglio di qualunque altra specie. Parecchi autori hanno trattato abilmente questo soggetto; e nel mio prossimo lavoro io discuterò a lungo alcuni di questi impedimenti, segnatamente riguardo agli animali carnivori dell'America del Sud. Io qui voglio fare soltanto poche osservazioni per richiamare alla mente del lettore certi punti principali. Generalmente sembra che siano le uova o i piccoli degli animali che debbano soffrire maggiormente; questa regola però non è senza eccezione. Fra le piante havvi una enorme distruzione di semi; ma dietro alcune osservazioni da me fatte, ritengo che le piante giovani debbano soffrire assai più, quando crescono in un terreno riccamente fornito di altre piante. Le pianticelle hanno anche a temere molti nemici; così sopra una superficie di tre piedi in lunghezza per due di larghezza, ben vangata e purgata, osservai tutti i germi delle nostre erbe locali di mano in mano che pullulavano, e di 357 che io contai, non meno di 295 furono distrutti, principalmente dalle lumache e dagli insetti. Se si lasci crescere un prato che fu segato, oppure che servì di pascolo ai mammiferi, le piante più vigorose distruggono a poco a poco le più deboli, anche se

71

siano pienamente sviluppate. Sopra venti specie che crescono in un piccolo spazio erboso (di tre piedi per quattro), nove muoiono così fra le altre che si svilupparono liberamente.

La quantità del nutrimento conveniente ad ogni specie contrassegna quindi naturalmente l'estremo limite del suo aumento; pure di sovente non è la privazione di nutrimento, ma la circostanza di servire di preda ad altri animali, che determina il numero medio degli individui di una specie. Così non puossi dubitare che la quantità delle pernici, dei galli selvatici e delle lepri che vivono sopra una vasta estensione non dipenda essenzialmente dalla distruzione dei piccoli carnivori. Se per venti anni non si uccidesse un solo capo di selvaggina in Inghilterra e che inoltre nessuno di questi carnivori fosse distrutto, probabilmente il selvatico sarebbe più raro che oggi non sia; eppure questi animali vengono ammazzati annualmente a centinaia e migliaia. D'altra parte in certi casi, come nel caso dell'elefante, nessun individuo della specie diventa vittima di fiere; perchè perfino il tigre l'India non ardisce che rarissimamente di attaccare un elefante giovane, protetto da sua madre.

Il clima esercita una influenza importante nella determinazione del numero medio degli individui d'ogni specie, e il ritorno periodico di stagioni molto fredde o molto secche pare l'ostacolo più forte alla loro moltiplicazione. Ho calcolato (principalmente dal numero ristrettissimo dei nidi di primavera) che l'inverno 1854-55 distrusse i 4/5 degli uccelli sulle mie terre; vedesi che questa è una somma di distruzione spaventosa, quando si pensi che nelle epidemie umane una mortalità del dieci per cento è straordinaria. L'azione del clima pare a prima vista affatto indipendente dalla lotta per l'esistenza; ma il clima, potendo produrre principalmente una diminuzione di nutrimento, può cagionare una lotta intensa fra gli individui della medesima specie o di specie diversa, che vivono degli stessi alimenti. E quando il clima agisce direttamente, come ad esempio durante un freddo eccessivo, quelli che maggiormente ne soffrono sono gli individui meno vigorosi, ossia quelli che non seppero procurarsi una sufficiente quantità di nutrimento. Quando si viaggia dal Sud al Nord, oppure allorchè da una regione umida si passa ad un paese secco, si osserva invariabilmente che alcune specie divengono sempre più rare e finiscono collo scomparire interamente; e il cambiamento di clima essendo ciò che più ci colpisce dapprima, noi ci sentiamo propensi ad attribuire pienamente questa scomparsa alla sua azione diretta. Ma questa induzione è falsa; noi dimentichiamo infatti che ogni specie, anche nei luoghi in cui è più sparsa, subisce sempre una forte distruzione in certe fasi della vita e per opera dei loro nemici e dei loro competitori che lottano per occupare il medesimo luogo, o per valersi degli stessi alimenti. Se questi nemici o questi competitori sono appena favoriti da un leggero cambiamento di clima, aumentano di numero, e per essere ogni paese popolato da un sufficiente numero di abitanti, le altre specie debbono diminuire. Se viaggiando verso il mezzogiorno noi vediamo che una specie decresca, possiamo andare sicuri che la causa sta nell'essere le altre specie favorite, piuttosto che nel trovarsi questa sola danneggiata. Così dicasi se noi ci dirigiamo verso il Nord, ma in grado un po' minore, perchè il numero totale delle specie, e per conseguenza dei competitori, diminuisce verso il Nord. Quindi procedendo verso settentrione, o ascendendo una montagna, noi ci abbattiamo più spesso in quelle forme stentate che sono dovute direttamente all'azione malefica del clima, al contrario di quanto avviene nel volgere a mezzogiorno, o nel discendere da una montagna. Quando si giunge alle regioni artiche, quelle delle nevi eterne o dei veri deserti, la lotta per l'esistenza non si verifica che contro gli elementi.

Una prova evidente che il clima agisce soprattutto in modo indiretto, col favorire certe specie, ci viene fornita dal vedere nei nostri giardini una prodigiosa quantità di piante che sostengono perfettamente il nostro clima; mentre non potrebbero mai prosperarvi allo stato naturale, perchè inette a sostenere la lotta colle nostre piante indigene o a difendersi efficacemente dai nostri animali.

Quando, in seguito a circostanze assai favorevoli, una specie si moltiplica straordinariamente in un luogo assai ristretto, spesso si manifestano delle epidemie; almeno ciò venne generalmente constatato nei nostri animali selvatici. Questo è dunque un impedimento non dipendente dalla lotta per l'esistenza. Ma alcune di queste epidemie sembrano originate da vermi parassiti, i quali furono sproporzionatamente favoriti da una causa qualsiasi o dalla maggiore facilità di moltiplicarsi fra animali più affollati; e anche in questo caso havvi una certa lotta fra i parassiti e la loro preda.

D'altra parte succede frequentemente che una grande quantità di individui di una specie, relativamente al numero de' suoi nemici, è necessaria per la sua conservazione. Così noi possiamo ottenere una quantità grande di cereali, di ravizzi, ecc., nei nostri campi, perchè la semente trovasi in eccesso riguardo al numero degli uccelli che se ne

---

cibano; e tuttavia questi uccelli, anche avendo in una stagione sovrabbondanza di nutrimento, non ponno crescere in numero proporzionatamente a questo nutrimento, perchè questo numero viene limitato nella stagione invernale. Ma tutti sanno quanto difficile sia l'ottenere del seme da pochi grani di frumento o d'altre piante simili in un giardino: in tal caso io perdetti ogni volta i grani seminati isolatamente. Questa necessità d'una grande massa di individui per la conservazione della specie spiega, a mio avviso, alcuni fatti singolari nella natura; p. es., alcune piante rarissime sono molto abbondanti nei pochi punti in cui si trovano: inoltre le piante sociali rimangono tali, cioè abbondanti pel numero degli individui, anche agli estremi confini della loro regione. Si può pensare in questi casi che una pianta sarebbe esistita solamente in quel luogo, in cui le condizioni della vita le riescissero vantaggiose, in modo che molte esistessero insieme, per salvarsi così dall'intera distruzione. Debbo aggiungere che i benefici effetti degli incrociamenti frequenti e gli effetti dannosi delle fecondazioni fra individui molto affini, hanno pure la loro influenza in questa circostanza; ma non voglio estendermi qui sopra questa scabrosa questione.

RAPPORTI COMPLESSI DEGLI ANIMALI E DEI VEGETALI NELLA LOTTA PER L'ESISTENZA

Molti fatti dimostrano quanto siano complesse ed impreviste le mutue relazioni e gli ostacoli fra gli esseri organizzati, che debbono lottare insieme in un medesimo paese. Voglio addurne un esempio che, quantunque semplice, mi ha offerto molto interesse. Nella contea di Stafford, in una possidenza in cui io godevo di molti mezzi d'investigazione, eravi una landa vasta e assai sterile che mai era stata dissodata dall'uomo; ma parecchie centinaia di acri di quel terreno erano stati cinti con una siepe venticinque anni prima, e vi erano stati piantati dei pini di Scozia. Il cambiamento della vegetazione indigena della porzione della landa piantata era assai notevole e più rilevante di quello che si osserva generalmente passando da un terreno ad un altro affatto diverso; e non solo il numero proporzionale delle ceppaie era completamente cambiato, ma dodici specie di piante, senza tener conto delle graminacee e delle caricee, prosperavano nella piantagione e non si trovavano nella landa. L'effetto prodotto sugli insetti deve essere stato anche maggiore, perchè sei specie di uccelli insettivori erano comuni nella piantagione e non abitavano la landa, che al contrario era frequentata da due o tre altre specie d'uccelli insettivori. Vediamo quindi quali effetti rilevanti abbia prodotto l'introduzione di un solo albero; null'altro essendosi fatto che cingere di siepi la terra piantata, affinchè il bestiame non potesse entrarvi. Ma io potei verificare con evidenza, presso Farnham nel Surrey, quanto importi il recinto in tal caso. Colà stendonsi vaste lande sparse di alcuni ceppi di vecchi pini di Scozia, che ornano la vetta delle colline. Negli ultimi dieci anni essendosi cinti di siepi vasti spazi, i pini vi sparsero da sè i propri semi; ed ora vi crescono in gran numero e tanto fitti, che non tutti possono vivere. Quando io mi fui accertato che quei giovani alberi non vi erano stati seminati, nè piantati, rimasi tanto più sorpreso del loro numero, in quanto che vidi centinaia d'acri di landa libera, ove non potei contare un solo pino, ad eccezione dei ceppi piantati anticamente. Frattanto osservando più da vicino fra i fusti della landa libera, trovai una moltitudine di pianticelle e di piccoli alberi ch'erano continuamente sfruttati dai bestiami. In uno spazio della grandezza di un metro quadrato, alla distanza di poche centinaia di passi dalle antiche macchie, io numerai trentadue di questi alberetti, ed uno di essi, nel quale contavansi ventisei anelli di sviluppo, aveva cercato per altrettanti anni di alzare la sua cima sopra le piante della landa, indi era perito. Non è dunque a stupire che la terra, appena cinta di siepi, venisse ricoperta di pineti folti e vigorosi. Tuttavia questa landa era tanto sterile ed estesa, che niuno avrebbe mai immaginato che il bestiame potesse cercarvi con tanta frequenza e con tanto successo il nutrimento.

Qui noi abbiamo veduto il bestiame decidere assolutamente dell'esistenza del pino di Scozia; ma in diverse contrade certi insetti determinano l'esistenza del bestiame. Il Paraguay offre forse uno degli esempi più curiosi di questo fatto. In quel paese nè il bue, nè il cavallo, nè il cane sono ridivenuti selvaggi, quantunque lo siano verso il Nord e verso il Sud. Ora Azara e Rengger hanno provato che ciò dipende da una certa mosca, comune in quella regione, la quale depone le sue uova nell'ombelico di questi animali appena nati. L'accrescimento di quelle mosche, per quanto numerose, dev'essere generalmente limitato con qualche mezzo e probabilmente da altri insetti parassiti. Ne segue che ove certi uccelli insettivori diminuissero nel Paraguay, gli insetti parassiti nemici delle mosche aumenterebbero; per cui facendosi minore il numero di queste ultime, esse non impedirebbero ai buoi e ai cavalli di vivere allo stato selvaggio. Ora dietro le osservazioni che potei fare nell'America meridionale, l'esistenza del bestiame allo stato di natura modificherebbe profondamente la vegetazione. Questa modificazione colpirebbe in alto grado gl'insetti, i quali reagirebbero sugli uccelli insettivori, come abbiamo visto verificarsi nella contea di Stafford; e così procedendo l'effetto si accrescerebbe sempre più in cerchi vieppiù complicati. Noi avevamo cominciato questa serie cogli uccelli insettivori, e l'abbiamo compiuta ritornando ai medesimi. Ma non è a credere che nella natura tutti i rapporti scambievoli siano tanto semplici. Continue battaglie hanno luogo con successi diversi, e tuttavia l'equilibrio delle forze è mantenuto con tanta perfezione, nel corso dei tempi, che l'aspetto della natura rimane inalterato, per lunghi periodi, benchè sovente basti la menoma circostanza per dare la vittoria a un essere organizzato sopra un altro. Però la nostra ignoranza e la nostra presunzione sono tali che noi ci facciamo le meraviglie per la estinzione di una specie; e non ravvisandone la causa, invochiamo i cataclismi a desolare il mondo, o inventiamo delle leggi sulla durata delle forme viventi!

Sono tentato di dare ancora un esempio, per provare che le piante e gli animali più lontani nella scala naturale sono collegati da una rete di rapporti complessi. Più innanzi io avrò occasione di notare che la Lobelia fulgens esotica non è mai visitata dagli insetti in questa parte dell'Inghilterra; e che in seguito alla sua particolare conformazione non può mai produrre alcun seme. La visita delle farfalle è assolutamente necessaria a molte delle nostre orchidee per spandere il loro polline e fecondarle. Abbiamo esperienze che ci convincono che i pecchioni sono quasi indispensabili alla fecondazione della viola del pensiero (Viola tricolor), perchè le altre api non vi si arrestano. Ho anche scoperto che parecchie specie di trifoglio richieggono la visita delle api per divenire feconde: per esempio, 20 capi di trifoglio olandese (Trifolium repens) diedero 2290 semi, mentre 20 altri individui di questa specie, inaccessibili alle api, non ne diedero uno solo. Così 100 piante di trifoglio rosso (Trifolium pratense) produssero 2700 semi, ma altrettante pianticelle difese dalle api non diedero semente di sorta. I soli pecchioni visitano il trifoglio rosso; le altre api non ne possono suggere il nèttare. Si è sostenuta l'idea che le falene potessero cooperare alla fecondazione dei trifogli; ma io dubito che ciò sia possibile pel trifoglio rosso, giacchè il loro peso non basta a deprimere i petali della corolla. D'onde può inferirsi che se l'intero genere dei pecchioni divenisse molto raro o si estinguesse in Inghilterra, probabilmente la viola del pensiero ed il trifoglio rosso diminuirebbero assai o scomparirebbero interamente.

Il numero dei pecchioni in qualsiasi regione dipende in gran parte dal numero dei topi campagnoli che distruggono i loro favi e i loro nidi; e M. H. Newmann, che osservò lungamente le abitudini dei pecchioni, crede che «più di due terzi di questi sono così distrutti in Inghilterra». Ora il numero dei topi dipende principalmente, come tutti sanno, dal numero dei gatti; e il sig. Newmann dice che presso i villaggi e le borgate egli ha trovato i nidi dei pecchioni in maggior copia che altrove, il che egli attribuisce al gran numero dei gatti che distruggono i topi campagnoli. È dunque credibilissimo che la presenza di un numero di animali felini in un distretto, determini, mediante l'intervento dei sorci e delle api, la quantità di certi fiori nel distretto stesso.

La moltiplicazione di ogni specie è dunque sempre inceppata da diverse cause, che agiscono in vari periodi della vita e nelle differenti stagioni dell'anno; alcune sono più efficaci, ma tutte concorrono a determinare il numero medio degli individui od anche l'esistenza della specie. In alcuni casi si può dimostrare che in diverse regioni agiscono cause diverse sopra le medesime specie. Quando si considerano le piante e gli arbusti che coprono un terreno incolto, siamo indotti ad attribuire il loro numero proporzionale e le loro specie a ciò che chiamiamo il caso. Ma quanto falsa è questa opinione! Quando si atterra una foresta americana sappiamo che sorge una vegetazione diversissima; pure si è notato che le antiche rovine indiane del mezzogiorno degli Stati Uniti, che un tempo erano state spogliate dei loro alberi, spiegano al presente la medesima meravigliosa diversità e proporzione di razze, quale è quella delle vergini boscaglie vicine. Quale tenzone deve essersi continuata per lunghi secoli fra le differenti specie di alberi, quando ciascuna spande annualmente i propri semi a migliaia! Quale guerra degli insetti contro altri insetti; degli insetti, lumache ed altri animali contro gli uccelli e gli animali rapaci! Tutti sforzandosi di moltiplicare e tutti nutrendosi gli uni degli altri o cibandosi a spese degli alberi, dei loro semi, dei loro pollini o d'altre piante che prima coprivano la terra e impedivano conseguentemente lo sviluppo degli alberi! Che si getti in aria un pugno di penne e ognuna ricadrà al

---

77

suolo secondo leggi definite; ma quanto è semplice il problema della loro caduta in confronto di quello delle azioni e reazioni delle piante ed animali innumerevoli che nel corso dei secoli determinarono i numeri proporzionali e le specie degli alberi che ora crescono sulle rovine indiane!

La dipendenza di un essere organico da un altro, come quella del parassita rispetto alla sua preda, si manifesta generalmente fra esseri molto lontani fra loro nella scala naturale. Tale è spesso il caso di quelli che si possono riguardare con ragione in lotta fra loro per l'esistenza, come nel caso delle locuste e dei mammiferi erbivori. Ma quasi sempre la lotta è anche molto più viva fra gl'individui della medesima specie, dovendo essi frequentare i medesimi distretti, esigere il medesimo nutrimento e trovarsi esposti ad uguali pericoli. Nelle varietà di una stessa specie la lotta deve essere in generale quasi ugualmente seria e noi spesso vediamo la vittoria decisa presto; se ad esempio parecchie varietà di grano sono seminate insieme e se la semente mescolata viene seminata di nuovo, quelle varietà che meglio convengono al suolo e al clima e che naturalmente sono le più feconde hanno il sopravvento, danno semi in maggior quantità e soppiantano in breve tutte le altre. Per mantenere un miscuglio di varietà estremamente affini, come i piselli odorosi di colori diversi, è necessario raccoglierli ogni anno separatamente e mescolarne la semente in proporzione conveniente; altrimenti le varietà più deboli diminuiscono rapidamente e costantemente, fino a scomparire del tutto. Così avviene delle varietà di pecore; si è osservato che certe varietà di montagna cagionano l'estinzione di altre varietà, così che non possono tenersi frammiste nei medesimi pascoli. Il medesimo effetto si è veduto nelle diverse varietà di sanguisughe medicinali, che stanno negli stessi serbatoi. Potrebbe dubitarsi che tutte le varietà delle nostre piante coltivate e dei nostri animali domestici abbiano con tanta esattezza lo stesso vigore, le stesse abitudini e una identica costituzione, e che le proporzioni primitive di un miscuglio possano mantenersi per una mezza dozzina di generazioni, se nulla contrasta la lotta che avrà luogo fra di esse, come fra le razze selvagge, e se i semi od i figli non sono assortiti annualmente.

LA LOTTA PER L'ESISTENZA È PIÙ SEVERA FRA GLI INDIVIDUI E LA VARIETÀ DI UNA MEDESIMA SPECIE

Siccome le specie del medesimo genere hanno abitualmente, ma non invariabilmente, alcune rassomiglianze nelle loro abitudini e nella loro costituzione e sempre nella loro struttura, così la lotta è in generale più accanita fra queste specie prossime, quando entrano in concorrenza, di quello che fra le specie di generi diversi. Noi vediamo un esempio di questa legge nella recente estensione, in alcune provincie degli Stati Uniti, d'una specie di rondini, che ha cagionato la decadenza di un'altra specie. Il recente aumento del tordo maggiore in certe parti della Scozia produsse la crescente rarità del tordo bottaccio. Avviene assai spesso che una specie di ratti prenda il posto di un'altra in climi diversissimi. In Russia, la piccola blatta d'Asia ha cacciato davanti a sè dappertutto la sua grande congenere. Nell'Australia la nostra ape domestica, colà introdotta, va distruggendo la piccola ape indigena che è priva di aculeo. Una specie di senape ne soppianta un altra, e così in altri casi. Noi possiamo intendere a un dipresso perchè la lotta sia più viva fra le forme affini, che riempiono quasi lo stesso posto nell'economia della natura; pure è probabile che noi non sapremmo dire in un caso solo precisamente il perchè una specie abbia riportato la vittoria contro un'altra nella grande battaglia della vita.

Un corollario della più alta importanza può dedursi dalle considerazioni che precedono: ed è che la struttura di ogni essere organizzato trovasi in una necessaria dipendenza, spesso assai difficile a scoprirsi, da quella di altri esseri organizzati che gli fanno concorrenza pel nutrimento o per l'abitazione, che sono la sua preda, oppure dai quali egli deve difendersi. Questa legge è evidente nella conformazione dei denti e delle unghie della tigre e in quella dei piedi e degli uncini dell'insetto parassita che si attacca ai peli del suo corpo. Ma il seme elegantemente piumato del dente-leone, come i piedi appianati e frangiati dei coleotteri acquatici, sembrano soltanto in relazione diretta coi mezzi ambienti, cioè coll'aria e coll'acqua. Però i pappi piumosi sono senza dubbio un vantaggio, quando il terreno è già ben dotato d'altre piante; perchè il seme può allora più facilmente spandersi da lungi, con maggiori probabilità di cadere sopra un suolo non occupato. Nei coleotteri acquatici, la struttura del piede si adatta per tuffarsi nell'acqua, permette loro di sostenere la lotta contro altri insetti, di predare facilmente la loro vittima e di sfuggire al pericolo di divenire preda di altri animali.

La quantità di sostanze nutrienti, contenute nei semi di molte piante, sembra sulle prime senza alcun rapporto diretto colle altre piante; ma lo sviluppo vigoroso che manifestano i piccoli germogli sbucciati da tali semi (come i piselli e le fave), quando crescono nel mezzo dell'erba alta, può far supporre che il nutrimento contenuto nel seme abbia per iscopo principale di accelerare lo sviluppo della pianta giovane, mentre essa lotta con altre specie che vegetano vigorosamente intorno a lei.

Per qual motivo ogni pianta non moltiplica nel mezzo della sua regione naturale, fino a raddoppiare o quadruplicare il numero dei suoi individui? Noi sappiamo ch'essa può sopportare perfettamente un po' più di calore o di freddo, di umidità o di siccità, mentre altrove, essa cresce in luoghi più caldi o più freddi, più umidi o più secchi. Ma allora è evidente che se la nostra immaginazione suppone in una pianta la facoltà di aumentare nel numero, dovrà ammettere altresì qualche vantaggio sui suoi concorrenti o sugli animali che di essa si nutrono. Su confini della posizione geografica un cambiamento di costituzione in relazione al clima le tornerebbe utile certamente; ma noi siamo indotti a credere che soltanto un piccolissimo numero di piante o d'animali s'estendano tanto da essere distrutti pel solo rigore del clima. Soltanto agli estremi confini della vita, nelle regioni artiche o sui limiti d'un deserto, cessa la lotta. E quando la terra sia molto fredda, o molto secca, vi sarà tuttavia una contesa fra alcune specie rare, e da ultimo fra gli individui della medesima specie nei luoghi più umidi e più caldi.

Dal che si deduce, che se una pianta o un animale si trovi in una nuova regione, in mezzo a nuovi competitori, anche se il clima sia perfettamente identico a quello dell'antica patria, le condizioni d'esistenza della specie sono generalmente modificate in un modo essenziale. Se noi vogliamo accrescere, nella sua nuova patria, il numero medio de' suoi individui, dovremo cercare di modificarli secondo una direzione diversa da quella che avremmo adottata per ottenere un risultato simile nel loro paese nativo; mentre sarebbe d'uopo procurare ai medesimi qualche vantaggio sopra una serie di competitori o di nemici affatto differenti.

Ma quanto è agevole dare così astrattamente a una forma qualsiasi certi vantaggi sulle altre, altrettanto sarebbe difficile probabilmente nella pratica il dire ciò che sarebbe a farsi nelle singole occasioni, e come si potrebbe riuscire. Ciò finirebbe per convincerci della nostra ignoranza rispetto ai mutui rapporti degli esseri organizzati; convinzione necessaria sebbene difficile a conseguirsi. Non ci rimane che quella considerazione, che deve costantemente aversi presente allo spirito, cioè che tutti gli esseri viventi tendono sempre a moltiplicare in ragione geometrica, che ognuno deve lottare contro moltissime cause distruttrici in periodi determinati della vita, in certe stagioni dell'anno, pel corso di ogni generazione o ad intervalli periodici. Quando noi pensiamo con tristezza a questa lotta, possiamo consolarci con la piena convinzione che la guerra della natura non è continua, che lo scoraggiamento ne è bandito, che la morte è in generale assai pronta, e che sono gli esseri più vigorosi, più sani e più abili che sopravvivono e si moltiplicano.

CAPO IV

ELEZIONE NATURALE,
O SOPRAVVIVENZA DEL PIÙ ADATTO

Elezione naturale; confronto del suo potere col potere elettivo dell'uomo - Sua azione sopra caratteri di poca importanza - Sua forza in ogni età e sui due sessi - Elezione sessuale - Della generalità degli incrociamenti fra individui della medesima specie - Circostanze favorevoli e contrarie all'elezione naturale, come gli incrociamenti, l'isolamento o il numero degli individui - Azione lenta - Estinzione prodotta dall'elezione naturale - Divergenza dei caratteri in relazione colla diversità degli abitanti d'ogni regione ristretta e colla naturalizzazione - Effetti dell'elezione naturale sui discendenti di un comune progenitore per la divergenza dei caratteri e l'estinzione delle specie - Essa spiega la classificazione degli esseri organizzati - Progressi dell'organizzazione - Persistenza delle forme inferiori - Convergenza dei caratteri - Moltiplicazione infinita delle specie - Sommario.

La lotta per l'esistenza, da noi troppo brevemente discussa nel

---

capo precedente, come agisce rispetto alla variabilità? Può forse applicarsi allo stato di natura il principio di elezione, che noi vedemmo essere tanto potente nelle mani dell'uomo? Noi potremo, io credo, convincerci che questo principio agisce molto efficacemente. Noi ricordiamo il numero infinito di varietà ottenute fra le nostre produzioni domestiche, come pure le variazioni meno apparenti delle razze selvagge, e sappiamo quanta sia la forza delle tendenze ereditarie. Può dirsi che allo stato di domesticità e coltivazione l'intera organizzazione diviene in qualche modo plastica. Ma come osservarono giustamente Hooker ed Asa Gray, le variazioni che si verificano generalmente nei nostri prodotti domestici non si creano direttamente dall'uomo; noi non possiamo dare origine alle varietà, nè impedire che si producano, solo rimane in nostra facoltà il conservare ed accumulare quelle che troviamo. Senza alcuna intenzione noi esponiamo gli esseri organizzati a nuove e incostanti condizioni di vita e ne seguono delle variazioni; ma cangiamenti simili nelle condizioni della vita possono avvenire allo stato di natura. Riflettiamo inoltre quanto siano intralciate e complesse le mutue relazioni degli esseri organizzati fra loro e colle condizioni fisiche della vita; e quante differenze infinitamente varie di struttura possano divenire utili ad ogni essere nelle varie condizioni di vita. Se si rifletta come nascano variazioni utili all'uomo, sarà forse improbabile che, nel corso di parecchie migliaia di generazioni successive, avvengano alle volte altre variazioni utili agli esseri stessi nella grande e complicata lotta della vita? Ove queste variazioni si manifestino (posta la verità del fatto che nascono sempre individui in maggior numero di quanti possano vivere), non potrebbe aversi dubbio alcuno che gli individui dotati di qualche naturale vantaggio, comechè leggero, non abbiano maggiore probabilità di sopravvivere e di propagare la loro razza. D'altra parte non è meno certo che qualunque deviazione, per poco sia nociva agli individui nei quali si produce, sarà cagione inevitabile della loro distruzione. Ora questa legge di conservazione delle variazioni favorevoli e d'eliminazione delle deviazioni nocive, io la chiamo Elezione Naturale o sopravvivenza del più adatto. Quelle variazioni, che non sono utili nè dannose non possono essere affette da questa legge dell'elezione naturale, e rimangono un elemento variabile, locchè noi osserviamo forse nelle specie dette polimorfiche; oppure diventano alfine fisse, sia per la natura dell'organismo, sia per la natura delle condizioni.

Parecchi scrittori hanno frainteso e condannato questo termine «Elezione Naturale». Alcuni hanno immaginato che l'elezione naturale produca la variabilità, mentre essa implica, solamente il mantenimento di variazioni nate accidentalmente, quando siano vantaggiose agli individui nelle particolari loro condizioni di vita. Niuno fa alcuna obiezione agli agricoltori quando parlano dei potenti effetti della elezione sistematica dell'uomo; pure in tal caso le individuali differenze prescelte dall'uomo per uno scopo prefisso, debbono di necessità presentarsi prima, per opera della natura. Altri hanno opposto che la parola Elezione suppone una scelta avvertita negli animali che cominciano a modificarsi; e si è anche arguito che l'elezione naturale non è applicabile alle piante perchè manca in esse la volontà! Certamente nel senso letterale della parola l'Elezione naturale è un controsenso: ma chi ha mai eccepito ai chimici che trattano delle affinità elettive i vari elementi? Tuttavia non può dirsi strettamente che un acido elegga la base colla quale si combina di preferenza. Si è asserito che io parlo dell'Elezione naturale come di potere attivo o della Divinità; ma chi contrasta ad un autore il dissertare dell'attrazione di gravità come regolatrice dei moti planetari? Tutti sanno quale significato racchiudano queste espressioni metaforiche, le quali sono pressochè indispensabili per la brevità del dire. È anche estremamente difficile l'evitare la personificazione della parola «Natura», ma per Natura io intendo solo l'azione combinata e il risultato di molte leggi naturali; e per leggi la serie dei fatti quali vennero da noi accertati. Queste obbiezioni superficiali sono senza portata per chi ha un po' di conoscenza della cosa.

Noi intenderemo più facilmente l'andamento probabile dell'Elezione naturale, prendendo il caso di un paese che stia per subire alcune fisiche mutazioni; per esempio, un cambiamento di clima. I numeri proporzionali de' suoi abitanti si altereranno quasi immediatamente; e alcune specie potranno estinguersi. Da quanto abbiamo veduto sui rapporti intimi e complessi che legano gli abitanti di una medesima contrada, possiamo inferire che ogni cambiamento nelle proporzioni numeriche di alcuni di essi, indipendentemente dalla modificazione del clima, influirebbe seriamente sulla maggior parte degli altri. Se la regione fosse aperta ne' suoi confini, nuove forme al certo immigrerebbero; il che turberebbe anche più gravemente le relazioni di alcuni degli abitanti primitivi. E qui giova ricordare l'influenza dell'introduzione di un solo albero o di un mammifero, già da noi notata. Ma nel caso di un'isola o di un paese parzialmente cinto di barriere, che non potrebbero essere sorpassate da nuove forme e più adatte, vi sarebbe posto nell'economia locale per quegli abitanti aborigeni che venissero in qualche guisa a modificarsi; che se l'area fosse aperta all'immigrazione, quello stesso posto si sarebbe occupato dagli intrusi. In tal caso ogni leggera modificazione, che nel corso delle età potrebbe aver luogo, tenderebbe a perpetuarsi quando fosse in alcun che vantaggiosa ad una delle specie, meglio conformandola alle proprie condizioni alterate: e l'Elezione naturale avrebbe così un vasto campo per l'opera di perfezionamento.

Noi abbiamo fondamento di ritenere, come si disse nel primo capo, che un cambiamento nelle condizioni della vita, per la sua speciale azione sul sistema riproduttivo, cagioni la variabilità o l'accresca; ora nel caso di cui si tratta, si suppone che le condizioni di vita abbiano subìto alcune modificazioni, e ciò sarebbe manifestamente favorevole all'elezione naturale, essendovi maggiore probabilità di incontrare variazioni vantaggiose: mentre senza queste variazioni favorevoli l'elezione naturale non può esercitarsi. Non già che si renda necessaria una estrema congerie di variabilità, ma come l'uomo può certamente ottenere grandi risultati accumulando, solo in una determinata direzione, le differenze individuali, così l'elezione naturale può agire e tanto più facilmente in quanto che dispone di un tempo incomparabilmente più lungo. Inoltre io non credo che abbiano a ricercarsi grandi mutamenti fisici, come di clima, o un grado inusitato di isolamento ad impedire l'immigrazione, per produrre nuove lacune che l'elezione naturale possa riempire col mezzo di qualche varietà perfezionata degli antichi abitanti. Se tutti gli esseri viventi in ogni paese lottano costantemente fra loro con forze quasi equilibrate, possono bastare modificazioni estremamente insensibili di struttura o di abitudini in un abitante per assicurargli il vantaggio sopra gli altri; altre modificazioni della stessa indole accresceranno maggiormente questa preminenza, e ciò continuerà per tutto il tempo che esso rimanga nelle identiche condizioni di vita e approfitti degli stessi mezzi di sussistenza e di difesa. Non potrebbe nominarsi un solo paese, nel quale tutti gli abitanti indigeni siano attualmente tanto adattati fra loro e alle condizioni fisiche sotto le quali vivono, che niuno di essi possa in qualche parte perfezionarsi; perchè in tutti i luoghi le produzioni native furono sì appieno conquistate dalle produzioni naturalizzate, da permettere a queste specie forestiere di prendere definitivamente possesso del suolo. Siccome le razze straniere hanno così battuto da per tutto alcune delle razze indigene, noi possiamo concludere con piena sicurezza che, se queste fossero state modificate in maniera più vantaggiosa, esse avrebbero meglio resistito agli invasori.

Se l'uomo può produrre ed ha effettivamente prodotto sì grandi risultati coi propri mezzi d'elezione metodica ed inconscia, che cosa non può fare l'elezione naturale? L'uomo può agire solamente sui caratteri esterni e visibili: la natura (ove mi si permetta di personificare così la preservazione naturale degl'individui variabili e favoriti durante la lotta per l'esistenza) non s'inquieta delle apparenze, salvo il caso in cui le medesime riescano utili ad un essere. Essa può agire sopra ogni organo interno, sopra ogni più piccola differenza di costituzione, sull'intero meccanismo della vita. L'uomo sceglie colla sola vista del proprio interesse; la natura opera esclusivamente pel bene dell'essere di cui si occupa. Ogni carattere prescelto viene pienamente esercitato da essa; e l'essere trovasi posto nelle condizioni di vita più opportune. L'uomo conserva in uno stesso paese individui appartenenti a climi diversi; egli sviluppa di rado un organo qualunque in una maniera speciale e conveniente; egli nutre cogli stessi cibi un colombo a becco lungo e un altro a corto becco; egli non sottopone a un particolare trattamento un quadrupede a dorso lungo ed un altro a gambe lunghe; egli tiene sotto il medesimo clima le pecore di lana lunga e di lana corta. Egli non dà l'opportunità ai maschi più vigorosi di lottare per le femmine. Egli non distrugge rigorosamente tutti gli animali imperfetti; ma, per quanto gli è dato, protegge in ogni stagione tutti i suoi prodotti. Egli comincia spesso la sua elezione da qualche forma semi-mostruosa, o almeno da qualche modificazione abbastanza palese per attirare la sua attenzione, ovvero tale da promettergli degli evidenti vantaggi. Allo stato di natura, la più significante differenza di struttura o di costituzione basta a distruggere l'esatto equilibrio esistente tra le forme lottanti, e può così effettuare la loro conservazione. Quanto leggiere e mutabili sono le viste e gli sforzi dell'uomo! quanto breve è il suo tempo! e conseguentemente quanto imperfetti non saranno i suoi prodotti confrontati con quelli accumulati dalla natura negl'interi periodi geologici! Possiamo noi meravigliarci adunque che le produzioni della natura siano nei loro caratteri meglio distinte che non le produzioni dell'uomo; che quelle siano assai più adattate alle più complicate condizioni di esistenza e portino l'impronta d'un'opera molto più perfetta?

Metaforicamente può dirsi che l'elezione naturale va scrutando ogni giorno e ogni ora pel mondo intero ciascuna variazione anche minima: rigettando ciò che è cattivo, conservando e accumulando tutto ciò che è buono; essa lavora insensibilmente e silenziosamente in tutti i luoghi e sempre, quando si presenti l'opportunità, al perfezionamento di ogni essere organizzato in relazione alle sue condizioni di vita organiche ed inorganiche. Nulla noi scorgiamo di codeste lente e progressive trasformazioni fino a che la mano del tempo abbia segnato il lungo corso delle epoche; le nostre cognizioni poi relative alle età geologiche, da lungo tempo trascorse, sono sì imperfette, che noi ci accorgiamo solo che le odierne forme viventi sono differenti da quelle d'un tempo.

Affinchè un grande insieme di modificazioni possa prodursi nel corso dei secoli, occorre che quando una varietà è comparsa una volta, continui a variare, benchè forse dopo un lungo intervallo di tempo; e che di queste varietà le favorevoli siano anche conservate, e così di seguito. Pochi negheranno che si formino varietà più o meno diverse dallo stipite paterno; ma che il processo di variazione possa prolungarsi indefinitamente, è una supposizione la cui verità deve desumersi solo in quanto essa si attiene ai fenomeni generali della natura e li spiega. D'altro lato, l'opinione ordinaria che la somma delle variazioni possibili sia una quantità strettamente limitata è pure una semplice ipotesi.

Benchè l'elezione naturale non possa agire che per il bene di ogni essere, pure i caratteri e gli organi che da noi soglionsi considerare come di assai poca importanza possono risentirne l'azione. Quando vediamo insetti che mangiano foglie, assumere un color verde, e altri che nutronsi di scorza, un colore grigio macchiato; così il ptarmigan alpestre prendere un colore bianco nell'inverno, il gallo selvatico scozzese prendere il colore di un arbusto, il francolino nero portare il color torba, noi dobbiamo ammettere che queste tinte siano vantaggiose a questi uccelli ed insetti per preservarli dai pericoli. Se i francolini non venissero distrutti in qualche periodo della loro vita, si moltiplicherebbero in numero sterminato. Essi soffrono gravissime perdite per gli uccelli di preda; e i falchi sono guidati contro le loro vittime dalla loro vista acutissima; ed è per questo che in alcune parti del continente molti evitano di conservare colombi bianchi perchè più facilmente soggetti a distruzione. Quindi non ho motivo alcuno di dubitare che l'elezione naturale non sia stata la causa del colore proprio ad ogni specie di francolini, e non abbia influito a renderlo permanente dopo che fu acquistato. Né bisogna credere che la distruzione accidentale di un animale, fornito di uno speciale colore, sia per cagionare un piccolo effetto; noi ricorderemo quanto sia essenziale in un gregge di pecore bianche il distruggere qualunque agnello porti la più piccola traccia di nero. Noi vedemmo come nella Virginia il colore dei maiali che si alimentano della radice colorata di Lachnantes possa decidere della loro esistenza. Nelle piante la lanugine che copre i frutti e il colore della polpa nei frutti carnosi sono considerati dai botanici come caratteri della più piccola importanza: eppure noi abbiamo imparato da un abilissimo orticoltore, Downing, che negli Stati Uniti le frutta a pelle liscia soffrono assai più per parte di un coleottero del genere Curculio che non le frutta coperte di lanugine; che le prugne purpuree sono più soggette a certe malattie delle prugne gialle: mentre altre malattie attaccano le pesche gialle assai più di quelle a polpa d'altri colori. Se malgrado tutti i soccorsi dell'arte queste piccole differenze recano tanta disparità nella coltivazione di parecchie varietà, certamente nello stato di natura, allorchè le piante hanno a lottare con altre e con uno stuolo di nemici, queste medesime differenze debbono effettivamente bastare a decidere quale varietà di frutta, se liscia o vellutata, se a polpa gialla o purpurea, riporterà la vittoria sulle altre.

Nel valutare molti piccoli punti di differenza fra le specie, i quali, per quanto la nostra ignoranza ci permetta giudicare, ci sembrano senza alcuna importanza, noi non dobbiamo perdere di vista che il clima, il nutrimento, ecc., probabilmente hanno qualche piccola e diretta influenza. Però è anche molto più indispensabile tener conto delle molte leggi incognite della correlazione di sviluppo, le quali, quando una parte dell'organizzazione si trovi modificata per mezzo della variazione e le modificazioni siano accumulate dall'elezione naturale per il bene dell'essere, generano altre modificazioni correlative le più inattese.

Abbiamo veduto che quelle variazioni che si producevano allo stato di domesticità in un determinato periodo della vita, tendono a manifestarsi di nuovo nei discendenti nel medesimo periodo; per esempio, nella forma, nella grandezza e nel sapore dei semi delle molte varietà delle nostre piante alimentari ed agricole, nelle variazioni del baco da seta alle fasi di larva e di crisalide, nelle uova dei nostri polli e nel colore della peluria dei loro pulcini; nelle corna delle nostre pecore e dei nostri buoi presso l'età adulta. Così allo

---

stato di natura l'elezione naturale agisce sugli esseri organizzati e li modifica in certe epoche della loro vita, per mezzo dell'accumulazione delle variazioni giovevoli ad ogni epoca, e colla loro ereditabilità nell'età corrispondente. Se torni a profitto di una pianta l'avere i suoi semi più facilmente trasportati, e sparsi dal vento; la difficoltà di raggiungere questo effetto per mezzo dell'elezione naturale non è maggiore di quella che incontra il coltivatore del cotone nell'aumentare e migliorare colla elezione il fiocco nelle capsule della sua pianta. L'elezione naturale può modificare ed appropriare la larva di un insetto a circostanze esteriori completamente diverse da quelle in cui dovrà vivere l'insetto perfetto. Queste modificazioni agiranno senza dubbio sulla struttura dell'insetto adulto dietro le leggi di correlazione; e probabilmente, nel caso di quegli insetti che vivono solo per poche ore e che non prendon alcun nutrimento, una gran parte della loro organizzazione è semplicemente il risultato correlativo di successivi cangiamenti della loro larva. Così le modificazioni dell'adulto potranno influire sulla struttura della larva; ma in ogni incontro l'elezione naturale impedirà che quelle modificazioni, le quali potrebbero derivare da altre variazioni in un'epoca diversa della vita, riescano anche in menomo grado nocive; perchè diversamente esse cagionerebbero l'estinzione della specie.

L'elezione naturale deve modificare l'organizzazione dei giovani animali in relazione ai loro genitori e viceversa. Negli animali socievoli essa adatterà la struttura di ogni individuo a benefizio della colonia, purchè ciascuno approfitti del cangiamento da essa prescelto. Ma l'elezione naturale non potrebbe modificare la struttura di una specie, senza darle qualche vantaggio e per l'utile esclusivo di altre specie; e ad onta che alcune opere di storia naturale stabiliscano simili fatti, io non ne conosco uno solo che possa per siffatta guisa interpretarsi. Una conformazione utile, anche per una sola volta, nella vita intera di un animale, se sia di alta importanza per lui, può modificarsi più o meno profondamente dall'elezione naturale. Tali sono, per esempio, le grandi mascelle, di cui certi insetti si valgono esclusivamente per aprire i loro bozzoli; oppure l'estremità cornea del becco dei piccoli uccelletti, che rende loro più facile la rottura dell'uovo. Pare che fra i migliori colombi giratori a becco corto ne muoiano entro l'uovo più di quanti ne sbuccian fuori; così che i dilettanti sogliono assisterli nel momento della nascita, agevolando la rottura del guscio. Quando fosse utile a un colombo selvatico il possedere un becco molto corto, il processo di modificazione sarebbe assai lento e una elezione rigorosa si eserciterebbe nei giovani uccelli entro l'uovo a favore di quelli che si trovassero forniti dei becchi più duri e più forti, mentre tutti gli altri che avessero un becco debole perirebbero inevitabilmente; ovvero sarebbero preferiti quelli con guscio debole e fragile, potendo variare anche la grossezza del guscio non altrimenti di qualsiasi altro organo.

Credo questo il posto di osservare, che sopra tutti gli organismi può effettuarsi occasionalmente una distruzione, la quale può rimanere senza effetto, od averne uno leggerissimo, sul corso della elezione naturale. Ogni anno, ad esempio, è divorata una immensa quantità di uova o di semi, i quali a mezzo della elezione naturale potrebbero essere modificati solo nel caso che variassero in modo da esser meglio difesi contro i loro nemici. Eppure siffatte uova o semi, se non fossero stati distrutti, avrebbero potuto forse produrre degli individui meglio adatti alle condizioni di vita che non quelli i quali sopravvissero. Oltre ciò moltissimi animali e piante, sieno i meglio adatti alle condizioni di vita o meno, sono annualmente distrutti allo stato di maturità da cause accidentali, le quali nel loro effetto non potrebbero in alcun modo essere limitate da un cambiamento di struttura o di costituzione che altrimenti tornerebbe di beneficio alla specie. Ma questa distruzione degli adulti sia pure grande quanto si voglia, se il numero che può abitare un determinato distretto non è interamente ridotto; ed ammesso ancora che delle uova e dei semi solo la centesima o la millesima parte si conservi: rimane fermo che dei superstiti gl'individui meglio adatti si riproducono più che i meno adatti, semprechè si presenti una variabilità in direzione favorevole. Se il numero, per le cause suddette, sia stato fortemente ridotto, ciò che può essere spesso avvenuto, l'elezione naturale sarà stata inefficace in determinate benefiche direzioni. Ma ciò non costituisce una seria obbiezione contro la sua efficacia in altri tempi e in altri modi; imperocchè non vi sia alcun motivo per ritenere che a un dato tempo nello stesso distretto molte specie subiscano una modificazione ed un miglioramento.

ELEZIONE SESSUALE

Come nello stato di domesticità appariscono qualche volta certe particolarità in uno dei sessi e queste rimangono in esso ereditarie, così può avvenire il medesimo fatto allo stato naturale. E quindi è possibile che dall'elezione naturale i due sessi sieno modificati in relazione alle differenti condizioni di vita, come talvolta succede; oppure che un sesso sia modificato in relazione all'altro sesso, ciò che avviene comunemente. Ciò m'induce a dire poche parole su quella che io chiamo Elezione sessuale. Essa dipende non già dalla lotta per l'esistenza, ma da una lotta che ha luogo fra gl'individui del medesimo sesso, e generalmente fra i maschi pel possesso delle femmine. Il risultato di questa lotta non consiste nel soccombere uno dei competitori, ma nella poca o niuna discendenza che egli produce. L'elezione sessuale è quindi meno rigorosa dell'elezione naturale. Generalmente i maschi più vigorosi, quelli che sono meglio appropriati alla loro situazione nella natura, lasciano una progenie più numerosa. Ma in molti casi la vittoria dipende dalle speciali difese che l'individuo possiede e che sono proprie del sesso maschile, piuttosto che dal vigore generale di esso. Un cervo senza corna e un gallo senza sperone avrebbero poca probabilità di lasciare dei figli. L'elezione sessuale, che deve rendere possibile al vincitore di riprodursi, deve certamente dargli un coraggio indomabile, degli speroni, lunghi, delle ali robuste per combattere colla zampa speronata; come l'allevatore brutale dei galli combattenti cerca di migliorarne la razza con una scelta rigorosa degl'individui più belli in questo rapporto. Fin dove si estenda nella scala della natura questa legge di guerra, io l'ignoro. Ci sono stati descritti i combattimenti degli alligatori maschi che urlando si assalgono e intorno si aggirano per disputarsi le femmine, come gli Indiani nelle danze guerresche. Si sono osservate le lotte dei salmoni maschi protratte per giorni interi. I cervi volanti portano qualche volta la traccia delle ferite fatte dalle larghe mandibole d'altri maschi. Il Fabre, insuperabile osservatore, vide i maschi di certi imenotteri disputarsi la femmina, la quale assisteva alla lotta come spettatore apparentemente inerte, e poi si ritirava col vincitore. La guerra è talvolta più terribile fra i maschi degli animali poligami, e questi sono anche più generalmente provvisti di speciali difese. I maschi degli animali carnivori sono già

---

armati convenientemente: nondimeno l'elezione sessuale può ancora somministrare ai medesimi, come agli altri, speciali mezzi di difesa, per esempio la criniera al leone, le zanne al cignale, e la mascella adunca al salmone maschio; perchè lo scudo può essere non meno importante della spada o della lancia per la vittoria.

Negli uccelli la lotta offre spesso un carattere più pacifico. Tutti coloro che si occuparono di questo soggetto, constatarono un'ardente rivalità fra i maschi di molte specie per attirare le femmine col canto. Le rupicole della Guiana, gli uccelli del Paradiso, ed alcune altre specie si riuniscono in gruppi; indi i maschi spiegano le loro magnifiche penne e prendono gli atteggiamenti più strani innanzi alle femmine, le quali assistono come spettatrici e scelgono infine il compagno più attraente. Quante persone hanno conservato e studiato gli uccelli chiusi in spazi ristretti, conoscono le loro individuali preferenze ed antipatie. Il signor R. Heron ha descritto un pavone macchiato, che era particolarmente il prediletto di tutte le femmine. Forse si crederà puerile lo attribuire qualche influenza a mezzi tanto deboli in apparenza; io non posso entrare in tutti i dettagli necessari a provare queste idee; ma, se l'uomo può giungere in breve tempo a dare l'elegante disposizione e la bellezza delle penne ai galli Bantham, a seconda delle sue idee estetiche, non veggo alcuna buona ragione per dubitare che le femmine degli uccelli scegliendo costantemente per migliaia di generazioni i maschi più belli e più soavi cantori, sul tipo loro ideale di perfezione, non possano produrre un effetto segnalato. Alcune delle leggi bene conosciute della reciproca dipendenza che esiste fra l'abito degli uccelli maschi e delle femmine e quello dei loro nati, possono spiegarsi supponendo che le modificazioni successive delle penne sieno dovute essenzialmente all'elezione sessuale, che agisce quando gli uccelli sono entrati nella stagione degli amori e sono giunti all'età di accoppiarsi. Queste modificazioni così prodotte sono poi ereditate nell'età e stagioni corrispondenti, sia dai soli maschi, sia dai maschi insieme e dalle femmine. Ma mi manca lo spazio per sviluppare. questo argomento.

Io credo che quando i maschi e le femmine di una specie animale hanno le stesse abitudini generali di vita, ma differiscono nella struttura, nel colore e negli ornamenti, tali differenze derivarono principalmente dall'elezione sessuale; cioè che certi individui maschi riportarono qualche piccolo vantaggio sopra gli altri maschi nelle successive generazioni, nei loro mezzi di offesa e di difesa, ovvero nelle loro attrattive, e trasmisero questi vantaggi ai loro discendenti maschi. Però io non vorrei attribuire tutte le differenze sessuali a questa causa; perchè nelle nostre razze domestiche noi vediamo nascere delle particolarità che diventano ereditarie pel sesso maschile, come la caruncola dei messaggeri maschi, le protuberanze a forma di corno nei galli di certe specie, ecc., quantunque non siano a riputarsi utili ai maschi nelle loro pugne, o gradevoli alle femmine. Allo stato di natura noi osserviamo fatti analoghi; ad esempio, il fiocco di peli sullo sterno del tacchino maschio, che al certo non può tornargli utile nelle lotte, nè servirgli di ornamento. Che se questa singolarità si fosse manifestata allo stato di domesticità si sarebbe detta una mostruosità.

SCHIARIMENTI SULL'AZIONE DELL'ELEZIONE NATURALE O SOPRAVVIVENZA DEL PIÙ ADATTO

Per far comprendere con maggior chiarezza in qual modo, secondo me, agisca l'elezione naturale, mi si permetta di dare uno o due esempi immaginati. Prendiamo il caso di un lupo che trovi la sua preda in animali diversi, impadronendosi di alcuni per insidia, di altri per forza e di altri per agilità, e supponiamo che la sua preda più veloce, per esempio il daino, in seguito ad alcuni cambiamenti avvenuti nella regione, sia divenuto più numeroso, o che gli altri animali, di cui si nutre, siano al contrario diminuiti, in quella stagione dell'anno in cui il lupo sentesi più stimolato dalla fame. In tali circostanze i lupi più agili e più veloci avranno maggiore probabilità di sopravvivere e saranno quindi preservati ed eletti: quando però essi abbiano conservato la forza di atterrare la loro preda e di rendersene padroni in quell'epoca, in cui saranno spinti a nutrirsi d'altri animali. Io non posso mettere in dubbio ciò, mentre sappiamo che l'uomo può perfezionare l'agilità de' suoi levrieri, per mezzo di una precisa e metodica elezione, ovvero con una elezione inavvertita proveniente dagli sforzi che ognuno fa per conservare i migliori cani senza alcuna intenzione di migliorarne la razza. Posso aggiungere, dietro il signor Pierce, che nelle montagne di Catskill negli Stati Uniti esistono due varietà di lupi, l'una delle quali di forme assai slanciate, a guisa di levriere, perseguita i daini, e l'altra più pesante, con gambe corte, attacca più spesso le gregge di pecore.

Si faccia attenzione che nel succitato esempio io parlai dei lupi individualmente più agili, i quali sarebbero stati conservati, e non di una singola varietà ben marcata. Nelle edizioni anteriori di questo libro io mi sono espresso talvolta in modo, come se questa alternativa fosse spesso occorsa. Io ho trattato della grande importanza delle differenze individuali, e ciò m'indusse a parlare diffusamente degli effetti della inconscia elezione artificiale, la quale riposa sulla conservazione degli individui più o meno pregevoli, e sulla distruzione dei peggiori. Ho anche fatto osservare, come la conservazione allo stato di natura di una occasionale deviazione di struttura, come sarebbe una mostruosità, sia un raro avvenimento, e che, se anche dapprincipio fosse preservata, si perderebbe in seguito per effetto dell'incrociamento cogli individui comuni. Prima d'aver letto nella Nord British Review (1867) un articolo bello e pregevole, omisi di annettere importanza al fatto che raramente singole varietà, sieno insignificanti o ben marcate, si possono conservare. L'autore fa la supposizione che un paio di animali produca durante tutta la vita duecento discendenti, dei quali però, per varie cause distruttrici, in media solamente due sopravvivono, e riproducono la specie. Per la maggior parte degli animali superiori questo conto è esagerato, non così per molti degli organismi inferiori. Egli dice poi che se nascesse un singolo individuo in qualche modo variante ed avente la doppia probabilità di sopravvivere agli altri, vi sarebbe nondimeno la probabilità contro la sua conservazione. Ammesso che sopravviva e si riproduca, e che la metà dei suoi discendenti erediti la variazione favorevole, tuttavia il figlio, come l'autore dimostra, avrebbe una prospettiva di poco maggiore di sopravvivere e di generare; e tale prospettiva diminuirebbe sempre nelle successive generazioni. Io credo che non si possa revocare in dubbio la verità di questi asserti. Se, ad esempio, un uccello di qualsiasi specie potesse più facilmente procurarsi il suo nutrimento con un rostro fortemente curvo, e se alcuno nascesse con tale rostro ed in conseguenza prosperasse assai, la probabilità che quest'unico individuo riproduca la sua forma a segno da soppiantare la comune, sarebbe nondimeno assai piccola. Ma se noi ci atteniamo a ciò che vediamo succedere allo stato domestico, non potremo dubitare che tale precisamente dovrà essere il risultato, se per molte generazioni saranno preservati individui con rostri più o meno curvi, ed in maggior numero saranno distrutti quelli che avranno i rostri più diritti.

Non devesi del resto dimenticare che certe variazioni ben pronunciate, che nessuno considera come semplici differenze individuali, spesso riappariscono per la ragione che organizzazioni simili subiscono simili influenze. Di questo fatto potrebbero citarsi numerosi esempi tolti dalle nostre forme domestiche. Se in simili casi un individuo che varia non trasmettesse realmente ai suoi discendenti il nuovo carattere, esso trasmetterà loro senza dubbio, ferme le medesime condizioni, una tendenza ancor più forte di variare nello stesso modo. Non vi è dubbio che la tendenza di variare nello stesso modo sia stata spesso tanto forte da modificare in modo simile tutti gl'individui di una medesima specie senza il concorso di qualsiasi forma di elezione. Ma può essere modificata anche solo la terza, quarta, o decima parte degl'individui, di che si possono citare molti esempi. Così, secondo un calcolo del Graba, circa una quinta parte delle urie sulle isole del Faro costituiscono una varietà sì marcata, che vennero prima considerate come una specie distinta sotto il nome di Uria lacrymans. Se in tali casi la variazione fosse di natura vantaggiosa, la forma primitiva sarebbe ben tosto soppiantata per gli effetti della sopravvivenza del più adatto.

Degli effetti dell'incrociamento nella eliminazione delle varietà tratterò più tardi. Qui sia detto per ora che gli animali e le piante in generale sono attaccati alla loro patria e non migrano senza bisogno. Noi lo vediamo perfino negli uccelli migratori che ritornano quasi sempre al medesimo posto. Per conseguenza in generale ogni nuova varietà è dapprincipio locale, e questa sembra difatti la regola nello stato di natura; ne viene che gl'individui modificati in modo analogo si trovano presto insieme in una certa piccola quantità e spesso insieme si riproducono. Se la nuova varietà fosse vittoriosa nella lotta per l'esistenza, si diffonderebbe lentamente da un punto centrale, facendo concorrenza ai lembi del circolo sempre crescente agl'individui che non variarono e vincendoli.

Voglio citare un altro e più complicato esempio intorno agli effetti dell'elezione naturale. Alcune piante secernono una sostanza zuccherina, e pare ciò avvenga per eliminare dal succo dei principii nocivi. La secrezione viene effettuata a mezzo di ghiandole situate alla base delle stipule in alcune leguminose, e sul rovescio delle foglie nell'alloro comune. Quella sostanza, benchè sia molto scarsa, è ricercata avidamente dagl'insetti. Ora supponiamo che una piccola quantità di succo o di nèttare sia uscita dalle basi dei petali di un fiore. In tal caso gl'insetti che ronzano in cerca di questo nèttare rimarranno coperti di polline e lo trasporteranno certamente da un fiore sulla stimma di un altro. Ne verrà che due individui distinti si troveranno incrociati, e noi abbiamo buone ragioni di credere (come proveremo pienamente in altro luogo) che dall'incrociamento nasceranno pianticelle molto vigorose, le quali avranno per conseguenza una maggiore probabilità di riprodursi e sopravvivere. Alcune di queste piante avranno certamente ereditato la facoltà di secernere il nèttare. Quei fiori che avranno le ghiandole del nèttare più sviluppate, e che produrranno maggior copia di nèttare, saranno visitate più spesso dagli insetti, e quindi anche più spesso rimarranno incrociate, acquistando alla fine la superiorità. Quindi quei fiori che avranno i loro stami e pistilli collocati, rispetto alla grandezza e alle abitudini degl'insetti che li visitano, in tal guisa da favorire in qualche modo il trasporto del loro polline da un fiore all'altro, saranno similmente preferiti o prescelti. Noi avremmo potuto fare il caso di insetti che si posano sui fiori per raccoglierne il polline invece del nèttare; ed essendo il polline formato al solo scopo della fecondazione, la sua distruzione si direbbe una semplice perdita per la pianta; ma quando una piccola quantità di polline viene trasportata dapprima accidentalmente, indi abitualmente dagl'insetti sui fiori e ne seguono incrociamenti, quantunque si consumino perfino i nove decimi del polline dei fiori stessi, ne deriverà un grande giovamento alla pianta; e quegl'individui che diedero del polline sempre più copioso ed ebbero delle antere vieppiù grosse, saranno prescelti.

Allorchè le nostre piante, in seguito a tale processo lungamente continuato, erano divenute attraenti per gli insetti, questi, senza alcuna intenzione per parte loro, avranno continuato a trasportare regolarmente il polline di fiore in fiore, e facilmente potrei dimostrare, cogli esempi più stringenti, quanta sia l'importanza di siffatto intervento. Io ne addurrò uno solo, non tanto come un fatto molto notevole, quanto come una esposizione del modo con cui si effettua gradatamente la separazione dei sessi nelle piante. Alcuni agrifogli portano soltanto fiori maschi, aventi quattro semi che producono un'assai piccola quantità di polline e un pistillo rudimentale. Altri agrifogli non hanno che fiori femmine, che sono forniti di un pistillo completamente sviluppato e di quattro stami con antere contratte, dalle quali non può uscire un solo grano di polline. Avendo trovato un albero femmina alla distanza di sessanta metri da un albero maschio, io posi sotto il microscopio gli stimmi di venti fiori raccolti su diversi rami e rinvenni grani di polline sopra tutti senza eccezione, ed in alcuni ne osservai a profusione. Il polline non era stato certamente trasportato dal vento, dacchè per parecchi giorni spirava dall'albero femmina all'albero maschio. La stagione era stata fredda e tempestosa e quindi sfavorevole alle api; tuttavia ogni fiore femmina da me esaminato era stato effettivamente fecondato dalle api, accidentalmente coperte del pulviscolo del polline, mentre volavano di pianta in pianta in cerca di nèttare. Ma per ritornare all'esempio da noi immaginato, non appena una pianta è divenuta così attraente per gl'insetti che il suo polline venga regolarmente tratto da un fiore all'altro, un altro processo può incominciare. Non vi ha naturalista che ponga in dubbio i vantaggi di ciò che si chiama «la fisiologica divisione del lavoro». Quindi noi possiamo dedurne che sarà utile ad una pianta il produrre stami soltanto in un fiore, ovvero in una pianta distinta, e pistilli in un altro fiore o in un'altra pianta. Nelle piante coltivate e poste in nuove condizioni di vita, ora gli organi maschili ed ora gli organi femminili divengono più o meno impotenti; e se noi supponiamo che ciò possa accadere allo stato di natura, mentre il polline è trasportato regolarmente di fiore in fiore ed essendo vantaggiosa alle nostre piante una più completa separazione dei loro sessi pel principio della divisione del lavoro, gli individui, nei quali questa tendenza andrà crescendo, saranno incessantemente favoriti o eletti, fino a che si sia operata una definitiva separazione dei sessi. Esigerebbe troppo spazio il dimostrare le varie vie, per dimorfismo ed in altri modi, su cui evidentemente progredisce la separazione dei sessi nelle piante di diverse specie. Solo voglio accennare che secondo Asa Gray alcune specie di palme dell'America settentrionale si trovano in uno stato esattamente intermediario, i cui fiori, come si esprime il citato botanico, sono più o meno dioico-poligami.

Riprendiamo ora gli insetti nèttarefagi del nostro caso; noi possiamo supporre che la pianta, di cui lentamente s'accrebbe il nèttare per l'elezione continua, sia una pianta comune; e che certi insetti dipendano in gran parte dal suo nèttare come loro alimento. Potrei citare molti fatti per mostrare quanto le api siano ansiose di risparmiare il tempo; per esempio la loro abitudine di incidere le basi di certi fiori onde succhiarne il nèttare, mentre esse potrebbero con qualche perdita di tempo succhiarlo dal vertice della corolla. All'appoggio di questi fatti, ritengo non potersi rivocare in dubbio che una deviazione accidentale nella statura e forma del corpo, o nella curvatura e lunghezza della proboscide, ecc., benchè troppo piccola per essere da noi apprezzata, potrebbe essere utile all'ape o ad un altro insetto, a segno che un individuo, che ne sia dotato, giungerà più facilmente a procurarsi il proprio nutrimento, ed avrà perciò una maggiore probabilità di vivere e di lasciare una discendenza. I suoi discendenti erediteranno probabilmente la tendenza ad una simile piccola deviazione di struttura. I tubi delle corolle del trifoglio rosso comune e del trifoglio incarnato (Trifolium pratense e Trif. incarnatum) a primo aspetto non sembrano di lunghezza molto diversa; pure l'ape domestica può facilmente succhiare il nèttare del trifoglio incarnato, ma non così quello del trifoglio rosso, che viene visitato solamente dai pecchioni. Cosicchè dei campi interi di trifoglio rosso offrirebbero invano un'abbondante raccolta di prezioso nèttare alla nostra ape domestica. Che l'ape domestica sia ghiotta di questo nèttare è cosa certa, imperocchè io vidi più volte, sebbene nell'autunno, molte api succhiare il nèttare da fori praticati alla base della corolla dai pecchioni. La differenza di lunghezza nella corolla, che determina le visite delle api domestiche, deve essere di molta importanza; perchè fui avvertito, che quando il trifoglio rosso è stato falciato, i fiori del secondo taglio sono alquanto più piccoli e che questi sono frequentemente visitati dalle api domestiche. È stato detto che l'ape italiana, la quale generalmente considerasi come una varietà e s'incrocia facilmente colla comune, possa succhiare il nèttare del trifoglio rosso comune; ma io non so se questo asserto sia esatto e degno di fede. In una località nella quale questo trifoglio sia molto abbondante, può esser quindi molto utile all'ape domestica l'avere una proboscide un po' più lunga o costrutta in altro modo. D'altra parte la fertilità del trifoglio dipende, come abbiamo veduto, dalla visita delle api; e quindi, se i pecchioni diventassero scarsi in un paese, potrebbe essere molto vantaggioso al trifoglio rosso l'avere un tubo più corto o più profondamente diviso nella corolla, per modo che l'ape domestica potesse visitarne i fiori. Così noi possiamo intendere come un fiore e un insetto possano modificarsi e adattarsi scambievolmente, nella maniera più perfetta e nel medesimo tempo, ovvero uno dopo l'altro, per mezzo della continua preservazione degli individui che offrono deviazioni di struttura leggermente favorevoli e di utile reciproco.

Io conosco bene che questa dottrina dell'elezione naturale, basata sui citati esempi, è soggetta alle stesse obbiezioni che furono sulle prime sollevate contro le grandiose viste di Carlo Lyell «sulle moderne trasformazioni della terra, le quali valgono ad illustrare la geologia». Oggi però niuno ardisce considerare l'azione, per esempio, delle onde sulle coste come una causa debole ed insignificante, quando si applichi a spiegare la corrosione di valli gigantesche o la formazione di lunghe catene di rocce interne. L'elezione naturale agisce puramente per la conservazione ed accumulazione di piccole modificazioni ereditarie che sono sempre utili all'essere preservato, e come la moderna geologia ha quasi bandita l'ipotesi che le grandi vallate di erosione siano tutte formate da una sola onda diluviale, non altrimenti l'elezione naturale, se questo principio è vero, deve farci abbandonare l'opinione della creazione continua di nuovi esseri organizzati e di una modificazione grande e repentina nella loro struttura.

SULL'INCROCIAMENTO DEGLI INDIVIDUI

Io debbo fare qui una breve digressione. È cosa nota che trattandosi di animali e piante a sessi distinti è sempre necessario l'intervento di due individui per la fecondazione (ad eccezione dei casi singolari e ancora non bene chiariti di partenogenesi). Quanto agli ermafroditi non è necessario. Nondimeno io sono assai propenso a credere che anche in tutti gli ermafroditi, sia accidentalmente, sia abitualmente, due individui concorrano alla riproduzione della specie. Questa idea fu espressa con riserva molto tempo fa dallo Sprengel, dal Knight e dal Kölreuter. Ora noi ne vedremo l'importanza; ma io debbo trattare quest'argomento con un'estrema brevità, quantunque io abbia in pronto i materiali per un'ampia discussione. Tutti gli animali vertebrati, tutti gli insetti e parecchi altri grandi gruppi d'animali si accoppiano per ogni fecondazione. Le recenti ricerche hanno diminuito assai il numero degli ermafroditi supposti; e un gran numero di veri ermafroditi si accoppiano: vale a dire due individui si uniscono regolarmente per la generazione, e questo è quanto ci interessa. Ciò non pertanto parecchi animali ermafroditi non si appaiano certo abitualmente, e fra le piante moltissime sono ermafrodite. Qual ragione vi ha dunque, potrebbe chiedersi, per supporre che anche in questi casi due individui cooperino alla riproduzione? Essendo impossibile lo entrare qui in alcun dettaglio, debbo limitarmi solo ad alcune considerazioni generali.

In primo luogo io raccolsi un gran numero di fatti, i quali provano, in consonanza all'opinione quasi universale degli allevatori, che negli animali e nelle piante un incrociamento fra differenti varietà, oppure fra individui della stessa varietà, ma di un'altra linea, rende più vigorosa e più feconda la prole; e che d'altra parte la riproduzione fra parenti prossimi diminuisce la vigoria e la fecondità. Questi fatti bastano per condurmi nella opinione che sia una legge generale della natura quella che impedisce ad ogni essere organizzato di fecondarsi da sè per una eternità di generazioni (benchè noi non conosciamo lo scopo di codesta legge); ma che un incrociamento con un altro individuo è indispensabile di quando in quando e forse anche ad intervalli molto lunghi.

Nell'ipotesi che questa sia una legge naturale noi possiamo, a mio avviso, comprendere alcune grandi serie di fatti, i quali da qualunque altro punto di vista sarebbero inesplicabili. Tutti i botanici che fecero degl'incrociamenti sanno quanto sia sfavorevole per la fecondazione di un fiore la esposizione all'umido, eppure quanti fiori non hanno le loro antere e i loro stimmi pienamente esposti alle intemperie! Ma se un incrociamento di quando in quando è indispensabile, questa esposizione svantaggiosa può essere diretta ad aprire un adito affatto libero al polline d'un altro individuo, tanto più che le antere della pianta stessa sono generalmente così vicine ai pistilli che l'autofecondazione sembra quasi inevitabile. D'atronde, molti fiori hanno i loro organi sessuali perfettamente racchiusi, come nella grande famiglia delle papiglionacee o delle leguminose; ma nella maggior parte di questi fiori si osserva un adattamento molto curioso della loro struttura al modo con cui le api ne suggono il nèttare, spargendo il polline del fiore sullo stimma, o deponendo sopra questo il polline di un altro fiore. Le visite delle api sono tanto necessarie a molti fiori papiglionacei, che io ho dimostrato, con esperienze pubblicate altrove, che la loro fertilità è scemata grandemente quando queste visite siano impedite. Ora è appena possibile che le api trasvolino di fiore in fiore senza trasportare il polline dall'uno all'altro, per il maggior bene della pianta, a quel che credo. Le api agiscono allora come il fiocco dei crini di camello, col quale basta toccare le antere di un fiore e quindi lo stimma di un altro per assicurare la fecondazione; ma non deve supporsi che le api producano così una moltitudine di ibridi fra specie diverse; perchè se voi ponete sul medesimo fiocco il polline di una pianta con quello di un'altra specie, il primo avrà un effetto predominante che distruggerà invariabilmente e completamente ogni influenza del polline straniero, come fu dimostrato dal Gärtner.

Quando gli stami si lanciano con subita espansione verso il pistillo, o si muovono lentamente contro di esso uno dopo l'altro, il processo pare diretto solamente ad assicurare l'autofecondazione, e non v'ha dubbio che ciò non sia utile a questo fine; ma l'elezione degl'insetti è spesso necessaria per determinare la deiscenza delle antere, come lo ha provato Kölreuter rispetto al berbero; in questo genere, il quale sembra specialmente adatto alla autofecondazione, è cosa nota che se le forme o varietà strettamente affini sono piantate vicine, è quasi impossibile allevare delle pianticelle di razza pura, stante il grande incrociamento che naturalmente avviene. In molti altri casi, parecchie speciali circostanze impediscono allo stimma di ricevere il polline del medesimo fiore, invece di favorire l'autofecondazione, come fu dimostrato dagli scritti di Sprengel e da altri, e dalle mie proprie osservazioni. Così nella Lobelia fulgens, per un adattamento meraviglioso ed accurato, le antere connate di ciascun fiore lasciano cadere i granuli abbondantissimi del polline, prima che lo stimma di ogni singolo fiore sia disposto a riceverli; e non essendo mai questi fiori visitati dagli insetti, almeno nel mio giardino, nondimeno io ne ottenni una grande quantità ponendo il polline di un fiore sullo stimma di un altro. Mentre un'altra specie di lobelia che vegetava presso la prima, per la visita delle api, produceva semi liberamente. In moltissimi altri casi, anche se niun impedimento meccanico tolga allo stimma di un fiore il polline di esso, pure, dietro le osservazioni di Sprengel da me confermate, o le antere si aprono prima che lo stimma sia pronto alla fecondazione, ovvero lo stimma giunge a maturità prima che il polline del fiore sia sparso; per guisa che queste piante hanno di fatto sessi separati e debbono abitualmente essere incrociate. Quanto sono strani questi fatti! Quale singolarità nel trovarsi il polline e lo stimma di un stesso fiore tanto vicini fra loro, quasi direbbesi ad assicurare la fecondazione, quando all'opposto riescono in molti casi scambievolmente inutili! Con quanta semplicità questi fatti vengono chiariti dalla considerazione che un accidentale incrociamento fra individui distinti è vantaggioso o indispensabile!

Io ho esperimentato che, allevando diverse varietà di cavoli, di rape, e di cipolle o di alcune altre piante, in vicinanza fra loro fino alla produzione del seme, la maggior parte delle pianticelle che nascono da questi semi divengono meticce. Infatti coltivai 233 piante di cavoli derivanti da alcuni individui di differenti varietà che erano cresciute in prossimità le une delle altre, ed in questo numero non ne trovai che 78 appartenenti alle loro varietà pure, notando però che alcune di esse erano leggermente alterate. Frattanto il pistillo di ogni fiore di cavolo è circondato non solo dai propri sei stami, ma da tutti gli stami degli altri fiori della stessa pianta; e il polline di ogni antera cade facilmente sul suo stimma, senza l'opera degl'insetti; perchè ho trovato che una pianta intieramente inaccessibile ad essi produsse un numero completo di silique. Come dunque può avvenire che in tali circostanze un grandissimo numero di semi dia dei meticci? Io attribuisco ciò al polline di una varietà distinta, il quale è più efficace che non il polline proprio del fiore. È questa un'applicazione della legge generale che, per mezzo dell'incrociamento degli individui distinti di una medesima specie, si ottiene un perfezionamento. Quando invece codesto incrociamento ha luogo fra specie distinte, l'effetto è direttamente opposto, giacchè in tal caso il polline di una pianta predomina generalmente su quello d'un'altra. Ma ci occuperemo ancora di questo soggetto in uno dei capi seguenti.

Potrebbe obbiettarsi che il polline di un albero gigantesco, coperto di fiori innumerevoli, può difficilmente essere trasportato sopra un altro albero, e non potrebbe ammettersi che il solo passaggio del polline da fiore a fiore sul medesimo albero, mentre questi fiori non sarebbero a considerarsi come individui distinti che in un senso molto ristretto. Questa obbiezione è fondata; ma la natura ha largamente provvisto a ciò, dando agli alberi una forte tendenza di produrre fiori a sessi separati. Ora quando i sessi sono separati, quantunque i fiori maschi e femmine siano portati dalla medesima pianta, è necessario che il polline sia regolarmente tradotto da un fiore all'altro, e quindi avremo una maggiore probabilità che ciò avvenga accidentalmente fra due alberi. Nel nostro paese gli alberi appartenenti a tutti gli ordini hanno più di sovente i loro sessi separati che non le altre piante; dietro un mio consiglio il dott. Hooker ha formato una tavola degli alberi della Nuova Zelanda, e il dott. Asa Gray ha compilato quella degli alberi degli Stati Uniti, e il risultato avvalorò le mie previsioni. Ma il dott. Hooker mi ha poscia informato che egli s'avvide non potersi estendere questa regola all'Australia; ma se gli alberi australesi sono in maggior numero dicogami, il risultato è il medesimo come se i loro fiori fossero di sesso separato. Feci queste poche osservazioni sui sessi degli alberi semplicemente per richiamare l'attenzione sull'argomento.

Per ciò che riguarda gli animali terrestri, diremo che alcuni sono ermafroditi, come i molluschi polmonati e i vermi di terra; ma tutti si accoppiano. - Non ho ancora trovato un solo caso fra gli animali terrestri, in cui si avveri l'autofecondazione. Noi possiamo spiegarci questo fatto rimarchevole, che presenta un contrasto singolare(2) con ciò che osserviamo nelle piante terrestri, riguardando l'incrociamento occasionale come indispensabile, quando ci facciamo a considerare l'ambiente nel quale vivono gli animali terrestri, e la natura dell'elemento fecondatore; perchè noi non conosciamo alcun mezzo analogo all'azione degli insetti e del vento sulle piante, col quale possa effettuarsi un accidentale incrociamento in questi animali, senza la cooperazione dei due sessi.

Negli animali acquatici abbiamo molti ermafroditi, nei quali si verifica l'autofecondazione, ma le correnti offrono loro mezzi facili di accidentali incrociamenti. Del resto in essi, come nei fiori, dopo di avere consultato una delle più grandi autorità, il prof. Huxley, non seppi trovare una sola specie, in cui gli organi della generazione fossero racchiusi tanto perfettamente nell'interno del corpo, da vietare l'accesso all'azione dell'accidentale influenza di un altro individuo, in modo da renderla fisicamente impossibile. Per molto tempo credetti che i cirripedi presentassero un caso di somma difficoltà per tale riguardo; ma, per una fortunata combinazione, altrove potei provare che due individui ermafroditi, benchè si fecondino da sè, pure qualche volta si incrociano.

Molti naturalisti avranno riguardato come una strana anomalìa il fatto di trovare fra gli animali e le piante alcune specie, appartenenti alla medesima famiglia od anche al medesimo genere, le quali sono ermafrodite o unisessuali: benchè nell'intera loro organizzazione siano conformi. Ma se realmente tutti gli ermafroditi accidentalmente si incrociano con altri individui, la differenza fra le specie ermafrodite e le unisessuali diviene molto piccola, almeno per quanto concerne le funzioni sessuali. Per tutte queste considerazioni, e pei molti fatti speciali da me raccolti che qui non posso addurre, considero come legge di natura generale, se non universale, che nei regni vegetale ed animale avvenga di tempo in tempo un incrociamento fra individui distinti.

CIRCOSTANZE FAVOREVOLI ALLA PRODUZIONE DI NUOVE FORME COL MEZZO DELL'ELEZIONE NATURALE

Questo soggetto è assai complicato. Un grande insieme di variabilità, nel quale termine sono sempre comprese differenze individuali, è evidentemente favorevole all'azione dell'elezione naturale. Un numero grande di individui, offrendo in un dato tempo una maggiore probabilità di subire variazioni utili, deve compensare la minore variabilità di ognuno d'essi, ed io credo che ciò sia un elemento estremamente importante di successo. Quantunque la natura impieghi grandi periodi di tempo per l'epoca dell'elezione naturale, pure essa non accorda un lasso di tempo indefinito; perchè tutti gli esseri organizzati sono costretti ad occupare il loro posto nell'economia della natura, e se ogni specie non cominciasse a modificarsi e perfezionarsi, in relazione a' suoi competitori, finirebbe col rimanere esterminata. Se le variazioni utili non si trasmettessero almeno ad alcuni discendenti, l'elezione naturale non potrebbe essere efficace. La tendenza alla riversione può avere spesso inceppati o distrutti gli effetti della elezione naturale; ma siccome questa tendenza non ha impedito all'uomo di ottenere sì numerose razze ereditarie nei due regni organici, come potrebbe mai aver arrestato il corso della elezione naturale?

Nell'elezione metodica l'allevatore sceglie qualche scopo determinato, ed il libero incrociamento basterebbe ad intralciare la sua opera. Ma quando molti uomini, senza intenzione di alterare la razza, hanno uno scopo quasi comune di perfezione e tutti si studiano di produrre e moltiplicare gli animali migliori, da questo inavvertito processo di elezione si avranno modificazioni e miglioramenti sicuri, ma lenti: non ostante una grande somma di incrociamenti con animali meno pregevoli. Altrettanto deve accadere nella natura; perchè entro un'area chiusa, l'economia della quale presentasse alcuni posti non occupati come potrebbero esserlo, l'elezione naturale tenderebbe sempre a conservare tutti gli individui che variassero in una retta direzione, benchè in vario grado, come i migliori a riempire i posti vuoti. Ma se la regione fosse vasta, i vari suoi distretti presenterebbero certamente differenti condizioni di vita; e quando l'elezione naturale modificasse e migliorasse certe specie in alcuni distretti, queste si incrocerebbero con altri individui delle medesime presso i loro confini. Ora noi vedremo nel sesto capitolo che generalmente le varietà intermediarie, le quali abitano distretti intermedi, sono nel corso del tempo soppiantate da una delle varietà confinanti. Gli effetti dell'incrociamento sarebbero più notevoli in quegli animali che si accoppiano per ogni fecondazione, che vagano assai e che non si propagano con molta rapidità. Quindi negli animali di tal natura, come negli uccelli, le varietà sono generalmente confinate in paesi separati, e questo è appunto il caso da me indicato. Negli organismi ermafroditi che si incrociano solo accidentalmente, e parimenti negli animali che si accoppiano per ogni riproduzione, ma che non sono vagabondi e non figliano rapidamente, una varietà nuova e perfezionata può formarsi improvvisamente in qualunque contrada; e può mantenersi riunita in un gruppo, così che, qualunque incrociamento avvenisse, dovrebbe principalmente farsi tra individui della stessa nuova varietà. E quando una varietà locale sia così formata, in seguito non potrà spandersi che lentamente negli altri distretti. Per questo principio i giardinieri preferiscono sempre raccogliere le sementi da un grande vivaio di piante della medesima varietà, intendendo così di diminuire la probabilità dell'incrociamento con altre varietà.

Anche riguardo agli animali a riproduzione lenta, che si accoppiano per ogni fecondazione, non devesi esagerare l'effetto dell'incrociamento di ritardare l'elezione naturale. Io potrei produrre un catalogo considerevole di fatti, i quali provano che in una medesima area le varietà di una specie possono rimanere distinte per lungo tempo, sia per il soggiorno in stazioni diverse, sia per le varie stagioni degli amori, sia che le varietà della stessa razza preferiscano di accoppiarsi fra loro.

Gli incrociamenti adempiono un ufficio molto importante nella natura, nel conservare gli individui della medesima specie o di una varietà puri ed uniformi nel carattere. Evidentemente essi agiscono con maggiore efficacia negli animali che si accoppiano per ogni fecondazione; ma noi abbiamo notato che vi ha motivo di ritenere che avvengano accidentali incrociamenti in tutti gli animali e in tutte le piante. Anche allorchè questi incrociamenti non hanno luogo che a lunghi intervalli, la prole che ne nasce acquista tanto vigore e tanta fecondità sopra i discendenti non incrociati, che ha tutte le probabilità di sopravvivere e di propagarsi; e quindi a lungo andare quest'influenza degli incrociamenti deve essere grande anche se questi succedano dopo rari intervalli. Se esistono esseri organizzati che non si incrocino, l'uniformità del carattere può in essi mantenersi finchè restano uguali le condizioni di vita, pel principio di eredità e per l'elezione naturale che distrugge tutti gl'individui che si allontanano dal loro tipo. Ma se le loro condizioni di vita si mutino e nascano delle modificazioni corrispondenti, i discendenti variati, non possono conservare una uniformità di carattere se non per la elezione naturale che conserva quelle modificazioni che sono favorevoli.

Anche l'isolamento è un elemento importante nel processo della elezione naturale. In un'area isolata e circoscritta, quando non sia molto estesa, le condizioni di vita organiche ed inorganiche hanno in generale una grande uniformità; per modo che l'elezione naturale tende a modificare tutti gli individui di una specie variabile, nella regione intera, analogamente alle condizioni uguali. Di più gl'incrociamenti fra individui di una stessa specie, che altrimenti avrebbero abitato i distretti vicini, verranno impediti. Moritz Wagner ha pubblicato recentemente una memoria interessante su quest'argomento, ed ha dimostrato che l'isolamento coll'impedire gli incrociamenti fra le varietà di recente formazione fa dei servizi probabilmente ancor maggiori di quanto io ho presunto; ma per le ragioni già addotte non posso acconsentire all'opinione di questo naturalista, che cioè la migrazione e l'isolamento siano due condizioni necessarie per la formazione di nuove specie. L'isolamento agisce probabilmente con una maggiore efficacia togliendo l'immigrazione d'organismi più adatti dopo ogni cambiamento fisico, come una modificazione del clima o un sollevamento del suolo, ecc., e così rimangono aperti nuovi posti nell'economia naturale del paese agli antichi abitatori che potranno acconciarsi alle nuove condizioni per mezzo di modificazioni nella loro struttura e costituzione. Da ultimo, siccome l'isolamento impedisce l'immigrazione e per conseguenza la concorrenza, darà tempo ad ogni nuova varietà di perfezionarsi lentamente; e ciò può essere qualche volta di molta importanza per la formazione di nuove specie. Se però una regione isolata fosse molto piccola, sia che fosse circondata di barriere, sia che fosse esposta a condizioni di vita affatto speciali, il numero degli individui in essa compresi dovrebbe essere assai scarso; e questa scarsezza di individui ritarderebbe grandemente la produzione di nuove specie per mezzo dell'elezione naturale, scemando la probabilità di presentare variazioni favorevoli.

La sola lunghezza del tempo non può agire nè in favore dell'elezione naturale, nè contro di essa. Dico questo, perchè si è asserito erroneamente che io attribuiva all'elemento del tempo una

---

105

larga parte nell'elezione naturale, quasichè tutte le specie fossero necessariamente sottoposte a lenta modificazione per qualche legge innata. Il corso del tempo influisce solamente nel procurare una maggiore probabilità alla manifestazione delle variazioni vantaggiose, le quali vengono prescelte, accumulate, e rese permanenti, in rapporto alle condizioni organiche ed inorganiche di vita che variano lentamente. Egli favorisce altresì l'azione diretta delle nuove o modificate condizioni fisiche della vita.

Se noi ci rivolgiamo alla natura per riconoscere le verità di queste osservazioni e consideriamo qualche regione isolata e piccola, come un'isola dell'oceano, benchè l'intero numero delle specie che vi abitano sia assai piccolo (come vedremo nel capo della Distribuzione geografica), pure molte di queste sono indigene, cioè furono formate nel luogo stesso, nè s'incontrano altrove. Quindi sembrerebbe a primo aspetto che un'isola oceanica fosse molto acconcia per l'origine di nuove specie. Ma noi potremmo in tal caso ingannarci assai, giacchè, per accertare se una regione piccola ed isolata, ovvero un'area molto vasta, come un continente, sia più favorevole alla produzione di nuove forme organiche, noi avremmo a istituire il confronto in tempi uguali, locchè non ci è dato di fare.

Quantunque l'isolamento sia di molta importanza per la formazione di nuove specie, sono indotto a ritenere che la vastità del paese soprattutto sia più favorevole ad essa, specialmente per la formazione di quelle specie che sono capaci di durare lungamente e di estendersi assai. Sopra una regione vasta ed aperta non solo avremo una probabilità maggiore che si manifestino variazioni favorevoli pel numero grande degli individui d'una medesima specie che vi si trovano, ma anche le condizioni di vita saranno infinitamente complesse per molte specie già in essa esistenti; e quando alcune di queste specie si modifichino e si perfezionino, le altre dovranno migliorare ad un grado corrispondente o rimarranno esterminate. Ed ogni nuova forma, non appena sia stata perfezionata, si diffonderà sulla località aperta e continua, facendosi a lottare con molte altre. Quindi si avranno nuove lacune e l'antagonismo per occuparle sarà più forte in un paese grande che in uno spazio isolato e ristretto. Inoltre, le grandi regioni che oggi sono continue, per le oscillazioni di livello possono recentemente essere state interrotte ed aver goduto, fino ad un certo grado, i buoni effetti dell'isolamento. Finalmente io concludo che certe località piccole ed isolate furono probabilmente assai favorevoli alla produzione di nuove specie, benchè il processo di modificazione sia stato in generale più rapido nei paesi grandi; e che le forme nuove esistenti nelle regioni molto vaste, essendo rimaste vittoriose sopra molti competitori, prenderanno una maggiore estensione e faranno luogo a un maggior numero di varietà e specie nuove ed avranno una parte più marcata nella storia svariata del mondo organico.

Con queste idee noi potremo forse comprendere alcuni fatti che saranno spiegati nel capo della Distribuzione geografica. Per esempio, come i prodotti del piccolo continente d'Australia abbiano ceduto in origine e, a quanto pare, cedano anche al presente, davanti a quelli delle terre più vaste Europeo-Asiatiche; ed anche come le specie continentali si siano da per tutto naturalizzate in una vasta scala sopra le isole. In una piccola isola infatti la lotta per l'esistenza deve essere stata meno viva, e quindi minori le modificazioni, e minore la distruzione. Forse per questo la flora di Madera, secondo Oswald Heer, rassomiglia all'estinta flora terziaria d'Europa. Tutti i bacini d'acqua dolce riuniti formano un'area piccola in confronto di quella del mare e del terreno emerso; e quindi la lotta fra i prodotti d'acqua dolce sarà stata meno viva che in qualsiasi altro luogo; le nuove forme vi saranno apparse più lentamente e le forme antiche vi saranno state più lentamente distrutte. Ed è appunto nell'acqua dolce che noi troviamo sette generi di pesci Ganoidi, avanzi di un ordine già ricco, e vi troviamo anche parecchie delle forme più anormali conosciute, come l'ornitorinco e la lepidosirena, i quali servono, a guisa de' fossili, a riunire in certo modo alcuni ordini che ora sono profondamente separati nella scala naturale. Queste forme anormali possono chiamarsi fossili viventi; esse giunsero fino a noi per aver dimorato in un'area ristretta e per essere state esposte a una concorrenza meno severa.

Riassumeremo, per quanto l'estrema complicazione del soggetto ce lo permette, ciò che riflette le circostanze favorevoli e contrarie all'elezione naturale. Io concludo che rispetto alle produzioni terrestri una grande superficie continentale, che sia stata soggetta a molte oscillazioni di livello, dovette offrire le circostanze più favorevoli alla formazione di molte e nuove forme di vita, capaci di perpetuarsi per molto tempo e di estendersi grandemente. Perchè l'area primitivamente esisteva come continente, ed i suoi abitatori, in quel periodo numerosi per gli individui e per le razze, ebbero a sostenere una lotta molto severa. Quando fu trasformata per abbassamento in vaste isole separate, molti individui di una medesima specie dovettero rimanere sopra ciascuna di esse, e quindi gli incrociamenti nei confini della regione di ogni specie saranno stati impediti; dopo cambiamenti fisici di ogni sorta, l'immigrazione non avrà potuto verificarsi, per cui i nuovi posti nell'economia di ogni isola saranno rimasti agli antichi abitanti modificati ed ogni nuova varietà avrà così avuto il tempo di modificarsi e di progredire. Quando per un nuovo sollevamento le isole avranno formato ancora una superficie continentale, un'ardente lotta si rinnoverà fra le specie; le varietà più favorite e perfezionate diverranno capaci di moltiplicarsi e le forme meno perfezionate si estingueranno; i numeri proporzionali dei vari abitanti del continente rinnovato si cambieranno, mentre l'elezione naturale agirà di nuovo per introdurre altri progressi negli abitanti e formare così nuove specie.

Io ammetto pienamente che l'elezione naturale agisca sempre con estrema lentezza. La sua azione dipende dalle lacune che possono farsi nell'economia della natura, i quali posti potrebbero venir occupati da quegli abitatori del paese che subissero alcune modificazioni. L'esistenza di codeste lacune dipende dai cangiamenti fisici, che in generale sono molto lenti, e dagli ostacoli che si oppongono all'immigrazione delle forme più adatte. Siccome alcuni pochi tra i vecchi abitanti subiscono delle modificazioni, i reciproci rapporti tra gli altri abitanti saranno turbati, e si faranno vacanti dei nuovi posti, i quali potranno essere occupati da forme più adatte. Sebbene tutti gli individui di una medesima specie differiscano tra loro in grado leggero, potrà tuttavia passare un tempo lungo, prima che si manifestino delle utili variazioni nelle singole parti degli organismi. Questo processo può essere ritardato grandemente dal libero incrociamento. Molti esclameranno che queste cause diverse sono ampiamente sufficienti per annullare interamente l'azione dell'elezione naturale, io non lo credo. D'altra parte ammetto che l'elezione naturale agisca sempre con molta lentezza, spesso soltanto a lunghi intervalli di tempo, e in generale sovra un ristrettissimo numero di abitanti della stessa regione contemporaneamente. Inoltre io penso che questa azione lenta ed intermittente della elezione naturale si accordi perfettamente con ciò che c'insegna la geologia, sull'ordine e sul modo col quale si trasformarono gli abitanti del globo.

Per quanto il processo di elezione possa essere lento, se l'uomo può ottenere molto dai suoi deboli mezzi di elezione artificiale, io non saprei concepire limite alcuno per l'insieme delle modificazioni, per la bellezza ed infinita varietà degli adattamenti tra tutti gli esseri organizzati, gli uni rispetto agli altri e in riguardo alle loro condizioni fisiche d'esistenza, modificazioni e adattamenti che possono prodursi nel lungo corso del tempo dal potere elettivo della natura, ossia dalla sopravvivenza del più adatto.

ESTINZIONE PRODOTTA DALL'ELEZIONE NATURALE

Questo argomento sarà discusso più completamente nel nostro capitolo sulla Geologia; ma debbo farne menzione in questo luogo pe' suoi intimi rapporti colla elezione naturale. L'elezione naturale agisce semplicemente conservando le variazioni in qualche riguardo vantaggiose, le quali perciò si rendono stabili. In causa dell'alta ragione geometrica di accrescimento in tutti gli esseri organizzati, ogni paese contiene un numero completo di abitanti; ed essendo molte aree occupate da forme assai diverse, ne segue che se ogni forma eletta e favorita si accresce di numero, generalmente le forme meno perfezionate diminuiranno, e diverranno rare. La rarità, secondo le dottrine della geologia, è il precursore dell'estinzione. Noi possiamo anche ritenere che ogni forma rappresentata da pochi individui debba correre, con maggiore probabilità, il rischio di rimanere completamente estinta, in seguito alle alternative delle stagioni e al numero variabile dei suoi nemici. Ma noi possiamo procedere più avanti; perchè posta la formazione lenta e continua di nuove forme, quando non si supponga che il numero delle forme specifiche vada sempre crescendo quasi indefinitamente, fa d'uopo che alcune inevitabilmente si estinguano. Le geologia ci dimostra chiaramente che il numero delle forme specifiche non è aumentato indefinitamente; e noi ci studieremo ora di provare come il numero delle specie sul globo non abbia potuto divenire smisuratamente grande.

Abbiamo osservato che quelle specie che hanno un maggior numero d'individui sono in condizioni più acconce a produrre in un dato periodo delle variazioni favorevoli. I fatti esposti nel secondo capo pongono in evidenza questa legge, e ci dimostrano che le specie comuni sono quelle che presentano il numero più grande di varietà conosciute. Quindi le specie rare si modificheranno e si miglioreranno meno rapidamente, in un periodo determinato, e per conseguenza saranno vinte nella lotta per l'esistenza dai discendenti modificati delle specie più comuni.

Parmi che da tutte queste considerazioni si debba necessariamente arguire che, siccome nel corso dei tempi hanno origine nuove specie per mezzo della elezione naturale, le altre specie si faranno sempre più scarse e in fine si estingueranno. Quelle forme che sostengono una lotta molto forte contro altre soggette a modificazioni e perfezionamenti, naturalmente soffriranno di più. Noi abbiamo veduto, nel capo della lotta per l'esistenza, che sono le forme più strettamente affini, - le varietà delle medesime specie, e le specie degli stessi generi, o di generi prossime - quelle che generalmente entrano fra loro in una lotta più severa per essere conformi nella struttura, nella costituzione e nelle abitudini. Conseguentemente, ogni varietà o specie nuova, durante il progresso della sua formazione, deve combattere principalmente colle razze più affini e cercare di esterminarle. Noi notiamo un uguale processo di distruzione fra le nostre produzioni domestiche per mezzo dell'elezione fatta dall'uomo delle forme più perfette. Molti esempi curiosi potrebbero citarsi per dimostrare con quanta rapidità le nuove razze di buoi, di montoni, e di altri animali, o le nuove varietà di fiori, prendano il posto delle razze più antiche ed inferiori. Si ha la notizia storica che nella contea di York l'antico bestiame nero fu surrogato da quello a corna lunghe, e questo «fu alla sua volta distrutto da quello a corna corte, come dalla più micidiale pestilenza» per servirmi delle parole di uno scrittore d'agricoltura.

DIVERGENZA DI CARATTERE

Il principio da me designato con questo termine è di una grande importanza, e spiega, a mio avviso, parecchi fatti rilevanti. In primo luogo le varietà, anche le più marcate, sebbene abbiano alcun che del carattere delle specie, per modo che riesce in molti casi assai difficile il classificarle, pure differiscono fra loro assai meno delle specie ben distinte. Nondimeno, secondo le mie viste, le varietà sono specie in formazione, oppure, come dissi, sono specie incipienti. Come dunque le differenze minori fra le varietà possono aumentare fino a divenire le differenze più grandi che esistono fra le specie? Che ciò debba ordinariamente avvenire, noi lo desumiamo dal numero considerevole di specie che la natura ci presenta, con differenze ben distinte; mentre le varietà, supposte prototipi o progenitori delle future specie distinte, presentano piccole differenze e mal definite. Il solo caso, come noi possiamo chiamarlo, può fare che una varietà differisca in qualche carattere da' suoi parenti, e che anche i discendenti di essa ne diversifichino pei medesimi caratteri, in più alto grado; ma in questo modo non potrebbe spiegarsi l'insieme delle differenze, tanto forti e generali, che passano fra le varietà ben distinte delle medesime specie e fra le specie dei medesimi generi.

Ora, come io feci sempre, procuriamo di spander luce sull'argomento coll'esaminare le nostre produzioni domestiche. Noi vi rinverremo qualche cosa di analogo. Si ammetterà che la produzione di razze tanto diverse come i buoi a corna corte e quelli di Hereford, i cavalli da corsa o da tiro, le varie razze di colombi, ecc., non sia derivata dalla sola fortuita accumulazione di variazioni consimili per molte generazioni successive. Nella pratica un dilettante, per esempio, è colpito dal vedere un colombo col becco leggermente più corto; un altro dilettante rimane sorpreso nel trovare un colombo col becco assai più lungo. Dal noto principio «che gli amatori non ammirano, nè scelgono i tipi intermedi, ma bensì gli estremi», ambidue continueranno a scegliere e moltiplicare tutti gl'individui aventi becchi sempre più corti (come in fatto avvenne nelle sotto-razze dei colombi giratori); oppure becchi sempre più lunghi. Noi possiamo anche supporre che, dai tempi più remoti, alcuni abbiano dato la preferenza ai cavalli più veloci ed altri invece ai cavalli più forti e più pesanti. La differenza prima era forse molto piccola; ma nel corso del tempo, per la continua elezione dei cavalli più snelli per parte di alcuni allevatori e dei più robusti per parte di altri allevatori, dovette rendersi maggiore questa differenza, che sarà stata presa come distinzione di due sotto-razze; finalmente, dopo molti secoli, queste sotto-razze saranno diventate due razze distinte e permanenti. Se le differenze crescano, gli animali inferiori dotati di caratteri intermedi, non essendo nè molto agili nè molto pesanti, saranno stati trascurati e quindi avranno avuto la tendenza di scomparire. Nelle produzioni dell'uomo noi dunque vediamo l'azione di ciò che può dirsi principio di divergenza, il quale è cagione delle differenze dapprima appena sensibili, indi vieppiù grandi, per cui le razze divergono nel carattere o fra loro o rispetto ai parenti comuni.

Ma potrebbe domandarsi: come può un principio analogo applicarsi alla natura? Io credo che possa e debba applicarsi con

---

maggiore efficacia (benchè io abbia cercato per molto tempo, prima di penetrare come ciò avvenga), per la semplice circostanza, che quanto più diversificano nella struttura, nella costituzione e nelle abitudini i discendenti di ogni specie, tanto più sono atti ad occupare molti posti assai differenti nell'economia della natura, e quindi più facili a moltiplicarsi.

Noi possiamo discernere chiaramente questa legge se esaminiamo gli animali che hanno abitudini semplici. Prendiamo il caso di un quadrupede carnivoro, arrivato da lungo tempo al numero completo di individui che una data regione può nutrire. Se le sue facoltà naturali per moltiplicarsi sono libere di svolgersi, egli si moltiplicherà soltanto per mezzo di quei discendenti variabili che occuperanno i posti attualmente conservati da altri animali (supposto che la regione non subisca alcun cambiamento nelle sue condizioni). Alcuni di essi, per esempio, possono divenire atti a nutrirsi di nuove sorta di preda morta o viva; altri possono trasferirsi in nuove stazioni, oppure rendersi capaci di arrampicarsi sugli alberi e di frequentare le acque, ed altri forse possono divenire meno carnivori. I discendenti dei nostri carnivori più diversi per le abitudini e per la conformazione, saranno atti ad impadronirsi del maggior numero di posti. Ciò che qui si attribuisce ad un solo animale può estendersi in ogni tempo a tutte le specie, purchè esse variino, altrimenti l'elezione naturale non potrebbe esercitarsi. Altrettanto deve accadere nelle piante. Fu provato sperimentalmente che se in un pezzo di terra sia seminata una sola specie di erba e in un altro pezzo di terra uguale ne siano invece seminati parecchi generi, nel secondo si avrà un maggior numero di piante e una quantità maggiore di fieno. Si ottenne anche un effetto uguale seminando una sola varietà di frumento e parecchie varietà miste, sopra due spazi uguali di terreno. Quindi se una specie d'erba comincia a variare, e queste varietà siano continuamente elette, mentre diversificano fra loro nella stessa maniera con cui si distinguono le specie e i generi delle differenti erbe, un numero maggiore di piante individuali di queste specie di erbe, compresi i loro discendenti modificati, potrà vegetare sul medesimo terreno. Ora noi sappiamo che ogni specie ed ogni varietà d'erba sparge annualmente sul terreno innumerevoli semi; e quindi può dirsi che essa cerca di moltiplicarsi per quanto può. Conseguentemente nel corso di parecchie migliaia di generazioni, le varietà più distinte di ogni specie d'erba avranno sempre la maggior probabilità di succedere e di accrescersi in numero, soppiantando così le varietà meno distinte; e quando queste varietà saranno divenute affatto diverse fra loro, prenderanno il rango di specie.

In molte circostanze naturali si osserva la verità del principio, che una grande diversità di struttura può rendere possibile una maggiore quantità di vita. In un'area assai piccola, specialmente se liberamente aperta all'immigrazione, ove la contesa fra gli individui deve essere molto severa, noi sempre troviamo una diversità notevole nei suoi abitatori. Così io trovai che una superficie erbosa, dell'estensione di tre piedi per quattro, che era stata esposta per molti anni esattamente alle stesse condizioni, conteneva venti specie di piante e queste appartenevano a diciotto generi e a otto ordini, locchè prova quanto differivano fra loro queste piante. Altrettanto avviene per le piante e per gl'insetti viventi sopra isole uniformi e piccole, come pure nei piccoli stagni d'acqua dolce. I coltivatori sanno che possono procurarsi un prodotto maggiore per mezzo della rotazione di piante appartenenti ad ordini molto diversi: la natura adopera quella che potrebbe appellarsi rotazione, simultanea. La maggior parte degli animali e delle piante che stanno intorno a un piccolo pezzo di terra, potrebbero vivere in essa (dato che questo terreno non sia di una speciale natura), e può asserirsi che fanno ogni sforzo per occuparla e rimanervi; ma si vede che quando essi incominciano la lotta fra loro, i vantaggi della differenza di struttura come delle differenze corrispondenti di abitudini e di costituzione, determinano la classificazione di quegli abitanti che si saranno combattuti insieme più da vicino, i quali in regola generale apparterranno a ciò che noi chiamiamo generi ed ordini diversi.

Il medesimo principio si osserva nella naturalizzazione delle piante per l'azione dell'uomo sulle terre lontane. Noi avremmo potuto aspettarci che le piante che giunsero a naturalizzarsi in una regione qualsiasi, fossero in generale strettamente affini alle piante indigene; perchè queste sono comunemente riguardate come create e adatte in particolare pel proprio paese. Forse potrebbe anche credersi che le piante naturalizzate abbiano fatto parte di pochi gruppi più specialmente adatti a certe stazioni nella nuova loro patria. Ma in realtà la cosa è molto diversa; e Alfonso de Candolle ha osservato molto saggiamente, nella sua opera stupenda, che le flore, proporzionalmente al numero dei generi e delle specie native, acquistano per mezzo della naturalizzazione più generi nuovi, che nuove specie. Diamone un solo esempio. Nell'ultima edizione del Manual of the Flora of the Northern United States del dott. Asa Gray si contano 260 specie di piante naturalizzate, spettanti a 162 generi. Noi vediamo perciò che queste piante sono di natura molto diversa. Esse differiscono inoltre per molti rapporti dalle piante indigene, perchè sopra 162 generi naturalizzati, non meno di 100 sono estranei alle specie indigene; onde risulta un grande aumento proporzionale nei generi endemici degli Stati Uniti.

Se si consideri la natura delle piante e degli animali che lottarono con successo contro gli indigeni di un paese e che poterono riuscire a naturalizzarsi, noi possiamo farci un'idea imperfetta del modo, secondo il quale alcune delle specie native dovettero modificarsi, per ottenere un vantaggio sulle altre; e noi possiamo almeno dedurne con certezza, che le diversità di struttura che si spingono fino a nuove differenze generiche, saranno state utili a quelle specie.

Il vantaggio della diversità, negli abitanti d'un medesimo paese, è in realtà uguale a quello che nasce dalla divisione fisiologica del lavoro negli organi di uno stesso individuo; soggetto che fu trattato con tanta chiarezza dal Milne-Edwards. Niun fisiologo dubita che uno stomaco adatto solamente alla digestione delle sostanze vegetali, oppure delle sostanze animali, tragga maggior copia di nutrimento da quei cibi che gli convengono. Così nell'economia generale di un paese, quanto più largamente diversifichino gli animali e le piante per le abitudini della vita; tanto più grande sarà il numero degl'individui che potranno tollerarsi a vicenda. Un certo gruppo di animali, poco differenti nella loro organizzazione, potrebbe difficilmente competere con un altro gruppo, la cui struttura fosse più perfettamente diversa. Può dubitarsi, per esempio, se i marsupiali dell'Australia, i quali sono divisi in gruppi assai poco distinti fra loro e rappresentano molto debolmente, come notarono Waterhouse ed altri, i nostri carnivori, ruminanti e roditori, possano con frutto sostenere la lotta contro questi ordini tanto distinti. Nei mammiferi dell'Australia noi vediamo il processo di variazione in uno stadio incipiente ed incompleto di sviluppo.

EFFETTI DELL'ELEZIONE NATURALE SUI DISCENDENTI DI UN COMUNE PROGENITORE PER LA DIVERGENZA DEI CARATTERI E L'ESTINZIONE DELLE SPECIE

Per le osservazioni precedenti, che potevano estendersi maggiormente, noi siamo in grado di stabilire che i discendenti modificati di una specie si moltiplicheranno meglio, quanto più siano divenuti differenti nella struttura; e così saranno atti a subentrare nei posti occupati da altri esseri. Ora ci sia permesso di rilevare quale sia la tendenza di questo principio benefico, che risulta dalla divergenza del carattere, combinato coi principii d'elezione naturale e d'estinzione.

L'unito diagramma ci gioverà per intendere questo argomento molto difficile. Supponiamo che le lettere da A ad L rappresentino le specie di un genere assai ricco in un dato paese; e che queste specie si rassomiglino in diverso grado, come generalmente si osserva nella natura e come viene rappresentano dal diagramma, essendo le lettere situate a distanze differenti. Io ho scelto come esempio un genere molto ricco, perchè noi vedemmo nel secondo capo che in media variano più le specie dei generi grandi che non quelle dei generi piccoli; e le specie variabili dei generi ricchi presentano un maggior numero di varietà. Noi abbiamo anche notato che le specie più comuni e più largamente diffuse variano assai più delle specie rare in luoghi ristretti. Sia dunque A una specie comune, molto diffusa e variabile, appartenente ad un genere ricco e situata nel paese nativo. Il piccolo ventaglio di linee punteggiate - e divergenti, di diversa lunghezza, che partono dal punto A, può rappresentare la sua discendenza variabile. Queste variazioni si ritengono estremamente piccole, ma di una natura molto diversa; nè si ammette che esse possano manifestarsi tutte simultaneamente, ma a lunghi intervalli di tempo; inoltre non può supporsi che durino tutte per uguali periodi. Quelle variazioni sole che sono in qualche modo profittevoli, saranno conservate, o scelte naturalmente. Qui fa d'uopo notare l'importanza del principio che un vantaggio nasce dalla divergenza del carattere, poichè questo principio generalmente condurrà alle variazioni più diverse o più divergenti (rappresentate dalle linee punteggiate esterne), che saranno poi conservate ed accumulate per mezzo dell'elezione naturale. Quando una linea punteggiata incontra una delle linee orizzontali, e il punto d'incontro è segnato con una piccola lettera numerizzata, si suppone che una somma sufficiente di variazioni sia stata accumulata per formare una varietà ben distinta e tale da essere particolarmente classificata in un'opera sistematica.

Gli spazi fra le linee orizzontali del diagramma possono rappresentare un migliaio e più di generazioni per ciascuno. Dopo mille generazioni, si è dunque supposto, che la specie A abbia prodotto due varietà affatto distinte, cioè a1 ed m1. Queste due varietà continueranno generalmente ad essere esposte alle stesse condizioni che resero variabili i loro predecessori, e la tendenza alla variabilità sarà in esse ereditaria, quindi tenderanno a variare all'incirca nello stesso modo con cui variarono i loro antenati. Inoltre queste due varietà, essendo soltanto forme leggermente modificate, tenderanno ad ereditare quei vantaggi che accrebbero il loro stipite A più di tutti gli altri abitatori del medesimo paese; esse parimenti parteciperanno di quei vantaggi più generali che innalzarono il genere, al quale la madre-specie apparteneva, al grado di genere ricco nella propria regione. E noi sappiamo che queste circostanze sono favorevoli alla produzione di nuove varietà.

Se dunque queste due varietà sono variabili, le loro variazioni più divergenti saranno generalmente preservate per le mille generazioni successive. Dopo questo intervallo nel diagramma si suppone che la varietà a1 abbia dato origine alla varietà a2, la quale, secondo il principio di divergenza, differirà dallo stipite A più della varietà a1. Supponiamo che la varietà m1 abbia prodotto due varietà, cioè m2 ed s2, diverse fra loro, e più considerevolmente dissimili dal loro stipite comune A. Si potrebbe continuare questo processo, per mezzo di una gradazione analoga, per una lunghezza indeterminata di tempo. Alcune di queste varietà producendo soltanto una sola varietà dopo ogni migliaio di generazioni, altre invece dando luogo a due o tre varietà e finalmente alcune rimanendo invariabili. Così le varietà o i discendenti modificati, derivanti dal progenitore comune A, cresceranno di numero in generale e divergeranno nel carattere. Sul diagramma tale processo venne seguìto fino a diecimila generazioni; e sotto una forma più condensata e semplificata fino a quattordicimila.

Ma io debbo qui osservare che non credo che questo processo continui sempre, con tutta la regolarità indicata dalla figura, benchè qualche volta anche in questa si presenti irregolare; è invece assai più probabile che una forma si conservi costante per lungo tempo, e poi subisca delle nuove modificazioni. Io sono anche lontano dal pensare che costantemente le varietà più divergenti prevalgano e si moltiplichino costantemente: una forma intermedia può durare lungamente e può produrre più di quel che faccia un discendente modificato; perchè l'elezione naturale agirà sempre a norma della natura dei luoghi che sono vuoti od imperfettamente occupati da altri esseri; e ciò deve dipendere da rapporti infinitamente complessi. Ma in regola generale, quanto più diversi nella struttura saranno i discendenti di ogni specie, tanto più essi saranno adatti a collocarsi in un numero maggiore di posti, e la loro progenie modificata sarà in grado di aumentare. Nel nostro diagramma la linea di successione è interrotta ad intervalli regolari da piccole lettere numerizzate che indicano essere le forme successive divenute abbastanza distinte da doversi considerare come varietà. Ma queste interruzioni sono ideali e potrebbero introdursi in qualsiasi altro punto, dopo intervalli talmente lunghi da permettere l'accumulazione di un insieme considerevole di variazioni divergenti.

Come tutti i discendenti modificati d'una specie comune e largamente sparsa, spettante a un genere ricco, tenderanno a partecipare degli stessi vantaggi che assicurarono ai loro antenati il successo nella vita, essi generalmente andranno moltiplicando in numero e insieme divergendo nel carattere; ciò viene raffigurato nel diagramma per mezzo delle varie ramificazioni divergenti che partono da A. La progenie modificata dei rami più recenti e più profondamente migliorati delle linee di discendenza occuperà il posto, come è probabile, dei rami più antichi e meno perfezionati, e quindi li distruggerà; ciò vedesi nel diagramma in alcune fra le ramificazioni inferiori che non raggiungono le linee orizzontali superiori. In parecchi casi io non dubito che il processo di modificazione sarà limitato ad una linea sola di discendenza, e che il numero dei discendenti non si aumenterà: quantunque la somma delle modificazioni divergenti possa essere cresciuta nelle successive generazioni. Questo caso sarebbe rappresentato nel diagramma, se tutte le linee che partono da A fossero, tolte, eccettuate quelle di a1 ed a10. Così, per esempio, il cavallo da corsa ed il cane da ferma inglesi hanno, a quanto pare, progredito ambedue, divergendo lentamente dal carattere del loro stipite originario, senza produrre alcuna nuova ramificazione o razza.

Supponiamo che dopo diecimila generazioni la specie A abbia dato origine a tre forme, a10, f10, m10, le quali, essendosi allontanate nei caratteri per tutte le generazioni successive, saranno

---

117

giunte al punto da differire considerevolmente, benchè forse inegualmente fra loro e dal loro stipite comune. Se noi ammettiamo che la somma delle modificazioni avvenute fra ogni coppia di linee orizzontali nel nostro diagramma sia eccessivamente piccola, queste tre forme possono rimanere soltanto varietà ben marcate; oppure esse possono entrare nella categoria incerta di sotto-specie; ma ci basta solamente supporre che i gradi, nel processo di modificazione, furono nel loro insieme sì numerosi o sì grandi da convertire queste tre forme in specie ben definite: anche il diagramma ci spiega i gradi, pei quali le piccole differenze che distinguono le varietà crebbero fino a raggiungere le differenze più grandi che passano fra le specie. Continuando tale processo per molte generazioni (come rilevasi dal diagramma, nel modo più semplice e conciso, nella parte superiore della figura), noi otteniamo otto specie, indicate per mezzo delle lettere da a14 ad m14, tutte derivate da A. Io credo che le specie si siano moltiplicate in siffatto modo, e che così formaronsi i generi.

È probabile che in un genere ricco variino parecchie specie invece di una sola. Nel diagramma io ho supposto che una seconda specie abbia prodotto, per mezzo di analoghe variazioni e dopo diecimila generazioni, o due varietà bene distinte (w10 e z10), o due specie, secondo l'importanza delle mutazioni che si suppone siano rappresentate fra le linee orizzontali. Dopo quattordicimila generazioni si saranno formate sei specie nuove, designate dalle lettere n14 a z14. Le specie di un genere, le quali sono estremamente diverse nei caratteri, tenderanno in generale a produrre il massimo numero di discendenti modificati; perchè questi avranno una probabilità maggiore di occupare nuovi posti nella economia della natura, anche se affatto diversi: quindi io scelsi nel diagramma le specie estreme o quasi estreme A ed I, come quelle che variarono maggiormente e diedero origine a nuove varietà o a nuove specie. Le nove altre specie del nostro genere originario (segnate con lettere maiuscole B-H, K, L) possono continuare per un lungo periodo a trasmettere una discendenza inalterata; ed è ciò che viene indicato dal diagramma nelle rette punteggiate che sono prolungate superiormente a diversa altezza.

Ma durante il processo di modificazione, quale è delineato nel diagramma, un altro dei nostri principii, e precisamente quello dell'estinzione, avrà avuto una parte importante. Siccome in ogni paese ampiamente popolato l'elezione naturale agisce necessariamente per mezzo di quelle forme preservate che hanno qualche vantaggio sulle altre forme nella lotta per l'esistenza, così vi sarà una tendenza costante nei discendenti perfezionati di qualsiasi specie a soppiantare e distruggere, in ogni stadio genealogico, i loro predecessori ed i loro antenati originari. Poichè fa d'uopo ricordare che la lotta è in generale tanto più severa, quanto più le forme sono strettamente affini nelle abitudini, nella costituzione e nella struttura. Perciò tutte le forme intermedie fra le primitive e le più recenti, cioè fra lo stato meno perfetto e quello più perfetto di una specie, non altrimenti che la stessa madre-specie originale, tenderanno in generale ad estinguersi. Probabilmente ciò avviene anche di molte linee collaterali di discendenti che rimarranno vinte da classi più recenti e più perfette. Tuttavia se la posterità modificata di una specie occupa qualche distinta regione, e diviene presto atta a sopportare un soggiorno affatto nuovo, nel quale gli antenati e la prole non entrano in lotta fra loro, potranno entrambi continuare ad esistervi.

Se dunque il nostro diagramma viene preso come l'espressione di un grande insieme di modificazioni, la specie A e tutte le antiche varietà si saranno estinte successivamente, e saranno state rimpiazzate da otto nuove specie (a14 ad m14) e alla specie I si saranno sostituite le sei altre specie (n14 a z14).

Ma noi possiamo procedere più oltre. Abbiamo supposto che le specie originali del nostro, genere si rassomigliassero in diverso grado, come generalmente si osserva nella natura. La specie A sarebbe più strettamente affine alle specie B, C e D che alle altre specie; e la specie I sarebbe più affine alle specie G, H, K ed L che alle altre. Noi abbiamo anche immaginato che queste due specie A ed I fossero le più comuni e le più diffuse, cosicchè esse debbono aver presentato in origine qualche vantaggio sopra tutte le altre specie del medesimo genere. Ora i loro discendenti modificati, nel numero di quattordici dopo quattordicimila generazioni, avranno probabilmente ereditato alcuni di questi vantaggi: e quindi saranno stati modificati e perfezionati in una diversa maniera, ad ogni stadio della discendenza, fino a divenire adatti alle situazioni più differenti nella naturale economia della loro regione. Perciò sembra estremamente probabile ch'esse abbiano preso il posto, non solo delle loro madri-specie A ed I, ma anche di alcune delle specie originali più affini a queste e le abbiano così esterminate. Quindi pochissime specie originali avranno trasmesso la loro progenie fino alla quattordicimillesima generazione. Noi possiamo supporre che una sola specie F, come la meno strettamente affine alle altre nove specie originali, abbia conservato i suoi discendenti fino a quest'epoca lontana.

Le nuove specie derivate nel nostro diagramma da undici specie originali, sarebbero divenute quindici. In seguito alla tendenza divergente della elezione naturale, l'intera somma delle differenze caratteristiche fra le specie a14 e z14 sarà assai più grande di quella che passava fra le più distinte delle undici specie originali. Inoltre le nuove specie saranno tra loro affini in grado diverso. Fra gli otto discendenti di A le specie a14, g14 e p14 sarebbero vicinissime, essendo derivate recentemente dalle specie a10, b14 ed f14, avendo cominciato a divergere da a5 in un periodo più antico, sarebbero di qualche grado più distinte dalle tre specie predette; e da ultimo o14, e14 ed m14 sarebbero strettamente affini fra loro; ma essendosi esse allontanate fino dal principio del processo di modificazione dalle forme originali, saranno più completamente differenti dalle altre cinque specie e potrebbero costituire un sotto-genere o anche un genere distinto.

I sei discendenti della specie I formerebbero pure due sotto-generi od anche due generi. Ma siccome la specie originale I differiva molto dalla specie A, trovandosi le medesime quasi agli estremi punti del genere primitivo, così i sei discendenti di I, per la sola legge dell'eredità, saranno assai diversi dagli otto discendenti di A; inoltre fu supposto che i due gruppi abbiano sempre continuato a divergere in direzioni diverse. Anche le specie intermedie che collegavano le specie originali A ed I saranno rimaste estinte e non avranno lasciato alcun discendente, eccettuata la specie F; e questa considerazione è della massima importanza. Quindi le sei nuove specie derivanti da I e le otto specie derivanti da A, sarebbero classificate come due generi distintissimi ed anche come due sotto-famiglie distinte.

In questo modo io credo che due o più generi possano formarsi per mezzo della progenie modificata di due o più specie di uno stesso genere. E può ritenersi che due o più madri-specie partano da una qualche specie d'un genere più antico. Nel nostro diagramma indichiamo ciò colle linee interrotte che sono al disotto delle lettere maiuscole A ad L, convergenti al basso verso un solo punto. Questo punto rappresenta una sola specie, la supposta madre-specie dei nostri nuovi sotto-generi e generi.

Ora, arrestiamoci un momento a considerare il carattere della nuova specie f14, che noi supponemmo non essersi molto scostata dalla forma F, anzi dicemmo aver conservato quella forma inalterata, o almeno modificata insensibilmente. Le sue affinità colle altre quattordici specie nuove saranno molto curiose e complicate. Derivando da una forma collocata fra le due madri-specie A ed I, da noi supposte estinte o non conosciute, essa si troverà in qualche rapporto intermedio pel carattere fra i due gruppi che discesero da quelle due specie. Ma questi due gruppi andarono divergendo nel carattere dal tipo dei loro antenati e perciò la nuova specie f14 non sarà direttamente intermedia fra essi, ma piuttosto lo sarà fra i tipi dei due gruppi; ed ogni naturalista sarà capace d'immaginare un esempio di questa sorta.

Nel diagramma si sono presi gli spazi fra le linee orizzontali per rappresentare ogni migliaio di generazioni, ma ognuno di essi potrebbe invece rappresentare un milione o cento milioni di generazioni; e parimenti potrebbe considerarsi come una sezione degli strati successivi della crosta terrestre comprendenti i fossili di specie estinte. Noi dovremo ritornare su questo argomento quando giungeremo al nostro capitolo della Geologia, ed allora noi vedremo che il diagramma può illuminarci sulle affinità degli esseri estinti, i quali hanno spesso in certo grado caratteri intermedi fra i gruppi esistenti, quantunque appartengano generalmente ai medesimi ordini, alle medesime famiglie o ai medesimi generi di quelli che vivono al presente; e noi possiamo intendere questo fatto, perchè le specie estinte vissero in epoche molto remote, quando le diramazioni della progenie erano meno divergenti.

Io non trovo alcun motivo plausibile di restringere codesto processo di modificazione, come venne da me spiegato, alla sola formazione dei generi. Se nel nostro diagramma immaginiamo che la somma delle variazioni rappresentate da ogni gruppo successivo di rette punteggiate e divergenti sia molto grande, le forme segnate da a14 a p14, da b14 a f14 e da o14 ad m14 ci daranno tre generi affatto distinti. Avremo perciò due generi distinti provenienti da I, e siccome questi ultimi generi differiranno compiutamente dai tre generi che derivarono da A, vuoi per la continua divergenza nei caratteri, vuoi per l'eredità di tipi diversi; così i due piccoli gruppi di generi formeranno due famiglie distinte, od anche due ordini, secondo l'insieme delle modificazioni divergenti che si attribuiscono agli intervalli fra le linee orizzontali del diagramma. Le due nuove famiglie, o i due nuovi ordini saranno derivati da due specie del genere originale; come pure queste due madri-specie potranno ritenersi come discendenti da una specie di un genere anche più antico ed ignoto.

Fu da me notato che in ogni regione le specie dei generi molto ricchi sono quelle che presentano più spesso delle varietà o specie incipienti. Ora ciò avrebbe in verità potuto prevedersi: perchè l'elezione naturale agisce per mezzo di una forma che possiede qualche vantaggio sulle altre, nella lotta per l'esistenza: ed agirà quindi preferibilmente su quelle forme che hanno già qualche circostanza utile; ora la ricchezza di un gruppo dimostra che tutte le sue specie ereditarono dallo stipite comune qualche vantaggio. Quindi la lotta per la produzione di nuovi discendenti modificati, avrà luogo principalmente nei gruppi più vasti, che tendono ad aumentare di numero. Un gruppo molto ricco deve lentamente conquidere un altro gruppo esteso, diminuirne il numero e minorare così la probabilità ch'esso aveva di ulteriori variazioni o perfezionamenti. Entro un medesimo gruppo ricco, i sotto-gruppi più recenti e più altamente migliorati colla divergenza, occupando molti posti disponibili nell'economia della natura, tenderanno costantemente a soppiantare e distruggere i sotto-gruppi più antichi e meno perfezionati. Così i gruppi e sottogruppi piccoli ed interrotti dovranno infine scomparire. Se consideriamo l'avvenire, noi possiamo predire che i gruppi degli esseri organizzati che oggidì sono più ricchi e dominanti e che sono meno interrotti, cioè che ebbero a soffrire un minor numero di estinzioni, continueranno ad aumentare per lungo tempo. Ma niuno potrebbe prevedere quali gruppi siano per prevalere da ultimo; perchè noi sappiamo che molti gruppi, anticamente assai sviluppati, oggi si trovano estinti. Guardando molto più innanzi nell'avvenire, noi possiamo predire che, dietro l'accrescimento continuo e rapido dei gruppi più ricchi, molti gruppi minori si estingueranno completamente e non lasceranno alcun discendente modificato; e per conseguenza che delle specie viventi a un dato periodo, assai poche trasmetteranno la loro discendenza a un'epoca molto remota. Io tratterò di nuovo questo soggetto nel capitolo sulla Classificazione, ma debbo aggiungere che si può comprendere, come oggi non esistano se non pochissime classi in ogni divisione dei regni animale e vegetale, quando si pensi che uno scarsissimo numero delle specie più antiche trasmisero la loro progenie fino a noi, e che tutti i discendenti di una medesima specie formano una classe. Quantunque assai poche fra le più antiche specie siano oggi rappresentate dai loro discendenti modificati, tuttavia, fino da epoche geologiche remote, la terra può essere stata popolata da molte specie di molti generi, famiglie, ordini e classi come al presente.

SINO A CHE PUNTO L'ORGANIZZAZIONE TENDA A PROGREDIRE

L'elezione naturale agisce esclusivamente per mezzo della conservazione ed accumulazione delle variazioni utili, nelle condizioni organiche ed inorganiche della vita, alle quali ogni creatura trovasi esposta ad ogni periodo successivo. Il risultato finale sarà che ogni creatura tenderà a divenire sempre più perfetta, in relazione alle sue condizioni di vita. Ora questo perfezionamento deve, a mio avviso, condurre inevitabilmente all'avanzamento graduale dell'organizzazione di un gran numero di esseri viventi alla superficie della terra. Ma qui noi entriamo in un soggetto molto intricato, perchè i naturalisti non hanno ancora definito, con soddisfazione di tutti, che cosa s'intenda per progresso nell'organizzazione. Nei vertebrati il grado d'intelligenza e le rassomiglianze nella struttura a quella dell'uomo evidentemente entrano in giuoco. Può darsi che l'insieme delle variazioni che subirono le diverse parti e gli organi nel loro sviluppo, dall'embrione allo stato adulto, bastino come termine di confronto; ma abbiamo dei casi, come in certi crostacei parassiti, nei quali alcune parti della struttura sono deteriorate e perfino mostruose, per cui l'animale adulto non può dirsi più elevato della sua larva. La norma di Von Baer mi sembra la migliore e la più applicabile ampiamente, cioè quella che consiste nel valutare l'insieme delle differenze nelle varie parti (aggiungerei, nello stato adulto) e la loro specialità per funzioni diverse; ovvero seguendo l'espressione di Milne-Edwards, la più completa divisione del lavoro fisiologico. Ma noi dobbiamo riconoscere quanto sia oscuro questo soggetto, quando consideriamo che nei pesci, per modo d'esempio, alcuni naturalisti collocano nell'ordine più elevato quelli che, come gli squali, si approssimano maggiormente ai rettili; mentre altri naturalisti vi collocano i pesci ossei comuni o teleostei, perchè sono più strettamente conformi al tipo di pesce, e differiscono maggiormente dalle altre classi dei vertebrati. L'oscurità dell'argomento ci si appalesa più evidente riguardo alle piante, in cui la norma dell'intelligenza, che ordinariamente ci serve di guida, rimane affatto esclusa; quindi alcuni botanici assegnano il posto più alto nella classificazione a quelle piante che hanno tutti gli organi del fiore, cioè i sepali, petali, stami e pistilli, pienamente sviluppati; al contrario altri botanici, probabilmente con maggior fondamento, considerano appartenere all'ordine più elevato quelle piante che hanno i loro diversi organi più modificati e ridotti di numero.

Se noi riflettiamo che l'indizio migliore della superiorità della organizzazione sta nella diversità e nella specialità dei vari organi di ogni essere adulto (e ciò include il progresso del cervello nelle operazioni intellettuali), vediamo che l'elezione naturale tende manifestamente ad elevare l'organizzazione; perchè tutti i fisiologi ammettono che la specialità degli organi, permettendo che meglio adempiano le loro funzioni, è utile ad ogni essere; e quindi l'accumulazione delle variazioni tendenti a separare le funzioni contribuisce all'elezione naturale. D'altra parte, considerando che tutti gli esseri organizzati tendono a crescere in una forte proporzione e cercano di impadronirsi di ogni posto imperfettamente occupato nell'economia della natura, noi possiamo ammettere la possibilità dell'ipotesi che un essere organizzato si adatti per l'elezione naturale ad una situazione in cui parecchi organi divengano superflui ed inutili: in tal caso si avrebbe un regresso nella scala dell'organizzazione. Noi discuteremo più convenientemente nel capo della Successione geologica se l'organizzazione, nel suo complesso, abbia effettivamente progredito dai più antichi periodi geologici fino ai nostri giorni.

Ma qui può obbiettarsi, come avvenga che esistano ancora sul globo tante forme inferiori, se tutti gli esseri organizzati tendono così a salire nella scala naturale, e per qual motivo in ogni classe grande alcune forme siano molto più sviluppate di altre. Come mai le forme più altamente sviluppate non soppiantarono ed esterminarono ovunque le forme inferiori? Lamarck, che ammetteva in tutti gli esseri organizzati una tendenza innata ed inevitabile alla perfezione, pare abbia sentito così fortemente questa difficoltà, che fu indotto a supporre che forme nuove e semplici vadano continuamente nascendo per mezzo della generazione spontanea. Appena mi occorre dire che la scienza nell'odierno stato non presta alcun appoggio all'opinione che esseri viventi siano attualmente generati dalla materia inorganica. Colla mia teoria l'esistenza presente di produzioni di bassa organizzazione non offre difficoltà; perchè l'elezione naturale non implica alcuna legge necessaria ed universale di progresso o di sviluppo; essa trae profitto solo dalle variazioni che si presentano e che sono benefiche ad ogni creatura, nelle sue complesse relazioni di esistenza. Ora, per quanto ci è dato conoscere, quale vantaggio potrebbe essere per un animaletto infusorio, per un verme intestinale, od anche per un verme di terra il possedere un'organizzazione elevata? Se ciò non fosse utile, queste forme non sarebbero perfezionate dall'elezione naturale, ovvero il perfezionamento sarebbe assai lieve; ed esse rimarrebbero indefinitamente nella presente loro condizione poco avanzata. Infatti la geologia c'insegna che alcune delle forme inferiori, come gl'infusorii e i rizopodi hanno conservato per epoche lunghissime a un dipresso il loro stato attuale. Ma sarebbe poco prudente il supporre che la maggior parte delle molte forme inferiori, oggi esistenti, non abbiano progredito per nulla dal primo giorno della loro vita; perchè ogni naturalista che ha notomizzato alcuni degli esseri, oggi collocati agli ultimi gradi della scala animale, dovette rimanere colpito dalla loro bella e veramente prodigiosa organizzazione.

Osservazioni analoghe potrebbero farsi nel considerare le grandi differenze esistenti nei gradi dell'organizzazione, differenze che si incontrano in quasi tutti i grandi gruppi; per esempio, la coesistenza dei mammiferi e dei pesci nei vertebrati; quella dell'uomo e dell'ornitorinco nei mammiferi, ovvero quella del pescecane e dell'amphioxus nei pesci; mentre quest'ultimo, nell'estrema semplicità della sua struttura, si approssima grandemente alla classe degl'invertebrati. Ma i mammiferi e i pesci entrano difficilmente in concorrenza fra loro: e il progresso di certi mammiferi o dell'intera classe dei medesimi fino al più alto grado dell'organizzazione, non potrebbe condurli ad occupare il posto dei pesci e ad esterminarli. I fisiologi credono che il cervello debba essere bagnato di sangue caldo per spiegare tutta la sua attività, e ciò esige una respirazione aerea; cosicchè i mammiferi, essendo dotati di sangue caldo, quando abitano nell'acqua, soggiacciono a parecchi svantaggi in confronto ai pesci Nella classe dei pesci la famiglia degli squali non tenderà probabilmente a distruggere l'amphioxus, il quale, come mi disse

Fritz Müller, sulla spiaggia sterile e sabbionosa del Brasile meridionale ha per unico compagno e competitore un anellide anomalo. I tre ultimi ordini dei mammiferi, cioè i marsupiali, gli sdentati e i roditori, esistono nell'America meridionale nella medesima regione con molte scimmie, e probabilmente hanno alcune relazioni fra loro. Perciò l'organizzazione, benchè sia progredita e progredisca tuttora sul globo nel suo insieme, nondimeno la scala presenterà sempre tutti i gradi di perfezione. Perchè il grande avanzamento di certe classi intere, o di certi individui di ogni classe, non conduce necessariamente all'estinzione di quei gruppi coi quali essi non sostengono una lotta ostinata. In certi casi, come vedremo, le forme organizzate inferiori sembra siano state preservate fino al presente, per avere abitato luoghi particolari od isolati, ove ebbero a soffrire una concorrenza meno severa, e si trovarono in piccolo numero, locchè fece ritardare la produzione probabile di variazioni favorevoli.

Finalmente io penso che le forme inferiori oggi esistano numerose sul globo e quasi in ogni classe, per diverse cagioni. In alcuni casi le variazioni favorevoli, per le quali l'elezione naturale si esercita e che si accumulano, possono non essersi mai manifestate. In nessun caso forse il tempo fu sufficiente per arrivare alla maggior somma possibile di sviluppo. In altri pochi casi può essere avvenuto ciò che noi dobbiamo chiamare un regresso dell'organizzazione. Ma la cagione precipua sta nella circostanza che un'organizzazione elevata non sarebbe utile in condizioni di vita veramente semplici, anzi potrebbe riescire effettivamente dannosa, perchè di un'indole più delicata e più sensibile a' disordini e alle offese.

Risalendo alla origine della vita, quando tutti gli esseri organizzati, come noi possiamo immaginarlo, presentavano la struttura più semplice, come poterono avvenire quei primi gradi nell'avanzamento o nella differenziazione e separazione degli organi? Herbert Spencer risponderebbe probabilmente, che appena gli organismi semplici unicellulari per accrescimento o divisione fossero divenuti multicellulari o si fossero fissati sopra una superficie, la sua legge sarebbe entrata in vigore, che cioè «le unità omologhe subiscono un differenziamento proporzionato alla diversità delle forze che su di esse agiscono», Ma non avendo alcun fatto che ci guidi, ogni speculazione su questo soggetto sarà affatto inutile. Pure sarebbe un errore il credere che non si esercitasse la lotta per l'esistenza e non agisse quindi l'elezione naturale, prima che si producessero molte e svariate forme. Anche le variazioni di una sola specie, posta in una località isolata, potrebbero esserle vantaggiose, e colla loro conservazione l'intera massa degli individui si troverebbe modificata, oppure ne deriverebbero due forme distinte. Ma, come osservai verso la fine dell'Introduzione, niuno deve meravigliarsi che molte cose rimangano oscure sull'origine delle specie, quando si rifletta alla nostra profonda ignoranza sulle mutue relazioni degli abitanti del globo nelle molte epoche trascorse della loro storia.

CONVERGENZA DEI CARATTERI

Il Watson crede ch'io abbia attribuito eccessiva importanza al principio della divergenza dei caratteri (il quale però è anche da lui accettato), e dice che si debba tener conto anche di ciò che può chiamarsi convergenza dei caratteri. Se due specie, appartenenti a due generi diversi ma affini, producano un certo numero di nuove specie divergenti, può immaginarsi che si debbano poi riunire nello stesso genere, cosicchè i discendenti di due generi diversi convergerebbero in uno solo. Ma sarebbe generalmente un giudizio molto avventato, se si attribuisse alla predetta convergenza una grande e generale somiglianza nella costruzione di discendenti modificati di forme tra loro molto distanti. La forma di un cristallo è determinata unicamente dalle forze molecolari, e non v'è nulla di sorprendente nel fatto che sostanze dissimili assumono talvolta la medesima forma; ma non devesi dimenticare che la forma di un essere organico dipende da un'infinita quantità di rapporti complessi; e cioè dalle variazioni avvenute, determinate alla lor volta da cause troppo complicate perchè si possano qui seguire in dettaglio, dalla natura delle variazioni che furono conservate e prescelte, a seconda delle condizioni fisiche, e più ancora degli organismi circostanti con cui lotta ogni essere, e finalmente dall'eredità (elemento già di per sè fluttuante) avuta, da un grande numero di avi, le cui forme furono anch'esse determinate da rapporti complessi. È incredibile che i discendenti di due organismi, i quali originariamente differivano notevolmente tra loro, convergano più tardi in guisa da essere nell'organizzazione pressochè identici. Se ciò fosse avvenuto, noi avremmo incontrato la medesima forma in periodi geologici assai diversi, indipendentemente da ogni nesso genetico; ma i fatti contraddicono a tale congettura.

Il Watson opponeva ancora che l'azione continua della elezione naturale, con divergenza di carattere, tenderebbe a produrre un numero indefinito di forme specifiche. Per quanto si attiene alle condizioni puramente inorganiche, sembra probabile che un sufficiente numero di specie si adatterebbe a tutte le diversità considerevoli di calore, di umidità, ecc.; ma io ammetto completamente che le mutue relazioni degli esseri organizzati siano assai più importanti; e alimentandosi il numero delle specie in ogni paese, le condizioni di vita si renderanno sempre più complesse. Conseguentemente non pare, a primo aspetto, che esistano limiti all'insieme delle variazioni di struttura profittevoli e quindi al numero delle specie che possono formarsi. Noi anzi ignoriamo se la regione più prolifica contenga il massimo numero di forme specifiche: così al Capo di Buona Speranza ed in Australia, ove si riunisce uno straordinario numero di specie, molte piante europee furono naturalizzate. Ma la geologia ci mostra, almeno per tutto l'immenso periodo terziario, che il numero delle specie dei molluschi, e probabilmente dei mammiferi, non è aumentato molto, o rimase costante. Quali sono dunque gli ostacoli che si oppongono allo indefinito aumento nel numero delle specie? La somma totale di vita (non intendo parlare del numero delle forme specifiche), che può sostenersi in una data regione, deve avere un limite, dipendente in gran parte dalle condizioni fisiche; quindi se un'area è abitata da molte specie, tutte o quasi tutte sarebbero rappresentate da pochi individui e sarebbero esposte alla distruzione, per le accidentali alternative della natura delle stagioni o nel numero dei loro nemici. Il processo di esterminio in tal caso sarebbe rapido, mentre sarebbe molto lenta la produzione di nuove specie. Si immagini il caso estremo, in cui l'Inghilterra contenesse tante specie di quanti sono gli individui di esse; allora nel primo inverno rigoroso o nell'estate più secca, migliaia e migliaia di queste specie rimarrebbero estinte. Le specie rare (ed ogni specie diverrebbe rara, se in una regione il numero delle specie crescesse all'infinito), presenterebbero in un determinato periodo poche variazioni favorevoli, pel principio, già da noi svolto; conseguentemente il processo di produzione di nuove forme specifiche sarebbe ritardato. Quando una specie si fa molto rara, gli incrociamenti fra individui molto affini contribuiranno a distruggerla; almeno alcuni autori hanno pensato che ciò abbia influito sull'estinzione dell'uro in Lituania, del cervo rosso in Scozia, dell'orso in Norvegia, ecc. Da ultimo, una specie dominante, che ha già vinto molti competitori nel proprio paese, tenderà a propagarsi e a soppiantarne molti altri; ed io sto per credere che questo sia un elemento importantissimo. Alfonso De Candolle ha dimostrato che quelle specie che si diffondono più ampiamente tendono in generale ad estendersi vieppiù; e quindi esse tenderanno a distruggere parecchie atre specie in certi luoghi, ed impediranno così il disordinato accrescimento delle forme specifiche sulla terra. Hooker ha notato recentemente che nell'angolo sud-est dell'Australia, ove trovansi molti invasori venuti da varie parti del mondo, le specie indigene diminuirono assai di numero. Io non pretendo decidere qual peso debba darsi a tutte queste considerazioni; ma esse simultaneamente debbono limitare in ogni regione la tendenza all'aumento indefinito delle forme specifiche.

SOMMARIO DEL CAPITOLO

Se gli esseri organizzati variano nelle diverse parti della loro organizzazione, durante il lungo corso dei tempi e sotto condizioni variabili di vita, e io penso che ciò non potrebbe impugnarsi; se essi hanno a sostenere, dietro la forte proporzione geometrica dell'aumento di ciascuna specie, una severa lotta per la vita, in qualche periodo della loro età e in certi anni o in certe stagioni, e questo per fermo non può mettersi in dubbio; se da ultimo considerasi la complicazione infinita delle relazioni di tutti gli esseri organizzati fra loro e colle loro condizioni di vita, relazioni che producono infinite varietà di adatte strutture, di costituzioni e di abitudini, e riescono perciò vantaggiose; sarebbe certamente un fatto molto straordinario che nessuna variazione sia avvenuta mai utile alla prosperità di essi, nello stesso modo, con cui si manifestarono le variazioni favorevoli all'uomo. Ora se produconsi variazioni utili ad un essere organizzato, certamente gli individui così caratterizzati avranno maggior probabilità di essere preservati nella lotta per la vita, e in seguito al forte principio dell'ereditabilità, tenderanno a generare una prole dotata di caratteri simili. Questo principio di conservazione, per amore di brevità, fu da me chiamato Elezione naturale, o sopravvivenza del più adatto. Questa elezione conduce al perfezionamento di ogni creatura, in relazione alle sue condizioni organiche ed inorganiche di vita: e quindi, generalmente, a ciò che deve riguardarsi come un avanzamento nella organizzazione. Tuttavia le forme inferiori e semplici possono durare lungamente, se siano opportunamente adatte alle loro semplici condizioni di vita.

La elezione naturale può modificare l'uovo, il seme o la prole colla stessa facilità come l'adulto, pel principio delle qualità che si ereditano in una età corrispondente. In molti animali poi l'elezione sessuale verrà in aiuto all'elezione ordinaria, assicurando ai maschi più vigorosi o meglio adatti il maggior numero di figli. La elezione sessuale deve anche dare origine a caratteri utili ai soli maschi, nella loro lotta contro altri maschi, e questi caratteri vengono trasmessi ad un solo sesso o ad ambedue i sessi, secondo la forma predominante di ereditabilità.

Che l'elezione naturale abbia in realtà agito per tal modo nella natura, modificando e adattando le diverse forme di vita alle loro varie condizioni e alle loro località, potrà giudicarsi dal tenore generale e dalle argomentazioni dei capi seguenti. Ma noi vediamo a quest'ora com'essa cagioni anche estinzione; e la geologia dimostra apertamente quanto ampia sia stata l'opera dell'estinzione nella storia del globo. L'elezione naturale inoltre fa nascere la divergenza del carattere; perchè quanto più gli esseri organizzati divergono nella struttura, nelle abitudini e nella costituzione, maggiore ne sarà il numero nella medesima regione. Noi abbiamo una prova di ciò negli abitatori di ogni piccolo distretto, o nelle produzioni naturalizzate. Quindi durante la modificazione dei discendenti di ogni specie, e durante la continua lotta di tutte le specie per aumentare il numero degli individui, i discendenti più diversificati avranno una maggiore probabilità di succedere agli altri nella lotta per l'esistenza. Così le piccole differenze che passano fra le varietà di una medesima specie, tendono costantemente ad accrescersi, fino ad uguagliare le differenze più grandi fra le specie di uno stesso genere od anche di generi distinti.

Noi abbiamo veduto che le specie più variabili sono le comuni, le più diffuse e numerose, quelle che appartengono ai generi più ricchi di ogni classe; e queste hanno la tendenza di trasmettere alla loro prole modificata quella superiorità che le rese dominanti nella loro patria. L'elezione naturale, come notammo, conduce alla divergenza di carattere e alle molte estinzioni delle forme di vita meno perfette ed intermedie. Con questi principii possono spiegarsi la natura delle affinità e le distinzioni in generale ben definite degl'innumerevoli esseri organizzati in ogni classe esistenti sulla terra. È un fatto veramente prodigioso - l'importanza del quale non suole colpirci, perchè ci è famigliare - che tutti gli animali e tutte le piante, in ogni tempo e luogo, siano in rapporti scambievoli, formando gruppi subordinati ad altri gruppi, come noi osserviamo in ogni luogo; che le varietà di una medesima specie siano collegate strettamente fra loro, le specie di un medesimo genere in rapporti meno stretti e disuguali, che possono costituire delle sezioni o sotto-generi; vediamo le specie di un genere distinto essere anche meno affini, e i generi paragonati sotto diversi aspetti formare le sotto-famiglie, le famiglie, gli ordini, le sottoclassi e le classi. I gruppi subordinati in ogni classe non possono disporsi in una sola linea, ma piuttosto sembrano raccolti intorno a diversi punti, e questi intorno ad altri, e così via via in cicli quasi infiniti. Partendo dall'ipotesi che ogni specie sia stata creata indipendentemente, io non saprei trovare la spiegazione di questo gran fatto nella classificazione di tutti gli esseri organizzati; ma per quanto posso giudicare, ciò viene chiarito per mezzo dell'ereditabilità e dell'azione complessa della elezione naturale, che implica la estinzione e la divergenza del carattere, come abbiamo dimostrato nel diagramma.

Le affinità di tutti gli esseri di una stessa classe vennero talvolta rappresentate con la figura di un grande albero. Io credo che questa similitudine esprima esattamente la verità. I germogli verdi che producono gemme possono raffigurare le specie esistenti, e quelli che furono prodotti in ogni annata precedente possono rappresentare la lunga successione delle specie estinte. Ad ogni periodo di vegetazione tutti i germogli hanno tentato di estendersi da ogni parte e di sorpassare e distruggere i germogli e i rami vicini: nella stessa guisa che le specie e i gruppi delle specie cercarono di dominare le altre specie nella grande battaglia della vita. I rami grossi divisi in ramificazioni, e queste suddivise in rami sempre minori, furono anch'essi semplici germogli quando l'albero era piccolo; e questa connessione fra gli antichi e i recenti germogli, per ramificazioni successive, può darci una chiara idea della classificazione di tutte le specie estinte e viventi in gruppi subordinati ad altri gruppi. Dei molti ramoscelli che vegetavano, quando l'albero era un semplice arbusto, soltanto due o tre, ora divenuti grandi rami, sopravvissero e portano tutti gli altri rami; così fra le specie che vissero nelle remotissime epoche geologiche, assai poche hanno nell'epoca attuale qualche discendente vivente e modificato. Dal primo svilupparsi dell'albero molti rami si disseccarono e caddero; questi rami perduti in diversi punti rappresentano tutti quegli ordini, quelle famiglie e quei generi che oggi non esistono, ma che sappiamo furono trovati in uno stato fossile. E come noi vediamo qua e là spuntare un ramoscello fragile e sottile da qualche nodo inferiore di un albero, e arrivare al suo maggiore sviluppo, quando sia favorito da condizioni opportune, così noi vediamo accidentalmente un animale, come l'ornitorinco o la lepidosirena, che in qualche piccolo rapporto collega per mezzo delle sue unità due vasti rami della vita, e che apparentemente fu sottratto alla lotta fatale, per avere dimorato in una località protetta. Come le gemme sviluppandosi danno origine a nuove gemme, e come queste, quando sono vigorose, vegetano con forza e soffocano da tutte le parti molti ranni più deboli, altrettanto io credo che, per mezzo della generazione, sia avvenuto del grande albero della vita, il quale ricopre co' suoi rami morti ed infranti la crosta del globo e ne veste la superficie con le sue ramificazioni sempre nuove e leggiadre.

CAPO V

LEGGI DELLE VARIAZIONI

Effetti delle condizioni esterne - Uso e non-uso degli organi combinato coll'elezione naturale; organi del volo e della vista - Acclimazione - Correlazione di sviluppo - Compensazione ed economia di sviluppo - False correlazioni - Le strutture multiple, rudimentali ed inferiori sono variabili - Le parti sviluppate in modo insolito sono assai variabili: i caratteri speciali sono più variabili dei caratteri generici: i caratteri sessuali secondari sono variabili - Le specie di un medesimo genere variano analogamente - Riversioni a caratteri molto antichi - Sommario.

Io ho parlato talvolta delle variazioni, che sono tanto comuni e diverse negli organismi allo stato di coltura ed alquanto meno frequenti allo stato naturale, come se fossero prodotte dal caso. Questa espressione evidentemente non è corretta, ma serve a manifestare la nostra completa ignoranza intorno alle cause delle singole variazioni. Alcuni autori credono che il produrre differenze individuali o leggere variazioni di struttura sia non meno una funzione del sistema riproduttivo, come di formare il figlio simile ai genitori. Ma il fatto che tanto le variazioni come le mostruosità sono più frequenti negli organismi soggetti alla domesticità che in quelli viventi allo stato di natura, e che le specie di vasta distribuzione sono più variabili delle meno diffuse, mi fa ritenere che la variabilità sia in stretto rapporto colle condizioni di vita, cui una specie è stata esposta per molte generazioni. Io ho cercato di dimostrare nel primo capitolo che il cambiamento delle condizioni agisce in due modi, sia direttamente sull'intero organismo o su certe parti, sia indirettamente sul sistema riproduttivo. In ambedue i casi i fattori sono due; la natura cioè dell'organismo, che è di gran lunga la più importante, e la natura delle condizioni. L'azione diretta delle cambiate condizioni conduce a risultati definiti o indefiniti. In quest'ultimo caso l'organizzazione sembra essersi fatta plastica, e troviamo una grande variabilità fluttuante; nel primo caso la natura dell'organismo è tale che, assoggettata a determinate condizioni, cede facilmente, e tutti o quasi tutti gli individui sono modificati nello stesso modo.

È assai difficile constatare quale influenza abbiano precisamente le differenze delle condizioni esterne, come il clima, il nutrimento, ecc. Ma noi possiamo concludere con piena fiducia, che gli innumerevoli e complessi adattamenti di struttura, che offrono i diversi organismi, non sono un semplice effetto di tale causa. Nei casi seguenti le condizioni di vita sembrano aver prodotto un insignificante effetto definito. Edoardo Forbes ci attesta che le conchiglie, al limite meridionale della loro patria e quando abitano acque poco profonde, acquistano colori più brillanti di quelli che presentano gli individui della medesima specie che trovansi in distretti più settentrionali o a maggiori profondità. Ma certamente questa regola non si verifica in tutti i casi. Gould crede che gli uccelli della stessa specie abbiano piume di colori più vivi sotto un'atmosfera limpida che quando abitano sulle isole o presso le coste. Anche il Wollaston è convinto che la dimora in prossimità del mare influisca sul colore degli insetti. E Moquin Tandon dà una lista di piante, le quali in riva al mare acquistano foglie più o meno carnose, mentre non le hanno carnose quando abitano entro terra. Questi organismi leggermente varianti sono d'interesse in quanto che presentano dei caratteri analoghi a quelli delle specie che sono limitate a simili condizioni di vita.

Quando una variazione ad un essere non apporta che un minimo vantaggio, non possiamo dire quanto debba attribuirsi al potere accumulativo della elezione naturale, e quanto all'azione definita delle esterne condizioni di vita. Così è noto ai pellicciai che gli animali di una specie hanno il vello tanto più fitto e migliore, quanto più sono vissuti verso settentrione. Ma chi potrebbe dire, quanto sia effetto della preservazione e conservazione degli individui meglio vestiti per molte generazioni, e quanto effetto diretto del rigido clima? Imperocchè sembri certo che il clima ha una immediata influenza sulla qualità del pelo dei nostri animali domestici.

Potrebbero citarsi esempi di varietà simili d'una medesima specie, le quali si formarono in condizioni di vita le più diverse che possano immaginarsi; e di varietà diverse prodotte sotto condizioni uguali. Inoltre ogni naturalista conosce moltissimi esempi di specie rimaste pure e senza alcuna variazione, benchè viventi in climi affatto opposti. Tali considerazioni mi dispongono a dare minor peso all'azione diretta e definita delle condizioni di vita, che non alla tendenza di variare che dipende da cause a noi affatto ignote.

In un certo senso può dirsi che le condizioni di vita non solo producano direttamente o indirettamente la variabilità, ma abbracciano eziandio l'elezione naturale, giacchè la conservazione di una data varietà dipende dalla natura delle condizioni di vita. Tutte le volte però che l'elezione è esercitata dall'uomo, noi vediamo che que' due elementi sono diversi; la variabilità è eccitata in certa guisa, ma si è la volontà dell'uomo che accumula le variazioni in una determinata direzione, e quest'ultimo effetto corrisponde alla sopravvivenza del più adatto allo stato natura.

USO E NON-USO DEGLI ORGANI COMBINATO COLL'ELEZIONE NATURALE

Pei fatti riferiti nel primo capo, io credo non sia per rimanere il più piccolo dubbio sull'opinione che l'uso rafforzi ed allarghi certe parti dei nostri animali domestici, e che il non-uso le diminuisca; e che tali modificazioni vengano ereditate. Allo stato libero di natura non abbiamo un tipo di confronto per giudicare delle conseguenze di un uso o di un non-uso lungamente continuato, perchè noi non conosciamo le madri-specie; ma molti animali offrono tali forme, delle quali può darsi ragione per mezzo degli effetti del non-uso. Come notava il professore Owen, non vi ha in natura un'anomalia più grande di quella di un uccello che non possa volare; tuttavia ne abbiamo parecchi in questo stato. Una specie d'anitra dell'America meridionale (Anas brachyptera) può battere soltanto la superficie dell'acqua colle sue ali, che sono in una condizione quasi identica a quelle dell'anitra domestica d'Aylesbury, ed è un fatto singolare che, secondo l'asserzione del Cunningham, gli uccelli giovani sanno volare, mentre gli adulti hanno perduta questa facoltà. Gli uccelli più grandi, che prendono alimento sul terreno, non volano che per fuggire un pericolo, cosicchè io credo che lo stato quasi rudimentale delle ali di certi uccelli che abitano al presente, o abitarono altra volta, alcune isole oceaniche in cui non trovansi animali rapaci, provenne dal non-uso. Lo struzzo però abita i continenti ed è esposto a pericoli che non può evitare volando; ma può difendersi da' suoi nemici coi calci, non altrimenti di alcuni quadrupedi. Noi possiamo ritenere che il progenitore del genere struzzo avesse delle abitudini simili a quelle dell'ottarda e che, avendo l'elezione naturale accresciuto nelle successive generazioni la grandezza e il peso del suo corpo, egli adoperasse più spesso le sue gambe che le sue ali, al punto da divenire incapace al volo.

Kirby ha osservato (cosa notata anche da me) che i tarsi anteriori, o piedi di molti scarabei maschi mancano molto spesso; egli esaminò diciassette campioni della sua raccolta e niuno di essi ne aveva conservato qualche traccia. Presso l'Onites apelles, i tarsi mancano tanto frequentemente, che l'insetto fu descritto come privo di essi. In alcuni altri generi i tarsi sono presenti, ma in uno stato rudimentale. Nell'Ateuchus, o scarafaggio sacro degli Egiziani, essi mancano affatto. Non è ancora provato che le mutilazioni accidentali siano trasmissibili per eredità; ma Brown-Sequard ha esposto un caso rimarchevole di epilessia prodotta da una lesione alla spina dorsale di un porco d'India, che fu ereditata: e ciò deve renderci più cauti. Però è forse più sicuro il considerare l'assenza intera dei tarsi anteriori nell'Ateuchus e la loro condizione rudimentale in altri generi, come dovute ai prolungati effetti del non-uso nei loro progenitori; perchè mancando essi quasi sempre in molti scarafaggi coprofagi, debbono perdersi sui primordi della vita, e però non possono essere di grande importanza e di molta utilità a questi insetti.

In certi casi noi potremmo facilmente attribuire al non-uso quelle modificazioni che sono interamente, o principalmente dovute all'elezione naturale. Wollaston ha scoperto questo fatto rimarchevole che 200 specie di coleotteri sopra le 550 che abitano l'isola di Madera, hanno le ali tanto imperfette che non ponno volare; e che dei ventinove generi endemici, non meno di ventitre hanno tutte le loro specie in questa condizione! Parecchi fatti mi hanno indotto a credere che l'atrofia delle ali di tanti coleotteri di Madera debba derivare principalmente dall'azione dell'elezione naturale, combinata forse col non-uso. Infatti si è osservato che in molte parti del mondo i coleotteri sono spesso dal vento trasportati al mare, dove periscono; che i coleotteri di Madera, secondo Wollaston, rimangono nascosti fino a che il vento si arresta e il sole risplende; che la proporzione delle specie prive d'ali è maggiore sulle coste del deserto, esposte al vento del mare, che a Madera stessa; e specialmente il fatto straordinario, sul quale tanto insiste Wollaston, cioè che mancano quasi interamente certi grandi gruppi di coleotteri (altrove eccessivamente numerosi), i quali hanno abitudini di vita che richiedono quasi necessariamente un volo frequente. Per modo che, in una lunga serie di generazioni, ogni individuo di questa specie che volò meno, sia perchè le sue ali furono meno perfettamente sviluppate, sia per le abitudini indolenti, ebbe una maggiore probabilità di sopravvivere, non essendo trasportato dal vento sul mare; e d'altra parte quei coleotteri che più di sovente presero il volo, furono anche più frequentemente trasportati al mare e quindi rimasero distrutti.

Gli insetti di Madera che non sono coprofagi e che devono ordinariamente, come i coleotteri e lepidotteri che cercano il loro nutrimento nei fiori, impiegare le loro ali per vivere, le hanno più sviluppate. Ciò si concilia coll'elezione naturale. Perchè quando un nuovo insetto giunse nell'isola, la tendenza dell'elezione naturale di allargare o restringere le ali dovrà dipendere o dal maggior numero di individui che furono salvati, superando con successo la lotta coi venti, oppure abbandonando l'impresa col volare più di rado e col rinunciare al volo. Può dirsi altrettanto dei marinai naufragati presso una costa; sarebbe utile ai buoni nuotatori il poter nuotare di più, e sarebbe più conveniente ai cattivi nuotatori il non essere affatto capaci di nuotare e il rimanere a bordo.

Gli occhi delle talpe e di parecchi altri roditori che scavano la terra sono rudimentali, e in alcuni casi sono completamente coperti dalla pelle e dal pelo. Probabilmente questo stato degli occhi deriva dalla diminuzione graduale prodotta dal non-uso ed anche coadiuvata forse dall'elezione naturale. Un mammifero roditore dell'America meridionale, il tuco-tuco, Ctenomys, è per le sue abitudini anche più sotterraneo della talpa; e uno Spagnuolo, che spesso ne prese, mi assicurava che questi animali sono quasi sempre ciechi. Io stesso ne conservai uno vivente e la causa di questo stato, come risultò dall'autopsia, fu riconosciuta essere una infiammazione della membrana nittitante. Ora siccome una frequente infiammazione degli occhi deve essere dannosa ad ogni animale, e gli occhi non sono al certo indispensabili agli animali che debbono vivere sotterra, così una riduzione della loro grandezza, con adesione delle palpebre e sviluppo di peli onde ricoprirle, può in questo caso essere vantaggiosa; in tal caso l'elezione naturale agirà costantemente nel senso degli effetti del non-uso.

Tutti sanno che alcuni animali, appartenenti alle classi più diverse, che stanno nelle caverne della Carniola e del Kentucky, sono ciechi. In certi granchi il peduncolo dell'occhio rimane, quantunque l'occhio manchi; il piede del telescopio vi è ancora, benchè il telescopio con le sue lenti si sia perduto. Io attribuisco la mancanza degli occhi in questo caso interamente al non-uso; essendo difficile ammettere che tali organi, anche inutili, possano in qualche modo nuocere ad animali che vivono nell'oscurità. Due individui di una di queste specie cieche, il sorcio delle caverne (Neotoma), furono catturati dal prof. Silliman a circa mezzo miglio di distanza dalla bocca della caverna, e quindi senza discendere alle maggiori profondità; gli occhi di questi individui erano più lucidi e più grandi. Ora questi animali furono esposti per quasi un mese ad una luce gradatamente più viva, ed acquistarono una debole percezione degli oggetti che si ponevano davanti ai loro occhi.

È assai difficile l'immaginare condizioni di vita più uniformi di quelle delle profonde caverne calcari, sotto un clima quasi costante; di modo che partendo dalla comune opinione che gli animali ciechi furono creati separatamente per le caverne d'Europa e d'America, dovrebbe presumersi che esistesse una strettissima somiglianza nella loro organizzazione e nelle affinità. Ma ciò non si verifica, quando si considerano le due faune nel loro insieme; e riguardo ai soli insetti, Schiödte ha detto: «Noi siamo indotti quindi a considerare l'intero fenomeno come puramente locale, e la rassomiglianza che si trova in alcune poche forme fra i mammouth delle caverne del Kentucky e quelli delle caverne della Carniola, non è altro che una semplice espressione dell'analogia che sussiste generalmente fra le faune dell'Europa e dell'America settentrionale». Dietro le mie idee bisogna supporre che gli animali d'America, essendo in molti casi dotati di una potenza visiva ordinaria, emigrassero lentamente nella serie delle generazioni, dal mondo esterno in recessi vieppiù profondi delle caverne del Kentucky, come fecero gli animali d'Europa nelle caverne d'Europa. Noi abbiamo qualche prova di questa transizione di abitudini, perchè, come dice Schiödte, «possiamo considerare le faune sotterranee come altrettante piccole ramificazioni delle faune geograficamente limitate delle adiacenti regioni, che penetrarono entro la terra e si adattarono alle circostanze locali, a misura che le tenebre si facevano maggiori. Gli animali che non sono molto discosti dalle forme ordinarie, preparano il passaggio dalla luce all'oscurità; vengono poi le specie adatte alla luce crepuscolare; da ultimo appariscono quelle che furono destinate ad una completa oscurità, l'organizzazione delle quali è affatto speciale». Queste osservazioni di Schiödte si applicano non solo ad una medesima specie, ma anche a specie distinte. Nel tempo impiegato da un animale, dopo moltissime generazioni, a raggiungere le più profonde cavità della terra, il non-uso, secondo la nostra teoria, avrà diminuito più o meno completamente la sua facoltà visiva, chiudendone anche gli occhi; e la elezione naturale avrà effettuato altri cambiamenti, per esempio, un allungamento delle antenne o dei palpi, come compensazione alla cecità. Ad onta di queste modificazioni, possiamo aspettarci di vedere negli animali delle caverne d'America, delle affinità cogli altri animali di quel Continente, ed in quelli delle caverne di Europa altre affinità che li colleghino con quelli che popolano il Continente europeo. Ora queste affinità esistono appunto in alcuni animali delle caverne d'America, come seppi dal prof. Dana; e così alcuni insetti delle caverne d'Europa sono strettamente affini a quelli del paese in cui si trovano.

Sarebbe molto difficile dare una chiara spiegazione delle affinità degli animali ciechi delle caverne cogli altri abitatori dei due Continenti, nella ipotesi comune della loro creazione indipendente. Dalle conosciute relazioni esistenti nella maggior parte delle produzioni del vecchio e del nuovo Continente, è da ritenersi che parecchi abitatori delle caverne in questi due Continenti debbano essere strettamente affini. Come trovasi in abbondanza una specie cieca di Bathyscia, all'ombra delle rocce fuori delle caverne, potrebbe credersi che la perdita della vista nelle specie che le abitano non abbia probabilmente alcuna relazione colla località oscura; ed è naturale che un insetto già privo della vista siasi facilmente accostumato alle caverne oscure. Un altro genere di insetti ciechi (lo Anophthalmus) offre una particolarità rimarchevole; alcune specie distinte, secondo Murray, abitano in parecchie caverne d'Europa ed anche in quelle del Kentucky, ed il genere non trovasi in altro luogo che nelle sole caverne. Ma è possibile che il progenitore o i progenitori di queste varie specie siano stati anticamente sparsi sui due Continenti, e che poscia rimanessero estinti (come l'elefante dei due Mondi), eccetto nelle presenti loro abitazioni sotterranee. Lungi dal rimanere sorpreso vedendo che alcuni animali delle caverne presentano strane anomalie, come Agassiz osservava riguardo al pesce cieco, l'Amblyopsis, ovvero come nel caso del proteo cieco fra i rettili d'Europa, io debbo soltanto meravigliarmi che non siano stati preservati maggiori avanzi dell'antica vita, considerando la lotta meno severa che gli abitanti di questi oscuri recessi ebbero a sostenere.

ACCLIMAZIONE

Le abitudini sono ereditarie nelle piante quanto al periodo della fioritura, quanto alla pioggia necessaria perchè i semi germoglino, quanto al tempo del sonno, ecc., e ciò mi trae a dir qualche cosa sull'acclimazione. Essendo estremamente comune nelle specie del medesimo genere l'abitare paesi molto caldi o molto freddi, ed essendo tutte le specie di un medesimo genere derivate, a mio avviso, da una sola madre-specie; se quest'ipotesi sussiste, l'acclimazione deve aver luogo facilmente, durante una lunga sequela di generazioni. È noto che ogni specie è adatta al clima del proprio paese: le specie delle regioni artiche o anche delle zone temperate non potrebbero sopportare un clima tropicale, e viceversa. Così molte piante grasse non possono durare sotto un clima umido. Ma spesso si esagera il grado di adattamento delle specie ai climi dei paesi in cui esse vivono. Possiamo desumer ciò dalla nostra frequente incapacità di prevedere se una pianta importata si abituerà o no al nostro clima, non che dal numero delle piante e degli animali, introdotti nelle nostre regioni da luoghi più caldi, che sono prosperosi anche fra noi. Non abbiamo ragioni fondate di ritenere che le specie allo stato di natura siano strettamente limitate nella loro estensione dalla lotta cogli altri esseri organizzati, non meno e assai più che in seguito all'adattamento a climi particolari. Ma se l'adattamento sia o non sia generalmente molto stretto, ne abbiamo una prova nel caso di alcune piante, le quali poterono, fino ad una certa estensione, abituarsi naturalmente a temperature diverse od acclimarsi: in fatti i pini e rododendri nati dai semi raccolti dal dott. Hooker da alberi cresciuti nell'Himalaya ad altezze diverse, possedevano nel nostro paese una differente facoltà costituzionale di resistere al freddo. Thwaites mi informava di fatti simili da lui osservati a Ceylan, e analoghe osservazioni furono fatte da H. C. Watson sulle specie europee di piante trasportate dalle Azzorre in Inghilterra. Rispetto agli animali potrebbero(3) citarsi parecchi fatti autentici di specie le quali, nel corso dei tempi storici, si estesero grandemente dalle latitudini più calde alle più fredde, e viceversa; ma noi non possiamo sapere positivamente se questi animali siano strettamente adatti al loro clima nativo, quantunque in tutte le ordinarie contingenze noi supponiamo appunto che ciò sia, nè sapremo dire se essi siano stati posteriormente acclimati al loro nuovo soggiorno.

È da ritenersi che i nostri animali domestici fossero in origine scelti da uomini barbari, perchè ne ricavavano qualche utilità e si moltiplicavano facilmente nello stato di reclusione, e non già perchè questi animali fossero allora divenuti capaci di più lontani trasporti; l'attitudine comune e straordinaria dei nostri animali domestici non solo di resistere ai climi più diversi, ma ben anche (fatto più importante) di rimanere perfettamente fecondi nel nuovo clima, può mettersi innanzi per provare che una vasta proporzione di animali, ora viventi allo stato di natura, potrebbe facilmente sostenere climi affatto diversi, Noi non dobbiamo però spingere tant'oltre l'argomentazione precedente, sul riflesso che la probabile origine di parecchi dei nostri animali domestici si trae da parecchi tipi selvaggi: per esempio, il sangue di un lupo o di un cane selvatico dei tropici e del polo può forse essere mescolato nelle nostre razze domestiche. Il topo e il sorcio non debbono considerarsi come animali domestici, ma essi furono trasportati dall'uomo in molte parti del mondo; ed oggi hanno acquistato un'estensione maggiore di qualunque altro roditore, vivendo essi liberamente e sotto il clima freddo delle Feroe al nord, e delle Falklands al sud e in molte isole della zona torrida. Quindi io sto per considerare la facoltà di adattamento ad ogni clima speciale come una qualità inerente facilmente ad una grande flessibilità innata di costituzione, che è comune alla maggior parte degli animali. Sotto questo aspetto, la proprietà che hanno l'uomo stesso e i suoi animali domestici di tollerare i climi più disparati, e il fatto che le più antiche specie di elefanti e di rinoceronti furono capaci di sopportare un clima glaciale, mentre le specie viventi sono oggi tutte tropicali o sub-tropicali, nelle loro abitudini, non debbono riguardarsi come anomalie, ma solo come prove di una flessibilità di costituzione molto comune, che si esercita in circostanze speciali.

Ma nell'acclimazione della specie ad un dato clima resta indeterminato, quanto si debba alla sola abitudine, quanto all'elezione naturale della varietà, aventi una innata costituzione differente, e quale sia l'influenza di questi due mezzi combinati. È da credere che l'abitudine od il costume eserciti qualche influenza, vuoi per l'analogia, vuoi per istruzioni continue date nelle opere di agricoltura e perfino nell'antica Enciclopedia cinese, cioè di essere molto cauti nel trasportare gli animali da un distretto all'altro; perchè non è verosimile che l'uomo sia giunto a formare coll'elezione metodica tante razze e sotto-razze, con costituzioni specialmente appropriate ai loro distretti; quindi penso che tale risultato deve attribuirsi all'abitudine. D'altronde, non trovo motivo di dubitare che l'elezione naturale tenda continuamente a conservare quegli individui che sono nati con una struttura meglio adatta alla loro contrada nativa. In alcuni trattati sopra molte sorta di piante coltivate si citano certe varietà capaci di resistere ad un clima meglio che agli altri; ciò viene dimostrato rigorosamente in alcune opere pubblicate negli Stati Uniti sulle piante fruttifere, in cui certe varietà sono ordinariamente raccomandate per gli Stati del Nord ed altre per quelli del Sud; ed essendo la maggior parte di queste varietà di origine recente, non possono le loro differenze costituzionali ripetersi dall'abitudine. Per provare che l'acclimazione non può aver luogo, fu messo innanzi il caso dell'articiocco di Gerusalemme, che non si propaga per semente, e del quale perciò non poterono ottenersi varietà, mentre non vegeta nei nostri climi. Però si sono anche ricordati, con molto maggior fondamento, i fagiuoli che non poterono essere naturalizzati; ma finchè alcuno non abbia seminato, per una ventina di generazioni, i suoi fagiuoli tanto presto che una gran parte rimanga distrutta dal gelo, e non abbia raccolto i semi dalle poche piante sopravvissute; con attenzione di prevenire gli incrociamenti accidentali, indi non abbia di nuovo conservato le piante colle stesse precauzioni e colti i semi del secondo anno, non potrà affermarsi che l'esperienza sia stata neppure tentata. Nè si creda che non si manifestino mai differenze nella costituzione delle pianticelle dei fagiuoli, perchè è stata pubblicata una relazione, dalla quale risulta che alcune di queste pianticelle erano più vigorose delle altre.

Insomma, io credo che noi possiamo concludere che l'abitudine, l'uso ed il non-uso, hanno, in certi casi, preso molta parte nelle modificazioni della costituzione e della struttura dei diversi organi; ma che gli effetti dell'uso e del non-uso furono spesso combinati largamente coll'elezione naturale delle variazioni innate, e qualche volta superati da essa.

CORRELAZIONE DI SVILUPPO

Con questa espressione io intendo significare che l'organizzazione intera è tanto legata nelle sue parti, durante il suo sviluppo ed il suo accrescimento, che quando avvengono piccole variazioni in una parte e siano accumulate per mezzo della elezione naturale, le altre parti tendono pure a modificarsi. Questo è un soggetto importantissimo ma conosciuto molto imperfettamente; ed è al certo molto facile confondere qui insieme categorie di fatti assai diverse. Noi vedremo tosto che la semplice eredità ha talvolta l'apparenza di una correlazione. Uno dei casi più evidenti di vera correlazione si è questo, che cioè le modificazioni accumulate solamente a profitto dei piccoli e delle larve alterano la struttura dell'animale adulto, nella stessa maniera che una conformazione difettosa dell'embrione colpisce seriamente tutta l'organizzazione dell'adulto. Alcune parti del corpo che sono omologhe e che sono simili nel primo periodo embrionale, sembrano soggette a variare in un modo analogo: così noi vediamo che il lato destro e il sinistro di un corpo variano ugualmente; le gambe anteriori e posteriori variano simultaneamente e anche le mascelle in relazione alle altre membra; infatti si considera la mascella inferiore come omologa colle membra. Senza dubbio queste tendenze ponno essere dominate più o meno completamente dall'elezione naturale: una volta esistette una famiglia di cervi colle corna da una sola parte; e se ciò fosse stato di molta utilità per la razza, sarebbe probabilmente divenuto permanente a mezzo della elezione naturale.

Le parti omologhe tendono a trovarsi riunite, come fu notato da alcuni autori; noi lo vediamo spesso nelle piante mostruose; nulla poi è più comune dell'unione di parti omologhe nella struttura normale, come l'unione dei petali della corolla a foggia di tubo. Le parti dure sembrano disposte ad acquistare la forma delle parti molli vicine; alcuni autori credono che la diversità nella forma della pelvi negli uccelli produca una grande differenza nella struttura dei reni. Altri pensano che la conformazione della pelvi nella donna influisca colla pressione sulla forma del capo del figlio. Secondo Schlegel, nei serpenti la figura del corpo e il modo di deglutizione determinano la posizione di parecchi visceri importanti.

La natura del legame di correlazione ci è spesso completamente ignota. Isidoro Geoffroy Saint-Hilaire fu portato ad ammettere che certe deformazioni coesistano molto frequentemente e che altre coesistano di rado, ma non giunse a dare alcuna spiegazione di questo fatto. Che cosa vi ha di più singolare della relazione fra gli occhi turchini e la sordità nei gatti, fra il colore del guscio delle tartarughe e il loro sesso, fra i piedi piumati e la membrana dei diti esterni nei colombi; fra la peluria più o meno copiosa degli uccelletti neonati e il futuro colore delle loro penne, od anche del rapporto fra il pelo e i denti del cane turco, benchè qui probabilmente l'omologia entri in campo? Riguardo a quest'ultimo caso di correlazione, io credo che non sia assolutamente accidentale, perchè se noi osserviamo i due ordini di mammiferi che sono più anormali nel loro sistema cutaneo, cioè i cetacei (balene) e gli sdentati (armadilli, formichieri, ecc.), vediamo che sono pure i più anormali nei loro denti.

Io non conosco un esempio più adatto di quello della differenza esistente tra i fiori esterni e gli interni di alcune piante composte e ombrellifere, a provare la importanza delle leggi di correlazione nelle modificazioni di struttura rilevanti, indipendentemente dall'utilità e dall'elezione naturale. Tutti sanno quale differenza vi sia, per esempio, tra i fiori della circonferenza e quelli del centro della margherita, e questa differenza è spesso accompagnata dalla mancanza parziale o completa degli organi riproduttivi. Ma in alcune piante composte anche i semi differiscono nella forma e nella struttura. Queste differenze furono da alcuni autori attribuite alla pressione degli involucri sui fiori o alla loro reciproca pressione, e la forma dei semi nei fiori della circonferenza di alcune composte viene in appoggio di quest'idea; ma nel caso della corolla delle ombrellifere, i fiori interni ed esterni non sono diversi più frequentemente in quelle specie che hanno gli ombrelli più fitti, come mi faceva sapere il dott. Hooker. Potrebbe sospettarsi che lo sviluppo dei petali esterni, sottraendo nutrimento a certe altre parti del fiore, ne abbia cagionato la perdita; ma in alcune composte vi ha una differenza fra i semi dei fiori interni e quelli degli esterni, senza che si scorga alcuna diversità nella corolla. Queste differenze potrebbero forse connettersi con qualche disuguaglianza nell'afflusso del nutrimento ai fiori interni e periferici; noi sappiamo almeno che tra i fiori irregolari, quelli che trovansi più vicini all'asse sono più spesso soggetti alla peloria e a ridivenire regolari. Aggiungerò come un esempio di questo fatto, e di una stretta correlazione, che recentemente io vidi in alcuni giardini dei pelargonii, in cui il fiore centrale di un gruppo perdeva spesso le macchie di colore oscuro dei due petali superiori; e che quando ciò avviene, lo stimma corrispondente è completamente abortito; e quando il colore manca in uno solo dei due petali superiori, lo stimma rimane soltanto molto accorciato.

Quanto alle differenze che si osservano nella corolla dei fiori centrali e periferici della cima od ombrello, io mi accosto all'idea di C. C. Sprengel, che i fiori della periferia servono ad attirare gli insetti, l'azione dei quali è altamente vantaggiosa alla fecondazione delle piante di questi due ordini, e codesta ipotesi è più fondata di quello che possa sembrare a primo aspetto; ora quando l'azione degli insetti sia utile, l'elezione naturale può prendervi parte. Ma quanto alle differenze nell'interna ed esterna struttura dei semi (le quali non sono sempre in relazione colle differenze dei fiori), pare impossibile che possano essere in qualche modo vantaggiose alla pianta: tuttavia fra le ombrellifere tali differenze sono di un'importanza tanto evidente (essendo i semi in certi casi ortospermi nei fiori esterni, secondo Tausch, e celospermi nei fiori centrali), che De Candolle il vecchio fondava le sue principali divisioni dell'ordine sopra differenze analoghe. Quindi noi vediamo che le modificazioni di struttura, considerate dai sistematici come di molto valore, possono derivare interamente dalle leggi non conosciute di sviluppo correlativo, senza essere, per quanto possiamo comprendere, della menoma utilità alla specie.

Noi possiamo però attribuire spesso falsamente alla correlazione di sviluppo conformazioni che sono comuni a un intero gruppo di specie, e che in realtà derivano semplicemente dall'eredità; perchè un antico progenitore può avere acquistato, per mezzo dell'elezione naturale, una certa modificazione di struttura, e dopo migliaia di generazioni può aver subito qualche altra modificazione indipendente dalla prima; queste due modificazioni essendo state trasmesse a un intero gruppo di discendenti, dotati di abitudini diverse, questi debbono naturalmente essere collegati in qualche modo. Così alcune correlazioni, che si osservano fra ordini interi, si debbono, a quanto sembra, solamente al modo con cui si esercitò l'elezione naturale. Alfonso De Candolle, per esempio, ha notato che i semi piumati non trovansi mai nei frutti che non si aprono, Questa regola può spiegarsi col fatto che i semi non avrebbero potuto acquistare gradatamente la piuma per mezzo dell'elezione naturale, se non avessero appartenuto a frutta che si schiudono, per modo che quelle piante, le quali individualmente producono semi un po' più acconci ad essere trasportati dal vento, hanno un vantaggio sopra quelle che danno semi meno adatti allo spargimento.

COMPENSAZIONE ED ECONOMIA DI SVILUPPO

Il vecchio Geoffroy e Goethe proposero, quasi contemporaneamente, la loro legge di compensazione od equilibrio di sviluppo; ovvero, per valerci della frase di Goethe, «la natura è costretta ad economizzare da una parte, per spendere dall'altra». Io credo che quest'argomento sia buono fino ad una certa estensione rispetto alle nostre domestiche produzioni: se il nutrimento fuisce in eccesso verso una parte o verso un organo, e scorre di rado, almeno in grande quantità, ad un'altra parte; così gli è difficile che una vacca dia molto latte e nondimeno si ingrassi prontamente. La medesima varietà di cavolo non dà un fogliame abbondante e nutritivo con un copioso supplemento di semi oleiferi. Quando i semi rimangono atrofizzati nei nostri frutti, il frutto stesso acquista molto in grandezza e qualità. Nei nostri polli un ciuffo grande di penne sul capo generalmente è accompagnato da una cresta più piccola, e un largo collare dalla diminuzione del barbiglione carnoso. Invece nelle

145

specie allo stato di natura non può sostenersi che la legge abbia un'applicazione generale; ma molti buoni osservatori e più specialmente botanici, credono nella sua verità. Pertanto io non darò qui alcun esempio, perchè non vedo come si possano distinguere, da una parte, gli effetti dello sviluppo di un organo per mezzo dell'elezione naturale e della simultanea riduzione di un altro organo vicino per un processo identico o pel non-uso, e dall'altra parte l'attuale sottrazione di nutrimento da un punto, in seguito alla sovrabbondanza di sviluppo in un altro punto prossimo.

Perciò io penso che alcuni fra i casi di compensazione che si sono citati, come pure parecchi altri fatti, possano emergere da un principio più generale, cioè che l'elezione naturale cerca continuamente di economizzare in ogni parte dell'organismo. Se per mutate condizioni di vita una struttura dapprima utile diviene meno utile, ogni diminuzione di sviluppo, per quanto minima, entrerà nel dominio dell'elezione naturale, perchè sarà profittevole all'individuo il non consumare il proprio alimento nella formazione di una struttura difettosa. Per tal modo potei rendermi ragione di un fatto, da cui rimasi molto colpito nell'esaminare i cirripedi, del quale potrebbero addursi molti altri esempi: vale a dire che quando un cirripede è parassita entro un altro e quindi viene protetto da questo, egli perde più o meno completamente il proprio guscio o mantello. Ciò accade nell'Ibla maschio e in una maniera veramente straordinaria nel Proteolepas: in tutti gli altri cirripedi il guscio è composto di tre segmenti anteriori, assai importanti, nella testa enormemente sviluppata, e forniti di muscoli e nervi grandi; ma nel Proteolepas parassita e protetto, tutta la parte anteriore del capo è ridotta ad un semplice rudimento congiunto alle basi delle antenne prensili. Ora, allorchè una struttura molto sviluppata e complessa divenne superflua per le abitudini parassitiche del Proteolepas, la riduzione della medesima a forme più semplici, quantunque effettuata per lenti gradi, sarà stata un deciso vantaggio per ogni successivo individuo della specie; perchè nella lotta per l'esistenza, alla quale ogni animale trovasi esposto, ogni individuo Proteolepas avrà una migliore attitudine di sostentarsi, quando consumi una quantità minore di nutrimento per sviluppare una struttura divenuta inutile.

Cosicchè, a mio avviso, l'elezione naturale riuscirà sempre nel corso dei secoli a ridurre e risparmiare quelle parti dell'organismo che si resero superflue, senza produrre perciò corrispondentemente uno sviluppo più importante in qualche altra parte. Ed inversamente, l'elezione naturale può introdurre perfettamente questo maggiore sviluppo in un organo, senza che si richieda come compenso necessario la riduzione di qualche parte adiacente.

LE STRUTTURE MULTIPLE, RUDIMENTALI ED INFERIORI SONO VARIABILI

Pare che sia una regola, come faceva osservare Isidoro Geoffroy Saint-Hilaire, nelle varietà e nelle specie, che quando una parte o un organo è ripetuto molte volte nella struttura del medesimo individuo (come le vertebre nei serpenti e gli stami nei fiori poliandri), il numero ne è variabile; per contro se la parte o l'organo trovasi in piccolo numero, questo numero è costante. Il medesimo autore e parecchi botanici hanno inoltre notato che le parti multiple sono anche molto soggette a variazioni di struttura. Come la «ripetizione vegetativa», secondo la espressione stessa del prof. Owen, pare un segno di inferiorità organica, l'osservazione precedente conviene coll'opinione generale dei naturalisti che gli esseri inferiori nella scala della natura sono più variabili degli esseri elevati. Io presumo che l'inferiorità in questo caso consista nell'essere alcune parti dell'organizzazione meno speciali per determinate funzioni; e finchè uno stesso organo deve compiere funzioni diverse, noi possiamo forse vedere quanto esso sia variabile, cioè come l'elezione naturale possa aver conservato e rigettato ogni piccola deviazione di forma meno completamente che quando la parte deve servire solamente a una funzione determinata. Nella stessa guisa un coltello destinato a tagliare varie sorta di oggetti può prendersi di qualsivoglia forma; mentre un utensile destinato ad un uso speciale serve meglio quando sia di una forma determinata. Nè devesi dimenticare che l'elezione naturale può agire su ciascuna parte di un essere soltanto in vantaggio del medesimo.

Le parti rudimentali presentano molta tendenza a variare, secondo l'opinione di alcuni autori, che io credo fondata. Noi ritorneremo in seguito su quest'argomento; solo aggiungerò che la loro variabilità sembra debba attribuirsi alla loro inutilità, e perciò all'impotenza dell'elezione naturale di impedire le deviazioni nella loro struttura.

147

UNA PARTE SVILUPPATA IN UN GRADO E IN UN MODO STRAORDINARIO PRESSO UNA SPECIE, RISPETTO ALLA PARTE OMOLOGA DELLE SPECIE AFFINI, TENDE AD ESSERE ALTAMENTE VARIABILE

Parecchi anni fa io fui molto sorpreso da una simile osservazione, pubblicata dal Waterhouse, intorno a questo effetto. Io traggo anche da una riflessione fatta dal prof. Owen, riguardo alla lunghezza delle braccia dell'ourang-outang, ch'egli pervenne ad una conclusione consimile. Non sarebbe sperabile il convincere chicchessia della verità di questa proposizione senza appoggiarla coi molti fatti da me riuniti, e che mi è impossibile introdurre in questo luogo. Io non posso fare altro che esporre la mia convinzione che codesta è una delle regole più generali. Conosco parecchie cause che possono trarre in errore, ma spero di averne tenuto il debito conto. Si comprenderà che questa regola non può intendersi applicata ad ogni parte che sia sviluppata in una maniera straordinaria, a meno che questo sviluppo non sia anormale in confronto colla parte omologa delle specie strettamente affini. Così l'ala del pipistrello è una struttura affatto anormale nella classe dei mammiferi, ma la regola ora detta non potrebbe in questo caso applicarsi; sarebbe applicabile solo quando qualche specie di pipistrello avesse le sue ali sviluppate un modo rimarchevole in paragone alle altre specie del medesimo genere. Questa regola trova una rigorosa applicazione nel caso dei caratteri sessuali secondari, quando sono spiegati in un modo insolito. Diconsi caratteri sessuali secondari, denominazione usata da Hunter, quelli che sono propri di un solo sesso, ma che non sono direttamente collegati all'atto della riproduzione. La regola si estende ai maschi e alle femmine; ma si applica più raramente a queste, offrendo esse meno frequentemente caratteri sessuali secondari notevoli. Questa regola diviene tanto evidentemente applicabile al caso dei caratteri sessuali secondari per la grande variabilità di questi caratteri, comunque siano essi sviluppati in una maniera insolita; fatto del quale non può menomamente dubitarsi. Ma la nostra regola non si limita ai caratteri sessuali secondari, come chiaramente risulta nel caso dei cirripedi ermafroditi; posso aggiungere che mentre io studiavo quest'ordine, occupandomi particolarmente dell'osservazione del Waterhouse, rimasi pienamente convinto che essa si verifica quasi invariabilmente in questi animali. Nella mia opera futura io noterò i casi più rimarchevoli; intanto ne darò brevemente un esempio per dimostrare la regola nella sua più vasta applicazione. Le valve opercolari dei cirripedi sessili (balani) sono, nel pieno senso della parola, organi assai importanti, e differiscono assai poco anche in generi diversi, ma nelle varie specie del genere Pyrgoma, queste valve presentano un insieme sorprendente di diversificazione; le valve omologhe sono affatto dissimili nelle forme, e negli individui di parecchie specie, la somma delle variazioni è sì grande che non si esagera dicendo, esservi maggior differenza fra le varietà nei caratteri di queste importanti valve, che fra le altre specie di generi distinti.

Negli uccelli di un paese si hanno variazioni assai piccole, e perciò io li osservai particolarmente e parvemi che questo principio si applichi anche a questa classe. Io non potrei riconoscere se ciò avvenga nelle piante, il che avrebbe seriamente compromessa la mia opinione sulla verità del principio, se la grande variabilità di esse non rendesse assai difficile il paragonare i relativi loro gradi di variabilità.

Quando noi vediamo una parte o un organo sviluppato in un grado o in modo straordinario in una specie, abbiamo una presunzione plausibile che ciò sia di molto valore per essa; nondimeno la parte in tal caso è soggetta eminentemente a variare. Ora come potrebbe spiegarsi codesto fatto, considerando ogni specie come creata indipendentemente con tutte le sue parti tali quali le osserviamo? Ma se noi pensiamo che i gruppi delle specie hanno uno stipite comune e furono modificati dalla elezione naturale, credo che potremo ottenere qualche schiarimento. Se nei nostri animali domestici una parte, o l'animale intero fosse trascurato, e non si applicasse il principio di elezione, questa parte (per esempio la cresta nei polli Dorking), o tutta la razza, non avrebbe più un carattere quasi uniforme. Allora si direbbe che la razza ha degenerato. Negli organi rudimentali, e in quelli che furono resi meno speciali per uno scopo determinato, e forse nei gruppi polimorfici noi abbiamo un esempio naturale quasi parallelo; perchè in questi casi l'elezione naturale non potè esercitarsi interamente e quindi l'organismo rimase in una condizione instabile. Ma ciò che ora più particolarmente ci interessa è che nei nostri animali domestici quei caratteri, che al presente sono soggetti a rapidi cangiamenti per la continua elezione, sono anche eminentemente variabili. Infatti se consideriamo le razze dei colombi, noi vediamo quante prodigiose differenze si trovano nel becco dei giratori, nel becco e nelle barbette dei messaggeri, nel portamento e nella coda dei colombi pavoni, ecc.; e queste sono le particolarità che oggi principalmente si ricercano dai dilettanti inglesi. Anche nelle sotto-razze, come nei giratori a faccia corta, è notoria la difficoltà di riprodurli nella loro purezza, e spesso nascono individui che si allontanano completamente dal tipo. Potrebbe asserirsi che esiste una lotta costante fra la tendenza di riversione ad uno stato meno modificato e la tendenza innata di maggiori variazioni d'ogni sorta da una parte, e dall'altra col potere di una costante elezione per mantenere pura la razza. Nel corso dei tempi l'elezione rimane vittoriosa, nè potremmo attenderci di produrre da un buona razza di colombi a faccia corta un uccello come il giratore comune. Ma finchè l'elezione progredisce rapidamente, noi dovremo sempre aspettarci di trovare molta variabilità nella struttura degli organi che vanno modificandosi.

Ora ci sia permesso di ritornare alla natura. Quando una parte fu sviluppata in una maniera straordinaria presso una specie qualsiasi, in confronto delle altre specie del medesimo genere, noi possiamo inferirne che quella parte subì un insieme straordinario di modificazioni, dall'epoca in cui la specie si staccava dallo stipite comune del genere. Questo periodo è di rado molto remoto, poichè ogni specie non dura quasi mai al di là di un periodo geologico. Una quantità straordinaria di modificazioni implica una somma straordinariamente grande ed estesa di variabilità, che fu continuamente accumulata dall'elezione naturale, a benefizio della specie. Ora se la variabilità di una parte od organo straordinariamente sviluppato fu considerevole e lungamente protratta, in un periodo che non può essere eccessivamente lontano; noi dobbiamo aspettarci di trovare, in regola generale, maggiore variabilità in questa che in quelle altre parti dell'organismo che rimasero quasi costanti per un periodo più vasto. Ed io sono convinto che appunto ciò si verifica. Io non trovo alcun motivo di dubitare che la lotta fra l'elezione naturale e la tendenza alla riversione e alla variazione possa cessare nel corso dei tempi e che gli organi che sono più anormalmente sviluppati siano per conservarsi inalterati. Per conseguenza quando un organo, anche molto anormale, fu trasmesso quasi nelle stesse condizioni a molti discendenti modificati, come nel caso dell'ala del pipistrello; quell'organo deve essere esistito, secondo la mia teoria, durante un immenso periodo nel medesimo stato, e sarà quindi per tal modo divenuto meno variabile di qualunque altra struttura. Solo in questi casi, in cui le modificazioni furono comparativamente recenti e molto grandi, noi possiamo trovare quella che si direbbe variabilità generativa, capace di agire con molta efficacia. Perchè allora la variabilità non sarà stata annullata che di rado dall'elezione continua degli individui che variarono in un dato modo ed in una certa estensione, e dall'eliminazione costante di quelli che tendettero a ritornare alle primitive condizioni meno modificate.

I CARATTERI SPECIFICI SONO PIÙ VARIABILI DEI CARATTERI GENERICI

Il principio fondato sulle precedenti riflessioni può essere esteso. È cosa notoria che i caratteri specifici sono più variabili dei caratteri generici. Darò un semplice esempio per spiegare ciò che intendo dire. Se alcune specie di un genere di piante molto ricco hanno fiori turchini ed altre hanno fiori rossi, il colore non sarà che un carattere specifico, e non saremmo sorpresi di vedere la specie turchina cambiarsi in rossa e viceversa; ma se tutte le specie sono dotate di fiori turchini, il colore diventerebbe un carattere generico, e la sua variazione sarebbe una circostanza più straordinaria. Scelsi questo esempio, perchè non sarebbe applicabile al caso quella spiegazione che molti naturalisti darebbero; cioè, che i caratteri specifici sono più variabili dei generici, perchè affettano parti di minore importanza fisiologica di quelle comunemente prese per la classificazione dei generi. Questa spiegazione è vera in parte, ma solo indirettamente; del resto tornerò su questo soggetto nel capitolo della Classificazione. Sarebbe quasi superfluo aggiungere prove a conferma della precedente regola, che i caratteri specifici sono più variabili dei generici; ma io ho ripetutamente notato nelle opere di storia naturale che quando un autore ha osservato con sorpresa che qualche organo o parte importante (che generalmente sia molto costante in molti gruppi di specie) differiva assai nelle specie strettamente affini, era anche variabile negli individui di alcune di queste specie. Ciò dimostra che quando un carattere, che sia ordinariamente di una importanza generica, diminuisce ed acquista un valore soltanto specifico, spesso diventa variabile, benchè la sua importanza fisiologica possa rimanere la stessa. Considerazioni consimili possono farsi quanto alle mostruosità: almeno pare che Isidoro Geoffroy Saint-Hilaire non metta in dubbio che quanto più un organo diversifica normalmente nelle varie specie di un medesimo gruppo, tanto più soggiace ad anomalie individuali.

Se stiamo all'opinione comunemente accettata che ogni specie sia stata creata indipendentemente, come potrebbe darsi che una parte dell'organismo diversa dalla parte omologa nelle altre specie dello stesso genere, pure create indipendentemente, fosse più variabile di quelle parti che sono strettamente simili ad essa? Non saprei come potrebbe darsi una spiegazione di questo fatto. Al contrario se abbiamo l'idea che le specie non sono altro che varietà più distinte e rese stabili, noi dobbiamo certamente aspettarci di trovare che quelle parti della loro struttura che variarono in un periodo abbastanza recente e che perciò diversificarono, continueranno spesso a variare. Ma esporrò il fatto in un altro modo; - i punti nei quali tutte le specie di un genere rassomigliano fra loro e pei quali esse differiscono dalle specie di qualche altro genere, diconsi caratteri generici; io attribuisco questi caratteri comuni all'eredità di un comune progenitore; perchè raramente può essere avvenuto che la elezione naturale abbia modificato in un modo identico alcune specie adatte ad abitudini più o meno differenti. E siccome questi così detti caratteri generici furono ereditati in un periodo assai lontano, cioè fino da quell'epoca in cui le specie si separarono per la prima volta dal loro comune progenitore, e conseguentemente quando esse non avevano ancora variato e non differivano menomamente o solo in un grado insensibile, non è probabile che esse comincino a variare oggidì. D'altra parte i punti, nei quali le specie differiscono da altre specie del medesimo genere, diconsi caratteri specifici; ed avendo questi caratteri variato fino a divenire differenti nel periodo di partenza delle specie dallo stipite comune, è probabile che essi siano spesso alquanto variabili; almeno più variabili di quelle parti dell'organismo che rimasero costanti per un periodo molto lungo.

I caratteri sessuali secondari sono variabili. Debbo fare solamente due altre osservazioni, in relazione al presente argomento. Si ammetterà, senza che io entri in dettagli, che i caratteri sessuali secondari sono molto variabili e credo che inoltre si accorderà che le specie di uno stesso gruppo differiscono fra loro più ampiamente ne' loro caratteri sessuali secondari che nelle altre parti della loro organizzazione. Si confronti, per es., la somma delle differenze esistenti fra i maschi dei gallinacei, in cui i caratteri sessuali secondari sono molto spiegati, colla somma delle differenze che passano fra le femmine, e si riconoscerà la verità di questa proposizione. La cagione della variabilità originale dei caratteri sessuali secondari non è nota; ma noi possiamo comprendere per qual ragione questi caratteri non divennero costanti ed uniformi, come le altre parti dell'organizzazione. Ciò avvenne perchè i caratteri sessuali secondari furono accumulati dall'elezione sessuale, che è meno rigida nella sua azione della elezione ordinaria, mentre non cagiona la morte dei maschi men favoriti, ma soltanto diminuisce il numero dei discendenti. Qualunque sia la causa della variabilità dei caratteri sessuali secondari, l'elezione loro deve aver un largo campo d'azione per la loro grande variabilità, e può quindi prontamente produrre, nelle specie di uno stesso gruppo, un più grande insieme di differenze nei caratteri sessuali, che nelle altre parti della loro struttura.

È un fatto rimarchevole che le differenze sessuali secondarie fra i due sessi d'una stessa specie, si mostrano generalmente in quelle medesime parti dell'organizzazione, per le quali le varie specie del medesimo genere differiscono fra loro. Io chiarirò questo fatto con due esempi, i primi che s'incontrano nella mia lista; e siccome le differenze sono in questi casi di una natura molto strana, la relazione non può essere accidentale. Lo stesso numero di articolazioni nei tarsi è un carattere generalmente comune a molti vastissimi gruppi di coleotteri: ma nelle engidi, come osservava Westwood, questo numero varia assai e inoltre differisce nei due sessi della medesima specie. Così negl'imenotteri che scavano, il modo di innervazione delle ali è un carattere di altissima importanza, perchè uguale in molti gruppi; ma in certi generi l'innervazione differisce nelle varie specie, come pure nei due sessi della medesima specie. Lubbock ha notato recentemente che in alcuni piccoli crostacei si trovano eccellenti prove di questa legge. «Nella pontella, per es., i caratteri sessuali consistono principalmente nelle antenne anteriori, e nel quinto paio di gambe; le differenze specifiche sono altresì ricavate principalmente da questi organi». Questi rapporti trovano una facile spiegazione nella mia teoria. Infatti dalla ipotesi che tutte le specie di uno stesso genere sono certamente derivate dal medesimo progenitore, come i due sessi di ogni specie, ne segue che quando una parte qualsiasi della struttura del comune progenitore o de' suoi primi discendenti divenga variabile, è molto probabile che le variazioni di questa parte siano state favorite dall'elezione naturale e sessuale, sia per adattare le diverse specie ai loro posti nell'economia della natura, e sia per disporre i due sessi di una medesima specie nei loro mutui rapporti, sia per accomodare i maschi e le femmine a differenti abitudini di vita, o infine per favorire la lotta dei maschi nel disputarsi il possesso delle femmine.

Perciò io concludo che la variabilità dei caratteri specifici, cioè di quelli che distinguono una specie dall'altra, maggiore di quella dei caratteri generici, ossia di quei caratteri che le specie presentano in comune; che la frequente variabilità estrema di una parte sviluppata straordinariamente, in una specie in confronto della parte stessa nelle specie congeneri e la poca variabilità di un organo qualunque, per quanto possa essere anormalmente sviluppato, quando sia comune a un intero gruppo di specie; che la grande variabilità dei caratteri sessuali secondari e il grande insieme di differenze in questi caratteri medesimi fra le specie strettamente affini; che le differenze sessuali secondarie, o specifiche ordinarie che s'incontrano generalmente nelle stesse parti dell'organizzazione, sono tutti principii insieme collegati scambievolmente. Questi principii sono dovuti segnatamente alle seguenti cause: alla discendenza di tutte le specie di uno stesso gruppo da un comune progenitore, dal quale ereditarono tutte insieme molte particolarità; alla circostanza che quelle parti, le quali variarono recentemente ed ampiamente, sono più disposte a variare di quelle che furono ereditate senza aver subìto da lungo tempo alcuna variazione; all'elezione naturale, la quale può avere soperchiato (più o meno completamente secondo la lunghezza del tempo) la tendenza alla riversione e ad una variabilità più forte; alla elezione sessuale meno severa della elezione ordinaria; e finalmente alle variazioni accumulate nelle stesse parti dalla elezione naturale e sessuale, rendendole così più adatte a scopi sessuali secondari e specifici ordinari.

LE SPECIE DISTINTE OFFRONO VARIAZIONI ANALOGHE; E UNA VARIETÀ DI QUALCHE SPECIE ASSUME SPESSO ALCUNI DEI CARATTERI DI UNA SPECIE AFFINE, O RITORNA AD ALCUNI CARATTERI DI UN ANTICO PROGENITORE

Queste proposizioni si intenderanno facilmente se si considerano le nostre razze domestiche. Le razze più distinte dei colombi, in paesi molto lontani, presentano delle sotto-varietà fornite di penne rovesciate sul capo e munite di penne ai piedi; caratteri che non si incontrano nella specie originale del piccione torraiuolo; queste sono adunque variazioni analoghe di due o più razze distinte. La frequente presenza di quattordici sino a sedici rettrici nel colombo gozzuto può ritenersi come una variazione rappresentante la struttura normale di un'altra razza, quella del colombo pavone. Pare che non possa dubitarsi che tali variazioni analoghe siano a ciò dovute, che parecchie razze di colombi ereditarono da un progenitore comune la medesima costituzione, non che una tendenza uguale a variare sotto influenze consimili ed ignote. Nel regno vegetale noi abbiamo un caso di variazione analoga negli steli ingrossati, o in quelle che chiamansi ordinariamente radici della Rapa svedese e della Rutabaga, piante che da diversi botanici sono riguardate come varietà, derivate da una stessa specie per mezzo della coltivazione; se ciò non fosse, si avrebbe un esempio di variazioni analoghe in due così dette specie distinte; e a queste potrebbe aggiungersene una terza, cioè la rapa comune. Secondo la opinione comune, che ogni specie fu creata indipendentemente, noi dovremmo attribuire la somiglianza nell'ingrossamento degli steli di queste tre piante non già alla vera causa della discendenza da un ceppo comune, e ad una conseguente tendenza a variare in un modo consimile, ma a tre atti separati e strettamente collegati di creazione. Molti casi consimili di analoghe variazioni furono osservati dal Naudin nelle cucurbitacee, ed altri da altri autori nei nostri cereali. Di simili casi avvenuti negli insetti sotto condizioni naturali ha trattato recentemente il Walsh con molta abilità, e li ha registrati sotto la sua legge della varietà equabile.

Nei colombi inoltre noi osserviamo un'altra circostanza, vale a dire, l'accidentale produzione, in tutte le razze, di individui di colore turchino-ardesia con due righe nere sulle ali, con groppone bianco, con una fascia nera all'estremità della coda e colle penne caudali esterne munite di un orlo esterno bianco verso le loro basi. Ora tutte queste particolarità sono proprie del progenitore, cioè del colombo torraiuolo, e niuno può mettere in dubbio che questo non sia un caso di riversione, anzichè una manifestazione di nuove variazioni analoghe nelle varie razze. Noi possiamo abbracciare con tanta maggiore sicurezza codesta conclusione, in quanto che questi contrassegni, come abbiamo visto, sono eminentemente facili a ritornare nella prole incrociata di due razze distinte e dotate di colori diversi. In tal caso le condizioni esterne della vita non possono cagionare la ricomparsa del colore turchino-ardesia e degli altri caratteri, ma ciò nasce dall'influenza del solo atto dell'incrociamento sulle leggi dell'ereditabilità.

Senza dubbio è un fatto molto sorprendente quello di trovare riprodotti quei caratteri che erano stati perduti per molte generazioni e forse per centinaia di generazioni. Ma quando una razza fu incrociata una sola volta con un'altra, la prole mostra accidentalmente una tendenza di ricuperare i caratteri della razza primitiva per molte generazioni e, secondo alcuni, per una dozzina od anche una ventina di generazioni. Dopo dodici generazioni la proporzione del sangue (per usare di una espressione comune) di ogni progenitore è solo di 1 a 2048; pure, come vediamo, si crede generalmente che anche una così tenue proporzione di sangue straniero conservi la tendenza alla riversione. Al contrario, in quelle razze che non furono incrociate, ma nelle quali ambedue i progenitori perdettero alcuni caratteri propri del loro stipite, la tendenza, debole o forte che sia, di riprodurre il carattere perduto può essere trasmessa, come abbiamo notato, checchè se ne dica in contrario, per una serie quasi indefinita di generazioni. Quando un carattere, scomparso in una razza, ritorna dopo un gran numero di generazioni, l'ipotesi più probabile è che in ogni generazione successiva la prole ebbe una tendenza costante a riprodurre il carattere in questione, la quale infine, sotto condizioni favorevoli non conosciute, può prevalere; piuttosto che ammettere un'improvvisa modificazione della discendenza, coll'assumere le forme di un antenato discosto di qualche centinaio di generazioni. Per esempio, è probabile che in ogni generazione il colombo barbo, dal quale più di rado produconsi colombi turchini con fasce nere, abbia pure una tendenza continua di acquistare questo colore nelle sue penne. Io non so ravvisare una maggiore improbabilità nella tendenza di assumere un carattere ereditato dopo un numero infinito di generazioni, che nell'ammettere l'eredità, a tutti nota, di un organo affatto inutile e rudimentale. E noi possiamo osservare realmente come sia talvolta ereditata questa tendenza di produrre un rudimento.

Essendosi supposto che tutte le specie del medesimo genere siano discese da un comune progenitore, è presumibile che esse debbano variare accidentalmente in una maniera analoga; cosicchè una varietà di una specie può rassomigliare in alcuni suoi caratteri ad un'altra specie; mentre questa specie non è, secondo le mie idee, che puramente una varietà ben distinta e permanente. Ma i caratteri così ottenuti saranno probabilmente di poca importanza, perchè la presenza di tutti i caratteri importanti sarebbe governata dall'elezione naturale, in relazione alle varie abitudini delle specie; e non sarebbe abbandonata alla mutua azione delle condizioni della vita e di una consimile costituzione ereditaria. Può inoltre prevedersi che le specie di un medesimo genere offriranno accidentalmente una reversione agli antichi caratteri perduti. Però non conoscendo noi i caratteri esatti del comune antenato di un gruppo, non sapremmo distinguere questi due casi; se, ad esempio, noi non fossimo istrutti che il colombo torraiuolo non è calzato, nè incappucciato, noi non avremmo potuto decidere, se questi caratteri nelle nostre razze domestiche fossero riversioni al tipo, oppure soltanto analoghe variazioni; ma noi avremmo potuto inferire che il colore turchino è un caso di riversione, dal numero dei contrassegni che sono collegati a questo colore; dacchè non è probabile che tutti siano derivati da semplici variazioni. Più specialmente noi saremmo indotti a ciò, dal vedere come il color turchino e i contrassegni descritti si mostrino così spesso, quando si incrocino razze distinte di colori diversi. Quindi, benchè in natura debba generalmente rimanere dubbio quali caratteri siano a considerarsi come riversioni a quelli che anticamente esistettero, e quali siano variazioni nuove, ma analoghe; nondimeno noi dobbiamo talvolta trovare, secondo la mia teoria, che la discendenza variabile di una specie assuma dei caratteri (sia per riversione, sia per variazioni analoghe), che già s'incontrano in alcuni altri membri del medesimo gruppo. Ciò avviene indubitatamente nello stato di natura.

Una gran parte della difficoltà che si presenta nelle nostre opere sistematiche nel riconoscere una specie variabile, devesi alle varietà di essa, le quali imitano, per così dire, alcune varietà delle altre specie del medesimo genere. Potrebbe infatti formarsi un catalogo considerevole di forme intermedie ad altre due, che sarebbe incerto se appartengano a varietà od a specie; ciò prova che una di queste forme, variando, assunse alcuni caratteri di un'altra, dando per tal modo origine ad una forma intermedia; a meno che tutte codeste forme non siano considerate come altrettante specie create indipendentemente. Ma il migliore argomento è fornito dalle accidentali variazioni delle parti o degli organi importanti ed uniformi, fino ad acquistare, in qualche modo, il carattere delle stesse parti od organi nelle specie affini. Io ho raccolto molti di questi fatti, che pur troppo non posso qui pubblicare. Solo posso ripetere che questi casi certamente avvengono e mi sembrano molto rimarchevoli.

Darò tuttavia un esempio curioso e complesso, il quale non si manifesta sopra un carattere importante, ma che si rinviene in parecchie specie di uno stesso genere, in parte allo stato di domesticità, in parte allo stato naturale. E ciò è, a quanto pare, un caso di riversione. L'asino porta spesso delle fasce trasversali molto marcate sulle sue gambe, simili a quelle delle gambe della zebra; si è asserito che queste fasce sono più distinte nei puledri, e per le ricerche da me fatte credo che ciò sussista. Si disse inoltre che la striscia di ciascuna spalla qualche volta sia doppia. Questa striscia è certo molto variabile in lunghezza e direzione. È stato descritto un asino bianco, il quale però non era albino, mancante della striscia dorsale e di quelle delle spalle; e queste strisce sono talvolta poco discernibili, od anche affatto perdute, negli asini di colore oscuro. Pretende alcuno di aver osservato il koulan di Pallas con doppia striscia alla spalla. L'emione ne è privo; ma talvolta ne presenta qualche traccia, come dimostrarono Blyth ed altri naturalisti. Il colonnello Poole mi ha poi raccontato che i puledri di questa specie sono generalmente rigati alle gambe e leggermente anche sulla spalla. Il quagga, benchè abbia il suo corpo rigato come una zebra, non ha alcuna riga alle gambe; ma il dott. Gray ha disegnato un individuo fornito di righe distintissime alle gambe.

Io ho notato parecchi casi di cavalli inglesi delle razze più distinte e di qualunque colore, che presentano la striscia dorsale; così le righe trasversali alle gambe non sono rare nei cavalli stornelli e grigi: e ne abbiamo un esempio anche nel cavallo castagno; così nei cavalli grigi può trovarsi talvolta la riga sulla spalla, ed io ne vidi una traccia sopra un cavallo baio. Mio figlio esaminò accuratamente e disegnò per me un cavallo grigio belga da tiro, che aveva una doppia riga ad ogni spalla e le gambe rigate; io stesso ho veduto un pony grigio del Devonshire, e mi è stato descritto un piccolo pony brettone, ambidue dotati di tre righe parallele ad ogni spalla

Nel paese al N. O. dell'India la razza dei cavalli Kattywar è rigata tanto generalmente, che, da quanto mi disse il colonnello Poole, incaricato dal Governo delle Indie di esaminarla, un cavallo senza righe non si considera come di razza pura. Il dorso è sempre rigato; le gambe sono generalmente listate; e la fascia della spalla, talvolta doppia e tripla, è comune; anche la parte laterale della faccia presenta qualche volta delle rigature. Le righe sono spesso più apparenti nel puledro, e talvolta scompariscono affatto nei cavalli vecchi. Il colonnello Poole ha osservato dei puledri rigati Kattywat grigi e bai. Ho anche motivo di ritenere, dietro le in formazioni avute da W. W. Edwards, che nelle razze inglesi la linea dorsale sia più comune ai puledri che ai cavalli pienamente sviluppati. Io ho allevato recentemente un puledro di una cavalla castagna (figlia di uno stallone turcomanno e di una cavalla fiamminga) e di uno stallone da corsa inglese castagno; questo puledro, all'età di una settimana, era fornito ai quarti posteriori e sul davanti della testa di numerose e assai strette fasce oscure a guisa di zebra, e possedeva tali fasce più deboli anche alle gambe; tutte quelle fasce scomparvero ben tosto interamente. Senza entrare qui in maggiori dettagli, posso assicurare che furono da me riuniti molti esempi di cavalli delle razze più differenti colle gambe e le spalle rigate, in diversi paesi dell'Inghilterra fino alla Cina orientale, e dalla Norvegia settentrionale all'Arcipelago Malese nel Sud. In tutte le parti del mondo queste rigature si manifestano([4]) più spesso nei cavalli grigi e stornelli; ma il termine grigio include una grande gradazione di tinte, dal grigio bruno e dal nero fino al colore che più si approssima alla tinta del pastello.

Il colonnello Hamilton Smith, che ha scritto su questo argomento, ritiene che le diverse razze cavalline derivino da alcune specie originali, una delle quali, cioè il cavallo grigio-scuro, era rigata; e che tutte le particolarità sopraddette siano dovute ad antichi incrociamenti col tipo grigio. Ma questa teoria non mi appaga, e non saprei come applicarla a razze tanto diverse, some il pesante cavallo da tiro del Belgio, i pony di Bretagna, i cavalli di Norvegia, la razza agile Kattywar, ecc. che trovansi nelle parti più distanti del mondo.

Ora ci sia permesso di considerare gli effetti dell'incrociamento delle varie specie del genere cavallo. Rollin asserisce che il mulo comune, proveniente dall'asino e dal cavallo, è particolarmente segnato di righe nelle sue gambe: secondo il Gosse in certi luoghi degli Stati Uniti circa nove muli su dieci hanno le gambe rigate. Una volta io osservai un mulo siffattamente rigato nelle gambe, che sulle prime ognuno avrebbe pensato che derivasse da una zebra; e W. C. Martin, nel suo stupendo trattato del cavallo, ha dato la figura di un mulo simile. In quattro disegni colorati di ibridi fra l'asino e la zebra, ho notato che le gambe erano molto più rigate del rimanente del corpo e in uno di essi si osservavano le doppie righe alla spalla. Il famoso ibrido di lord Morton, proveniente da una cavalla castagna e da un quagga maschio, aveva sulle gambe delle fasce più pronunciate di quelle del quagga puro; e così anche la prole della medesima cavalla con uno stallone arabo nero. Recentemente si è notato un fatto molto rimarchevole, cioè l'ibrido prodotto dall'accoppiamento dell'asino coll'emione; questo ibrido venne disegnato dal dott. Gray, il quale mi fece noto, essersi verificato un altro caso. Esso aveva le quattro gambe rigate e tre corte fasce sulle spalle, simili a quelle del cavallo grigio del Devonshire e del pony brettone; benchè l'asino abbia di rado le righe sulle gambe e l'emione non ne abbia alcuna, neppure sulle spalle, e inoltre aveva alcune righe ai lati della faccia come la zebra. Riguardo a quest'ultimo fatto, io ero tanto convinto che quelle rigature non derivavano da ciò che comunemente si dice il caso, che la sola presenza delle strisce nella faccia di quest'ibrido, prodotto dall'asino e dall'emione, mi indusse a chiedere al colonnello Poole se questi segni si incontrano nei cavalli Kattywar che sono molto rigati, e la risposta, come vedemmo, fu affermativa.

Che cosa diremo di questi fatti? Noi vediamo parecchie specie distinte del genere cavallo che divengono, per semplice variazione, rigate nelle gambe come la zebra, o sulle spalle come l'asino. Nel cavallo noi troviamo questa forte tendenza, ogni qualvolta si presenta la tinta grigia, la quale si avvicina di più al colore generale delle altre specie del genere. La presenza delle righe non è accompagnata da alcun mutamento di forma, nè da alcun altro carattere nuovo. Noi osserviamo che questa tendenza a divenire rigati è più fortemente spiegata negli ibridi derivanti da alcune fra le specie più distinte. Abbiamo notato il caso di alcune razze di colombi: esse derivarono da un colombo turchiniccio (comprensivamente a due o tre sotto-specie o razze geografiche), dotato di certe fasce ed altre particolarità; e quando una razza assume, per mezzo di semplici variazioni, una tinta turchina, queste fasce e gli altri contrassegni ritornano invariabilmente, ma senza che si verifichi alcun cambiamento di forma o di carattere. Quando si incrociano le razze più antiche e più pure di vari colori, noi troviamo nei meticci una tendenza particolare a ricuperare quel colore, colle fasce e cogli altri segni. L'ipotesi più probabile, per render conto della riapparizione di caratteri molto antichi, consiste nella tendenza, che si manifesta nei giovani di ogni successiva generazione, di riprodurre un carattere perduto da lungo tempo; tendenza che talvolta prevale per cause ignote. Infatti noi vedemmo che in alcune specie del genere cavallo le rigature sono più marcate, od anche si trovano più comunemente nei puledri che negli adulti. Si chiamino specie quelle razze di colombi che si moltiplicarono inalterate per secoli; questo caso non è forse esattamente parallelo a quello delle specie del genere cavallo? Quanto a me, risalendo migliaia e migliaia di generazioni, veggo in un animale rigato come la zebra, ma forse per altri rapporti di una struttura molto diversa, il comune progenitore del nostro cavallo domestico sia poi esso derivato o no da un solo o da parecchi stipiti selvaggi([5]) dell'asino, dell'emione, del quagga o della zebra.

Nell'ipotesi che ogni specie equina sia stata creata indipendentemente, io presumo debba affermarsi che ogni specie fu creata con una certa tendenza a variare, vuoi allo stato di natura, vuoi allo stato domestico, in un modo particolare; cosicchè spesso divenga rigata a guisa delle altre specie del genere; e che inoltre ciascuna specie venne creata con una forte tendenza a produrre ibridi rassomiglianti nelle loro rigature alle altre specie del genere, anzi che ai loro propri parenti, quando questi siano incrociati con altre specie abitanti in località del globo molto lontane. Mi sembra che, adottando queste idee, si sostituirebbe ad una causa reale una causa insussistente, o almeno ignota. Ciò sarebbe fare delle opere di Dio una mera derisione, un inganno; sarebbe quasi un credere cogli antichi ed ignoranti cosmogonisti che i molluschi fossili non hanno mai vissuto, ma furono creati nella roccia per imitazione di quelli che ora sono viventi sulle coste del mare.

SOMMARIO

La nostra ignoranza sulle leggi della variazione è profonda. Noi non possiamo pretendere di trovare, in un solo caso sopra cento, il motivo, per cui questa o quell'altra parte differisca più o meno dallo stesso organo dei progenitori. Ma quando anche noi abbiamo i mezzi di istituire un confronto, pare che le medesime leggi governino la produzione delle differenze esistenti fra le varietà di una specie e delle differenze più grandi esistenti fra le specie di un medesimo genere. Alcune piccole modificazioni possono essere derivate dalle condizioni esterne della vita, come dal clima, dal nutrimento, ecc. L'abitudine poi sembra sia stata assai più efficace ne' suoi effetti col produrre differenze costituzionali, come l'uso col rinforzare gli organi e il non uso coll'indebolirli e col diminuirli. Le parti omologhe tendono a variare nella stessa maniera e contemporaneamente. Le modificazioni avvenute nelle parti dure e nelle esterne, talvolta agiscono sulle parti molli e sulle interne. Quando un organo è molto sviluppato, tende forse ad assorbire il nutrimento delle parti vicine; ed ogni parte dell'organizzazione, la quale possa risparmiarsi senza danno dell'individuo, sarà eliminata. Le modificazioni di struttura dell'età giovanile generalmente influiranno sulle parti che si sviluppano posteriormente; esistono inoltre molte altre correlazioni di sviluppo, la natura delle quali ci è assolutamente incomprensibile. Le parti multiple sono variabili di numero e di struttura, forse perchè esse non furono strettamente destinate ad un ufficio speciale, in ogni funzione determinata; per modo che le loro mutazioni non furono impedite rigorosamente dall'elezione naturale. Egli è probabilmente per questa stessa causa che gli esseri organici inferiori nella scala naturale siano più variabili di quelli che hanno tutto il loro organismo conformato a funzioni più distinte e sono più elevati nella scala animale. Gli organi rudimentali non saranno perfezionati dall'elezione naturale, perchè inutili, e perciò sono probabilmente variabili. I caratteri specifici - cioè quei caratteri che giunsero a differire, dacchè le varie specie del medesimo genere si staccarono dal comune progenitore - sono più variabili dei caratteri generici, cioè di quelli che furono ereditati da lungo tempo e che non diversificarono durante il medesimo periodo.

Nelle osservazioni che precedono noi abbiamo inteso parlare di quelle parti speciali od organi che rimasero variabili, perchè infatti variarono recentemente e così poterono differire; ma vedemmo altresì nel secondo capo che lo stesso principio si applica all'intero individuo; perchè in quel distretto in cui trovansi molte specie di un genere - cioè, dove esse ebbero a presentare maggiori e più antiche variazioni e differenze, oppure dove la formazione di novelle forme specifiche fu operata più attivamente - in tale distretto e presso queste specie noi troveremo in media un numero maggiore di varietà. I caratteri sessuali secondari sono altamente variabili, e questi caratteri sono più differenti nelle specie appartenenti ad un medesimo gruppo. La variabilità delle stesse parti dell'organizzazione ha generalmente favorito la produzione delle differenze sessuali secondarie nei sessi di una specie, e delle differenze specifiche nelle varie specie un genere. Ogni parte od organo sviluppato in dimensioni straordinarie od in una maniera stravagante, rispetto alla medesima parte od organo nelle specie affini, deve essere passata per una serie straordinaria di modificazioni, dopo la formazione del genere; quindi noi siamo in grado di comprendere, perchè spesso quella parte sia assai più variabile delle altre; perchè il processo di variazione è lento e lungamente continuato, e l'elezione naturale in questi casi non ebbe il tempo di vincere la tendenza alla variabilità ulteriore e alla riversione verso uno stato meno modificato. Ma quando una specie, fornita di un organo eccezionalmente sviluppato, è divenuta madre di molti discendenti modificati (processo che, secondo le mie idee, dev'essere lentissimo e richiedere un lungo lasso di tempo), in tal caso l'elezione naturale può facilmente essere riuscita a dare un carattere fisso all'organo, per quanto anormale possa essere lo sviluppo di esso. Quelle specie che hanno ereditato una costituzione quasi identica dal loro comune progenitore e che si trovano sotto le medesime influenze tenderanno a presentare variazioni analoghe, e potranno accidentalmente ripigliare alcuni caratteri dei loro antenati. Quantunque le riversioni e le variazioni analoghe non possano dar luogo a nuove ed importanti modificazioni, queste modificazioni accresceranno tuttavia la bellezza e la varietà armonizzante della natura.

Qualunque sia la causa della prima leggera differenza tra i genitori e la prole, e una causa deve certamente esistere, può affermarsi, che solamente la continua accumulazione di queste benefiche differenze abbia prodotto le più notevoli modificazioni di struttura in relazione alle abitudini di vita di ciascuna specie.

CAPO VI

Difficoltà contro la teoria della discendenza con modificazioni - Assenza o rarità delle varietà intermedie - Transizioni nelle abitudini della vita - Abitudini diverse nella stessa specie - Specie dotate di abitudini affatto differenti da quelle delle specie affini - Organi di estrema perfezione - Mezzi di transizione - Casi difficili - Natura non facit saltum - Organi di poca importanza - Organi non sempre assolutamente perfetti - Le leggi dell'Unità di tipo e delle Condizioni d'esistenza sono comprese nella teoria dell'Elezione naturale.

Anche prima di giungere a questo punto della mia opera, molte difficoltà si saranno affollate nella mente del lettore. Alcune di esse sono tanto serie, che fin qui non potei rifletervi senza rimanere colpito dalla loro importanza; ma per quanto so giudicarne, in gran parte sono soltanto apparenti, e quelle che sono fondate non sono, a mio avviso, fatali alla mia teoria.

Queste difficoltà od obbiezioni ponno classificarsi nei seguenti capi: - Primieramente, se le specie derivano da altre specie, per mezzo di gradazioni insensibili, perchè non vediamo noi dappertutto innumerevoli forme transitorie? Perchè tutta la natura non è confusa, mentre al contrario le specie sono, come noi sappiamo, ben definite?

Secondariamente, è forse possibile che un animale della struttura, per esempio, e delle abitudini di un pipistrello, possa essere stato formato col mezzo di modificazioni di qualche animale dotato di abitudini e di struttura interamente diverse? Abbiamo noi a ritenere che l'elezione naturale possa produrre, da una parte organi di così debole importanza, come la coda della giraffa che serve a guisa di cacciamosche, dall'altra parte organi di una struttura tanto portentosa, come l'occhio, del quale noi possiamo appena conoscere la perfezione meravigliosa?

In terzo luogo, potrebbero gl'istinti acquistarsi o modificarsi per mezzo della elezione naturale? Quale istinto possiamo noi addurre più meraviglioso di quello che conduce le api a fabbricarsi le loro celle, che praticamente hanno preceduto le scoperte di profondi matematici?

In quarto luogo, come puossi spiegare per qual ragione le specie, quando siano incrociate, rimangano sterili e generino una prole sterile; mentre, quando si incrocino le varietà, la loro fecondità resta inalterata?

Discuteremo qui i due primi punti, diverse altre obiezioni negli altri capitoli, e tratteremo nei due capitoli che seguono il presente dell'istinto e dell'ibridismo.

SULL'ASSENZA O RARITÀ DELLE VARIETÀ TRANSITORIE

L'elezione naturale agendo solamente per la conservazione delle modificazioni profittevoli, ogni nuova forma, in un paese completamente abitato, tenderà a prendere il posto dei suoi propri parenti meno perfezionati o delle altre forme meno favorite, colle quali entra in lotta e cercherà infine di esterminarle. Così l'estinzione e la naturale elezione andranno di pari passo, come abbiamo dichiarato. Quindi se noi consideriamo che ogni specie sia derivata da qualche altra forma sconosciuta, ambi i progenitori e tutte le varietà transitorie saranno state generalmente esterminate, in conseguenza del processo di formazione e di perfezionamento della nuova forma.

Ma se dietro questa teoria debbono essere esistite innumerevoli forme transitorie, perchè non le troviamo noi sepolte nella crosta del globo in un numero indefinito? Sarà molto più conveniente sviluppare tale questione nel capo sulla imperfezione dei documenti geologici; qui non dirò altro, che credo tali documenti siano incomparabilmente meno perfetti, di quello che in generale si suppone. La crosta del globo è un vasto museo; ma le collezioni naturali ch'essa contiene furono formate ad intervalli di tempo immensamente lontani.

Ma quando parecchie specie strettamente affini abitano nello stesso territorio, può assicurarsi che oggidì noi troveremo molte forme transitorie. Prendiamo un caso semplice. Nel viaggiare dal nord al sud sopra un Continente, noi generalmente incontreremo ad intervalli successivi alcune specie molto affini o rappresentative, le quali evidentemente occupano un posto quasi identico nella naturale economia del Paese. Queste specie rappresentative spesso si mescolano e si confondono; di mano in mano che una diviene più scarsa, l'altra si accresce sempre più, cosicchè in fine la seconda rimpiazza la prima. Ma se si paragonino queste specie nei luoghi in cui sono frammiste, esse sono in generale assolutamente distinte fra loro, in tutti i dettagli della struttura, come gli individui presi nel centro della nativa contrada. Secondo la mia teoria, queste specie affini sono derivate da un parente comune; e, durante il processo di modificazione, ognuna di esse si uniformò alle condizioni di vita della propria regione, e succedette ai progenitori originali estinguendoli; come pure distrusse tutte le varietà transitorie fra il suo stato antico e il suo stato attuale. Quindi noi non avremo da aspettarci che possano presentemente trovarsi numerose varietà transitorie in ogni regione, benchè queste debbano esservi esistite e possano esservi sepolte nella condizione di fossili. Ma nella regione intermedia, nella quale si hanno anche condizioni di vita intermedie, perchè non troveremo oggi quelle varietà intermedie che collegano fra loro le altre forme? Questa difficoltà mi confuse per lungo tempo; ma credo che possa in gran parte appianarsi.

In primo luogo, noi dovremo essere estremamente cauti nell'inferire che un paese sia stato continuo, per un lungo periodo, dal trovarlo continuo ai nostri giorni. La geologia ci insegnerà al contrario che quasi tutti i Continenti erano spezzati in tante isole, negli ultimi periodi terziari; ora, in queste isole possono essersi formate separatamente specie distinte, senza che fosse in alcun modo possibile l'esistenza di varietà intermedie in zone intermedie. Pei cangiamenti nella forma del Paese e nel clima, le superfici del mare, che ora sono continue, debbono essere state recentemente in una condizione uniforme e diversa da quella in cui al presente si trovano. Ma non voglio continuare in questa via, onde sottrarmi alla difficoltà; perchè io credo che molte specie perfettamente definite sieno state formate sopra vaste superfici, non interrotte menomamente; quantunque io non dubiti che l'antico stato di interruzione e di frastagliamento delle aree, oggi continue, avesse un importante ufficio nella formazione delle specie nuove, e più specialmente fra gli animali vaganti e che liberamente s'incrociano.

Se si consideri come attualmente sono distribuite le specie sopra una vasta regione, noi le troviamo generalmente numerose sopra una certa estensione del territorio; indi le vediamo diminuire d'improvviso, quanto più ci accostiamo ai confini, e infine non ne rimane alcuna traccia. Quindi il territorio neutrale fra due specie rappresentative è in generale ristretto in confronto del territorio proprio di ciascuna di esse. Noi siamo testimoni del medesimo fatto, ascendendo i monti, ed è notevole come le specie alpine comuni repentinamente scompariscano, locchè risulta anche dalle

---

osservazioni di Alfonso De Candolle. Il medesimo fatto fu rilevato da E. Forbes nello scandagliare la profondità del mare con la sonda. Questi fatti debbono recare qualche sorpresa a coloro che riguardano il clima e le condizioni fisiche della vita come gli elementi più importanti di distribuzione, perchè il clima e l'altezza o la profondità variano per gradi insensibilmente. Ma quando noi richiamiamo alla mente che quasi tutte le specie, anche nella loro metropoli, crescerebbero immensamente di numero, ove non avvenisse la lotta colle altre specie; che quasi tutte o predano le altre, o rimangono preda di esse; in breve, che ogni essere organico è collegato direttamente o indirettamente in un modo molto importante cogli altri esseri organici; noi dobbiamo ammettere che la distribuzione degli abitanti di ogni paese non può dipendere esclusivamente dai cambiamenti insensibili delle condizioni fisiche, ma in massima parte dalla presenza di altre specie che loro sono indispensabili, le quali, o ne cagioneranno la distruzione, o entreranno in lotta con essi; e siccome queste specie sono ormai ben distinte, e non passano insensibilmente l'una nell'altra, la distribuzione di una specie, che appunto dipende da quella delle altre, deve tendere ad una retta demarcazione. Inoltre ogni specie, sui confini della sua contrada, ove esiste in minor quantità, deve andar soggetta alla completa distruzione per le variazioni nel numero de' suoi nemici o degli animali che sono sua preda, od anche per le stagioni; e così la sua posizione geografica deve essere vieppiù profondamente marcata.

Se è vero che le specie affini o rappresentative, quando abitano una superficie continua, sono generalmente distribuite in modo che ognuna di esse occupa una vasta estensione, frapponendosi un territorio neutrale comparativamente ristretto in cui essa diviene continuamente più scarsa; allora, siccome le varietà non differiscono essenzialmente dalle specie, la stessa regola si applicherà probabilmente ad ambedue. Se noi immaginiamo che una specie variabile si sia adattata ad una regione molto vasta, si dovrà concedere ancora che due varietà si siano uniformate a due paesi grandi ed una terza varietà si sia stabilita in una ristretta zona intermedia. Per conseguenza la varietà intermedia sarà più scarsa di numero, occupando un'area minore e più ristretta; praticamente poi questa regola, per quanto potei osservare, si estende alle varietà nello stato naturale. Io ho incontrato delle rigorose applicazioni di codesta regola nelle varietà intermedie fra altre varietà ben distinte del genere Balanus. Risulterebbe altresì dalle informazioni fornitemi dal

Watson, dal dott. Asa Gray, e dal Wollaston, che generalmente, quando si trovano delle varietà intermedie fra altre due forme, esse sono più scarse in numero delle forme correlative. Ora, se noi possiamo accertare questi fatti e queste deduzioni e quindi concludere che le varietà, le quali collegano fra loro altre due varietà, sono esistite generalmente in minor numero che le forme collegate; allora io credo che noi possiamo comprendere per qual motivo le varietà intermedie non debbano durare per lunghi periodi; e come, in regola generale, abbiano a rimanere distrutte ed a scomparire più presto di quelle forme, alle quali dapprima servivano di legame intermedio.

Perchè ogni forma esistente in piccolo numero deve correre, come altrove si disse, una maggiore probabilità di essere sterminata di quello che una forma molto numerosa; in questo caso speciale, la forma intermedia sarà soggetta eminentemente alle irruzioni delle forme strettamente affini esistenti lateralmente. Ma havvi una considerazione più importante, secondo me, vale a dire che, durante il processo di ulteriori modificazioni, per mezzo del quale due varietà si perfezionano e si trasformano in due specie distinte, come viene supposto nella mia teoria, quelle che non sono molto numerose, abitando un Paese vasto, avranno un grande vantaggio sopra la varietà intermedia, esistente in piccolo numero nella zona intermedia e ristretta. Perchè le forme esistenti in gran numero avranno sempre una maggiore probabilità di presentare, in un periodo determinato, diverse variazioni favorevoli, sulle quali possa esercitarsi l'elezione naturale, piuttosto che le forme scarse che esistono in minor numero. Quindi nella lotta per la vita le forme più comuni tenderanno a battere e soppiantare le forme meno comuni; mentre queste saranno più lentamente modificate e perfezionate. Credo che questo stesso principio spieghi per qual ragione le specie comuni d'ogni paese, come fu dimostrato nel capo secondo, presentino in media più varietà ben distinte che le specie più rare. Io posso chiarir meglio il mio concetto, supponendo che si abbiano tre varietà di pecore, la prima adatta ad una estesa regione montuosa, la seconda ad una collina relativamente ristretta, e la terza ad una vasta pianura alla base del colle. Posto che tutti gli abitanti di questo paese si sforzino, con eguale costanza ed abilità, di migliorare il loro gregge per mezzo della elezione; in tal caso, le sorti saranno assai più favorevoli ai grandi possessori della montagna o della pianura, i quali perfezioneranno le loro razze più rapidamente che i piccoli proprietari della ristretta zona di colli intermedia; e quindi la razza perfezionata di montagna o di pianura prenderà sollecitamente il posto della meno perfezionata del colle; e così le due razze, che in origine esistevano in numero maggiore, verranno in stretto contatto fra loro, senza l'interposizione della intermedia varietà del colle, che fu soppiantata.

Insomma, io credo che le specie divengano oggetti abbastanza ben marcati e definiti, in modo da non offrire in qualsiasi periodo un caos inestricabile di forme variabili, ed intermedie: primieramente perchè le nuove varietà sono formate con estrema lentezza, essendo lentissimo il processo delle variazioni, e l'elezione naturale non può agire fintanto che non si presentino variazioni favorevoli, e finchè nella naturale economia della regione non siavi un posto che possa occuparsi più vantaggiosamente, per qualche modificazione avvenuta in uno, o in parecchi abitanti. Ora questi nuovi posti dipenderanno dagli insensibili cambiamenti del clima, o dall'accidentale immigrazione di nuovi abitanti, e probabilmente, in un grado ben più importante, dalle lente modificazioni di alcuni degli antichi abitanti; mentre le nuove forme così prodotte e le antiche agiranno e reagiranno scambievolmente le une sulle altre. Per modo che in ogni regione e in ogni tempo noi non troveremo che poche specie, le quali offrano piccole modificazioni di struttura, alcun poco permanenti; e certamente questo è ciò che vediamo.

In secondo luogo, le superfici che oggi sono continue debbono in periodi recenti essersi trovate interrotte in porzioni isolate, in cui molte forme, specialmente in quelle classi d'animali che si accoppiano per ogni parto e sono molto vaganti, possono essere divenute separatamente abbastanza distinte, da considerarsi come specie rappresentative. In questo caso le qualità intermedie fra le varie specie rappresentative e il loro stipite comune, devono ritenersi come anticamente esistenti in ogni porzione interrotta del paese; ma questi anelli di congiunzione saranno stati sopraffatti ed esterminati durante il processo di elezione naturale, così che non trovansi più allo stato vivente.

In terzo luogo, allorchè due o più varietà vennero formate in porzioni differenti di una superficie continua, le varietà intermedie saranno state probabilmente nelle zone intermedie, ma avranno avuto in generale una breve durata. Perchè queste varietà intermedie esistettero nelle zone intermedie in minor numero di quelle varietà che esse tendono a connettere, e ciò per ragioni altrove dichiarate (cioè da quanto noi conosciamo intorno all'attuale distribuzione delle specie strettamente affini o rappresentative, come pure delle varietà note). Per questa sola causa le varietà intermedie saranno soggette alla distruzione accidentale; e durante il processo, di successive modificazioni mediante l'elezione naturale, esse saranno quasi certamente battute e soverchiate dalle forme che esse collegano; dappoichè queste, esistendo in un numero più grande, presenteranno, nell'insieme, variazioni maggiori, e così saranno vieppiù perfezionate col mezzo della elezione naturale, e guadagneranno maggiori vantaggi.

Da ultimo, pensando all'intero corso dei tempi, anzichè a un'epoca particolare, se la mia teoria è fondata, esistettero sicuramente infinite varietà intermedie, che collegarono strettamente fra loro tutte le specie di un medesimo gruppo; ma il processo di elezione naturale tende continuamente, come spesso notammo, a distruggere le madri-forme e gli anelli intermedi. Perciò la dimostrazione della loro antica esistenza può solo trovarsi negli avanzi fossili che furono preservati, come noi cercheremo dimostrare in uno dei capi seguenti con memorie estremamente imperfette ed intermittenti.

SULL'ORIGINE E SULLE TRANSIZIONI DEGLI ESSERI ORGANICI DOTATI DI PARTICOLARI ABITUDINI E STRUTTURE

Si è chiesto dagli oppositori della nostra dottrina in che modo, per esempio, un animale carnivoro terrestre possa essere stato trasformato in animale acquatico: come può infatti un animale aver continuato ad esistere nel suo stato transitorio? Sarebbe facile dimostrare che nel medesimo gruppo esistono animali carnivori che posseggono ogni gradazione intermedia fra le abitudini veramente acquatiche e quelle puramente terrestri; ora, siccome ognuno esiste in seguito alla lotta per la vita, è chiaro che deve essere anche bene adatto nelle sue abitudini alla propria dimora nella natura. Prendiamo la Mustela vison dell'America settentrionale, che ha i piedi palmati e rassomiglia alla lontra nel suo pelo, nelle sue gambe corte, e nella forma della coda; nell'estate quest'animale si tuffa nell'acqua e si nutre di pesce, ma durante il lungo inverno abbandona le acque gelate e coglie, come gli altri gatti del polo, i sorci ed altri animali terrestri. Se si fosse scelto un altro caso e si fosse domandato, come un mammifero insettivoro possa cambiarsi in pipistrello volante, la questione sarebbe stata assai più difficile, e non avrei saputo dare alcuna risposta. Tuttavia credo che queste obbiezioni non abbiano molto peso.

In questo luogo, come in altre occasioni, io soggiaccio un grave svantaggio, perchè, tra i moltissimi fatti da me raccolti, io non posso dare che uno o due esempi di abitudini e strutture transitorie di specie strettamente affini di uno stesso genere; e di abitudini diverse costanti od accidentali in una medesima specie. Mi sembra però che una lunga lista di questi fatti basterebbe a scemare la difficoltà di ogni caso speciale, analogo a quello del pipistrello.

Consideriamo intanto la famiglia degli scoiattoli; noi abbiamo in essa la più regolare gradazione dagli individui che hanno la coda leggermente appianata, e da quelli che, come osservò J. Richardson, hanno la parte posteriore del loro corpo alquanto più larga, e la pelle dei loro fianchi più sviluppata, fino a quelli scoiattoli che si dicono volanti. Questi scoiattoli volanti hanno le loro membra ed anche la base della coda riunite per mezzo di una larga espansione della pelle, la quale serve loro di paracadute e permette ai medesimi di sostenersi nell'aria, per saltare da un albero all'altro, ad una distanza prodigiosa. Noi non possiamo mettere in dubbio che ogni struttura speciale sia utile a ciascuna razza di scoiattoli nel loro paese nativo, per renderli più agili ad evitare gli uccelli rapaci o le belve, o anche per facilitare ad essi la provvista dell'alimento, o infine per diminuire il pericolo di accidentali cadute, come può con ragione supporsi. Ma non deve da questo fatto scaturire la conseguenza ch'ogni scoiattolo sia dotato della struttura migliore che sia possibile immaginare, sotto tutte le condizioni naturali. Poniamo che il clima e la vegetazione si mutino, poniamo che altri roditori antagonisti, o nuovi animali rapaci, si introducano, oppure che alcuni fra gli antichi animali si modifichino, e tutta l'analogia ci trarrà nell'opinione che fra gli scoiattoli almeno alcuni diminuiranno di numero o rimarranno estinti, quando non finiscano anch'essi per subire modificazioni e perfezionamenti di struttura in un modo corrispondente. Perciò io non posso vedere alcuna difficoltà, specialmente sotto condizioni di vita mutabili, nella continua preservazione di individui dotati di membrane ai fianchi sempre più sviluppate e complete, ogni modificazione essendo utile in tal caso, e trasmessa per eredità fino al punto in cui, per gli effetti accumulati di codesto eccesso di elezione naturale, si sia formato uno scoiattolo volante.

Ora portiamo la nostra attenzione sul galeopiteco, o lemuro volante, che un tempo venne falsamente classificato fra i pipistrelli. Egli possiede una larga membrana ai fianchi, la quale si estende dagli angoli della mascella fino alla coda e racchiude le estremità e le dita allungate: tale membrana è fornita di un muscolo estensore. Benchè al presente non si rinvengano legami graduali di tale struttura, tra gli altri lemuri e il galeopiteco, nondimeno io non trovo strano il supporre che anticamente questi legami esistessero e che ognuno di essi apparisse colla stessa gradazione che si osserva nel caso degli scoiattoli comuni e degli scoiattoli volanti; poichè ogni fase di miglioramento di struttura in questa direzione fu sempre utile all'individuo. Io non trovo inoltre alcuna difficoltà insuperabile nel supporre che nel galeopiteco sia avvenuto gradatamente l'allungamento dello avambraccio e delle dita, fra le quali si estende la membrana, per mezzo della elezione naturale; e ciò non sarebbe che una trasformazione di questo lemuro in pipistrello, almeno per quanto riguarda gli organi del volo. Nei pipistrelli, che hanno la membrana delle ali dal vertice della spalla alla coda, incluse le gambe posteriori, noi vediamo forse le tracce di un apparato in origine destinato piuttosto ad aiutare l'animale nell'attraversare l'aria fra due punti non molto discosti, anzi che costituito per il volo.

Se circa una dozzina di uccelli fossero rimasti estinti o non conosciuti, chi avrebbe potuto avventurarsi a congetture che possono esservi stati uccelli, i quali impiegassero le loro ali semplicemente a guisa di spatole, per svolazzare alla superficie dell'acqua come l'anitra stupida (Micropterus di Eyton), oppure servendosene di natatoie nell'acqua e di estremità anteriori sulla terra, come il pinguino; a guisa di vele come lo struzzo per facilitare la corsa; ed anche per nessuna funzione come l'apterice? Eppure la struttura di ognuno di questi uccelli è buona per lui, nelle condizioni di vita, alle quali trovasi esposto, e nelle quali deve lottare per la sua esistenza; ma quella struttura non è necessariamente la migliore possibile, in tutte le condizioni possibili. Da queste osservazioni non deve dedursi che ciascuno dei gradi citati nella struttura delle ali (che forse potranno avere avuto origine dal non-uso) indichi la gradazione naturale, per la quale gli uccelli acquistarono la perfetta facoltà di volare; valgono però almeno a dimostrare quali mezzi diversi di transizione sono possibili.

Se si riflette che alcuni pochi animali dotati di respirazione acquatica, delle classi dei crostacei e dei molluschi, sono adatti a vivere sulla terra: e si pensa che gli uccelli volano, che vi sono dei mammiferi volanti e degli insetti volanti, appartenenti ai tipi più diversi; che inoltre esistettero nelle epoche passate dei rettili volanti, allora può comprendersi come i pesci volanti, che al presente coll'aiuto delle loro pinne pettorali s'innalzano obliquamente sopra il livello del mare e attraversano l'aria in un arco largo, possano essere trasformati in animali perfettamente alati. Quando ciò fosse avvenuto, chi si sarebbe mai immaginato che in un primitivo stato transitorio essi fossero abitatori dell'oceano e usassero i loro organi incipienti del volo per schivare di essere divorati da altri pesci?

Quando noi osserviamo un organo altamente perfezionato per una speciale abitudine, come le ali degli uccelli per volare, dobbiamo riflettere che quegli animali, nel primo stadio di formazione, assai di rado potevano conservarsi sino ad oggi, perchè essi saranno stati sostituiti da altri, per mezzo del processo di perfezionamento, operato dall'elezione naturale. Inoltre noi dobbiamo pensare che i gradi transitorii fra quelle strutture che sono adattate ad abitudini di vita affatto opposte, non si svilupparono nel periodo primitivo in gran numero e sotto molte forme subordinate. Così ritornando all'esempio ideato del pesce volante, non deve sembrare probabile che alcuni pesci, capaci di volare, possano essersi sviluppati sotto molte forme subordinate, per impadronirsi di varie sorta di preda in diversi modi, sulla terra o nell'acqua, finchè i loro organi per il volo avessero raggiunto un alto stadio di perfezione, e non avessero ottenuto un vantaggio deciso sopra gli altri animali nella lotta per la vita. Quindi la probabilità di scoprire specie dotate di gradi transitori di struttura, nella condizione di fossili, sarà sempre minore; poichè le medesime esistettero in numero molto più ristretto, che quando le specie ebbero un organismo pienamente sviluppato.

Ora passiamo a due o tre esempi di abitudini rese diverse e modificate presso individui di una medesima specie. In un dato caso potrà agevolmente l'elezione agire sull'animale, conformandolo, per mezzo di alcune modificazioni di struttura, alle sue nuove abitudini, oppure esclusivamente ad una di queste abitudini diverse. Ma è difficile stabilire, cosa per noi di poca entità, se generalmente le abitudini si cangino prima della struttura: o se piccole modificazioni di struttura inducano la mutazione delle abitudini; probabilmente può dirsi che ambedue variano spesso quasi simultaneamente. Quanto ai casi di cambiamento d'abitudini, basterà semplicemente ricordare i molti insetti d'Inghilterra, che attualmente si nutrono di piante esotiche, o esclusivamente di sostanze artificiali. Quanto alle abitudini diversificate, potrebbero darsi esempi senza fine. Io spesso ho osservato una specie di laniere dell'America meridionale (Saurophagus sulphuratus) svolazzare sopra un luogo e poi sopra un altro come un falchetto da torre e altre volte rimanere stazionario sul margine dell'acqua, per lanciarsi poi con impeto sul pesce a guisa di alcedine. Nel nostro stesso Paese può vedersi talvolta la cingallegra maggiore (Parus major) arrampicarsi ai rami quasi come un picchio; altre volte ammazzare i piccoli uccelli a colpi di becco, non altrimenti del laniere; ed io pure l'osservai molte volte rompere a colpi i semi del tasso sopra un ramo ed altre schiacciarli col becco, come fa il rompinoce. Nell'America del Nord fu veduto dall'Hearne l'orso nero nel mentre nuotava per diverse ore, con la bocca spalancata per cogliere gl'insetti nell'acqua, ad imitazione dei cetacei.

Come noi talvolta notiamo esservi qualche individuo d'una specie che tiene abitudini affatto diverse da quelle della specie stessa e delle altre specie del medesimo genere, possiamo arguirne, secondo la mia teoria, che questi individui accidentalmente potrebbero dare origine a nuove specie, avendo abitudini anormali e la loro struttura modificata leggermente od anche notevolmente da quelle del loro medesimo tipo. Questi fatti si incontrano nella natura. Quale esempio di adattamento infatti sarebbe più concludente di quello dei picchi che si arrampicano sugli alberi e colgono gli insetti nelle fessure della corteccia? Tuttavia trovansi nell'America settentrionale dei picchi che mangiano le frutta, ed altri forniti d'ali allungate che si impadroniscono degli insetti di volo. Nelle pianure della Plata, in cui non cresce alcun albero, havvi un picchio (Colaptes campestris) che ha due dita in avanti e due indietro, una lingua lunga ed appuntata e le penne della coda resistenti, benchè meno resistenti di quelle dei picchi tipici (ed io lo vidi ciò nondimeno usare la coda come di un punto d'appoggio per mantenersi contro un piano verticale) e dotato di un becco ritto e robusto. Il becco non è forte come quello dei picchi tipici: è però abbastanza duro per forare il legno. Quindi il Colaptes della Prata è a considerarsi come un picchio, in tutte le parti essenziali della sua organizzazione. Persino alcuni caratteri di minore importanza, come il colore, il suono aspro della voce e il volo ondulatorio, tutto mi persuade della sua affinità coi nostri comuni picchi. Ma questo picchio, come posso assicurare dietro le mie proprie osservazioni e quelle dell'esatto Azara, in certi distretti non si arrampica mai sugli alberi, e costruisce il nido nelle cavità delle rive. In certi altri distretti lo stesso picchio, come Hudson assicura, visita gli alberi, e pratica dei fori nei tronchi per porvi il suo nido. Voglio addurre ancora un esempio di variate abitudini di vita, tolto dallo stesso gruppo. Il De Saussure ha descritto un Colaptes messicano, del quale ci racconta che pratica dei fori nel duro legno per deporvi i suoi depositi di ghiande.

Le procellarie sono fra gli uccelli i maggiori volatori e frequentatori del mare, ma nello stretto tranquillo della Terra del Fuoco la Puffinuria Berardi potrebbe essere scambiata da ognuno per un pinguino o per un colimbo, in causa delle sue abitudini generali, della sua meravigliosa facoltà di immergersi nell'acqua, del modo di nuotare, e di volare, quando involontariamente prende il volo; ciò nonostante essa è essenzialmente una procellaria, ma con molte parti della sua organizzazione profondamente modificate in rapporto alle sue nuove abitudini di vita: mentre il picchio della Plata ha una struttura solo leggermente modificata. Nel merlo acquatico al contrario il più acuto osservatore non potrebbe mai desumere le sue abitudini acquatiche per quanto ne esaminasse il corpo morto; però questo membro anomalo della famiglia dei tordi terrestri si tuffa nell'acqua, scava i ciottoli coi piedi e impiega le sue ali sotto l'acqua. Tutti i membri dell'ordine degli imenotteri sono animali terrestri, ad eccezione del genere Proctotrupes, il quale, come ha trovato recentemente il Lubbock, è acquatico nelle sue abitudini. Questi animali vanno spesso nell'acqua, si sommergono, non col mezzo delle zampe, ma delle ali, e rimangono perfino quattro ore sott'acqua. E tuttavia nulla si rinviene nella loro struttura, che fosse in relazione con abitudini così anormali.

Coloro che pensano che ogni essere sia stato creato nello stato in cui oggi lo troviamo, debbono talvolta rimanere sorpresi dall'incontrare un animale avente delle abitudini che non sono conformi alla struttura. Che cosa vi ha di più chiaro, che i piedi palmati delle oche e delle anitre siano stati formati per il nuoto: tuttavia sonovi nei paesi montuosi delle anitre a piedi palmati che raramente o quasi mai scendono nell'acqua; niuno ha mai osservato, eccetto Audubon, la fregata, che ha i suoi quattro diti palmati, posarsi sulla superficie del mare. D'altra parte, i colombi e le folaghe sono eminentemente acquatici, benchè le loro dita siano soltanto orlate con una membrana. Certamente nulla può sembrare più evidente delle dita lunghe delle gralle, formate per camminare sopra le paludi e sulle piante acquatiche! eppure l'Ortygometra ha abitudini consimili a quelle della folaga; e il rallo è terrestre quasi come la quaglia o la pernice. In questi casi, e in molti altri che potrebbero citarsi, le abitudini furono modificate, senza che la struttura subisse cambiamenti corrispondenti. Il piede palmato dell'anitra di montagna può dirsi che sia divenuto rudimentale nella funzione, ma non già nella struttura. La membrana profondamente solcata fra le dita della fregata, prova che la struttura di questo uccello cominciò a cambiarsi.

Quelli che tengono l'opinione degli atti innumerevoli e separati di creazione diranno che in simili casi piacque al Creatore di far sì che un essere di un tipo prendesse il posto di quello d'un altro tipo; mi sembra che con ciò si ristabilisca il fatto con un linguaggio mistico. Quelli che credono nella lotta per l'esistenza e nel principio dell'elezione naturale, sanno che ogni essere organico si sforza costantemente di crescere in numero; e che se ogni essere varia, anche in menomo grado, nelle abitudini o nella struttura, e acquista per tal modo un vantaggio sopra qualche altro abitante della regione, egli ne prenderà il posto, per quanto diverso da quello che prima occupava. Quindi a costoro non parrà strano che esistano anitre e fregate a piedi palmati, le quali vivano in un paese secco e non scendano nell'acqua che assai di rado; che vi siano dei Crex dotati di lunghe dita, i quali abitano nei prati, anzichè nelle paludi; che si trovino dei picchi in luoghi in cui non esistono alberi; che si abbiano tordi che si tuffano nell'acqua e che esistano delle procellarie colle abitudini dei pinguini.

ORGANI ESTREMAMENTE PERFETTI E COMPLICATI

Io confesso liberamente che mi pare il più alto assurdo possibile supporre che l'occhio sia stato formato per mezzo dell'elezione naturale, con tutte le sue inimitabili disposizioni ad aggiustare il suo fuoco alle varie distanze, ad ammettere diverse quantità di luce e a correggere l'aberrazione sferica e cromatica. Quando si proclamò per la prima volta che il sole è immobile e che la terra gira intorno ad esso, il senso comune degli uomini dichiarò falsa questa dottrina; ma la vecchia sentenza Vox populi vox Dei, come ogni filosofo sa, non può sostenersi nella scienza. La ragione mi indica che, se può dimostrarsi che esistano numerose gradazioni dall'occhio perfetto e complesso all'occhio più semplice ed imperfetto, e che ogni grado di tale perfezionamento sia utile all'individuo; se di più l'occhio deve variare, sia pure insensibilmente, e le variazioni sono trasmesse per eredità, come appunto si verifica; e se infine ogni variazione o modificazione di un organo, sotto condizioni mutabili di vita, è sempre utile all'animale; allora la difficoltà di ammettere che un occhio perfetto e complesso possa formarsi per elezione naturale, quantunque insuperabile alla nostra immaginazione, può vincersi e questa ipotesi può ritenersi vera. Come possa un nervo divenire sensibile alla luce è una questione che non ci spetta più di quella dell'origine della nostra vita. Farò tuttavia un'osservazione. Com'è noto che alcuni degli infimi organismi, nei quali nessun nervo è giammai stato osservato, sono sensibili per la luce, così non sembra impossibile che determinati elementi del sarcode, di cui principalmente constano, siano stati aggregati e sviluppati a guisa di nervi forniti di questa specifica sensibilità.

Nello studiare le gradazioni, per le quali un organo di una data specie si perfezionò, noi dovremmo tener dietro esclusivamente alla serie dei predecessori; ma ciò non può farsi quasi mai, e però noi siamo costretti in ogni caso ad investigare sulle specie di un medesimo gruppo, cioè sui discendenti collaterali della stessa madre-forma originale, per vedere quante gradazioni sieno possibili, e per la probabilità della trasmissione di alcune di esse fino dai più antichi stadi della progenie, in una condizione inalterata o appena modificata. Ma anche lo stato del medesimo organo in classi diverse può alquanto mettere in chiaro la via su cui è stato perfezionato. L'organo più semplice che possa chiamarsi un occhio consta di un nervo ottico circondato da cellule pigmentarie e coperto da una cute trasparente, ma ancora sfornito di lente e di corpo rifrangente la luce. Secondo Jourdain noi possiamo fare un passo ancor più in basso e trovare aggregati di cellule pigmentarie, le quali, sfornite di nervo ottico, sono sovrapposte alla massa sarcodica e sembrano fungere da organi visivi. Gli occhi così semplici di questa categoria non permettono una chiara visione, ma servono solamente per distinguere la luce dall'oscurità. Nelle asterie alcune piccole depressioni nello strato pigmentario che circonda il nervo, al dire del suddetto autore, sono riempite di sostanza gelatinosa trasparente, la quale sporge in fuori con superficie convessa a modo della cornea degli animali superiori. Egli suppone che questo apparato non serva per produrre una immagine, ma solamente per concentrare i raggi luminosi e render più facile la loro percezione. In questa concentrazione dei raggi noi abbiamo il primo e più importante gradino per giungere ad un vero occhio che forma immagini, imperocchè altro non ci resti che di portare la libera terminazione del nervo ottico, che in alcuni animali inferiori è profondamente sepolto nel corpo, ed in altri più avvicinato alla superficie, alla vera distanza dell'apparato di concentrazione, perchè vi si formi una immagine.

Nella grande classe degli Articolati noi possiamo partire da un nervo ottico ricoperto soltanto dal pigmento, che talvolta forma una sorta di pupilla, ma destituita di una lente o di qualsiasi altro meccanismo ottico. Ora si sa che negli insetti le numerose faccette sulla cornea dei grandi occhi composti formano delle vere lenti, e che i coni racchiudono dei filamenti nervosi modificati in modo peculiare. Ma la struttura degli occhi negli articolati è tanto svariata, che Müller formava tre classi principali di occhi composti con sette suddivisioni, a cui aggiunse una quarta classe principale, quella degli occhi semplici aggregati.

Questi fatti, quantunque esposti troppo brevemente, dimostrano quanta differenza graduale esista negli occhi degli animali inferiori, e ove si rifletta al piccolo numero di animali sopravvissuti, in confronto a quelli che furono estinti, io non saprei trovare una difficoltà molto grande (non maggiore di quella che offrono molte altre strutture) nel pensare che l'elezione naturale abbia trasformato il semplice apparato di nervo ottico, ricoperto solamente con pigmento e rivestito di una membrana trasparente, in uno strumento ottico della perfezione di quelli che si trovano in ogni individuo della grande classe degli articolati.

Coloro che mi seguiranno fino alla fine di quest'opera e troveranno una vasta congerie di fatti, i quali rimangono chiariti dalla mia teoria di discendenza, mentre in altro modo sarebbero inesplicabili, non esiteranno forse ad ammettere che un organo, anche se perfetto, come l'occhio dell'aquila, possa essersi formato in seguito alla elezione naturale; quantunque in tal caso essi ignorino quali siano stati i gradi transitorii. Fu fatta l'obiezione che per modificare l'occhio e conservarlo nondimeno come strumento perfetto, molti cambiamenti debbano essere succeduti contemporaneamente, ciò che, così si dice, non può aver operato l'elezione naturale. Ma come io ho dimostrato nella mia opera sulle variazioni degli animali allo stato di domesticità, non è necessario supporre che tutte le modificazioni siano successe allo stesso tempo, essendo estremamente leggere e graduate. Diverse categorie di modificazioni avranno potuto servire allo stesso scopo generale; così osserva il Wallace: «se una lente ha il fuoco troppo vicino o troppo lontano, essa può essere corretta con un cambiamento nella curva o con un'alterazione della densità; se la curva è irregolare ed i raggi non convergono in un punto, ogni aumento nella regolarità della curva sarà un miglioramento. Così le contrazioni dell'iride ed i movimenti muscolari dell'occhio non sono essenziali per la vista, ma semplici miglioramenti che hanno potuto apparire e perfezionarsi in ogni momento della formazione di questo strumento». Nei vertebrati, la serie della più elevata organizzazione animale, noi possiamo partire da un occhio così semplice, come ad esempio è quello dell'Amphioxus, il quale consta di un leggero infossamento della cute trasparente, vestito di pigmento e fornito di un nervo, sprovvisto di ogni altro apparato. Nei pesci e nei rettili, come osserva Owen, «la serie graduata delle formazioni diottriche è assai grande». È un fatto molto significante che persino nell'uomo, stando all'autorità del Virchow, la lente nell'embrione si sviluppa da un ammasso di cellule epidermiche in una piega sacciforme della cute, mentre il corpo vitreo si forma dal tessuto sottocutaneo embrionale. Certamente quando si consideri l'origine e la formazione dell'occhio con tutti i suoi caratteri ammirabili ed assolutamente perfetti, è necessario che la ragione conquida la fantasia. Ma io stesso ho sentito troppo questa difficoltà per far le meraviglie, se altri esitano di accettare con questa larga estensione il principio della elezione naturale.

È quasi impossibile esimersi dal paragonare l'occhio al telescopio. Noi sappiamo che questo strumento venne perfezionato per gli sforzi incessanti degli intelletti più distinti; quindi naturalmente inferiamo che anche l'occhio sia stato formato per mezzo di qualche processo analogo. Ma questa induzione sarebbe forse presuntuosa? Abbiamo noi qualche diritto di applicare alle opere del Creatore delle facoltà intellettuali analoghe a quelle dell'uomo? Se dobbiamo confrontare l'occhio con uno strumento ottico, noi dobbiamo figurarci un grosso strato di tessuto trasparente, con intervalli pieni di fluido e al disotto un nervo sensibile alla luce, indi supporre che ogni parte di codesto strato vada continuamente cambiandosi nella densità, con molta lentezza, fino a separarsi in altri strati di diversa densità e grossezza, posti a varie distanze fra loro, e colle loro superfici lentamente trasformate. Di più, fa d'uopo ammettere una facoltà (l'elezione naturale) che sorveglia sempre attentamente qualsiasi piccola variazione accidentale negli strati trasparenti e che presceglie esattamente quelle alterazioni che, sotto circostanze mutate, possono tendere, per qualche via o per qualche grado, a produrre un'immagine più distinta. Noi dobbiamo inoltre supporre che ogni nuovo stato dello strumento sia moltiplicato a milioni e sia conservato fino alla produzione di uno stato migliore, e l'antico stato allora fu distrutto. Nei corpi viventi la variazione sarà causa di piccole alterazioni, che la generazione moltiplicherà quasi all'infinito e l'elezione naturale coglierà qualunque perfezionamento con infallibile abilità. Poniamo che questo processo si eserciti per milioni e milioni d'anni: e in ogni anno sopra milioni d'individui d'ogni fatta; e come non potremo ritenere che un apparato ottico vivente sia stato così formato, tanto superiore a quello di cristallo, quanto le opere del Creatore lo sono a quelle dell'uomo?

MEZZI DI TRANSIZIONE

Se potesse dimostrarsi che esista un organo complesso, il quale non possa essere stato prodotto con molte modificazioni successive e piccole, la mia teoria sarebbe assolutamente rovesciata. Ma io non posso trovarne un solo caso. Certamente esistono molti organi, dei quali non conosciamo i gradi transitorii, e più specialmente se consideriamo quelle specie affatto isolate, intorno alle quali, secondo la mia dottrina, ebbe luogo l'estinzione di molte altre specie. Se inoltre consideriamo un organo comune a tutti gli individui di una classe molto ampia, in questo caso un tale organo deve essere stato formato dapprima in un periodo estremamente lontano, dopo la quale epoca tutti i membri numerosi della classe furono sviluppati. Per scoprire i gradi transitorii, pei quali questo organo è passato, noi dovremmo riportarci alle più antiche forme primitive, che da lungo tempo rimasero estinte.

Dobbiamo essere estremamente cauti nell'asserire che un organo non possa essersi formato col mezzo di gradazioni transitorie di qualche sorta. Negli animali inferiori si hanno infatti molti casi di un medesimo organo che adempie contemporaneamente funzioni affatto distinte; così il canale alimentare respira, digerisce ed escreta nella larva della Libellula e nel pesce Cobitis. Nell'Idra, l'animale può rovesciarsi all'infuori, e la superficie esterna compierà la funzione digestiva e l'interna diverrà organo respiratorio. In questi casi, l'elezione naturale farà che la parte o l'organo si renda più speciale, quando l'animale ne tragga qualche vantaggio e, mentre prima serviva a due funzioni, rimanga destinato ad una sola, e si cambi anche per intero la sua natura per gradazioni insensibili. Si conoscono molti esempi di piante, le quali producono regolarmente allo stesso tempo dei fiori diversamente costruiti; se tali piante ne producessero di una sola qualità, dovrebbe manifestarsi un grande cambiamento nel carattere della specie. Ed è probabile che le due sorta di fiori sulla stessa pianta siano state prodotte originariamente a mezzo di gradazioni che in alcuni casi ponno ancora seguirsi.

Talvolta due organi distinti, od uno stesso organo sotto due forme assai diverse, adempiono simultaneamente una medesima funzione in un solo individuo: e questo è un mezzo importantissimo di transizione. Per citare un esempio, sonvi dei pesci forniti di branchie che respirano l'aria libera nelle loro vesciche natatorie, le quali sono dotate di dotto pneumatico per riempirle d'aria e sono divise in tante parti per mezzo di pareti perfettamente vascolari. Prendiamo un esempio anche dal regno vegetale. Le piante si arrampicano in tre modi diversi: torcendosi a spira, tenendosi ad un sostegno a mezzo dei cirri sensitivi o emettendo delle radici aeree. Questi tre modi sono generalmente distribuiti sopra generi e famiglie separate; ma alcune poche piante ne offrono due, od anche tutti e tre sullo stesso indidivuo. In tali casi uno dei due organi che compiono la stessa funzione può modificarsi e perfezionarsi in modo da eseguire da solo tutto il lavoro, essendo però coadiuvato dall'altro, durante il processo di modificazione; e quest'ultimo può variare in modo da disimpegnare qualche altro ufficio affatto diverso, od anche può essere completamente eliminato.

La spiegazione da noi data del fatto ora citato, della vescica natatoria dei pesci, è un ottimo argomento per dimostrare chiaramente l'alta importanza del fatto, che un organo, il quale in origine era costrutto per uno scopo determinato, come sarebbe il nuoto, può convertirsi in un altro, diretto ad un fine ben diverso, come per la respirazione. La vescica natatoria fu anche coordinata a servire come organo accessorio all'apparato dell'udito in certi pesci. Tutti i fisiologi ammettono che la vescica natatoria è omologa, o «idealmente simile», per la posizione e la struttura, ai polmoni degli animali vertebrati superiori; non mi sembra quindi estremamente difficile a concepirsi che l'elezione naturale abbia effettivamente trasformato una vescica natatoria in polmone, o in un organo destinato esclusivamente alla respirazione.

Adottando questo modo di vedere, potrebbe inferirsi che tutti i vertebrati provvisti di veri polmoni derivarono, per mezzo della generazione ordinaria, da un antico prototipo, del quale nulla sappiamo, fornito di un apparato di galleggiamento o di una vescica natatoria. Possiamo così capire come avvenga il fatto strano che ogni particella di nutrimento o di bevanda, che noi deglutiamo, debba passare sull'orifizio della trachea, con grande rischio di cadere nei polmoni; non ostante l'ammirabile congegno per cui si chiude la glottide, come si desume dalla interessante descrizione che il prof. Owen diede di queste parti. Nei vertebrati superiori le branchie scomparvero affatto, le fessure ai lati del collo e gli archi aortici delle arterie continuano soltanto nell'embrione a marcare la loro antica posizione. Ora può immaginarsi che le branchie, che presentemente furono perdute affatto, siano state trasformate gradatamente dall'elezione naturale per qualche altro scopo interamente diverso: così il Landois ha dimostrato che le ali degli insetti si sviluppano dalle trachee; ed è quindi probabile che alcuni organi di questa grande classe, i quali in periodi remotissimi servivano per la respirazione, siano stati poi convertiti in organi per il volo.

Considerando le transizioni degli organi, è talmente importante il ricordare la probabilità della conversione di una funzione in un'altra, che credo opportuno addurne un altro esempio. I cirripedi peduncolati hanno due piccole ripiegature della pelle, da me chiamate freni ovigeri, che servono, per mezzo di una secrezione vischiosa, a trattenere le uova nel sacco, finchè siano mature. Questi cirripedi non hanno branchie, mentre la respirazione si compie da tutta la superficie del corpo e del sacco, compresi i piccoli freni. D'altra parte i balanidi o cirripedi sessili non hanno freni ovigeri, e le uova riposano libere nel fondo del sacco, nella conchiglia ben chiusa; ma essi hanno nella stessa posizione relativa delle grandi membrane ripiegate, le quali comunicano liberamente colle lacune circolatorie del sacco e del corpo; e che furono prese per branchie dal prof. Owen e da tutti gli altri naturalisti che trattarono questo argomento. Ora io credo che niuno sia per contestare che i freni ovigeri della prima famiglia siano strettamente omologhi alle branchie della seconda; tanto più che queste gradatamente collegansi coi primi. Perciò io non dubito che le due piccole ripiegature della pelle, che in origine servivano da freni ovigeri, ma che parimente recavano un piccolissimo aiuto all'atto respiratorio, furono gradatamente trasformate in branchie col solo aumento della loro grandezza, e la scomparsa delle loro glandole aderenti. Se tutti i cirripedi peduncolati fossero rimasti estinti (essi sopportarono sempre maggiori estinzioni dei cirripedi sessili), chi avrebbe potuto mai supporre che le branchie di quest'ultima famiglia esistettero dapprima come organi che impedivano il trasporto delle uova fuori del sacco?

V'è ancora un altro modo di transizione, e cioè coll'accelerare e ritardare il periodo della riproduzione, sulla qual cosa hanno recentemente insistito il professore Cope ed altri degli Stati Uniti. È noto presentemente che alcuni animali sono capaci di riprodursi in età precoce, prima cioè che abbiano acquistato i caratteri dello stato perfetto. Se questo potere si sviluppasse per bene in una qualche specie, sembra probabile che presto o tardi si perda lo stadio dello sviluppo perfetto. In questo caso, e segnatamente se la larva differisce molto dalla forma matura, il carattere della specie sarebbe assai modificato e degradato. Inoltre parecchi animali continuano a variare i loro caratteri, anche dopo aver raggiunto la maturità. Nei mammiferi, ad esempio, la forma del cranio cambia spesso coll'età, come per le foche lo ha dimostrato il Dr. Murie; è anche noto come le corna dei cervi ricevano coll'età un maggior numero di palchi; e come in alcuni uccelli, le penne che servono di ornamento si facciano tanto più belle, quanto più gli animali invecchiano. Il prof. Cope ci disse che i denti di alcune lucertole cambiano la forma nel progresso dell'età; e nei Crostacei, secondo la testimonianza di Fritz Müller, non solo molte parti insignificanti, ma anche alcune importanti, assumono, dopo la maturità, dei nuovi caratteri. In tutti questi casi, e se ne potrebbero citare molti altri, se fosse ritardata l'epoca della riproduzione, sarebbe modificato il carattere della specie, almeno allo stato adulto; non è poi improbabile che in alcuni casi gli stadii anteriori di sviluppo sarebbero accelerati ed andrebbero in fine perduti. Non saprei dire se le specie siano state spesso o mai modificate da questo modo relativamente repentino di transizione; se mai ciò è avvenuto, le differenze fra giovani e adulti, fra adulti e vecchi saranno state acquistate originariamente per

---

183

mezzo di passaggi graduati.

SPECIALI DIFFICOLTÀ
CHE INCONTRA LA TEORIA DELL'ELEZIONE NATURALE

Quantunque noi dobbiamo essere molto guardinghi prima di sostenere che un organo qualsiasi non potrebbe in modo alcuno essere stato prodotto da successive gradazioni transitorie, si presentano tuttavia alcuni casi gravi e molto difficili.

Uno dei più gravi è quello degli insetti neutri che spesso sono conformati molto diversamente dai maschi o dalle femmine feconde; di ciò tratteremo nel capo ottavo. Gli organi elettrici dei pesci offrono un'altra obiezione di una speciale importanza, giacchè non è possibile concepire per quali gradi siansi formati questi organi portentosi. Ma ciò non deve recarci sorpresa, giacchè non conosciamo nemmeno la loro utilità. Nel Gymnotus e nella Torpedo essi servono senza dubbio come potenti armi di difesa, e forse come mezzi per procurarsi il nutrimento; però un organo analogo nella coda delle razze, secondo le osservazioni del Matteucci, non sviluppa che poca elettricità, anche quando l'animale sia irritato, anzi tanto poca che non può servire agli scopi predetti. Oltreciò il dottor R. Donnell ha dimostrato che un altro organo trovasi in prossimità del capo, il quale, per quanto si sappia, non è elettrico, e tuttavia apparisce come il vero omologo della batteria elettrica della torpedine. Generalmente si ammette che fra questi organi e i muscoli ordinari vi sia stretta analogia, per l'intima struttura, per la ramificazione dei nervi, e pel modo con cui i diversi reagenti agiscono su di essi. Devesi anche ricordare che la contrazione dei muscoli è accompagnata da una scarica elettrica. Il dottor Radcliffe osserva: «nell'apparato elettrico della torpedine sembra, durante il riposo, avvenire una carica, la quale per ogni rapporto corrisponde a quella che si trova nel muscolo e nel nervo in riposo; e la scarica nella torpedine, anzichè essere un fenomeno isolato, sembra corrispondere alla scarica che accompagna l'azione dei muscoli e dei nervi motori». Una ulteriore spiegazione non possiamo dare per ora; ma siccome poco sappiamo dell'uso di questi organi, e nulla intorno alle abitudini e alla struttura dei progenitori dei pesci elettrici ora esistenti, sarebbe avventato il sostenere che siano stati impossibili gli utili passaggi, pei quali gli organi elettrici avrebbero potuto svilupparsi gradatamente.

Gli organi elettrici offrono un'altra difficoltà assai più seria; perchè si trovano solamente in una dozzina circa di pesci, alcuni dei quali sono all'intutto lontani nelle loro affinità. Generalmente allorchè uno stesso organo apparisce in parecchi individui della medesima classe, specialmente se dotati di abitudini di vita molto diverse, noi possiamo attribuire la sua presenza all'eredità da un comune antenato; e la sua mancanza in alcuni altri individui, alla perdita che provenne dal non-uso e dall'elezione naturale. Ma se gli organi elettrici furono trasmessi da un antico progenitore che ne era dotato, noi possiamo credere che tutti i pesci elettrici siano stati in modo speciale collegati fra loro. La(6) geologia non ci induce a pensare che anticamente molti pesci furono forniti di organi elettrici, che la maggior parte dei loro discendenti perdettero. Ma se esaminiamo la cosa più da vicino, noi troviamo che nei diversi pesci, forniti di organi elettrici, questi organi si trovano in parti diverse del corpo, e variano nella struttura, nella disposizione degli elementi, e, secondo il Pacini, nei processi o modi coi quali viene eccitata l'elettricità, ed infine (e questa differenza mi sembra della massima importanza) anche in ciò che la forza nervosa deriva da nervi di origine molto diversa. Nei diversi pesci quindi, gli organi elettrici non possono considerarsi come tra loro omologhi, ma solamente come analoghi nella funzione. Epperò non possiamo ammettere che siano ereditati da un comune progenitore; giacchè, se così fosse, si somiglierebbero per ogni riguardo. Scomparisce così la maggior difficoltà, di spiegare cioè come siasi formato un organo apparentemente uguale in parecchie specie molto diverse, ma perdura la minore, e sempre grande, di spiegare per quali forme intermediarie questi organi siano passati nei diversi gruppi di pesci.

La presenza di organi luminosi in alcuni insetti, appartenenti a famiglie ed ordini diversi, ci offre un caso parallelo e difficile. Potrebbero citarsi altri casi; per esempio, nelle piante il curioso artificio di una massa di polline, collocato sopra uno stelo, fornito di una glandola vischiosa all'estremità, come nei generi Orchis ed Asclepias, generi fra i più discosti nelle piante fanerogame. In tutti questi casi di due specie distintissime, dotate apparentemente degli stessi organi anomali, sarebbe da osservarsi che quand'anche l'apparenza generale e la funzione dell'organo possano essere le medesime, pure può scoprirsi in generale qualche differenza fondamentale. Così, ad esempio, gli occhi dei cefalopodi e dei vertebrati si somigliano tra loro assai; e in gruppi sì distanti l'uno dall'altro nemmeno una parte della somiglianza può considerarsi come eredità di un comune progenitore. Il Mivart ha citato questo esempio come uno dei più difficili; ma io non so vedervi la forza dell'argomentazione. Un organo destinato alla visione deve esser formato di tessuto trasparente, e contenere una specie di lente per produrre una immagine sul fondo della camera oscura. All'infuori di questa superficiale somiglianza ben difficilmente si troverà una reale identità fra gli occhi dei cefalopodi e dei vertebrati, come si può persuadersi consultando l'eccellente lavoro dell'Hensen su questi organi. Non posso qui entrare in dettagli; addurrò tuttavia alcuni pochi caratteri differenziali. La lente cristallina nei cefalopodi superiori consta di due parti, di cui l'una è posta dietro l'altra, come se fossero due lenti, le quali ambedue hanno una struttura e disposizione assai diversa da quella che troviamo nei vertebrati. La retina è affatto diversa, colle parti elementari invertite e con un grosso ganglio nervoso racchiuso tra le membrane dell'occhio. I rapporti dei muscoli sono sì diversi che maggiormente nol potrebbero essere, e così di seguito. Non vi ha quindi piccola difficoltà nel decidere fino a qual punto le espressioni che noi impieghiamo nella descrizione dell'occhio dei vertebrati, si possono adoperare in quella dei cefalopodi. Ognuno, naturalmente, può negare che in ambedue i casi l'occhio siasi sviluppato a mezzo dell'elezione naturale, per variazioni graduate e successive, ma se ciò si ammetta per l'uno dei due casi, non è possibile non farlo per l'altro; le differenze fondamentali poi nella struttura dell'organo visivo nei due gruppi di animali potevano prevedersi in seguito a quest'opinione sul modo di formazione. Come due uomini, l'uno indipendentemente dall'altro, hanno fatto spesso la medesima invenzione, così nei casi su citati l'elezione naturale, la quale agisce pel bene di ogni organismo e si giova di tutte le utili variazioni, sembra aver prodotto delle parti simili per ciò che riguarda la funzione, in organismi diversi, i quali non devono punto le somiglianze nella struttura alla discendenza da un comune progenitore.

Fritz Müller, per mettere alla prova le idee da me esposte in questo libro, ha seguito con molta cura un modo affatto simile di argomentazione. Parecchie famiglie di Crostacei abbracciano alcune poche specie che possiedono un apparato con cui respirano l'aria e son capaci di vivere fuori dell'acqua. In due di queste famiglie, che il Müller studiò particolarmente e che sono molto affini l'una all'altra, le specie concordano assai fra loro in tutti i caratteri importanti, e cioè nella struttura degli organi dei sensi, nel sistema circolatorio, nella posizione dei ciuffi di peli dei quali è rivestito il loro stomaco egualmente complicato, e finalmente nell'intera struttura delle branchie respiranti acqua, fino agli uncini microscopici co' quali vengono pulite. Poteva quindi aspettarsi che nelle poche specie di ambedue le famiglie, le quali vivono in terraferma, l'apparato per la respirazione dell'aria, che ha non minore importanza, fosse uguale; in fatto, mentre tutti gli organi importanti sono affatto simili o quasi identici, per quale ragione dovrebbero mostrarsi delle differenze in quel solo apparato, destinato ad un solo scopo speciale?

Fritz Müller argomenta che questa grande somiglianza nella struttura debba spiegarsi colle idee da me avanzate della eredità da un comune progenitore. Ma siccome tanto il maggior numero delle specie appartenenti alle suddette due famiglie, come anche la massima parte degli altri crostacei sono acquatici nelle loro abitudini, è sommamente improbabile che il loro comune progenitore fosse adattato alla respirazione dell'aria. Müller fu quindi indotto a studiare accuratamente l'apparato nelle specie respiranti aria, e trovò che in ciascuna diversifica in parecchi caratteri importanti, come nella posizione degli orifizi, nel modo con cui questi si aprono e si chiudono e in molti dettagli accessorii. Se si ammette che specie di famiglie diverse siano divenute atte lentamente ed a gradi alla vita fuori dell'acqua ed alla respirazione aerea, tali differenze diventano intelligibili. Imperocchè queste specie, appartenendo a famiglie diverse, differiranno tra loro in certo grado; e in accordo col principio, che la natura di ogni variazione dipende da due fattori, e cioè dalla natura dell'organismo e da quella delle condizioni di vita, la loro variabilità non sarà al certo esattamente la medesima. Conseguentemente l'elezione naturale avrà agito sopra materiale diverso, e sopra differenti variazioni per raggiungere un medesimo risultato funzionale; e le strutture così acquistate saranno state necessariamente diverse. Questo caso è incomprensibile dal punto di vista delle creazioni separate e i suddetti ragionamenti hanno indotto Fritt([7]) Müller ad accettare le idee da me esposte in questo volume.

Un altro distinto zoologo, il defunto prof. Claparède, ha fatto delle analoghe conclusioni ed ottenuto il medesimo risultato. Egli ha dimostrato che esistono degli acari (Acaridœ), parassiti appartenenti a diverse sottofamiglie e famiglie forniti di peli uncinati. Questi organi devono essersi sviluppati indipendentemente tra loro, giacchè non possono essere stati ereditati da un comune progenitore. Nei diversi gruppi essi vengono formati dalla modificazione dei piedi anteriori, dei piedi posteriori, delle mascelle o labbra, e delle appendici che trovansi alla faccia inferiore delle porzioni posteriori del corpo. Nei diversi casi finora studiati noi abbiamo visto che in organismi non affini o di parentela molto remota, organi in apparenza molto simili, ma non concordanti nello sviluppo, possono raggiungere il medesimo scopo ed eseguire la stessa funzione. Ma nell'intera natura domina questa regola generale, che perfino tra i singoli esseri strettamente affini uno stesso scopo è raggiunto con mezzi assai diversi. Quanto diversa nella struttura non è l'ala pennuta di un uccello dall'organo fornito di membrana che nei pipistrelli serve al volo, e quanto diverse non sono le quattro ali della farfalla, le due ali della mosca e le due ali del coleottero colle sue elitre.

Le conchiglie bivalvi s'aprono e si chiudono; ma quanti gradi non si hanno tra la cerniera della Nucula fornita di denti adatti che si ingranano fino al semplice legamento di un Mytilus. La dispersione dei semi è determinata dalla loro minutezza, oppure dalla forma della capsula trasformata in un guscio leggero a guisa di pallone, o dalla massa più o meno consistente e carnosa in cui sono riposti, e che per essere nutriente e vivacemente colorata si offre di pasto agli uccelli; oppure dagli uncini della più diversa forma o delle asprezze con cui s'attaccano alla pelle dei mammiferi; oppure finalmente dalle ali o piumette di forma diversa e di leggiadra struttura che rendon possibile il trasporto a mezzo del più leggero venticello. Voglio addurre ancor un esempio, giacchè il fatto che un medesimo scopo è raggiunto con mezzi diversi mi sembra soggetto degno di attenzione. Alcuni autori sostengono che gli organismi siano costruiti in diversi modi per la sola varietà, come circa i balocchi in una bottega; ma questo modo di vedere la natura è insostenibile. Le piante a sessi separati e quelle, nelle quali, sebbene siano ermafrodite, il polline non può cadere sullo stimma, hanno bisogno per la fecondazione di un qualche aiuto. In parecchie specie ciò è ottenuto col polline leggero e incoerente, il quale è facilmente dal vento portato a caso sullo stimma; questo certamente è il piano più semplice. Un piano quasi ugualmente semplice e tuttavia diverso si manifesta allora quando un fiore simmetrico secerne alcune goccie di nèttare ed è quindi frequentato dagli insetti, i quali portano il polline dalle antere sullo stimma.

A partire da questa forma semplice osservasi un numero grandissimo delle più diverse disposizioni, le quali servono al medesimo scopo ed essenzialmente sono compiute nello stesso modo, e portano tuttavia dei cambiamenti in ogni singola parte del fiore. Così il nèttare è accumulato in ricettacoli di forma svariata, gli stami ed i pistilli sono diversamente modificati, formanti spesso degli apparati con valvole; talvolta essi eseguono dei movimenti adattati determinati da irritabilità o elasticità. Da queste forme noi arriviamo a quella perfettissima che recentemente il Crüger ha descritto nella Coryanthes. In questa orchidea il labello o labbro inferiore è scavato a modo di barile, in cui da due cornetti soprastanti che secernono acqua cadono di continuo delle goccie d'acqua purissima; quando il barile è pieno, l'acqua trabocca per un beccuccio da uno dei lati. La parte basilare del labello si piega sopra il barile ed è incavata a guisa di camere con due accessi laterali; entro queste camere trovansi delle singolari lamine carnose. L'uomo più intelligente, se non fosse stato testimone di ciò che qui avviene, non avrebbe potuto immaginarsi lo scopo cui servono tutte queste parti. Il Crüger ha visto come di buon mattino molti pecchioni frequentano i fiori giganteschi di queste orchidee, non già per succhiare il nèttare, ma per rodere le creste carnose nella camera al disopra del barile. In tale incontro, urtandosi, cadevano spesso alcuni nel barile, ed essendo bagnate le ali, non potevano volare, per cui si arrampicavano a traverso il canale formato dal beccuccio. Il Crüger ha visto una vera processione di pecchioni uscire dal bagno involontario. Il canale è stretto e fiancheggiato da colonnette, cosicchè i pecchioni, passandolo a stento, fregavano il loro dorso sullo stigma vischioso e poi alle ghiandole glutinose delle masse polliniche. Queste masse di polline s'attaccano per conseguenza sul dorso del primo pecchione che a caso attraversa il canale di un fiore recentemente sbocciato, e vengono portate via. Il Crüger mi ha mandato un fiore entro l'alcool insieme con un pecchione, il quale era stato ucciso prima che avesse per intero attraversato il canale, e portava sul dorso un ammasso di polline. Se un pecchione così fornito si reca ad un altro fiore od una seconda volta al medesimo, e se viene dai suoi compagni spinto entro il barile, allora necessariamente, quando esso attraversa il canale, la massa pollinica giunge a contatto collo stigma vischioso e il fiore viene fecondato. Solo adesso noi comprendiamo l'utilità di tutte le parti del fiore, dei cornetti che secernono acqua, del barile fino a mezzo coperto di acqua, la quale impedisce ai pecchioni di mettersi al volo e li costringe di rampicare pel canale e di fregare contro le masse polliniche vischiose poste in luogo adattato, e contro lo stigma glutinoso.

La struttura del fiore di un'altra orchidea affine, Catasetum, è molto diversa, ma serve allo stesso scopo ed è ugualmente interessante. Le api frequentano questi fiori, come quelli della Coryanthes, per corrodere il labello. Ciò facendo esse toccano necessariamente un'appendice puntuta e sensitiva che io chiamai antenna. Se l'antenna viene toccata, essa trasferisce la sensazione o vibrazione sopra una certa membrana, la quale si rompe immediatamente e mette in libertà una molla, che getta come un dardo la massa pollinica nella vera direzione e la appiccica per l'estremità vischiosa sul dorso delle api. La massa pollinica della pianta maschile (giacchè i sessi in queste orchidee sono separati) è trasportata sul fiore di una pianta femminile, dove viene a contatto collo stigma. Questo è poi sufficientemente vischioso per rompere certi fili elastici e trattenere la massa di polline che indi compie l'uffizio della fecondazione.

Si può ben domandare, come nei casi su citati ed in moltissimi altri si possa intravvedere la serie graduata che condusse a forme sì complesse e i mezzi che furono necessari a raggiungere lo scopo? La risposta, come fu già detto, non può essere che questa, che cioè quando variano due forme tra loro già diverse in grado leggero, la variabilità non può essere esattamente di uguale natura, nè per conseguenza saranno identici i risultati ottenuti ad uno stesso scopo generale dalla elezione naturale. Noi dobbiamo anche ricordarci che ogni organismo altamente sviluppato ha già percorso una lunga serie di cambiamenti, e che ogni forma modificata tende ad essere trasmessa per eredità; per conseguenza non andrà facilmente perduta, ma sarà sempre più modificata. La struttura di ciascuna parte in ciascuna specie, a qualsiasi scopo essa serva, è la somma dei molti cambiamenti ereditati che la specie ha subìto durante i successivi adattamenti alle abitudini ed alle condizioni di vita.

In molti casi è al certo assai difficile anche solamente supporre per quali gradini molti organi siano arrivati al loro stato attuale; tuttavia, considerando che le forme viventi e conosciute sono pochissime al confronto delle estinte ed ignote, sono sorpreso nel vedere, come siano rari gli organi, dei quali non si sappiano indicare i gradini che ad essi conducono. È certamente vero che raramente o mai in un organismo compariscono di repente nuovi organi, come se fossero creati per uno scopo speciale, ciò che è anche riconosciuto dalla regola vecchia, sebbene un po' esagerata, che dice: Natura non facit saltum. Tale idea è ammessa negli scritti di tutti i naturalisti esperti; così Milne Edwards l'ha espressa colle parole: «la natura è prodiga nelle varietà, ma avara nelle novità». Secondo la teoria delle creazioni, per quale ragione dovrebbero manifestarsi tante variazioni, e sì poche reali novità? Perchè mai tutte le parti e gli organi di sì numerosi esseri indipendenti sono concatenati da graduati passaggi, se ogni essere è creato pel suo proprio posto nella natura? Perchè la natura non ha mai fatto un salto da una struttura all'altra? La teoria dell'elezione naturale c'insegna chiaramente perchè ciò non fece; imperocchè essa agisce col trarre profitto delle leggere successive variazioni; essa non può mai fare un salto grande e repentino, ma deve procedere con passi brevi, e sicuri, sebbene lenti.

ORGANI DI POCA IMPORTANZA APPARENTE

Siccome la elezione naturale agisce per la vita e per la morte, col preservare gli individui in cui si avveri qualche variazione favorevole, e col distruggere quelli che presentano variazioni di struttura sfavorevoli, io trovai talvolta molta difficoltà a concepire l'origine di quelle parti semplici che non pare abbiano una sufficiente importanza per cagionare la conservazione degli individui che successivamente variarono. Io giudicai che questa difficoltà, quantunque di una diversa natura, non fosse per tale riguardo minore di quella che s'incontra nel caso di un organo perfetto e complesso, come l'occhio.

In primo luogo noi siamo troppo ignoranti rispetto all'intera economia di ogni essere organizzato, per stabilire quali piccole modificazioni siano rilevanti e quali no. In uno dei capi che precedono diedi già qualche esempio di caratteri poco importanti (come la lanuggine del frutto e il colore della sua polpa, il colore della pelle e del pelo nei mammiferi), i quali per le loro relazioni colle differenze costituzionali, o perchè determinano gli attacchi degl'insetti, possono certamente entrare nel dominio dell'elezione naturale. La coda della giraffa sembra un cacciamosche, costruito artificialmente, e sulle prime pare incredibile ch'essa sia stata adattata all'ufficio attuale per mezzo di piccole modificazioni successive, una migliore dell'altra, per uno scopo tanto insignificante, quello di scacciare le mosche; però noi dobbiamo riflettèr bene prima di dichiararci positivamente, anche in questo caso; perchè sappiamo che la distribuzione e l'esistenza dei buoi e di altri animali nell'America meridionale dipende assolutamente dalla loro facoltà di resistere alle offese degli insetti; per cui quegl'individui che potrebbero con qualche mezzo difendersi da questi piccoli nemici, sarebbero capaci di occupare nuovi pascoli e di ottenere così un grande vantaggio. Non è a dire che i nostri grandi quadrupedi siano attualmente distrutti dalle mosche (eccettuati alcuni rari casi), ma essi sono continuamente tormentati e spossati nella loro forza, al punto di rimanere più soggetti alle malattie e meno capaci nelle carestie di cercare il nutrimento, o di sfuggire agli animali rapaci.

Alcuni organi, che ora sono di poca importanza, furono probabilmente in certi casi molto utili ad un antico progenitore; e dopo di essere stati lentamente perfezionati nei tempi primitivi, furono trasmessi alla prole quasi nel medesimo stato, benchè fossero divenuti di pochissima utilità; e tutte le variazioni attualmente nocive nella loro struttura, saranno state sempre impedite dalla elezione naturale. Considerando quanto importante sia la coda in molti animali acquatici, come organo di locomozione, la sua presenza generale e la sua utilità per molti usi in tanti animali terrestri, che coi loro polmoni e colla loro vescica natatoria modificata tradiscono la loro origine acquatica, può forse spiegarsi in questo modo. Una coda bene sviluppata essendosi formata in un animale acquatico, può poi essere stata impiegata per qualunque altro fine, cioè come caccia-mosche, o quale organo prensile, o quale appoggio per girare come nel cane, benchè tale aiuto debba essere assai tenue, perchè il lepre, che quasi non ha coda, può volgersi. correndo abbastanza velocemente.

In secondo luogo noi talvolta possiamo credere molto importanti certi caratteri che in realtà sono poco valutabili e che derivarono da cause affatto secondarie, indipendentemente dalla elezione naturale. Dobbiamo ricordare che il clima, il nutrimento, ecc., hanno probabilmente qualche piccola influenza diretta sulla organizzazione; che i caratteri ritornano per le leggi della reversione; che la correlazione di sviluppo deve avere esercitato un'influenza efficace nel modificare diverse strutture; e infine che l'elezione sessuale avrà spesso cambiato ampiamente i caratteri esterni degli animali, aventi una volontà, col fornire ad un maschio qualche vantaggio nella lotta contro un altro, o nell'adescare la femmina. Inoltre quando una modificazione di struttura si è manifestata per la prima volta, a motivo delle precedenti cause od anche di cause sconosciute, può darsi che la stessa non fosse allora di alcun profitto alla specie, ma successivamente può essere divenuta vantaggiosa pei discendenti della medesima sotto nuove condizioni di vita e colle abitudini ultimamente acquistate.

Se esistessero solamente dei picchi verdi, e se ignorassimo che ve ne hanno di neri e di variegati, io oserei affermare che noi avremmo riguardato il color verde come un meraviglioso adattamento per nascondere quest'uccello, abitatore degli alberi, allo sguardo de' suoi nemici; e per conseguenza come un carattere importante, e che poteva essersi ottenuto col mezzo dell'elezione naturale. Ma al contrario, giudicando le cose come stanno, non si può dubitare che questo colore sia dovuto a qualche altra causa affatto diversa, e probabilmente alla elezione sessuale. Una palma serpeggiante dell'Arcipelago Malese si arrampica sugli alberi più alti, coll'aiuto di cirri costruiti stupendamente, e disposti intorno alla estremità dei rami: e questa particolarità è senza dubbio di grandissima utilità alla pianta; ma siccome noi osserviamo in molti alberi, che non sono rampicanti, uncini quasi simili, può essere che quelli della palma siano provenuti dalle leggi ignote dello sviluppo, ed abbiano per conseguenza recato qualche vantaggio alla pianta, soggetta ad ulteriori modificazioni, e così l'abbiano resa rampicante. La pelle nuda del capo dell'avoltoio si considera generalmente come una conformazione adatta per cercare il nutrimento fra le materie putride, e ciò potrebbe derivare dalla diretta azione delle sostanze putrefatte. Tuttavia noi dobbiamo procedere con molta riserva, prima di trarre una conclusione analoga, mentre vediamo nel gallo d'India maschio, che mangia sostanze monde, la pelle del capo ugualmente nuda. Le suture del cranio dei giovani mammiferi furono riguardate come un mirabile adattamento per agevolare il parto, e certamente esse facilitano quest'atto e possono anche essere indispensabili; ma queste suture si notano anche nei crani dei piccoli uccelletti e dei rettili, i quali altro non hanno a fare che rompere la buccia dell'uovo: e noi possiamo dedurre da ciò che codesta struttura fu prodotta dalle leggi dello sviluppo, e portò un notevole vantaggio nel parto degli animali più elevati.

Noi ignoriamo affatto quali cause generino le variazioni piccole ed insignificanti; e siamo accertati immediatamente della nostra pochezza, pensando alle differenze che troviamo nelle razze dei nostri animali domestici, in paesi diversi e più particolarmente nelle contrade meno civilizzate, ove la elezione artificiale dell'uomo non fu che assai piccola. Gli animali conservati dai selvaggi nei vari paesi debbono spesso lottare per la loro propria esistenza; e trovansi quindi esposti in una certa estensione all'elezione naturale, e gli individui dotati di costituzioni leggermente diverse debbono riuscire meglio sotto climi differenti. Un buon osservatore ha constatato che nel bestiame bovino la suscettibilità di essere offeso dalle mosche è relativa al colore, non altrimenti della particolarità di essere avvelenato da certe piante; così che anche il colore sarebbe per tal modo subordinato all'azione della elezione naturale. Altri osservatori sono convinti che un clima umido influisca sull'accrescimento del pelo, e che le corna siano proporzionate al pelo stesso. La razze di montagna differiscono sempre da quelle di pianura; e una regione montuosa probabilmente deve influire sugli arti posteriori ed anche sul bacino esercitandoli maggiormente; quindi anche le parti anteriori e la testa saranno probabilmente modificate per la legge delle variazioni omologhe. La forma del bacino può anche far variare, per mezzo della pressione, la forma del capo del feto nell'utero. Il laborioso processo respiratorio, necessario nelle regioni elevate, produrrà (come abbiam ragione di credere) un aumento di grandezza nel torace: ed anche in tal caso la correlazione entrerà in giuoco. Gli effetti prodotti dall'esercizio diminuito sull'intero organismo, quando vada congiunto con maggior copia di alimento, saranno assai più rilevanti; e questa è apparentemente la causa principale delle grandi modificazioni che presentarono le varie razze di maiali, come recentemente fu provato da H. von Nathusius, nel suo ottimo trattato. Ma noi siamo troppo all'oscuro per discutere sull'importanza relativa delle leggi note e di quelle sconosciute della variabilità; e qui feci allusione ad esse soltanto per dimostrare che, se noi siamo incapaci di spiegare le differenze caratteristiche delle nostre razze domestiche, le quali però ammettiamo generalmente siano derivate da altre per generazione ordinaria, pure non dobbiamo attribuire troppo valore alla nostra ignoranza della causa precisa delle piccole differenze analoghe fra le specie.

FINO A CHE PUNTO LA TEORIA UTILITARIA SIA GIUSTA; COME SIA RAGGIUNTA LA BELLEZZA

I rilievi precedenti mi conducono a dire qualche parola della protesta, ultimamente fatta da qualche naturalista, contro la dottrina utilitaria, secondo la quale ogni dettaglio di struttura fu prodotto per il bene del suo possessore. Essi credono che moltissimi organismi siano stati creati per la loro bellezza, per appagare gli occhi dell'uomo o il creatore (ma questa ultima idea è fuori dei limiti di una discussione scientifica), o per mera varietà. Se questa dottrina fosse vera, sarebbe assolutamente fatale per la mia teoria. Nondimeno io consento pienamente che molte strutture non sono direttamente vantaggiose all'individuo che le possiede, e forse non lo furono nemmeno ai suoi progenitori; ma ciò non prova che siano state formate per sola bellezza o varietà. L'azione definita delle cambiate condizioni di vita e le varie cause modificatrici sopra accennate avranno certamente prodotto un effetto, e probabilmente un grande effetto, indipendentemente da un vantaggio guadagnato. Ma la considerazione più importante è, che la parte principale della organizzazione di ogni essere deriva semplicemente dalla eredità; e quindi, benchè ogni essere sia certamente bene stabilito nel suo posto naturale, molte strutture non hanno presentemente alcuna relazione diretta colle abitudini di vita delle specie attuali. Così noi non potremmo credere che i piedi dell'oca di Magellano e della fregata siano di un utile speciale a questi uccelli; non potremmo pensare che le ossa simili del braccio della,scimmia, della gamba anteriore del cavallo, dell'ala del pipistrello, delle natatoie della foca, siano utili in modo particolare a questi animali. Possiamo con sicurezza attribuire queste strutture all'eredità. Ma il piede palmato sarà stato senza dubbio utile all'antico progenitore dell'oca di Magellano e della fregata, non meno di quello che oggi lo sia alla maggior parte negli uccelli acquatici esistenti. Così noi possiamo credere che il progenitore della foca non avesse le natatoie, ma bensì piedi con cinque dita, formate in modo da permettergli di camminare e di afferrare gli oggetti; possiamo inoltre supporre che le diverse ossa negli arti della scimmia, del cavallo, del pipistrello si siano sviluppate conforme al principio di utilità, probabilmente per riduzione di ossa più numerose della pinna che possedeva un vecchio progenitore pesciforme dell'intera classe. È molto difficile il decidere quanta parte vi abbiano preso queste cause di cambiamenti, come l'azione definita delle condizioni esterne di vita, le così dette variazioni spontanee, e quanta le leggi complicate di sviluppo; ma fatte queste importanti eccezioni, noi possiamo concludere che la struttura di ogni essere vivente sia ancora oggi o fosse in passato utile al possessore.

Relativamente all'opinione che gli esseri organici siano creati belli perchè siano ammirati dall'uomo, opinione che fu creduta fatale alla mia teoria, devo osservare che il senso della bellezza si trova nell'uomo indipendentemente da una qualità reale dell'oggetto ammirato, e che l'idea del bello non è nè innata nè invariabile. Noi lo vediamo, ad esempio, negli uomini delle varie razze, i quali giudicano ad una stregua molto diversa la bellezza delle loro donne. Se gli oggetti belli fossero creati unicamente a diletto dell'uomo, sarebbe dimostrabile che minor bellezza esisteva alla superficie della terra avanti la comparsa dell'uomo. O si crede che le belle conchiglie di Voluta e di Conus del periodo eocenico e le ammoniti elegantemente scolpite dell'epoca secondaria siano state create perchè l'uomo le ammiri nelle sue collezioni dopo migliaia di anni? Pochi oggetti sono più belli dei minutissimi gusci silicei delle diatomee; furono essi forse creati per essere esaminati ed ammirati con un microscopio a forte ingrandimento? In quest'ultimo caso, come in molti altri, la bellezza sembra dovuta alla simmetria dell'accrescimento. I fiori sono considerati tra i più belli prodotti della natura, ma essi ebbero un colore che contrasta col verde delle foglie e che in pari tempo li rende belli, perchè siano facilmente osservati dagli insetti. A questo giudizio mi condusse la osservazione che i fiori, i quali vengono fecondati a mezzo del vento, non hanno mai una corolla vivamente colorata. Oltre ciò parecchie piante producono generalmente due qualità di fiori: gli uni aperti e colorati, i quali attirano gli insetti; gli altri chiusi, non colorati, privi di nèttare, i quali non sono mai visitati dagli insetti. Ne possiamo inferire che se alla superficie non fossero mai esistiti gli insetti, la vegetazione non offrirebbe dei fiori belli, ma solamente fiori meschini, come li hanno il nostro abete, la quercia, il nocciuolo, il frassino, gli spinaci, le graminacee, il rumice e l'ortica, le quali piante tutte vengono fecondate a mezzo del vento. Lo stesso ragionamento può estendersi alle diverse specie di frutti. Ognuno ammette che una fragola matura o una ciliegia accontenti non solo il palato, ma anche l'occhio; e che il frutto vivamente colorato del silio e le bacche scarlatte dell'agrifoglio siano belle. Tale bellezza giova per indurre gli uccelli ed altri animali a mangiare questi frutti ed a disperderne i semi. Questo giudizio mi sembra giusto, perchè senza alcuna eccezione i semi racchiusi in frutti (cioè in un guscio carnoso e polposo), di colori vivi, o almeno di colori che spiccano, come il bianco ed il nero, vengono diffusi nel modo suindicato.

D'altra parte ammetto volentieri che molti animali maschili, come tutti i nostri uccelli magnifici, parecchi pesci, rettili e mammiferi, e molte farfalle a colori splendidi siano divenuti belli per la bellezza; ma ciò non è avvenuto a diletto dell'uomo, ma a mezzo della elezione sessuale, perchè cioè i maschi più belli furono continuamente prescelti dalle femmine. La stessa cosa è a dirsi del canto degli uccelli; e noi possiamo concludere che in gran parte del regno animale domina un simile gusto pei bei colori e pei suoni musicali. Nelle, specie, in cui la femmina offre colori ugualmente belli come il maschio, ciò che non raramente si osserva negli uccelli e nelle farfalle, i colori acquistati colla elezione sessuale, a quanto pare, furono trasmessi ad ambedue i sessi, invece che ai soli maschi. È assai difficile il dire, come il senso della bellezza nella sua più semplice forma, cioè la sensazione di un modo particolare di piacere che producono certi colori, forme o suoni, siasi sviluppato nello spirito dell'uomo e degli animali inferiori. La medesima difficoltà ci si presenta quando vogliamo indagare la causa, per cui alcuni sapori e odori producon piacere, ed altri dispiacere. In questi casi entra l'abitudine fino ad un certo punto, ma deve averne parte anche la costituzione del sistema nervoso di ciascuna specie.

Non è possibile che l'elezione naturale produca una modificazione in una data specie esclusivamente per il bene di un'altra; benchè nella natura ogni specie approfitti incessantemente dei vantaggi che le sono offerti dalla struttura d'un'altra. Ma l'elezione naturale può produrre e produce di fatto delle strutture che sono di nocumento diretto ad altre specie, come osserviamo nel dente della vipera e nell'ovopositore dell'icneumone, col quale egli depone le sue uova nel corpo vivente di altri insetti. Se potesse provarsi che ogni organo di una specie venne formato per esclusivo utile di un'altra specie, la mia teoria sarebbe spacciata; perchè quell'organo non avrebbe potuto essere prodotto dalla elezione naturale. Quantunque possano trovarsi molte asserzioni di questo genere nelle opere di storia naturale, io non ho saputo rinvenire un solo argomento che mi sembrasse di qualche valore. Così si ammette che il serpente a sonagli abbia denti veleniferi per propria difesa e per uccidere la sua preda; ma alcuni autori suppongono che, nello stesso tempo, la sua coda sia fornita di sonagli a danno del serpente stesso; perchè avverta la sua preda acciocchè fugga. Potrebbe credersi eziandio che il gatto scuota l'estremità della sua coda, quando si prepara al salto, per mettere in guardia il sorcio dà lui appostato. Assai più probabile è l'opinione che il serpente a sonagli impieghi il suo sonaglio, il serpente ad occhiali distenda il suo collare e la vipera nasicorne si gonfi mentre emette un forte acuto soffio per intimorire i molti uccelli e mammiferi che notoriamente attaccano anche le specie più velenose. Avviene nei serpenti la medesima cosa, come nelle galline quando fanno tremolare le penne o distendono le ali davanti ad un cane che osi avvicina ai loro pulcini. Ma mi manca qui lo spazio di trattare de' molteplici modi, con cui gli animali cercano di intimorire i loro nemici.

L'elezione naturale non produrrà mai in un essere qualsiasi cosa che gli sia più dannosa che utile, perchè essa agisce solamente per l'utile di ciascuno. Niun organo può formarsi, come osservava Paley, per lo scopo di recare tormento o danno al suo possessore. Se si misurasse il bene e il male cagionato da ogni organo, si vedrebbe che il risultato sarebbe in complesso vantaggioso. Dopo il corso dei tempi, se una parte diventa nociva, per le mutate condizioni di vita, sarà modificata; quando poi ciò non avvenga, l'essere rimarrà estinto, come si è osservato di miriadi di altre forme.

L'elezione naturale tende soltanto a far sì che ogni essere organico divenga altrettanto perfetto, od anche alquanto più perfetto degli altri abitatori della medesima regione, coi quali esso deve lottare per l'esistenza. E noi vediamo che questo è appunto il grado di perfezione, al quale tende la natura. Le produzioni endemiche della Nuova Zelanda, per esempio, sono perfette, quando si paragonino l'una all'altra; ma esse sono soggette a diminuire rapidamente, a fronte delle irrompenti legioni di piante e d'animali che vi s'introducono dall'Europa. Tuttavia questa elezione naturale non raggiungerà l'assoluta perfezione; nè potrà mai incontrarsi, a quanto credo, questo tipo di perfezione nella natura. Secondo Giovanni Müller, la correzione per l'aberrazione della luce non è ancora perfetta nell'occhio, che è pure il più perfetto degli organi.

Helmholtz, la cui competenza nessuno vorrà mettere in dubbio, dopo avere descritto colle più forti espressioni il potere meraviglioso dell'occhio umano, aggiunge queste parole significative: «Quanto noi di inesattezza e di imperfezione abbiamo scoperto nell'apparato ottico e nella immagine sulla retina, è cosa di poco conto di fronte alla inesattezza che abbiamo testè incontrata nel dominio delle sensazioni. Si potrebbe dire che la natura trovi diletto nell'accumulare le contraddizioni per rimuovere tutte le basi ad una dottrina di armonia preesistente fra il mondo esterno ed interno». Se la nostra ragione ci conduce ad ammirare con entusiasmo una moltitudine di inimitabili disposizioni nella natura, la stessa ragione ci induce a ritenere che alcuni altri congegni naturali siano meno perfetti, quantunque possiamo facilmente errare da ambi i lati. Possiamo noi considerare il pungiglione dell'ape quale organo perfetto, mentre se venga usato contro altri animali non può essere ritirato, opponendosi la sua dentatura all'indietro, e cagionando così inevitabilmente la morte dell'insetto per l'estrazione e la lacerazione dei suoi visceri?

Ma se noi pensiamo che il pungiglione dell'ape sia in origine stato impiegato da un remoto progenitore a guisa di strumento da perforare o da segare (non altrimenti di ciò che si osserva in molti altri membri dello stesso grande ordine), e che fu poi modificato, ma non perfezionato, per l'oggetto a cui serve presentemente, col veleno dapprima adatto ad altro ufficio, come, per esempio, a produrre delle galle, indi reso sempre più intenso: possiamo forse intendere come sia che l'uso dell'aculeo abbia da recare la morte così spesso al medesimo insetto. Perchè se in complesso la facoltà di pungere fosse vantaggiosa a tutto lo sciame, soddisferebbe a tutte le condizioni richieste dall'elezione naturale, anche se ne seguisse la morte di parecchi individui. Se noi ammiriamo la veramente portentosa facoltà olfattiva, per la quale i maschi di molti insetti trovano le loro femmine, possiamo forse stupire al vedere la produzione di migliaia di fuchi, i quali non compiono che una singola operazione, che sono affatto inutili alla loro colonia per qualunque altro rapporto, e che finiscono per essere massacrati dalle loro laboriose e sterili sorelle? Noi dovremmo anche ammirare, benchè ciò possa essere difficile, l'odio selvaggio ed istintivo dell'ape regina che la spinge a distruggere le giovani regine sue figlie, appena che esse sono nate, o a perire anch'essa nel combattimento; senza dubbio ciò avviene per il bene dello sciame; e il materno amore o l'odio materno (quantunque quest'ultimo sia fortunatamente più raro) derivano pure dal medesimo principio inesorabile della elezione naturale. Se infine noi ammiriamo i diversi ingegnosi apparati, per mezzo dei quali i fiori delle orchidee e di molte altre piante sono fecondati per opera degli insetti, possiamo forse considerare come ugualmente perfetta l'elaborazione dei densi nembi di polline nei nostri abeti, affinchè pochi grani soltanto siano trasportati per caso dalla brezza sugli ovuli?

SOMMARIO DEL CAPO: LA LEGGE DELLA UNITÀ DI TIPO E DELLE CONDIZIONI DI ESISTENZA È ABBRACCIATA DALLA TEORIA DELL'ELEZIONE NATURALE

In questo capo noi abbiamo discusso alcune delle difficoltà ed obbiezioni che possono contrapporsi alla mia teoria. Parecchie sono molto serie; ma io credo che la discussione abbia sparso qualche luce sopra diversi fatti i quali rimangono completamente oscuri secondo la dottrina degli atti indipendenti di creazione. Abbiamo veduto che le specie di ogni periodo non sono indefinitamente variabili, nè sono collegate fra loro da una moltitudine di gradazioni intermedie: e ciò in parte perchè il processo di elezione naturale è sempre assai lento, e si esercita in ogni tempo solamente sopra pochissime forme; e in parte perchè questo processo di elezione naturale implica quasi la continua successione ed estinzione delle gradazioni precedenti ed intermedie. Quelle specie strettamente affini che vivono attualmente in un'area continua, debbono spesso essere state formate quando l'area era discontinua e quando le condizioni di vita non erano insensibilmente variate da una parte ad un'altra. Se due varietà si formano in due distretti di un'area continua, spesso si produrrà una varietà intermedia appropriata ad una zona intermedia; ma per le ragioni esposte, la variazione intermedia esisterà ordinariamente più scarsa delle due forme che sono dalla medesima congiunte; per conseguenza queste ultime, nel corso delle loro ulteriori modificazioni e per il fatto stesso di essere più numerose, avranno un grande vantaggio sopra la varietà intermedia meno ricca, e riusciranno così generalmente a soppiantarla ed esterminarla.

Abbiamo veduto, nel presente capo, quanto dobbiamo essere cauti nel concludere che le abitudini di vita più diverse non possano gradatamente sostituirsi le une alle altre, e che un pipistrello, per esempio, non possa essere derivato, per elezione naturale, da un animale che dapprima si sosteneva appena nell'aria.

Abbiamo veduto che una specie può modificare le sue abitudini sotto nuove condizioni di vita, ovvero acquistare abitudini diverse, alcune delle quali affatto differenti da quelle de' suoi congeneri prossimi. Quindi se poniamo mente che ogni essere organico si adopera per vivere dove può esistere, comprenderemo come si osservino oche terrestri co' piedi palmati, picchi che vivono al suolo, tordi che si tuffano nell'acqua, e finalmente procellarie dotate delle abitudini dei pinguini.

Benchè l'opinione, che un organo tanto perfetto come l'occhio possa essere stato prodotto per mezzo dell'elezione naturale, sia tale da muovere in ognuno il dubbio sulla sua verità; tuttavia se noi conosciamo una lunga serie di gradazioni, nel complesso di un organo, ognuna delle quali sia vantaggiosa all'individuo che la possiede, allora non sarebbe più logicamente impossibile che, sotto mutate circostanze di vita, si raggiungesse un grado determinato di perfezione colla elezione naturale. Quando non siamo a giorno degli stati intermedi o transitorii, dobbiamo guardarci dal concludere che non ve ne furono; perchè le omologie di molti organi e i loro stati intermedi dimostrano almeno che sono possibili portentose metamorfosi nelle funzioni. Per esempio, una vescica natatoria fu, a quanto sembra, convertita in un polmone per la respirazione aerea. Le transizioni debbono spesso essere largamente agevolate, quando uno stesso organo, dopo di aver adempiuto simultaneamente funzioni assai diverse, venne poi modificato e diretto più specialmente ad una sola funzione; e così nel caso, in cui due organi distintissimi insieme adempivano nel medesimo tempo al medesimo ufficio, e l'uno si poteva perfezionare aiutato dall'altro.

Due esseri molto discosti fra loro nel sistema naturale ci hanno offerto l'esempio di un organo, il quale in ambedue serve allo stesso scopo, è affatto simile nella esterna apparenza, e può essersi formato separatamente ed indipendentemente; se però tali organi siano esaminati da vicino, essi presentano quasi sempre delle differenze essenziali nella struttura, e ciò è una conseguenza necessaria del principio di elezione naturale. D'altra parte è una regola generale in tutta la natura che una infinita diversità di struttura serve a raggiungere un medesimo scopo, ed anche ciò scaturisce dallo stesso grande principio.

Noi siamo troppo ignoranti, in quasi tutti i casi, per trovarci in grado di affermare che una parte od un organo siano di sì poca importanza per il benessere di una specie, che non possano essersi lentamente accumulate le modificazioni della sua struttura, per effetto dell'elezione naturale. Ma possiamo ammettere con piena fede che molte modificazioni, dovute interamente alle leggi dello sviluppo e dapprima in verun modo vantaggiose ad una specie, divennero in seguito utili ai discendenti vieppiù modificati di essa. Possiamo anche ritenere che un organo, il quale fu anticamente di alta importanza, fu spesso conservato dai discendenti (come la coda di un animale acquatico da' suoi discendenti terrestri), quantunque, sia poi divenuto tanto insignificante, nel suo stato attuale, che non potrebbe ripetersi dall'elezione naturale, la quale non agisce che per la preservazione delle variazioni profittevoli, nella lotta per l'esistenza.

L'elezione naturale non produrrà cosa alcuna in qualche specie per esclusivo profitto o danno di un'altra; benchè possa benissimo formare delle parti, degli organi, e delle secrezioni altamente utili od anche indispensabili, ovvero altamente nocive ad altre specie, ma in tutti i casi utili insieme alla propria. L'elezione naturale in ogni paese ben popolato deve agire principalmente per mezzo della concorrenza che gli abitanti si fanno, e quindi sarà per produrre soltanto quella perfezione e quella forza che, nella battaglia per la vita, si accordano alle condizioni della località. Perciò gli abitanti di una regione, in generale, quanto più la medesima sia piccola, dovranno spesso cedere il posto a quelli di un altro paese più vasto, come infatti si osserva. Perchè in una regione vasta, dove debbono essersi trovati molti individui e le forme più disparate, la lotta sarà stata più severa, e così il limite di perfettibilità si sarà elevato maggiormente. L'elezione naturale non deve produrre di necessità una perfezione assoluta; nè, per quanto possiamo giudicare colle nostre limitate facoltà, può la perfezione assoluta incontrarsi in alcun luogo.

Secondo la teoria della elezione naturale, noi possiamo intendere con tutta chiarezza l'intero significato di quell'antico canone della storia naturale, Natura non facit saltum. Se consideriamo semplicemente gli attuali abitatori del mondo, questa massima non è strettamente corretta; ma se noi includiamo tutti gli esseri dei tempi passati, deve essere, dietro la mia teoria, assolutamente vera.

Generalmente si riconosce che tutti gli esseri organizzati sono stati formati in seguito a due grandi leggi: cioè l'Unità di Tipo e le

Condizioni di Esistenza. Per unità di tipo si intende quella fondamentale somiglianza di struttura, che noi vediamo negli esseri organici di una medesima classe, e che è affatto indipendente dalle loro abitudini di vita. Seguendo la mia dottrina, l'unità di tipo viene spiegata dalla unità di discendenza. L'adattamento alle condizioni di esistenza, sul quale ha tanto spesso insistito l'illustre Cuvier, viene abbracciato completamente dal principio della elezione naturale. Perchè l'elezione naturale agisce, o coll'appropriare le parti variabili di ogni essere alle sue condizioni di vita organiche ed inorganiche: oppure cogli adattamenti praticati nelle lunghissime epoche trascorse; trovandosi questi adattamenti agevolati, in certi casi, dall'uso e dal non-uso, od anche essendo leggermente affetti dall'azione diretta delle condizioni esterne della vita e soggiacendo poi sempre alle diverse leggi di sviluppo. Quindi, nel fatto, la legge dell'adattamento alle Condizioni di Esistenza è la più elevata; mentre comprende quella dell'Unità di Tipo, per l'eredità degli adattamenti antichi.

CAPO VII

OBBIEZIONI DIVERSE
CONTRO LA TEORIA DELL'ELEZIONE NATURALE.

Longevità - Le modificazioni non sono necessariamente contemporanee - Modificazioni che non sembrano di utilità diretta - Sviluppo progressivo - I caratteri di lieve importanza funzionale sono i più costanti - L'elezione naturale ritiensi insufficiente a spiegare gli stadii incipienti delle strutture utili - Cause che disturbano l'acquisto delle strutture utili a mezzo dell'elezione naturale - Gradazioni di struttura nei cambiamenti di funzione - Organi molto diversi nei membri di una medesima classe sviluppatisi dalla stessa sorgente - Ragioni che impediscono di ammettere le modificazioni grandi e repentine.

Dedicherò questo capitolo all'esame di parecchie svariate obiezioni che furono sollevate contro le mie idee, tanto più che così riusciranno più chiare alcune precedenti discussioni; ma sarebbe inutile di esaminare tutte le obbiezioni, molte di esse essendo fatte da autori che non ebbero cura di comprendere il soggetto. Così un distinto naturalista tedesco ha sostenuto che la parte più debole della mia teoria sia quella, dove io asserisco che tutti gli esseri organici siano imperfetti. Ma in realtà io dissi solamente che tutti, in relazione alle loro condizioni, non sono così perfetti come potrebbero esserlo; e la verità di questo giudizio è dimostrata dalle molte forme indigene, le quali in molte parti del mondo hanno dovuto cedere il loro posto alle forestiere intruse. Inoltre gli esseri organici, anche se in un determinato tempo fossero perfettamente adattati alle condizioni di vita, non lo saranno altrettanto, quando saranno cambiate quelle condizioni, e dovranno anch'essi cambiarsi. E nessuno negherà che le condizioni fisiche di ogni paese sieno soggette a molti mutamenti, come il numero e le specie de' suoi abitatori.

Un critico ha recentemente sostenuto, con aria di esattezza matematica, che la longevità è un grande vantaggio per ciascuna specie, per cui i sostenitori della elezione naturale dovrebbero costruire l'albero genealogico in guisa che tutti i discendenti abbiano vita più lunga degli antenati. Ma non pare al nostro critico che una pianta biennale od alcuno degli animali inferiori possa estendersi dove il clima è freddo e colà perire ogni inverno, e nondimeno sopravvivere di anno in anno a mezzo dei semi o delle uova in seguito ai vantaggi acquistati dall'elezione naturale? F. Ray Lankester ha svolto di recente quest'argomento, e per quanto la straordinaria complicazione del medesimo gli ha concesso di giudicare è arrivato alla conclusione che la longevità in generarle sta in rapporto col posto che una specie occupa nella scala della organizzazione, e così pure colla quantità del consumo nella riproduzione e colla generale attività. È probabile che questi rapporti siano stati largamente determinati dall'elezione naturale.

Siccome tra le specie animali e vegetali dell'Egitto, che noi conosciamo, nessuna si è cambiata negli ultimi tre o quattromila anni, così si è conchiuso che nemmeno altre, in altre parti del mondo, abbiano subìto dei cambiamenti: Ma questa conclusione, come ha notato G. H. Lewes, dimostra troppo, imperocchè le vecchie razze domestiche che vedonsi figurate o conservansi imbalsamate nei monumenti egiziani sono assai simili alle attuali e forse con esse identiche; e nondimeno tutti i naturalisti ammettono che tali razze siansi formate in seguito a modificazioni dei tipi originali. Le molte specie animali che rimasero inalterate dal principio dell'epoca glaciale in poi avrebbero potuto costituire una obbiezione assai più forte, giacchè esse son state esposte ad un grande cambiamento di clima ed hanno migrato sopra vasti territorii, mentre in Egitto, per quanto sappiamo, le condizioni di vita sono rimaste assolutamente uniformi durante parecchi degli ultimi millennii. Il fatto che dopo l'epoca glaciale non si sono manifestate delle modificazioni, o furono leggerissime, avrebbe potuto fornire un'obbiezione efficace contro i sostenitori di una legge innata e necessaria di sviluppo, ma è impotente contro la dottrina dell'elezione naturale o sopravvivenza del più adatto, secondo la quale vengono conservate le variazioni o differenze individuali di natura benefica che apparissero, ciò che potrà effettuarsi solamente in certe circostanze favorevoli.

Il celebre paleontologo Bronn, in fine della sua traduzione tedesca di questa opera, domanda come, secondo il principio dell'elezione naturale, una varietà possa vivere accanto alla specie-madre? Se ambedue sono state adattate, ad abitudini e condizioni di vita leggermente diverse, esse potranno vivere insieme; e se facciamo astrazione dalle specie polimorfe, nelle quali la variabilità; sembra di natura affatto peculiare, e da tutte le variazioni meramente temporanee, come sarebbero la grandezza, l'albinismo, noi troviamo, per quanto a me consta, che le varietà permanenti abitano stazioni distinte, come altipiani o basse pianure, distretti asciutti od umidi. Di più, in quegli animali che migrano molto e s'incrociano largamente, le varietà sono generalmente confinate sopra distinte regioni.

Il Bronn sostiene anche che le specie distinte non diversificano mai tra loro in un solo carattere, ma in molte parti, e domanda per quale motivo dalla variazione e dalla elezione naturale siano state modificate molte parti dell'organismo ad un tempo? Ma non v'ha una ragione che ci costringa a supporre che tutte quelle parti siano state modificate contemporaneamente. Le modificazioni più singolari, che sono eminentemente adatte ad uno scopo, possono, come fu già accennato, essere state acquistate con variazioni successive, dapprima leggere, apparse in una parte, e poi in un'altra; e siccome tutte vengono trasmesse insieme, può sembrarci che esse si siano sviluppate ad un tempo. La migliore risposta all'obbiezione surriferita offrono peraltro quelle razze domestiche, le quali dall'elezione artificiale furono adattate ad uno scopo speciale. Si consideri il cavallo da corsa ed il cavallo da carretta, oppure l'alano. L'intera loro corporatura e le qualità mentali furono modificate; ma se noi seguiamo la storia delle loro trasformazioni, e gli ultimi passi ponno seguirsi, noi vediamo che i cambiamenti non furono nè grandi nè contemporanei, ma che dapprima una parte e poi un'altra vennero modificate e migliorate. Perfino nei casi, in cui la elezione dell'uomo si è esercitata sopra un solo carattere, di che le piante coltivate ci offrono i migliori esempi, noi troviamo costantemente che questa parte, sia il fiore, sia il frutto o siano le foglie, venne notevolmente cambiata, ma anche tutte le altre parti subirono delle leggere modificazioni, e ciò per effetto in parte del principio di correlazione di sviluppo, ed in parte in seguito alla così detta variazione spontanea.

Un'obbiezione più seria fu fatta dal Bronn, e recentemente dal Broca, e si è che molti caratteri non sembrano di alcuna utilità pel possessore, e non possono quindi subire gli effetti dell'elezione naturale. Bronn cita la lunghezza delle orecchie e della coda nelle diverse specie di lepri e di sorci, le pieghe complicate di smalto nei denti di molti mammiferi ed altri consimili esempi. In riguardo alle piante questo soggetto fu trattato dal Nägeli in un pregevolissimo lavoro. Egli ammette che l'elezione naturale abbia molto operato; ma insiste sul fatto che le famiglie vegetali diversificano fra loro principalmente nei caratteri morfologici, i quali pel benessere della specie sembrano destituiti di ogni importanza. Egli crede perciò ad una tendenza innata di sviluppo progrediente e perfezionante. Più particolarmente egli cita la disposizione delle cellule nei tessuti e delle foglie dell'asse come casi, in cui la elezione naturale non avrebbe potuto essere attiva. Vi si potrebbero aggiungere anche le divisioni numeriche delle parti fiorali, la posizione degli ovuli, la forma del seme, in quanto non è utile per la disseminazione, ecc.

L'obbiezione succitata ha molto valore. Nullameno noi dobbiamo in primo luogo essere molto cauti nella pretesa di giudicare quali strutture siano ora o fossero in passato utili ad una specie. Secondariamente dobbiamo riflettere, che se una parte viene modificata, altrettanto succede di altre per cause imperfettamente conosciute, così in seguito ad aumentato o diminuito accesso di nutrimento verso una parte, per reciproca pressione, per l'azione di una parte prima sviluppata sopra un'altra che si sviluppò più tardi, e così via. Si aggiungano ancora i molti casi misteriosi di correlazione che noi non comprendiamo minimamente. Questi effetti, per brevità, possono unirsi insieme sotto l'espressione della legge d'accrescimento. In terzo luogo dobbiamo tener conto dell'azione diretta e definita delle cambiate condizioni dì vita, e delle così dette variazioni spontanee, in cui la natura delle condizioni, in apparenza, ha una parte affatto subordinata. Buoni esempi di variazioni spontanee offrono le varietà di gemme, come l'apparsa di rose muscose sul rosaio o delle pesche-mandorle sul persico. Se noi pensiamo all'azione che ha una piccola goccia di veleno nella produzione delle galle complicate, non possiamo essere troppo sicuri che quelle variazioni non siano l'effetto di un cambiamento locale nella qualità del succo in dipendenza delle mutate condizioni di vita. Una causa efficiente deve sussistere tanto per ogni leggera differenza individuale come per le più spiccate variazioni che occasionalmente appariscono; e se la causa sconosciuta fosse persistente, è certo che tutti gli individui di una specie sarebbero modificati in modo simile.

Nelle precedenti edizioni di quest'opera, parmi di avere apprezzato troppo poco la frequenza e l'importanza delle modificazioni dovute alla variabilità spontanea. Ma è impossibile attribuire a questa causa le innumerevoli strutture che si adattano sì bene alle abitudini di vita di cadauna specie. Ciò è tanto impossibile come l'attribuirvi le forme adattate del cavallo da corsa o del veltro, le quali eccitarono cotanto la sorpresa nella mente dei vecchi naturalisti, prima che fosse ben compreso il principio della elezione esercitata dall'uomo.

Credo che valga la pena chiarire alcune delle precedenti osservazioni. Per ciò che riguarda la supposta inutilità di varie parti od organi, è appena. necessario di dire che negli animali superiori e meglio conosciuti molte strutture sono così bene sviluppate, che nessuno dubita della loro importanza; e tuttavia il loro uso o è ancora sconosciuto, o venne solo di recente accertato. Siccome il Bronn adduce la lunghezza delle orecchie e della coda nelle varie specie di sorci come esempi, sebbene deboli, di differenze di struttura che non sono di alcuna utilità speciale, debbo osservare che secondo il dott. Schöbl le orecchie esterne del sorcio comune sono riccamente fornite di nervi, cosicchè, servono senza dubbio come organi tattili; per conseguenza la lunghezza delle orecchie non sarà priva di importanza. Noi vedremo anche più tardi che in alcune specie la coda è un organo prensile assai utile, e la sua lunghezza influirà quindi molto sul suo uso.

Quanto alle piante, eccitato dalla Memoria del Nägeli, farò le seguenti osservazioni. È certo che i fiori delle orchidee offrono molte interessanti particolarità di struttura che avanti pochi anni sarebbero state considerate come semplici differenze morfologiche senza una funzione speciale; ma ora si sa ch'esse sono della massima importanza per la fecondazione delle specie a mezzo degli insetti, e che probabilmente furono acquisite coll'elezione naturale. Fino a questi ultimi tempi nessuno avrebbe creduto che la diversa lunghezza degli stami e dei pistilli e la loro disposizione nelle piante dimorfe e trimorfe possano essere di qualche vantaggio; ma ora sappiamo che le cose stanno precisamente così.

In alcuni interi gruppi di piante gli ovuli sono eretti, in altri sospesi, ed in alcune poche piante entro un medesimo ovario un ovulo ha la prima, un secondo l'altra posizione. Queste posizioni sembrano a prima vista puramente morfologiche e di nessuna importanza fisiologica. Ma il dott. Hooker mi fa sapere che tra gli ovuli di uno stesso ovario vengono fecondati talvolta solamente i superiori, ed in altri casi solamente gli inferiori. E suppone che ciò dipenda dalla direzione nella quale i budelli pollinici entrano nell'ovario. Se così fosse, la posizione degli ovuli, ed anche l'essere l'uno e l'altro sospeso entro un medesimo ovario, dipenderebbe dalla elezione di quelle leggere modificazioni di posizione che favoriscono la fecondazione e la produzione di semi.

Parecchie piante appartenenti ad ordini distinti producono in regola due qualità di fiori, gli uni aperti e di struttura ordinaria, gli altri chiusi e imperfetti. Queste due qualità di fiori differiscono talvolta mirabilmente tra loro nella struttura; ma in una medesima pianta gli uni passano gradatamente negli altri. I fiori ordinari aperti possono essere incrociati, e vengono assicurati i vantaggi che tengono dietro a questo processo. I fiori chiusi ed imperfetti sono manifestamente di grande importanza, giacchè forniscono con tutta sicurezza grande copia di semi col minimo consumo di polline. Come testè fu detto, le due qualità di fiori differiscono spesso notevolmente fra loro nella struttura Nei fiori imperfetti i petali sono quasi sempre rappresentati da semplici rudimenti, e i granuli del polline sono ridotti nel diametro. Nella Ononis columnæ cinque degli stami alternanti sono rudimentali; ed in alcune specie di Viola tre stami trovansi in tale stato, mentre due conservano la ordinaria loro funzione, ma sono di assai piccola statura. Nella viola indiana (non si conosce il nome, perchè le piante non hanno ancor prodotto dei fiori perfetti) su trenta fiori chiusi sei avevano il numero dei sepali, i quali normalmente sono cinque, ridotti a tre. In una sezione delle malpighiacee i fiori chiusi, secondo A. De Jussieu, subiscono ulteriori modificazioni, giacchè i cinque stami, che sono opposti ai sepali, sono tutti abortiti, ed un solo sesto stame, opposto ad un petalo, è sviluppato. Tale stame non esiste nei fiori ordinari di queste specie. Lo stilo è abortito, e gli ovari, da tre, sono ridotti a due. Sebbene l'elezione naturale potesse avere la forza di impedire l'espansione di alcuni di questi fiori, e di ridurre la quantità del polline divenuta superflua per la chiusura dei fiori stessi, tuttavia ben difficilmente alcuna delle suddette modificazioni speciali fu determinata da essa, ma deve essere una conseguenza delle leggi di accrescimento, inclusa l'inazione funzionaria di alcune singole parti, durante la progrediente riduzione del polline e la chiusura del fiore.

È tanto necessario di apprezzare gli effetti importanti delle leggi di accrescimento che voglio aggiungere alcuni casi di altro genere, e cioè di differenze in una stessa parte od organo, dovute a differenze nella relativa posizione in una medesima pianta. Nel castagno spagnuolo ed in certi pini, secondo lo Schacht, gli angoli di divergenza delle foglie sono diversi nei rami pressochè orizzontali e negli eretti. Nella ruta comune ed in alcune altre piante si apre dapprima un fiore, ordinariamente il centrale o terminale, ed ha cinque sepali e petali e cinque logge nell'ovario, mentre tutti gli altri fiori della pianta sono tetrameri. Nella Adoxa inglese il fiore superiore ha generalmente il calice a due lobi e gli altri organi tetrameri, mentre i fiori circostanti possiedono in regola un calice a tre lobi e gli altri organi pentameri. In molte composte ed ombrellifere (ed in alcune altre piante) i fiori periferici hanno la corolla assai più sviluppata che non i centrali, e ciò sembra connesso coll'abortimento degli organi della riproduzione. Un fatto assai più singolare, che venne già menzionato, si è questo, che gli acheni o semi della periferia e del centro diversificano notevolmente tra loro nella forma, nel colore ed in altri caratteri. Nel Carthamus ed in alcune altre composte i soli acheni centrali sono forniti di un pappo, e nella Hyoseris un medesimo capitolo offre tre forme di achenii. In certe ombrellifere, secondo il Tausch, i semi esterni sono ortospermi, i centrali celospermi, ed il De Candolle in altre specie ha ritenuto questa differenza della massima importanza sistematica. Il prof. Braun cita un genere delle fumariacee, in cui i fiori nella parte inferiore della infiorescenza portano capsule ovali, costate e monosperme, mentre quelli della parte superiore dell'infiorescenza portano silique lanceolate, bivalve e disperme. Per quanto noi possiamo giudicare, se si eccepiscano i fiori marginali bene sviluppati, i quali si rendono utili coll'attirare gli insetti, la elezione naturale nei casi citati non può essere entrata in azione od avrà avuto una parte affatto subordinata. Tutte queste modificazioni sono la conseguenza della relativa posizione e della reciproca azione delle parti; nè può dubitarsi, che se tutti i fiori e le foglie di una medesima pianta fossero stati esposti alle stesse condizioni esterne ed interne, tutti sarebbero stati modificati nella stessa guisa.

In numerosi altri casi noi troviamo modificazioni di struttura che dai botanici sono generalmente considerate di grande importanza, perchè si riscontrano solamente sopra alcuni fiori di una stessa pianta, o sopra piante diverse che vivono strettamente insieme sotto uguali condizioni. Siccome queste variazioni non sembrano per la pianta di alcun vantaggio speciale, così l'elezione naturale non può avere agito su di esse. Noi siamo nella più completa ignoranza intorno alla causa che le ha prodotte; nè possiamo attribuirle ad una causa prossima, ad esempio alla relativa posizione, come abbiamo fatto pei casi superiormente citati. Addurrò alcuni pochi esempi. È così frequente il caso di fiori di una medesima pianta che sono indifferentemente tetrameri, pentameri, ecc., che non occorre citarne degli esempi; ma siccome le variazioni numeriche sono relativamente rare, quando le parti sono poche, così voglio far menzione della osservazione del De Candolle, secondo cui il Papaver bracteatum ora possiede due sepali con quattro petali (ciò che nel papavero è fatto normale), ora tre sepali con sei petali. Il modo, col quale i petali sono piegati entro la gemma, costituisce nel maggior numero dei gruppi un carattere morfologico assai costante; ma il prof. Asa Gray ci fa sapere che in alcune specie di Mimulus lo stivamento è ora quello delle rinantidee ed ora quello delle antirrinidee, al quale ultimo gruppo il genere appartiene. Augusto Saint-Hilaire cita i casi seguenti: il genere Zanthoxylon appartiene ad una divisione delle rutacee ad un unico ovario, ma in alcune specie sopra una medesima pianta e perfino sopra una stessa pannocchia s'incontrano dei fiori con uno o due ovari. Nello Helianthemum la capsula fu descritta come uniloculare o come triloculare, e nell'H. mutabile «une lame, plus ou moins large, s'étend entre le péricarpe et la placenta». Nei fiori di Saponaria officinalis il dottor Masters ha osservato esempi tanto di placentazione marginale, come di placentazione libera centrale, Infine il Saint-Hilaire ha trovato verso il limite meridionale di distribuzione della Gomphia oleœformis due forme, che credette dapprima senza alcun dubbio due specie diverse, ma che poi vide crescere sullo stesso arbusto, e soggiunge: «Voilà donc dans un même individu des loges et un style qui se rattachent tantôt à un axe vertical et tantôt à un gynobase».

Noi vediamo da ciò che nelle piante molti cambiamenti morfologici possono essere attribuiti alle leggi di accrescimento e della mutua azione delle parti, e sono indipendenti dall'elezione naturale. Ma in riguardo alla dottrina del Nägeli sulla innata tendenza verso la perfezione o progressivo sviluppo, può forse dirsi che queste ben pronunciate variazioni siano state colte nell'atto di progresso verso un più elevato gradino di sviluppo? Al contrario, dal fatto che le parti, di cui parliamo, sono molto diverse o variano sopra una stessa pianta, io deduco che simili modificazioni sono di importanza affatto secondaria per le piante, qualunque sia l'importanza ch'esse hanno nella nostra classificazione. Non si può dire che l'acquisto di una parte inutile elevi l'organismo nella scala naturale; e nel caso dei sopradescritti fiori imperfetti e chiusi, se dovesse invocarsi un nuovo principio, sarebbe piuttosto quello di regresso che di progresso; altrettanto dovrebbe dirsi di molti animali parassitici e degradati. Noi siamo affatto all'oscuro intorno alla causa che produsse le modificazioni sopra specificate; ma se la causa sconosciuta agisse per un certo tempo uniformemente, noi potremmo concludere che il risultato sarebbe quasi uniforme, e tutti gli individui della specie sarebbero nella stessa guisa modificati.

Stando al fatto che i suddetti caratteri non sono importanti pel benessere della specie, le leggere variazioni, che in essi potessero riscontrarsi, non sarebbero accumulate nè aumentate dall'elezione naturale. Una struttura, la quale sia stata sviluppata da una elezione lungamente continuata, appena cesserà di essere utile alla specie diverrà variabile, come ce lo provano gli organi rudimentali, perocchè non sarà più oltre regolata dalla forza della elezione. Ma se dalla natura dell'organismo e delle condizioni siano state prodotte delle modificazioni non importanti pel benessere della specie, esse possono trasmettersi quasi inalterate a discendenti numerosi ed in altri caratteri modificati, come sembra essere spesso avvenuto. Io non credo che fosse di grande importanza pel maggior numero dei mammiferi, degli uccelli e dei rettili di essere coperti di peli, anzi che di penne o di squame; e nondimeno furono trasmessi peli a quasi tutti i mammiferi, penne a tutti gli uccelli e squame a tutti i veri rettili. Una struttura che sia comune a molte forme affini, è da noi considerata di grande importanza sistematica, e perciò spesso è anche creduta di alta importanza vitale per la specie. Io inclino a credere che le differenze morfologiche, che noi consideriamo come importanti, come la disposizione delle foglie, le divisioni del fiore e dell'ovario, la posizione degli ovuli, ecc., siano dapprima apparse come varietà fluttuanti, che divennero più costanti, sia per la natura dell'organismo e delle condizioni, sia per l'incrociamento di individui distinti, ma non per effetto della elezione naturale; siccome questi caratteri morfologici non influiscono sul benessere della specie, così l'elezione naturale non ha potuto agire sulle loro leggere deviazioni. È questo un risultato molto singolare, a cui noi arriviamo, che cioè i caratteri di leggera importanza vitale per la specie sono i più importanti pel sistematico. Ma noi vedremo più tardi, quando tratteremo del principio genetico della classificazione, che questo risultato non è così paradossale come può sembrare al primo aspetto.

Sebbene non si abbiano sicure prove della esistenza negli organismi di una innata tendenza al progressivo sviluppo, tuttavia essa segue necessariamente l'azione continua della elezione naturale, com'io ho cercato di dimostrare nel quarto capitolo. Imperocchè il miglior criterio che noi conosciamo per giudicare della perfezione di un organismo sta nel grado fino a cui le parti furono specializzate e rese differenti. E la elezione naturale tende appunto a questo fine, giacchè le parti in tal modo sono rese atte a compiere meglio la loro funzione.

Un distinto zoologo, St. George Mivart, ha recentemente raccolto tutte le obbiezioni, sollevate da me stesso e da altri, contro la teoria dell'elezione naturale propugnata dal Wallace e da me, e le ha spiegate con molto ingegno e forza. Così esposte costituiscono un formidabile esercito; e siccome non era nel progetto del Mivart di addurre i fatti e le considerazioni che si oppongono alle diverse sue conclusioni, così richiedesi un non piccolo sforzo di intelligenza e di memoria da quel lettore che voglia pesare le ragioni che militano da ambe le parti. Nel discutere i casi speciali, il Mivart trascura gli effetti dell'uso crescente e del non-uso, sebbene io abbia sempre sostenuto ch'essi sono assai importanti, e sebbene nel mio libro sulle Variazioni allo stato di domesticità, ne abbia trattata più diffusamente che, come credo, ogni altro autore. Egli presume anche ch'io nulla attribuisca alla variazione indipendentemente dall'elezione naturale, mentre nella succitata opera ho raccolto un numero sì grande di fatti bene constatati, com'io non trovo in alcun'altra opera a me nota. Il mio giudizio non sarà forse preciso;

ma dopo aver letto attentamente il libro del Mivart, e dopo averlo confrontato con ciò ch'io dissi sullo stesso argomento, sono più persuaso che mai della generale validità delle conclusioni a cui sono giunto, sebbene in argomento tanto complesso io possa essere incorso in qualche parziale errore.

Tutte le obbiezioni del Mivart saranno prese in considerazione nell'opera presente; e per alcune ciò fu già fatto. Un punto nuovo, che sembra aver destato sorpresa in molti lettori, si è questo, che la elezione naturale sia insufficiente a spiegare gli stadii incipienti delle strutture utili. Questo soggetto è intimamente connesso colla gradazione dei caratteri, la quale è spesso accompagnata da un cambiamento di funzione, ad esempio la trasformazione della vescica natatoria in polmoni, argomenti che nell'ultimo capitolo furono trattati sotto un doppio punto di vista. Nondimeno prenderò qui in esame con molti dettagli alcuni casi citati dal Mivart, e siccome lo spazio m'impedisce di considerarli tutti, sceglierò i più illustrativi.

La giraffa è mirabilmente adatta a cogliere le foglie dagli alti rami degli alberi, sia per la sua alta statura, sia pel grande allungamento del collo, degli arti anteriori, della testa e della lingua. Essa può trovare nutrimento al di là dell'altezza, a cui giungono gli altri animali ad unghie o zoccoli che abitano la stessa regione, e ciò sarà per essa di grande vantaggio nei tempi di carestia. I buoi Niata dell'America meridionale ci provano come piccole differenze di struttura in tali periodi possano produrre una grande differenza nella preservazione della vita di un animale. Questi buoi possono pascersi di erba come gli altri, ma per la prominenza della mascella inferiore, durante i periodi spesso ricorrenti di siccità, non possono cogliere le foglie degli alberi e la canna, a nutrirsi de' quali sono spinti i buoi comuni ed i cavalli, per cui in queste epoche i buoi Niata periscono se non sono nutriti da' loro possessori. Prima di arrivare all'obbiezione del Mivart, sarà bene indicare nuovamente come l'elezione naturale agirà ne' casi ordinari. Senza tener conto necessariamente di speciali particolarità di struttura, l'uomo ha modificato gli animali conservando e impiegando per la riproduzione, ora gli animali più veloci, come, è avvenuto pei cavalli da corsa e pei veltri, oppure continuando a coltivare gli animali vittoriosi, com'è avvenuto pel gallo pugnace. Così allo stato naturale, quando si è formata la giraffa, saranno stati spesso preservati quegli individui che potevano cogliere le foglie più alte, ed in epoca di carestia arrivavano uno o due pollici più in alto degli altri, imperocchè essi avranno percorsa tutta la regione alla ricerca del nutrimento. Che gli individui di una medesima specie diversifichino spesso leggermente tra loro nella relativa lunghezza di tutte le loro parti, ce lo insegnano molte opere di storia naturale, in cui siano indicate esatte misure. Queste leggere differenze proporzionali, dovute alle leggi di accrescimento e di variazione, non tornano di alcuno o di insignificante vantaggio al maggior numero delle specie. Ma nella giraffa in via di formazione le cose saranno passate altrimenti in dipendenza dalle probabili di lei abitudini di vita, giacchè generalmente saranno rimasti in vita quegli individui che presentavano un allungamento oltre l'ordinario in una od in parecchie parti del corpo. Questi si saranno incrociati ed avranno lasciato dei discendenti che avranno ereditata la stessa particolarità corporea, ossia la tendenza di variare nello stesso modo, mentre gli individui meno favoriti per tale riguardo saranno stati maggiormente soggetti alla estinzione.

Noi vediamo, qui, che non è necessario separare le singole paia, come fa l'uomo quando perfeziona metodicamente una razza; l'elezione naturale conserva e separa così tutti gli individui favoriti, e permette loro di incrociarsi, e distrugge gli individui inferiori. Se questo processo, il quale corrisponde esattamente a ciò che io ho chiamato elezione inconscia a mezzo dell'uomo, continua per lungo tempo, associandosi senza dubbio in modo molto importante agli effetti ereditari dell'uso crescente delle parti, mi sembra quasi certo che un animale quadrupede ordinario sarà convertito in una giraffa.

Contro questa conclusione il Mivart solleva due obbiezioni. La prima si è che l'aumentata grandezza del corpo esigerebbe evidentemente un aumento nella quantità di cibo, ed egli crede molto dubbio che gli svantaggi da ciò derivati possano essere bilanciati dai vantaggi in tempi, ne' quali il cibo scarseggia. Ma siccome la giraffa esiste di fatto nell'Africa meridionale in grande quantità, ed alcune delle maggiori antilopi del mondo, più grandi di un bue, sono colà straordinariamente numerose, perchè dovremo dubitare che vi abbiano esistito, per ciò che riguarda la grandezza, le forme intermedie, e siano state esposte a gravi periodi di carestia? La facoltà di raggiungere, ad ogni stadio della aumentata statura, un nutrimento inaccessibile agli altri mammiferi a zoccoli del paese, sarà stata certamente di vantaggio alla nascente giraffa. Non devesi poi trascurare che l'aumentata grandezza del corpo serve di protezione contro quasi tutti i carnivori, eccettuato il leone; e contro questo animale, come osserva Chauncey Wright, il lungo collo servirà come torre di osservazione, e ciò tanto meglio quanto più sarà lungo. Come. S. Baker ha osservato, questa è la causa, per cui nessun animale si caccia tanto difficilmente come la giraffa. L'animale adopera il suo lungo collo anche come arma offensiva e difensiva, facendo vibrare violentemente la testa armata delle sue corna a guisa di monconi. La conservazione di una specie è raramente determinata da un unico vantaggio, sibbene dal concorso di tutti, sì dei grandi che dei piccoli.

Il Mivart domanda inoltre (e questa è la sua seconda obbiezione): se l'elezione naturale è così potente, e se la facoltà di cogliere le foglie dagli alti rami è un vantaggio sì grande, perchè nessun mammifero a zoccoli ottenne un collo tanto lungo all'infuori della giraffa, ed in minor grado il camello, il guanaco e la macrauchenia? In riguardo all'America meridionale, che prima era abitata da numerose greggie di giraffe, la risposta non è difficile, e può nel modo più sicuro essere illustrata con un esempio. In Inghilterra noi vediamo in ogni prato, dove crescono alberi, i rami bassi, in seguito al pascolare dei cavalli, o dei buoi, tagliati ed appianati fino ad un'altezza quasi eguale; e quindi che vantaggio ne potrebbero ritrarre ad esempio le pecore, se colà vi fossero tenute, dall'avere un collo leggermente più lungo? In ogni regione qualche specie animale avrà quasi certamente l'attitudine di togliere il suo nutrimento a maggior altezza delle altre; ed è cosa quasi certa che quest'unica specie avrà ottenuto a quello scopo un collo più lungo a mezzo dell'elezione naturale e per gli effetti dell'uso crescente. Nell'Africa meridionale la concorrenza nel cogliere le foglie dai rami più alti delle acacie e di altri alberi si esercita fra giraffe e giraffe, e non fra queste ed altri mammiferi a zoccoli.

Non può dirsi con precisione per quale motivo in altre parti del mondo gli altri animali dello stesso ordine non abbiano acquistato un collo allungato od una proboscide; ma è ugualmente irragionevole attendersi una precisa risposta a questa domanda, come a quella che chiedesse, per quale motivo nella storia della umanità un avvenimento non sia successo in un paese, mentre è accaduto in un altro. Le condizioni che determinano il numero ed il rango di ciascuna specie ci sono ignote; e non possiamo nemmeno congetturare, quali cambiamenti di struttura possano essere utili pel di lei aumento in una nuova regione. In modo generico, però, noi possiamo intravedere che parecchie cause possano avere impedito lo sviluppo di un lungo collo o di una proboscide. Per cogliere le foglie degli alberi da una notevole altezza (senza l'attitudine di rampicare che non è concessa agli animali forniti di zoccoli), è necessaria una statura molto grande, e noi sappiamo che alcuni distretti, ad esempio l'America meridionale, sebbene sia una terra assai ubertosa, contengono dei mammiferi grandi in quantità singolarmente piccola, mentre l'Africa meridionale ne è incomparabilmente più ricca. Perchè ciò avvenga, noi nol sappiamo, e non conosciamo neanche il motivo, per cui gli ultimi periodi dell'epoca terziaria siano stati assai più favorevoli alla loro esistenza che non l'epoca presente. Qualunque siasi la causa, noi vediamo che certi distretti e certi tempi sono molto più favorevoli di altri allo sviluppo di un mammifero così grande come è la giraffa.

Affinchè un animale acquisti una struttura sviluppata in modo particolare ed ampio, è quasi sempre indispensabile che parecchie altre parti si modifichino e vi si adattino. Sebbene ciascuna parte del corpo sia soggetta a variare leggermente, non deve conchiudersi che le parti necessarie subiscano delle variazioni nella vera direzione e nel vero grado. Noi sappiamo che nei diversi nostri animali domestici le parti variano in modo ed in grado diverso, e che alcune specie sono molto più variabili di altre. Ma quand'anche le variazioni adatte fossero apparse, non segue ancora che l'elezione naturale abbia potuto agire su di esse e produrre una struttura utile alla specie. Se, ad esempio in una regione il numero degli individui esistenti sia principalmente determinato dalla distruzione esercitata dai carnivori, dai parassiti esterni ed interni, ecc., come spesso sembra avvenire, allora l'elezione naturale non potrà essere che poco efficace o sarà molto rallentata nella modificazione di un organo destinato alla presa del nutrimento. Finalmente l'elezione naturale è un processo lento, e le medesime condizioni favorevoli debbono durare lungamente, affinchè si produca un effetto ben marcato. Se si fa astrazione da queste cause generiche e vaghe, noi non sappiamo spiegare, perchè gli animali a zoccoli non abbiano in tutte le parti del mondo un collo allungato od altri mezzi per cogliere le foglie dai rami più alti degli alberi.

Obbiezioni simili alle precedenti furono sollevate da molti autori. Oltre le cause generali ora accennate, varie altre possono aver impedito nei singoli casi l'acquisto di una struttura utile alla specie col mezzo della elezione naturale. Un autore domanda perchè lo

---

216

struzzo non abbia conservato la sua attitudine al volo? Ma per poco che si pensi, si troverà che una enorme quantità di cibo sarebbe necessaria per dare a questo uccello del deserto la forza di portare il suo ingente corpo per l'aria. Le isole Oceaniche sono abitate da pipistrelli e foche, ma non da mammiferi terrestri, e siccome alcuni di questi pipistrelli costituiscono delle specie peculiari, debbono abitare da lungo tempo nella loro patria attuale. Carlo Lyell domanda perchè le foche ed i pipistrelli non abbiano prodotto delle forme atte a vivere in terraferma, ed in risposta adduce dei motivi. Ma le foche dovrebbero necessariamente trasformarsi in animali terrestri carnivori di notevole grandezza, e i pipistrelli in animali terrestri insettivori; ai primi mancherebbe la preda, ed ai pipistrelli servirebbero di nutrimento gli insetti viventi sul suolo, ai quali danno già largamente la caccia i rettili e gli uccelli, i quali pei primi vanno ad abitare le isole oceaniche e vi abbondano. Le gradazioni di struttura, utili ad una specie in via di trasformazione, non saranno favorite che in certe speciali condizioni. Un animale strettamente terrestre, cacciando occasionalmente nelle acque poco profonde, poi nei fiumi e nei laghi, potrebbe essere convertito in un animale sì bene acquatico da affrontare l'alto mare. Ma non credo che le foche trovino nelle isole oceaniche le condizioni favorevoli per una graduale riconversione in una forma terrestre. Come già fu dimostrato, i pipistrelli acquistarono probabilmente la loro membrana del volo scivolando dapprima per l'aria a modo degli scoiattoli volanti d'albero in albero, sia per sfuggire ai loro nemici, sia per evitare la caduta; ma una volta acquistata la vera attitudine al volo, ben difficilmente, almeno per lo scopo indicato, sarà riconvertita nella facoltà meno efficace di scivolare per l'aria. I pipistrelli, come gli uccelli, potrebbero bensì in seguito a non-uso soffrire una notevole riduzione delle ali, od anche perderle affatto; ma in tale caso sarebbe necessario che acquistassero la facoltà di camminare velocemente sul terreno coi soli arti posteriori, per essere in grado di far concorrenza agli uccelli ed ad altri animali viventi sul suolo: ora per un tale cambiamento i pipistrelli sembrano singolarmente male adatti. Queste congetture furono fatte col solo intento di dimostrare che il passaggio da una struttura ad un'altra a mezzo di gradini utili è un processo assai complicato, e che non vi ha motivo di maravigliarsi se in un caso particolare tale passaggio non è avvenuto.

In fine più di un autore ha domandato, perchè alcuni animali abbiano ottenuto delle facoltà mentali assai più elevate di altri, mentre il loro sviluppo sarebbe tornato utile a tutti? Perchè le scimmie non raggiunsero il potere intellettuale dell'uomo? Si potrebbero addurre qui molte cause, ma siccome non sono che congetture, la cui relativa probabilità non può essere pesata, riesce inutile citarle. Una risposta definitiva all'ultima domanda non possiamo aspettarci, giacchè vediamo che nessuno può sciogliere il problema assai più semplice, perchè cioè fra due razze di selvaggi, una sia salita più in alto nella scala della civilizzazione dell'altra, ciò che con ogni probabilità implica un'aumentata azione cerebrale.

Ma(8) noi vogliamo ritornare alle obbiezioni del Mivart. Per ragioni di protezione gli insetti somigliano spesso a vari oggetti; per esempio alle foglie verdi od essiccate, ai rami morti, a pezzi di lichene, ai fiori, alle spine, agli escrementi degli uccelli e ad altri insetti vivi; a quest'ultimo punto farò ritorno più tardi. La somiglianza è spesso mirabilmente grande, e non si limita al solo colore(9), ma si estende anche alla forma e perfino all'atteggiamento degli insetti. I bruchi, i quali dagli arbusti su cui si nutrono si staccano a guisa di rami secchi, ci offrono un evidentissimo esempio di questo genere. I casi, in cui sono imitati degli oggetti, come gli escrementi degli uccelli, sono rari ed eccezionali. Intorno a questo argomento il Mivart dice: «Siccome, dietro la teoria del Darwin, sussiste una tendenza costante alla variazione indefinita, e le minute variazioni incipienti vanno in tutte le direzioni, esse devono neutralizzarsi e dapprima produrre modificazioni così instabili, che riesce difficile, se non impossibile, il comprendere come tali indefinite oscillazioni di principii infinitesimali sieno sufficienti a produrre la somiglianza(10) con una foglia, con un bambù o con altro oggetto, in guisa che la elezione naturale possa impadronirsene e perpetuarla».

Ma in tutti i precedenti casi gl'insetti offrivano senza dubbio allo stato originale una certa rozza ed accidentale somiglianza con un oggetto frequente nelle loro stazioni. Nè ciò può sembrare improbabile, se si pensa al numero quasi infinito degli oggetti circostanti ed alla diversità di forma e di colore nella moltitudine degli insetti esistenti. Siccome una certa rozza somiglianza è necessaria come punto di partenza, così noi possiamo comprendere come avvenga che nessun animale maggiore e superiore, ad eccezione di un solo pesce, per quanto io sappia, somigli per ragioni di protezione ad oggetti speciali, ma solamente alla superficie che lo circonda, e ciò principalmente nel colore. Se si suppone che originariamente un insetto somigliasse a caso in un certo grado ad un ramo morto o ad una foglia secca e variasse leggermente in molte direzioni, tutte le variazioni che rendevano l'insetto più somigliante a quegli oggetti e favorivano il nascondimento, si saranno conservate, mentre le altre saranno state neglette e soppresse; oppure, se avessero reso l'insetto meno somigliante all'oggetto imitato, saranno state eliminate. L'obbiezione del Mivart avrebbe forza se volessimo spiegare le suddette somiglianze indipendentemente dall'elezione naturale col mezzo della sola variabilità fluttuante; ma nel caso nostro non ha importanza.

Io non so nemmeno vedere come possa aver forza la difficoltà mossa dal Mivart in riguardo agli ultimi ritocchi di perfezione nel mimismo, come, ad es., nel caso del Ceroxylus laceratus, citato dal Wallace, il quale insetto somiglia ad un bastone coperto di muschio serpeggiante o di iungermannie. Questa somiglianza era tanto grande, che un Dyak indigeno sosteneva essere vero muschio quelle escrescenze fogliacee. Agli insetti danno la caccia gli uccelli ed altri nemici, la cui vista è probabilmente più acuta della nostra; quindi ogni grado di somiglianza che aiuta l'insetto a sfuggire alla loro vista, favorirà la sua preservazione, e quanto più perfetta sarà la somiglianza stessa, tanto maggiore vantaggio ne avrà l'insetto. Se si considera la natura delle differenze esistenti fra le specie del gruppo che abbraccia il suddetto Ceroxylus, non sembrerà improbabile che questo insetto abbia offerto delle variazioni nelle irregolarità della sua superficie, e che questa abbia acquistato un colore più o meno verde; imperocchè in ogni gruppo quei caratteri, che sono diversi nelle diverse specie, tendono maggiormente a variare, mentre, i caratteri generici, ossiano quelli che sono comuni a tutte le specie, presentano la massima costanza.

La balena della Groenlandia è uno degli animali più ammirabili del mondo, ed i fanoni od osso di balena costituiscono una delle sue più rimarchevoli particolarità. L'osso di balena si compone di una fila di fanoni, in numero di circa trecento, disposti fittamente in ciascun lato della mascella superiore in senso obliquo all'asse longitudinale della bocca. All'interno della fila principale trovansene alcune file secondarie. Le estremità inferiori ed i margini interni dei fanoni sono risolti in setole rigide che coprono tutto il gigantesco palato e servono per colare o filtrare l'acqua allo scopo di prendere i piccoli animali, dei quali si nutre il grande animale. La lamella o fanone di mezzo nella balena della Groenlandia ha una lunghezza di dieci o dodici e perfino quindici piedi. Ma nelle diverse specie di balene questa grandezza presenta delle gradazioni; secondo lo Scoresby in una specie la lamella mediana è lunga un piede, in un'altra tre piedi, in una terza diciotto pollici, e nella Balænoptera rostrata solamente circa nove pollici. Anche la qualità dell'osso di balena è diverso nelle diverse specie.

Relativamente all'osso di balena, il Mivart osserva che «quand'esso avesse raggiunta tale grandezza e sviluppo da essere di vantaggio, sarebbe favorito dalla elezione naturale nella sua preservazione e nel suo aumento entro i limiti utili; ma come immaginarsi il principio di tale utile sviluppo?». In risposta potrebbe domandarsi, perchè gli antichi progenitori delle balene a fanoni non possano aver posseduto una bocca costruita in modo simile a quella che presenta l'anitra col suo becco fornito di lamelle? Le anitre si nutrono come le balene, filtrando l'acqua o la melma, e la famiglia delle anitre ebbe talvolta appunto per ciò il nome di Cribratores. Non si vorrà qui, io spero, credere, essere mia opinione che i progenitori delle balene abbiano avuto realmente una bocca lamellosa come l'offre il rostro dell'anitra. Io desidero solamente di provare che ciò non è impossibile, e che gli immensi fanoni della balena groenlandese possono essersi sviluppati da tali lamelle percorrendo degli stadii graduati, di cui ciascuno era utile al suo possessore.

Il becco della Spatula clypeata è un prodotto ancora più ammirabile e più complesso della bocca di una balena. La mascella superiore (nell'esemplare da me esaminato) è fornita in ciascun lato di una serie o pettine di 188 lamelle sottili ed elastiche, le quali sono troncate obliquamente in modo da essere puntute, e dispongonsi in senso trasversale all'asse longitudinale del rostro. Esse nascono dal palato e sono fissate da membrane flessibili ai lati della mascella. Quelle che trovansi verso la metà, sono le più lunghe, misurano circa un terzo di pollice, e sporgono per un tratto di 0,14 di pollice al disotto del margine. Alla loro base osservasi una breve serie sussidiaria di lamelle oblique trasversali. Per tale riguardo esse somigliano ai fanoni nella bocca della balena. Ma verso l'estremità del rostro si fanno molto diverse, giacchè sporgono verso l'interno anzi che in basso. L'intera testa della Spatula clypeata, sebbene incomparabilmente meno voluminosa, misura in lunghezza circa otto decimi della lunghezza della testa di una mediocre Balænoptera rostrata, nella quale specie i fanoni sono lunghi solamente nove pollici, per cui, se la testa della Spatula potesse farsi ugualmente grande come quella della Balænoptera, le lamelle raggiungerebbero i sei pollici, ossia i due terzi della lunghezza dei fanoni della balena. La mascella inferiore della Spatula clypeata porta delle lamelle sì lunghe come le superiori, ma più sottili; e per tale possesso essa differisce evidentemente da quella della balena che non porta fanoni. Ma d'altra parte queste lamelle inferiori alla loro estremità si risolvono in punte fine e setolose, così da somigliare assai ai fanoni. Nel genere Prion, appartenente alla distinta famiglia delle procellarie, la sola mascella superiore porta delle lamelle, le quali sono bene sviluppate e sporgono al disotto del margine; per tale riguardo dunque il rostro di quest'uccello somiglia alla bocca di una balena.

Dalla struttura altamente sviluppata del rostro della Spatula clypeata, noi possiamo passare (come ho imparato dall'esame di esemplari inviatimi dal Salvin) senza interruzione della serie, considerando solamente le misure atte alla filtrazione, al rostro della Merganetta armata, e per alcuni riguardi a quello dell'Aix sponsa, e da questo al rostro dell'anitra comune. In quest'ultima specie le lamelle sono assai più grandi che nella Spatula clypeata, e bene attaccate ai lati della mascella; ve ne hanno solamente 50 in cadaun lato e non sporgono al disotto del margine. Le superiori sono troncate obliquamente, e coperte di tessuto trasparente piuttosto duro, come se servissero alla triturazione del cibo. I margini della mascella inferiore sono percorsi da numerose e sottili creste incrociantisi, le quali sono assai poco sporgenti. Sebbene dunque questo rostro come apparato filtrante sia molto inferiore a quello della Spatula clypeata, nondimeno questo uccello, come tutti sanno, lo adopera continuamente a tale scopo. Come io seppi dal Salvin, hannovi altre specie, nelle quali le lamelle sono assai meno sviluppate che nell'anitra comune, ma io non so se esse si giovino del rostro per filtrare l'acqua.

Passiamo ad un altro gruppo della stessa famiglia. Nell'oca egiziana (Chenalopex) il rostro somiglia molto a quello dell'anitra comune; ma le lamelle non sono sì numerose, nè si bene distinte tra loro, e non sporgono tanto all'indentro. E tuttavia quest'oca, a quanto mi disse il Bartlett, adopera il suo rostro come l'anitra, giacchè getta fuori l'acqua pei margini. Il suo principale nutrimento però è l'erba che coglie come l'oca comune. In quest'ultimo uccello le lamelle della mascella superiore sono molto più grossolane che nell'anitra comune, quasi confluenti, in numero di circa 27 in cadaun lato, terminate in alto a guisa di bottoni dentiformi. Anche il palato è coperto di protuberanze dure rotondate. I tomi della mascella inferiore sono muniti a mo' di sega di denti assai più prominenti, più grossi e più acuti che nell'anitra.

Noi vediamo da ciò, come un uccello della famiglia delle anitre, con un rostro simile a quello dell'oca comune, costruito solamente per cogliere l'erba, oppure un uccello con un becco avente lamelle ancora meno sviluppate, possa convertirsi per lente variazioni in una specie come l'oca egiziana, questa in un'altra come l'anitra comune, e finalmente in una come la Spatula clypeata, il cui rostro è quasi esclusivamente atto alla filtrazione dell'acqua, nessuna parte di esso, tranne la punta uncinata, potendo servire alla presa ed alla dilanazione di nutrimento solido. Voglio ancora aggiungere che il rostro dell'oca potrebbe pure, col mezzo di leggeri cambiamenti, essere convertito in un rostro fornito di denti prominenti e rivolti indietro, come quelli del Merganser (uccello della stessa famiglia), il quale serve allo scopo molto diverso di prendere pesci viventi.

Ma ritorniamo ora alle balene. L'Hyperoodon bidens non ha denti genuini in istato funzionale, ma il suo palato, secondo il Lacépède, è ruvido per la presenza di piccole punte corne e disuguali. Non vi è quindi nulla di improbabile nella supposizione che una forma antica di cetaceo abbia avuto il palato munito di simili punti cornei, i quali erano disposti più regolarmente, e a guisa dei bottoni del rostro dell'oca servivano a rendere più facile la presa e la dilaniazione del cibo. Se ciò fosse, non si negherà che in seguito alla variazione ed all'elezione naturale quei punti abbiano potuto cambiarsi dapprima in lamelle così bene sviluppate come quelle dell'oca egiziana, nel qual caso servivano al doppio scopo di prendere il nutrimento e di filtrare l'acqua; poi in lamelle come quelle dell'anitra comune, e così di seguito, finchè divennero organi sì bene costruiti come le lamelle della Spatula clypeata, ed avranno quindi servito unicamente alla filtrazione dell'acqua. Da questo stadio, nel quale le lamelle misurano in lunghezza due terzi dei fanoni della Balænoptera rostrata, molte gradazioni, ancor oggi osservabili nei viventi cetacei, conducono agli enormi fanoni delle balene groenlandesi. Non vi ha alcuna ragione per dubitare, che ogni progresso su questa scala abbia potuto tornare utile a certi antichi cetacei, modificandosi lentamente la funzione delle parti durante il progresso di sviluppo, nella stessa guisa come le gradazioni della struttura del rostro sono di vantaggio agli uccelli oggi viventi della famiglia delle anitre. Noi non dobbiamo dimenticare, che ogni specie di anitre sostiene una lotta severa per l'esistenza, e che la struttura di ogni parte corporea deve essere adattata alle sue condizioni di vita.

I pleuronettidi o pesci piatti sono rimarchevoli pel loro corpo asimmetrico. Nel riposo essi giacciono sopra un lato, nel maggior numero delle specie sul sinistro, in altre sul destro; e talvolta si hanno degli esemplari adulti con asimmetria inversa. La superficie inferiore, ossia quella che poggia, a prima vista somiglia alla faccia ventrale di un pesce ordinario; essa è bianca, per molti riguardi meno sviluppata della superiore, e le pinne laterali sono spesso di grandezza minore. Ma gli occhi presentano la maggiore singolarità, giacchè ambedue trovansi alla faccia superiore del capo. Nella prima giovinezza però essi sono opposti l'uno all'altro, ed in quest'età tutto il corpo è simmetrico, ed ambedue i lati sono di uguale colore. Ma presto l'occhio inferiore migra attorno alla testa verso la faccia superiore, e non attraversa direttamente il cranio, come si era creduto. Egli è chiaro che, se l'occhio inferiore non migrasse nel modo indicato, esso non potrebbe essere menomamente adoperato dal pesce, che giace sopra uno dei lati. Oltre ciò, l'occhio inferiore sarebbe facilmente leso coll'attrito verso il fondo sabbioso. Che i pleuronettidi col loro corpo piatto ed asimmetrico siano stupendamente adattati alle loro abitudini di vita, ce lo dimostra il fatto che parecchie specie, come le sfoglie e le platesse, sono assai comuni. I vantaggi principali che ne ricavano sono due, la protezione davanti ai loro nemici, e la facilità di nutrirsi sul fondo del mare. Ma i diversi membri della famiglia, come osserva lo Schiödte, offrono una lunga serie di forme graduate fra l'Hippoglossus pinguis, il quale non cambia in modo sensibile la forma che possiede quando sbuccia dall'uovo, e le sfoglie che sono perfettamente rovesciate sopra un lato.

Il Mivart ha toccato questo caso, ed osserva che non è concepibile un repentino e spontaneo cambiamento nella posizione degli occhi, ed io mi vi associo. Poi soggiunge. «Se il transito avviene gradatamente, non si comprende come la migrazione sopra una frazione straordinariamente piccola dell'intera distanza fino all'altro lato del capo possa tornare utile all'individuo. Sembrerebbe piuttosto che tale incipiente trasformazione dovesse essere dannosa». Ma egli avrebbe potuto trovare una risposta a questa obbiezione nelle eccellenti osservazioni pubblicate dal Malm nel 1867. I pleuronettidi, finchè sono assai giovani e simmetrici, ed hanno gli occhi ai due lati del capo, non possono lungamente conservare una posizione verticale, sia per l'eccessiva altezza del corpo, sia pel leggero sviluppo delle pinne orizzontali, sia per la mancanza della vescica natatoria. Perciò si stancano assai presto, e cadono sopra uno dei lati al fondo. Mentre stanno quieti, in tale posizione, volgono spesso l'occhio inferiore in alto, come ha osservato il Malm, per vedere sopra di sè, e lo fanno così vigorosamente, che l'occhio è premuto con forza verso la parete superiore dell'orbita. Come s'è potuto facilmente osservare, la fronte tra gli occhi venne per conseguenza temporaneamente contratta nel senso della larghezza. In un'occasione il Malm vide in un pesce giovane sollevarsi ed abbassarsi l'occhio inferiore in guisa da percorrere una distanza di circa settanta gradi.

Noi dobbiamo rammentarci che in questa tenera età il cranio è cartilagineo, per cui cede facilmente all'azione muscolare. È noto che anche negli animali superiori, perfino dopo trascorsa la prima gioventù, il cranio cede e cambia la sua forma, se la cute od i muscoli siano permanentemente contratti da malattia o da altra causa accidentale. Nei conigli a lunghe orecchie, se un padiglione pende in avanti ed in basso, il suo peso trascina tutte le ossa verso lo stesso lato, ciò ch'io ho illustrato con una figura. Il Malm ci assicura che i giovani appena nati del pesce persico, del salmone e di altri pesci simmetrici hanno l'abitudine di riposarsi qualche volta sul fondo sopra uno dei lati; egli ha anche osservato che allora affaticano l'occhio inferiore per guardare in alto, e che, in conseguenza di ciò, il cranio si fa leggermente curvo. Ma questi pesci diventano presto capaci di mantenersi in posizione verticale, e non si produce quindi un effetto durevole. I pleuronettidi invece, quanto più diventano vecchi, tanto più sogliono riposare, sopra uno dei lati, in seguito al crescente appiattimento del loro corpo, e si produce un effetto durevole sulla forma del loro corpo e sulla posizione degli occhi. A giudicare per analogia, deve ritenersi che la tendenza di torsione venga accresciuta dal principio dell'eredità. Lo Schiödte, contraddicendo agli altri naturalisti, ritiene che i pleuronettidi non siano simmetrici nemmeno allo stato embrionale; se ciò fosse, noi potremmo comprendere perchè certe specie, mentre sono giovani, cadano sopra il lato sinistro e su esso riposino, altre specie sopra il lato destro. A conferma dell'asserto, il Malm aggiunge, che l'adulto Trachypterus arcticus, il quale non appartiene alla famiglia dei pleuronettidi, riposa sul fondo sopra il suo lato sinistro, e nuota per l'acqua in senso diagonale; e in questo pesce, come si dice, i due lati del capo sono alquanto dissimili. Il Gunther, una nostra grande autorità in ittiologia([11]), finisce il sunto della memoria del Malm colla osservazione «che l'autore dà una spiegazione assai semplice della condizione anormale dei pleuronettidi».

Noi vediamo da ciò che i primi stadii nel transito dell'occhio da un lato del capo all'altro, che il Mivart suppose dannosi, possono attribuirsi all'abitudine, certamente utile tanto all'individuo come alla specie, di tentar di guardare in alto con ambedue gli occhi mentre il pesce giace sul fondo sopra uno dei lati. Noi possiamo poi attribuire agli effetti ereditati dall'uso che in molte specie di pesci piatti la bocca è curvata verso il lato inferiore, essendo le ossa mascellari più robuste e più attive alla faccia cieca del capo, che all'opposta, affinchè il pesce, come suppone il dott. Traquair, possa prendere il cibo dal fondo con maggiore facilità. Dall'altro canto, il non uso ci spiega il minore sviluppo della intera metà inferiore del corpo, comprese le pinne orizzontali, sebbene il Yarrell creda che la ridotta grandezza di queste pinne sia utile al pesce, giacchè la loro azione può esercitarsi in uno spazio assai minore che non quella delle pinne maggiori superiori. Forse può spiegarsi col non-uso anche il minor numero di denti nella metà superiore delle due mascelle, dove nella sfoglia se ne contano 4 a 7 contro i 25 a 30 della inferiore. Dalla faccia ventrale non colorata in quasi tutti i pesci ed in molti altri animali noi possiamo ragionevolmente concludere che la mancanza di colore sul fianco che guarda in basso, sia il destro o il sinistro, debbasi alla esclusione della luce. Ma non si può supporre che le macchie particolari del fianco superiore della sfoglia, che le danno l'aspetto del fondo sabbioso del mare; oppure la facoltà che hanno alcune specie, come recentemente il Pouchet ha dimostrato, di cambiare il colore in accordo colla superficie circostante; oppure la presenza di turbercoli ossei al lato superiore del rombo, siano altrettanti effetti dell'azione della luce. Noi dobbiamo porre mente a ciò, su cui ho insistito più sopra; che cioè gli effetti ereditati dall'uso accresciuto delle parti e forse anche dal non-uso sono rafforzati dall'elezione naturale, per la quale saranno conservate tutte le variazioni spontanee che appariscono nella vera direzione, come saranno conservati tutti gli individui che ereditano nel più alto grado gli effetti dell'uso accresciuto e benefico di una qualche parte. Sembra poi impossibile il decidere, quanta parte in ogni singolo caso abbiano avuto gli effetti dell'uso, e quanta l'elezione naturale.

Voglio citare ancora un esempio di una struttura, la quale sembra dovere la sua origine interamente all'uso o all'abitudine. In parecchie scimmie americane l'estremità della coda è trasformata in un organo prensile assai perfetto, e serve di quinta mano. Un critico, il quale concorda col Mivart in ogni dettaglio, dice a proposito di quest'organo: «Non è possibile credere che la prima leggera tendenza alla preensione, per quanti anni durasse, abbia potuto conservare la vita agli individui che la possedevano, od abbia favorito la probabilità di avere e di allevare una prole». Ma non è necessario avere una tale credenza; l'abitudine, la quale un qualunque benefizio, grande o piccolo, apporta quasi sempre, sembra con ogni probabilità bastare allo scopo. Il Brehm vide i giovani di una scimmia africana (Cercopithecus) attaccarsi colle mani alla faccia inferiore della madre, e contemporaneamente abbracciarla colle loro piccole code. Il professore Henslow tenne in cattività alcuni Mus messorius, che non possiedono coda prensile; tuttavia li vide più volte abbracciare colla coda i rami di un arbusto, che aveva posto nella gabbia, per aiutarsi nel rampicare. Un'osservazione analoga mi fu riferita dal dott. Günther, il; quale vide un sorcio appendersi col mezzo della coda. Se il Mus messorius conducesse vita strettamente arborea, la sua coda sarebbe probabilmente diventata prensile, come è avvenuto in alcuni altri animali dello stesso ordine. È difficile il dire perchè il Cercopithecus, che pur allo stato giovanile ha l'abitudine su descritta, non sia stato dotato di tale qualità; ma è possibile che la lunga coda di questa scimmia nei larghi salti torni più utile come organo bilanciante che come organo prensile.

Le ghiandole mammarie sono comuni a tutti i mammiferi, alla cui esistenza sono indispensabili; esse debbono quindi essersi sviluppate in un periodo estremamerite remoto, ma noi non sappiamo nulla di positivo intorno al modo del loro sviluppo. Il Mivart domanda: «È concepibile che il giovane di un animale qualunque sia stato preservato dalla distruzione perchè succhiava accidentalmente da una ghiandola a caso ipertrofica della madre una goccia di un succo scarsamente nutritivo? E se ciò una volta fosse avvenuto, quale probabilità esisteva per la conservazione di una tale variazione?». Ma l'esempio non fu bene interpretato. La maggior parte degli evoluzionisti ammette che i mammiferi siano discesi da un marsupiale; e se ciò avvenne, le ghiandole mammarie si saranno dapprima sviluppate dentro il marsupio. Nei pesci (Hippocampus) succede che le uova vengano covate in una specie di simile tasca, nella quale sono anche allevati i neonati per un certo tempo; un naturalista americano, il sig. Lockwood, crede inoltre, appoggiandosi alle sue osservazioni sullo sviluppo dei giovani, che questi siano nutriti con un secreto delle ghiandole cutanee del sacco. Non sarebbe quindi possibile, in riguardo ai progenitori dei mammiferi, prima ancora che si meritassero questo nome, che i giovani fossero nutriti in modo consimile? Ed in tal caso, quegli individui[12], che secernevano un liquido, il quale era in un certo grado od in un certo modo più nutriente ed acquistò la natura del latte, avranno allevato nel corso dei tempi un numero di discendenti ben nutriti maggiore di quelli che secernevano un liquido più povero; in tale guisa le ghiandole cutanee, che sono omologhe alle latticifere, si saranno migliorate e rese più attive. In accordo col principio molto esteso della specializzazione, le ghiandole si saranno meglio sviluppate sopra un determinato spazio alla superficie interna del sacco, e saranno divenute una ghiandola mammaria, dapprima priva di capezzolo, come si osserva ancora oggi nell'Ornithorhynchus, il più basso membro della serie dei mammiferi. Non pretendo di decidere, per quale causa le ghiandole siansi meglio specializzate sopra un determinato spazio della superficie, se in parte per la compensazione di accrescimento, se per gli effetti dell'uso, oppure per la elezione naturale.

Lo sviluppo delle ghiandole mammarie non sarebbe stato di alcuna utilità, nè avrebbe potuto prodursi per la elezione naturale, se contemporaneamente i neonati non si fossero resi atti ad accogliere la secrezione. Il comprendere come i giovani mammiferi abbiano imparato istintivamente a succhiare le mammelle, non è più difficile del comprendere come i pulcini non ancora sbocciati abbiano imparato a rompere il guscio dell'uovo battendo contro di esso col loro rostro specialmente adatto, o come abbiano imparato a beccare il nutrimento poche ore dopo l'abbandono dell'uovo. Ma si dice che il giovane canguro non succhia, ma pende dal capezzolo della madre, la quale ha il potere di iniettare il latte nella bocca del suo discendente debole ed immaturo. A questo riguardo, il Mivart dice: «Se non vi fosse uno speciale provvedimento, il neonato dovrebbe infallibilmente soffocarsi per l'introduzione del latte nella trachea. Ma la laringe è tanto prolungata, che arriva fino all'estremità posteriore del dotto nasale, per cui l'aria può penetrare liberamente nei polmoni, mentre il latte scorre innocuo(13) a destra ed a sinistra di questa laringe allungata e raggiunge l'esofago posto di dietro». Il Mivart domanda poi, in quale modo nel canguro adulto (e nel maggior numero degli altri mammiferi, supposti discendenti di una forma marsupiale) l'elezione naturale rimuova questa particolarità di struttura almeno perfettamente innocente ed innocua. In risposta, si può addurre la supposizione, che la voce, la quale è di molta importanza per gli animali, non avrebbe potuto manifestarsi colla piena sua forza, finchè la laringe fosse penetrata fino al condotto nasale; il professore Flower mi ha anche manifestato il sospetto che questa struttura avesse potuto impedire l'animale nell'ingestione di nutrimento solido.

Ora vogliamo rivolgerci un poco alle divisioni inferiori del regno animale. Gli echinodermi (stelle di mare, ricci di mare, ecc.) sono forniti di organi molto singolari, i così detti pedicellari, i quali, se sono bene sviluppati, costituiscono una tanaglia a tre branche, cioè tale che consta di tre braccia seghettate al margine, combacianti tra loro e poste alla sommità di uno stelo flessibile e movibile col mezzo di muscoli. Questa tanaglia può tenere strettamente qualsiasi oggetto; ed Alessandro Agassiz ha osservato un Echinus nell'atto in cui faceva passare delle particelle escrementizie di tanaglia in tanaglia lungo certe linee del corpo per non insudiciare il suo guscio con sostanze putrescenti. Senza dubbio, questi pedicellari non servono solamente ad allontanare le feci, ma anche ad altre funzioni, ed una di queste sembra essere la difesa.

Come nelle molte altre precedenti occasioni, il Mivart domanda anche in riguardo a questi organi: «Quale sarebbe l'utilità di un tale organo rudimentale al suo primo apparire, e come potrebbe un tale abbozzo incipiente e gemmiforme aver conservata la vita anche ad un solo Echinus?». E soggiunge poi: «Nemmeno il repentino sviluppo dell'azione acchiappante avrebbe potuto essere benefico senza lo stelo liberamente mobile, e questo non avrebbe potuto mostrarsi attivo senza le branche chiudentisi a mo' di mascelle: ora, le sole minute variazioni indefinite non avrebbero potuto produrre ad un tempo queste particolarità di struttura complicate e collegate insieme; che se alcuno ciò negasse, sosterrebbe un imbarazzante paradosso». Per quanto possa sembrare paradossale al Mivart, pure esistono certamente in alcune stelle di mare tali tanaglie a tre branche, fisse alla loro base, e tuttavia capaci di acchiappare; e ciò si comprende se si riflette che servono almeno in parte come mezzi di difesa. L'Agassiz, alla cui gentilezza debbo molte informazioni su questo argomento, mi assicura che esistono altre stelle di mare, nelle quali una delle tre branche è ridotta a un semplice sostegno delle altre due, ed altre ancora, in cui la terza branca è andata completamente smarrita. Nell'Echinoneus, secondo la descrizione(14) del Perrier, il guscio porta due specie di pedicellari, gli uni somiglianti a quelli dell'Echinus, gli altri a quelli dello Spatangus; e tali casi sono sempre interessanti, perchè ci offrono il mezzo di spiegare i passaggi apparentemente repentini, a mezzo di abortimento, da una a due forme di uno stesso organo.

Relativamente ai gradini che questi organi singolari hanno percorso, l'Agassiz, in seguito alle sue ricerche e a quelle di G. Müller, conclude che tanto nelle asterie come negli echini i pedicellari sono senza dubbio da considerarsi come aculei trasformati. Ciò può dedursi tanto dal modo di sviluppo nell'individuo, come da una lunga e completa serie di gradazioni in diverse specie e generi, la quale dalle semplici granulazioni passa agli ordinari aculei ed ai perfetti pedicellari di tre branche. La gradazione si estende perfino alla maniera con cui gli aculei ordinari ed i pedicellari articolano sul guscio coi bastoncini calcarei che li sostengono. In certi generi di asterie si rinvengono perfino le combinazioni atte a dimostrare che i pedicellari sono aculei ramosi modificati. Così trovansi degli aculei fissi con tre rami ad eguale distanza fra loro, dentellati e mobili, articolati in prossimità della loro base, e più in alto sullo stesso aculeo tre altri rami mobili. Se questi ultimi nascono dall'apice di un aculeo, essi formano in realtà un rozzo pedicellario a tre branche, ed un tale può vedersi in uno stesso aculeo co' tre rami inferiori. In questo caso l'identità nell'essenza fra le braccia di un pedicellario ed i rami mobili di un aculeo è innegabile. Si ammette generalmente che gli aculei ordinari servono alla difesa; e se ciò è vero, non può esistere alcun dubbio che allo stesso scopo servano anche quelli forniti di braccia seghettate e mobili, ed essi compirebbero anco più efficacemente il loro servizio, se agissero nel loro insieme come apparato prensile od acchiappante. Per conseguenza ogni gradazione dall'ordinario aculeo fisso al pedicellario sarà di vantaggio all'animale.

In certi generi di asterie, questi organi, anzichè essere fissati sopra una base immobile, trovansi all'apice di uno stelo flessibile e muscoloso, sebbene breve, ed in tale caso compiono probabilmente un'altra funzione, oltre la difesa. Negli echini si possono seguire gli aculei fissi passo a passo, mentre si articolano al guscio e diventano mobili. Desidererei di avere maggiore spazio a mia disposizione, per dare un sunto esteso delle interessanti osservazioni dell'Agassiz sullo sviluppo dei pedicellari. Da quanto egli aggiunge, si rileva che si possono rinvenire tutte le gradazioni possibili fra i pedicellari delle asterie e gli uncini delle ofiure, altro gruppo di echinodermi, e così pure fra i pedicellari degli echini e le áncore delle oloturie, che appartengono alla stessa grande classe.

Certi animali composti, o zoofiti, come furono chiamati, e precisamente i briozoi, sono forniti di organi molto singolari che diconsi avicolarie. Queste diversificano assai nella loro struttura nelle specie diverse. Nel loro stato perfetto somigliano in miniatura mirabilmente alla testa ed al rostro di un avoltoio, giacchè siedono sopra un collo il quale è mobile, come lo è in pari grado anche la mascella inferiore. In una specie da me osservata, vidi tutte le avicolarie di uno stesso ramo muoversi contemporaneamente, colla mascella inferiore ampiamente spalancata, in alto ed in basso, in modo da percorrere in pochi secondi un angolo di circa 90°; ed il loro movimento produceva un tremito per tutta la colonia. Se si toccano le mascelle con un ago, questo viene afferrato così fortemente, che con esso si può scuotere l'intero ramo.

Il Mivart cita questo caso, perchè crede difficile che organi come le avicolarie dei briozoi ed i pedicellari degli echinodermi, che egli suppone essenzialmente simili, abbiano potuto svilupparsi col mezzo della elezione naturale in divisioni di animali tanto distanti fra loro. Ma per ciò che concerne la struttura, io non posso trovare alcuna somiglianza fra un pedicellario a tre branche ed un'avicolaria od organo a modo di becco d'uccello. Quest'ultima somiglia nel suo complesso piuttosto ad una chela di crostaceo; ed il Mivart avrebbe potuto con ugual diritto mettere avanti come speciale difficoltà questa somiglianza, e perfino la somiglianza colla testa e col rostro di un uccello. Le avicolarie, al dire del Busk, dello Smith e del Nitsche, i quali naturalisti hanno particolarmente studiato questo gruppo, sono omologhe dei singoli individui e delle loro cellule componenti lo zoofito; il labbro mobile o l'opercolo della cellula corrisponderebbe alla mascella inferiore e mobile dell'avicolaria. Il Busk però non conosce delle gradazioni ora esistenti fra un singolo animale ed un'avicolaria. Torna quindi difficile il supporre per quali gradi l'uno siasi trasformato nell'altra, ma non segue da ciò che tali gradi non siano esistiti.

Siccome le chele dei crostacei somigliano in un certi grado alle avicolarie dei briozoi, ambedue servendo da pinzette, sarà opportuno dimostrare che delle prime si ha una lunga serie di gradazioni. Sul primo e più semplice gradino il segmento terminale dall'arto è piegato in basso, sia contro l'estremità obliqua del penultimo largo segmento, sia contro tutta una faccia del medesimo, ed è reso così atto a tenere un oggetto, mentre però l'arto intero serve ancor sempre da organo di locomozione. Poi vediamo sporgere leggermente uno degli angoli del penultimo largo segmento, talvolta munito di denti irregolari, e contro esso si flette il segmento terminale. In seguito all'ingrandimento di quella sporgenza ed una leggera modificazione e perfezionamento della sua forma e dell'articolo terminale, le branche si fanno sempre più perfette, finchè costituiscono uno strumento così attivo come è la chela di un omaro; e tutte queste gradazioni sussistono di fatto al presente.

Oltre le avicolarie, i briozoi possiedono altri organi singolari, i così detti vibracoli. Essi constano in generale di setole lunghe, capaci di movimento e facilmente eccitabili. In una specie da me osservata, i vibracoli erano leggermente curvati, e seghettati lungo il margine inferiore; e spesso tutti quelli di una medesima colonia si movevano contemporaneamente, in modo che agendo come remi gettavano rapidamente una branca attraverso al portaoggetti del microscopio. Se una branca veniva posta sulla sua faccia, i vibracoli si intricavano, e facevano degli sforzi violenti per liberarsi. Si suppone che essi servano come organi di difesa, e si può osservare, dice il Busk, «come essi, oscillando alla superficie della colonia, allontanano tutto ciò che può recare offesa ai delicati abitatori delle cellule, quando hanno distesi i tentacoli». Le avicolarie servono, probabilmente, come i vibracoli, di difesa, ma prendono ed uccidono anche piccoli animali, i quali, come si crede, giungono poi per mezzo. delle correnti entro la sfera di azione dei tentacoli dei singoli animali. Alcune specie son fornite di avicolarie e di vibracoli, altre di sole avicolarie, ed altre poche di soli vibracoli.

Non è facile immaginarsi due oggetti più diversi tra loro nell'apparenza che una setola o vibratolo ed un'avicolaria a guisa di testa d'uccello; e tuttavia essi sono omologhi, e si sono sviluppati dalla stessa sorgente, da un singolo individuo, cioè, colla sua cellula. Si comprende quindi, perchè questi organi, come mi disse il Busk, facciano spesso passaggio l'uno all'altro. Così nelle avicolarie di parecchie specie di Lepralia la mascella mobile inferiore è talmente prolungata, da somigliare ad una setola, in modo che solo la presenza della mascella superiore o fissa ci assicura trattarsi di un'avicolaria. I vibracoli possono essersi sviluppati direttamente dall'opercolo della cellula, senza attraversare lo stadio di avicolaria; è però probabile che abbiano percorso questo stadio, perchè difficilmente durante gli stadii anteriori di trasformazione le altre parti della cellula coll'incluso animale sono scomparse ad un tratto. In molti casi i vibracoli hanno un sostegno fornito di una fossetta, il quale sembra rappresentare il becco superiore immobile; ma questo sostegno manca in alcune specie. Questa idea intorno allo sviluppo dei vibracoli, ammesso che sia giusta, è interessante, poichè, se le specie fornite di avicolarie si fossero estinte, nessuno, nemmeno chi fosse dotato della più fervida fantasia, avrebbe pensato che i vibracoli abbiano fatto parte di un organo somigliante ad una testa di uccello, ad una cappa o scatola irregolare. È interessante di vedere, come due organi tanto diversi tra loro siansi sviluppati da una comune sorgente; e siccome l'opercolo mobile della cellula serve di protezione allo zooide, si può ammettere che tutte le gradazioni che il coperchio ha percorso sotto forma di mascella inferiore nell'organo a guisa di testa di uccello e poi sotto quella di setola allungata, abbiano parimenti servito di protezione in maniere diverse ed in differenti condizioni.

Dal regno vegetale il Mivart cita due soli casi, e cioè la struttura dei fiori nelle orchidee ed i movimenti delle piante rampicanti. A riguardo della prima, egli dice: «La spiegazione della loro (dei fiori) origine è affatto insufficiente, incapace di far conoscere i primi passi infinitesimali di struttura che non sono utili finchè non sono notevolmente sviluppati». Siccome ho trattato questo argomento diffusamente in un'altra opera, mi limito a dare qui alcuni dettagli intorno ad una sola delle più salienti particolarità che offrono i fiori delle orchidee, cioè intorno ai loro pollinari. Un pollinario, quando è bene sviluppato, consta di un ammasso di grani pollinici, il quale è attaccato ad un sostegno elastico o caudicolo che riposa sopra una piccola massa di sostanza straordinariamente viscida. In tale modo i pollinari, col mezzo degli insetti, sono portati da un fiore sullo stimma di un altro. In alcune orchidee manca il caudicolo alle masse polliniche, ed i grani sono collegati insieme da sottili filamenti; ma siccome questi non sono ristretti alle sole orchidee, non devono qui esser presi in considerazione, e solo dirò che al fondo della intera serie delle orchidee, nel Cypripedium, noi possiamo vedere, come probabilmente questi filamenti siansi sviluppati. In altre orchidee i filamenti sono coerenti ad uno dei capi della massa pollinica, ed in ciò noi possiamo trovare il primo vestigio di un caudicolo incipiente. Che tale sia l'origine del caudicolo, anche quando si trovi di considerevole lunghezza ed altezza, ce lo dimostrano con evidenza i grani pollinici abortiti, i quali talvolta si vedono riposti entro le parti centrali e solide.

Quanto alla seconda notevole particolarità, la scarsa quantità di sostanza viscida che è attaccata alla estremità del caudicolo, può citarsi una lunga serie di gradazioni, di cui ognuna è di evidente vantaggio per la pianta. In quasi tutti i fiori delle piante appartenenti ad altri ordini, lo stimma secerne un po' di sostanza viscida. Ora, nelle orchidee, è secreta una simile sostanza viscida, ma in quantità molto maggiore e solamente da uno dei tre stimmi, il quale, forse in seguito a tale abbondante secrezione, diventa infecondo. Se un insetto visita un fiore di questa specie, egli deterge una piccola parte della sostanza viscida, ed in pari tempo trasporta seco alcuni grani di polline. Da questo semplice stato, non molto diverso da quello dei fiori ordinari, numerose gradazioni conducono a quelle specie, nelle quali la massa pollinica finisce in un breve caudicolo libero, poi ad altre, in cui il caudicolo è fissato alla massa viscida, mentre lo stimma infecondo stesso è notevolmente modificato. In quest'ultimo caso noi avremo un pollinario nel più elevato suo sviluppo e nello stato più perfetto. Chi esamini da sè i fiori delle orchidee, non potrà negare che la precitata serie di gradazioni esista realmente, una serie che conduce da una massa di grani pollinici, i quali sono connessi insieme da filamenti, mentre lo stimma assai poco differisce da quello dei fiori ordinari; fino al pollinario assai complicato, che è maravigliosamente adattato ad essere trasportato dagli insetti; nè potrà negare che tutte le gradazioni nei fiori diversi ed in riguardo alla generale struttura di ciascun fiore, siano molto adatte ad agevolare la fecondazione col mezzo degli insetti. In questo, come quasi in ogni altro caso, le ricerche possono essere spinte più oltre, può cioè domandarsi, come sia avvenuto che lo stimma di un fiore comune, diventasse viscido. Ma siccome noi non conosciamo la storia completa nemmeno di un solo gruppo di esseri organici, la domanda è tanto inutile, quanto è vano il tentativo di rispondere a siffatte domande.

Volgiamoci ora alle piante rampicanti. Esse possono disporsi in una lunga serie, incominciando da quelle che si avvinghiano semplicemente attorno ad un sostegno, e passando poi ad altre che si arrampicano colle foglie e ad altre ancora che sono munite di cirri. In queste due ultime classi i cauli hanno in generale, sebbene non sempre, perduta la facoltà di rampicare, e nondimeno hanno conservato la facoltà di avvolticchiarsi che i cirri possiedono in simile grado. Le gradazioni fra le rampicanti a mezzo delle foglie e le rampicanti coi cirri sono mirabilmente strette, e certe piante si possono classificare indifferentemente in ambedue le classi. Ma se si sale nelle serie, dalle forme rampicanti semplici a quelle che si arrampicano colle foglie, vi si aggiunge una qualità assai rimarchevole, la sensibilità cioè al contatto, in seguito a cui gli steli delle foglie o dei fiori od i cauli modificati e trasformati in cirri subiscono una irritazione, ed in conseguenza si avvinghiano intorno all'oggetto che li tocca e lo abbrancano. Chi vuole leggere la mia memoria intorno a questo argomento, dovrà ammettere, io credo, che tutte le svariate gradazioni nella struttura e nelle funzioni fra le forme semplicemente rampicanti e quelle munite di cirri siano in ogni singolo caso di grande utilità per la specie. Così, ad esempio, torna evidentemente utile per una pianta rampicante l'avvinghiarsi col mezzo delle foglie, ed è probabile che ogni forma rampicante, fornita di foglie a lunghi picciuoli, si sarebbe trasformata in una siffatta rampicante, se i picciuoli avessero posseduto anche in grado leggero la sensibilità pel contatto.

Siccome il rampicare è il mezzo più semplice per salire attorno ad un sostegno, e costituisce quindi la base della nostra serie, così può domandarsi, come le piante abbiano acquistata questa facoltà in grado incipiente, e l'abbiano di poi perfezionata e rafforzata colla elezione naturale. La facoltà di rampicare dipende primieramente dalla straordinaria flessibilità del caule, finchè è molto giovane (e questo è un carattere che offrono molte piante anche non rampicanti); ed in secondo luogo, il caule deve volgersi di continuo verso tutte le plaghe, e cioè successivamente nello stesso ordine da una all'altra. Questo movimento determina il caule a piegarsi da tutte le parti ed a muoversi intorno a sè. Quando la parte inferiore del caule urta contro un oggetto ed è arrestata, la superiore continua a piegarsi ed a girare, ed in conseguenza si avvinghia in alto intorno al sostegno. Il movimento rivolgente cessa dopo il primo accrescimento di ogni ramo. Siccome singole specie e singoli generi di piante, appartenenti a famiglie tra loro molto distanti, possiedono la facoltà di avvolticchiarsi e divennero perciò rampicanti, così dobbiamo concludere che l'abbiano acquistata indipendentemente e non ereditata da un comune progenitore. Potei quindi prevedere che una leggera tendenza a tale movimento non doveva essere rara nelle piante non rampicanti, e ch'essa abbia fornito la base su cui l'elezione naturale ha incominciato la sua opera di perfezionamento. Quando io faceva questa predizione, non conosceva che un caso imperfetto, e cioè i giovani steli fiorali di una Maurandia, i quali si avvolticchiavano leggermente ed in modo irregolare come il caule di molte piante rampicanti. Poco tempo dopo, Fr. Müller scoperse che si avvolticchiavano irregolarmente ma distintamente i giovani cauli di un Alisma e di un Linum, di due piante dunque che non si arrampicano e sono tra loro molto discoste nel sistema; e disse di aver ragione per sospettare che ciò avvenga in alcune altre piante. Questi insignificanti movimenti non sembrano di alcun vantaggio per le piante accennate, ed in ogni modo non sono della menoma utilità a riguardo del rampicamento, di cui qui ci occupiamo. Nondimeno può dirsi, che se i cauli di queste piante fossero stati flessibili e se nelle loro condizioni di vita fosse stato utile salire in alto, l'abitudine di avvolticchiarsi in modo leggero ed irregolare sarebbe stata rafforzata e messa a profitto dall'elezione naturale, fino al punto da rendere una specie perfettamente rampicante.

Relativamente alla sensibilità degli steli delle foglie e dei fiori, ed ai cirri, possono applicarsi pressochè le stesse osservazioni, come nel caso dei movimenti di avvolticchiamento delle piante rampicanti. Siccome moltissime piante, appartenenti a gruppi assai distanti tra loro, sono fornite di questa specie di sensibilità, noi dovremmo rinvenirla in istato nascente in molte piante che non sono divenute rampicanti. E così è. Io ho osservato che i giovani steli della su citata Maurandia si curvarono leggermente verso il lato che veniva toccato. Il Morren ha trovato in diverse specie di Oxalis che le foglie, specialmente se esposte a sole cocente, si muovevano intorno ai loro steli, appena erano leggermente e ripetutamente toccate, oppure veniva scossa la pianta. Io ripetei queste osservazioni sopra altre specie di Oxalis, ed ottenni il medesimo risultato; in alcune di esse il movimento era distinto, ma meglio visibile nelle foglie giovani; in altre era estremamente leggero. Ma è un fatto assai più significante, che cioè, secondo la grande autorità dell'Hofmeister, tutti i giovani rampolli e foglie delle piante si muovono quando siano stati scossi; e nelle piante rampicanti, come si sa, i cauli ed i cirri sono sensitivi soltanto nei primi stadi di accrescimento.

Non pare possibile che i suddetti insignificanti movimenti, i quali si manifestano negli organi giovani e crescenti delle piante in seguito a contatto o scossa, siano per le piante stesse di una qualche importanza fisiologica. Ma i vegetali hanno la facoltà di muoversi in dipendenza da stimoli diversi che sono per esse di manifesta importanza, ad esempio verso la luce e più veramente fuggendo la luce, in opposizione alla gravità e più raramente nella direzione di essa. Se i nervi e i muscoli di un animale vengono eccitati col galvanismo o coll'assorbimento di stricnina, i movimenti consecutivi possono dirsi incidentali; imperocchè i nervi e i muscoli non furono resi specialmente sensitivi a questi stimoli. Simil cosa avviene nelle piante; siccome esse hanno il potere di muoversi in obbedienza a certi stimoli, così dal contatto o da una scossa esse vengono eccitate in modo incidentale. Non v'ha perciò grande difficoltà nell'ammettere che nelle piante che si arrampicano colle foglie o coi cirri precisamente questa tendenza sia stata rafforzata ed impiegata pel bene della pianta dall'elezione naturale. Per ragioni, però, che io ho esposto nella mia Memoria, è probabile che ciò sia avvenuto solamente in quelle piante, le quali avevano già raggiunto la facoltà di avvolticchiarsi, ed erano perciò divenute forme avvinghiantisi.

Ho già cercato di spiegare, come le piante abbiano raggiunta la facoltà di rampicare, cioè col rafforzamento della tendenza, dapprima affatto inutile, di avvolticchiarsi in modo leggero ed irregolare; questo movimento, non meno che quello dovuto a contatto o scossa, era il risultato incidentale del potere di movimento ottenuto per altri e benefici scopi. Se durante lo sviluppo graduale delle piante rampicanti l'elezione naturale sia stata aiutata dagli effetti ereditati dell'uso, non pretendo di decidere; noi però sappiamo che certi movimenti periodici, come ad esempio il sonno delle piante, sono governati dall'abitudine. Degli argomenti prescelti da un abile naturalista per provare che l'elezione naturale sia insufficiente a spiegare i primi gradini delle strutture utili, ho parlato abbastanza e forse più che abbastanza, e spero d'aver dimostrato che da questo lato non sorgono grandi difficoltà. Mi si è in quest'incontro offerta l'opportunità di diffondermi un poco intorno a quelle gradazioni di struttura che spesso si associano a cambiamento di funzioni; è questo un argomento importante che non fu sufficientemente sviluppato nelle precedenti edizioni di quest'opera. Voglio ora riassumere gli esempi citati nelle righe che precedono.

Quanto alla giraffa, la continua preservazione di quegli individui di un ruminante estinto e molto antico, che avevano più lunghi il collo, gli arti, ecc., e potevano cogliere le foglie ad un'altezza maggiore della media, e la continua estinzione di quelli che non arrivavano così in alto, avranno bastato per produrre questo animale singolare; inoltre, il continuo uso di tutte queste parti, congiunto alla ereditabilità, ne avrà favorito la coordinazione in modo importante. Riguardo ai molti insetti che imitano oggetti diversi, non è improbabile l'opinione che una somiglianza accidentale con un oggetto comune abbia costituita in ogni singolo caso la base su cui ha agito l'elezione naturale, opera che venne poi perfezionata colla occasionale preservazione di quelle variazioni che rendevano la somiglianza in qualche modo maggiore, e che sarà stata continuata finchè l'insetto continuava a variare, la somiglianza sempre crescente favoriva il suo salvamento dai nemici di vista acuta. In certe specie di cetacei sussiste la tendenza alla formazione di piccole prominenze cornee irregolari nel palato, e sembra che fosse pienamente entro la sfera di azione dell'elezione naturale di preservare tutte le utili variazioni, a segno da trasformare quelle prominenze in tubercoli o denti lamellosi, come nel rostro dell'oca, poi in brevi lamelle così perfette come quelle della Spatula clypeata, e finalmente nei giganteschi fanoni come quelli che vedonsi nella bocca della balena groenlandese. Nella famiglia delle anitre le lamelle servirono da prima come denti, poi in parte come denti ed in parte come apparato di filtrazione, ed in fine quasi esclusivamente a quest'ultimo scopo.

Nelle strutture del genere delle su citate lamelle cornee o dei fanoni l'abitudine o l'uso, per quanto possiamo giudicare, non hanno od hanno assai poco contribuito al loro sviluppo. Ma invece il trasferimento dell'occhio inferiore dei pesci piatti alla faccia superiore della testa, e la formazione di una coda prensile possono attribuirsi quasi interamente all'uso continuo collegato colla ereditabilità. Relativamente alle ghiandole latticifere dei mammiferi superiori, la supposizione più probabile è questa, che originariamente le ghiandole cutanee all'intera superficie del marsupio secernevano una sostanza nutriente, e che queste ghiandole col mezzo della elezione naturale siano state perfezionate nella loro funzione, e raccolte sopra uno spazio ristretto per costituire le ghiandole latticifere. La difficoltà di comprendere come le spine ramificate di un antico echinoderma, le quali servivano come organi di difesa, siano state trasformate dalla elezione naturale in pedicellari a tre branche, non è maggiore di quella che incontrasi nello spiegare come siansi formate le chele dei crostacei con modificazioni leggere ed utili dell'articolo ultimo e penultimo di un arto che dapprima serviva solamente alla locomozione. Negli organi a testa d'uccello e nei vibracoli dei briozoi abbiamo visto degli apparati assai distanti tra loro all'apparenza esterna, ma sviluppatisi da una medesima forma fondamentale; e nei vibracoli s'è potuto comprendere come le successive gradazioni abbiano potuto essere utili. Per ciò(15) che riguarda i pollinari delle orchidee, abbiamo potuto vedere come i filamenti, i quali originariamente servivano per tenere insieme i grani pollinici, si sono uniti insieme per formare il caudicolo, e si possono anche seguire i gradini, pe' quali la massa viscida, tale quale è secreta dai pistilli dei fiori comuni a scopo simile sebbene non identico, viene attaccata alla libera estremità del caudicolo, essendo tutte queste gradazioni di evidente vantaggio per la relativa pianta. Non occorre che io ripeta ciò che poc'anzi dissi delle piante rampicanti.

Si è domandato spesso: se l'elezione naturale è tanto potente, perchè certe specie non hanno acquistato questa o quella struttura che loro sarebbe evidentemente utile? Ma non è ragionevole pretendere una risposta a siffatte domande, sapendosi che è grande la nostra ignoranza intorno alla storia di ogni specie, ed intorno alle condizioni che oggidì determinano il numero de' suoi individui e la sua geografica distribuzione. Nel maggior numero de' casi non possonsi addurre che ragioni generali, e solo in poche cause speciali. Ad esempio, per adattare una specie a nuove condizioni di vita, sono quasi indispensabili molte modificazioni tra loro coordinate, e spesso sarà succeduto che le parti richieste non abbiano variato in modo giusto o fino a quel grado che era necessario. Molte specie devono essere state impedite di accrescere il numero de' loro individui da cause di distruzione, le quali non stanno in alcun rapporto con certe strutture che ci immaginiamo conservate dall'elezione naturale, perchè ci sembrano utili per le specie. Siccome in questi casi la lotta per l'esistenza non è dipesa da tali strutture, esse non potevano essere acquistate col mezzo della elezione naturale. In molti casi allo sviluppo di una determinata struttura richiedonsi condizioni complicate e di lunga durata, spesso di natura peculiare, le quali possono essere apparse raramente. Il supposto che una data struttura, che noi, spesso erroneamente, crediamo utile per una specie, sia stata acquistata, in tutte le circostanze col mezzo della elezione naturale, è in opposizione colle nostre opinioni alla maniera della sua azione. Il Mivart non nega che l'elezione naturale abbia prodotto degli effetti, ma egli la considera insufficiente a spiegare gli effetti ch'io le ho attribuito. Le principali sue ragioni sono state prese in considerazione, e di altre parleremo più tardi. Mi sembra che esse non abbiano il carattere di una dimostrazione, e poca importanza di fronte alle ragioni che militano in favore della elezione naturale e degli altri agenti particolarmente accennati. Mi credo in obbligo di aggiungere che alcuni dei fatti e delle argomentazioni qui addotti furono già esposti, allo stesso scopo, in un articolo apparso nella Medico-chirurgical Review.

Oggidì tutti i naturalisti ammettono una evoluzione in una certa forma. Il Mivart crede che le specie variano in seguito ad una interna forza o tendenza, che non pretende di conoscere in particolare. Che le specie abbiano la facoltà di subire dei cambiamenti, è ammesso da tutti gli evoluzionisti; ma mi sembra che nulla ci induca ad invocare una forza interna oltre quella ordinaria variabilità, la quale, diretta dall'uomo, ha prodotto tante razze domestiche sì bene adattate, e che coll'aiuto della elezione naturale può produrre in simil guisa a lenti passi le razze e le specie naturali. Come fu già osservato, il risultato finale sarà generalmente un progresso, in alcuni pochi casi un regresso nella organizzazione.

Il Mivart ed alcuni altri naturalisti con lui sono inclinati ad ammettere che le nuove specie appariscano di repente ed in seguito a subitanee modificazioni. Egli suppone, per esempio, che le differenze fra l'estinto Hipparion triungulato ed il cavallo si siano manifestate repentinamente. Egli trova difficoltà nell'ammettere che l'ala di un uccello «siasi sviluppata altrimenti che in seguito ad una modificazione comparativamente subitanea ed in modo evidente e significativo», e pare ch'egli voglia estendere lo stesso modo di vedere agli organi del volo dei pipistrelli e dei pterodattili. Questa conclusione, la quale implica grandi salti ed interruzioni, mi sembra improbabile al massimo grado.

Ognuno, il quale ammetta la evoluzione lenta e graduale, deve ritenere che i cambiamenti specifici abbiano potuto apparire così subitamente e così grandi come ogni altra variazione che noi incontriamo allo stato di natura od anche a quello di domesticità. Ma siccome le specie addomesticate o coltivate sono più variabili di quelle che si trovano nelle loro naturali condizioni, non è probabile che le variazioni in natura siano apparse così repentine e così grandi come frequentemente apparvero in domesticità. Di queste ultime variazioni parecchie possono essere attribuite alla riversione; ed è probabile che i caratteri apparsi in tal guisa siano stati spesso acquistati gradatamente. Un numero ancor maggiore di esse dobbiamo considerare come mostruosità, così l'apparsa di sei dita, l'uomo istrice, la pecora Ancon, i buoi Niata, ecc., e siccome diversificano assai nel loro carattere dalle specie naturali, non gettano che poca luce sul nostro argomento. Se si escludano tali casi dalle repentine variazioni, i pochi che ancora rimangono, se si incontrano allo stato di natura, ci rappresentano altrettante specie dubbie, molto affini ai loro tipi estinti.

Le mie ragioni per dubitare che le specie naturali siansi modificate così subitamente come le razze a caso domesticate, e per non essere in alcun modo persuaso che siansi cambiate in quella maniera miracolosa come crede il Mivart, sono le seguenti. L'esperienza ci insegna che le variazioni subitanee e ben marcate si mostrano nei nostri prodotti domestici isolatamente ed a lunghi intervalli. Se avvenissero in natura, sarebbero soggette, come prima fu detto, a perdersi per effetto di cause accidentali di distruzione e pel susseguente incrociamento; e si sa che altrettanto succede allo stato domestico, se le variazioni repentine non vengono preservate e tenute distinte dalla cura dell'uomo. Affinchè si formasse una nuova specie nella guisa supposta dal Mivart, sarebbe necessario che, in opposizione ad ogni analogia, apparissero simultaneamente entro un medesimo distretto parecchi individui modificati in modo maraviglioso. Come nel caso della elezione inconscia dell'uomo, questa difficoltà è tolta secondo la teoria dello sviluppo graduale, colla conservazione di un numero grande di individui varianti in una qualsiasi favorevole direzione, e colla distruzione di molti che variano in senso opposto.

Non v'ha dubbio che molte specie siansi sviluppate in maniera estremamente graduata. Le specie e perfino i generi di molte grandi famiglie naturali sono così strettamente affini fra loro, che spesso riesce difficile la lato distinzione. In ogni continente, viaggiando da nord a sud, o dalla pianura nelle alte regioni, ecc., noi incontriamo molte specie strettamente affini o rappresentative, nello stesso modo come le troviamo in certi continenti diversi, di cui possiamo supporre che un giorno fossero in continuità; ma facendo queste e le successive osservazioni, devo toccare degli argomenti che saranno svolti più tardi. Si volga lo sguardo alle molte isole che circondano un continente, e si vedrà come molti dei suoi abitatori non possono essere elevati che al rango di specie dubbie. Avviene altrettanto, se gettiamo uno sguardo ai tempi passati e confrontiamo le specie da poco scomparse con quelle che ora abitano il medesimo distretto; oppure se confrontiamo tra loro le specie fossili racchiuse nei diversi piani di una medesima formazione geologica. Si rileva allora che molte specie sono strettamente affini con altre ancora esistenti o da poco scomparse, e ben difficilmente si vorrà sostenere che tali specie si siano sviluppate in modo subitaneo. Se poi si faccia attenzione alle parti speciali di specie affini, anzichè alle specie distinte, si potranno seguire le gradazioni numerose ed estremamente leggere che congiungono insieme le differenti strutture.

Molti e grandi gruppi di fatti non si comprendono che ricorrendo al principio dello sviluppo delle specie a mezzo di piccoli gradini; così, ad esempio, il fatto che le specie dei generi maggiori sono più strettamente affini tra loro ed offrono un maggiore numero di varietà che non le specie dei generi minori. Le prime si raccolgono anche intorno a piccoli gruppi, come le varietà intorno alle specie, ed offrono altre analogie colle varietà, come fu dimostrato nel capo secondo. Il medesimo principio ci dice ancora perchè i caratteri specifici siano più variabili dei generici; e perchè le parti sviluppate in modo ed in grado straordinario siano più variabili di altre parti della medesima specie. Potrebbero citarsi altri analoghi fatti che conducono alla medesima conclusione.

Sebbene moltissime specie siano state prodotte quasi certamente per gradazione, non maggiori di quelle che separano le leggere varietà, tuttavia può sostenersi che alcune si siano formate in modo diverso e repentino. Ma tale concessione non deve farsi se non coll'appoggio di prove valenti. Le analogie vaghe ed in parte erronee addotte da Chauncey Wright in appoggio di tale idea, come sarebbero la repentina cristallizzazione delle sostanze inorganiche o la caduta di uno sferoide faccettato da una faccetta all'altra, non meritano alcuna considerazione. Nondimeno una serie di fatti, e cioè l'apparsa repentina di nuove e diverse forme di vita ne' periodi geologici sostiene a tutta prima l'idea di uno sviluppo subitaneo. Ma il valore di questa prova dipende interamente dalla perfezione degli avanzi geologici, riferibili a periodi molto distanti nella storia del mondo. Se questi avanzi sono così frammentari, come molti geologi espressamente dicono, non deve sorprenderci che le nuove forme appariscano come sviluppatesi di repente.

Se non ammettiamo trasformazioni così prodigiose come quelle che invoca il Mivart, ad esempio lo sviluppo repentino delle ali degli uccelli e dei pipistrelli, o la subitanea trasformazione dell'Hipparion nel cavallo, il supposto che siano avvenute modificazioni subitanee non getta alcuna luce sulla mancanza degli anelli intermedi nelle nostre formazioni geologiche; mentre contro tale supposto protesta altamente la embriologia. È noto che le ali dell'uccello e del pipistrello e gli arti dei cavalli e di altri quadrupedi non possono distinguersi fra loro in un periodo embrionale precoce, e che si rendono differenti per gradazioni insensibilmente leggere. Come più tardi vedremo, le somiglianze embriologiche di ogni categoria si possono spiegare ammettendo che i progenitori delle specie ora esistenti abbiano variato dopo la prima gioventù, e trasmettano il loro carattere acquistato ai propri discendenti in età corrispondente. L'embrione fu quindi lasciato pressochè intatto, e serve come storia dello stato trascorso della specie. Così avviene che le specie ora esistenti somigliano sì spesso nei loro primi stadii di sviluppo a forme vecchie ed estinte appartenenti alla medesima classe. In seguito a questa opinione intorno al significato delle somiglianze embriologiche, in accordo con altre ragioni, è incredibile che un animale abbia subìto dei cambiamenti così repentini e subitanei come i sopra citati, senza offrire allo stato embrionale la più piccola traccia di cambiamenti siffatti, ogni singola parte del corpo sviluppandosi per gradi insensibili.

Chi crede che una qualunque vecchia forma per una forza o tendenza interna sia stata cambiata repentinamente, ad esempio in una forma munita di ali, è quasi spinto ad ammettere, in contraddizione con ogni analogia, che molti individui abbiano variato contemporaneamente. Non può negarsi che sì grandi e repentini cambiamenti di struttura siano molto diversi da quelli che le specie sembrano aver subìto. Egli sarà anche costretto ad ammettere che molte strutture, mirabilmente adatte a tutte le altre parti ed alle condizioni di vita, siano nate repentinamente; e per tali adattamenti reciproci, complicati e maravigliosi, non potrà addurre nemmeno un'ombra di spiegazione. E dovrà pure ammettere che questi grandi e repentini cambiamenti non abbiano lasciato nessuna traccia dei loro effetti nell'embrione. Ma ammettere tutto ciò, a quanto mi sembra, significa entrare nel campo del miracolo ed abbandonare quello della scienza.

CAPO VIII

DEGLI ISTINTI

Istinti paragonabili alle abitudini, ma diversi nella loro origine - Istinti graduali - Afidi e formiche - Istinti variabili - Istinti degli animali domestici, loro origine - Istinti naturali del cuculo, del Molothrus - dello struzzo e delle api parassite - Formiche che tengono schiavi - Api domestiche; loro istinto costruttore di celle - Le modificazioni di istinto e di struttura non sono necessariamente simultanee - Difficoltà della teoria dell'Elezione Naturale rapporto agli istinti - Insetti neutri e sterili - Sommario.

Molti istinti sono così portentosi che il loro sviluppo sarà parso a molti dei miei lettori una difficoltà bastante per se sola a rovesciare tutta la mia teoria. Debbo premettere che io non pretendo rintracciare l'origine delle primarie facoltà mentali, più di quello che io possa fare dell'origine della vita stessa. Ci occuperemo soltanto delle diversità di istinto, e delle altre qualità mentali degli animali appartenenti a una medesima classe.

Nè mi studierò di dare una definizione dell'istinto. Sarebbe facile dimostrare che le varie distinte azioni mentali sono comunemente comprese in questo termine; ma tutti sanno che cosa voglia dirsi, quando si asserisce che l'istinto spinge il cuculo ad emigrare e ad abbandonare le sue uova nei nidi d'altri uccelli. Un atto, che esige per parte nostra una certa abitudine, quando si compia da un animale molto giovane e non dotato di alcuna esperienza, e quando sia compiuto da molti individui nella stessa maniera, senza che i medesimi conoscano a quale scopo sia diretto, ordinariamente chiamasi istintivo. Ma potrei provare che niuno di questi caratteri dell'istinto è universale. Una piccola dose di giudizio o di ragione, come disse Pietro Huber, spesso si appalesa, anche in animali collocati molto bassi nella scala naturale.

Federico Cuvier e parecchi dei più antichi hanno paragonato l'istinto all'abitudine. Questo confronto ci fornisce, a mio avviso, una rimarchevole ed accurata nozione della disposizione della mente, sotto la quale una azione istintiva si adempie, ma non già della sua origine. Quanti atti abituali non si fanno da noi inavvertitamente, ed anche non di rado in diretta opposizione alla nostra volontà conscia? Tuttavolta essi possono essere modificati dalla volontà o dalla ragione. Certe abitudini ponno facilmente associarsi ad altre; come pure ponno manifestarsi a certi periodi di tempo, o in determinate situazioni del corpo. Quando esse si sono acquistate una volta, spesso rimangono costanti per tutta vita. Sarebbero a notarsi parecchi altri punti di rassomiglianza fra gli istinti e le abitudini. Come avviene la ripetizione di una canzone ben conosciuta, così negl'istinti un'azione segue l'altra con una sorta di ritmo; se una persona viene interrotta nel canto, o nel ripetere qualche brano a memoria, essa è generalmente costretta di tornare indietro per ricuperare la serie abituale delle idee; così P. Huber trovò avvenire di un bruco, che si costruisce un'amaca molto complicata: perchè se egli prendeva un bruco che avesse compiuto la sua amaca fino al sesto stadio del lavoro e lo riponeva in altra amaca portata soltanto al terzo stadio, il bruco non si applicava che a rifare il quarto, quinto e sesto stadio della costruzione. Se invece fosse stato levato un bruco che avesse compiuto il terzo stadio e si fosse trasportato in altra amaca avanzata fino al sesto stadio, per modo che una gran parte del lavoro ch'egli doveva fare si trovava ultimata, anzichè valutare questo vantaggio, egli si mostrava molto imbarazzato, e sembrava che per condurre a fine la sua amaca fosse costretto a partire dal terzo stadio, in cui aveva lasciato la propria, e faceva così ogni sforzo per completare l'opera quasi finita.

Ove noi supponiamo che un'azione abituale possa ereditarsi - e credo che possa sostenersi che ciò talvolta avviene - allora la rassomiglianza fra ciò che una volta era abitudine e l'istinto diviene tanto grande, che non possono distinguersi. Se Mozart, invece di suonare il pianoforte a tre anni, dopo uno studio prodigiosamente breve, avesse suonata una melodia senza alcuna pratica di sorta, avrebbe potuto dirsi veramente ch'egli lo avrebbe fatto per istinto. Ma sarebbe un gravissimo errore il supporre che il maggior numero degli istinti sia derivato dall'abitudine in una sola generazione, e quindi trasmesso per eredità alle generazioni posteriori. Può evidentemente dimostrarsi che gl'istinti più portentosi che si siano osservati, e specialmente quelli dell'ape domestica e di molte formiche, non possono essersi sviluppati in questo modo.

Tutti ammetteranno che gli istinti sono importanti non meno della struttura corporea, per il benessere di ogni specie nelle presenti condizioni di vita. Sotto mutate condizioni di vita è almeno possibile che piccole modificazioni di istinto divengano vantaggiose ad una specie; e se può provarsi che gli istinti variino, anche leggermente, allora non saprei vedere alcuna difficoltà nella preservazione e continua accumulazione delle variazioni dell'istinto, per mezzo della elezione naturale, finchè esse fossero utili. Io credo che tale appunto fu l'origine degli istinti, anche dei più complessi e portentosi. Io non dubito che gli istinti, come le modificazioni della struttura corporea, nascano e si aumentino per l'uso o per l'abitudine e si diminuiscano o anche si perdano affatto per il non-uso. Ma gli effetti dell'abitudine sono di una importanza affatto subordinata a quelli della elezione naturale di quelle, che possono dirsi variazioni accidentali degli istinti; cioè di quelle variazioni che sono prodotte dalle stesse cause ignote, che danno luogo a piccole deviazioni nella struttura del corpo.

Niun istinto complesso può prodursi dalla elezione naturale, tranne che per una lenta e graduale accumulazione di variazioni numerose, leggiere ed anche profittevoli. Quindi noi dobbiamo aspettarci di trovare nella natura, come nel caso delle strutture corporee, non già le attuali gradazioni transitorie, per le quali si raggiunse ogni istinto complesso - mentre queste si incontrerebbero soltanto negli antenati diretti di ogni specie - ma bensì troveremo qualche prova di queste gradazioni nelle linee collaterali della discendenza; oppure dobbiamo aspettarci almeno di poter dimostrare che gradazioni di qualche sorta sono possibili; e certamente siamo in grado di farlo. Fui ben sorpreso nel ritrovare quante gradazioni possono scoprirsi, fino agli istinti più complicati, anche ad onta delle poche osservazioni fatte sugl'istinti degli animali, eccetto in Europa e nell'America settentrionale, e degli istinti non conosciuti delle specie estinte. I cambiamenti di istinto ponno talvolta essere agevolati, quando le medesime specie hanno istinti diversi in vari periodi della vita, o nelle varie stagioni dell'anno, o quando siano poste in circostanze diverse, ecc. in tal caso l'uno e l'altro istinto può essere conservato dall'elezione naturale; ora può dimostrarsi che questi casi di diversità di istinto nelle medesime specie occorrono in natura.

Come nel caso della struttura degli individui, e in accordo colla mia teoria, l'istinto di ogni specie è vantaggioso alla stessa; ma non fu mai prodotto, per quanto possiamo giudicarne, ad esclusivo benefizio di altre specie. Uno degli esempi più convincenti del fatto di un animale, che compie apparentemente qualche atto pel solo vantaggio di un altro, fra quanti conosco, è quello degli afidi, che volontariamente cedono alle formiche la loro secrezione zuccherina, come fu osservato per la prima volta dall'Huber; e che essi lo facciano volontariamente si prova coi fatti seguenti. Io allontanai tutte le formiche da un gruppo di una dozzina circa di afidi, sopra una pianta di romice, ed impedii il loro ritorno per parecchie ore. Dopo questo intervallo, io ero certo che gli afidi avrebbero dovuto deporre la loro secrezione. Li tenni d'occhio per qualche tempo, con una lente, ma niuno di essi la produsse. Allora io li accarezzai con un capello, il meglio che potei, nel modo con cui le formiche li toccano colle loro antenne; ma anche in questo caso non ebbi alcun risultato. Tosto dopo lasciai in libertà una formica, affinchè si avvicinasse ai medesimi, e parve che immediatamente, per le sue rapide escursioni sulle foglie, fosse ben prevenuta del ricco bottino che aveva scoperto. Essa incominciò a battere con le sue antenne l'addome di un afide, e poi quello di un altro; ed ognuno, appena colpito dalle antenne, elevava subito il proprio addome ed emetteva una goccia limpida di succo zuccherino, che veniva tosto avidamente divorato dalla formica. Anche gli afidi più giovani tenevano il medesimo contegno, e ciò prova che tale azione era istintiva e non poteva dirsi effetto della esperienza. È cosa certa, per le osservazioni di Huber, che gli afidi non mostrano alcuna avversione contro le formiche e se queste non fossero presenti, essi alla fine sarebbero obbligati a versare la loro escrezione. Ma siccome questa sostanza è estremamente vischiosa, è utile probabilmente agli afidi di esserne liberati; e perciò essi probabilmente non secernono quel succo per il solo vantaggio delle formiche. Benchè non sia provato che un dato animale compia un atto ad esclusivo utile di un altro, appartenente ad una specie distinta, pure ogni specie tende ad avvantaggiarsi degli istinti delle altre, come cerca di approfittare della debole costituzione delle medesime. Così anche certi istinti, in alcuni pochi casi, non possono considerarsi come assolutamente perfetti; ma io non posso trattare questo tema ne' suoi dettagli che d'altronde non sono indispensabili.

Perchè agisca l'elezione naturale, richiedesi qualche grado di variazione negli istinti allo stato di natura e la ereditabilità di queste variazioni, e qui sarebbe d'uopo darne il maggior numero di esempi che sia possibile; ma la ristrettezza dello spazio me lo vieta. Debbo però dire che gli istinti certamente variano; per esempio, l'istinto migratorio, tanto nella intensità quanto nella direzione, anche fino alla totale loro perdita. Così i nidi degli uccelli variano in parte dipendentemente dalle situazioni prescelte, e dalla natura e temperatura del paese da essi abitati. Audubon ha dato parecchi casi rimarchevoli di differenze nei nidi di una stessa specie nelle provincia del nord e del sud degli Stati Uniti. Ma se l'istinto è variabile, potrebbe chiedersi perchè non fosse concessa all'ape «la facoltà di usare altri materiali quando la cera mancasse». Ma quale altra sostanza potrebbero le api impiegare? Esse adopreranno pel loro lavoro, come io ho osservato, della cera indurita col cinabro o rammollita col lardo. Andrea Knight notava che le api, invece di raccogliere indefessamente il propoli, impiegavano un cemento di cera e trementina, col quale egli aveva intonacato gli alberi spogliati della loro scorza. Recentemente fu dimostrato che le api, invece di cercare il polline sui fiori, impiegano volentieri un'altra sostanza, cioè la farina di avena. Il timore di certi nemici particolari è certamente una qualità istintiva, come può osservarsi negli uccelli che sono ancora nel nido; benchè possa aumentarsi per l'esperienza e per la vista del timore che lo stesso nemico incute in altri animali. Gli animali che abitano nelle piccole isole deserte non temono l'uomo, ed acquistano il timore del medesimo lentamente, come ho provato altrove; e possiamo vedere un esempio di ciò in Inghilterra, nella maggiore selvatichezza di tutti gli uccelli grandi in confronto dei piccoli; perchè gli uccelli grandi furono assai più perseguitati dall'uomo. Possiamo con sicurezza attribuire questa maggiore selvatichezza dei nostri uccelli grandi alla predetta causa, perchè nelle isole disabitate i grandi uccelli non sono più timorosi dei piccoli; e la gazza, così timida in Inghilterra, è domestica in Norvegia, come il corvo dal cappuccio in Egitto.

Moltissimi fatti stanno per provare che la disposizione generale degli individui di una stessa specie, nati allo stato di natura, è estremamente diversa. Possono anche addursi alcuni casi di abitudini strane ed accidentali in certe specie, le quali, quando siano vantaggiose alla specie, possono dare origine, per mezzo della elezione naturale, ad istinti affatto nuovi. Ma io sono ben persuaso che queste considerazioni generali, non corredate d'alcun dettaglio di fatti, produrranno un debole effetto nella mente del lettore. Posso tuttavia ripetere la mia assicurazione, che non dico alcuna cosa che non sia sorretta da buone prove.

CAMBIAMENTI EREDITATI DI ABITUDINI
O DI ISTINTI NEGLI ANIMALI DOMESTICI

La possibilità od anche la probabilità di ereditare variazioni di istinto nello stato di natura, viene confermata ed avvalorata dall'esaminare brevemente alcuni casi allo stato di domesticità. Noi ci renderemo per tal modo capaci di ravvisare le parti rispettive che l'abitudine e l'elezione delle così dette variazioni accidentali hanno avuto nel modificare le qualità mentali de' nostri animali domestici. È noto che negli animali domestici le qualità mentali variano assai. Fra i gatti, ad es., l'uno è per sua natura inclinato a pigliare ratti, l'altro a pigliare sorci; e si sa che queste inclinazioni vengono ereditate. Secondo St. John un gatto portava sempre a casa degli uccelli selvatici, un altro lepri o conigli, un altro ancora cacciava sopra terreno paludoso e prendeva ogni notte francolini o beccaccie. Vi sono molti curiosi esempi autentici della ereditabilità di tutte le gradazioni delle disposizioni diverse e dei gusti, non che delle più curiose astuzie, associate con certi stati della mente, o a certi periodi di tempo. Permetteteci di considerare il caso familiare delle varie razze di cani. Non può mettersi in dubbio che i giovani cani da ferma (io stesso ne ho veduto un esempio singolare) cercano talvolta la selvaggina, ed anche superano gli altri cani, fino dal primo giorno in cui sono condotti nelle campagne; la proprietà di salvare è in qualche grado ereditata dai cani di salvamento; e la tendenza di correre intorno al gregge, invece di seguirlo, è propria dei cani da pastori. Non potrei vedere alcuna differenza essenziale fra queste azioni e i veri istinti, mentre si compiono dai giovani senza alcuna esperienza e quasi nell'identica maniera da ogni individuo, e si fanno con vivo interesse da ogni razza e senza che ne sappiano lo scopo; - poichè i giovani cani da ferma non sanno di arrestare la selvaggina per aiutare il loro padrone, più di quello che la farfalla bianca conosca per qual motivo deponga le sue uova sulla foglia del cavolo. Se noi osservassimo una specie di lupo, ancora giovane e senza alcuna educazione, nell'istante in cui fiuta la sua preda, rimanere immobile come una statua, e quindi incamminarsi lentamente verso la medesima con un andamento particolare; e quando ne vedessimo un'altra specie, invece di lanciarsi contro un branco di daini, correr loro intorno a cacciarli poi verso un punto distante, noi certamente dovremmo chiamare istintive queste operazioni. Quegli istinti, che possono chiamarsi domestici, sono certamente assai meno fissi degli istinti naturali; ma essi sono sottoposti ad una elezione molto rigorosa e sono stati trasmessi per un periodo incomparabilmente più corto, e sotto circostanze di vita meno costanti.

Quando si incrociano diverse razze di cani, si osserva quanto forte sia la tendenza di ereditare gli istinti domestici, le abitudini e le disposizioni diverse, e in qual maniera curiosa rimangono mescolate. Infatti è noto che l'incrociamento del levriere col bull-dog ha influito per molte generazioni sul coraggio e sulla tenacità del primo, e che un incrociamento del levriere col cane pastore produsse una famiglia di cani pastori, con una tendenza particolare ad inseguire le lepri. Gli istinti domestici, così esperimentati per mezzo dell'incrociamento, rassomigliano agli istinti naturali, i quali in modo analogo sono strettamente confusi insieme, e per lungo tempo offrono traccie degli istinti dei progenitori; per esempio, Le Roy descrive un cane, il cui avo era un lupo, il quale dava segni della sua parentela selvaggia in un modo solo, cioè col non correre mai in linea retta verso il suo padrone, quando questi lo chiamava.

Talvolta si è parlato degli istinti domestici come di azioni che furono ereditate solo per l'abitudine lungamente protratta ed imposta, ma ciò non sussiste. Niuno avrà mai immaginato che sia possibile di ammaestrare un colombo a fare il capitombolo, azione che io posso attestare è compiuta dai giovani colombi di quella razza, senza che abbiano mai veduto fare il capitombolo. Potrebbesi ritenere che qualche colombo provasse una leggiera tendenza a questa strana abitudine, e che l'elezione protratta lungamente degli individui migliori, nelle generazioni successive, li rendesse capaci di fare il capitombolo come si osserva attualmente. Presso Glasgow sonovi delle colombaie di questi piccioni i quali, come fu riferito da M. Brent, non possono volare fino all'altezza di diciotto pollici senza volgere il capo sotto le gambe: Probabilmente nessuno avrebbe mai pensato ad ammaestrare un cane alla ferma, se prima qualche cane non avesse mostrato una tendenza naturale a questo scopo; e noi sappiamo che questa tendenza si è manifestata accidentalmente, come io ho osservato una volta in un puro bassetto. L'atto di puntare nel cane è probabilmente, come molti hanno pensato, soltanto la pausa esagerata di un animale che si appresta a saltare sulla sua preda. Quando la primitiva tendenza di arrestarsi fu spiegata convenientemente, l'elezione metodica e gli effetti ereditati della educazione forzata, in ogni generazione successiva, avrebbero compiuto l'opera; indi l'elezione inavvertita avrebbe continuato in questo senso, poichè ogni uomo ama procurarsi quei cani che si arrestano e cercano meglio.

D'altra parte la sola abitudine può in qualche caso bastare; nessun animale è più difficile da addomesticare dei piccoli conigli selvatici; al contrario non si troverà un animale più domestico dei giovani conigli addomesticati. Ma io non posso supporre che i conigli domestici siano mai stati scelti per la loro docilità; e debbo presumere che tutto il cambiamento ereditato dall'estrema selvatichezza alla docilità e sottomissione estrema, sia dovuto semplicemente all'abitudine e alla stretta reclusione continuata per lungo tempo.

I naturali istinti si perdono allo stato di domesticità. Abbiamo un esempio rimarchevole di ciò in quelle razze di polli che raramente od anche mai divengono covatori, cioè non desiderano mai di adagiarsi sulle loro uova. L'assuefazione ci toglie di osservare quanto vaste ed universali siano le modificazioni avvenute nelle facoltà mentali dei nostri animali domestici, per effetto della loro captività. Nè può dubitarsi che l'affezione per l'uomo non sia resa istintiva nel cane. Tutti i lupi, le volpi, gli sciacalli e le specie del genere gatto, quando divennero domestici, si mostrarono più ardenti nell'inseguire i polli, le pecore e i maiali; e questa tendenza fu trovata incurabile anche nei cani che furono trasportati piccoli da quei paesi ne' quali i selvaggi non conservano questi animali in domesticità, come dalla Terra del Fuoco e dall'Australia. Da un'altra parte quanto è raro che ci occorra avvezzare i nostri cani civilizzati, anche quando sono giovanissimi, a non perseguitare i polli, le pecore e i maiali! Certamente essi occasionalmente si permettono di inseguirli, e per questo noi li battiamo, e quando ciò non bastasse li distruggiamo; quindi l'abitudine, con qualche grado di elezione, ha influito probabilmente a civilizzare i nostri cani per mezzo dell'eredità. Del resto i pulcini hanno interamente perduto, per l'abitudine, il timor dei cani e dei gatti, che al certo era in essi istintivo in origine; nella stessa guisa che questo timore è istintivo nei giovani fagiani, anche se sono allevati dalla chioccia. Non già che i pulcini abbiano dimesso ogni paura, ma la sola paura dei cani e dei gatti; perchè se la chioccia dà il grido d'allarme, essi corrono a nascondersi sotto le sue ali (specialmente i giovani tacchini); o vanno a celarsi nelle erbe o nei cespugli vicini e ciò proviene evidentemente dall'istintivo proposito di permettere alla loro madre di volarsene via, come si osserva negli uccelli selvatici che si trattengono sul terreno. Ma questo istinto, conservato dai nostri pulcini, è divenuto inutile allo stato di domesticità, perchè la chioccia ha quasi interamente perduta la facoltà di volare pel non-uso.

Quindi noi possiamo dedurne che allo stato di domesticità alcuni istinti furono acquistati e gli istinti naturali furono perduti, in parte per l'abitudine e in parte per la elezione dell'uomo, che scelse ed accumulò, durante le successive generazioni, quelle abitudini ed azioni mentali particolari che per la nostra ignoranza ci parvero accidentali. In certi casi la sola assuefazione forzata bastò per produrre delle modificazioni mentali ereditarie; in altri casi la coartazione non diede alcun risultato, e tutte le modificazioni derivarono dalla elezione continuata metodicamente e inavvertitamente: ma nella pluralità dei casi l'abitudine e l'elezione probabilmente agirono contemporaneamente.

ISTINTI SPECIALI

Forse comprenderemo meglio in qual modo gli istinti furono modificati nello stato di natura dall'elezione, se consideriamo alcuni fatti particolari. Ne sceglierò tre soli fra quelli che avrò a discutere nel futuro mio lavoro; cioè l'istinto che determina il cuculo ad abbandonare le sue uova nei nidi d'altri uccelli, l'istinto di certe formiche di fare schiavi, e finalmente la facoltà di costruire celle nell'ape domestica. Questi ultimi due istinti si sono generalmente, ed a ragione; considerati dai naturalisti come i più portentosi fra tutti gli istinti conosciuti.

Istinto del cuculo. - Alcuni naturalisti ammettono che la causa più immediata e finale dell'istinto del cuculo sia che la femmina depone le sue uova ad intervalli di due o tre giorni, anzichè giornalmente; per cui se essa fabbricasse il proprio nido e si posasse sulle sue uova, dovrebbe lasciar le prime deposte per qualche tempo senza incubazione, altrimenti si troverebbero nel medesimo nido le uova ed i piccoli uccelletti di differenti età. Se così fosse, il processo della covatura e dello schiudimento della uova sarebbe sconvenientemente lungo, ed in ispecie pel riflesso che la madre deve emigrare assai per tempo; e i primi uccellini, sbucciati dall'uovo, dovrebbero probabilmente essere nutriti dal solo maschio. Ma la femmina del cuculo americano è appunto in queste condizioni; perchè essa forma il proprio nido e depone uova, e i piccoli sbucciano dall'uovo nello stesso tempo. Si è sostenuto e poi negato che anche il merlo d'America deponga talvolta le sue uova nei nidi di altri uccelli; ma io seppi di recente dal dott. Merrel di Jowa che egli una volta nell'Illinois trovò un giovane cuculo insieme con una giovane gazza nel nido del Garrulus cristatus, e siccome ambedue avevano le loro penne, non può ammettersi un errore di classificazione. Potrei dare parecchi esempi di uccelli differenti, che depongono le loro uova nei nidi d'altri uccelli. Ora suppongasi che l'antico progenitore del nostro cuculo d'Europa avesse le abitudini del cuculo americano; ma che occasionalmente deponesse un uovo nel nido di altro uccello. Se il vecchio cuculo da questa abitudine accidentale avesse tratto profitto per migrare più presto, od in altro modo; oppure se il cuculo giovane, in seguito al traviato istinto materno di un'altra specie fosse divenuto più robusto che non sotto le cure della propria madre, la quale era sopraccaricata dalla cura contemporanea per le uova e pei figli giovani di diversa età, ne sarebbe derivato un vantaggio, o pei genitori o per i giovani nutriti a spese di altri uccelli. L'analogia mi indurrebbe a credere che gli uccelletti, così allevati, sarebbero atti a seguire per eredità l'accidentale ed aberrante abitudine della loro madre; e alla loro volta diverrebbero capaci di depositare le uova nei nidi degli altri uccelli e riescirebbero in questo modo al allevare una prole più robusta. Per un continuo processo di tal fatta, credo che il singolare istinto del nostro cuculo possa essersi formato. È stato anche recentemente e per sufficienti ragioni sostenuto da Adolfo Müller, che il cuculo depone occasionalmente le sue uova sul nudo terreno, le cova, e nutre i pulcini; questo raro ed interessante fenomeno è probabilmente una riversione all'istinto originario di nidificazione da lungo tempo perduto.

Mi fu obbiettato di non avere menzionato altri analoghi istinti e adattamenti del cuculo che furono detti necessariamenti coordinati. Ma in tutti i casi la speculazione intorno ad un istinto unico e conosciuto in un'unica specie è inutile, perchè non abbiamo fatti che ci servano di guida. Fino a questi ultimi tempi non si conosceva che gli istinti del cuculo europeo e dell'americano non parassitico; ma le osservazioni di E. Ramsay ci hanno fatto ora conoscere le tre specie australesi che mettono le loro uova in nidi stranieri. Tre punti principali devono qui considerarsi: in primo luogo il cuculo comune, con rare eccezioni, mette un solo uovo in un nido, per cui il pulcino grande e vorace riceve un ricco nutrimento. In secondo luogo l'uovo è così piccolo, che non è maggiore di quello di un'allodola, di un uccello ben quattro volte minore del cuculo. Che le piccole dimensioni dell'uovo siano un caso di adattamento, possiamo dedurre dal fatto che il cuculo americano non parassitico depone uova corrispondenti alla sua grandezza. Finalmente il giovane cuculo mostra subito dopo la nascita l'istinto, la forza ed un rostro adatto per gettare dal nido i suoi fratelli di nutrimento che muoiono poi di freddo e di fame. Ma si è sostenuto arditamente che questa sia una misura benevola, affinchè il giovane cuculo riceva sufficiente cibo, ed i suoi fratelli di nutrimento periscano prima di acquistare molto sentimento!

Rivolgiamoci ora alle specie australesi. Sebbene questi uccelli mettano un solo uovo in un nido, si trovano tuttavia non raramente nello stesso nido due ed anche tre uova. Nel cuculo bronzino le uova variano notevolmente nella grandezza, misurando da otto a dieci linee in lunghezza. Se fosse stato di qualche vantaggio per questa specie di generare uova ancora più piccole di quelle che depone al presente, sia per ingannare più facilmente i genitori nutritizi, oppure, ciò che mi sembra più probabile, perchè più facilmente si schiudano (essendosi asserito che sussiste un determinato rapporto fra la grandezza delle uova e la durata della incubazione); allora non sarebbe difficile l'ammettere che sia formata una razza o specie che generasse uova sempre più piccole, le quali sarebbero state covate ed allevate con maggiore facilità. Il Ramsay osserva che due cuculi australesi, quando mettono le loro uova in un nido aperto, manifestano una decisa preferenza per quei nidi, i quali contengono delle uova simili nel colore alle proprie. La specie europea ha certamente una tendenza a tale istinto, ma non raramente se ne diparte, come si vede quando mette il suo uovo fioco e chiaro nel nido della grisetta (Accentor) che ha uova chiare di colore azzurro verdastro. Se il nostro cuculo mostrasse invariabilmente il suddetto istinto, questo dovrebbe annoverarsi fra quelli che furono acquistati d'un sol tratto. Le uova del cuculo bronzino australese, secondo il Ramsay, variano straordinariamente nel colore, così che a questo riguardo ed a riguardo della grandezza l'elezione naturale avrebbe potuto assicurare e fissare una variazione vantaggiosa.

Relativamente al cuculo europeo, i giovani figli dei genitori nutritizi vengono dal cuculo gettati dal nido al solito tre giorni dopo che questo ha abbandonato l'uovo, e siccome in quest'età egli è assai debole, così il Gould fu dapprima del parere che l'atto della espulsione fosse compiuto dagli stessi genitori nutritizi. Ma egli ebbe ora una fedele descrizione, da cui risulta che fu osservato un giovane cuculo, ancora cieco ed incapace a portare la sua testa, nel momento stesso, in cui espelleva dal nido i suoi fratelli di nutrimento. Uno di questi fu dall'osservatore riportato nel nido, e venne di nuovo espulso. Siccome pel giovane cuculo fu probabilmente di grande importanza di ricevere nei primi giorni dopo la nascita la maggior possibile quantità di nutrimento, non saprei trovare, in riguardo ai mezzi co' quali quello strano ed odioso istinto potesse essere raggiunto, alcuna difficoltà nell'ammettere che il cuculo acquistasse durante molte successive generazioni lentamente la cieca tendenza, la forza sufficiente e la struttura adattata per gettare dal nido i suoi fratelli di nutrimento; imperocchè quelli fra i giovani cuculi, i quali aveano meglio sviluppata quell'abitudine e quella struttura, saranno stati i meglio nutriti ed i più sicuramente allevati. Il primo passo a raggiungere il vero istinto poteva essere una inconscia irrequietezza per parte del giovane uccello, alquanto progredito nell'età e nella forza; l'abitudine sarà stata più tardi migliorata e trasmessa ad un'età più precoce. Non saprei qui vedere una difficoltà maggiore di quella che s'incontra nello spiegare come i giovani non ancora nati di altri uccelli ricevano l'istinto di rompere il guscio del proprio uovo, o come, al dire dell'Owen, i giovani serpenti acquistino nella mascella superiore un acuto dente transitorio per tagliare il tenace guscio dell'uovo. Siccome ogni parte ed in tutte le età è soggetta a variazioni individuali che tendono poi ad essere trasmesse per eredità in epoca corrispondente - proposizione che non può essere contestata; - così l'istinto e la struttura nei giovani potranno essere soggetti a lente modificazioni non meno che negli adulti, ed ambedue i casi devono sussistere o cadere con tutta la teoria dell'elezione naturale.

Alcune specie di Molothrus, un genere affatto diverso di uccelli americani, affine ai nostri storni, hanno abitudini parassitiche come il cuculo. Secondo le notizie dell'Hudson, esimio osservatore, i due sessi del Molothrus badius vivono a stormi promiscuamente, e talvolta si accoppiano. Talvolta si costruiscono un proprio nido, altre volte ne scelgono uno che appartiene ad un altro uccello, ed espellono la nidiata. Questi uccelli depongono le loro uova ora nel nido così appropriatosi, ora, cosa molto strana, se ne costruiscono uno proprio che sovrappongono a quello. Inoltre covano generalmente da sè le uova, ed alimentano i propri giovani. Ma l'Hudson crede probabile che occasionalmente vivano parassitici, avendo osservato i pulcini di questa specie mentre seguivano uccelli vecchi di un'altra specie ed invocavano da essi il nutrimento. Le abitudini parassitiche di un'altra specie, del Molothrus bonariensis, sono assai più sviluppate che quelle del primo; ma sono ancora lontane dall'essere perfette. A quanto si sa, questo uccello mette le sue uova invariabilmente nel nido altrui; ma è rimarchevole che parecchi di essi incominciano talvolta a costruirne uno proprio, irregolare, fuori di tempo, in luogo singolarmente poco adattato, per esempio sulle foglie di un grande cardo. Essi però, come Hudson ha potuto rilevare, non finiscono mai da sè il nido. Spesso mettono molte uova (da 15 a 20) nello stesso nido; di cui solo poche o nessuna vengono covate. Oltre ciò hanno la straordinaria abitudine di praticare col becco dei fori nelle uova, siano queste della propria specie, a quelle de' loro genitori nutritizi che trovano ne' nidi appropriatisi. Lasciano anche cadere molte uova sul nudo terreno, che per conseguenza vengono distrutte. Una terza specie, il Molothrus pecoris dell'America settentrionale, ha acquistato perfettamente gli istinti del cuculo, giacchè non depone mai più che un uovo in un nido straniero, cosicchè il pulcino viene certamente allevato. L'Hudson è un deciso avversario della teoria delle evoluzioni; ma gli istinti imperfetti del Molothrus bonariensis lo hanno talmente sorpreso, che, citando le mie parole, si domanda: «Anzi che considerare queste abitudini come dotazioni speciali o come istinti creati, non dobbiamo noi ritenerle come leggere conseguenze di una legge generale, ossia di transizione?».

Nei gallinacei non è insolita l'abitudine occasionale degli uccelli di abbandonare le loro uova nei nidi d'altri uccelli; e ciò spiega per avventura l'origine di un istinto speciale nel gruppo degli struzzi. Alcune femmine dello struzzo si associano per deporre alcune poche uova in un nido comune, indi in un altro; e queste sono poi covate dai maschi. Questo istinto può probabilmente avere la sua ragione nel fatto, che le femmine covano un gran numero di uova; ma come nel caso del cuculo, ad intervalli di due o tre giorni. Però quest'istinto dello struzzo americano e del Molothrus bonariensis non fu ancora abbastanza perfezionato, perchè uno sterminato numero di uova rimane sparso sulle pianure; per modo che in un solo giorno di caccia ne raccolsi non meno di venti abbandonate e guaste.

Molte api sono parassite, e lasciano sempre le loro uova nei nidi delle api di altri razze. Questo fatto è più notevole di quello del cuculo, perchè queste api non hanno modificati solamente i loro istinti, ma anche la loro struttura, in relazione alle loro abitudini parassitiche; perchè inoltre esse non posseggono l'apparato raccoglitore del polline, che sarebbe necessario quando esse dovessero accumulare il nutrimento per la loro prole. Alcune specie di sfegidi (insetti simili alle vespe) sono parimenti parassite di altre specie; e il Fabre ha recentemente esposto buone ragioni per stabilire che, quantunque la Tachytes nigra costruisca generalmente la propria tana, e vi raccolga le sue prede paralizzate pel nutrimento delle proprie larve; tuttavia, allorchè questo insetto trova una tana già fatta ed approvvigionata da un'altra specie, ne prende possesso e diviene parassita per l'occasione. In tal caso, come avemmo da rilevare per il cuculo e pel Molothrus, io non saprei trovare alcuna difficoltà che l'elezione naturale convertisse un'abitudine occasionale in permanente, se ciò fosse utile alla specie, e quando l'insetto, del quale i nidi e le provviste alimentari sono così proditoriamente usurpati, non venisse perciò esterminato.

Istinto della schiavitù. - Questo istinto rimarchevole per la prima volta scoperto nella Formica (Polyerges) rufescens da Pietro Huber, più esimio osservatore del celebre suo padre. Questa formica dipende assolutamente dal servizio delle sue schiave, al punto che, senza il loro aiuto, la specie in un anno solo rimarrebbe estinta. I maschi e le femmine non fanno lavoro di sorta alcuna, e le operaie, o femmine sterili, benchè siano le più energiche e coraggiose nell'impadronirsi delle schiave, non stanno altrimenti occupate. Esse sono incapaci di formare i propri nidi, e di alimentare le loro larve. Quando la vecchia abitazione è trovata incomoda e debbono emigrare, le sole schiave decidono della partenza e trasportano effettivamente le loro padrone colle mascelle. Le padrone sono poi affatto incapaci di provvedere ai propri bisogni, cosicchè Huber ne separò una trentina, senza alcuna schiava, e loro fornì in copia il nutrimento che sogliono preferire, lasciando in mezzo ad esse le larve e le crisalidi, affinchè servissero alle medesime di stimolo al lavoro; eppure esse rimasero oziose, nè si cibarono, per cui molte perirono per la fame. Huber introdusse allora una sola schiava (Formica fusca), la quale si mise tosto all'opera, diede nutrimento alle superstiti e le salvò; costruì alcune cellette, allevò le giovani larve e mise tutto in ordine. Che cosa può darsi di più straordinario di questi fatti bene accertati? Se noi non conoscessimo altre specie di formiche con schiave, sarebbe stato inutile speculare come possa essere stato perfezionato codesto istinto meraviglioso.

Ma P. Huber fu anche il primo a segnalare un'altra specie di formiche, che si valgono dell'opera delle schiave, ed è la Formica sanguinea. Questa specie fu trovata nelle parti meridionali dell'Inghilterra, e le sue abitudini furono studiate da J. Smith del Museo Britannico, al quale io mi tengo obbligato per le informazioni fornitemi sopra questo e sopra altri argomenti. Benchè io prestassi piena fede alle osservazioni di Huber e di Smith, volli studiare questo soggetto con qualche scettica apprensione dello spirito, e tutti vorranno scusarmi di avere dubitato della verità di questo istinto odioso e straordinario di ridurre in schiavitù tali insetti. Io produrrò quindi le osservazioni da me fatte, con qualche dettaglio. Ho aperto quattordici nidi della Formica sanguinea e ho trovato in tutti alcune schiave. I maschi e le femmine feconde della specie schiava (Formica fusca) si trovano solamente nelle loro proprie società e non furono mai veduti nei nidi della Formica sanguinea. Le schiave sono nere ed hanno circa la metà delle dimensioni delle loro padrone rosse, talchè il contrasto nella loro apparenza è grandissimo. Se il nido è leggermente disturbato, le schiave escono di quando in quando, e, come le loro padrone, sono molto agitate e cercano difendere la loro abitazione: ove poi il nido fosse molto guasto e le larve insieme alle crisalidi fossero esposte, le schiave lavorano indefessamente colle loro padrone per trasportarle fuori in luogo sicuro. Da ciò risulta evidentemente che le schiave si conducono come appartenenti alla casa. Nei mesi di giugno e luglio di tre anni successivi, osservai per molte ore parecchi nidi nel Surrey e nel Sussex, nè ho mai veduto una sola schiava uscire o entrare nel nido. Siccome in questi mesi le schiave sono molto poche, io pensavo che ciò per avventura non sarebbe avvenuto quando esse fossero più numerose; ma lo Smith mi accertava che egli esaminò i nidi delle formiche per diverse ore, nei mesi di maggio, giugno e agosto nel Surrey e nello Hampshire, e non ha mai osservato che le schiave entrassero od uscissero dal nido, benchè nel mese d'agosto fossero accumulate in gran numero. Quindi egli le considera quali schiave esclusivamente domestiche. Le padrone, d'altra parte, si veggono costantemente in moto, per trasportare materia nel nido e sostanze alimentari d'ogni sorta. Nell'anno 1860 però, nel mese di luglio, trovai una società di formiche le quali avevano un numero straordinario di schiave, e vidi che alcune di queste, in compagnia delle loro padrone, uscirono dal nido e si incamminarono per la stessa via verso un grande pino di Scozia, distante 25 metri, sul quale ascesero insieme, forse per cercarvi gli afidi o le cocciniglie. Secondo Huber, che aveva ampi mezzi d'investigazione, nella Svizzera le schiave lavorano abitualmente colle loro padrone nel costruire i loro nidi, e le prime da sole aprono e chiudono le entrate al mattino e alla sera; ma la loro principale occupazione, come Huber stabilisce espressamente, è quella di andare in cerca di afidi. Questa differenza nelle ordinarie abitudini delle padrone e delle schiave nei due paesi, dipende forse semplicemente da ciò, che le schiave sono catturate in maggior numero nella Svizzera che in Inghilterra.

Un giorno assistetti fortunatamente alla migrazione della Formica sanguinea da un nido ad un altro, ed era uno spettacolo dei più interessanti il vedere le padrone trasportare accuratamente le loro schiave colle mascelle, invece di essere trasportate da esse come nel caso della Formica rufescens. Un altro giorno la mia attenzione fu attirata da una ventina circa di quelle formiche che fanno schiavi, le quali frequentavano il medesimo luogo ed evidentemente non erano in cerca di nutrimento; esse si avvicinarono ad una comunità indipendente di una specie con schiave (Formica fusta) e ne furono vigorosamente respinte; talvolta fino a tre di queste si attaccavano alle zampe della Formica sanguinea. Queste uccidevano allora spietatamente i loro piccoli avversari e portavano i loro corpi come nutrimento nel loro nido, che distava 29 metri circa; ma esse non poterono prendere le ninfe per allevarle come schiave. Allora io dissotterrai una piccola quantità di ninfe della Formica fusca da un altro nido e le seminai sopra un terreno nudo, presso al luogo del combattimento; esse furono tosto prese e trasportate via dalle tiranne, che forse si immaginarono, dopo tutto, di essere state vittoriose nella loro ultima battaglia.

Nello stesso tempo io collocai nel medesimo luogo una piccola quantità di crisalidi di un'altra specie (Formica flava), essendovi anche attaccate ai frammenti del nido alcune poche di queste formiche gialle. Questa specie viene talvolta ridotta in servitù, benchè di rado, e ciò fu descritto dallo Smith. Quantunque questa specie sia tanto piccola, è molto coraggiosa; ed io la vidi attaccare ferocemente le altre formiche. Una volta, per esempio, trovai con mia sorpresa una società indipendente di Formica flava sotto una pietra, inferiormente al nido della tiranna Formica sanguinea; e appena io disturbai accidentalmente i due nidi, le piccole formiche assalirono le loro grosse vicine con sorprendente coraggio. Ora io ero curioso di accertare se la Formica sanguinea possa distinguere le crisalidi della Formica fusca, che essa rende schiava, da quelle della piccola e furiosa Formica flava, che di rado essa può catturare: e dovetti convincermi che a prima vista essa le distingue. Infatti io osservai che essa si impadroniva, avidamente ed istantaneamente, delle crisalidi di Formica fusca, mentre al contrario rimaneva molto spaventata, quando incontrava le crisalidi, od anche la sola terra levata dal nido della Formica flava e fuggiva frettolosamente; ma in un quarto d'ora circa e poco dopo che le piccole formiche gialle erano partite, le prime tornavano indietro e rapivano le crisalidi.

Una sera io visitai un'altra società della specie Formica sanguinea e trovai molte di queste formiche che ritornavano a casa ed entravano nei loro nidi, trasportando dei corpi di Formica fusca e molte crisalidi, locchè prova che quella non era una migrazione. Seguii le traccie di una lunga fila di formiche cariche di bottino, per una lunghezza di 40 metri circa, fino ad un folto cespuglio, dal quale vidi uscire l'ultimo individuo che trasportava una crisalide; ma non fui capace di trovare il nido devastato nella folta macchia. Il nido però non doveva essere molto lontano, perchè due o tre individui della specie della Formica fusca correvano qua e là grandemente agitati, ed uno stava immobile alla estremità di un ramoscello del cespuglio, tenendo colle mascelle la sua crisalide e in atteggiamento di desolazione, sopra la sua abitazione saccheggiata.

Questi sono i fatti riguardanti il portentoso istinto delle formiche che hanno schiave. Mi sia permesso di osservare quale contrasto presentano le abitudini istintive della Formica sanguinea con quelle della Formica rufescens del continente. L'ultima non fabbrica la propria abitazione, non dirige le proprie migrazioni, non raccoglie nutrimento per sè o per le giovani, e persino è incapace di alimentarsi: essa dipende assolutamente dall'opera delle sue molte schiave. La Formica sanguinea, invece, possiede pochissime schiave, e al principio dell'estate un numero insignificante; le padrone decidono quando e in che luogo debbano farsi i nuovi nidi, stabiliscono il momento delle migrazioni, e sono esse che portano le schiave. In Isvizzera, come in Inghilterra, sembra che le schiave soltanto si occupino delle larve, e le padrone si aggirino per il solo scopo di catturare nuove schiave. Nella Svizzera le schiave e le padrone lavorano insieme, apprestando materiali per la costruzione del nido; entrambe, ma specialmente le schiave, hanno cura e mungono per così dire i loro afidi; ed inoltre entrambe raccolgono le sostanze alimentari per l'intera società. In Inghilterra, invece, le sole padrone ordinariamente escono dal nido, per cercare i materiali per le loro costruzioni e il nutrimento per sè, per le loro schiave e per le larve. Quindi le padrone nel nostro paese ricevono dalle loro schiave molto minori servigi, di quelli che prestano le formiche schiave nella Svizzera.

Non pretendo di fare alcuna congettura con quali gradazioni si sia formato l'istinto della Formica sanguinea. Però, siccome ho trovato certe formiche, che non catturano schiave, appropriarsi le crisalidi di altre specie, allorchè si avvicinano ai loro nidi, può darsi che queste crisaidi, ammassate come nutrimento, si siano sviluppate; e le formiche forestiere, così allevate accidentalmente, avranno seguito i loro istinti e compiuto quel lavoro di cui erano capaci. Se la loro presenza divenne utile alle specie che di esse si impadronirono, se fu più vantaggioso a queste specie il catturare le operaie, anzichè il procrearle - l'abitudine di raccogliere in origine crisalidi pel loro nutrimento può per mezzo della elezione naturale essersi consolidata e resa permanente, per lo scopo affatto diverso di allevare delle schiave. Quando l'istinto fu acquistato, per quanto debole fosse dapprima e poco pronunciato, anche nelle nostre formiche sanguigne d'Inghilterra, che ricevono, come abbiamo veduto, meno servigi dalle loro schiave di quelle della stessa specie in Isvizzera, l'elezione naturale potè accrescere e modificare tale istinto - sempre nel supposto che ogni modificazione sia utile alla specie - finchè si fosse formata una formica dipendente dalle sue schiave con tanta abbiezione, come la Formica rufescens.

Istinto dell'ape domestica di costruire celle. - Non voglio discendere ai minuti ragguagli su questo soggetto; ma darò solamente un cenno delle conclusioni a cui sono arrivato. Sarebbe uno stolto colui che esaminasse la squisita conformazione di un favo, così stupendamente adatta al suo scopo, senza risentirne un'ammirazione entusiastica. Sappiamo dai matematici che le api hanno risolto praticamente un problema difficile, ed hanno costruito le loro celle di una forma tale da contenere la maggiore quantità possibile di miele, col minor possibile consumo della cera preziosa. Si è notato che un abile operaio, fornito di strumenti precisi e di misure esatte, incontrerebbe molta difficoltà ad eseguire delle celle di cera della forma identica a quelle che vengono perfettamente fabbricate da uno sciame di api che lavorano in un oscuro alveare. Sia pur grande l'istinto che loro si attribuisce, parrà sulle prime affatto inconcepibile come possano riuscire a formare gli angoli e i piani necessari, od anche come possano accorgersi che il loro lavoro fu compiuto correttamente. Ma la difficoltà non è poi tanto insuperabile come sulle prime si giudica; tutto questo mirabile lavoro può spiegarsi, a mio avviso, come una conseguenza di alcuni istinti semplici.

Fui spinto dal Waterhouse ad investigare questo soggetto. Egli ha dimostrato che la forma della cella sta in stretta relazione colla presenza delle celle adiacenti, e le seguenti considerazioni possono forse prendersi soltanto come una modificazione della sua teoria. Ricorriamo al grande principio delle gradazioni e vediamo se la Natura non ci riveli il suo metodo di operare. Ad un estremo di una breve serie noi abbiamo i pecchioni, che impiegano i loro vecchi bozzoli, deponendo in essi il miele e aggiungendovi talora dei tubi corti di cera e formando altresì delle cellette di cera separate ed irregolarmente arrotondate. All'altro estremo della serie abbiamo le celle dell'ape domestica in uno strato doppio: ogni cella, come sappiamo, è costituita di un prisma esagono coi vertici alla base negli estremi dei suoi spigoli tagliati di sbieco, in modo da formare una piramide composta di tre rombi. Questi rombi hanno certi angoli determinati, e i tre rombi, che formano la base piramidale di ogni cella da una parte del favo, entrano nella composizione delle basi di tre celle adiacenti della parte opposta. Nella serie che passa fra la estrema perfezione delle celle dell'ape domestica e la semplicità di quelle del pecchione, noi troviamo le celle della Melipona domestica del Messico, descritta ampiamente e disegnata da Pietro Huber. La Melipona stessa ha una struttura intermedia fra quella dell'ape domestica e del pecchione, ma più vicina a quest'ultimo: essa forma un favo quasi regolare di cera, con celle cilindriche, nelle quali si allevano le larve e vi aggiunge diverse celle di cera più grandi, per conservarvi il miele. Queste ultime celle sono quasi sferiche, hanno i loro lati press'a poco uguali e sono aggruppate in una massa irregolare. Ma il fatto più importante da notarsi è che queste celle sono talmente fra loro ravvicinate, che se le sfere fossero complete, sarebbero intersecate, o interrotte l'una dall'altra; ma ciò non potrebbe mai avvenire, perchè le api costruiscono delle parti di cera perfettamente piane, fra le sfere che tenderebbero ad intersecarsi.

Ogni cella, quindi, si compone di una porzione sferica esterna e di due, tre, o più altre celle. Quando una cella viene in contatto di tre altre celle (locchè avviene frequentemente e necessariamente), perchè le sfere sono quasi della stessa grandezza, le tre superfici piane si intersecano, formando una piramide. Questa piramide, come osservò Huber, è manifestamente una grossolana imitazione della base piramidale a tre faccie della cella dell'ape domestica, le tre superfici piane entrando necessariamente nella costruzione delle tre celle adiacenti. È evidente che la Melipona risparmia della cera col metodo delle sue costruzioni; perchè le pareti piane fra le celle adiacenti non sono doppie, ma hanno una grossezza uguale a quella delle porzioni sferiche esterne, e ogni porzione piana fa parte di due celle.

Riflettendo a questi fatti pensai che se la Melipona avesse fabbricato le sue sfere a una data distanza fra loro e le avesse formate di uguale grandezza e con disposizione simmetrica sopra un doppio strato, la struttura risultante sarebbe stata probabilmente perfetta quanto quella del favo dell'ape domestica. Coerentemente scrissi ai prof. Miller di Cambridge, e questo geometra, appoggiandosi alle mie informazioni, giunse al seguente risultato, che cortesemente mi comunicò e del quale mi dichiarò la rigorosa esattezza.

Se un numero qualunque di sfere uguali siano descritte poste coi loro centri in due piani paralleli e in modo che il centro di ogni sfera non sia distante dalle sei sfere contigue, poste nello stesso strato, più del prodotto che si ottiene moltiplicando il raggio per $\ddot{O}2$, vale a dire per 1,41421; e che inoltre ogni sfera sia alla medesima distanza dai centri delle altre sfere vicine poste nell'altro strato parallelo; se si conducono i piani di intersezioni delle sfere di ambi gli strati, ne risulterà un doppio strato di prismi esagoni congiunti fra loro per mezzo di basi piramidali formate da tre rombi; e i rombi non meno che le faccie dei prismi esagoni avranno i loro angoli identici a quelli che ci sono dati dalle più esatte misure prese sulle celle dell'ape domestica. Mi viene però fatto conoscere dal professore Wyman, il quale ha eseguito numerose e diligenti misurazioni, che la esattezza del lavoro delle api fu notevolmente esagerata, al punto che egli sostiene che la forma tipica della cellula, se pur viene realizzata, lo è al certo raramente.

Noi possiamo dunque conchiudere con sicurezza che se potessimo modificare gli attuali istinti della Melipona, i quali in se stessi non sono poi tanto straordinari, quest'ape potrebbe raggiungere una struttura non meno perfetta di quella dell'ape domestica. Supponiamo che la Melipona fabbricasse celle esattamente sferiche e di uguale grandezza: nè ciò sarebbe a reputarsi sorprendente, mentre queste celle sono quasi uguali e sferiche, e conosciamo molti insetti che forano nel legno dei buchi perfettamente cilindrici, e come sembra col girare intorno ad un punto fisso. Supponiamo inoltre che la Melipona disponesse le sue celle su piani livellati, come essa lo fa nel costruire le sue celle cilindriche; ammettiamo poi, e ciò è assai più difficile a credersi, che la medesima sappia in qualche modo apprezzare giustamente la distanza che la separa dalle altre lavoratrici, quando molte stanno formando le loro sfere. Ma sembra che questo insetto sia già capace di valutare tale distanza, perchè egli descrive le sue sfere in modo che si intersecano ampiamente, e congiunge i punti di intersezione con superfici perfettamente piane. Noi dobbiamo di più fare un'altra ipotesi più ammissibile, cioè che avendo formati i prismi esagoni coi piani di intersezione delle sfere adiacenti situate nel medesimo strato, esso possa prolungare il prisma esagono fino alla lunghezza voluta, affinchè contenga una certa quantità di miele; in quella guisa che il rozzo pecchione aggiunge dei cilindri di cera alle aperture circolari dei suoi bozzoli vecchi. Con queste modificazioni di istinti che in se stessi non sono tanto meravigliosi, e certo non sono più stupendi di quello che conduce un uccello a fabbricarsi il nido, credo che l'ape domestica abbia acquistato, mediante la elezione naturale, la sua inimitabile facoltà architettonica.

Ma questa teoria può convalidarsi con una esperienza. Dietro lo esempio del Tegetmeier, ho separato due favi ed ho collocato fra essi una striscia di cera lunga, grossa e rettangolare: le api cominciarono immediatamente a forarvi dei piccoli incavi circolari, e quanto più esse progredivano nel lavoro fino a ridurli a foggia di bacini profondi, questi apparivano all'occhio come perfetti segmenti di sfera e di un diametro quasi eguale a quello cella. Era del più grande interesse per me l'osservare che in tutti i punti, nei quali parecchie api avevano cominciato ad escavare questi bacini gli uni presso gli altri, essi erano disposti precisamente ad una tale distanza fra loro, che quando erano giunti alla larghezza assegnata (cioè quella di una cella ordinaria) e ad una profondità corrispondente ad un sesto circa del diametro della sfera di cui essi formavano una parte, i bordi dei bacini si intersecavano e si interrompevano. Appena ciò si verificava le api si arrestavano e si davano a costruire delle pareti piane di cera sulle linee d'intersezione dei bacini, così che ogni prisma esagono fu eretto sul margine ondulato del bacino appianato invece degli spigoli retti della piramide a tre faccie che si trova nelle cellette ordinarie.

Io posi allora nell'alveare in luogo della grossa striscia rettangolare un'altra striscia di cera sottile e stretta come la costa di un coltello e colorata colla cocciniglia. Le api cominciarono subito ad escavare da ambe le parti i piccoli bacini a poca distanza fra loro, come prima avevano fatto; ma la striscia di cera era tanto sottile, che se i fondi dei bacini fossero stati approfondati come nella esperienza precedente, avrebbero traversato la cera da una parte all'altra. Le api però seppero prevenire questo risultato e arrestarono in tempo debito le loro escavazioni; e appena i bacini furono leggermente abbozzati, esse resero piani i loro fondi, i quali, così formati di un sottilissimo strato di cera colorata che non era stata intaccata, erano situati (per quanto l'occhio poteva giudicare) esattamente lungo i piani della intersezione che poteva immaginarsi prodotta fra i bacini sugli opposti lati della striscia di cera. In alcune parti avevano lasciato soltanto piccoli frammenti dei piani romboidali, in altre parti invece si osservavano grandi porzioni di questi piani, ma l'opera non era stata compiuta a dovere per le condizioni anormali in cui si trovavano. Convien dire che le api lavorarono contemporaneamente da ambi i lati della striscia di cera colorata ed escavarono circolarmente ad uguali profondità i bacini dalle due parti, per riuscire così a formare gli strati piani esistenti fra i bacini stessi, prima di sospendere il lavoro, non appena erano giunte ai piani intermedi o piani di intersezione.

Considerando quanto è pieghevole la cera sottile, non saprei trovare in questo caso alcuna difficoltà ad intendere come le api, nel lavorare ai due lati della lamina di cera, si accorgessero quando la cera fosse incavata fino ad una grossezza conveniente e allora sospendessero il lavoro. Nei favi ordinari mi parve che le api non giungessero sempre a formare esattamente nello stesso tempo le loro celle nelle direzioni opposte; perchè osservai dei rombi non compiuti alla base di una cella appena incominciata, che era leggermente concava da una parte, da quella cioè in cui io(16) supponevo che le api avessero scavato più sollecitamente, e convessa dall'altra parte, ove le medesime avevano scavato con maggiore lentezza. In uno di questi casi posi il favo nuovamente nell'alveare e lasciai che le api vi lavorassero intorno per breve tempo: indi lo ripresi ed esaminai la cella, e vidi che lo strato romboidale era stato compiuto ed era divenuto in ambi i lati perfettamente piano: era assolutamente impossibile che esse avessero potuto renderlo tale col corrodere il lato convesso, per l'estrema sottigliezza del piccolo strato: quindi sospetto che le api in questi casi, stando nelle celle opposte, spingano e pieghino la cera duttile e calda (come io stesso potei facilmente provare) nel proprio strato intermedio e così la spianino.

Dal fatto della striscia di cera colorata possiamo rilevare chiaramente che, se le api avessero a costruire per sè una sottile parete di cera, formerebbero le loro celle della grandezza consueta, collocandole alla distanza determinata fra loro ed escavandole contemporaneamente e studiandosi di fare le loro vaschette esattamente sferiche; ma non le prolungherebbero approfondandole al punto di intersecarle scambievolmente. Ora le api fanno una parete rozza e periferica, una specie di bordo intorno al favo; e vi scolpiscono poi dai lati opposti le loro celle, che incavano sempre più lavorando circolarmente, come può vedersi chiaramente se si guardi il lembo del favo che stanno costruendo. Così esse non formano nello stesso tempo l'intera base piramidale a tre faccie, ma soltanto quello strato romboidale che si trova sull'estremo margine del favo od anche due faccie, come può osservarsi; ed esse non compiono mai gli spigoli superiori delle faccie romboidali, finchè le pareti esagone non sono cominciate. Alcune di queste osservazioni differiscono da quelle fatte dal giustamente celebrato Huber il vecchio, ma sono convinto dell'accuratezza delle medesime; e se avessi spazio potrei dimostrare che sono in accordo colla mia teoria.

L'opinione di Huber, che la prima cellula sia scavata in una piccola parete di cera a lati paralleli, non è pienamente fondata, per quanto mi fu dato di osservare; poichè il primo lavoro è sempre stato un piccolo cappuccio di cera; ma non mi diffonderò qui in ulteriori dettagli. Noi vediamo quanto sia importante l'atto della escavazione, nella costruzione delle celle; ma sarebbe un grande errore il supporre che le api non possano formare un rozzo strato di cera nella conveniente posizione, cioè, secondo il piano d'intersezione delle due sfere adiacenti. Io conosco parecchi fatti che dimostrano evidentemente la realtà di quanto affermo. Anche nel bordo informe e periferico di cera, o in quel piano che si trova in costruzione, possono osservarsi talvolta delle curvature le quali, per la loro situazione, corrispondono appunto agli strati delle faccie romboidali delle basi delle future cellette. Ma questa grossolana parete di cera deve in ogni caso essere lavorata e ridotta a perfezione dalle api, che la incavano profondamente da ambe le parti. È molto curioso il modo tenuto dalle api nel costruire le loro celle; esse formano sempre il primo rozzo strato dieci o venti volte più grosso della parete eccessivamente delicata della cella, parete che infine deve rimanere. Noi possiamo comprendere come esse lavorano, supponendo che dei muratori formino dapprima un grande ammasso di cemento, e quindi comincino da ambi i lati a levare ugualmente fino al livello del suolo tutto l'eccedente del muro sottile che deve restare nel mezzo, rimettendo sempre sopra l'ammasso il cemento sottratto ai fianchi e mescolandolo con cemento fresco. Si avrebbe in tal modo un muro sottile, che si alzerebbe costantemente e porterebbe alla sommità una gigantesca cornice. Tutte le celle, siano appena cominciate, siano compiute, rimangono così coronate di un forte bordo di cera e permettono quindi alle api di riunirsi ed appoggiarsi sul favo, senza danneggiare le delicate pareti esagone. Queste pareti sono molto variabili in grossezza, come gentilmente mi fu accertato dal prof. Miller: però una media di dodici misure prese sui margini diede 1,353 di pollice inglese di grossezza; mentre sopra ventun misure prese, le faccie delle basi romboidali si trovarono di 1,229 di pollice, cioè più grosse, incirca secondo la proporzione di tre a due. Per questa singolare maniera di fabbricare, il favo rimane continuamente solido, trovandosi infine risparmiata una grande quantità di cera.

Sembra sulle prime che si renda maggiore la difficoltà di comprendere la costruzione delle celle, dal vedere che una moltitudine di api vi è applicata al lavoro: e che un'ape, dopo di avere atteso per breve tempo ad una cella, passa ad un'altra; per cui una ventina di individui partecipano sino dal principio alla costruzione della prima cella, come constatò Huber. Io giunsi ad osservare praticamente questo fatto, coprendo gli spigoli delle pareti esagone di una cella, oppure l'estremo lembo del bordo periferico di un favo incipiente, con uno strato estremamente sottile di cera fusa colorata di rosso; e trovai sempre che il colore veniva più uniformemente steso dalle api, come potrebbe ottenerlo un pittore col suo pennello, quando esse prendevano degli atomi di codesta cera colorata dal punto in cui io l'avevo posta, e la impiegavano sulle pareti di tutte le celle vicine. L'opera di costruzione sembra una specie di bilancia che si stabilisca fra molte api, le quali tengonsi tutte alla medesima distanza relativa fra loro, e con uguale tendenza di scavare delle sfere identiche, di costruirvi sopra i loro prismi e di arrestarsi dall'incavare i piani di intersezione esistenti fra queste sfere. Era in verità cosa curiosissima il notare nei casi difficili, come quando due pezzi di favo si incontrano ad angolo, quanto spesso le api rovesciavano e ricostruivano la medesima cellula, talvolta adottando di nuovo una forma da esse reietta.

Quando le api si trovano in un luogo in cui possano stare nelle posizioni convenienti per le loro costruzioni, per esempio, sopra un tavolato che sia collocato direttamente sotto il punto centrale di un favo in costruzione all'ingiù, per modo che il favo debba costruirsi sopra una faccia del tavolato, in tal caso le api possono mettere le fondazioni della parete di un nuovo esagono nella situazione rigorosamente voluta, proiettandolo verso le altre celle finite. Basta che le api sappiano tenersi alle convenienti distanze relative fra loro e dalle pareti delle celle ultimamente compiute, perchè allora, descrivendo delle sfere immaginarie, possano elevare una parete intermedia a due sfere contigue. Ma, per quanto io mi abbia osservato, esse non si arrestano dal corrodere e non terminano gli angoli di una cellula, finchè non sia stata costrutta una gran parte di questa o delle celle vicine. Questa capacità delle api di formare, in certe circostanze, una parete grossolana nel suo posto preciso, fra due celle appena cominciate, è importante, quando si rifletta che si fonda sopra un fatto che a primo aspetto sembra sovversivo per la mia teoria; cioè che le celle sul margine estremo dei favi delle vespe sono talvolta perfettamente esagone; ma, per difetto di spazio, non posso entrare in questo argomento. Non mi pare gran fatto difficile che un singolo insetto faccia delle celle esagone (come nel caso della vespa-regina) quando lavori alternativamente all'interno ed all'esterno di due o tre celle cominciate contemporaneamente, stando sempre ad una distanza relativa conveniente dalle parti delle celle cominciate, per descrivere le sfere o i cilindri e costruire i piani intermedi. Può anche concepirsi come un insetto possa fissarsi sopra un punto, dal quale incominci una cella e, muovendo da quello, si volga prima verso un punto, poi verso cinque altri punti, alle proprie relative distanze dal punto centrale e fra loro; descriva i piani di intersezione e così formi un esagono isolato; ma io non credo che un simile processo sia stato osservato. Nè deve essersi prodotto qualche vantaggio dalla costruzione di un esagono, quando nella sua costruzione si impieghino maggiori materiali che nella formazione di un cilindro.

Come l'elezione naturale agisce solamente per l'accumulazione di piccole modificazioni nella struttura o nell'istinto, quando ognuna di esse sia vantaggiosa all'individuo nelle sue condizioni vitali, così potrebbe ragionevolmente chiedersi in che modo una lunga e graduale successione di istinti architettonici modificati, tutti tendenti al presente piano perfetto di costruzione, abbia potuto giovare ai progenitori dell'ape domestica. La risposta non è difficile; infatti noi sappiamo che le api sono spesso duramente stimolate a produrre del nèttare a sufficienza. Il Tegetmeier mi ha informato che si trovò sperimentalmente non consumarsi meno di dodici a quindici libbre di zucchero secco da uno sciame di api, per la secrezione di ogni libbra di cera. Deve dunque raccogliersi e consumarsi una prodigiosa quantità di nèttare liquido dalle api di un alveare, per la secrezione della cera necessaria alla costruzione dei loro favi. Inoltre molte api debbono rimanere oziose per molti giorni, durante il processo di secrezione. È poi necessaria una grande provvista di miele per mantenere una grande quantità di api nell'inverno; e la sicurezza dell'arnia dipende principalmente, come sappiamo, dal numero delle api che vi possono soggiornare. Quindi in ogni famiglia di api il risparmio della cera, servendo ad accrescere la provvigione del miele, deve essere il più importante elemento di successo. Naturalmente, il successo di ogni specie di api deve anche dipendere dal numero dei loro parassiti, o di altri loro nemici, od anche da cause affatto distinte: e per conseguenza può essere affatto indipendente dalla quantità del miele che esse possono raccogliere. Ma supponiamo per un momento che quest'ultima circostanza determini, come probabilmente deve spesso determinare, il numero dei pecchioni che possono esistere in un paese; e supponiamo inoltre (al contrario di quanto realmente avviene), che lo sciame viva per tutto l'inverno e quindi vada in traccia di una provvista di miele; in questo caso non potrebbe dubitarsi che sarebbe profittevole ai nostri pecchioni che il loro istinto, modificandosi leggermente, li determinasse a fabbricare le loro celle di cera tanto vicine fra loro da intersecarsi un poco; perchè una parete, comune a due celle adiacenti, risparmierebbe una piccola quantità di cera. Sarebbe dunque profittevole ai pecchioni il formare le loro celle sempre più regolari, più vicine l'una all'altra ed agglomerate in una sola massa, come quelle della Melipona; perchè allora una gran parte della superficie che limita ciascuna cella, servirebbe a contenerne altre e si avrebbe una maggiore economia di cera. Per la stessa ragione sarebbe anche utile alla Melipona il fare le sue celle più vicine fra loro e più regolari, in qualsiasi modo, che oggi non siano; perchè allora, come abbiamo veduto, le superfici sferiche scomparirebbero affatto e sarebbero surrogate da superfici piane; e la Melipona costruirebbe un favo perfetto, come quello dell'ape domestica. L'elezione naturale non potrebbe condurre al di là di questo stadio di perfezione architettonica, perchè il favo dell'ape domestica è, siccome abbiamo notato, assolutamente perfetto, in ordine all'economia della cera.

In questo modo può spiegarsi, a mio credere, il più portentoso di tutti gli istinti conosciuti, quello dell'ape domestica: cioè, coll'ammettere che la elezione naturale abbia saputo approfittare delle modificazioni piccole, numerose e successive di istinti più semplici. L'elezione naturale può dunque avere spinto le api, per gradi lenti e con crescente perfezione, a costruire delle sfere uguali, ad una data distanza fra loro in uno strato doppio; e a fabbricare ed escavare la cera, seguendo i piani di intersezione. Le api in verità non sanno di scolpire le loro sfere ad una determinata distanza fra esse, più di quello che conoscano i vari angoli dei prismi esagoni e delle faccie piane dei rombi delle basi. La causa impellente del processo di elezione naturale fu quella di ottenere risparmio di cera, conservando insieme alle celle la dovuta solidità, e la grandezza e forma adatte per le larve, e perciò quello sciame particolare che formò le migliori celle, e consumò meno miele nella secrezione della cera, riuscì meglio degli altri, e trasmise per eredità i suoi istinti economici acquistati ai nuovi sciami, i quali, alla loro volta, avranno goduto di una maggiore probabilità di trionfare nella lotta per l'esistenza.

OBBIEZIONI CONTRO LA TEORIA DELL'ELEZIONE NATURALE

RAPPORTO AGLI ISTINTI; INSETTI NEUTRI E STERILI

Si è obbiettato alle precedenti considerazioni, sull'origine dell'istinto, che «le variazioni di struttura e di istinto debbono essere state simultanee ed accuratamente adattate le une alle altre; per modo che una modificazione nell'una, senza un immediato cambiamento corrispondente nell'altra, sarebbe stata fatale». Tutta la forza di questa obbiezione sembra consista intieramente nel supposto che i cangiamenti di istinto e di struttura siano repentini. Prendiamo, per esempio, il caso della cingallegra maggiore (Parus major), alla quale facemmo allusione in un capo precedente; quest'uccello spesso prende i semi del tasso fra i suoi piedi sopra un ramo, e li batte col suo becco, finchè ne sia uscita la polpa. Ora quale particolare difficoltà vi sarebbe che l'elezione naturale conservasse ogni piccola variazione del becco, che lo rendesse meglio adatto a frangere i semi, finchè si giungesse ad un becco, tanto acconciamente costruito per codesto scopo come quello del rompinoce, nel medesimo tempo che l'abitudine ereditaria, o l'impulso per la mancanza di altro cibo, ovvero la conservazione delle accidentali variazioni del gusto, rendesse l'uccello esclusivamente granivoro? In tal caso noi supponiamo che il becco si sia lentamente modificato, per mezzo della elezione naturale, in seguito ad abitudini lentamente mutate ed in relazione ad esse. Ora ammettiamo che il piede della cingallegra varii e cresca in grandezza per la correlazione col becco, o per qualsiasi altra causa; rimarrà forse molto improbabile che questi piedi più grandi permettano all'uccello di arrampicarsi sempre più facilmente, finchè esso acquisti il rimarchevole istinto e la capacità di arrampicare, come il rompinoce? In tal caso si suppone che un graduale mutamento di struttura ingeneri dei cambiamenti nelle istintive abitudini della vita. Prendiamo un altro esempio; pochi istinti sono più notevoli di quello che muove la salangana delle Isole Britanniche Orientali a formare il suo nido interamente di saliva condensata. Alcuni uccelli fabbricano i loro nidi colla terra, che si crede umettata colla saliva, e una rondine dell'America settentrionale fa il suo nido (come ho veduto) con piccoli pezzetti di legno, agglutinati colla saliva, e con fiocchi di questa sostanza condensata. È quindi per avventura molto improbabile che l'elezione naturale di quelle salangane, che avevano una secrezione salivale sempre più abbondante, abbia infine prodotto una specie con istinti tali da trascurare gli altri materiali e da fare il proprio nido con saliva solidificata? Così dicasi in altri casi. Ma deve ammettersi che in molti esempi non possiamo congetturare se l'istinto o la struttura cominciò dapprima a variare.

Senza dubbio potrebbero opporsi alla teoria dell'elezione naturale molti istinti di assai difficile spiegazione. Quei casi, per esempio, in cui non siamo in grado di conoscere come un istinto sia stato possibilmente originato; quei fatti in cui non sappiamo che esistano intermedi passaggi; gli istinti che apparentemente sono di sì poca importanza, che non sono caduti sotto l'azione della elezione naturale; quegli istinti che sono quasi identicamente gli stessi, e che trovansi in animali tanto lontani dalla scala naturale, che non possiamo stabilire una tale somiglianza sulla eredità da un comune progenitore, ed anzi dobbiamo ritenere che essi provengano da atti indipendenti di elezione naturale. Io qui non tratterò questi vari fatti, ma mi limiterò ad una difficoltà speciale, che sulle prime mi parve insuperabile ed effettivamente fatale a tutta la mia teoria. Voglio alludere alle femmine neutre o sterili, nelle famiglie d'insetti; perchè questi neutri diversificano spesso nell'istinto e nella struttura, e dai maschi e dalle femmine feconde, ed essendo sterili non possono propagare la loro struttura particolare.

Il soggetto meriterebbe di essere discusso a lungo, ma io non mi arresterò che sopra un solo caso, quello cioè delle formiche operaie. È difficile comprendere in qual modo le operaie siano divenute sterili, ma ciò non è più arduo di quanto sia ogni altra grande modificazione di struttura; mentre può dimostrarsi, che alcuni insetti ed altri animali articolati divengono accidentalmente sterili nello stato di natura; se questi insetti furono sociali, e questa modificazione abbia recato profitto alla società, col nascerne annualmente un certo numero capaci di lavorare, ma incapaci di procrearne altri, non saprei trovare alcuna seria opposizione a che altrettanto venisse operato dalla elezione naturale. Ma io debbo oltrepassare questa preliminare obbiezione. La grande difficoltà consiste nel trovarsi la struttura delle formiche operaie interamente diversa da quella dei maschi e da quella delle femmine feconde, come nella forma del torace, così nell'essere prive di ali e talvolta di occhi, e differendo anche nell'istinto. Per quanto concerne l'istinto, la prodigiosa differenza fra le operaie e le femmine perfette, potrebbe opportunamente confrontarsi a quanto si osserva nelle api domestiche. Se una formica operaia, od un altro insetto neutro, è stato per l'addietro un animale nello stato ordinario, non saprei esitare un istante a stabilire che tutti i suoi caratteri furono acquistati lentamente, per opera dell'elezione naturale; vale a dire, col nascere di un individuo dotato di alcune piccole modificazioni profittevoli di struttura, le quali furono ereditate dalla sua prole; indi col variare di questa ed essere scelta alla sua volta, e così di seguito. Ma nella formica operaia noi abbiamo un insetto che differisce grandemente da' suoi parenti, e che nondimeno è assolutamente sterile; per modo che egli non può mai aver trasmesso successivamente le modificazioni acquistate di struttura o di istinto alla sua progenie. Si può quindi chiedere, con ragione, come sia possibile conciliare questo caso colla teoria della elezione naturale

Mi sia permesso di ricordare, in primo luogo, che noi abbiamo innumerevoli esempi, sia nelle nostre produzioni domestiche, sia in quelle allo stato di natura, di tutte le sorta di differenze di struttura che sono correlative a certe fasi della vita, e all'uno o all'altro sesso. Abbiamo delle differenze correlative ad un solo sesso, ma che si verificano soltanto per un breve periodo, quando il sistema riproduttivo è in azione; come nell'abito nuziale di molti uccelli e nella mascella inferiore ad uncino del salmone maschio. Notiamo altresì delle piccole differenze nelle corna delle varie razze di bestiame bovino, in relazione ad uno stato artificialmente imperfetto del sesso maschile; perchè i buoi di certe razze hanno corna più lunghe di quelle d'altre razze, in confronto alle corna dei tori o delle vacche di queste medesime razze. Quindi non trovo una reale difficoltà che un carattere si sia palesato, in relazione alla condizione di sterilità di certi membri di una società di insetti: la difficoltà rimane nello spiegare come queste modificazioni di struttura correlative possano essere state lentamente accumulate dalla elezione naturale.

Questa difficoltà, benchè sembri insuperabile, è diminuita o tolta, come io credo, quando si ricordi che l'elezione può essere applicata alla famiglia come all'individuo, e può così raggiungere l'intento desiderato. Gli allevatori del bestiame cercano di avere la carne ed il grasso bene mescolati insieme; l'animale viene macellato, ma l'allevatore coltiva con fiducia la stessa razza. Io sono tanto convinto della potenza dell'elezione da non dubitare che una razza di buoi, la quale produce continuamente buoi dotati di corna straordinariamente lunghe, deve essere stata formata lentamente, colla scelta accurata di quelle coppie di tori e di vacche le quali diedero buoi a corna più lunghe; e nondimeno nessun bue può mai aver propagato la sua razza. Un fatto reale e più illustrativo è il seguente. Secondo il Verlot alcune varietà del leucodio invernale annuo e pieno, in seguito a diligente scelta adatta e lungamente continuata, generano sempre coi semi molti fiori pieni ed infecondi, ed in simil modo anche qualche singola pianta semplice e feconda. Queste ultime, colle quali unicamente la varietà è riprodotta, possono paragonarsi coi maschi e colle femmine feconde di una colonia di formiche; le sterili e piene invece corrispondono alle formiche sterili e neutre. Come nelle varietà del leucodio, così negli insetti sociali, l'elezione naturale fu applicata alla famiglia e non all'individuo per raggiungere uno scopo utile. Noi possiamo quindi concludere che una piccola modificazione di struttura o di istinto, in relazione alla condizione sterile di certi membri della comunità, sia riuscita vantaggiosa alla comunità stessa; per conseguenza i maschi e le femmine feconde della colonia prosperarono, e trasmisero alla loro progenie, pure feconda, la tendenza di produrre individui sterili, dotati di quella modificazione. E questo processo fu ripetuto, finchè si ottenne quel prodigioso insieme di differenze fra le femmine feconde e le sterili della stessa specie, le quali noi osserviamo in molti insetti sociali.

Ma non abbiamo ancora toccato il culmine della difficoltà, cioè il fatto che i neutri di parecchie formiche non differiscono soltanto dalle femmine feconde e dai maschi, ma diversificano inoltre fra loro; talvolta ad un grado quasi incredibile e sono così divisi in due o tre caste. Le caste, inoltre, non sono generalmente in gradazione, ma sono perfettamente bene definite; e tanto distinte fra loro, quanto possono esserlo due specie di uno stesso genere, o due generi di una stessa famiglia. Così nella Eciton abbiamo le neutre operaie e le neutre soldate, con mascelle ed istinti straordinariamente diversi; nella famiglia Cryptocerus le operaie di una casta sono le sole che portino una singolare sorta di scudo sul loro capo, di cui non si conosce lo scopo; nelle Myrmecocystus messicane le operaie di una casta non abbandonano mai il nido; esse sono nutrite dalle operaie di un'altra casta ed hanno un addome enormemente sviluppato, dal quale si secerne una specie di miele, che tiene il posto della secrezione degli afidi, o di quel bestiame domestico, come potrebbe chiamarsi, che le nostre formiche europee inseguono e tengono in loro potere.

Si dirà certamente che io ho una presuntuosa fiducia nel principio della elezione naturale, perchè non ammetto che questi fatti tanto portentosi e bene accertati valgano a distruggere la mia teoria. Nel caso più semplice, in cui degli insetti neutri tutti di una casta, o della stessa razza, furono resi affatto diversi dai maschi e dalle femmine feconde, locchè reputo possibile per fatto della elezione naturale: in tal caso, noi possiamo con certezza conchiudere, dall'analogia delle variazioni ordinarie, che ogni piccola modificazione, successiva e vantaggiosa, non si sarà manifestata dapprima in tutti gli individui neutri dello stesso nido, ma in alcuni soltanto; e che per l'elezione prolungata di quei parenti fecondi, che generarono dei neutri dotati di modificazioni utili, tutti i neutri avranno in ultimo acquistato il carattere desiderato. Partendo da questa base noi dovremmo trovare occasionalmente degli insetti neutri di una stessa specie e di un medesimo nido, i quali presentino gradazioni di struttura; ora ciò avviene appunto di sovente, anche ad onta che pochi insetti neutri di Europa siano stati studiati accuratamente. F. Smith ha mostrato in qual modo sorprendente le neutre di parecchie formiche inglesi differiscono fra loro nella grandezza e talvolta nel colore; e che le forme estreme ponno talvolta essere perfettamente collegate insieme da individui del medesimo nido. Io stesso ho rinvenuto delle gradazioni perfette di questa fatta. Spesso accade che le operaie più grandi, oppure le più piccole, sono le più numerose; od anche si trova che le operaie grandi e le piccole sono in gran numero, mentre quelle di una grandezza intermedia sono molto scarse. La Formica flava ha delle operaie grandi e delle altre piccole: ed inoltre ne ha alcune poche di corporatura media; e in questa specie, come osservò F. Smith, le operaie più grandi hanno gli occhi semplici (ocelli), benchè piccoli, pure chiaramente discernibili; al contrario le operaie più piccole hanno i loro ocelli rudimentali. Io anatomizzai diligentemente parecchi individui di queste operaie, e posso assicurare che gli occhi sono assai più rudimentali nelle piccole operaie e più di quanto sarebbe dovuto puramente alla loro corporatura, proporzionalmente più piccola; ed io sono persuaso, benchè non possa accertarlo positivamente, che le operaie di grandezza intermedia hanno gli ocelli in una condizione esattamente intermedia. Per modo che noi osserviamo qui due gruppi di operaie sterili, nel medesimo nido, i quali differiscono non solo per la grandezza, ma anche pei loro organi visivi, e sono tuttavia connessi da pochi individui, che si trovano in una condizione intermedia. In via di digressione aggiungerò che, se le operaie più piccole furon le più utili alla società, e vennero quindi continuamente prescelti quei maschi e quelle femmine che produssero delle operaie vieppiù piccole; infino a che tutte le operaie acquistarono questa struttura, avrebbe dovuto risultarne una specie di formica, con individui neutri, quasi analoga e nelle medesime condizioni della specie Myrmica, in quanto che le operaie non hanno alcun rudimento degli occhi semplici, benchè i maschi e le femmine di questo genere abbiano gli ocelli bene sviluppati.

Citerò anche un altro caso. Io ero tanto convinto di rinvenire delle gradazioni, in certe parti importanti della struttura, fra le diverse caste di neutri appartenenti ad una medesima specie, che di buon grado mi valsi dell'offerta fattami dallo Smith di molti campioni tratti da un nido di Anomma, formica cacciatrice dell'Africa Occidentale. Il lettore apprezzerà forse meglio la somma delle differenze in queste operaie, anzichè dietro gli effettivi riscontri, per mezzo di una similitudine accurata. Possiamo infatti rappresentare questa totale differenza col figurarci una schiera di lavoratori, che fabbrichino una casa, molti dei quali abbiano un'altezza di quattro piedi e cinque pollici, ed altri abbiano la statura di sedici piedi; dobbiamo poi supporre che gli operai più grandi abbiano una testa quattro volte maggiore di quella degli altri, invece di averla il triplo di grossezza, e delle mascelle quasi cinque volte più ampie. Inoltre le mascelle delle formiche operaie di diversa grandezza differirebbero immensamente nella conformazione come nella forma e nel numero dei denti. Ma il fatto più importante per noi è, che, quantunque le operaie possano aggrupparsi in caste di corporatura differente, nondimeno esse sono insensibilmente in gradazione fra loro, come avviene nella diversissima struttura delle mascelle. Posso sostenere apertamente la verità di questo fatto, perchè provato dai disegni che mi fece il sig. Lubbock, colla camera lucida, di mascelle da me tagliate sulle operaie di diversa grandezza.

Appoggiato a questi fatti, io ritengo che la elezione naturale, operando sui parenti fecondi, possa dare origine ad una specie che debba produrre regolarmente degli individui neutri, i quali o siano tutti di grande statura, con una data forma di mascelle, oppure siano di piccola statura, con mascelle conformate affatto diversamente; od anche in fine, una parte di una certa grandezza e struttura, e simultancamcntc un'altra parte di una struttura e di una grandezza diversa, e questa è la maggiore difficoltà per noi. Essendosi per tal modo formata sulle prime una serie graduale, come nel caso della formica cacciatrice, e riuscendo le forme estreme più utili alla colonia, queste ultime saranno state propagate in quantità crescente, per mezzo della elezione naturale dei progenitori dai quali derivarono: finchè tutte quelle che avevano una struttura intermedia cessarono, non essendo riprodotte.

Un'analoga spiegazione diede il Wallace del fatto ugualmente complicato, che cioè certe farfalle malesi appariscono regolarmente allo stesso tempo in due e perfino tre diverse forme femminili; così pure il Fritz Müller a proposito di diversi crostacei brasiliani, che presentano due forme maschili diversissime l'una dall'altra. Ma non è d'uopo sviluppare qui l'argomento.

Tale fu, a mio credere, l'origine del meraviglioso fatto della esistenza di due caste, nettamente definite, di operaie sterili nel medesimo nido, pienamente diverse fra loro e dai loro parenti. Avviseremo alla grande utilità della loro produzione rispetto alla sociale comunità degli insetti a cui appartengono, per quel medesimo principio della divisione del lavoro, che è tanto vantaggioso all'uomo civilizzato. Siccome le formiche lavorano per gli istinti ereditati, e con gli organi ed apparecchi pure ereditati, e non già per le cognizioni acquistate e con utensili da esse apprestati, in esse non può effettuarsi una perfetta divisione di lavoro, se non per mezzo delle operaie divenute sterili; queste furono feconde in origine, indi subirono degli incrociamenti, e i loro istinti, non che la loro struttura, furono modificati e confusi. Io credo che la natura abbia effettuata quest'ammirabile divisione di lavoro nelle colonie di formiche, mediante il processo di elezione naturale. Ma sono anche costretto a confessare che, non ostante tutta la mia fiducia in questo principio, io non avrei mai supposto che la elezione naturale avesse un potere così elevato, se il fatto degli insetti neutri non mi avesse alla perfine convinto di questa verità. Volli discutere questo caso un po' lungamente, benchè non lo abbia fatto a sufficienza, per provare quale sia il valore della elezione naturale, e parimenti perchè codesta è la più grave delle difficoltà speciali che si sono opposte alla mia teoria. Questi fatti sono molto interessanti, perchè dimostrano che negli animali, come nelle piante, ogni complesso di modificazioni nella struttura può essere prodotto dall'accumulazione di molte variazioni piccole e apparentemente accidentali, vantaggiose in qualche guisa, senza che l'esercizio o l'abitudine vi abbiano alcuna parte. Perchè nè l'esercizio, nè l'abitudine, nè la volontà possono avere alcuna influenza nei membri completamente sterili di una famiglia d'insetti, per modificare la struttura o gl'istinti degli individui fecondi, i quali soli lasciano una discendenza. Sono sorpreso che niuno abbia messo innanzi questo caso dimostrativo degli insetti neutri contro la nota dottrina delle abitudini ereditarie sostenuta da Lamarck.

SOMMARIO

Nel presente capitolo io mi sono studiato di dimostrare brevemente che le qualità mentali de' nostri animali domestici variano, e che le variazioni sono ereditate. Più brevemente ancora ho cercato di provare che gli istinti variano leggermente allo stato di natura. Niuno contesterà che gli istinti siano della più alta importanza per ogni animale. Quindi non trovo alcuna difficoltà che la elezione naturale, sotto condizioni di vita mutabili, accumuli le piccole modificazioni di istinto, fino ad un certo grado, e in qualsiasi utile direzione. In certi casi anche l'abitudine, e l'uso o il non-uso entrano in giuoco probabilmente. Non pretendo che i fatti, da me addotti in questo capo, avvalorino grandemente la mia dottrina; ma nessuna delle obbiezioni affacciate, per quanto mi è dato giudicare, giunse a distruggerla. D'altra parte il fatto che gli istinti non sono mai assolutamente perfetti e sono soggetti ad equivoci: - che niuno istinto fu prodotto ad esclusivo profitto degli altri animali, ma che ogni animale si vale degli istinti degli altri; - che il canone della storia naturale Natura non facit saltum è applicabile agli istinti non meno che alla struttura corporea, e può spiegarsi facilmente dietro le precedenti considerazioni, mentre altrimenti non saprebbe spiegarsi; tutto ciò tende a consolidare la teoria della elezione naturale.

Questa teoria è inoltre sostenuta da alcuni altri fatti relativi all'istinto. Per es., dal caso comune di quelle specie, strettamente affini, ma al certo diverse, le quali trovandosi in luoghi distinti della terra e vivendo sotto circostanze di vita assai diverse, pure spesso conservano istinti quasi identici. Noi possiamo intendere, per mezzo del principio di eredità, come accada che il tordo dell'America meridionale intonachi il suo nido col fango nella stessa maniera del nostro tordo inglese; come i buceronti dell'Africa e dell'India abbiano il medesimo straordinario istinto di chiudere ed imprigionare le femmine nella cavità degli alberi, lasciando solamente una piccola apertura nell'intonaco, dalla quale porgono il cibo alle femmine ed alla prole; perchè il reattino maschio (Troglodytes) dell'America settentrionale si costruisca un nido separato, ed abbia l'abitudine di appollaiarsi, come i maschi dei nostri distinti reattini di Kitty, - abitudine interamente diversa da quelle degli altri uccelli conosciuti. Da ultimo, ancorchè non fosse una deduzione logica, sarebbe assai più soddisfacente il rappresentare alla mia immaginazione tali istinti, come quello del cuculo che scaccia dal proprio nido i fratelli, quello delle formiche che catturano le schiave, quello delle larve d'icneumonidi che nutronsi nei corpi viventi dei bruchi, non già come istinti specialmente determinati e creati, ma bensì quali conseguenze di una legge generale che conduce al progresso di ogni essere organico, vale a dire, a moltiplicare, a variare, a rendere vittoriosi i più forti ed a far soggiacere i più deboli.

CAPO IX

IBRIDISMO

Distinzione fra la sterilità dei primi incrociamenti e quella degl'ibridi - Sterilità varia in diversi gradi, non universale; aumentata da incrociamenti stretti, diminuita per mezzo della domesticità - Leggi che governano la sterilità degli ibridi - La sterilità non è una dote speciale, ma incidentale per altre differenze organiche - Cagioni della sterilità dei primi incrociamenti e di quella degl'ibridi - Parallelismo fra gli effetti delle mutate condizioni di vita e degli incrociamenti - Fecondità delle varietà incrociate e della loro prole meticcia; essa non è generale - Ibridi e meticci paragonati, indipendentemente dalla loro fecondità - Sommario.

I naturalisti generalmente ammettono che, quando una specie è incrociata, viene specialmente dotata della qualità di sterilità, per prevenire la confusione di tutte le forme organiche. Questa opinione sembra certo a primo aspetto probabile, perchè le specie che vivono in una medesima regione non potrebbero in modo alcuno rimanere distinte, quando fossero capaci di incrociarsi liberamente. Secondo la teoria dell'elezione naturale questo caso acquista un valore affatto speciale, dappoichè la sterilità delle specie al primo incrociamento e de' loro discendenti ibridi non può essere derivata da una continua preservazione di successivi stadii giovevoli di sterilità; essa è il risultato incidentale di differenze nel sistema riproduttivo delle specie madri.

Nella trattazione di questo argomento si sogliono ordinariamente confondere insieme due classi di fatti, che hanno una grande differenza fondamentale; cioè la sterilità di due specie quando per la prima volta si incrociano, e la sterilità degli ibridi, che dalle medesime provengono.

Le specie pure hanno naturalmente i loro organi di riproduzione in una perfetta condizione; nondimeno, quando siano incrociate, non producono prole alcuna, oppure ne producono poca. Gl'ibridi al contrario hanno i loro organi riproduttivi in uno stato d'impotenza funzionale, come può osservarsi chiaramente nella struttura degli organi maschili nelle piante e negli animali, benchè gli organi stessi siano di una struttura perfetta, come apparisce dalle osservazioni fatte col microscopio. Nel primo caso, i due elementi sessuali che vanno a formare l'embrione sono perfetti; nel secondo caso essi non sono intieramente sviluppati, oppure lo sono imperfettamente. Questa distinzione è importante quando debba considerarsi la causa della sterilità, che è comune ai due casi; ed è stata probabilmente negletta perchè si considerava questa sterilità, in ambi i casi, come una dote speciale, superiore alle nostre facoltà intellettuali.

La fecondità delle varietà incrociate, cioè di quelle forme che sappiamo o crediamo derivate da comuni progenitori e parimenti la fecondità della loro prole meticcia, sono, rispetto alla mia teoria, di un'importanza uguale a quella della sterilità delle specie; perchè sembrano stabilire una chiara e netta distinzione fra le varietà e le specie.

GRADI DI STERILITÀ

Esaminiamo anzitutto la sterilità delle specie incrociate e della loro prole ibrida. È impossibile studiare le diverse memorie e le opere di Kölreuter e di Gärtner, coscienziosi ed abilissimi osservatori, che consacrarono quasi tutta la loro vita a questo soggetto, senza rimanere profondamente colpiti dalla grande estensione di un grado maggiore o minore di sterilità delle specie incrociate. Kölreuter ne fa una legge universale; ma egli tronca il nodo della questione quando in dieci casi diversi in cui egli trova due forme, considerate dalla maggior parte degli autori come specie distinte, perfettamente feconde tra loro, egli le classifica senza esitare come varietà. Anche Gärtner ammette la regola universale ed impugna la perfetta fecondità dei dieci casi del Kölreuter. Ma Gärtner è costretto in questo ed in molti esempi a contare accuratamente i semi per dimostrare che le specie sono affette da qualche grado di sterilità. Egli confronta sempre il numero massimo dei semi, prodotti dalle due specie incrociate e della loro prole ibrida, col numero medio prodotto dalle due specie-madri allo stato di natura. Ma parmi che una grave causa di errore non sia qui stata eliminata; per rendere ibrida una pianta si deve castrarla e si deve inoltre, ciò che più monta, segregarla in modo da impedire che gli insetti spargano sopra di essa il polline di altre piante. Quasi tutte le piante sperimentate dal Gärtner erano in vasi, e forse conservate in una stanza della sua casa. Non può rivocarsi in dubbio che questi processi siano spesso dannosi alla fecondità di una pianta; perchè Gäurtner stesso dà, nella sua tavola, una ventina circa di casi di piante castrate ed artificialmente fecondate col loro proprio polline: e la metà circa di queste venti piante perdette qualche poco della primiera fecondità (escluse tutte quelle piante che, come le leguminose, presentano molta difficoltà per questa operazione). Inoltre, se noi pensiamo che Gärtner per parecchi anni ripetutamente incrociava la Primula vulgaris colla Primula veris, che abbiamo buone ragioni di ritenere come due varietà, e soltanto una volta o due ne ricavò del seme fecondo; che egli trovò assolutamente sterili fra loro l'anagallide rossa e l'anagallide azzurra (Anagallis arvensis e A. cœrulea), che i migliori botanici pongono fra le varietà, e che infine egli giunse alla medesima conclusione in molti altri casi analoghi, mi sembra che sia permesso di dubitare se gli incrociamenti fra molte altre specie siano realmente sterili, come lo crede il Gärtner.

Da un'altra parte è indubitato che la sterilità di alcune specie, quando sono incrociate, è diversa e si manifesta con tutte le gradazioni, mentre la fecondità(17) di una specie pura è soggetta con tanta facilità all'azione di varie circostanze, che in ogni caso pratico diviene estremamente malagevole il dire dove termina la fecondità perfetta e dove la sterilità comincia. Non so quale miglior prova possa trovarsi intorno a ciò, di quella delle conclusioni diametralmente opposte a cui arrivarono, rispetto alle medesime specie, i due più esperti osservatori citati, cioè Kölreuter e Gärtner. Sarebbe anche molto istruttivo il paragonare le asserzioni dei nostri migliori botanici sulla questione, se certe forme dubbie debbano collocarsi fra le specie o fra le varietà, colle prove della fecondità addotte da certi esperimentatori sugli incrociamenti e sugli ibridi, o cogli esperimenti fatti dagli autori per parecchi anni, ma io non posso qui estendermi in dettagli. Per tal modo può sostenersi che nè la sterilità, nè la fecondità possono servire di base ad una chiara distinzione fra le specie e le varietà; ma che invece le prove, tratte da questa sorgente, si distruggono e rimangono dubbie, per lo meno come quelle che si appoggiano sopra altre differenze di costituzione.

Rispetto alla sterilità degli ibridi nelle successive generazioni, benchè Gärtner abbia potuto riprodurne alcuni, preservandoli accuratamente da ogni incrociamento con una delle due madri-specie distinte, per sei o sette generazioni ed in un caso per dieci generazioni, nondimeno egli assicura positivamente che la loro fecondità non aumenta, anzi, generalmente decresce. Non dubito che tale sia il caso ordinario e che la fecondità spesso rapidamente diminuisca nelle prime generazioni. Ciò non pertanto credo che, in tutti questi esperimenti, la fecondità fu scemata da una causa indipendente, vale a dire, per gli incrociamenti di forme molto affini. Io raccolsi molti fatti che ci dimostrano essere la fecondità diminuita dagli incrociamenti stretti e che d'altronde un incrociamento accidentale con un individuo o con una varietà distinta l'accresce, nè posso quindi rivocare in dubbio la esattezza di questa opinione, quasi universale presso gli allevatori. Gli ibridi sono di rado allevati in gran numero dagli esperimentatori; e siccome le due specie-madri od altri ibridi affini crescono generalmente nel medesimo giardino, le visite degli insetti debbono essere impedite durante la stagione della fioritura; quindi gli ibridi saranno fecondati generalmente per ogni generazione, per mezzo del proprio polline individuale; e sono convinto che ciò riesce dannoso alla loro fecondità, già infiacchita dalla loro origine ibrida. Questa convinzione venne avvalorata dalla rimarchevole osservazione ripetutamente fatta dal Gärtner, cioè che se gli ibridi, anche i meno fecondi, sono artificialmente cospersi di polline ibrido della stessa razza, la loro fecondità decisamente si accresce e continua ad aumentare, ad onta dei frequenti dannosi effetti della operazione. Ora, nelle fecondazioni artificiali il polline spesso viene preso accidentalmente (come potei verificare per le mie stesse esperienze) dalle antere di un altro fiore, anzichè da quelle del fiore stesso che si vuol fecondare; per modo che deve così aver luogo un incrociamento fra due fiori, quantunque siano probabilmente di una medesima pianta. Inoltre nel corso delle complicate esperienze, fatte da un osservatore tanto accurato come il Gärtner, egli non può avere omesso di castrare i suoi ibridi, e ciò deve avere assicurato per ogni generazione un incrociamento col polline di un fiore distinto della stessa pianta, o di qualche altra pianta della stessa natura ibrida. Quindi il fatto strano dell'aumento di fecondità, nelle generazioni successive di ibridi artificialmente fecondati, può, a mio avviso, essere spiegato dall'impedimento frapposto agli stretti incrociamenti.

Ci sia permesso di portare ora la nostra attenzione sui risultati ottenuti dal terzo, fra i più esperti allevatori di ibridi, dall'onorevole e rev. W. Herbert. Egli era tanto enfatico per la sua conclusione, cioè che alcuni ibridi sono perfettamente fecondi, non meno delle madri-specie pure, quanto lo erano Kölreuter e Gärtner sul diverso grado di sterilità fra le specie distinte, che considerano una legge universale della natura. Egli fece le sue esperienze sopra parecchie delle medesime specie osservate dal Gärtner. La differenza dei loro risultamenti credo può attribuirsi in parte alla grande abilità di Herbert nell'orticoltura ed alle serre calde che questi possedeva. Di queste conclusioni importanti io ne addurrò qui una sola come esempio, vale a dire che «ciascun ovulo nella pianta del Crinum capense fecondato col Crinum revolutum produsse una pianta, locchè (egli dice) io non ho mai trovato nel caso della sua fecondazione naturale». Dunque noi qui abbiamo una fecondità perfetta ed anche più perfetta dell'ordinario, dopo un primo incrociamento fra due specie distinte.

Il caso del Crinum mi trae a riferire un fatto anche più singolare; cioè che abbiamo alcune piante di certe specie di Lobelia, di

Verbascum e di Passiflora, le quali possono essere assai più facilmente fecondate dal polline di altre specie distinte, che non dal proprio polline, e sembra che tutti gli individui di quasi tutte le specie di Hippeastrum abbiano questa particolarità. Queste piante produssero seme, allorchè furono fecondate dal polline di una specie distinta, rimanendo affatto sterili se fecondate dal polline loro proprio: benchè questo polline fosse trovato perfettamente attivo sulle piante di specie differenti. Per modo che certe piante individuali e tutti gli individui di certe specie possono attualmente produrre ibridi con molto maggiore facilità di quel che possano propagare la loro specie! Per esempio, un bulbo di Hippeastrum aulicum produsse quattro fiori, tre dei quali furono fecondati da Herbert col loro polline, e il quarto invece col polline di un ibrido composto, derivato da tre altre specie distinte: «Gli ovari dei tre primi fiori cessarono tosto dal loro sviluppo e dopo pochi giorni perirono affatto; al contrario, l'ovario, impregnato col polline dell'ibrido, prese uno sviluppo vigoroso e giunse con rapido progresso alla maturazione e diede ottimo seme, che vegetò vigorosamente». Lo Herbert ha ripetuto l'esperimento per parecchi anni ed ha ottenuto sempre il medesimo risultato. Questi fatti dimostrano da quanto piccole e misteriose cause dipenda talvolta la minore o maggiore fecondità delle specie.

Le esperienze pratiche, degli orticultori, quantunque non siano fatte con precisione scientifica, meritano qualche menzione. È notorio in quanti modi complicati siano state incrociate le specie di Pelargonium, di Fuchsia, di Calceolaria, di Petunia, di Rhododendron, ecc., però molti di questi ibridi si propagano liberamente. Herbert, per esempio, asserisce che un ibrido della Calceolaria integrifolia colla C. plantaginea, specie le più dissomiglianti per le loro generali abitudini, «si riproduce perfettamente, non altrimenti che se fosse una specie naturale delle montagne del Chilì». Ho posto qualche studio ad accertare il grado di fecondità di alcuni fra gli incrociamenti complessi del Rhododendron ed ho riconosciuto che molti sono perfettamente fecondi. Così C. Noble mi ha informato che egli, per avere degli innesti, allevava un ibrido ricavato dallo incrociamento del Rhod. porticum col Rhod. catawbiense, e che questo ibrido «dava semi con tanta abbondanza quanta si può immaginare». Quando gli ibridi, convenientemente trattati, divenissero meno prolifici ad ogni successiva generazione, secondo l'opinione di Gärtner, allora questo fatto sarebbe conosciuto dai giardinieri. Gli orticultori allevano sopra larghi spazi molti individui di uno stesso ibrido, e in questo solo caso sono trattati convenientemente, perchè allora i diversi individui della stessa varietà ibrida possono incrociarsi liberamente fra loro, per l'azione degli insetti, e viene così impedito il dannoso effetto delle fecondazioni fra individui molto affini. Ognuno può facilmente persuadersi della efficacia dell'opera degli insetti, esaminando i fiori delle forme più sterili del Rhododendron ibrido, che non producono polline; egli troverà sugli stimmi una quantità di polline appartenente ad altri fiori.

A questo riguardo, si sono fatte molto minori esperienze sugli animali che non sulle piante. Se le nostre classificazioni sistematiche hanno fondamento, vale a dire, se i generi degli animali sono distinti fra loro come quelli delle piante, allora noi possiamo dedurne che alcuni animali, più discosti fra loro nella scala della natura, possono essere più facilmente incrociati delle piante; ma gli ibridi sono poi più sterili. Bisogna però ricordare che pochi animali si riproducono copiosamente allo stato di reclusione, e che quindi poche esperienze sono state fatte come conviene. Per esempio, il canarino è stato incrociato con nove altri passeri, ma niuna di queste nove specie si propaga bene, trovandosi in captività, e per conseguenza non abbiamo motivo di aspettarci che i primi incrociamenti fra i medesimi e il canarino, o i loro ibridi debbano essere perfettamente fecondi. Riguardo alla fecondità dei più fecondi fra gli animali ibridi, nella serie delle generazioni successive, io non conosco un solo esempio di cui due famiglie di ibridi uguali siano state allevate contemporaneamente da parenti diversi, in modo da evitare i dannosi effetti degli incrociamenti troppo stretti. Al contrario, i fratelli e le sorelle furono ordinariamente incrociati ad ogni generazione, in opposizione ai precetti costantemente ripetuti da ogni allevatore. In tal caso non deve recarci sorpresa che la sterilità propria degli ibridi vada aumentando.

Quantunque io non conosca alcun fatto assolutamente autentico di animali ibridi perfettamente fecondi, ho qualche motivo di pensare che gl'ibridi del Cervulus vaginalis e Reevesii, non che del Phasianus colchicus col Ph. torquatus e col Ph. versicolor siano perfettamente tali. Niun dubbio che queste tre ultime specie, vale a dire il fagiano comune, il vero Ring-necked e quello del Giappone, si sieno incrociate e mescolate nei boschi di varie parti dell'Inghilterra. Gl'ibridi dell'oca comune colla cinese (Anser cygnoides), specie tanto diverse che sono generalmente considerate come spettanti a generi distinti, si sono spesso propagati nel nostro paese, accoppiandosi, ed in un solo caso diedero prole inter se. Questo risultato fu ottenuto da Eyton, che allevò due ibridi provenienti dai medesimi parenti, ma da covate diverse; e da questi due uccelli egli ricavò non meno di otto ibridi (nipoti dell'oca pura) da un solo nido. Nell'India però queste oche incrociate debbono essere assai più feconde; perchè fui assicurato da due osservatori eminentemente capaci, cioè dal Blyth e dal capitano Hutton, che in varie parti di questo paese si tengono dei branchi interi di codeste oche incrociate; e traendosene molto utile nei luoghi in cui niuna delle due specie-madri esiste, esse debbono necessariamente essere assai feconde.

Fra gli animali domestici, le varie razze sono perfettamente feconde; se siano tra loro incrociate, benchè in molti casi discendano da due o più specie selvaggie. Questo fatto c'induce a concludere che le specie originali debbano dapprima aver generato ibridi affatto fecondi; ovvero si deve supporre che gli ibridi diventassero fecondi; nelle generazioni posteriori, nello stato di domesticità. Quest'ultima alternativa mi sembra la più probabile e sono inclinato a ritenerla vera, quantunque non sia direttamente provata. Per esempio, è cosa quasi certa che i nostri cani derivino da parecchi stipiti selvaggi, che sono tutti perfettamente fecondi, quando s'incrociano fra loro, eccettuati forse certi cani indigeni e domestici dell'America meridionale. L'analogia mi conduce a dubitare grandemente che le varie specie originali abbiano dapprima potuto propagarsi scambievolmente ed abbiano dato ibridi fecondi. Noi abbiamo altresì ragione di credere che il bestiame europeo possa prolificare col bestiame gibboso dell'India. Tuttavia, secondo le osservazioni del Rütimeyer intorno alle importanti differenze osteologiche, e secondo le notizie del Blyth intorno alle differenze nelle abitudini, nella voce, nella costituzione, ecc., dobbiamo considerare quelle due forme come specie buone e distinte. Le stesse osservazioni possono essere estese alle due principali razze di maiali. Noi dobbiamo quindi abbandonare l'opinione della quasi universale sterilità delle specie distinte di animali, allorchè sono incrociate: oppure dobbiamo considerare la sterilità, non come una caratteristica indelebile, ma come una qualità che può essere eliminata dalla domesticità.

Finalmente per tutti i fatti bene constatati sugl'incrociamenti delle piante e degli animali, possiamo concludere che un risultato assai generale nei primi incrociamenti e negl'ibridi è un certo grado di stcrilità; ma che non può considerarsi come assolutamente universale nello stato attuale delle nostre cognizioni.

LEGGI CHE GOVERNANO LA STERILITÀ DEI PRIMI INCROCIAMENTI E DEGLI IBRIDI

Ora noi tratteremo con qualche maggiore dettaglio le circostanze e le regole che governano la sterilità dei primi incrociamenti e degli ibridi. Il nostro principale oggetto sarà quello di trovare se tali regole indichino che le specie furono particolarmente dotate di codesta qualità per prevenire il loro incrociamento e la loro mescolanza, sino ad un'estrema confusione. Le regole e conclusioni che seguono furono principalmente estratte dall'ammirabile opera del Gärtner sull'ibridismo delle piante. Io mi applicai con molta cura a determinare in quale estensione tali regole si verifichino negli animali, e fatto riflesso al poco nostro sapere rispetto agli animali ibridi, rimasi assai sorpreso di vedere con quanta generalità le stesse regole si mantengono nei due regni.

Abbiamo già notato che il grado di fecondità, sia dei primi incrociamenti, sia degl'ibridi, si manifesta in progressione crescente dallo zero alla perfetta fecondità. È in vero sorprendente l'osservare in quante curiose maniere questa gradazione esiste; ma qui dobbiamo limitarci ad un semplice e nudo abbozzo dei fatti. Quando il polline della pianta di una famiglia è collocato sugli stimmi della pianta di una famiglia distinta, non esercita una influenza maggiore di quella che avrebbe altrettanta polvere inorganica. Da questo zero assoluto di fecondità, il polline delle specie diverse del medesimo genere posto sullo stimma di qualcuna di queste specie, presenta una perfetta gradazione nel numero dei semi prodotti fino alla quasi completa od anche affatto completa fecondità; e, come potemmo osservare in certi casi anormali, una fecondità eccedente quella che suole produrre il polline stesso della pianta. Così anche negl'ibridi ve ne hanno alcuni che nulla producono e probabilmente non produrranno giammai alcun seme fecondo, anche col polline della loro madre-specie; ma talvolta si nota una prima traccia di fecondità, perchè il polline, in alcuni di questi casi, agisce sul fiore dell'ibrido, il quale si distacca assai prima di quello che altrimenti farebbe e il più pronto disseccamento del fiore è già un segnale della fecondazione incipiente. Da questo grado estremo di sterilità, noi abbiamo piante ibridi che si fecondano tra loro, producendo un numero di semi sempre più grande, fino alla perfetta fecondità.

Quegl'ibridi di due specie, i quali difficilmente s'incrociano, e producono di rado una discendenza, sono generalmente sterili; ma il parallelismo fra le difficoltà di ottenere un primo incrociamento e la infecondità degli ibridi prodotti dal medesimo - due classi di fatti che sogliono confondersi insieme - non è di una esattezza rigorosa, poichè vi sono molti casi nei quali due specie pure possono essere accoppiate con straordinaria facilità e producono una numerosa prole ibrida, benchè questi ibridi siano poi notevolmente sterili. Da un'altra parte sonovi delle specie che, al contrario, non si possono incrociare insieme che assai di rado e con molta difficoltà, mentre gli ibridi che ne risultano sono fecondi: Anche entro i limiti di un medesimo genere questi due casi opposti hanno luogo; per esempio, nel Dianthus.

La fecondità dei primi incrociamenti e quella degli ibridi è affetta più facilmente dalle condizioni sfavorevoli, di quello che lo sia la fecondità delle specie pure. Ma il grado di fecondità è altresì variabile, per una disposizione innata; perchè essa non è sempre la stessa, quando le medesime due specie sono incrociate sotto le medesime circostanze, ma dipende in parte dalla costituzione degli individui che furono prescelti per l'esperienza. Altrettanto accade negli ibridi, il cui grado di fecondità fu spesso trovato differire grandemente nei vari individui, allevati da semi presi dalla medesima capsula ed esposti alle identiche condizioni.

Col termine affinità sistematica s'intende la rassomiglianza esistente fra le specie nella struttura e nella costituzione, e più specialmente nella struttura di quelle parti che sono di un'alta importanza fisiologica e che differiscono poco nelle specie affini. Ora la fecondità dei primi incrociamenti fra le specie, e degli ibridi generati da queste, è subordinata ampiamente alla loro sistematica affinità. Ciò viene dimostrato chiaramente dal fatto che non poterono mai ottenersi ibridi fra specie collocate dai sistematici in famiglie distinte; e inoltre dalla facilità con cui si uniscono generalmente le specie strettamente affini. Ma la corrispondenza fra l'affinità sistematica e la facilità d'incrociare non è rigorosa. Potrebbero infatti citarsi moltissimi casi di specie assai affini che non si uniscono, ovvero si uniscono soltanto con estrema difficoltà; e d'altra parte abbiamo delle specie distintissime che si uniscono colla maggiore facilità. Anche nella medesima famiglia può trovarsi un genere, come il Dianthus, in cui ben molte specie possono incrociarsi agevolmente; e se ne può incontrare un altro, come le Silene, in cui gli sforzi più perseveranti di ottenere, fra specie estremamente affini, un solo ibrido, sono falliti. Anche nei limiti di uno stesso genere troviamo la stessa differenza; per esempio, le molte specie di Nicotiana furono incrociate più largamente delle specie di quasi tutti gli altri generi; ma Gärtner ha trovato che la Nicotiana acuminata, la quale non forma una specie particolarmente distinta, ostinatamente si ricusava di fecondare e di esser fecondata da non meno di otto altre specie di Nicotiana. Potrebbero addursi molti altri fatti analoghi.

Niuno fin qui fu capace di scoprire di quale natura e quante siano le differenze, in un dato carattere riconoscibile, che bastino ad impedire l'incrociamento di due specie. Può provarsi che le piante le più diverse, per abito e l'apparenza generale, ed aventi delle differenze le più marcate in ogni parte del fiore ed anche nel polline, nel frutto e nei cotiledoni, possono essere incrociate. Le piante annue e le perenni, gli alberi a foglie caduche o sempre verdi, le piante che abitano stazioni diverse e sono stabilite sotto climi i più opposti, possono di sovente essere incrociate facilmente.

Colle parole «incrociamento reciproco» fra due specie, s'intende il caso, per esempio, di un cavallo stallone incrociato con un'asina e quindi di un asino accoppiato con una cavalla; queste due specie possono dirsi allora reciprocamente incrociate. Anche qui abbiamo spesso le maggiori differenze possibili, nell'attitudine degli incrociamenti reciproci. Questi fatti sono altamente importanti, perchè dimostrano che la capacità di incrociare due specie è spesso indipendente dalla loro affinità sistematica o da ogni differenza apprezzabile nella loro intera organizzazione. Inoltre essi ci provano chiaramente che l'attitudine di incrociare si connette con differenze costituzionali che ci sono impercettibili e che sono principalmente annesse al sistema riproduttivo. Le risultanze diverse degl'incrociamenti reciproci, fra le stesse due specie, furono osservate da lungo tempo dal Kölreuter. Per darne un esempio, la Mirabilis jalapa può facilmente essere fecondata dal polline della Mirabilis longiflora e gli ibridi che se ne ottengono sono sufficientemente fecondi. Ma Kölreuter tentò per più di duecento volte, per otto anni consecutivi, di fecondare reciprocamente la M. longiflora col polline della M. jalapa, ma senza alcun frutto. Vi sono altri casi egualmente singolari che potrebbero citarsi. Thuret ha osservato questo fatto in certe alghe marine, o Fucus. Inoltre Gärtner trova che questa differenza di attitudine, nel dare incrociamenti reciproci, è assai comune, in un grado minore. Egli notava questa differenza anche tra due forme tanto intimamente collegate (come la Matthiola annua e glabra), che molti botanici le riguardano soltanto quali varietà. È anche un fatto rimarchevole che gli ibridi allevati da incrociamenti reciproci, benchè derivanti dalle identiche due specie, avendo ognuna di esse fornito prima il padre e poi la madre, generalmente differiscono nella loro fecondità in qualche grado e talvolta anche in modo notevole.

Potrebbero estrarsi dal Gärtner parecchie altre regole singolari. Alcune specie, ad esempio, hanno una grande attitudine di incrociarsi con altre specie; altre specie dello stesso genere hanno la singolare facoltà di imprimere la loro rassomiglianza alla loro prole ibrida; ma queste due facoltà non sono implicite necessariamente fra loro. Vi sono certi ibridi che invece di offrire, secondo il consueto, un carattere intermedio fra i loro due progenitori, sempre rassomigliano maggiormente ad uno di essi; ed appunto questi ibridi, esternamente sì rassomiglianti ad una sola delle specie-madri, sono, salvo rare eccezioni, affatto sterili. Così anche fra quegl'ibridi che ordinariamente hanno una struttura intermedia fra quella delle madri-specie, sorgono talora degli individui eccezionali ed anormali, che si avvicinano assai alla forma di uno dei loro parenti puri; ed anche questi ibridi sono, quasi sempre, pienamente infecondi, perfino quando gli altri ibridi, provenienti dai semi della medesima capsula, presentano un considerevole grado di fecondità. Questi fatti provano come la fecondità degl'ibridi sia onninamente indipendente dalla loro rassomiglianza esterna all'una o all'altra madre-specie.

Ove si ponga mente alle varie regole, sin qui esposte, che governano la fecondità dei primi incrociamenti e degli ibridi, noi vediamo che se due forme, da noi considerate quali specie buone e distinte, siano accoppiate, la loro fecondità varia dallo zero fino alla perfetta fecondità, od anche, in certe condizioni, ad un grado eccedente la fecondità normale. Che la loro fecondità, non solamente rimane eminentemente suscettibile di alterazione, per le condizioni favorevoli o contrarie, ma è inoltre variabile per se stessa. Che non sempre conservasi allo stesso grado nel primo incrociamento e negli ibridi che ne derivano. Che la fecondità degli ibridi non si collega al grado della loro rassomiglianza nelle apparenze esterne ad uno dei due progenitori. Da ultimo, che la facilità di operare un primo incrociamento fra due specie qualsiasi non dipende sempre dalla loro affinità sistematica o dalla loro rassomiglianza scambievole. Quest'ultima legge viene stabilita chiaramente dalla differenza notata nei risultati dei reciproci incrociamenti fra le medesime due specie; perchè, a seconda che il padre o la madre si prendono dall'una o dall'altra specie, si ha generalmente qualche differenza nel successo della operazione ed anche talvolta una differenza enorme. Inoltre anche gli ibridi prodotti dagli incrociamenti reciproci differiscono di sovente nel grado di fecondità.

Ora emerge forse da queste regole singolari e complesse che le specie siano state dotate di sterilità semplicemente per impedire la loro confusione nella natura? Io nol credo. Per qual motivo infatti dovrebbe trovarsi una sterilità tanto diversa e graduale, allorchè le varie specie sono incrociate, quando noi dobbiamo supporre che tutte siano egualmente importanti per essere conservate pure ed impedite dal frammischiarsi insieme? Perchè deve essere innatamente variabile il grado di sterilità negl'individui d'una medesima specie? Perchè alcune specie possono incrociarsi facilmente e generare ibridi sterili, mentre altre specie non si incrociano che con somma difficoltà e nondimeno producono ibridi molto prolifici? Perchè si trova spesso una differenza sì grande nei prodotti degli incrociamenti reciproci, fra le stesse due specie? Potrebbe ancora chiedersi come mai fu permessa la produzione degli ibridi? Sarebbe certo una strana disposizione quella di dotare le specie della peculiare facoltà di generare ibridi e perciò di inceppare la loro ulteriore propagazione con diversi stadii di sterilità, senza alcun rapporto colla facilità della prima unione dei loro progenitori.

Del resto le regole e i fatti che precedono mi sembra indichino palesemente che la sterilità, sia dei primi incrociamenti, sia degli ibridi, è semplicemente incidentale, o dipendente da differenze sconosciute fra le specie incrociate, e principalmente da differenze nel sistema riproduttivo. Queste differenze sono di un'indole così peculiare e ristretta, che negli incrociamenti reciproci fra due specie l'elemento sessuale maschile dell'una agirà spesso efficacemente sull'elemento femminile dell'altra, ma nulla si otterrà nella direzione inversa. Potremo chiarire alquanto più ampiamente con un esempio come la sterilità sia incidentale e dipendente da altre differenze, anzichè una qualità particolare. Se l'attitudine di una pianta di essere innestata sopra un'altra è di sì poca importanza per il suo benessere nello stato di natura, io presumo che niuno sia per ammettere che questa attitudine sia una qualità di cui la pianta sia specialmente dotata; ma vorrà al contrario riconoscere che dessa è una qualità accidentale, dipendente dalle differenze esistenti nelle leggi dello sviluppo delle due piante. Talvolta noi possiamo discernere la ragione per cui una pianta non soffre l'innesto di un'altra, per le differenze nella rapidità del loro sviluppo, nella durezza del loro legno, nel periodo della loro infiorescenza o nella natura del loro succhio, ecc.; ma in moltissimi casi non sappiamo darne alcuna spiegazione. Frattanto, nè una grande differenza di grandezza delle due piante, nè l'essere una di esse legnosa e l'altra erbacea, nè la presenza di foglie caduche o di frondi sempre verdi, nè da ultimo l'adattamento ai climi più diversi, bastano sempre ad impedire l'innesto di due piante fra loro. Come nella formazione degl'ibridi, così nell'innesto la capacità è limitata dall'affinità sistematica; perchè niuno giunse ad innestare insieme alberi spettanti a famiglie affatto separate e distinte; e d'altra parte ordinariamente, benchè non costantemente, possono con facilità innestarsi le specie strettamente affini e le varietà di una medesima specie. Ma questa capacità per l'innesto non è legata assolutamente all'affinità sistematica, non altrimenti di quella per l'ibridismo. Quantunque molti generi distinti di una stessa famiglia siano stati innestati l'uno sull'altro, in altri casi le specie di un medesimo genere non attaccheranno nell'innesto. Il pero può essere innestato sul cotogno molto più facilmente che sul pomo, benchè il primo sia riguardato come un genere distinto, ed il secondo non sia che un membro del medesimo genere. Anche le diverse varietà di pero si innestano sul cotogno più o meno agevolmente; altrettanto dicasi delle diverse varietà di albicocco e di pesco su certe varietà di prugni.

Come Gärtner trovò esservi talvolta una innata differenza nell'attitudine dei vari individui delle stesse due specie incrociate; così Sagaret crede avvenga negli innesti fra i differenti individui delle due specie innestate. Negl'incrociamenti reciproci la facilità di effettuare l'accoppiamento è spesso assai disuguale, e ciò si osserva talora anche nell'innesto; così l'uva spina comune, per esempio, non può essere innestata sul ribes rosso, mentre all'opposto il ribes rosso s'innesta, quantunque con difficoltà, sull'uva spina comune.

Abbiamo veduto che la sterilità degl'ibridi, che hanno i loro organi riproduttivi in una condizione imperfetta, è una cosa molto diversa dalla difficoltà di incrociare due specie pure, che hanno i loro organi di riproduzione in uno stato perfetto; tuttavia questi due casi distinti corrono paralleli fino ad una certa estensione. Nell'innesto avviene alcun che di analogo. Thouin infatti ha trovato che tre specie di Robinia, le quali producevano semi abbondanti sul proprio tronco, e che potevano innestarsi senza ostacolo grande sopra altre specie, tutte le volte che erano così innestate divenivano infeconde. D'altra parte, certe specie di Sorbus, innestate sopra altre specie, producevano il doppio dei frutti che solevano dare sul proprio tronco. Quest'ultimo fatto ci ricorda il caso straordinario dell'Hippeastrum, della Lobelia, ecc., che producono semi più abbondanti, quando sono fecondate dal polline di specie distinte, che quando sono fecondate dal loro stesso polline.

Quindi vediamo che, quantunque esista una differenza manifesta e fondamentale fra la semplice adesione dei pezzi innestati ed il congiungimento degli elementi del maschio e della femmina nell'atto della riproduzione, ciò nonostante si nota un certo parallelismo nei risultati dell'innesto e dell'incrociamento di specie distinte. Nello stesso modo con cui consideriamo le leggi complesse e curiose che reggono l'attitudine, secondo la quale gli alberi possono innestarsi gli uni sugli altri, come differenze accidentali ed ignote nel loro sistema vegetativo, così io credo che dobbiamo ritenere le leggi ancora più complesse, che governano la facilità dei primi incrociamenti, come risultanti le differenze incidentali ed ignote, principalmente proprie del loro sistema riproduttivo. Queste differenze, in ambi i casi, dipendono fino ad un certo punto dall'affinità sistematica, come doveva prevedersi; per la quale affinità si vuole esprimere, per quanto si può, ogni sorta di somiglianza e di dissomiglianza fra gli esseri organizzati. Ma non sembra in modo alcuno che i fatti citati per mostrare la maggiore o minore difficoltà di innestare o d'incrociare fra loro varie specie, derivino da una qualità determinata e speciale; quantunque, nel caso degli incrociamenti, questa difficoltà è tanto importante per la durata e la stabilità delle forme specifiche, quanto è di nessun valore nel caso dell'innesto per la loro prosperità.

ORIGINI E CAUSE DELLA STERILITÀ DEI PRIMI INCROCIAMENTI E DEGLI IBRIDI

A me ed anche ad altri, è parso per qualche tempo probabile che la sterilità dei primi incrociamenti e degli ibridi potesse essere acquistata per mezzo della elezione naturale, coll'azione lenta sopra una leggera diminuzione della fertilità, la quale, come ogni altra variazione, sarebbe apparsa spontaneamente in certi individui di una varietà, incrociati con quelli di un'altra. Imperocchè sarebbe evidentemente di vantaggio per due varietà o specie incipienti se il loro incrociamento fosse impedito, in forza dello stesso principio che ci induce a tener separate due varietà che coltiviamo contemporaneamente. In primo luogo deve osservarsi che le specie, le quali abitano due regioni diverse, sono spesso sterili, se vengano incrociate; ed al certo non può essere di vantaggio per le specie così separate di essere sterili reciprocamente, e quindi non può qui parlarsi di un effetto della elezione naturale. Si è invece pensato che se una specie fosse resa sterile con alcuno de' suoi compatrioti, la sterilità con altre specie ne sarebbe stata la necessaria conseguenza. In secondo luogo è in opposizione tanto colla mia teoria della elezione naturale, come con quella della separata creazione l'ammettere che negli incrociamenti reciproci l'elemento maschile di una forma sia affatto impotente sopra una forma seconda, mentre nello stesso tempo l'elemento maschile di questa seconda forma potesse regolarmente fecondare la prima; giacchè questo stato particolare del sistema riproduttivo non potrebbe essere vantaggioso nè per l'una nè per l'altra specie.

Ma se si pensa alla probabilità che l'elezione naturale sia stata attiva per rendere la specie reciprocamente sterili, si troverà la massima difficoltà nel comprendere come esistano tanti stadii gradatamente diversi tra la fecondità insensibilmente diminuita sino alla più completa ed assoluta sterilità. Può ammettersi che per una specie incipiente torni utile essere sterile in grado leggero allorchè sia incrociata colla forma madre o con un'altra varietà, poichè sarebbero prodotti dei discendenti meno ibridi e meno deteriorati, i quali mescolerebbero il loro sangue colla specie nuova, in via di formazione. Chi voglia meditare intorno alle vie, su cui questo primo grado di sterilità venga aumentato dall'elezione naturale e portato al punto in cui si trovano molte specie, e che in generale è comune alle specie distinte per caratteri generici o di famiglia, troverà l'argomento straordinariamente complicato. Dopo mature riflessioni parmi che ciò non sia dovuto all'elezione naturale. Si prenda il caso di due specie che coll'incrociamento generano pochi ed infecondi discendenti: che cosa potrebbe mai favorire la sopravvivenza di quegli individui, che a caso presentassero in grado leggero sterilità reciproca e facessero così un piccolo passo verso l'assoluta sterilità?

Eppure, se ricorriamo alla teoria della elezione naturale per averne la spiegazione, dobbiamo ammettere che in molte specie siasi verificato un progresso di questo genere, giacchè molte sono reciprocamente affatto sterili. Negli insetti sterili neutri possiamo ammettere che le modificazioni di struttura e di fecondità siano state lentamente modificate dall'elezione naturale, avendo così la comunità raggiunto indirettamente un vantaggio sopra le altre di uguale specie; ma se un animale individuale, non appartenente ad una sociale comunità, nello incrociamento con un'altra varietà diventi di alcun poco sterile, nessun vantaggio all'uopo della preservazione ne verrebbe all'individuo stesso od agli altri individui della stessa varietà.

Sarebbe inutile discutere questo argomento ne' suoi dettagli, giacchè le piante ci offrono delle prove concludenti, che la sterilità delle specie incrociate è dovuta ad un principio affatto indipendente dall'elezione naturale. Tanto il Gärtner come il Kölreuter hanno dimostrato che nei generi ricchi può stabilirsi una serie di specie che nel loro incrociamento danno semi sempre meno numerosi, fino alle specie che non hanno mai nemmeno un seme, e subiscono tuttavia la influenza del polline di certe altre specie, giacchè il germe si gonfia. Qui è evidentemente impossibile la elezione degli individui più sterili, che abbiano già cessato di dare semi, e quindi quest'apice di sterilità, in cui il solo germe subisce una influenza, non può essere raggiunto dalla elezione. Dalle leggi che governano i vari gradi di sterilità, sì uniformi nei regni animale e vegetale, noi possiamo concludere che la causa, quale essa sia, debba in tutti i casi essere la medesima.

Passiamo ora ad esaminare un po' più da presso le cagioni probabili della sterilità dei primi incrociamenti e degli ibridi. Riguardo ai primi incrociamenti la maggiore o minore difficoltà di riescire nell'accoppiamento dipende, a quanto pare, da varie cause distinte. Ciò potrebbe talvolta derivare da una fisica impossibilità nell'elemento maschile di raggiungere l'ovulo; come sarebbe il caso di una pianta che portasse un pistillo troppo lungo, cosicchè i tubi del polline non potessero toccare l'ovario. Fu anche notato che quando il polline di una specie è posto sullo stimma di una specie lontana fra le affini, ancorchè i tubi del polline si spandano, pure non penetrano nella superficie dello stimma. Inoltre l'elemento maschile può giungere fino all'elemento femminile, ma essere incapace di produrre lo sviluppo dell'embrione; come fu verificato dal Thuret in alcune esperienze sui fuchi. Non potrebbe darsi alcuna spiegazione di questi fatti, più di quello che si possa intendere perchè certi alberi non si innestano sopra altri alberi. Dal ultimo può svilupparsi un embrione, il quale perisca nei primi periodi della sua vita. Quest'ultima alternativa non fu studiata abbastanza; ma io ritengo, dietro le osservazioni che mi furono comunicate dal signor Hewitt (il quale fece molte esperienze sull'ibridismo dei gallinacei), che la morte precoce dell'embrione è una causa molto frequente della sterilità dei primi incrociamenti. Il Salter ha recentemente pubblicato i risultati a cui giunse colle sue osservazioni sopra 500 uova, le quali erano ottenute da tre specie di Gallus e de' loro ibridi. La maggior parte delle uova era fecondata, e nel maggior numero delle uova gli embrioni, o erano solamente in parte sviluppate ed allora abortite, oppure erano quasi mature, ma i pulcini incapaci di rompere il guscio. Dei pulcini nati, oltre i quattro quinti erano morti nel primi giorni o tutt'al più nelle prime settimane, «senza una causa evidente, a quanto pare, per semplice mancanza di vitalità», così che delle 500 uova 12 soli pulcini vennero allevati. La morte precoce degli embrioni ibridi avviene nello stesso modo probabilmente anche nelle piante. Almeno consta che gli ibridi di specie molto diverse sono spesso deboli e nani, e muoiono presto. Di questo fatto Max Wichura ha dato recentemente alcuni esempi osservati sugli ibridi del salice. Forse merita qui di esser detto che gli embrioni nati in seguito a partenogenesi dalle uova non fecondate dal bombice del gelso, o dall'incrociamento di due specie distinte, percorsero i primi stadii embrionali e poi perirono. Prima di conoscere questi fatti, io esitavo a credere alla morte precoce degli embrioni ibridi, giacchè gli ibridi, quando sono nati, sono generalmente sani e vivono per lungo tempo, come vediamo nel caso del mulo comune. Gli ibridi però si trovano in circostanze molto diverse, prima della loro nascita e dopo di essa; quando gli ibridi nascono e vivono in un paese in cui i loro due genitori possono prosperare, si trovano generalmente in condizioni di vita opportune. Ma un ibrido non partecipa che per una sola metà alla natura e costituzione della di lui madre, e quindi prima del parto, fintanto che egli continua ad essere nutrito nell'utero materno, oppure nell'uovo o nel seme prodotto dalla madre, può essere esposto a condizioni di vita in qualche modo disadatte, e per conseguenza può essere soggetto a perire fino dal primo periodo; tanto più che tutti gli esseri molto giovani sembrano eminentemente sensibili alle condizioni di vita insolite o nocive. Dopo tutto ciò la causa deve cercarsi piuttosto in una certa imperfezione all'atto originale di impregnazione, che determina un imperfetto sviluppo dell'embrione, anzichè nelle condizioni cui più tardi è esposto.

Il caso è molto diverso riguardo alla sterilità degl'ibridi, in cui gli elementi sessuali sono sviluppati imperfettamente. Ho fatto allusione, più d'una volta, a un vasto gruppo di fatti da me riuniti, i quali dimostrano che quando gli animali e le piante sono rimossi dalle loro naturali condizioni, sono, con grande facilità, affetti seriamente nel loro sistema riproduttivo. Nel fatto, codesto è un grande ostacolo all'addomesticamento degli animali. Vi sono molti punti di similitudine fra la sterilità prodotta da queste cause e quella degli ibridi. In entrambi i casi la sterilità è indipendente dal benessere generale, ed è spesso accompagnata da eccesso di grandezza o da grande vigore. In ambi i casi la sterilità si presenta in diversi gradi; in ambi i casi l'elemento maschile è più soggetto alle influenze esterne, e talvolta anche la femmina più del maschio. Così la tendenza alla sterilità procede, fino ad un certo punto, in relazione all'affinità sistematica; perchè dei gruppi interi di animali e di piante sono resi impotenti dalle stesse condizioni anormali, come dei gruppi interi di specie tendono a produrre ibridi sterili. Dall'altro lato una specie di un gruppo resisterà talvolta ai grandi cambiamenti delle condizioni, senza che la fecondità si alteri; e certe specie di altri gruppi genereranno ibridi straordinariamente fecondi. Niuno può indovinare, prima della esperienza, se un dato animale sia per generare una prole allo stato di reclusione, o se una pianta esotica darà semi abbondanti quando sia coltivata, nè potrà stabilire quale delle due specie di un genere produrrà ibridi più o meno sterili. Finalmente quando gli esseri organizzati sono posti per parecchie generazioni sotto condizioni di vita innaturali, essi sono estremamente soggetti a variare, e ciò si deve, a mio avviso, al loro sistema riproduttivo che fu specialmente colpito, quantunque in grado minore di quello che precede la sterilità. Altrettanto avviene per gl'ibridi, perchè nelle successive generazioni sono eminentemente variabili, come fu osservato da ogni esperimentatore.

Dunque noi vediamo che, quando gli esseri organizzati sono sottoposti a condizioni nuove ed innaturali, e quando gli ibridi sono generati per mezzo di artificiali incrociamenti di due specie, il sistema riproduttivo viene colpito da sterilità in un modo quasi analogo, e ciò indipendentemente dallo stato generale della loro salute. Nell'un caso, le condizioni della vita furono turbate, nondimeno tanto leggermente da rimanere inapprezzabili; nell'altro caso, cioè in quello degl'ibridi, le condizioni esterne rimasero costanti, ma l'organizzazione fu turbata dal fondersi in una sola, due diverse strutture e costituzioni. Perchè gli è quasi impossibile che due organizzazioni contribuiscano a comporne una terza, senza che abbia luogo alcun dissesto nello sviluppo, nell'azione periodica o nelle mutue relazioni delle varie parti od organi fra loro, oppure rispetto alle condizioni della vita. Quando gli ibridi sono atti a generare inter se, essi trasmettono, di generazione in generazione, alla loro prole la stessa organizzazione composta, e quindi non dobbiamo sorprenderci che la loro sterilità, quantunque sia variabile in certo grado, non diminuisca; anzi tenda piuttosto ad aumentare, essendo questo generalmente il risultato degli accoppiamenti fra consanguinei. La suespressa opinione che la sterilità dei bastardi sia determinata dalla mescolanza di due costituzioni in una, fu recentemente sostenuta con vigore da Max Wichura.

Deesi tuttavia confessare che certi fatti, relativi alla sterilità degli ibridi, sono indecifrabili, tranne con vaghe ipotesi. Così, per esempio, la ineguale fecondità degl'ibridi prodotti dagli incrociamenti reciproci o la sterilità accresciuta di quelli che, occasionalmente e per eccezione, somigliano maggiormente ad uno dei loro progenitori. Io non pretendo che le osservazioni precedenti bastino alla piena discussione di questa materia; nè può darsi alcuna spiegazione del fatto che, quando un organismo è situato sotto condizioni innaturali, diviene sterile. Tutto ciò che procurai di provare si è che in due casi, per qualche rapporto affini, il risultato comune è la sterilità; nel primo di essi perchè le condizioni di vita furono turbate, nell'altro per l'alterazione introdotta nell'organizzazione, per essersi miste due organizzazioni a formarne una sola.

A quanto pare, un simile parallelismo si estende anche ad una classe di fatti affini, benchè molto diversi. È un'antica e quasi universale credenza, fondata, secondo me, sopra un numero considerevole di prove, che le piccole modificazioni nelle condizioni della vita sono vantaggiose a tutti gli esseri viventi. Noi vediamo che questo principio si applica dagli agricoltori e dai giardinieri nei loro cambi frequenti di semi, di tuberi, ecc., da un suolo e da un clima ad un altro, e viceversa. Durante la convalescenza degli animali, noi chiaramente osserviamo che si ottiene un grande benefizio da quasi tutti i cambiamenti nelle abitudini della vita. Così, tanto negli animali quanto nelle piante, sono molti i fatti che dimostrano che un incrociamento fra individui molto distinti di una medesima specie, cioè fra membri di differenti razze o sotto-razze, procaccia vigore e fecondità alla prole; e che gli accoppiamenti fra consanguinei, continuati per diverse generazioni fra circostanze analoghe, e specialmente quando non siano variate le condizioni della vita, producono sempre diminuzione di statura, indebolimento e sterilità.

Quindi sembra che da una parte le piccole modificazioni nelle condizioni della vita siano utili a tutti gli esseri organici, e dall'altra parte che i piccoli incrociamenti, cioè gli incrociamenti fra quei maschi e quelle femmine della stessa specie che variarono e divennero alquanto differenti, diano forza e fertilità alla prole. Ma abbiamo anche veduto che i grandi cangiamenti, o le mutazioni di un'indole particolare, spesso rendono sterili in qualche grado gli esseri organici; e che i grandi incrociamenti fra maschi e femmine, che divennero affatto distinti, o specificamente diversi, producono ibridi che generalmente presentano qualche grado di sterilità. Ora io non so persuadermi che questo parallelismo sia un accidente o una illusione. Chi sappia spiegarci perchè l'elefante e molti altri animali, viventi nel loro paese nativo in captività solamente parziale, non siano capaci di riprodursi, dovrà saperci indicare la causa principale, per cui i bastardi siano generalmente sterili. Egli saprà anche spiegarci come avvenga che le razze di alcuni dei nostri animali domestici, le quali spesso furono esposte a condizioni di vita nuove e non uniformi, siano fra loro perfettamente feconde, benchè discendano da specie diverse, che probabilmente saranno state infeconde al primo incrociamento. Ambedue le predette serie parallele di fatti sembrano connesse da un legame sconosciuto, essenzialmente riferibile al principio della vita; ed il principio è questo, che la vita, come ha osservato Herbert Spencer, dipende dalla incessante azione e reazione di forze diverse, od in essa consiste, le quali, come avviene sempre in natura, tendono all'equilibrio; e se tale tendenza sia leggermente disturbata da qualche causa, le forze vitali acquistano il loro potere.

RECIPROCO DIMORFISMO E TRIMORFISMO

Quest'argomento deve essere qui svolto brevemente; noi vedremo che esso chiarisce alquanto le nostre idee sull'ibridismo. Parecchie piante, appartenenti ad ordini diversi, presentano due forme, che esistono in numero pressochè uguale e che non differiscono tra loro senonchè negli organi riproduttivi. L'una delle forme ha un lungo pistillo e stami brevi, l'altra ha un breve pistillo con stami lunghi; ambedue hanno grani pollinici di differente grandezza. Nelle piante trimorfe si hanno tre forme, le quali in simile modo differiscono tra loro, per la lunghezza dei pistilli e degli stami, per la grandezza e pel colore dei grani pollinici e per alcuni altri caratteri; e siccome cadauna di queste tre forme presenta due sorta di stami, così si hanno complessivamente sei specie di stami e tre di pistilli. Questi organi sono tra loro nella lunghezza proporzionati in modo che in due delle forme la metà degli stami sta al livello dello stimma della terza forma. Io ho dimostrato, e questo risultato fu ottenuto anche da altri osservatori, che per ottenere la perfetta fecondità in queste piante è necessario fecondare lo stimma di una forma col polline di quegli stami che nell'altra forma stanno ad una corrispondente altezza. In tale modo nelle specie dimorfe due accoppiamenti, che possonsi chiamare legittimi, sono pienamente fecondi, e due, i quali chiameremo illegittimi, sono più o meno sterili. Nelle piante trimorfe tre accoppiamenti sono legittimi, o pienamente fecondi, dodici sono illegittimi ovvero più o meno sterili.

La sterilità che si osserva in diverse piante dimorfe e trimorfe dopo un accoppiamento illegittimo, ossia quando sono fecondate col polline di stami che non corrispondono nell'altezza al pistillo, varia assai nel grado fino alla sterilità assoluta, precisamente nella stessa guisa come vedesi nell'incrociamento di specie diverse. Come in quest'ultimo caso il grado della sterilità dipende principalmente dalle condizioni di vita più o meno favorevoli, altrettanto osservai nell'accoppiamento illegittimo. È noto che quando il polline di una specie diversa è portato sullo stimma di un fiore, e poi, forse anche dopo notevole intervallo, vi arrivi il proprio polline, l'effetto di quest'ultimo è talmente preponderante, che distrugge gli effetti del polline straniero; altrettanto avviene se invece si tratta del polline di forme diverse di una stessa specie: il polline legittimo predomina sull'illegittimo, quando ambedue siano portati sullo stesso stimma. Io me ne accertai fecondando parecchi fiori dapprima con polline illegittimo, e dopo ventiquattro ore col polline legittimo di una varietà colorata in modo particolare, e tutti i rampolli ne ebbero un colore simile, ciò che dimostra che il polline legittimo, adoperato ventiquattr'ore dopo, aveva interamente distrutta od impedita l'azione del polline illegittimo. Come nei reciproci incrociamenti di due specie spesso si presenta una grande differenza nel risultato, altrettanto succede nelle piante trimorfe. Così la forma di Lytrhum salicaria a stilo mediocre fu assai facilmente in modo illegittimo fecondato dal polline tolto dagli stami più lunghi della forma a stilo breve, e diede molti semi; ma questa ultima forma non portò nemmeno un seme, quando venne fecondata col polline tolto dagli stami più lunghi della forma a stilo mediocre.

In tutti questi riguardi, ed in altri che potrebbero citarsi, le forme diverse di una medesima specie indubbia si comportano dopo una fecondazione illegittima precisamente come due specie diverse dopo il loro incrociamento. Ciò m'indusse ad osservare attentamente, per quattro anni, molti rampolli che erano il risultato di parecchie fecondazioni illegittime, e il risultato principale fu, che queste piante, che possono dirsi illegittime, non sono perfettamente feconde. È possibile ottenere dalle specie dimorfe in modo illegittimo le forme a stilo lungo e quelle a stilo breve, e dalle piante trimorfe tutte e tre le forme illegittime. Queste possono poi essere accoppiate acconciamente in modo legittimo. Quando ciò sia avvenuto, non si comprende per quale ragione queste piante non diano tanti semi come i loro genitori dopo accoppiamento legittimo. Invece esse sono tutte sterili, sebbene in grado diverso; alcune lo furono al punto che in quattro estati non diedero nessun seme, e nemmeno una casella. La sterilità di queste piante illegittime, ancorchè siano state fecondate in modo legittimo, trova un esatto riscontro in quella che segue l'incrociamento degli ibridi tra loro. Se d'altra parte un ibrido viene incrociato con una forma-madre pura, la sterilità è generalmente di molto diminuita, e altrettanto avviene quando una pianta illegittima sia fecondata da una legittima. E nello stesso modo, come la sterilità degli ibridi non va sempre di pari passo colla difficoltà di incrociare le forme-madri, così anche la sterilità di certe piante illegittime era straordinariamente grande, mentre non era tale quella dell'accoppiamento da cui furono prodotte. Tra gli ibridi allevati dalla stessa casella sussiste una variabilità originaria nel grado di sterilità; la stessa cosa osservasi evidentemente nelle piante illegittime. Finalmente molti ibridi fioriscono continuamente e vigorosamente, mentre altri più sterili producono pochi fiori e sono deboli e miseri nani; casi esattamente simili riscontransi nei discendenti illegittimi di diverse piante dimorfe e trimorfe.

Sussiste dunque la più stretta analogia nel carattere e nel contegno fra le piante illegittime e gli ibridi. Non v'è esagerazione nel dire che le piante illegittime sono ibridi prodotti entro i limiti di una specie dall'impropria unione di certe forme, mentre gli ibridi ordinari sono generati dall'impropria unione di specie così dette distinte. Noi abbiamo visto che fra le prime unioni illegittime ed i primi incrociamenti di specie distinte rinviensi la massima somiglianza per ogni riguardo. Tutto ciò potrà rendersi anche più chiaro con un esempio. Supponiamo che un botanico trovi due varietà ben marcate della forma a lungo stilo del trimorfo Lythrum salicaria (e tali si riscontrano), e si decida di esperimentare con un incrociamento se siano specificamente diverse. Egli troverebbe che danno circa un quinto del numero normale di semi, e che negli altri su citati riguardi si comportano come due specie distinte. Per andare sicuro egli alleverebbe dai semi, supposti ibridi, delle piante, e troverebbe che i rampolli sono miseri nani, e che si comportano per ogni altro rapporto come gli ibridi ordinari. Egli quindi sosterrebbe di aver dimostrato, in accordo colle idee dominanti, che queste due varietà siano le due migliori e più distinte del mondo, ma si sarebbe nel suo giudizio completamente ingannato.

I fatti qui esposti intorno alle piante dimorfe e trimorfe sono importanti, primieramente perchè dimostrano che la prova fisiologica della fecondità diminuita, sia nei primi incrociamenti come negli ibridi, non è un sicuro criterio di diversità specifica; in secondo luogo, perchè siamo costretti ad ammettere che sussiste un legame od una legge ignota, che collega insieme la sterilità degli accoppiamenti illegittimi con quella della progenie illegittima, e noi siamo indotti ad estendere questa conclusione ai primi incrociamenti ed agli ibridi; in terzo luogo, e ciò mi sembra di speciale importanza, perchè ci è dimostrato che della stessa specie esistono due o tre forme, le quali non differiscono tra loro nè nella struttura, nè nella costituzione in riguardo alle condizioni esterne di vita, e nondimeno sono sterili se vengono in certo modo unite. Imperocchè noi dobbiamo rammentarci che è l'unione degli elementi sessuali della stessa forma, per esempio delle due forme a stilo lungo, che determina la sterilità, mentre l'unione degli elementi sessuali di due forme diverse è feconda. Sembra quindi a prima vista avvenire l'opposto di ciò che succede nell'ordinaria unione di individui della medesima specie e nell'incrociamento fra specie diverse. Ma è dubbio se la cosa sia realmente così, nè io voglio più a lungo fermarmi su questo oscuro argomento.

Dalle considerazioni fatte intorno alle piante dimorfe e trimorfe noi possiamo dedurre con probabilità che la sterilità delle specie distinte al loro incrociamento e della prole ibrida dipenda esclusivamente dalla natura degli elementi sessuali, e non da qualche generale diversità nella struttura o nella costituzione. In fatto, noi siamo condotti alla stessa conclusione dallo studio dei reciproci incrociamenti di due specie, nelle quali il maschio dell'una non può essere accoppiato colla femmina dell'altra, o può essere solo con grande difficoltà, mentre l'incrociamento invertito può compiersi colla massima facilità. Il Gärtner, esimio osservatore, arrivò pure alla conclusione che le specie incrociate sono sterili in seguito a differenze confinate al sistema riproduttivo.

LA FECONDITÀ DELLE VARIETÀ INCROCIATE E DELLA LORO PROLE METICCIA NON È SENZA ECCEZIONE

Potrebbe opporsi un altro argomento più valido, cioè che deve esistere qualche essenziale distinzione fra le specie e le varietà, e che deve esservi qualche errore in tutte le osservazioni precedenti, mentre le varietà, per quanto differiscano fra loro nell'apparenza esterna, s'incrociano con immensa facilità e generano una prole perfettamente feconda. Io ammetto pienamente che questa sia la regola più generale, meno le poche eccezioni che ora intendo fare. Ma quest'argomento è circondato da molte difficoltà, perchè riguardo alle varietà prodotte allo stato di natura, se due forme, fin qui tenute per varietà, si trovano in qualche grado sterili nei loro incrociamenti, allora esse sono classificate come specie dalla maggior parte dei naturalisti. Per esempio, l'anagallide azzurra e la rossa, la Primula vulgaris e la Primula veris furono considerate dai nostri migliori botanici come semplici varietà, finchè Gärtner non le trovò perfettamente feconde negl'incrociamenti e conseguentemente le pose fra le specie distinte. Se noi argomentiamo così, aggirandoci in un circolo vizioso, la fecondità di tutte le varietà allo stato di natura dovrà certamente essere riconosciuta.

Se noi ci rivolgiamo alle varietà prodotte, o almeno che si suppongono prodotte allo stato domestico, siamo tosto presi dal dubbio. Perchè quando è stabilito, per esempio, che certi cani domestici indigeni dell'America meridionale difficilmente s'incrociano coi cani dell'Europa, la spiegazione che prima si affaccia ad ognuno, e che probabilmente è la vera, consiste in ciò, che questi cani derivano da parecchie specie originali e distinte. Nondimeno la perfetta fecondità di tante varietà domestiche, quantunque sì diverse fra loro nell'apparenza, per esempio quelle dei colombi e quelle dei cavoli, è un fatto notevolissimo; tanto più se riflettiamo quante specie vi siano le quali, benchè strettamente simili fra loro, pure sono affatto sterili quando s'incrociano. Alcuni riflessi però rendono meno singolare codesta fecondità delle varietà domestiche. Innanzi tutto si può osservare che il grado di dissimiglianza esterna di due specie non è una guida sicura per giudicare del grado di mutua sterilità, e così pure simili differenze non sono una buona guida se trattasi di varietà. Egli è certo che nelle specie la causa risiede esclusivamente nella diversità della costituzione sessuale. Ora le variate condizioni, cui furono esposti gli animali domestici e le piante coltivate, hanno sì poco la tendenza di modificare il sistema riproduttivo in maniera da produrre la mutua sterilità, che anzi abbiamo ragioni per accettare l'opinione opposta, la teoria del Pallas, secondo cui le predette condizioni in generale eliminano quella tendenza, e ne viene che i discendenti domestici di specie, che allo stato naturale sarebbero in certo grado sterili nell'incrociamento, diventano perfettamente fecondi tra loro. Nelle piante la coltura produce tutt'altro che una tendenza alla sterilità di specie distinte; tant'è vero che si hanno parecchi casi bene constatati, di cui fu già fatta menzione, in cui è avvenuto l'opposto; esse cioè divennero impotenti tra loro, mentre hanno conservato il potere di fecondare altre specie e di essere da altre specie fecondate. Se si accetta la teoria del Pallas sulla eliminazione della sterilità in seguito ad uno stato domestico prolungato, e ben difficilmente potrà respingersi, allora deve considerarsi come improbabile in sommo grado che condizioni simili lungamente persistenti conducano anche a questa tendenza; tuttavia in certi casi, nelle specie di una particolare costituzione, può occasionalmente prodursi la sterilità. In questo modo, io credo, noi possiamo comprendere perchè negli animali domestici non si formino delle varietà mutuamente sterili; e perchè nelle piante si siano osservati pochi esempi di questo genere, dei quali tra breve parleremo.

La reale difficoltà del presente argomento, a quanto mi sembra, non sta nel fatto che le varietà domestiche non divennero in seguito al loro incrociamento mutuamente sterili, ma in quello che ciò è generalmente avvenuto nelle varietà naturali, quando siano state modificate permanentemente ed in grado sufficiente per essere considerate come specie. Noi non ne conosciamo esattamente la causa, nè ciò deve sorprenderci se riflettiamo quanto siamo all'oscuro intorno all'azione normale ed anormale del sistema riproduttivo. Si comprende, però, che le specie, in seguito alla lotta per l'esistenza con numerosi concorrenti, debbano essere esposte per lunghi periodi a condizioni più uniformi che non le varietà domestiche, ciò che può effettuare una notevole differenza nel risultato. Imperocchè noi sappiamo come ordinariamente gli animali selvaggi e le piante si rendano sterili, quando siano tolti alle loro condizioni naturali e tenuti in captività; ed è probabile che le funzioni riproduttive degli esseri organici che abbiano sempre vissuto in condizioni naturali siano in ugual modo eminentemente sensibili alla influenza di un incrociamento non naturale. D'altra parte le produzioni domestiche, come il fatto stesso della domesticazione ce lo dimostra, non erano originariamente in alto grado sensibili ai cambiamenti delle condizioni di vita, e possono ora in generale resistere con fecondità non diminuita ai ripetuti cambiamenti delle condizioni, per cui potrebbe aspettarsi che producano delle varietà, il cui potere riproduttivo non sarebbe facilmente danneggiato nell'incrociamento con altre varietà formatesi in simile modo.

Io ho considerato fin qui gli incrociamenti delle varietà di una medesima specie come sempre fecondi. Ma gli è impossibile negare che esista realmente una certa somma di sterilità nei pochi casi seguenti, cui brevemente accennerò. Le prove non sono al certo meno fondate di quelle con cui si sostiene la sterilità di moltissime specie. Inoltre queste prove sono tratte da autorità ostili, le quali, in tutti gli altri casi, considerano la fertilità e la sterilità come criteri sicuri di distinzione specifica. Gärtner conservò per parecchi anni una varietà nana di grano turco con semi gialli, e un'altra varietà grande con semi rossi, le quali crebbero l'una presso l'altra nel suo giardino; e benchè queste piante avessero i sessi separati, pure non si incrociarono mai naturalmente. Allora egli fecondò tredici fiori dell'una col polline dell'altra; ma un solo capo produsse qualche seme e non diede che cinque grani. L'operazione in tal caso non poteva essere nociva, perchè le piante avevano sessi separati. Io credo che niuno avrebbe mai supposto che queste varietà di mais fossero due specie distinte; ed è importante a notarsi che le piante ibridi così prodotte erano perfettamente feconde; per cui anche il Gärtner non volle avventurarsi a considerare queste due varietà come specificamente distinte.

Girou de Buzareingues incrociò tre varietà di zucche le quali, come il grano turco, hanno i sessi separati, e ci assicura che la loro fecondazione reciproca è tanto più difficile, quanto maggiori sono le loro differenze. Non so quanta fede possa prestarsi a queste esperienze; ma queste forme, sulle quali fece esperimenti il Sageret, sono classificate da esso come varietà, mentre egli fonda principalmente la propria classificazione sulle prove di infecondità.

Il caso seguente è assai più rimarchevole e sulle prime sembra incredibile affatto; ma è il risultato di un sorprendente numero di esperienze, fatte per molti anni sopra nove specie di Verbascum dal Gärtner, abilissimo osservatore, e testimonio ostile. Egli notò che le varietà gialle e bianche della stessa specie di Verbascum, quando sono tra loro incrociate, producono meno semi che quando una di queste varietà sia fecondata col polline dei fiori colorati suoi propri. Inoltre egli ha constatato che quando le varietà gialle e le bianche di una specie sono incrociate con le varietà gialle o bianche di una specie distinta, si produce maggior copia di semi dagli incrociamenti fra i fiori dello stesso colore di quello che fra gli altri di colore diverso. Anche Scott ha fatto degli sperimenti colle specie e varietà del Verbascum; e sebbene non riuscisse a confermare i risultati del Gärtner sull'incrociamento delle specie distinte, trovò nondimeno che le varietà di colore disuguale della stessa specie davano meno semi (nella proporzione di 86 a 100) che le varietà di simile colore. Eppure queste varietà di Verbascum non presentano altre differenze da quelle infuori del semplice colore dei fiori; e talvolta una varietà può sorgere dai semi di un'altra.

Il Kölreuter, la cui accuratezza è stata comprovata da ogni osservatore posteriore, ha constatato il fatto rimarchevole che una varietà del tabacco comune è più feconda, quando sia incrociata con specie affatto distinte, di quello che lo sia se viene incrociata con altre varietà. Egli fece esperienze sopra cinque forme, che sono comunemente credute varietà, e che furono da lui sottoposte all'esame più severo, cioè agli incrociamenti reciproci, e trovò che la loro prole meticcia era perfettamente feconda. Ma una di queste cinque varietà, sia che fornisse il padre, sia che somministrasse la madre, essendo incrociata colla Nicotiana glutinosa, produceva costantemente ibridi meno sterili di quelli generati dall'incrociamento delle altre quattro varietà colla N. glutinosa. Ne segue che il sistema riproduttivo di quest'unica varietà deve essere stato modificato in qualche modo fino ad un certo grado.

In seguito a questi fatti non può più a lungo sostenersi che le varietà siano nell'incrociamento sempre interamente feconde. Siccome è assai difficile di accertare se le varietà allo stato di natura siano infeconde, poichè ogni varietà sterile anche in grado leggero sarebbe generalmente considerata come una specie; siccome inoltre l'uomo nelle sue varietà domestiche non si cura che dei caratteri esterni, e queste varietà non furono per lunghi periodi esposte ad uniformi condizioni di vita: così noi possiamo concludere che la fertilità negli incrociamenti non costituisce una distinzione fondamentale tra le varietà e le specie. La generale sterilità delle specie incrociate può francamente considerarsi, non come un particolare acquisto o dotazione, ma come cosa incidentale connessa alla natura sconosciuta degli elementi sessuali.

CONFRONTO DEGLI IBRIDI COI METICCI([18]), INDIPENDENTEMENTE DALLA LORO FECONDITÀ

Le discendenze delle specie incrociate e delle varietà incrociate possono confrontarsi tra loro per diversi altri rapporti, indipendentemente dalla questione della fecondità. Gärtner, che aveva un vivissimo desiderio di segnare una linea distinta fra le specie e le varietà, non potè ritrovare che pochissime e, a quanto parmi, affatto insignificanti differenze, fra la così detta ibrida prole delle specie, e la così detta prole meticcia delle varietà. D'altronde queste due progenie si ravvicinano per molte importanti considerazioni.

Discuterò questo argomento con estrema brevità. La distinzione più importante consiste in ciò, che nella prima generazione i meticci sono più variabili degli ibridi; ma Gärtner ammette che gli ibridi di quelle specie che furono coltivate da lungo tempo sono spesso variabili nella prima generazione: ed io stesso ho notato esempi stringenti di questo fatto. Inoltre Gärtner ammette che gli ibridi, fra specie molto affini, sono più variabili di quelli derivanti da specie molto distinte; e ciò dimostra che la differenza nel grado di variabilità è graduale, fino al punto in cui scompare. Quando i meticci e gl'ibridi più fecondi sono propagati per molte generazioni, è noto che nella loro prole si manifesta molta variabilità; ma abbiamo registrati alcuni pochi casi in cui gl'ibridi o i meticci hanno conservato lungamente l'uniformità del carattere. Però nelle successive generazioni la variabilità dei meticci è forse maggiore di quella degl'ibridi.

Nè mi sembra che questa maggiore variabilità nei meticci che negli ibridi, abbia a recarci sorpresa. Perchè i parenti dei meticci sono varietà e per la maggior parte varietà domestiche (assai poche esperienze furono tentate sulle varietà naturali), e ciò in molti casi implica una variabilità recente; perciò dobbiamo attenderci che questa variabilità sia per continuare di sovente, e che vi si aggiunga quella che trasse origine dal semplice atto dell'incrociamento. Un fatto curioso e che merita di essere esaminato è la leggera variabilità degli ibridi provenienti da un primo incrociamento, ossia nella prima generazione, in contrasto colla loro estrema variabilità nelle generazioni successive. Infatti ciò sostiene ed avvalora le idee da me espresse sulla cagione della variabilità ordinaria; cioè che dessa è dovuta al sistema riproduttivo, eminentemente sensibile ad ogni cambiamento nelle condizioni di vita, rimanendo per tal modo spesso impotente od almeno incapace a compiere le proprie funzioni di generare una prole identica alla forma-madre. Ora gli ibridi della prima generazione discendono da due specie (escluse quelle coltivate da lungo tempo), che non furono affette in modo alcuno nel loro sistema riproduttivo e che non erano variabili; ma gl'ibridi stessi hanno i loro sistemi riproduttivi seriamente modificati e i loro discendenti sono altamente variabili.

Ma per tornare al nostro paragone fra i meticci e gl'ibridi, Gärtner stabiliva che i meticci sono, più degl'ibridi, soggetti a ricuperare la forma dei loro genitori; ma quando ciò sussista, non è certamente che una semplice differenza di grado. Il Gärtner dice inoltre espressamente che gli ibridi di piante lungamente coltivate tendono più alla riversione che gli ibridi delle specie allo stato naturale, ciò che forse spiega le singolari differenze nei risultati dei diversi osservatori. Così Max Wichura dubita che gli ibridi ritornino giammai alla loro forma-madre, ed ha fatto degli esperimenti sopra le specie non coltivate di salici; mentre Naudin sostiene decisamente la forte tendenza degli ibridi alla riversione, ed ha sperimentato principalmente sulle piante coltivate. Il Gärtner asserisce, inoltre, che quando due specie anche strettamente affini sono incrociate con una terza, gli ibridi che ne derivano sono tuttavia tra loro assai diversi, mentre se due varietà assai diverse siano incrociate con un'altra specie, gli ibridi non sono tra loro molto diversi. La conclusione però, per quanto io possa giudicare, è appoggiata ad un unico esperimento e sembra direttamente opposta ai risultati che il Kölreuter ottenne con molti sperimenti.

Queste sole sono le differenze insignificanti che Gärtner potè scoprire fra le piante ibride e le meticce. Dall'altro lato, la somiglianza ai loro parenti rispettivi, che si osserva nei meticci e negli ibridi, e più particolarmente negl'ibridi prodotti da specie molto affini, segue, secondo il Gärtner, le stesse leggi. Quando due specie sono incrociate, l'una di esse ha talvolta un potere prepotente di imprimere una forma somigliante nell'ibrido; e ciò avviene appunto nelle varietà delle piante. Anche negli animali una varietà ha spesso certamente una predominante influenza sopra un'atra varietà. Le piante ibride, prodotte dagl'incrociamenti reciproci, generalmente rassomigliano molto l'una all'altra; e così dicasi dei meticci provenienti da incrociamenti reciproci. Tanto gl'ibridi quanto i meticci poi possono ridursi alla loro pura forma originaria da ripetuti incrociamenti coll'uno o coll'altro progenitore nelle successive generazioni.

Tutte queste osservazioni sembrano applicabili agli animali; ma in questo caso il soggetto è eccessivamente complicato, in parte per la esistenza dei caratteri sessuali secondari, ma più specialmente per la prevalenza di un sesso sull'altro nel trasmettere le proprie forme alla prole, tanto nel caso dell'incrociamento di due specie, come in quello dell'incrociamento di due varietà. Per esempio, credo che ben s'appongano quegli autori che sostengono che l'asino ha un potere predominante sul cavallo, al punto che sì il mulo che il bardotto rassomigliano più all'asino che al cavallo; ma questo predominio è anche maggiore nell'asino che nell'asina, per modo che il mulo, che viene figliato dall'asino e dalla cavalla, ha una maggiore somiglianza coll'asino del bardotto, che discende dall'asina e dallo stallone.

Alcuni autori diedero molta importanza al fatto supposto che i soli animali meticci nascono molto simili ad uno dei loro parenti; ma è facile provare che ciò avviene talvolta anche negl'ibridi; però, io ne convengo, molto meno frequentemente in questi che non nei primi. Esaminando i casi, da me raccolti, di animali derivanti da un incrociamento e assai rassomiglianti a uno dei loro genitori, pare che codesta somiglianza sia principalmente limitata a quei caratteri, quasi mostruosi nella loro natura, che si manifestarono improvvisamente; come l'albinismo, il melanismo, la mancanza di coda o di corna, o le dita addizionali; nè si estende a quegli altri caratteri che furono lentamente acquistati, per mezzo della elezione. Per conseguenza, le repentine riversioni al carattere perfetto di uno dei parenti debbono avvenire più facilmente nei meticci, che derivano da varietà spesso improvvisamente prodotte e semi-mostruose nei caratteri, anzichè negli ibridi, che provengono da specie formate lentamente e naturalmente. Insomma, io consento pienamente col dott. Prospero Lucas, che, dopo di avere classificato una grande congerie di fatti riguardanti gli animali, giunge alla conclusione che le leggi di rassomiglianza del figlio a' suoi parenti sono le medesime, qualunque sia il grado di differenza dei parenti stessi, vale a dire, comunque si tratti dell'unione di individui appartenenti ad una stessa varietà, o a varietà diverse, o a specie distinte.

Lasciando in disparte la questione di fecondità e di sterilità, per tutti gli altri riguardi pare che esista una somiglianza molto stretta e generale nella progenie delle specie incrociate e delle varietà incrociate. Ove si considerassero le specie come tante creazioni distinte, e le varietà come produzioni derivanti da leggi secondarie, codesta somiglianza sarebbe un fatto sorprendente. Al contrario essa armonizza perfettamente coll'idea che non vi sia alcuna distinzione essenziale fra le specie e le varietà.

SOMMARIO DEL CAPITOLO

I primi incrociamenti tra le forme abbastanza distinte, da ritenersi quali specie, e fra i loro ibridi sono in generale, ma non universalmente, infecondi. La sterilità presenta tutte le gradazioni possibili, ed è soventi volte tanto leggera, che i due più precisi ed abili esperimentatori che si conoscano, giunsero a conclusioni diametralmente opposte nel classificare le forme su questa base. La sterilità è variabile, per attitudine innata, negl'individui della stessa specie, ed è sommamente suscettibile di soggiacere all'influenza delle condizioni favorevoli o sfavorevoli. Il grado di sterilità non corrisponde precisamente all'affinità sistematica, ma è governato da parecchie leggi curiose e complesse. Generalmente è diversa, e talora molto diversa, nei reciproci incrociamenti delle medesime due specie. Nè sempre è uguale nei primi incrociamenti e negli ibridi che ne derivano.

Come negli alberi innestati l'attitudine di una specie o di una varietà di legare sopra un'altra è accidentale, perchè dipendente da differenze generalmente sconosciute nei loro sistemi di vegetazione, così negl'incrociamenti la maggiore o minore facilità di una specie di unirsi ad un'altra è incidentale, per differenze pure sconosciute nel loro sistema riproduttivo. Non vi è maggior fondamento nel credere che le specie siano state particolarmente dotate di vari gradi di sterilità, per impedire l'incrociamento e le mescolanze nella natura, che non ve ne abbia nel pensare che gli alberi siano stati specialmente dotati di vari gradi di difficoltà e talvolta di difficoltà analoghe negl'innesti scambievoli, per prevenire gl'innesti naturali per contatto nelle nostre boscaglie.

La sterilità dei primi incrociamenti e della loro progenie ibrida non fu acquistata colla elezione naturale. Nel caso dei primi incrociamenti la sterilità sembra dipendere da parecchie circostanze; certe volte principalmente dalla morte prematura dell'embrione. La sterilità degli ibridi, a quanto pare, dipende da ciò che la loro intera organizzazione è disturbata dalla fusione di due forme distinte in una sola; questa sterilità è affine a quella che colpisce tanto frequentemente le specie pure, quando siano esposte a condizioni di vita nuove e non naturali. Chi spiegasse questi ultimi fatti saprebbe spiegare anche la sterilità degli ibridi. Questo modo di vedere è validamente sostenuto da un parallelismo d'altro genere: e cioè in primo luogo dal fatto che i leggeri cambiamenti delle condizioni di vita sono utili pel vigore e per la fecondità di tutti gli esseri organici: e in secondo luogo dall'osservazione che l'incrociamento di forme, le quali siano state esposte a condizioni di vita leggermente diverse, o che abbiano variato, favorisce la grandezza, il vigore e la fecondità dei discendenti. I fatti esposti relativamente alla sterilità degli accoppiamenti illegittimi delle piante dimorfe e trimorfe e della loro progenie illegittima fanno supporre che in tutti i casi un ignoto legame connetta insieme il grado di fecondità delle prime unioni con quella de' loro discendenti. Le considerazioni intorno a questi esempi di dimorfismo ed i risultati dei reciproci incrociamenti ci conducono alla conclusione, che la primaria causa della sterilità di specie incrociate sia ristretta alle differenze negli elementi sessuali. Ma noi non sappiamo per quale motivo nelle specie diverse gli elementi sessuali siano generalmente modificati in modo da produrre la reciproca sterilità; sembra però che ciò stia in intimo rapporto colla esposizione delle specie a condizioni di vita pressochè uniformi durante lunghi periodi.

Non deve sorprendere che il grado di difficoltà che si incontra nell'accoppiare due specie e il grado di sterilità della loro prole ibrida, si corrispondono generalmente, benchè dovuti a cagioni distinte; perchè ambedue dipendono dalla quantità delle differenze d'ogni sorta che esistono fra le specie incrociate. Nè tampoco deve recare meraviglia che la facilità di effettuare un primo incrociamento, la fecondità degl'ibridi che ne sorgono e la capacità delle piante di subire gl'innesti, - benchè quest'ultima capacità evidentemente dipenda da circostanze ben diverse, - procedono tutte parallele, fino ad una certa estensione, coll'affinità sistematica delle forme che sono sottoposte all'esperienza; poichè l'affinità sistematica esprime, per quanto è possibile, ogni sorta di rassomiglianza fra tutte le specie.

I primi incrociamenti fra le forme conosciute per varietà, o abbastanza distinte per essere considerate varietà, e la loro prole meticcia sono generalmente fecondi, ma non lo sono universalmente, come per errore si è spesso stabilito. Nè codesta quasi generale e perfetta fecondità può sorprendere, quando rammentiamo come ci troviamo esposti ad argomentare con un circolo vizioso rispetto alle varietà nello stato di natura; e quando ricordiamo che le varietà in massima parte vennero prodotte allo stato di domesticità, per mezzo della elezione delle semplici differenze esterne, e non furono lungamente esposte ad uniformi condizioni di vita. E giova specialmente ricordarsi che la domesticità lungamente continuata tende evidentemente ad eliminare la sterilità e quindi non può produrre questa medesima qualità. Indipendentemente dalla questione di fecondità, esiste per ogni altro riguardo la più stretta generale somiglianza fra gli ibridi ed i meticci, sia nella variabilità, sia nel potere di assorbirsi a vicenda dopo ripetuti incrociamenti, sia nell'eredità dei caratteri di ambedue le forme-madri. Infine, sebbene ci sia affatto ignota la vera causa della sterilità dei primi incrociamenti e degli ibridi, e del fenomeno che le piante e gli animali diventano sterili, quando siano rimossi dalle loro condizioni naturali, nondimeno mi sembra che i fatti annoverati in questo capitolo non siano in contraddizione coll'idea che le specie fossero originariamente semplici varietà.

CAPO X

SULLA IMPERFEZIONE DELLE MEMORIE GEOLOGICHE

Sulla mancanza delle forme intermedie fra le varietà attuali - Sulla natura delle varietà intermedie estinte; sul loro numero - Sulla enorme durata dei periodi geologici, dedotta dalle deposizioni e dai denudamenti - Lunghezza del tempo trascorso calcolata per anni - Della scarsezza delle nostre collezioni paleontologiche - Dei denudamenti delle aree granitiche - Della intermittenza delle formazioni geologiche - Denudamento delle superfici granitiche - Dell'assenza delle varietà intermedie in ogni formazione - Della improvvisa comparsa di gruppi di specie - Della subitanea loro comparsa anche nei più antichi strati fossiliferi che si conoscano - Età della terra abitabile.

Nel sesto capitolo enumerai le principali obbiezioni che potevano giustamente opporsi ai principii sostenuti in questo libro. La maggior parte di quelle obbiezioni fu da me discussa. Una di esse, cioè la distinzione delle forme specifiche, senza che si trovino insieme confuse da innumerevoli legami transitorii, è veramente una difficoltà molto ovvia. Io addussi le ragioni per cui questi legami non possono comunemente rinvenirsi nell'epoca presente, sotto circostanze in apparenza più favorevoli alla loro presenza, vale a dire in una superficie estesa e continua, con condizioni fisiche graduali. Mi studiai di provare che la vita di ogni specie dipende in principal modo dalla presenza di altre forme organiche già definite, anzichè dal clima; e perciò quelle condizioni di vita che realmente influiscono, come il calore e l'umidità, non variano in modo insensibile. Cercai anche dimostrare che le varietà intermedie, esistendo in minor numero che le forme da esse collegate, rimangono in generale dominate e distrutte nel corso delle ulteriori modificazioni e dei successivi perfezionamenti. La causa principale, però, che da ogni parte nella natura non si incontrano legami intermedi innumerevoli consiste nel rigoroso processo di elezione naturale, per mezzo del quale le nuove varietà incessantemente surrogano ed esterminano le loro forme-madri. Ma appunto in proporzione di questo processo di esterminio, che operò sopra una enorme scala, deve essere veramente immenso il numero delle varietà intermedie che anticamente esistettero sulla terra. Perchè dunque non è ripieno ogni strato ed ogni formazione geologica di queste forme intermedie? La geologia certamente non ci ha rivelato ancora questa catena organica perfettamente graduale; e questa è forse la più facile ed insieme la più grave obbiezione che possa farsi alla mia teoria. Ma io credo che ciò si spieghi colla imperfezione estrema delle memorie geologiche.

In primo luogo, occorre sempre richiamare alla mente di qual sorta sono le forme intermedie che, secondo la mia teoria, debbono aver esistito nelle età passate. Nel considerare due specie qualunque, non seppi esimermi dal rappresentare a me stesso le forme direttamente intermedie fra le medesime. Ma codesta idea sarebbe completamente erronea; mentre per forme intermedie noi dobbiamo sempre intendere quelle che esistettero fra ciascuna specie ed un progenitore comune, ma ignoto; e questo progenitore avrà presentato delle differenze per qualche rispetto da tutti i suoi discendenti modificati. Per darne una semplice dimostrazione, il colombo pavone e il colombo gozzuto derivano ambidue dal colombo torraiuolo; ora se noi possedessimo tutte le varietà intermedie che hanno esistito, dovremmo avere una serie progressiva fra quei due colombi e il torraiuolo, ma non potremmo avere delle varietà direttamente intermedie fra il colombo pavone ed il gozzuto; niuna varietà, ad esempio, che riunisse una coda in qualche modo più allargata con un gozzo un po' più largo, che sono appunto i tratti caratteristici di queste due razze. Queste due razze inoltre furono modificate siffattamente, che quando noi non avessimo qualche notizia storica o indiretta, riguardo alla loro origine, non sarebbe stato possibile determinare, dal semplice confronto della loro struttura con quella del colombo torraiuolo (C. livia), se esse derivassero da questa specie, o da qualche altra specie affine, come la C. oenas.

Così nelle specie naturali, se noi consideriamo le forme affatto distinte, per esempio, il cavallo e il tapiro, non abbiamo alcun motivo di supporre che vi siano mai stati dei legami direttamente intermedi fra le medesime, ma bensì fra ognuna di esse ed il comune loro progenitore che ci è ignoto. Il comune progenitore avrà presentato, nell'intera sua organizzazione, molta rassomiglianza generale col tapiro e col cavallo; ma in alcuni punti della sua struttura avrà differito notevolmente da ambidue e fors'anche più di quello che essi diversificano tra loro. Perciò, in tutti i casi analoghi, noi saremmo incapaci di riconoscere la forma-madre di due o più specie quali si vogliano, ancorchè noi confrontassimo accuratamente la struttura del progenitore con quella dei discendenti modificati, senza possedere contemporaneamente una catena quasi perfetta di forme intermedie.

Ma, secondo la mia teoria, è ben possibile che di due forme viventi una sia derivata dall'altra; per esempio, il cavallo dal tapiro; e in tal caso bisogna ammettere nel passato l'esistenza di legami direttamente intermedi fra i medesimi. Ma questa ipotesi implicherebbe allora che una forma sia rimasta inalterata per un periodo molto lungo, mentre i suoi discendenti andarono soggetti a una grande quantità di cambiamenti; e il principio di lotta fra organismo ed organismo, fra la prole e i parenti, renderà questo evento assai raro; perchè in ogni caso le forme di vita nuove e perfezionate tenderanno a prendere il posto delle forme vecchie ed imperfette.

Per mezzo della teoria della elezione naturale, tutte le specie viventi furono connesse colla specie madre di ogni genere, per differenze che non erano maggiori di quelle che noi vediamo oggidì fra le varietà di una stessa specie. Questa specie-madre, ora generalmente estinta, sarà stata alla sua volta similmente collegata con altre specie più antiche; e così di seguito, sempre convergendo verso il comune antenato di ogni grande classe. A tal che il numero delle forme intermedie e transitorie, fra tutte le specie viventi e le estinte, deve esser stata smisuratamente grande. Ma, se questa teoria è vera, queste forme debbono certamente aver vissuto sopra la terra.

SULLA DURATA DEL TEMPO, DEDOTTA DALLE DEPOSIZIONI E DAI DENUDAMENTI

Indipendentemente dal fatto che noi non troviamo gli avanzi fossili di queste innumerevoli forme intermedie, potrebbe obbiettarsi che il tempo non sarà stato sufficiente per una quantità sì grande di mutamenti organici, sapendosi che tutti i cangiamenti prodotti dall'elezione naturale sono lentissimi. Non mi è possibile ricordare al lettore, che non sia geologo pratico, tutti i fatti che guidano la mente a valutare imperfettamente la lunga durata del tempo. Chiunque abbia letto la grande opera sui Principii della Geologia di Carlo Lyell, che gli storici futuri riconosceranno come colui che produsse una rivoluzione nelle scienze naturali, e non ammetta quanto vasti incomprensibilmente siano stati i periodi passati del tempo, può senz'altro chiudere questo libro. Nè basta lo studio dei Principii della Geologia, o la lettura dei trattati speciali dei diversi osservatori sopra formazioni separate, notando come ogni autore si adoperi per dare un'idea imperfetta della durata di ogni formazione, od anche di ogni strato. Noi possiamo farci nel miglior modo un'idea del tempo trascorso, imparando a conoscere le forze che furono attive, le superfici che vennero denudate e la quantità dei sedimenti depositati. Come il Lyell ha osservato benissimo, l'estensione e la potenza delle formazioni sedimentarie di un luogo sono il risultato e la misura della denudazione che la corteccia terrestre ha sofferto in altro luogo. Per comprendere in parte la lunghezza del tempo, i cui monumenti vediamo intorno a noi, sarebbe mestieri esaminare co' propri occhi la immensa potenza degli strati sovrapposti gli uni agli altri, ed osservare i fiumi che conducono melma, ed il mare mentre corrode le spiagge.

Sarebbe utile lo aggirarsi lungo le coste del mare, formate di roccie non troppo dure, ed osservare il processo di degradazione. Le maree in molti casi si avanzano sopra le coste rocciose, per breve tempo, due volte il giorno, e le onde non le corrodono che quando sono cariche di sabbia e di ciottoli; perchè è provato che l'acqua pura non produce alcun effetto nel bagnare le roccie. Infine la base della roccia viene corrosa al disotto e cadono enormi frammenti, i quali, rimanendo fissi, sono poi disgregati atomo per atomo, finchè siano ridotti a tale grandezza da poter essere rotolati dalle onde, e poscia più facilmente gettati sul lido allo stato di sassi, sabbia o melma. Ma quanto spesso non vediamo noi, lungo le basi delle coste che si arretrano, grandi massi arrotondati, tutti ricoperti di fitte produzioni marine, che dimostrano quanto poco siano stati corrosi e quanto sia raro che vengano smossi e rotolati! Inoltre se noi percorriamo poche miglia di costa dirupata e rocciosa che subisca una degradazione, noi troviamo che soltanto qua e là per brevi tratti, o intorno ad un promontorio, le coste soffrono al presente l'azione distruttiva del mare. Ma l'apparenza della superficie e la vegetazione dimostrano che sono scorsi degli anni dacchè le acque lavarono le loro basi.

Noi abbiamo però imparato recentemente dalle osservazioni del Ramsay, precursore di distinti botanici, come il Jukes, il Geikie, il Croll ed altri, che la degradazione prodotta dall'aria è assai più importante di quella prodotta dall'acqua sulle spiagge. Tutta la superficie di un paese è esposta all'azione chimica dell'aria e dell'acqua piovana contenente anidride carbonica in soluzione, e nelle zone fredde anche a quella del gelo; la materia disaggregata, durante le pioggie violente, è portata in basso lungo le chine anche dolci, e specialmente nelle località aride è asportata dal vento in quantità maggiore di quella che generalmente si vorrebbe ammettere; poi è portata più oltre dai fiumi e torrenti, i quali, se sono rapidi, escavano il letto e triturano i frammenti. Nei giorni piovosi, anche in una regione dolcemente ondulata, noi vediamo gli effetti della degradazione prodotti dall'atmosfera nei rivi melmosi che discendono da ogni china. Ramsay e Whitaker hanno dimostrato, e l'osservazione è assai importante, che le lunghe pendici nel distretto Wealden e quelle che attraversano l'Inghilterra, le quali dapprima furono credute antiche coste marine, non vennero formate dall'acqua, giacchè ogni catena di esse si compone di una medesima formazione, mentre le coste attuali sono spaccati di formazioni diverse. Noi siamo quindi costretti ad ammettere che quelle pendici debbano la loro origine al fatto che la roccia, di cui si compongono, ha resistito meglio della superficie circostante alla denudazione atmosferica; questa superficie circostante divenne quindi sempre più bassa, mentre continuarono a sporgere i tratti di roccia più dura. Non vi ha nulla che ci dia un'idea più potente intorno alla durata del tempo della convinzione che ne ricaviamo, che cioè gli agenti atmosferici, i quali apparentemente hanno sì poca forza ed agiscono così lentamente, abbiano prodotto sì grandi risultati.

Se noi ci siamo fatti un'idea della lentezza, con cui il terreno è corroso dalla azione dell'aria e dell'acqua, sarà utile, per apprezzare la durata del tempo trascorso, considerare da un lato la massa di roccie che fu rimossa da una regione estesa, e dall'altro lato la potenza delle nostre formazioni sedimentarie. Io mi ricordo di essere stato altamente sorpreso alla vista delle isole vulcaniche, le quali erano state degradate dalle onde a segno che le loro pareti perpendicolari si elevavano all'altezza di 1000 a 2000 piedi, mentre dal debole angolo di cadenza dei torrenti di lava originariamente liquidi si poteva giudicare, al primo aspetto, fino a quale distanza le roccie compatte doveano estendersi nell'aperto mare. La medesima storia risulta, spesso anche più chiaramente, dai dislocamenti, questi grandi crepacci, lungo cui gli strati si elevano da un lato fino a migliaia di piedi, o si sono abbassati dall'altro lato; giacchè dopo la rottura della scorza terrestre (sia avvenuto il sollevamento di repente, oppure, come ammette la maggior parte dei geologi, lentamente in molti singoli punti), la superficie(19) del terreno fu perfettamente appianata, così che all'esterno non apparisce traccia dello ingente dislocamento. La fessura di Graven, ad esempio, ha un'estensione di trenta miglia inglesi, e su tutta questa linea il dislocamento verticale degli strati varia dai 600 ai 3000 piedi. Il professore Ramsay ha descritto un abbassamento di 2300 piedi in Anglesea, e mi dice che nel Merionethshire ve ne ha uno di 12.000 piedi. Eppure in questi casi la superficie del terreno non svela questi meravigliosi movimenti, essendo stati asportati dall'acqua gli strati che si elevavano in ambo i lati del crepaccio fino a rendere piana la superficie.

D'altra parte gli ammassi di strati sedimentari sono di meravigliosa potenza in tutte le parti del mondo. Nelle Cordigliere io ho calcolato che un masso di conglomerato fosse di diecimila piedi; e sebbene i conglomerati si accumulino probabilmente con maggiore rapidità che i minuti sedimenti, tuttavia ciascuno, essendo formato di ciottoli levigati e rotondi, porta l'impronta di remota antichità: essi servono per dimostrare come quei massi si siano accumulati lentamente. Il prof. Ramsay mi ha dato la massima grossezza di ogni formazione nelle diverse parti della Gran Bretagna, in molti casi dalle misure effettive, in pochi altri casi per approssimazione, e il risultato fu il seguente:

Strati paleozoici (non compr. le roccie ignee)
piedi

57.154

Strati secondari
»

13.190

Strati terziari
»

2.240

che insieme ammontano a 72.584 piedi; vale a dire, molto prossimamente, a tredici miglia inglesi e tre quarti. Alcune formazioni, che in Inghilterra sono rappresentate da strati sottili, hanno migliaia di piedi di grossezza nel continente. Inoltre fra ogni formazione successiva noi abbiamo, secondo la opinione della maggior parte dei geologi, dei periodi enormemente lunghi, durante i quali non si ebbe alcuna formazione. Per modo che gl'immensi strati di rocce sedimentarie dell'Inghilterra non dànno che un'idea inesatta del tempo trascorso per la loro accumulazione. L'esame di questi molteplici fatti produce sul nostro spirito la stessa impressione che fa l'inutile tentativo di concepire l'idea della eternità.

E nondimeno quest'impressione è in parte falsa. Il Croll, in una sua interessante memoria, dice che noi non erriamo «nel farci un concetto troppo grande della lunghezza dei periodi geologici», ma nel valutarla con un numero di anni. Quando i geologi osservano dei fenomeni estesi e complicati, e poi delle cifre che esprimono parecchi milioni di anni, ambedue fanno un effetto molto diverso, e le cifre sono tosto dichiarate troppo piccole. Ma a riguardo della denudazione prodotta dall'atmosfera il Croll, calcolando la nota quantità di sedimento che annualmente apportano certi fiumi, al confronto delle loro aree di prosciugamento, dimostra che 1000 piedi di una roccia sciolta dagli agenti atmosferici possono essere allontanati dal livello medio di un intero distretto nel corso di sei milioni di anni. Questo risultato desta stupore, e molte osservazioni fanno credere che la cifra sia troppo alta; ma se anche fosse divisa per due o per quattro, rimarebbe ancor sempre sorprendente. Però pochi tra noi sanno che cosa realmente voglia significare un milione. Il Croll ne dà la seguente illustrazione: si prenda una fettuccia lunga 83 piedi e 4 pollici, e si distenda lungo la parete di una grande sala; poi si segni ad una estremità il decimo di pollice; questo decimo di pollice ci rappresenta un secolo, e l'intera fettuccia un milione di anni. Ma in ordine all'argomento che trattiamo in questo libro, dobbiamo ora considerare il significato di questi cento anni, rappresentati in una scala([20]) di sufficiente grandezza da una misura così insignificante. Parecchi distinti allevatori, hanno modificato, durante il corso di una sola vita, alcuni dei più elevati animali, i quali si riproducono assai più lentamente della maggior parte degli inferiori in guisa che hanno costituito ciò che può chiamarsi una nuova sotto-razza; e pochi uomini hanno coltivato colla necessaria cura per oltre un mezzo secolo una particolare varietà di animali, per cui i cento anni ci rappresentano il lavoro di due allevatori che si succedono l'uno all'altro. Ora non può ammettersi che le specie allo stato di natura si modifichino così prontamente come le domestiche sotto l'influenza dell'elezione metodica. Il paragone potrebbe farsi assai meglio sotto ogni aspetto coi risultati della elezione inconscia, ossia colla conservazione degli animali più utili e più belli senza l'intento di migliorare la razza; e tuttavia con questo processo di elezione inconscia furono sensibilmente modificate parecchie razze nel corso di due o tre secoli.

Le specie però si cambiano probabilmente con maggior lentezza, ed entro uno stesso distretto solo poche si modificano ad un tempo. La lentezza devesi attribuire alla circostanza che tutti gli abitanti di una regione sono bene adattati gli uni agli altri, e che nuovi posti nella natura non si rendono vuoti che a lunghi intervalli, quando cioè siano apparsi dei cambiamenti di qualsiasi genere nelle condizioni fisiche od in seguito all'immigrazione di nuove forme. Oltre ciò suppongo che le variazioni o differenze individuali di retta natura, colle quali alcuni abitatori si rendano meglio adattati ai nuovi posti in condizioni mutate, non appariscano sempre e tosto. Sfortunatamente noi non sappiamo esprimere con un numero di anni il tempo che occorre per modificare una specie; ma all'argomento del tempo noi dobbiamo ritornare più tardi.

SULLA SCARSEZZA DELLE NOSTRE COLLEZIONI PALEONTOLOGICHE

Volgiamoci ai nostri più ricchi musei geologici: quale povertà non vi riscontriamo! Le nostre collezioni paleontologiche sono imperfette; niuno lo contesta. Non dobbiamo dimenticare l'osservazione del nostro insigne paleontologo Edoardo Forbes il giovane, vale a dire, che moltissime delle nostre specie fossili sono conosciute e rappresentate da un solo campione e spesso da un frammento, od anche da pochi saggi raccolti in un luogo solo. Soltanto una piccola porzione della superficie del globo fu esplorata geologicamente, e niuna parte con sufficiente accuratezza, come lo provano le importanti scoperte che ogni anno si annunciano in Europa. Ogni organismo interamente molle non può essersi conservato. I molluschi e le ossa si distruggono e scompariscono quando giacciono nel fondo del mare, ove non si sia formato alcun sedimento. Io credo che noi ci formiamo un concetto erroneo, quando tacitamente ammettiamo che il sedimento venga depositato sopra quasi tutto l'intero letto del mare ed abbastanza sollecitamente da coprire e preservare gli avanzi fossili. Dappertutto sopra una estensione proporzionatamente enorme dell'oceano, la brillante tinta azzurra dell'acqua ne dimostra la purezza. I molti casi conosciuti di formazioni coperte, dopo un enorme intervallo di tempo, da un'altra e più recente formazione, senza che il letto sottoposto abbia sofferto nell'intervallo alcuna denudazione, o alcun laceramento, non sembrano potersi spiegare che nell'ipotesi che il fondo del mare rimanga spesso per lungo tempo in una condizione inalterata. Se gli avanzi fossili rimangono immersi nella sabbia o coperti di ghiaia, quando questi strati emergono, generalmente verranno decomposti dalla filtrazione delle acque di pioggia che sono pregne di acido carbonico. Alcune delle molte sorta di animali, che vivono sulle coste fra le acque alte e le basse, sembra che debbano conservarsi di rado. Per es., le varie specie di Chthamalinæ (sotto-famiglia di cirripedi sessili) ricoprono le rocce di tutto il mondo, in grandissimo numero; esse abitano esclusivamente il littorale, eccettuata una sola specie del Mediterraneo che vive nelle acque profonde e che fu trovata fossile in Sicilia; al contrario niun'altra specie è stata fin qui trovata nelle formazioni terziarie; pure sappiamo che il genere Chthamalus esisteva nel periodo cretaceo. Finalmente molti immensi depositi, che hanno richiesto un tempo lunghissimo alla loro formazione, sono affatto privi di avanzi organici, senza che ne possiamo indicare la causa. Un esempio dei più notevoli ci è offerto dal flysch che consta di schisto argilloso ed arenaria, e con una potenza di parecchie migliaia di piedi (ad es. di seimila piedi), si estende almeno per trecento miglia inglesi da Vienna fino alla Svizzera. E sebbene questa ingente massa sia stata esaminata diligentemente, nessun fossile vi fu rinvenuto, ad eccezione di pochi resti vegetali.

Riguardo alle produzioni terrestri che vivevano nei periodi delle epoche secondaria e paleozoica, è superfluo dire che gli avanzi fossili non ci somministrano che nozioni tronche ed imperfette al sommo. Per esempio, non si conosce alcuna conchiglia terrestre che appartenga ad uno di questi lunghi periodi, tranne una specie scoperta da C. Lyell e dal dottor Dawson negli strati carboniferi dell'America settentrionale, della quale conchiglia si raccolsero circa cento esemplari. Rispetto ai resti dei mammiferi, un solo colpo d'occhio alla tavola storica, pubblicata nel Supplemento al Manuale di Lyell, basta a provare, meglio che lunghe pagine di dettagli, quanto sia rara ed accidentale la loro conservazione. Nè deve recarci sorpresa questa loro rarità, se rammentiamo quale immensa quantità di ossa appartenenti ai mammiferi terziari fu trovata nelle caverne e nei depositi lacustri, e che non si conosce una sola caverna o un vero deposito lacustre che risalga all'epoca delle nostre formazioni secondarie o paleozoiche.

Ma l'imperfezione delle memorie geologiche risulta manifestamente da un'altra causa più importante delle precedenti; vale a dire, da ciò, che le diverse formazioni sono separate l'una dall'altra da lunghi intervalli di tempo. Questa dottrina è stata calorosamente sostenuta da molti zoologi e paleontologi, i quali, come E. Forbes, negano affatto la trasformazione delle specie. Quando noi vediamo le formazioni sulle tavole che troviamo nelle opere di geologia, od anche allorchè noi le osserviamo in natura, difficilmente possiamo astenerci dal credere che le medesime siano rigorosamente consecutive. Così esistono vaste lacune fra le formazioni sovrapposte nella Russia, come sappiamo dalla grande opera di R. Murchison su quel paese; troviamo altrettanto nell'America settentrionale e in molte altri parti del mondo. Il geologo più abile, se avesse portata la sua attenzione esclusivamente sopra uno solo di questi vasti territori, non avrebbe mai sospettato che durante questi periodi di inazione e di sterilità nel proprio paese, si deponevano altrove e si accumulavano grandi strati sedimentari, pieni di nuove e peculiari forme di vita. E se in ogni territorio separato non si può concepire un'idea della lunghezza del tempo trascorso fra le consecutive formazioni, possiamo dedurne che ciò non sia per conseguirsi in qualunque altro luogo. I cambiamenti grandi e frequenti, nella composizione mineralogica delle formazioni consecutive, generalmente implicano delle grandi mutazioni della geografia delle terre finitime, dalle quali furono tratte le materie sedimentarie, in accordo colla ipotesi degli immensi periodi di tempo, che passarono fra una formazione e l'altra.

Ma io credo che noi possiamo riconoscere il motivo, per cui le formazioni geologiche di ogni regione sono quasi costantemente intermittenti: cioè non successive l'una all'altra senza interruzione. Forse niun fatto mi ha prodotto una impressione uguale a quella che provai nell'esaminare, per molte centinaia di miglia, le coste dell'America meridionale che furono nell'epoca più recente sollevate di parecchie centinaia di piedi; mentre notai la mancanza di qualunque deposito recente abbastanza forte da sussistere, anche per un breve periodo geologico. Lungo tutta la spiaggia occidentale, che è abitata da una particolare fauna marina, gli strati terziari sono sviluppati tanto debolmente, che con ogni probabilità non resterà alcuna memoria delle varie faune marine successive nelle età future. Ma un po' di riflessione basta a chiarire perchè in queste coste che si sollevano sul lato occidentale dell'America meridionale, non possa trovarsi in alcun punto una estesa formazione con avanzi recenti o terziari: benchè la quantità di sedimento accumulato nelle epoche trascorse sia stata grande, attesa l'enorme degradazione delle coste rocciose e per la continua alluvione dei fiumi melmosi che si gettano nel mare. Senza dubbio, la ragione è che i depositi littorali o sub-littorali sono continuamente disgregati ed asportati, di mano in mano che, per il sollevamento lento e graduale della terra, vengono esposti all'azione dissolvente dei flutti di costa.

Noi possiamo concludere con sicurezza che il sedimento deve

essersi accumulato in masse estremamente profonde, solide ed estese, perchè altrimenti, durante il primo sollevamento e nelle posteriori oscillazioni di livello, non avrebbe potuto resistere alla incessante azione dei flutti. Queste considerevoli ed estese accumulazioni di sedimento possono essersi formate in due modi; o nelle grandi profondità del mare, nel qual caso, secondo le ricerche di E. Forbes, il fondo sarebbe abitato da pochi animali; nè le forme viventi sono bandite da quei recessi, come si è rilevato dagli ultimi scandagli per il collocamento delle linee telegrafiche; conseguentemente, quando queste masse emergono, non possono somministrare che imperfette notizie delle forme che esistettero nell'epoca della deposizione. Oppure può darsi che il sedimento si sia formato sopra i bassi fondi, qualunque ne sia la potenza e la estensione, mentre questi bassi fondi si trovano in via di continuo e lento abbassamento. In tal caso, fintanto che il progredire dell'abbassamento e la quantità del sedimento deposto si corrisponderanno approssimativamente, il mare rimarrà poco profondo e favorevole alle forme viventi, e così si avrà una ricca formazione fossilifera, la quale emergendo sarà capace di resistere ad ogni degradazione.

Sono convinto che quasi tutte le nostre antiche formazioni, che nella massima parte della loro grossezza sono ricche di fossili, si sono formate in questo modo, nei periodi di abbassamento. Dacchè pubblicai le mie vedute su questo argomento nel 1845, tenni dietro ai progressi della Geologia, e fui sorpreso dal vedere come gli autori uno dopo l'altro, nel trattare di alcuna grande formazione, siano arrivati alla conclusione che quegli ammassi si erano deposti durante l'abbassamento. Aggiungerò che l'unica antica formazione terziaria delle coste occidentali dell'America del Sud, che era abbastanza grande da resistere alle degradazioni che dovette sopportare, ma che difficilmente si conserverà fino ad una lontana epoca geologica, fu certamente depositata durante l'abbassamento del suolo, ed acquistò così una ragguardevole grossezza.

Tutti i fatti geologici ci dimostrano chiaramente che la superficie terrestre, in diversi punti, soggiacque a molte oscillazioni di livello che furono lente; e pare si siano manifestate sopra grandi estensioni. Perciò le formazioni che sono ricche di fossili e sufficientemente alte ed estese da poter resistere alle degradazioni posteriori, possono avere avuto origine sovra vasti spazi nei periodi di abbassamento: ma solamente dove la quantità di sedimento bastava a conservare il marc poco profondo(21) e a ricoprire e preservare gli avanzi organici, prima che avessero il tempo di decomporsi. D'altra parte, finchè il letto del mare fosse rimasto stazionario, non avrebbero potuto accumularsi dei depositi molto alti nei bassi fondi, che sono i più favorevoli alle forme viventi. Ciò sarebbe stato anche meno possibile nei periodi alternativi di sollevamento, o per esprimerci più accuratamente, quei depositi che si sarebbero accumulati durante l'abbassamento, generalmente sarebbero stati esposti all'azione distruttiva dei flutti di costa, nel periodo di sollevamento.

Queste osservazioni si applicano principalmente ai depositi littorali e sub-littorali. Nel caso dei mari poco profondi e molto estesi, come in una gran parte dello Arcipelago Malese, dove la profondità varia da 30 o 40 a 60 braccia, può stabilirsi una formazione molto estesa in un periodo di sollevamento, la quale non soffrirà eccessivamente per la denudazione durante la sua lenta emersione. Ma l'altezza della formazione non sarebbe molto grande, perchè avvenuta contemporaneamente al movimento elevatorio, anzi dovrebbe riuscire minore della profondità del mare, che si è supposta piccola; i depositi inoltre non sarebbero molto consolidati, non essendo coperti da formazioni sovrapposte, per modo che correrebbero il rischio di essere escavate e scomposte nelle posteriori oscillazioni di livello. Fu notato dall'Hopkins che se una porzione di superficie, dopo un sollevamento, e prima di essere stata denudata, si abbassasse, quantunque il deposito avvenuto nel movimento ascendente non fosse molto forte, potrebbe essere protetto dalle nuove accumulazioni, e così sarebbe preservato per un periodo estremamente lungo.

Hopkins, nello sviluppare questo argomento, stabilisce che sia molto raro il caso della intera distruzione di un letto di sedimento che abbia una estensione orizzontale considerevole. Ma tutti i geologi, eccettuati quei pochi che si avvisano di vedere negli schisti metamorfici e nelle roccie plutoniche il nucleo primitivo del globo in fusione, ammetteranno probabilmente che le roccie di questa sorta debbano essere state ampiamente denudate. Perchè non è possibile che tali roccie siano state solidificate e cristallizzate quando erano scoperte; ma se l'azione metamorfica ha agito nelle profondità dell'Oceano, non occorreva che l'antico mantello di protezione fosse molto alto. Ammettendo che simili roccie, come il gneiss, il micaschisto, il granito, la diorite, ecc., fossero un tempo necessariamente ricoperte da altri terreni, come possiamo noi spiegare le superfici estese e nude che queste roccie presentano in molte parti del mondo, se non col supporre che furono completamente denudate di tutti gli strati sovrapposti ad esse? Che queste superfici nude e vaste esistano, non può rivocarsi in dubbio. La regione granitica di Parime, per esempio, fu descritta da Humboldt, che le assegnava una superficie uguale almeno a diciannove volte quella della Svizzera. Al sud del fiume delle Amazzoni, Boué ci ha delineato un'area, composta di queste roccie, eguale in estensione alla Spagna, Francia, Italia, parte della Germania colle isole della Gran Bretagna, insieme riunite.

Questa regione non fu completamente esaminata, ma dalla concorde testimonianza dei viaggiatori, quest'area granitica deve essere immensa. Così Von Eschwege dà una sezione dettagliata di queste roccie partendo da Rio Janeiro, per un tratto di 260 miglia geografiche sul continente in linea retta; ed io stesso viaggiai per 150 miglia in un'altra direzione e non vidi che roccie granitiche. Mi furono presentati molti saggi raccolti lungo la costa, fra un punto nelle vicinanze di Rio Janeiro e la foce della Plata, per una distanza di 1100 miglia geografiche, e tutti appartenevano a questa classe di roccie. Nell'interno del continente, per tutta la sponda settentrionale delle Plata, io trovai, oltre alcuni strati terziari moderni, soltanto una piccola striscia di roccie leggermente trasformate le quali non formerebbero che una parte del primitivo rivestimento della serie granitica. Rivolgendoci ora ad una regione bene esplorata, cioè gli Stati Uniti e il Canadà, come si osserva nella magnifica mappa del prof. H. D. Rogers, io ho calcolato le aree, tagliando la carta e pesandola, ed ho riconosciuto che le roccie metamorfiche e granitiche (escluse le semi-metamorfiche, superano molto, nella proporzione di 19 a 12,5, le misure prese sulle formazioni paleozoiche più recenti. In molte regioni le superfici metamorfiche e granitiche sarebbero accresciute grandemente, se potessero levarsi tutti gli strati di sedimento, che giacciono sopra di esse irregolarmente e che sulla linea di congiunzione non furono trasformati, restando così evidente che essi non fecero parte del rivestimento originale, al disotto del quale le roccie granitiche si cristallizzarono. Quindi è probabile che, in alcune parti del mondo, intere formazioni, le quali rappresentano almeno i sotto-stadii delle diverse epoche geologiche successive, siano state denudate completamente, senza che ne sia rimasta alcuna traccia.

Nè possiamo omettere un'altra osservazione. Nei periodi di

sollevamento, la superficie delle terre e degli adiacenti bassi fondi del mare sarà stata aumentata, e spesso si saranno aperte nuove stazioni agli esseri viventi; circostanze che sono favorevoli, come si è detto precedentemente, per la formazione di varietà e specie nuove; ma per la durata di questi periodi si troveranno generalmente delle lacune corrispondenti, nelle memorie ed avanzi geologici. Al contrario nei periodi di abbassamento le aree abitabili e il numero degli abitanti subiranno una diminuzione (eccettuate le produzioni sulle coste di un continente, che viene interrotto e cambiato in arcipelago), e per conseguenza in questi periodi accadranno molte estinzioni e si avranno poche varietà o specie nuove; ed è appunto durante questi abbassamenti che si sono accumulati i nostri grandi depositi, ricchi di fossili.

DELL'ASSENZA DELLE VARIETÀ INTERMEDIE IN OGNI FORMAZIONE

Per tutte le esposte considerazioni, non può dubitarsi che le memorie geologiche, prese nel loro insieme, siano estremamente imperfette; ma se noi concentriamo l'attenzione sopra ciascuna formazione, diverrà assai più malagevole il comprendere per qual motivo non troviamo delle varietà perfettamente graduali fra quelle specie affini che vissero al suo principio o alla fine. Abbiamo alcuni casi di una medesima specie avente delle varietà distinte, nelle parti superiori ed inferiori della stessa formazione; così il Trautschold cita l'esempio delle ammoniti, e Hilgendorf ha descritto l'esempio interessantissimo di dieci forme graduate della Planorbis multiformis negli strati successivi di una formazione di acqua dolce della Svizzera. Benchè ogni formazione richiedesse indubitamente un grande numero di anni per la sua deposizione, si potrebbero addurre diverse ragioni per sostenere che ciascuna non dovrebbe includere una serie graduale di forme, fra quelle specie che vissero in quel luogo; ma non ho la pretesa di assegnare la loro importanza relativa alle considerazioni che andrò esponendo.

Quantunque ogni formazione possa rappresentare un lunghissimo corso di anni, forse questo periodo è breve in confronto di quello che è necessario per trasformare una specie in un'altra. Egli è ben vero che due paleontologi, le cui opinioni sono meritevoli di molta considerazione, Bronn e Woodward, hanno stabilito che la durata media di ogni formazione è il doppio ed il triplo della durata media di ogni forma specifica. Ma, a quanto parmi, sono insuperabili le difficoltà che ci vietano di giungere ad una precisa conclusione intorno a quest'oggetto. Quando noi vediamo che nel mezzo di una formazione si incontra una specie, sarebbe troppo avventato il giudizio di chi ne concludesse che quella specie non abbia esistito altrove in antecedenza. Così dicasi, quando troviamo che una specie scomparve prima della deposizione degli strati più elevati; sarebbe ugualmente arrischiato il supporre che quella specie fosse completamente estinta. Noi abbiamo inoltre dimenticato quanto piccola è la superficie dell'Europa, in confronto del resto del mondo; e che i parecchi stadii delle singole formazioni non furono coordinati con perfetta accuratezza in tutta l'Europa.

Rispetto agli animali marini, possiamo con sicurezza conchiudere essere avvenute molte migrazioni, durante il cambiamento del clima ed in conseguenza altresì di altri mutamenti; e quando noi in qualche formazione ci scontriamo per la prima volta in una specie, è probabile soltanto che essa abbia immigrato in quell'area. È notorio, per esempio, che varie specie si trovano talvolta prima negli strati paleozoici dell'America del Nord che in quelli d'Europa; perchè, infatti, sarà stato necessario un certo intervallo di tempo per la loro migrazione dai mari dell'America a quelli dell'Europa. Nell'esaminare gli ultimi depositi delle varie parti del mondo si è osservato dappertutto che alcune poche specie esistenti sono comuni anche a quei depositi, ma che nei mari immediatamente vicini rimasero estinte; o viceversa, che alcune sono attualmente abbondanti nel mare vicino, ma sono rare o mancano affatto in questi particolari depositi. Si ha una lezione eccellente, quando si riflette all'accertata frequenza delle migrazioni degli abitatori dell'Europa nel periodo glaciale, che forma una parte solamente di un intero periodo geologico; e parimenti quando si pensa ai grandi cambiamenti di livello e ai disordinati e grandi cambiamenti del clima, non che alla prodigiosa lunghezza del tempo, che si verificarono nel medesimo periodo glaciale. Può nondimeno dubitarsi che in qualche parte del mondo si siano accumulati dei depositi sedimentari, contenenti avanzi fossili, nella stessa superficie, per tutta la durata di questo periodo. Non è supponibile, per esempio, che il sedimento presso la foce del Mississippì siasi depositato durante tutto il periodo glaciale, nei limiti di profondità in cui gli animali marini possono prosperare; perchè noi sappiamo che nelle altre parti dell'America avvennero in quest'epoca grandi mutazioni geografiche. Quando questi strati, che furono depositati nelle acque basse alla foce del Mississippì, in qualche fase del periodo glaciale, si saranno sollevati, gli avanzi organici probabilmente saranno apparsi e poi scomparsi a diverse altezze, secondo la migrazione delle specie e i cambiamenti geografici. E in un'epoca avvenire molto remota, se un geologo studierà questi strati, potrà sentirsi inclinato a concludere che la durata media della vita dei fossili, colà sepolti, fu più breve di quella del periodo glaciale, mentre al contrario sarebbe stata realmente più lunga, perchè avrebbe cominciato prima dell'epoca glaciale e sarebbe arrivata fino all'epoca attuale.

Quanto al verificarsi una gradazione perfetta fra due forme, nelle parti superiore ed inferiore di una stessa formazione, il deposito avrebbe in tal caso dovuto accumularsi per un lunghissimo periodo, onde fosse passato un tempo sufficiente al lento effetto del processo di variazione; perciò il deposito dovrebbe generalmente offrire una enorme grossezza: e le specie soggette a modificazione avrebbero dovuto vivere sulla stessa superficie per tutto quel periodo. Ma noi abbiamo notato che una formazione molto profonda, la quale sia fossilifera in tutta la sua altezza, non può essersi accumulata che nel periodo di abbassamento, e inoltre è necessario che la profondità del mare rimanga prossimamente costante, perchè la stessa specie possa continuare a vivere nel medesimo spazio; e quindi fa d'uopo che la quantità progressiva di abbassamento sia compensata a un dipresso da un continuo deposito. Ma codesto modo di abbassamento tenderà spesso a restringere l'area da cui il sedimento deriva, e per conseguenza ne scemerà la quantità, mentre il moto dall'alto al basso continua. Nel fatto è probabilmente assai raro il caso che si abbia una quasi esatta compensazione fra la quantità del sedimento e il valore dell'abbassamento progressivo; perchè fu osservato da più di un paleontologo che i depositi molto forti sono ordinariamente privi di avanzi organici, tranne ai loro limiti superiore ed inferiore.

È probabile che ogni formazione separata, come l'intero ammasso delle formazioni di ogni paese, si siano accumulate in generale con successione intermittente. Quando vediamo, come spesso avviene, una formazione composta di strati di diversa composizione mineralogica, possiamo ragionevolmente sospettare che il procedimento di deposizione fu molte volte interrotto; come generalmente dovranno attribuirsi a cambiamenti geografici, che esigono un lungo tempo, la deviazione delle correnti marine e la deposizione di un sedimento di natura diversa. Nè potrebbe la più rigorosa ispezione di una formazione dare una idea del tempo impiegato nella sua deposizione. Abbiamo molti esempi di strati che hanno soltanto pochi piedi di grossezza, quali rappresentano delle formazioni, che altrove hanno una potenza di ben mille piedi, e che per la loro accumulazione avranno richiesto un periodo enorme; nondimeno chiunque avesse ignorato questo fatto non avrebbe potuto immaginare il lunghissimo corso di tempo rappresentato dalla formazione più sottile. Potrebbero citarsi molti casi di strati inferiori di una formazione, che furono sollevati, indi denudati, sommersi, ed infine ricoperti di nuovo dagli strati superiori della stessa formazione, fatti che dimostrano quanto lunghi furono gli intervalli che occorsero per la sua accumulazione, benchè spesso non se ne sia tenuto calcolo. In altri casi noi abbiamo la prova più evidente nei grandi alberi fossili ancora eretti sul terreno nel quale si svilupparono, dei lunghissimi periodi e dei cangiamenti di livello che avvennero nel processo di deposizione e di cui non si sarebbe mai avuto alcun sentore, quando quegli alberi non si fossero fortunatamente conservati. Così Lyell e Dawson trovarono degli strati carboniferi di 1400 piedi di altezza nella Nuova Scozia, comprendenti degli strati di radici antiche, uno sopra l'altro, a non meno di sessantotto livelli diversi. Perciò, quando una specie si trova al fondo, nel mezzo e nelle parti superiori di una formazione, è probabile che essa non sia vissuta nel medesimo luogo per l'intero periodo della deposizione, ma sia scomparsa e ricomparsa, forse molte volte, durante il medesimo periodo geologico. Per modo che, se queste specie fossero soggette a un certo complesso di modificazioni, in ogni periodo geologico, una sezione degli strati non racchiuderebbe probabilmente tutte le insensibili gradazioni intermedie, che secondo la mia teoria sarebbero esistite fra esse, ma bensì dei cangiamenti di forma improvvisi, benchè forse leggeri.

Importa soprattutto ricordare che i naturalisti non hanno alcuna regola d'oro per distinguere le specie dalle varietà; essi attribuiscono qualche piccola variabilità ad ogni specie, ma quando incontrano qualche maggior quantità di differenze fra due date forme, le riguardano come specie, a meno che non giungano a collegarle insieme col mezzo di strette gradazioni intermedie. Ora ciò può conseguirsi di rado in ciascuna sezione geologica, per le ragioni ora enumerate. Supponendo infatti che B e C siano due specie e che una terza specie A si trovi in uno strato più antico e sottoposto: anche se A fosse direttamente intermedia fra B e C, sarebbe classificata semplicemente come una terza specie distinta, se non potesse più rigorosamente connettersi colle due forme contemporaneamente, ovvero con una sola di esse, per mezzo di varietà intermedie. Nè dobbiamo dimenticare, come abbiamo spiegato prima, che A può essere progenitore di B e C, e non sarà quindi necessariamente intermedia fra esse, in ogni punto della sua struttura. Cosicchè possiamo trovare la specie-madre e i suoi diversi discendenti modificati negli strati superiore ed inferiore di una formazione, e finchè non otteniamo molte gradazioni transitorie, non potremmo riconoscere la loro parentela e saremmo per conseguenza obbligati a classificarli tutti quali specie distinte.

È cosa nota che molti paleontologi hanno fondato le loro specie sopra differenze eccessivamente piccole, ed essi lo fanno tanto più facilmente quando gli avanzi sono presi da diversi substrati della medesima formazione. Alcuni esperti conchigliologi riducono attualmente al rango di varietà molte delle specie caratterizzate dal D'Orbigny e da altri, e in queste discrepanze troviamo una prova di quei cambiamenti che, secondo la mia teoria, debbono incontrarsi. Anche gli ultimi depositi terziari contengono molte conchiglie, credute dalla maggior parte dei naturalisti identiche alle specie esistenti; ma alcuni dotti naturalisti, come Agassiz e Pictet, sostengono che tutte queste specie terziarie sono specificamente distinte dalle attuali, benchè si ammetta che la differenza è molto leggera. Cosicchè noi abbiamo la maggior prova delle quasi generali piccole modificazioni di forma, che la teoria suppone; quando non si voglia credere che questi naturalisti eminenti furono tratti in errore dalla loro immaginazione: e che queste più recenti specie terziarie realmente non presentano differenza alcuna dalle loro forme congeneri viventi, o quando non si pensi che la grande maggioranza dei naturalisti ha torto, e che le specie terziarie sono tutte perfettamente distinte dalle recenti. Se noi prendiamo degli intervalli di tempo più estesi, vale a dire le epoche scorse nell'accumulazione dei distinti e consecutivi strati di una stessa grande formazione, noi troviamo che i fossili sepolti, benchè quasi universalmente considerati come specificamente diversi, sono assai più strettamente collegati fra loro che le specie trovate nelle formazioni più lontane; per modo che noi abbiamo anche qui una prova incontrastabile dei cambiamenti, benchè non sia una prova rigorosa delle variazioni, nel senso indicato dalla mia teoria; ma io mi occuperò di nuovo di questo argomento nel capo seguente. Abbiamo ancora un'altra considerazione importante: cioè che vi ha ragione di supporre che in questi animali e in quelle piante che si propagano rapidamente e non si muovono con facilità, le varietà siano dapprima locali, come abbiamo già veduto, e che queste varietà locali non si diffondano molto e non surroghino le loro forme-madri se non quando sono state modificate e perfezionate in modo considerevole. Secondo questa opinione, la probabilità di scoprire in una formazione di un dato luogo tutti gli stadii primitivi di transizione fra due forme è piccola, perchè si ammette che i cambiamenti successivi furono locali o limitati ad una sola località. Quasi tutti gli animali marini hanno una grande estensione; e noi abbiamo veduto che fra le piante, quelle che sono più disseminate presentano più spesso delle varietà; per modo che i molluschi ed altri animali marini che furono più ampiamente diffusi, fino ad eccedere i limiti delle formazioni geologiche conosciute di Europa, furono molto probabilmente quelli che diedero più spesso origine alle locali varietà ed infine a nuove specie; ed anche questa circostanza ci renderà assai difficile il tracciare gli stadii di transizione in ciascuna formazione geologica.

Una considerazione che conduce allo stesso risultato e su cui ha recentemente insistito il Falconer, è ancora più importante. I periodi di tempo cioè, durante i quali le specie subirono delle modificazioni, sebbene appariscano lunghi, se sono espressi con un numero di anni, erano nondimeno con ogni probabilità brevi, al confronto dei periodi, durante i quali le medesime specie non soffersero alcun cambiamento.

Non dovrebbe dimenticarsi che, anche attualmente, benchè si abbiano campioni perfetti da esaminare, non possiamo rannodare che ben di rado due forme, per mezzo di varietà intermedie, e così dimostrarne la identità(22) di specie; e ciò perchè non si raccolsero molti di questi oggetti da paesi diversi; ora, nel caso delle specie fossili, ciò difficilmente potrebbe farsi dai paleontologi. Ma forse noi potremo intendere viemmeglio la poca probabilità in cui siamo di giungere a collegare le specie, per mezzo di numerose forme gradatamente intermedie, quando ci domandiamo, se, per esempio, i geologi di qualche epoca futura sarebbero capaci di provare che le nostre razze differenti di buoi, di pecore, di cavalli e di cani siano derivate da un solo ceppo o da vari stipiti originali; od anche se certe conchiglie marine che abitano le coste dell'America settentrionale, le quali furono da alcuni conchigliologi considerate come specie distinte dalle loro omonime di Europa, e da altri soltanto come varietà, siano realmente varietà, ovvero siano piuttosto distinte specificamente. Ciò non potrebbe farsi che da qualche geologo futuro, il quale scoprisse molte gradazioni intermedie nello stato di fossili; ma questo successo è improbabile al più alto grado.

Si è ripetutamente sostenuto dagli scrittori che credono alla immutabilità delle specie, che la geologia non ha fornito forme di transizione. Questa asserzione è del tutto erronea, come vedremo nel prossimo capitolo. «Ogni specie è un legame fra altre forme affini», disse il Lubbock. Noi lo vediamo chiaramente, se prendiamo un genere che sia ricco di specie viventi od estinte, e ne distruggiamo quattro quinti; perchè in tal caso niuno sarà per dubitare che le rimanenti saranno più distinte fra loro. Se invece furono le forme estreme di un genere che rimasero così eliminate, il genere stesso nella pluralità dei casi resterà più distinto dagli altri generi affini. Ciò che le ricerche geologiche non ci hanno rivelato, è l'esistenza antica di gradazioni infinitamente numerose, tanto strette quanto lo sono le nostre varietà, che abbiano collegato fra loro tutte le specie conosciute. E che a tanto non sia giunta la geologia, è appunto la più comune delle molte obbiezioni che si sono sollevate contro la mia teoria.

Sarà quindi utile riassumere le precedenti considerazioni sulle cagioni della imperfezione delle memorie geologiche, con un esempio ideale. L'Arcipelago Malese è circa di un'estensione eguale a quella parte d'Europa che si estende dal Capo Nord al Mediterraneo e dall'Inghilterra alla Russia; e perciò corrisponde alla superficie di tutte le formazioni geologiche che furono esplorate con qualche esattezza, eccettuate quelle degli Stati Uniti d'America. Convengo pienamente col Godwin-Austen che l'Arcipelago Malese, nelle sue presenti condizioni, colle sue isole grandi e numerose separate da mari estesi e poco profondi, probabilmente rappresenta l'antico stato dell'Europa, all'epoca in cui la maggior parte delle nostre formazioni si andavano accumulando. L'arcipelago Malese è una delle regioni del mondo intero più ricche di esseri organizzati; pure, se si fossero riunite tutte le specie che sono colà vissute, quanto imperfettamente non sarebbe in esse raffigurata la storia naturale del mondo!

Noi abbiamo ogni fondamento di ritenere che le produzioni terrestri dell'Arcipelago non si conserverebbero che in modo assai incompleto nelle formazioni che per ipotesi colà si accumulassero. È probabile che non rimarrebbero nel sedimento molti fra gli animali che abitano esclusivamente il littorale, e neppure molti di quelli che vivono sulle roccie sotto-marine denudate; e quelli che sono ricoperti di ghiaia o di sabbia, non durerebbero fino ad un'epoca lontana. Laddove il sedimento non si accumula sul fondo del mare, oppure non si ammassa in quantità bastante a proteggere i corpi organici dalla decomposizione, non si conserverebbe avanzo di sorta.

Secondo la regola comune, le formazioni ricche di fossili non si formerebbero nell'Arcipelago di una conveniente altezza per rimanere inalterate sino ad un'epoca tanto lontana nell'avvenire, quanto lo sono le formazioni secondarie nel passato, se non durante i periodi di abbassamento. Questi periodi di abbassamento sarebbero separati l'uno dall'altro da enormi intervalli, per la durata dei quali l'area della regione o sarebbe stazionaria, o si solleverebbe. Quando avvenisse il sollevamento, le formazioni fossilifere delle coste più ripide sarebbero distrutte, quasi appena depositate, dall'incessante azione dei flutti di costa, come osserviamo al presente sulle coste dell'America del Sud; ed anche nei mari estesi e bassi dell'Arcipelago, nei periodi di elevazione, gli strati sedimentari non potrebbero depositarsi ad una grande altezza, nè potrebbero essere ricoperti e protetti dai depositi posteriori, tanto da avere qualche probabilità di conservarsi fino ad un'epoca estremamente lontana. Nei periodi di abbassamento si avrebbe forse una grande estinzione di forme viventi; mentre in quelli di sollevamento, molte sarebbero le variazioni, ma gli avanzi fossili e i documenti geologici sarebbero per l'avvenire assai imperfetti.

Potrebbe dubitarsi se la durata di qualche grande periodo di abbassamento, sopra tutto l'Arcipelago o sopra una parte di esso, insieme alla contemporanea deposizione di sedimento, sarebbe per eccedere la durata media delle stesse forme specifiche; ora queste contingenze sono indispensabili per la conservazione di tutte le gradazioni transitorie fra due o più specie. Se queste gradazioni non fossero tutte preservate completamente, le varietà transitorie non sarebbero considerate che come altrettante specie distinte. È anche supponibile che ogni grande periodo di abbassamento sarebbe interrotto dalle oscillazioni di livello, e che anche i piccoli cambiamenti del clima interverrebbero in questi lunghissimi periodi; in questi casi gli abitanti dell'Arcipelago emigrerebbero e non resterebbe in ciascuna formazione alcuna memoria rigorosamente progressiva delle loro modificazioni.

Moltissime specie marine viventi nell'Arcipelago si estendono attualmente per migliaia di miglia oltre i suoi confini; e l'analogia facilmente ci persuade che queste specie tanto diffuse dovrebbero produrre più di sovente delle nuove varietà; queste varietà sarebbero in principio locali o ristrette ad un solo luogo, ma possedendo un deciso vantaggio ed essendo ulteriormente modificate e perfezionate, si estenderebbero lentamente e soppianterebbero le loro forme-madri. Quando queste varietà tornassero alla loro antica dimora, siccome diversificherebbero dallo stato primitivo quasi uniformemente, benchè forse in un grado molto leggero, e siccome si troverebbero involte in altri substrati della stessa formazione, così sarebbero riguardate quali specie nuove e distinte, dietro i principii seguiti da molti paleontologi.

Se in queste osservazioni abbiamo qualche fondo di verità, non dobbiamo aspettarci di trovare nelle nostre formazioni geologiche un numero infinito di queste forme gradatamente transitorie, le quali, secondo la mia teoria, hanno collegato fra loro le specie attuali colle passate di uno stesso gruppo, in una lunga catena di forme viventi con diverse ramificazioni. Invece noi non dobbiamo trovare che pochi esseri intermedi, alcuni più distanti, altri più prossimi fra loro, come appunto avviene; e queste formazioni intermedie, per quanto siano vicine, quando si incontrino in strati diversi di una formazione, saranno classificate tra le specie distinte da molti paleontologi. Tuttavia io confesso che non avrei mai sospettato che anche la meglio conservata sezione geologica ci offra sì scarse notizie delle mutazioni degli esseri estinti, se la difficoltà che si oppone alla scoperta delle innumerevoli forme transitorie, fra le specie che esistevano al principio e alla fine di ogni formazione, non si fosse con tanta insistenza sostenuta contro la mia teoria.

SULLA IMPROVVISA COMPARSA DI GRUPPI INTERI DI SPECIE AFFINI

Il modo subitaneo con cui dei gruppi interi di specie inopinatamente si trovano in certe formazioni, fu riguardato da parecchi paleontologi, per esempio Agassiz, Pictet e Sedgwick, come una obbiezione ponderosa contro l'ipotesi della trasformazione delle specie. Se molte specie, appartenenti agli stessi generi o famiglie, fossero realmente sorte alla vita improvvisamente, il fatto sarebbe fatale alla teoria delle discendenza lentamente modificata per mezzo dell'elezione naturale. Perchè lo sviluppo di un gruppo di forme, che tutte derivarono da qualche antico progenitore, deve essersi compiuto con un processo estremamente lento; e i progenitori debbono avere vissuto per lunghe età prima dei loro discendenti modificati. Ma noi continuamente esageriamo la perfezione delle nostre memorie geologiche e falsamente ne deduciamo, dal non trovarsi certi generi o famiglie sotto certe formazioni, che essi non esistevano prima di quegli strati. In tutti i casi le prove positive tratte dalla paleontologia possono ritenersi fondate; ma al contrario le prove negative sono senza valore, come l'esperienza lo ha spesso dimostrato. Noi continuamente dimentichiamo quanto sia grande il mondo in confronto di quella superficie sulla quale le nostre formazioni geologiche furono accuratamente esaminate; dimentichiamo che possono esservi stati altrove, per lungo tempo, dei gruppi di specie ed essersi anche lentamente moltiplicati, prima che invadessero gli antichi arcipelaghi d'Europa e degli Stati Uniti. Noi non teniamo inoltre in dovuto conto gli enormi intervalli di tempo che passarono fra le nostre consecutive formazioni, che in molti casi furono più lunghi del tempo necessario per l'accumulazione di ogni formazione. Questi intervalli avranno permesso alle specie di moltiplicarsi, partendo da una sola o da poche forme-madri; nelle formazioni posteriori questi gruppi di specie appariranno, come se fossero stati creati repentinamente.

Posso richiamare una osservazione fatta da principio, cioè, che debba richiedersi una lunga successione di età, per adattare un organismo ad alcune nuove e particolari abitudini di vita, per esempio al volo, per cui le forme transitorie resteranno spesso limitate per molto tempo ad una data regione; ma che quando questo adattamento sia stato raggiunto, e alcune poche specie abbiano così acquistato un grande vantaggio sugli altri organismi, non sarebbe più necessario che un tempo relativamente breve per la produzione di molte forme divergenti, che sarebbero acconcie a diffondersi con rapidità ed estesamente sulla superficie del mondo. Il prof. Pictet, nella sua eccellente rivista di quest'opera, nel commentare quanto si è detto delle forme transitorie primitive e prendendo gli uccelli per un esempio, non può capacitarsi come le successive modificazioni delle estremità anteriori di un supposto prototipo abbiamo potuto riuscire di qualche utilità. Ma se poniamo mente ai pinguini dell'Oceano del Sud, non vediamo forse in questi uccelli le estremità anteriori nel preciso stato intermedio, nè di vere braccia, nè di vere ali? Nondimeno questi animali mantengono vittoriosamente il loro posto nella battaglia per la vita; perchè esistono in grandissimo numero ed in molte razze. Non voglio supporre che noi abbiamo in essi il grado transitorio effettivo pel quale sono passate le ali degli uccelli; ma quale speciale difficoltà si trova nel credere che abbia potuto giovare ai discendenti modificati del pinguino il divenire atti a battere colle ali la superficie del mare come l'anitra stupida, ed infine giungere a staccarsi da quella superficie, sostenendosi a volo per l'aria?

Esporrò qui pochi esempi, che serviranno a spiegare le cose dette precedentemente, e a dimostrare quanto siamo esposti ad errare, nel supporre che interi gruppi di specie siano stati improvvisamente prodotti. Anche nel breve lasso di tempo trascorso tra la prima e la seconda edizione della grande opera di Pictet sulla Paleontologia, pubblicate nel 1844-46 e nel 1853-57: le conclusioni prese intorno alla prima apparizione ed alla scomparsa di parecchi gruppi di animali furono grandemente modificate; e siamo persuasi che una terza edizione recherà ancora nuovi cambiamenti. Io richiamerò questo fatto bene conosciuto, che nei trattati di geologia pubblicati non sono molti anni, tutta la classe dei mammiferi si riguardava come apparsa improvvisamente, in sul principio della serie terziaria; oggi invece una delle più ricche accumulazioni conosciute di mammiferi fossili, per la sua potenza, appartiene alla metà dell'epoca secondaria; ed un vero mammifero fu scoperto nella nuova arenaria rossa, quasi nei primi strati di questa grande formazione. Il Cuvier soleva sostenere non si trovasse alcuna scimmia negli strati terziari; ma ora le specie estinte delle scimmie furono scoperte nell'India, nell'America del Sud e nell'Europa, anche spettanti al periodo eocenico. Senza il raro accidente della conservazione delle orme dei piedi nella nuova arenaria rossa degli Stati Uniti, chi si sarebbe azzardato a supporre che, all'infuori dei rettili, esistessero non meno di trenta razze di uccelli, alcuni dei quali giganteschi, durante questo periodo? Eppure in questi strati non si rinvenne un solo frammento di osso. Fino a questi ultimi tempi i paleontologi hanno sostenuto che l'intera classe degli uccelli sia apparsa d'improvviso nei primordi del periodo eocenico; ma sappiamo, dietro l'autorità del prof. Owen, che un uccello certamente visse contemporaneamente alla deposizione dell'arenaria verde superiore; ed in tempo ancora più recente fu scoperto negli schisti oolitici di Solenhofen quel singolare uccello che è l'Archcæopteryz, con coda lunga a foggia dei sauri, portante un paio di penne ad ogni articolo, e con due unghie libere alle ali. Nessuna scoperta dimostra più efficacemente la nostra ignoranza intorno agli estinti abitatori della terra.

Ma posso citare un altro fatto, che mi ha colpito assai, perchè accaduto sotto i miei occhi. In una mia Memoria sui Cirripedi sessili fossili io avevo stabilito che, se i cirripedi sessili esistettero fino dall'epoca secondaria, essi dovevano essersi conservati e si sarebbero scoperti, ed io lo argomentavo dal numero grande delle specie viventi e delle estinte, appartenenti all'epoca terziaria; dalla straordinaria abbondanza degli individui di molte specie sul mondo intero, partendo dalle regioni artiche fino all'equatore, in varie zone fra i limiti del flusso e alla profondità di 50 braccia di mare; dalla perfetta incolumità degli avanzi che furono trovati nei più antichi letti terziari, e finalmente dalla facilità con cui anche un frammento di valva può riconoscersi. Siccome poi niuna di queste specie era stata scoperta negli strati dell'epoca secondaria, io ne traeva la conclusione che questo grande gruppo si fosse sviluppato subitaneamente, al principio della serie terziaria. Questo risultato non mi soddisfaceva, perchè così si aveva un esempio di più della improvvisa comparsa di un grande gruppo di specie. Ma la mia opera era appena pubblicata che un abile paleontologo, il Bosquet, mi spediva il disegno di un campione perfetto ed incontestabile di cirripede sessile, che egli stesso avea estratto dal terreno cretaceo del Belgio. Il caso non poteva essere più stringente, perchè questo cirripede sessile era un Chthamalus, genere assai comune, molto sparso e grande, del quale però non si era trovato alcun resto nemmeno negli strati terziari. In epoca ancora più recente fu scoperto dal Woodward nella creta superiore un Pyrgoma, membro di una diversa sottofamiglia dei cirripedi sessili, per cui ora abbiamo prove sufficienti per sostenere l'esistenza di questo gruppo di animali durante l'epoca secondaria.

I paleontologi insistono più frequentemente sul caso dei pesci teleostei, che si trovano, al dire dell'Agassiz, negli strati inferiori del periodo cretaceo, per confermare l'improvvisa apparizione di un intero gruppo di specie. Questo gruppo include la maggior parte delle specie esistenti. Ultimamente il prof. Pictet fece risalire la loro esistenza ad un substrato ancora più lontano; ed alcuni paleontologi ritengono che certi pesci molto più antichi, le affinità dei quali sono tuttora conosciute imperfettamente, siano realmente teleostei. Ove si ammetta, però, che l'intero gruppo apparisca, come crede l'Agassiz, al principio della formazione cretacea, il fatto sarebbe al certo sommamente rimarchevole; ma io non saprei vedere in ciò una difficoltà insuperabile per la mia teoria, almeno finchè non si potesse dimostrare che le specie di questo gruppo apparvero simultaneamente e d'improvviso, per tutto il mondo nel medesimo periodo. Riesce quasi superfluo il notare che non conosciamo alcun pesce fossile al sud dell'equatore; e, scorrendo la Paleontologia di Pictet, si vedrà che ben poche specie furono scoperte nelle diverse formazioni dell'Europa. Alcune famiglie di pesci, oggidì, hanno una estensione molto ristretta; e può darsi che anche i teleostei fossero anticamente così limitati, e dopo di essersi largamente sviluppati in qualche mare, si siano in seguito diffusi rapidamente. Inoltre noi abbiamo qualche ragione di supporre che i mari del mondo non fossero sempre così liberamente aperti dal sud al nord, come lo sono al presente. Anche oggi, se l'Arcipelago Malese fosse convertito in continente, le parti tropicali dell'Oceano Indiano formerebbero un bacino largo e perfettamente chiuso, nel quale potrebbe moltiplicarsi ogni grande gruppo di animali marini; e quivi rimarrebbero confinati, finchè alcuna di quelle specie si adattasse ad un clima più freddo e potesse girare i capi meridionali d'Africa o d'Australia e così recarsi in altri mari distanti.

Per questi argomenti e per altri analoghi, ma principalmente per la nostra ignoranza sulla geologia delle altre contrade fuori dei confini dell'Europa e degli Stati Uniti; e per la rivoluzione che si fece, dopo le scoperte degli ultimi dodici anni, su molti punti delle nostre idee paleontologiche, mi sembra che siavi in noi troppa presunzione di sentenziare sulla successione degli esseri organizzati del mondo intero; come sarebbe avventato quel naturalista che, dopo di essere sceso a terra per cinque minuti in qualche punto sterile dell'Australia, volesse discutere del numero e della distribuzione delle produzioni di quella regione.

SULLA IMPROVVISA APPARIZIONE DI GRUPPI DI SPECIE AFFINI NEGLI INFIMI STRATI FOSSILIFERI CHE SI CONOSCONO

Ora esaminiamo un'altra difficoltà analoga, ma molto più grave. Io alludo al modo con cui molte specie di uno stesso gruppo improvvisamente s'incontrano nelle inferiori roccie fossilifere conosciute. Quasi tutti gli argomenti che mi hanno convinto della discendenza delle specie viventi del medesimo gruppo da un comune progenitore, si estendono quasi col medesimo successo alle prime specie conosciute. Per esempio, non è a dubitarsi che tutti i trilobiti siluriani siano derivati da qualche crostaceo, che deve aver vissuto molto tempo prima dell'epoca siluriana, e che probabilmente differiva assai dagli altri crostacei viventi. Alcuni fra i più antichi animali siluriani, come il Nautilus, la Lingula, ecc., non sono gran fatto diversi dalle specie attuali; e, secondo la mia teoria, non posso supporre che queste specie antiche fossero i progenitori di tutte le specie degli ordini a cui appartengono, perchè tali specie non presentano caratteri in certo modo intermedi ai medesimi.

Per conseguenza, se la mia teoria è vera, è incontestabile che, prima che fosse depositato lo strato siluriano inferiore, passarono lunghi periodi, uguali e forse anche più lunghi dell'intervallo intero che separa l'epoca siluriana dall'epoca presente; e che in questi estesi periodi di tempo, che ci sono interamente ignoti, il mondo formicolava di creature viventi. E qui incontriamo una obbiezione molto seria; imperocchè sia cosa dubbia, che la terra abbia esistito un tempo abbastanza lungo in tale stato da essere abitabile pegli organismi. W. Thompson ha conchiuso che la solidificazione della crosta terrestre difficilmente è avvenuta avanti meno che 20 o più che 400 milioni di anni, ma probabilmente avanti non meno che 90 o non più che 200 milioni di anni. Questi limiti assai vasti dimostrano quanto siano incerte le indicazioni del tempo; e probabilmente saranno da introdursi nel problema altri elementi. Croll calcola il tempo trascorso dopo il periodo cambriano a circa 60 milioni di anni; ma a giudicare dalla piccola somma di cambiamenti avvenuta nel mondo organico dopo il principio dell'epoca glaciale, questo tempo sembra troppo breve per aver prodotto tutti quei molti ed importanti cambiamenti degli organismi, che di certo sono successi dal periodo cambriano in poi; nè possono credersi sufficienti i 140 milioni d'anni preceduti, per lo sviluppo delle svariate forme di vita che già esistevano durante lo stesso periodo cambriano. Sembra però probabile, come ha fatto osservar W. Thompson, che la terra nei primi tempi sia stata soggetta a cambiamenti delle fisiche condizioni più rapide e più violente che non al presente; al certo tali cambiamenti avrebbero prodotto dei cambiamenti corrispondentemente rapidi negli esseri organici che allora abitavano il nostro globo.

Intorno alla questione che non troviamo memorie di questi vasti periodi primordiali, non saprei dare una risposta soddisfacente. Diversi dei più eminenti geologi, alla testa dei quali si trova R. Murchison, erano convinti, fino a questi ultimi tempi, che i resti organici dello strato siluriano più basso costituissero l'alba della vita, sul nostro pianeta. Altri dotti assai competenti, come Lyell ed E. Forbes il giovane, combattono questa opinione. Ma non dobbiamo dimenticare che una piccola porzione soltanto del globo è stata esplorata convenientemente. Di recente il Barrande aggiunse al sistema siluriano un altro strato anche più depresso, nel quale abbondano specie nuove e particolari; ed ora l'Hicks ha trovato a profondità ancora maggiore, nella formazione cambriana inferiore del Wales meridionale, degli strati ricchi di trilobiti, i quali racchiudono diversi molluschi ed anellidi. La presenza di noduli fosforosi e di materie bituminose in alcuni degli infimi strati azoici accenna probabilmente ad una vita in questi periodi, ed è generalmente ammessa l'esistenza dell'Eozoon nella formazione lorenzina del Canadà. Vi hanno nel Canadà tre grandi serie di strati sotto al sistema siluriano, e l'Eozoon fu trovato nell'infimo di essi. W. Logan asserisce essere possibile «che la complessiva loro potenza superi quella di tutte le roccie successive, dalla base della serie paleozoica fino al presente. Noi siamo così trasportati in un periodo così remoto, che al confronto l'apparsa della così detta fauna primordiale (del Barrande) può considerarsi come un avvenimento recente». L'Eozoon appartiene alle infime classi del regno animale; ma pel posto che occupa è bene organizzato; esso viveva in gran numero, e, al dire del Dawson, si nutriva di altri piccolissimi organismi, che dovevano esistere numerosi. Le precedenti parole, ch'io scrissi nel 1859 intorno all'esistenza degli esseri viventi in epoca molto anteriore al sistema cambriano e che concordano con quelle che di poi espresse il Logan, si sono pienamente confermate. Ma non ostante questi molteplici fatti, è molto grave la difficoltà di spiegare la mancanza di vasti ammassi di strati fossiliferi, i quali, secondo la mia teoria, avrebbero certamente dovuto accumularsi in qualche luogo prima dell'epoca siluriana. Se questi antichi strati furono pienamente escavati per denudazione, o distrutti dalla azione del metamorfismo, noi non possiamo trovare che pochi avanzi delle formazioni immediatamente posteriori, e queste in generale dovranno trovarsi in una condizione di metamorfismo. Ma le descrizioni che ora noi possediamo dei depositi siluriani, negl'immensi territori di Russia e dell'America settentrionale, non vengono in appoggio dell'idea che quanto più antica è una formazione, essa debba avere subìto sempre maggiore denudamento e metamorfismo.

Questo caso può presentemente rimanere inesplicabile; e continuerà a formare un valido argomento da opporre contro i principii che abbiamo sviluppati. Pure per dimostrare che in seguito potrà ricevere qualche schiarimento, io farò una ipotesi. Dalla natura degli avanzi organici che non sembra abbiano abitato mari profondi, nelle varie formazioni dell'Europa e degli Stati Uniti, e dalla quantità di sedimento, di una potenza di parecchie miglia, di cui sono composte le formazioni, possiamo dedurre che dal principio alla fine del periodo dovevano trovarsi, in prossimità dei continenti attuali dell'Europa e dell'America settentrionale, delle grandi isole o tratti di continente, dai quali provenne quel sedimento. Ma noi non conosciamo quale fosse lo stato delle cose negl'intervalli trascorsi fra le formazioni successive; nè sappiamo se l'Europa e gli Stati Unità esistessero, durante questi intervalli, come terre emerse o come una superficie sotto-marina presso il continente, sulla quale non si formava alcun sedimento, o come il letto di un mare aperto e profondo.

Se noi consideriamo gli oceani esistenti, che hanno una superficie tripla di quella del terreno emerso, noi li vediamo sparsi di molte isole; ma nessuna isola oceanica non ha finora somministrato qualche resto di una formazione paleozoica o secondaria. Quindi noi possiamo forse desumere che nei periodi paleozoico e secondario non esistevano continenti nè isole continentali laddove ora si estendono i nostri oceani. Se vi fossero stati continenti od isole, le formazioni paleozoiche e secondarie si sarebbero probabilmente accumulate col sedimento prodotto dal loro consumo e dalle loro convulsioni e sarebbero stati sollevati, almeno in parte, dalle oscillazioni di livello che certamente saranno avvenute in questi periodi enormemente lunghi. Se adunque noi possiamo fare qualche induzione da questi argomenti, dobbiamo inferirne che dove oggi si estendono i mari, vi erano anche dai periodi più remoti di cui si abbia memoria; e d'altra parte che grandi tratti di terre esistevano, dove oggi abbiamo i continenti, che erano certamente soggetti a grandi oscillazioni di livello, fino dal primo periodo siluriano. La mappa colorata unita al mio volume sugli scogli di corallo mi induce a ritenere che i grandi oceani sono, anche presentemente, superfici di abbassamento, i grandi arcipelaghi aree di oscillazione di livello, e i continenti superfici di sollevamento. Ma abbiamo noi ragione di ammettere che le cose siano così rimaste, fino dal principio del mondo? Sembra infatti che i nostri continenti siano stati formati per la preponderanza della forza di sollevamento nelle molte oscillazioni del suolo; ma non potrebbero nel corso dei tempi essersi cambiate le aree in cui questa forza predominava? Nel periodo che precede ad una distanza immensa ed incommensurabile l'epoca siluriana, possono i continenti avere occupato, il posto dei nostri mari attuali; e dove oggi stanno i nostri continenti, potevano allora trovarsi dei mari vasti ed aperti. Nè sapremmo come giustificare l'opinione che, per esempio, noi fossimo per trovare delle formazioni più vetuste degli strati siluriani nel letto dell'Oceano Pacifico, quando questo fosse sollevato e cambiato in continente, supponendo che quelle formazioni fossero state depositate in epoche più remote; perchè si sarebbe potuto dare che gli strati, i quali si fossero abbassati di alcune miglia verso il centro del globo e che fossero stati premuti da un peso enorme di acque sovrincombenti, avessero soggiaciuto ad un'azione metamorfica più intensa degli strati che rimasero sempre più vicini alla superficie. Le superfici immense di roccie metamorfiche nude in certe parti del mondo, per esempio, nell'America meridionale, le quali debbono essere state riscaldate sotto una pressione enorme, mi parve sempre che esigessero una speciale spiegazione; e possiamo credere che forse in queste grandi superfici noi vediamo le molte formazioni anteriori all'epoca siluriana, in una condizione completamente metamorfica ed anche denudate affatto.

Le difficoltà che abbiamo discusso sono certamente molto gravi, e sono: il trovarsi nelle nostre formazioni geologiche molti legami fra le specie che ora esistono e quelle che vissero in altre epoche, benchè non incontriamo molte forme transitorie che le rannodino strettamente fra loro; il modo subitaneo con cui alcuni interi gruppi di specie apparvero la prima volta nelle nostre formazioni europee; la quasi completa assenza, da quanto fu scoperto fino ad oggi, delle formazioni fossilifere sotto gli strati siluriani. Noi vediamo che per questi fatti i più eminenti paleontologi, come Cuvier, Agassiz, Barrande, Pictet, Falconer, E. Forbes, ecc., e tutti i nostri geologi più insigni, come Lyell, Murchison, Sedgwick, ecc., hanno unanimemente, e spesso con veemenza, sostenuta la immutabilità delle specie. Ma io ho dei motivi di pensare che una grande autorità, Carlo Lyell, dopo nuove e mature riflessioni conservi dei gravi dubbi su questo soggetto. Io riconosco quanto rischio vi sia nel dissentire da queste autorità, alle quali, insieme con altre, noi dobbiamo tutta la nostra scienza. Coloro che considerano le memorie naturali geologiche come perfette, in certa guisa, e che non danno molto peso ai fatti ed argomenti d'altra sorta dati in questo volume, certamente respingeranno a prima vista questa mia teoria. Per mia parte, seguendo una metafora di Lyell, stimo le memorie geologiche naturali come una storia del mondo conservata imperfettamente, e scritta in un dialetto variabile; di questa storia noi possediamo il solo ultimo volume, che si riferisce soltanto a due o tre contrade. Di codesto volume non ci è rimasto che qualche breve capitolo qua e là; e di ogni pagina non abbiamo che poche linee sparse. Ogni parola del linguaggio lentamente - variante, con cui questa storia è scritta, essendo più o meno diversa nei capitoli successivi, può rappresentare i cambiamenti, apparentemente improvvisi, delle forme della vita sepolte nelle nostre formazioni consecutive e interamente separate. Con questi concetti le difficoltà che abbiamo esaminate sono diminuite grandemente, od anche eliminate del tutto.

CAPO XI

SULLA SUCCESSIONE GEOLOGICA
DEGLI ESSERI ORGANIZZATI

Della comparsa lenta e successiva di nuove specie - Della diversa rapidità dei loro cambiamenti - Le specie che rimangono estinte non ricompariscono - I gruppi di specie seguono, nella loro apparizione o nella loro scomparsa, le medesime leggi generali delle singole specie - Sulla Estinzione - Sui cambiamenti simultanei delle forme viventi per tutto il mondo - Sulle affinità delle specie estinte fra loro e colle specie viventi - Sullo stato di sviluppo delle forme antiche - Sulla successione dei medesimi tipi nelle stesse superfici - Sommario di questo capo e del precedente.

Ora ci sia permesso esaminare se i vari fatti e le regole relative alla successione geologica degli esseri organizzati, siano meglio in accordo coll'ipotesi comune della immutabilità delle specie, o con quella delle loro modificazioni lente e graduali per mezzo della discendenza e della elezione naturale.

Le nuove specie sono comparse molto lentamente, una dopo l'altra, tanto sulla terra quanto nelle acque. Il Lyell ha dimostrato che non è possibile negare questo fatto, nel caso di parecchi strati terziari: ed ogni anno tende a riempire le lacune fra le medesime e a rendere più graduale la proporzione fra le forme perdute e le nuove. In alcuni degli strati più recenti, quantunque appartengano ad una remota antichità, se si misuri la loro data cogli anni, una specie o due solamente sono forme estinte, e così una o due sole forme sono nuove, perchè apparvero colà per la prima volta, sia in quella speciale località, sia sulla superficie della terra, per quanto possiamo giudicarne. Le formazioni secondarie sono più interrotte; ma, come notava il Bronn, nè l'apparizione nè la scomparsa delle loro molte specie ora estinte furono simultanee in ogni formazione separata.

Le specie dei diversi generi e delle varie classi non si modificarono colla stessa rapidità e al medesimo grado. Negli strati terziari più antichi poche conchiglie analoghe alle attuali possono ancora trovarsi nel mezzo di molte forme estinte. Il Falconer diede un esempio stringente di questo fatto, allorchè scoperse un coccodrillo uguale ad una specie oggi esistente, unito a molti strani mammiferi e rettili perduti, nei depositi sub-himalayani. La Lingula siluriana differisce poco dalle specie viventi di questo genere; al contrario la maggior parte degli altri molluschi siluriani e tutti i crostacei di quell'epoca si cambiarono grandemente. Le produzioni terrestri sembrano mutabili più rapidamente di quelle del mare; di ciò si ebbe recentemente una prova luminosa in Isvizzera. Vi sono parecchie ragioni per ritenere che gli organismi, che si considerano come elevati nella scala naturale, variano più sollecitamente di quelli che sono più bassi: benchè questa regola soffra delle eccezioni.

Come fu osservato dal Pictet, il complesso degli organici cambiamenti non corrisponde esattamente colla successione delle nostre formazioni geologiche; cosicchè, fra due formazioni consecutive qualsiasi, le forme di vita sono di rado cambiate rigorosamente al medesimo grado. Tuttavia, se noi paragoniamo fra loro le formazioni che hanno i rapporti più stretti, si troverà che tutte le specie furono soggette ad alcune modificazioni. Quando una specie è scomparsa una volta dalla superficie della terra, non abbiamo alcun fondamento per credere che la stessa identica forma possa mai ripetersi. L'eccezione apparente più forte contro questa ultima regola consiste nelle così dette colonie del Barrande, le quali invadono per un dato periodo una formazione più antica, e quindi permettono alla fauna preesistente di ricomparire; ma la spiegazione di Lyell mi sembra soddisfacente, vale a dire, che questo è il caso di una temporanea migrazione da una distinta provincia geografica in un'altra.

Ognuno di questi fatti concorda perfettamente colla mia teoria. Io, infatti, non credo in una legge fissa di sviluppo, che obblighi tutti gli abitanti di una regione a trasformarsi subitaneamente e simultaneamente ad un grado uniforme. Il processo di modificazione deve essere sommamente lento. La variabilità d'ogni specie è indipendente affatto da quella di tutte le altre. Molte complesse circostanze determinano se questa variabilità debba produrre delle modificazioni vantaggiose per l'elezione naturale e se queste variazioni debbano accumularsi in maggiore o minore quantità, cagionando così un complesso più o meno grande di modificazioni nelle specie varianti; infatti queste modificazioni dipendono dalla variabilità che deve essere benefica, dalla facoltà di incrociamento, dalla prontezza nel propagarsi, dalle condizioni fisiche lentamente varianti della regione e più particolarmente dalla natura degli altri abitanti con cui le specie variabili entrano in lotta. Non deve quindi recare sorpresa che una specie conservi la stessa identica forma più a lungo di altre; o nel caso che si trasformi, i cambiamenti siano minori. Noi osserviamo lo stesso fatto nella distribuzione geografica; per esempio, nei molluschi terrestri e negli insetti coleotteri di Madera che divennero tanto differenti dai loro più affini del continente d'Europa, mentre i molluschi marini e gli uccelli non furono alterati. Noi possiamo forse comprendere la rapidità apparentemente maggiore con cui si modificano le produzioni terrestri e quelle che hanno un'organizzazione più perfetta, in confronto delle produzioni marine e delle produzioni inferiori, se riflettiamo alle relazioni più complesse degli esseri più elevati colle loro condizioni organiche ed inorganiche di vita, come abbiamo detto in un capitolo precedente. Quando molti degli abitanti di una regione si sono modificati e perfezionati, è facile che, in seguito al principio di concorrenza e pei molti importantissimi rapporti che passano fra un organismo e l'altro, quelle forme, le quali non furono in certo grado migliorate, corrono rischio di rimanere distrutte. Perciò possiamo spiegare il motivo per cui tutte le specie di una medesima regione si modificano, dopo un periodo di tempo abbastanza vasto, mentre quelle che non si trasformano debbono estinguersi.

La quantità media dei cangiamenti nei membri della stessa classe può forse essere a un dipresso la medesima in periodi di tempo molto lunghi ed uguali; ma come l'accumulazione delle formazioni fossilifere che si conservano lungamente dipende dalle grandi masse di sedimento che venne depositato sulle superfici nel mentre che si abbassavano, così il complesso dei mutamenti organici presentati dai fossili che sono involti nelle formazioni consecutive non è uguale. Ogni formazione quindi, secondo questi concetti, non può segnare un atto nuovo e completo di creazione, ma solamente una scena accidentale, presa quasi a caso, in questo dramma lentamente variabile.

Facilmente si può capire per qual motivo una specie, quando sia perduta, non potrebbe mai ritornare: anche se per avventura si ripetessero le identiche condizioni di vita organiche ed inorganiche. Perchè quand'anche la progenie di una specie potesse essere adatta (e certamente ciò avviene in moltissimi casi) ad occupare il posto preciso di un'altra specie nell'economia della natura, e così surrogarla: tuttavia le due forme, la vecchia e la nuova, non sarebbero identicamente le stesse; perchè ambedue dovrebbero quasi certamente ereditare caratteri diversi dai loro distinti progenitori. Per esempio, è appunto possibile che, se tutti i nostri colombi-pavone rimanessero distrutti, gli amatori, sforzandosi per molto tempo di riprodurli, riuscissero a formare una nuova razza che fosse appena distinguibile dal nostro colombo-pavone attuale; ma se anche il colombo progenitore, che è il torraiuolo, fosse esterminato, e noi abbiamo fondati motivi di credere che in natura le forme-madri sono generalmente supplantate e distrutte dalla loro discendenza perfezionata, sarebbe allora affatto incredibile che potesse ricavarsi da qualche altra specie di colombo, il colombo-pavone, od anche dalle altre razze bene stabilite dei piccioni domestici; perchè il nuovo colombo-pavone erediterebbe certamente dal nuovo suo progenitore alcune leggiere differenze caratteristiche.

I gruppi di specie, cioè i generi e le famiglie, seguono nella loro apparizione e nella loro scomparsa le stesse regole generali delle singole specie, trasformandosi più o meno rapidamente e in grado maggiore o minore. Un gruppo che sia estinto non può ricomparire; oppure la sua esistenza è continua per tutta la sua durata. So che vi sono alcune eccezioni apparenti a codesta regola, ma queste eccezioni sono pochissime e tanto poche che E. Forbes, Pictet e Woodward (benchè tutti tenacemente contrari ai principii che sono da me sostenuti) ammettono la sua verità; ma questa regola si accorda esattamente colla mia teoria. Perchè, posto che tutte le specie di un medesimo gruppo provengano da una data specie, è chiaro che fintanto che qualche specie del gruppo si presentò nella successione dei tempi, i suoi membri debbono aver continuato ad esistere, per generare forme nuove e modificate, ovvero le stesse forme antiche senza alterazione. Le specie del genere Lingula, ad esempio, saranno esistite continuamente per un corso non interrotto di generazioni dallo strato siluriano più profondo fino al presente.

Abbiamo veduto nell'ultimo capitolo che le specie di un gruppo sembrano talvolta comparse improvvisamente in uno strato, benchè ciò sia falso. Ho cercato di dare una spiegazione di questo fatto, che sarebbe stato veramente funesto alla mia teoria. Ma questi casi sono certamente eccezionali; mentre la regola generale è che il gruppo deve crescere gradatamente in numero, finchè raggiunga il massimo aumento, indi gradatamente deve diminuire, più presto o più tardi. Se rappresentiamo il numero delle specie di un genere o dei generi di una famiglia con una linea verticale di grossezza variabile, che ascenda frammezzo alle formazioni geologiche successive in cui le specie si trovano, potrà erroneamente credersi che questa linea cominci dal suo punto inferiore, non già con un estremo sottile, ma larga fino dal principio; essa si innalza, crescendo gradatamente in larghezza e spesso conservando per un determinato intervallo la medesima larghezza, e da ultimo si assottiglia negli strati superiori, segnando così il decrescimento e la finale estinzione delle specie. Questo aumento graduale nel numero delle specie di un gruppo è strettamente conforme alle deduzioni della mia teoria: poichè le specie di uno stesso genere e i generi di una medesima famiglia possono crescere soltanto lentamente e progressivamente: perchè il processo di modificazione e la produzione di un gran numero di forme affini deve essere lento e graduale. Una specie infatti dà origine dapprima a due o tre varietà; queste sono lentamente convertite in specie, le quali alla lor volta producono, per gradi ugualmente lenti, altre specie, e così di seguito: come le ramificazioni di un grande albero da un solo tronco, fino a che il gruppo sia divenuto ricco abbastanza.

SULLA ESTINZIONE

Abbiamo discorso soltanto incidentemente della scomparsa delle specie e dei gruppi di specie. Secondo la teoria della elezione naturale, l'estinzione delle forme antiche e la produzione di forme nuove e perfezionate sono intimamente connesse fra loro. La vecchia nozione, che tutti gli abitatori della terra furono avulsi in periodi successivi da varie catastrofi, è generalmente abbandonata; anche da quei geologi, come Elia di Beaumont, Murchison, Barrande, ecc., le cui opinioni generali condurrebbero logicamente a questa conclusione. Al contrario abbiamo ogni ragione di pensare, dietro lo studio delle formazioni terziarie, che le specie ed i gruppi di specie si perdono gradatamente, uno dopo l'altro, prima in un luogo, poi in un altro, e finalmente nel mondo intero. In alcuni rari casi, però, come per la rottura di un istmo e la conseguente irruzione di una moltitudine di nuovi abitanti, o per l'immersione di un'isola, l'estinzione può essere comparativamente pronta. Tanto le singole specie quanto gli interi gruppi di specie continuano per intervalli di durata diversa; alcuni gruppi infatti, come vedemmo, si mantennero dalla prima alba della vita fino al presente; altri scomparvero prima del termine del periodo paleozoico. Non sembra che esista alcuna legge prestabilita che determini la lunghezza del tempo in cui deve durare ogni singola specie od ogni singolo genere. Tuttavia pare che l'estinzione completa della specie di un gruppo segua generalmente un processo più lento di quello della loro produzione: se l'apparizione e la scomparsa di un gruppo di specie fossero rappresentate, come precedentemente, da una linea verticale di larghezza diversa, si troverebbe questa linea più gradatamente assottigliata nell'estremo superiore, che denoterebbe il processo di estinzione, di quello che nell'estremo inferiore, che raffigurerebbe la prima comparsa delle specie e l'aumento del loro numero. In certi casi però la distruzione di gruppi interi di esseri, come delle ammoniti verso la fine del periodo secondario, fu straordinariamente improvvisa rispetto a quella della maggior parte degli altri gruppi.

L'argomento della estinzione delle specie fu involto nei più avventati misteri. Alcuni autori hanno supposto che, come gli individui hanno una lunghezza di vita determinata, così le specie debbano avere una durata definita. Niuno più di me può essersi meravigliato della estinzione della specie. Quando nella Plata trovai un dente di cavallo sepolto con avanzi di mastodonte, di megaterio, di toxodonte e di altri mostri estinti, i quali coesistettero con molluschi viventi ancora nel più recente periodo geologico, fui preso da molto stupore. Perchè osservando che il cavallo, dacchè fu introdotto nell'America meridionale dagli Spagnoli, divenne selvaggio in tutto quel continente e si moltiplicò in un modo sorprendente, chiesi a me stesso; per quali ragioni potesse essere stato distrutto recentemente l'antico cavallo, in condizioni di vita che gli sembrano tanto favorevoli. Ma il mio stupore era completamente infondato! Il prof. Owen tosto decise che il dente, quantunque tanto simile a quello del cavallo esistente, apparteneva ad una specie estinta. Ancorchè codesta specie fosse stata subito rara, nessun naturalista avrebbe fatto gran caso della sua rarità; perchè questa è propria di moltissime specie di ogni classe, in tutti i paesi. Se noi ci domandiamo perchè questa o quella specie sia rara, noi attribuiamo qualche effetto in ciò alle condizioni di vita sfavorevoli; ma non potremo mai stabilire più precisamente quale sia questa causa. Anche supponendo che il cavallo fossile abbia esistito come una specie rara, noi saremmo condotti a pensare dall'analogia di tutti gli altri mammiferi, compreso l'elefante che si propaga lentamente, e dalla storia della naturalizzazione del cavallo domestico nell'America meridionale, che sotto le più favorevoli condizioni avrebbe in pochi anni popolato l'intero continente. Ma noi non avremmo potuto valutare quali fossero quelle condizioni sfavorevoli che contrastarono il suo accrescimento, se una sola circostanza o diverse circostanze abbiano agito, e così a quale periodo della vita del cavallo e in qual grado. Se queste condizioni divennero sempre meno favorevoli, benchè lentamente, noi al certo non ci saremmo accorti del fatto; benchè il cavallo fossile sia divenuto sempre più raro, prima di estinguersi, essendo poi occupato il suo posto da qualche più fortunato competitore,

È sempre assai difficile il ricordare che l'accrescimento di ogni essere vivente è costantemente impedito da circostanze nocive impercettibili, e che queste stesse circostanze sconosciute sono bastevoli a produrre la rarità e a cagionare da ultimo la estinzione. Questa legge è sì male interpretata, che spesso si è notato con stupore come sì grandi mostri, quali sono il mastodonte e i più antichi dinosauri, rimanessero estinti; quasi che la forza del corpo assicurasse la vittoria nella lotta per la vita. La grande statura dovrebbe al contrario determinare in certi casi la distruzione più rapida delle specie, in quanto che richiede una maggiore quantità di nutrimento. Prima che l'uomo abitasse l'India o l'Africa, alcune cause debbono essersi opposte alla continua moltiplicazione degli elefanti che colà esistevano. Uno scienziato molto competente, il Falconer, opina che attualmente gli insetti, tormentando incessantemente e indebolendo l'elefante, formino il principale ostacolo al suo accrescimento (come notava Bruce nell'Abissinia). È certo che insetti di varie sorta, e i pipistrelli che succhiano il sangue, decidono dell'esistenza dei più grandi quadrupedi, naturalizzati in diverse parti dell'America meridionale.

In molti casi delle più recenti formazioni terziarie noi osserviamo che la rarità delle specie precede l'estinzione; e sappiamo che questo appunto fu il progresso degli eventi in quegli animali che furono distrutti pel fatto dell'uomo o in una determinata località, o nel mondo intero. Ripeterò qui ciò che pubblicai nel 1845; ammettere che le specie si facciano più rare prima di estinguersi e non rimanere meravigliati della rarità di una specie, mentre si fanno le maggiori meraviglie quando essa ha finito di esistere, sarebbe precisamente la stessa cosa come supporre che la malattia nell'individuo sia il precursore della Morte, indi non dimostrare alcuna sorpresa per la malattia, ma soltanto quando l'ammalato muore, ed in tal caso sospettare che la morte sia stata violenta, per qualche ignota causa.

La teoria dell'elezione naturale si fonda sulla opinione che ogni nuova varietà, ed infine ogni nuova specie, si produca e si conservi per avere ottenuto qualche vantaggio sopra quelle con cui entrò in lotta; e ne deriva la conseguente estinzione, quasi inevitabile, delle forme meno favorite. Altrettanto avviene nelle nostre produzioni domestiche; quando si è allevata una varietà nuova e leggermente perfezionata, essa in sulle prime subentra alle varietà meno perfezionate negli stessi contorni; quando si perfeziona maggiormente, viene trasportata più lontano: come abbiamo veduto nei nostri buoi a corna corte che in molti paesi presero il posto di altre razze. Così l'introduzione di nuove forme e la scomparsa delle vecchie, sia che avvengano naturalmente o artificialmente, si limitano scambievolmente. In certi gruppi prosperosi, il numero delle nuove forme specifiche che furono prodotte in un dato tempo è probabilmente maggiore di quello delle vecchie forme specifiche che furono esterminate; ma noi sappiamo altresì che il numero delle specie non andò crescendo indefinitamente, almeno negli ultimi periodi geologici; cosicchè, in quanto concerne gli ultimi tempi, possiamo ritenere che la produzione di forme nuove ha cagionato l'estinzione di un numero quasi uguale di vecchie forme.

La lotta sarà in generale più severa, come abbiamo spiegato e dimostrato cogli esempi, fra quelle forme che sono più simili fra loro sotto ogni rapporto. Perciò i discendenti perfezionati e modificati di una specie cagioneranno generalmente la distruzione della specie-madre; e se molte forme nuove si sono sviluppate da una specie qualsiasi, le prossime affini di questa specie, cioè le specie del medesimo genere, saranno le più esposte alla distruzione. Per tal modo io credo che un gran numero di specie nuove, provenienti da una sola specie, il che vale quanto dire un nuovo genere, arrivino a prendere il posto di un genere antico, appartenente alla medesima famiglia. Ma spesso sarà avvenuto che una nuova specie spettante ad un dato gruppo avrà surrogato una specie appartenente ad un gruppo distinto, e così ne avrà cagionato la distruzione, e se molte forme affini saranno derivate dal vittorioso invasore, molte altre avranno abbandonato i loro posti; e generalmente saranno le forme affini che soffriranno in comune per le inferiorità ereditate. Del resto, sia che le specie appartengano alla medesima classe o ad una classe distinta, quando sono surrogate da altre specie che furono modificate e perfezionate, alcune delle medesime possono pure conservarsi per lungo tempo, per essere dotate di qualche speciale abitudine di vita e per abitare qualche stazione distante ed isolata, dove possono sfuggire alla severa concorrenza. Per esempio, una sola specie di Trigonia, grande genere di conchiglie delle formazioni secondarie, sopravvive nei mari dell'Australia; e pochi individui del gruppo vasto e quasi estinto dei pesci ganoidi abitano ancora le nostre acque dolci. Perciò la totale estinzione di un gruppo è generalmente, come abbiamo veduto, un processo più lento della sua produzione.

Riguardo alla apparente subitanea distruzione di intere famiglie od ordini, come delle triloliti al termine del periodo paleozoico e delle ammoniti nel fine del periodo secondario, ricorderemo ciò che dicemmo altrove dei probabili intervalli di riposo fra le nostre formazioni consecutive; e in questi intervalli possono essere avvenute molte lente distruzioni. Inoltre quando molte specie di un gruppo nuovo hanno preso possesso di una nuova regione, sia per una improvvisa immigrazione, sia per uno sviluppo straordinariamente rapido: esse avranno esterminato in un modo ugualmente sollecito molti degli antichi abitanti, e le forme così sostituite saranno comunemente affini, partecipando in comune a qualche svantaggio.

Mi sembra quindi che il procedimento, con cui una singola specie ed interi gruppi di specie rimangono estinti, armonizzi bene colla teoria della elezione naturale. Non fa d'uopo che noi ci meravigliamo della loro estinzione: ma bensì della nostra presunzione, quando immaginiamo per un momento di sapere qualche cosa delle molte circostanze complesse da cui dipende l'esistenza di ogni specie. Se noi dimentichiamo che ogni specie tende a moltiplicarsi disordinatamente, o che qualche ostacolo è sempre in azione, benchè di rado sia da noi avvertito, tutta l'economia della natura ci diviene completamente oscura. Finchè non sapremo precisare perchè questa specie possegga un maggior numero di individui di quella; perchè questa specie e non l'altra possa naturalizzarsi in un dato paese; allora, e non prima, potremo giustamente meravigliarci di non sapere spiegare l'estinzione di una data specie o di un dato gruppo di specie.

DEL CAMBIAMENTO QUASI CONTEMPORANEO DELLE FORME DELLA VITA IN TUTTO IL MONDO

Forse nessuna scoperta della paleontologia è più sorprendente di quella, che le forme di vita si trasformano quasi simultaneamente nel mondo intero. Così la nostra formazione cretacea d'Europa può riconoscersi in molte parti del mondo assai distanti l'una dall'altra, sotto i climi più differenti, ed anche dove non può trovarsi un solo frammento della stessa creta minerale; e specialmente nell'America settentrionale, nell'America meridionale equatoriale, nella Terra del Fuoco, al Capo di Buona Speranza e nella penisola dell'India. In questi paesi, infatti, benchè tanto lontani, gli avanzi organici di certi strati presentano un certo grado di evidente rassomiglianza con quelli del periodo cretaceo. Non vi si trovano però le medesime specie; perchè in alcuni casi non vi è alcuna specie che sia identica, ma appartengono bensì alle medesime famiglie, generi e sezioni di generi, e talvolta sono caratterizzati analogamente in certi punti di poca importanza, come la semplice scultura superficiale. Di più le altre forme, che non fanno parte della creta di Europa, ma che si incontrano nelle formazioni inferiori o superiori, mancano parimenti in quelle distanti regioni della terra. Un parallelismo simile nelle forme della vita fu osservato da alcuni autori in parecchie successive formazioni paleozoiche della Russia, dell'Europa occidentale e dell'America del Nord: e ciò si avvera anche in diversi depositi terziari dell'Europa e dell'America del Nord, secondo Lyell. Ancorchè le nuove specie fossili che sono comuni al Vecchio Mondo e al Nuovo, fossero messe in disparte, il parallelismo generale nelle forme consecutive sarebbe pure evidente negli strati dei periodi paleozoici e terziari, e le varie formazioni potrebbero facilmente trovarsi corrispondenti anche nei loro singoli substrati.

Queste osservazioni però si riferiscono soltanto agli abitanti del mare in parti del mondo molto distanti; nè abbiamo dati sufficienti per giudicare se le produzioni terrestri e d'acqua dolce si trasformino col medesimo parallelismo in punti molto discosti. Noi anzi possiamo dubitare che esse siansi modificate in questo modo; perchè se il megaterio, il milodonte, la macrauchenia e il toxodonte sono stati trasportati dalla Plata in Europa, senza che rimanga alcuna informazione rispetto alla loro posizione geologica, niuno avrebbe sospettato che questi animali siano stati contemporanei di alcuni molluschi marini esistenti ancora. Ma questi mostri anomali convissero insieme al mastodonte e al cavallo, e quindi potrebbe almeno dedursi che essi esistettero durante una delle ultime epoche terziarie.

Quando si dice che le forme marine si modificarono simultaneamente per tutto il mondo, non si deve supporre che questa espressione si riferisca al medesimo intervallo di mille o di centomila anni, od anche che abbia un significato rigorosamente geologico. Perchè se tutti gli animali marini che vivono oggi in Europa e tutti quelli che esistettero in Europa durante il periodo pleistocenico (periodo enormemente lontano, se si misuri la sua antichità cogli anni e comprendente tutta l'epoca glaciale) fossero paragonati con quelli che ora stanno nell'America meridionale o in Australia, il più abile naturalista non sarebbe al certo capace di decidere se gli abitanti esistenti in Europa o quelli del periodo pleistocenico siano più somiglianti a quelli dell'emisfero australe. Così, anche parecchi osservatori dei più competenti credono che le produzioni attuali degli Stati Uniti siano più strettamente analoghe a quelle che si trovarono in Europa in alcuni degli ultimi periodi terziari che non a quelle che presentemente vi abitano; se ciò sussiste, è evidente che gli strati fossiliferi depositati nell'epoca attuale sulle coste dell'America settentrionale sarebbero in seguito classificati con altri strati europei alquanto più antichi. Nondimeno, se guardiamo a un'epoca futura molto lontana, non potrà sorgere il minimo dubbio che tutte le formazioni marine più moderne, vale a dire il terreno pliocenico superiore, il pleistocenico e gli strati completamente moderni dell'Europa, dell'America settentrionale e meridionale e dell'Australia potranno ragionevolmente considerarsi come simultanei, nel senso geologico, perchè conterranno avanzi fossili affini sino ad un certo grado, e perchè non comprenderanno quelle forme che si trovano soltanto nei depositi inferiori più antichi.

Il fatto delle forme viventi che si modificano simultaneamente, nel senso lato di cui parlammo, in parti distanti del mondo, fissò grandemente l'attenzione di due grandi osservatori, De Verneuil e D'Archiac. Dopo di aver trattato del parallelismo delle forme paleozoiche di vita in vari punti dell'Europa, essi aggiungono: «Se noi, colpiti da questa strana coincidenza, ci rivolgiamo all'America settentrionale e quivi scopriamo una serie di fenomeni analoghi, sembrerà certamente che tutte queste modificazioni di specie, la loro estinzione, e l'introduzione di specie nuove, non si debbano attribuire alle sole deviazioni delle correnti marine o ad altre cause più o meno temporarie, ma dipendano da leggi generali che governano l'intero regno animale». Il Barrande fece altre gravissime osservazioni per constatare il medesimo effetto. In realtà sarebbe cosa molto futile il considerare i cambiamenti delle correnti, del clima, o di altre condizioni fisiche, come la causa di queste grandi trasformazioni delle forme viventi, per tutto il mondo, sotto i climi più differenti. Dobbiamo al contrario, come dice Barrande, ricorrere a qualche legge speciale. Noi lo vedremo più chiaramente allorchè tratteremo della distribuzione attuale degli esseri organizzati, e dimostreremo quanto sia piccola la relazione che passa fra le condizioni fisiche delle varie regioni e la natura dei loro abitanti.

Questo grande fatto della successione parallela delle forme di vita nel mondo intero, può spiegarsi colla teoria della elezione naturale. Le nuove specie sono formate con quelle nuove varietà che nascono con qualche vantaggio sulle forme più antiche; e quelle forme che già sono dominanti, o posseggono qualche vantaggio sopra le altre forme del loro paese proprio, dovrebbero naturalmente dare origine più spesso alle varietà nuove o specie incipienti. Queste ultime debbono riuscire vittoriose in un grado anche più elevato sia per essere conservate, sia per sopravvivere. A questo riguardo noi abbiamo una prova evidente nelle piante dominanti, vale a dire in quelle che sono più comuni e più ampiamente diffuse, confrontate con altre piante nella loro patria rispettiva, perchè esse producono un numero più grande di varietà nuove. È inoltre naturale che le specie dominanti, variabili, e molto sparse, le quali hanno invaso fino ad una certa estensione i territori di altre specie, sarebbero quelle che avrebbero la maggiore probabilità di diffondersi anche ulteriormente, e di dare origine nei nuovi paesi a varietà e specie nuove. Questo processo di diffusione può essere talvolta molto lento, perchè dipendente da mutazioni climatologiche e geografiche, o da accidenti straordinari, o infine dalla graduale acclimazione delle specie nuove ai diversi climi attraverso ai quali esse debbono passare; ma a lungo andare le forme dominanti generalmente si estenderanno più facilmente. È probabile che la diffusione sia più lenta negli abitanti terrestri di distinti continenti, che negli organismi di mari comunicanti. Noi possiamo però aspettarci di trovare, come infatti troviamo, un grado meno stretto di successione parallela nelle produzioni della terra, che nelle produzioni del mare.

Mi sembra quindi che la successione parallela e (in un senso largo) simultanea delle medesime forme di vita per tutto il mondo, si accordi bene col principio delle specie nuove, formate per mezzo delle specie dominanti, ampiamente disseminate e varianti; le nuove specie poi, così prodotte, essendo esse medesime dominanti pei caratteri ereditati, ed avendo già goduto di qualche vantaggio sopra i loro progenitori, o sopra altre specie, si diffonderanno di più, varieranno e daranno origine a specie nuove. Le forme che sono battute e che lasciano i loro posti alle forme nuove e vittoriose, saranno generalmente affini per gruppi, ereditando qualche svantaggio in comune; e perciò come i gruppi nuovi e perfezionati si spargeranno pel mondo, i vecchi gruppi ne scompariranno; e la successione delle forme in ambe le vie tenderà dappertutto a corrispondersi.

Abbiamo qui a far menzione di un altro fatto, che riguarda questo argomento. Ho esposto le ragioni che m'inducono a pensare che la maggior parte delle nostre più grandi formazioni, ricche di fossili, dovette depositarsi nei periodi di abbassamento; e che gli intervalli di lunga durata, in cui non avveniva alcun deposito, dovettero verificarsi in quei periodi, nei quali il letto del mare fu stazionario, oppure si elevò, od anche quando il sedimento non era abbastanza abbondante e pronto, da rivestire e conservare gli avanzi organizzati. In queste lunghe lacune suppongo che gli abitanti di ogni regione soggiacessero ad una considerevole quantità di modificazioni e avvenissero molte estinzioni e che vi fossero anche molte migrazioni dalle altre parti del mondo. Siccome abbiamo ragione di credere che vaste superfici del globo subiscano contemporaneamente il medesimo movimento, gli è probabile che delle formazioni esattamente simultanee siano state spesso accumulate sopra estesi spazi nella medesima parte del mondo; ma non possiamo rettamente conchiudere che ciò abbia dovuto accadere invariabilmente, e che le grandi aree siano state costantemente affette da movimenti conformi.

Quando due formazioni furono depositate in due regioni quasi, ma non esattamente, nello stesso periodo: noi dovremmo trovare in ambedue, per le ragioni dimostrate nei paragrafi precedenti, la medesima successione generale nelle forme di vita, ma le specie non si corrisponderebbero esattamente; perchè esse avrebbero disposto di un tempo un po' maggiore nell'una regione che nell'altra per le modificazioni, l'estinzione e l'immigrazione.

Io credo che in Europa avvengano casi di questo genere. Prestwich, nelle sue stupende Memorie sui depositi eocenici dell'Inghilterra e della Francia, ha potuto stabilire uno stretto parallelismo generale fra gli strati successivi dei due paesi; ma quando egli istituisce il confronto di certe epoche in Inghilterra con quelle della Francia, benchè egli trovi nei due paesi una curiosa coincidenza nei numeri delle specie appartenenti ai medesimi generi, nondimeno le specie stesse differiscono in un modo molto difficile a spiegarsi quando si consideri la prossimità delle due aree; a meno che non si creda che un istmo separasse due mari popolati da due forme distinte, ma contemporanee. Lyell ha fatto delle osservazioni analoghe in alcune delle ultime formazioni terziarie. Anche Barrande dimostra esservi un preciso parallelismo generale nei successivi depositi siluriani della Boemia e della Scandinavia; nondimeno egli trova una grande quantità di differenze nelle specie. Se le diverse formazioni in queste regioni non furono depositate esattamente negli stessi periodi, verificandosi talvolta che una formazione di un paese corrisponde a un intervallo di riposo in un altro, e se in ambe le regioni le specie andarono lentamente cambiandosi, durante l'accumulazione delle diverse formazioni e nei lunghi intervalli di tempo che passarono fra una formazione e la successiva; in tal caso le varie formazioni delle due regioni potrebbero essere disposte col medesimo ordine, in accordo colla successione generale delle forme di vita e parrebbe falsamente che questo ordine fosse rigorosamente parallelo; ciò non ostante le specie non sarebbero tutte le stesse, negli strati in apparenza corrispondenti delle due regioni.

SULLA AFFINITÀ DELLE SPECIE ESTINTE FRA LORO E COLLE FORME VIVENTI

Facciamoci ora a considerare le mutue affinità delle specie estinte colle viventi. Esse cadono tutte insieme in un grande sistema naturale; e questo fatto può spiegarsi col principio di una comune discendenza. Quanto più antica è una forma, tanto più differisce generalmente dalle forme viventi. Ma tutti i fossili, come notava molto tempo fa il Buckland, possono classificarsi sia comprendendoli nei gruppi ora esistenti, sia collocandoli fra un gruppo e l'altro. Non può mettersi in dubbio che le forme di vita estinte concorrano a riempire le ampie lacune esistenti fra i generi, le famiglie e gli ordini attuali. Infatti, se noi portiamo la nostra attenzione sulle forme viventi soltanto, ovvero sulle forme estinte, la serie diviene assai meno perfetta che quando le combiniamo tutte in un sistema generale. Negli scritti del professor Owen noi troviamo spesso il termine «forme generalizzate» applicato agli animali estinti, e l'Agassiz parla di tipi profetici o sintetici. Queste espressioni dicono appunto che tali forme sono in realtà anelli intermediari o di congiunzione. Un altro distinto paleontologo, il Gaudry, ha dimostrato che molti mammiferi fossili da lui scoperti nell'Attica tolgono evidentemente la distanza che separa dei generi attualmente viventi. Il Cuvier considerava i ruminanti ed i pachidermi come due ordini distintissimi di mammiferi; ma si scavarono tanti anelli intermedi, che l'Owen ha cambiato l'intera classificazione ed ha collocato certi pachidermi in uno stesso sottordine con dei ruminanti; ad esempio, egli ha colmato la lacuna apparentemente grande fra il cignale ed il camello con forme estinte. Gli ungulati o mammiferi a zoccoli si dividono ora in bisulci e solipedi; ma la Macrauchenia dell'America meridionale congiunge insieme in certo grado queste due grandi divisioni. Nessuno può negare che l'Hipparion si trovi nel mezzo fra il cavallo attuale e certe altre forme ungulate. Quale meraviglioso anello intermediario nella catena dei mammiferi non è il Typotherium dell'America meridionale, come lo indica il nome che gli fu dato dal professor Gervais, e che non trova posto in nessuno degli ordini ora esistenti dei mammiferi! Le sirene formano un gruppo assai distinto tra i mammiferi, ed una delle particolarità più notevoli nel dugongo e nel lamantino, ora viventi, si è la completa mancanza di arti posteriori, di cui non esiste nemmeno un rudimento. Ma secondo il professore Flower l'estinto Halitherium aveva un femore ossificato, «il quale articolava in un acetabolo ben circoscritto della pelvi», e si avvicina così ai quadrupedi ungulati ordinari, coi quali le sirene sono affini per altri riguardi. I cetacei o balene sono molto diversi da tutti gli altri mammiferi; tuttavia lo Zeuglodon e Squalodon dell'epoca terziaria, i quali da alcuni naturalisti sono posti in un ordine speciale, vengono dall'Huxley considerati indubbiamente come cetacei che «costituiscono degli anelli di congiunzione coi carnivori acquatici».

Perfino la lacuna tra gli uccelli ed i rettili, come fu dimostrato dal naturalista predetto, è colmata nel modo(23) più inaspettato, e cioè per una parte dallo struzzo e dall'Archæopterix, per l'altra parte dal Compsognathus, un dinosauro, ossia un gruppo che abbraccia le forme giganteschi dei rettili terrestri. Riguardo agli Invertebrati, il Barrande asserisce, nè potrebbe citarsi un'autorità più elevata, che ogni giorno si riconosce, come gli animali paleozoici, quantunque appartenenti ai medesimi ordini, famiglie e generi di quelli che presentemente esistono, non siano stati separati nelle epoche primitive in gruppi tanto distinti, come ora li troviamo.

Alcuni scrittori hanno obbiettato che ogni specie estinta od ogni gruppo di specie estinte non può considerarsi come intermedio fra le specie o gruppi viventi. Se con questo termine si intende che una forma estinta sia direttamente intermedia in tutti i suoi caratteri fra due forme viventi, l'obbiezione è fondata. Ma io pretendo solamente che, in una classificazione perfettamente naturale, molte specie fossili abbiano a collocarsi fra le specie esistenti, ed alcuni generi estinti fra i generi viventi, ed anche fra generi appartenenti a famiglie distinte. Il caso più comune, specialmente riguardo ai gruppi molto distinti, come i pesci e i rettili, mi sembra sia quello di supporre che i medesimi siano presentemente distinti fra loro per una dozzina di caratteri e che gli antichi membri dei medesimi due gruppi fossero invece differenti per un numero alquanto minore di caratteri; per modo che i due gruppi, benchè affatto distinti anche anticamente, erano allora un po' più vicini l'uno all'altro.

È una opinione comune quella che quanto più antica sia una forma, essa tende maggiormente a collegare, per mezzo di alcuni dei suoi caratteri, dei gruppi che ora sono interamente separati l'uno dall'altro. Questa osservazione senza dubbio deve restringersi a quei gruppi che furono soggetti a molti cambiamenti, nel corso delle epoche geologiche; ma sarebbe difficile provare la verità di questa proposizione, perchè si incontra qua e là qualche animale vivente, come la Lepidosirena, che ha delle affinità dirette con gruppi affatto distinti. Tuttavia se noi paragoniamo i rettili più antichi, i batraci, i pesci più antichi e i più antichi cefalopodi, nonchè i mammiferi eocenici, coi membri più recenti delle medesime classi, conviene ammettere che in questa osservazione vi è qualche fondamento di verità.

Vediamo frattanto come questi fatti diversi e queste deduzioni siano in armonia colla teoria della discendenza modificata. Essendo il soggetto alquanto complicato, debbo pregare il lettore a voler richiamare il diagramma del capo quarto. Possiamo supporre che le lettere numerizzate rappresentino dei generi e le linee punteggiate, divergenti da quelle, raffigurino le specie di ogni genere. Il diagramma è troppo ristretto perchè non rappresenta che pochi generi e poche specie, ma ciò non è di alcuna importanza per noi. Le linee orizzontali ponno rappresentare le formazioni geologiche successive e tutte le forme al disotto delle linee superiori si considereranno come estinte. I tre generi esistenti a14, q14, p14, formeranno una piccola famiglia; b14 ed f14 una famiglia molto affine o una sotto-famiglia; ed o14, e14, m14 una terza famiglia. Queste tre famiglie, insieme ai molti generi estinti nelle diverse linee di discendenza che partono dalla forma-stipite A, formeranno un ordine; perchè tutte avranno ereditato in comune qualche particolarità del progenitore antico e comune. A tenore del principio della continua tendenza alla divergenza del carattere, il quale fu già dimostrato per mezzo del diagramma, tutte le forme più recenti saranno in generale le più differenti dal loro antico progenitore. Da ciò possiamo comprendere la regola che i fossili più antichi sono quelli che maggiormente differiscono dalle forme esistenti. Noi non dobbiamo però riguardare la divergenza di carattere come una contingenza necessaria; la medesima opera soltanto allorchè i discendenti di una specie divengono adatti ad occupare molti posti diversi nell'economia della natura. Perciò è cosa possibilissima che una specie, come vedemmo nel caso di alcune forme siluriane, possa leggermente modificarsi in relazione alle sue condizioni di vita leggermente alterate, e conservare nondimeno per un vasto periodo le stesse caratteristiche, generali. Nel diagramma questo caso è raffigurato colla lettera F14.

Tutte le molte forme, estinte e recenti, che provengono da A costituiscono, come si è detto, un ordine; e quest'ordine, per gli effetti continui dell'estinzione o della divergenza di carattere, viene diviso in parecchie sotto-famiglie e famiglie, alcune delle quali si suppongono perite in periodi diversi, ed altre suppongonsi conservate fino al presente.

Esaminando il diagramma, possiamo riconoscere che se molte forme estinte, avvolte nelle formazioni successive, fossero scoperte in vari punti inferiori della serie, le tre famiglie esistenti sulla linea superiore diverrebbero per ciò meno distinte fra loro. Se, per esempio, i generi a1, a5, a10, f8, m3, m6, m9, fossero dissotterrati, queste tre famiglie sarebbero tanto strettamente collegate insieme, che probabilmente dovrebbero unirsi in una sola grande famiglia, quasi nella stessa guisa come avviene coi ruminanti e con certi pachidermi. Qui però alcuno potrebbe contestare che i generi estinti possono chiamarsi intermedi pei caratteri, servendo essi a connettere i generi viventi di tre famiglie, e non sarebbe fuori di proposito, perchè quei generi non sarebbero intermedi direttamente, ma bensì per lungo ed involuto andamento attraverso a molte forme affatto differenti. Se molte forme estinte fossero scoperte sopra una delle linee orizzontali di mezzo, vale a dire, sopra una delle formazioni geologiche (per esempio, sopra il num. VI), ma non se ne trovasse alcuna al disotto di questa linea, allora soltanto le due famiglie a sinistra (cioè a14, ecc., b14, ecc.) dovrebbero riunirsi in una sola famiglia; e le altre due famiglie (cioè a14 ad f14, comprendenti cinque generi, ed o14 ad m14) rimarrebbero distinte. Queste due famiglie però sarebbero meno distinte fra loro di quel che fossero prima della scoperta dei fossili. Se, per modo d'esempio, supponiamo che i generi estinti delle due famiglie differiscano fra loro per una dozzina di caratteri, in tal caso quei generi avrebbero differito per un numero minore di caratteri, nel periodo antico segnato col numero VI; perchè, a questo stadio più remoto di sviluppo, essi non differivano tanto dal comune progenitore dell'ordine quanto se ne allontanarono posteriormente. Così è avvenuto che i generi antichi ed estinti sono spesso, di qualche piccolo grado, intermedi nel carattere fra i loro discendenti modificati o fra i loro parenti collaterali.

Allo stato di natura questo quadro sarebbe assai più complicato di quello che apparisce dal diagramma; perchè i gruppi saranno stati molto più numerosi, avranno durato per intervalli di tempo molto disuguali, e si saranno modificati in diverso grado. Siccome noi possediamo solamente l'ultimo volume delle Memorie geologiche e in una condizione molto imperfetta, non abbiamo alcun motivo di aspettarci, eccettuati pochissimi casi rari, di completare i grandi vuoti che si hanno nel sistema naturale e così legare insieme le famiglie e gli ordini distinti. Tutto ciò che noi possiamo sperare si è di trovare che questi gruppi, i quali in certi noti periodi geologici furono soggetti a molte modificazioni, si ravvicinano qualche poco fra loro nelle formazioni più antiche; per modo che i membri più antichi differiscono fra loro, in alcuni dei loro caratteri, meno dei membri attuali dei medesimi gruppi; appunto sembra che ciò si verifichi frequentemente, dalla concorde testimonianza de' migliori nostri paleontologi.

Così, secondo la teoria della discendenza modificata, i fatti principali che riguardano le mutue affinità delle forme di vita estinte, sia fra loro, sia colle forme viventi, mi sembra ricevano una soddisfacente spiegazione. Ma essi sono inesplicabili affatto, secondo qualsiasi altra ipotesi.

Adottando questa teoria, è manifesto che la fauna di ogni grande periodo della storia terrestre sarà intermedia, nei caratteri generali, fra quella che la precedette e quella che la seguì. Così quelle specie che esistettero al sesto grande periodo di discendenza del diagramma sono la posterità modificata di quelle altre che vissero al quinto periodo e sono le madri di quelle che rimasero anche ulteriormente modificate nel settimo periodo; quindi esse non potrebbero certamente mancare di essere approssimativamente intermedie, nei loro caratteri, fra le forme di vita precedenti e le posteriori. Ma noi dobbiamo inoltre tener conto dell'intera estinzione di alcune forme anteriori, e della immigrazione in ciascuna regione di nuove forme provenienti da altre regioni, e così anche del grande complesso di modificazioni avvenute nei lunghi intervalli di riposo fra le successive formazioni. Fatte queste restrizioni, la fauna di ogni periodo geologico è senza dubbio intermedia, nei caratteri, fra la fauna anteriore e la posteriore. Per darne un solo esempio, basterà ricordare il modo con cui i fossili del sistema devoniano furono fin da principio, quando tale sistema fu scoperto, riconosciuti di carattere intermedio fra quelli degli strati carboniferi sovrapposti e quelli del sottoposto sistema siluriano. Ma ogni fauna non è di necessità esattamente intermedia, perchè fra le formazioni consecutive passarono periodi di tempo disuguali.

Alla verità di questo principio, che la fauna cioè di ogni periodo è nel suo complesso di carattere quasi intermedio fra la fauna precedente e la susseguente, non si può opporre che certi generi offrono eccezione alla regola. Per esempio, i mastodonti e gli elefanti furono classificati dal dott. Falconer in due serie, la prima dietro le loro mutue affinità e l'altra secondo i periodi della loro esistenza, e queste due serie non sono disposte in conformità. La specie che possiede un carattere estremo non è nè la più antica, nè la più recente: e neppure quelle che hanno un carattere intermedio, sono intermedie per l'età. Ma posto per un momento, in questo caso e in altri analoghi, che le nostre cognizioni sulla prima comparsa e sulla estinzione della specie siano perfettamente esatte, noi non abbiamo alcuna ragione di credere che le forme prodotte successivamente debbano durare di necessità per intervalli di tempo corrispondenti. Una forma antichissima può accidentalmente conservarsi più lungamente di una forma prodotta posteriormente in altro luogo, e specialmente nel caso di produzioni terrestri che si trovano in distretti separati. Confrontiamo le cose piccole colle grandi; se le razze principali viventi ed estinte del colombo domestico fossero disposte nel miglior modo possibile secondo la loro affinità in serie: questa serie non sarebbe esattamente in accordo coll'ordine dell'epoca della loro produzione ed anche meno coll'ordine della loro scomparsa; perchè il loro progenitore, il colombo torraiuolo, vive presentemente: e molte varietà fra il colombo torraiuolo e il messaggero rimasero estinte; e i messaggeri, che sono estremi per il carattere importante della lunghezza del becco, hanno un'origine più antica di quella dei giratori a faccia corta, che sono all'estremo opposto della serie a questo riguardo.

Il fatto ammesso da tutti i paleontologi che i fossili di due formazioni consecutive sono assai più connessi fra loro dei fossili di due remote formazioni, è intimamente collegato col principio che gli avanzi organici di ogni formazione intermedia hanno in certo grado caratteri intermedi. Pictet ce ne offre un esempio bene conosciuto nella generale rassomiglianza degli avanzi organici dei diversi strati della formazione cretacea, benchè le specie siano distinte in ogni strato. Questo solo fatto, per la sua generalità, sembra abbia scosso il prof. Pictet dalla sua ferma credenza sulla immutabilità delle specie. Conoscitore della distribuzione delle specie esistenti sul globo, egli non cercherà di spiegare la stretta somiglianza delle specie distinte nelle formazioni consecutive, per mezzo delle condizioni fisiche delle antiche superfici, essendo queste condizioni rimaste quasi identiche. E qui ricorderemo che le forme di vita, almeno quelle che abitano il mare, si cambiarono quasi simultaneamente per tutto il mondo e perciò sotto i climi più diversi e in condizioni opposte. Basta considerare le prodigiose vicissitudini del clima durante il periodo pleistocenico, che racchiude l'intero periodo glaciale, ed osservare quanto poco furono affette le forme specifiche degli abitatori del mare.

Secondo la teoria della discendenza, è facile comprendere pienamente il fatto degli avanzi fossili appartenenti a formazioni consecutive che si trovano in istretti rapporti, quantunque siano riguardati come specie distinte. Siccome l'accumulazione di ogni formazione è stata spesso interrotta e sono intervenuti degli intervalli di inazione fra le successive formazioni, non dobbiamo trovare, come cercai di provare nell'ultimo capitolo, in ciascuna formazione o in due formazioni tutte le varietà intermedie fra le specie che apparvero al principio e alla fine di questi periodi; ma solo troveremo ad intervalli molto lunghi, se misurati cogli anni, e ad intervalli mediocri, se valutati geologicamente, delle forme strettamente affini o specie rappresentative, come furono chiamate da alcuni autori; e queste sicuramente si trovano. In breve, noi abbiamo, rispetto alle lente e quasi insensibili mutazioni delle forme specifiche, tutte quelle prove che possiamo giustamente aspettarci.

SUL GRADO DI SVILUPPO DELLE ANTICHE FORME RISPETTO ALLE FORME VIVENTI

Abbiamo veduto nel quarto capo che il grado di differenza e di specialità delle parti di tutti gli esseri organizzati, quando sono adulti, è la migliore norma che siasi mai suggerita della loro perfezione e della loro elevatezza. Abbiamo anche notato che, quando le parti e gli organi si rendono più speciali per date funzioni, ne deriva un vantaggio ad ogni essere; per tal modo l'elezione naturale tenderà costantemente a rendere l'organizzazione di ogni essere più speciale e perfetta e in questo senso più elevata; essa tuttavia può lasciare e lascia semplici e immutate molte forme adatte a condizioni di vita molto semplici; anzi in certi casi essa degraderà e semplificherà l'organizzazione, lasciando così questi esseri degradati meglio adatti alle nuove loro circostanze. In altro modo più generale possiamo vedere che, secondo la teoria della elezione naturale, le forme più recenti tenderanno ad essere più elevate dei loro progenitori; perchè ogni nuova specie si forma coll'ottenere qualche vantaggio sulle altre forme preesistenti nella lotta per l'esistenza. Se gli abitanti eocenici di una parte del mondo, sotto un clima quasi uguale, fossero entrati in concorrenza cogli abitanti esistenti nella medesima o qualche altra parte del mondo, la fauna o la flora eocenica sarebbe certamente stata vinta ed esterminata, e così la fauna secondaria sarebbe dominata dalla fauna eocenica e la fauna paleozoica dalla secondaria. Così è per questa prova radicale della vittoria nella lotta per la vita, come per il grado di specialità degli organi, le forme moderne debbono essere più elevate delle forme antiche dipendentemente dalla teoria della elezione naturale. Questo fatto si verifica? La grande maggioranza dei paleontologi risponderebbe affermativamente; ma dopo aver letto le discussioni sostenute su questo argomento dal Lyell e le opinioni di Hooker riguardo alle piante, nel mio apprezzamento credo che ciò avvenga soltanto in una estensione limitata. Nulladimeno può presumersi che si avranno prove più decisive nelle future ricerche geologiche.

Contro questa conclusione non vale l'obbiettare che certi brachiopodi non furono che assai leggermente modificati da un periodo geologico assai remoto in poi; e che certi molluschi terrestri e di acqua dolce dall'epoca in cui, per quanto si sappia, sono apparsi per la prima volta, rimasero pressochè inalterati. Nè può opporsi come difficoltà insuperabile il fatto, su cui ha insistito il Carpenter, che cioè i foraminiferi dopo la formazione lorenzina non fecero alcun progresso: imperocchè alcuni organismi debbano appunto essere adattati a semplici condizioni di vita; e quali potevano esserlo meglio di quei protozoi di bassa organizzazione? Siffatte obbiezioni sarebbero fatali alla mia teoria, se includessero un progresso nella organizzazione come elemento necessario. Le nuocerebbe anche se, ad esempio, potesse provarsi che i suddetti foraminiferi siano apparsi la prima volta nell'epoca lorenzina, o i citati brachiopodi nella formazione cambriana; giacchè, se ciò fosse provato, non vi sarebbe stato il tempo sufficiente a raggiungere quel grado di sviluppo, a cui di poi questi organismi arrivarono. Quando lo sviluppo è arrivato ad un certo punto, secondo la teoria della elezione naturale, non sussiste la necessità che il processo sia continuato; tuttavia gli organismi saranno leggermente modificati in ciascuna delle età successive, affinchè possano conservare il loro posto tra le varianti condizioni di vita. Tutte queste obbiezioni si aggirano intorno alla domanda, se noi realmente sappiamo quanto vecchio sia il mondo ed in quali periodi le varie forme di vita siano apparse per la prima volta; e la risposta può ben essere negativa.

Il problema, se l'organizzazione nel complesso sia progredita, è sotto molti aspetti grandemente intricato. Le memorie geologiche, imperfette in ogni tempo, non si estendono abbastanza nel passato, a mio avviso, per dimostrare con evidenza incontrovertibile che, nei limiti della storia conosciuta del mondo, l'organizzazione ha progredito immensamente. Anche al presente, considerando i membri di una medesima classe, i naturalisti non sono unanimi nello stabilire quali sian le forme più elevate: così alcuni riguardano i selaci come i pesci più perfetti, perchè si avvicinano ai rettili in alcuni punti importanti della loro struttura; altri invece riguardano come più elevati i teleostei. I ganoidi sono intermedi fra i selaci e i teleostei; questi ultimi sono al presente largamente preponderanti in numero; ma anticamente esistevano soltanto i selaci e i ganoidi; e in tal caso secondo il tipo dl perfezione prescelto, potrà dirsi che i pesci hanno progredito o regredito nell'organizzazione. Sembra inutile lo studiarsi di paragonare nella scala progressiva degli esseri i membri dei tipi distinti; chi vorrà decidere se la seppia sia più elevata dell'ape - di quell'insetto che il grande Von Baer credeva essere, «in fatto di una organizzazione più perfetta del pesce, benchè sopra un atro tipo?». È credibile che nella complessa lotta per la vita i crostacei, per esempio, anche fra quelli che non sono i più elevati nella propria classe, possano battere i cefalopodi che sono i più perfetti fra i molluschi; e questi crostacei, benchè non abbiano uno sviluppo molto elevato, potrebbero occupare un posto molto alto nella scala degli animali invertebrati, se si giudicasse dietro il più decisivo di tutti gli altri indizi, cioè la legge della lotta. Prescindendo dalla difficoltà che incontriamo nel decidere quali forme siano le più avanzate nella organizzazione, noi dovremo paragonare fra loro, non solo i membri più elevati di una classe in due diversi periodi - benchè questo sia certamente uno dei più importanti elementi e forse il principale nel confronto, - ma anche tutti gli individui, superiori ed inferiori di questi due periodi. In un'epoca antica i molluschi più elevati e gli inferiori, vale a dire, i cefalopodi e i brachiopodi, formicolavano in gran numero; mentre al presente questi ordini furono ridotti immensamente; quando all'opposto altri ordini, intermedi nel grado dell'organizzazione, si accrebbero in vaste proporzioni. Conseguentemente alcuni naturalisti hanno sostenuto che i molluschi erano una volta assai più sviluppati e perfetti che oggi non siano; ma d'altronde potrebbe addursi un caso contrario e più fondato, quando si consideri la grande diminuzione avvenuta nei molluschi inferiori, e tanto più che i cefalopodi esistenti, benchè sì ristretti in numero, hanno una organizzazione più elevata dei loro antichi rappresentanti. Inoltre fa d'uopo considerare i numeri proporzionali rispettivi delle classi superiori ed inferiori nella popolazione del mondo corrispondenti ai due periodi; se, per esempio, oggi abbiamo cinquantamila specie di animali vertebrati e se sappiamo che a un'epoca anteriore non ne esistevano che diecimila, noi dobbiamo ritenere che codesto aumento nel numero delle classi più elevate implica un grande spostamento delle forme inferiori; e ciò forma un deciso progresso nell'organizzazione sul globo. Noi possiamo quindi desumere quanto insormontabile sia la difficoltà che si opporrà sempre nel confrontare con perfetta esattezza, sotto queste relazioni estremamente complesse, il grado dell'organizzazione delle faune imperfettamente conosciute dei successivi periodi della storia terrestre.

Si potrà apprezzare da un punto di vista più importante questa difficoltà con maggiore chiarezza, esaminando certe faune e flore ora esistenti. Dal modo veramente straordinario, con cui le produzioni europee si estesero sopra la Nuova Zelanda ed occuparono luoghi che prima dovevano contenere altre produzioni, possiamo supporre che, se tutti gli animali e tutte le piante della Gran Bretagna fossero collocati liberamente nella Nuova Zelanda, una moltitudine di forme dell'Inghilterra sarebbero nel corso del tempo naturalizzate in quella regione e distruggerebbero molte delle forme native. D'altra parte possiamo dubitare, da ciò che vediamo avvenire nella Nuova Zelanda e dal non trovarsi un solo abitante nell'emisfero meridionale divenuto selvaggio in qualche parte dell'Europa, che, se tutte le produzioni della Nuova Zelanda fossero allevate liberamente in Inghilterra, un numero considerevole di esse sarebbe per subentrare nei luoghi ora occupati dalle nostre piante e dai nostri animali indigeni. Sotto questo aspetto le produzioni della Gran Bretagna possono dirsi più elevate di quelle della Nuova Zelanda. Però il più abile naturalista non avrebbe potuto prevedere questo risultato, dietro l'esame delle specie dei due paesi.

Agassiz sostiene che gli animali antichi somigliano fino ad una certa estensione agli embrioni degli animali recenti della stessa classe; ossia che la successione geologica delle forme estinte è in certo grado parallela allo sviluppo embriologico delle forme recenti. Questa dottrina si accorda bene colla teoria dell'elezione naturale. In un prossimo capitolo io cercherò di provare che l'adulto differisce dal suo embrione, per variazioni sopravvenute nel corso della vita ed ereditate ad una età corrispondente. Questo processo, mentre lascia l'embrione quasi inalterato, aggiunge continuamente nuove differenze coll'adulto nel corso delle generazioni successive. Così l'embrione rimane come una specie di pittura, preservata dalla natura delle antiche condizioni meno modificate dell'animale. Questo concetto può essere vero, ma nondimeno non potrà mai aversene una piena prova. Quando si vede, per esempio, che i più antichi mammiferi conosciuti, i rettili e i pesci appartengono rigorosamente alle proprie classi, quantunque alcune di queste forme primitive siano in piccolo grado meno distinte fra loro dei membri tipici dei medesimi gruppi attualmente, sarebbe vano il cercare animali aventi il carattere embriologico comune dei vertebrati, finchè non si scoprano altri strati al disotto dei letti inferiori del periodo siluriano, - scoperta in vero poco probabile.

SULLA SUCCESSIONE DEI MEDESIMI TIPI NELLE STESSE AREE NEGLI ULTIMI PERIODI TERZIARI

Clift ha dimostrato, parecchi anni fa, che i mammiferi fossili delle caverne dell'Australia sono strettamente affini ai marsupiali di questo continente. Nell'America del Sud tale parentela è manifesta, anche ad un occhio inesperto, nei frammenti giganteschi di armature simili a quelle dell'armadillo, trovate in varie parti della Plata; e il prof. Owen ha dimostrato nel modo più convincente che la maggior parte dei mammiferi fossili sepolti colà in gran numero, sono analoghi ai tipi dell'America del Sud. Questa affinità apparisce anche più evidente nella stupenda collezione di ossa fossili fatta da Lund e Clausen nelle caverne del Brasile. Questi fatti mi fecero tanta impressione, che nel 1839 e nel 1845 io insistetti a tutt'uomo su questa «legge della successione dei tipi», - sopra «questa portentosa relazione nel medesimo continente fra le forme estinte e le viventi». Il prof. Owen ha poscia estesa la stessa generalizzazione ai mammiferi del vecchio mondo. Noi osserviamo la medesima legge nelle ricomposizioni, fatte da questo autore, degli uccelli estinti e giganteschi della Nuova Zelanda: come pure noi lo vediamo negli uccelli delle caverne del Brasile. Woodward ha provato che la stessa legge si verifica nelle conchiglie marine; ma per la vasta distribuzione della maggior parte dei generi dei molluschi essa non sussiste con uguale certezza pei medesimi. Potrebbero inoltre aggiungersi altri casi, come la relazione fra i molluschi terrestri estinti e viventi di Madera e fra i molluschi estinti e gli esistenti delle acque salmastre del mare Aral-Caspio.

Ora che cosa significa questa legge rimarchevole della successione dei medesimi tipi nelle medesime superfici? Dovrebbe essere un uomo ben ardito colui, che, dopo di aver confrontato il presente clima dell'Australia e delle parti dell'America meridionale che hanno la stessa latitudine, tentasse di spiegare, da una parte colle dissimili condizioni fisiche la dissomiglianza degli abitanti di questi due continenti, e dall'altra parte la uniformità degli stessi tipi in ciascuno di essi durante gli ultimi periodi terziari colla parità delle condizioni fisiche. Nè potrebbe pretendersi che sia una legge invariabile quella, per cui i marsupiali debbano essere stati principalmente od esclusivamente propri dell'Australia; o che gli sdentati ed altri tipi americani si siano solamente prodotti nell'America meridionale. Perchè noi sappiamo che l'Europa nei tempi antichi era popolata da numerosi marsupiali; ed io ho dimostrato, nelle pubblicazioni precedentemente citate, che nell'America la legge di distribuzione dei mammiferi terrestri era anticamente diversa da quella che oggi si osserva. L'America settentrionale presentava in altri tempi molti dei caratteri attuali della metà meridionale di questo continente; e la metà meridionale era una volta più strettamente affine che oggi non sia, alla metà settentrionale. Così sappiamo dalle scoperte di Falconer e di Cautley, che i mammiferi dell'India settentrionale erano nei tempi primitivi più prossimi a quelli dell'Africa che non siano al presente. Abbiamo inoltre dei fatti analoghi rispetto alla distribuzione degli animali marini.

Secondo la teoria della discendenza con modificazioni, la grande legge della successione prolungata, ma non immutabile degli stessi tipi sulle medesime regioni, viene tosto chiarita; perchè gli abitanti di ogni parte del mondo tenderanno facilmente a rimanere e propagarsi in quelle parti, nei periodi immediatamente posteriori, lasciando una progenie strettamente affine, benchè modificata di qualche grado. Se gli abitanti di un continente anticamente erano molto diversi da quelli di un altro continente, anche i loro discendenti modificati differiranno quasi nella stessa maniera e al medesimo grado. Ma dopo intervalli di tempo molto lunghi, e dopo i grandi cambiamenti geografici che permettano molte migrazioni da una regione all'altra, le forme più deboli cederanno il posto alle più dominanti, e non vi sarà nulla di immutabile nelle leggi della distribuzione passata e presente.

Potrebbe chiedersi ironicamente se io supponga che il megaterio ed altri mostri giganteschi affini abbiano lasciato dietro di sè nell'America meridionale l'armadillo pigro e il formichiere quali discendenti degeneri. Ciò non potrebbe ammettersi in modo alcuno. Questi giganteschi animali rimasero estinti interamente e non lasciarono veruna progenie. Ma nelle caverne del Brasile vi sono molte specie estinte che sono in relazione intima, per la loro grandezza e per gli altri caratteri, colle specie che attualmente esistono nell'America meridionale: e alcuni di questi fossili possono essere i diretti progenitori delle specie viventi. Nè deve dimenticarsi che, secondo la mia teoria, tutte le specie di un medesimo genere sono derivate da una sola specie anteriore; per modo che se si trovassero in una formazione geologica dei generi, comprendenti otto specie per ciascuno, nella formazione immediatamente vicina si avessero sei altri generi affini o rappresentativi, col medesimo numero di specie, allora noi potremmo concludere che una specie sola, di ciascuno dei sei generi precedenti produsse dei discendenti modificati, che costituirono i sei nuovi generi. Le altre sette specie di generi antichi si sarebbero spente e non avrebbero lasciato progenie. Ora, probabilmente, potrebbe avvenire un caso più comune, cioè che due o tre specie, di due o tre soltanto dei sei generi primitivi, fossero state i progenitori dei sei nuovi generi: essendosi estinte le altre specie antiche e tutti gli altri generi primitivi. Negli ordini che sono in decadenza, i generi e le specie dei quali diminuiscono di numero, come pare sia il caso degli sdentati dell'America meridionale, saranno anche meno numerosi i generi e le specie che avranno lasciato dei discendenti diretti modificati.

SOMMARIO DI QUESTO CAPO E DEL PRECEDENTE

Mi sono studiato di provare che le memorie e gli avanzi geologici sono sommamente imperfetti; che solo una piccola porzione del globo fu esplorata geologicamente a dovere; che certe classi soltanto di esseri organizzati furono largamente conservate in uno stato fossile; che il numero degli avanzi fossili e delle specie che si custodiscono nei nostri musei è assolutamente un nulla, in confronto del numero incalcolabile di generazioni che debbono essere passate, anche durante una sola formazione; che enormi intervalli di tempo separano quasi tutte le nostre formazioni consecutive, per essere l'abbassamento del suolo quasi necessario perchè si accumulino depositi ricchi di fossili e abbastanza elevati da resistere alle degradazioni future; che probabilmente l'estinzione doveva essere maggiore nei periodi di abbassamento, e la variazione più forte nei periodi di sollevamento, nei quali i resti fossili si saranno conservati meno perfettamente; che ogni singola formazione non si è accumulata per mezzo di una deposizione continua; che la durata di ogni formazione forse è corta in confronto della durata media delle forme specifiche; che la migrazione ha esercitato una influenza importante sulla prima apparizione di forme nuove in ogni regione e in ogni formazione; che le specie ampiamente diffuse sono quelle che variarono maggiormente e che più spesso diedero origine a nuove specie; e che le varietà furono dapprima semplicemente locali. E finalmente, sebbene ogni specie abbia dovuto passare per molti stadii transitorii, è probabile che i periodi, nei quali ciascuna abbia subìto delle modificazioni, siano stati numerosi e lunghi misurandoli cogli anni, ma invece brevi se si confrontino coi periodi, nei quali rimase inalterata. Tutte queste cause insieme possono spiegare in massima parte perchè tra le specie di un gruppo noi troviamo bensì molte forme intermedie, ma non si rinvengono infinite serie di varietà che a gradi insensibili collegano insieme le forme estinte e le attuali. Non si deve poi dimenticare che se fossero trovate delle varietà intermedie tra due o più forme, esse sarebbero considerate come altrettante specie nuove e distinte, ove non si potesse stabilire l'intera catena; giacchè non possiamo sostenere di conoscere un esatto criterio per distinguere le specie dalle varietà.

Chi respingerà queste idee sulla natura delle memorie geologiche, non ammetterà per certo la mia teoria. Perchè invano si chiederebbe dove siano i legami transitorii infiniti che dovettero connettere fin da principio le specie strettamente affini o rappresentative, trovate nei vari strati di una stessa grande formazione. Egli potrà negare gli enormi intervalli di tempo trascorsi fra le nostre formazioni consecutive; egli non terrà conto dell'importanza degli effetti della migrazione; quando si considerano isolatamente le formazioni di qualche grande regione, come quelle dell'Europa; egli potrà da ultimo opporre la venuta improvvisa ed apparente, ma spesso falsamente apparente, di interi gruppi di specie. Egli chiederà dove siano gli avanzi di questi organismi infinitamente numerosi che esistettero molto tempo prima che lo strato più antico del sistema siluriano fosse depositato. Io non posso rispondere che in via d'ipotesi a quest'ultima questione, cioè col dire che, per quanto noi possiamo vedere, i nostri oceani rimasero per un periodo enorme dove oggi si estendono, e che dove ora abbiamo i nostri continenti oscillanti, questi vi si trovavano fino dall'epoca siluriana; ma che, assai prima di questo periodo, il mondo può avere presentato un aspetto interamente diverso; e che i continenti più antichi, composti di formazioni più vecchie di quelle che conosciamo, possono essere tutti al presente in uno stato metamorfico, o trovarsi sepolti sotto l'Oceano.

Oltrepassando queste difficoltà, gli altri fatti principali della paleontologia mi sembrano facili a dedurre dalla teoria della

---

discendenza con modificazioni per mezzo dell'elezione naturale. Per tal modo noi comprendiamo come si formino lentamente e successivamente le specie nuove; come le specie delle diverse classi non debbano di necessità trasformarsi simultaneamente sia colla stessa rapidità, sia fino ad uno stesso grado, quantunque tutte nel lungo corso dei tempi siano soggette a modificazioni di qualche importanza. La estinzione di forme antiche è la conseguenza inevitabile della produzione di nuove forme. Possiamo comprendere per qual motivo, quando una specie sia scomparsa una volta, più non ritorni. I gruppi di specie crescono di numero lentamente e durano per intervalli di tempo disuguali, e così il processo di modificazione è necessariamente lento e dipende da molte circostanze complesse. Le specie dominanti dei gruppi più vasti tendono a lasciare molti discendenti modificati, e così si formano nuovi sotto-gruppi e nuovi gruppi. Quando questi nuovi gruppi sono formati, le specie dei gruppi meno vigorosi, per la inferiorità loro trasmessa dal progenitore comune, tendono ad estinguersi insieme e non lasciano una progenie modificata sulla faccia della terra. Ma l'estinzione completa di un intero gruppo di specie può spesso avvenire mediante un processo molto più lento, perchè alcuni discendenti potranno sopravvivere stentatamente in una situazione isolata e protetta. Quando un gruppo è scomparso completamente, non può rinnovarsi, per essersi interrotta la sequela della generazione.

È facile comprendere come le forme di vita dominanti, che sono ampiamente diffuse e quelle che variano più di sovente, a lungo andare tenderanno a popolare il mondo coi discendenti affini ma modificati; e questi generalmente riusciranno a surrogare quei gruppi di specie che sono ad essi inferiori nella lotta per l'esistenza. Quindi, dopo lunghi intervalli di tempo, le produzioni del mondo sembreranno cambiate simultaneamente.

Così possiamo arguire come avvenga che tutte le forme di vita antiche e recenti, formino assieme un grande sistema; perchè tutte sono collegate per mezzo della generazione. Per la continua tendenza alla divergenza dei caratteri si spiega per qual motivo quanto più antica è una forma, essa generalmente differisce tanto più dalle forme attuali. Perchè le forme antiche ed estinte spesso servono a riempire le lacune fra le forme viventi, talvolta anche rannodando due gruppi in un solo, mentre prima si riguardavano come distinti; ma più comunemente soltanto riaccostandoli un po' più strettamente fra loro. Le forme più antiche apparentemente spiegano più spesso dei caratteri in certo grado intermedi fra quei gruppi che oggi sono distinti; perchè quanto più antica è una forma, ha delle relazioni più strette col progenitore comune dei gruppi, e per conseguenza ha col medesimo una somiglianza maggiore, essendo poscia divenuta più divergente. Le forme estinte di rado sono direttamente intermedie fra le forme esistenti; ma lo sono soltanto dietro un passaggio lungo e tortuoso per molte altre forme estinte e differenti. È chiara da ciò la ragione del trovarsi gli avanzi organici delle formazioni immediatamente consecutive più affini fra loro di quelli delle formazioni separate; perchè le forme sono più strettamente collegate insieme per mezzo della generazione: e quindi è evidente che gli avanzi di una formazione intermedia debbono essere intermedi nei loro caratteri.

Gli abitanti di ogni periodo successivo nella storia del mondo debbono aver dominato i loro predecessori nella lotta per l'esistenza, essi perciò sono più elevati nella scala della natura e la loro struttura sarà divenuta generalmente più speciale ad ogni funzione; e ciò vale a spiegare l'opinione generalmente professata dai paleontologi, che cioè l'organizzazione nel suo complesso abbia progredito. Gli animali estinti e geologicamente antichi somigliano fino ad un certo punto agli embrioni degli animali più recenti della medesima classe, e questo fatto maraviglioso trova una facile spiegazione nella nostra teoria. La successione dei medesimi tipi di struttura sulle medesime superfici negli ultimi periodi geologici non è più misteriosa e si spiega semplicemente per mezzo della ereditabilità.

Se le memorie geologiche sono dunque imperfette, come molti credono (e potrebbe almeno dirsi che non è possibile provare che tali memorie siano molto più perfette), le obbiezioni principali contro la teoria dell'elezione naturale sono grandemente diminuite e confutate interamente. Del resto tutte le principali leggi della paleontologia proclamano esplicitamente, a mio avviso, che le specie furono prodotte per mezzo della generazione ordinaria; le vecchie forme essendo state supplantate da nuove forme di vita perfezionate, prodotte dalla variazione e dalla sopravvivenza del più adatto.

CAPO XII

DISTRIBUZIONE GEOGRAFICA

La presente distribuzione non può spiegarsi per mezzo delle differenti condizioni fisiche - Importanza delle barriere - Affinità delle produzioni del medesimo continente - Centri di creazione - Mezzi di dispersione per cambiamenti del clima e del livello della terra e per circostanze accidentali - Dispersione avvenuta durante il periodo glaciale - Alternanza dei periodi glaciali al Nord e al Sud.

Considerando la distribuzione degli esseri organizzati sulla superficie del globo, il primo fatto rilevante che richiama la nostra attenzione è quello che la somiglianza o la diversità degli abitanti delle varie regioni non può attribuirsi alle loro condizioni climatologiche, nè ad altre condizioni fisiche. Quasi tutti gli autori che recentemente studiarono codesto argomento pervennero a questa conclusione. Il solo caso dell'America basterebbe a provare la verità di questa proposizione, perchè se escludiamo le parti settentrionali, in cui le terre circumpolari sono quasi continue, tutti gli autori convengono che una delle divisioni più fondamentali nella distribuzione geografica è quella che esiste fra il nuovo mondo e il vecchio. Però se noi viaggiamo sopra il vasto continente americano, dalle parti centrali degli Stati Uniti fino all'estremo punto meridionale di quel continente, noi incontriamo le condizioni più disparate; distretti umidissimi, aridi deserti, alte montagne, pianure erbose, foreste, paludi, laghi e grandi fiumi, con tutte le temperature possibili. Nel vecchio continente non vi è certamente un clima, nè una condizione che non abbia il suo riscontro nel nuovo mondo, - almeno con quelle relazioni più intime che generalmente esige la medesima specie; perchè gli è uno dei casi più rari quello di trovare un gruppo di organismi confinati in un luogo piccolo, il quale abbia delle condizioni peculiari, anche solo in menomo grado; per esempio, potrebbero citarsi delle piccole superfici nel vecchio mondo assai più calde di qualunque altra dell'America, le quali ciò non ostante non sono abitate da una fauna o da una flora speciale. Nonostante questo parallelismo nelle condizioni del vecchio mondo e del nuovo, quanto non sono differenti le loro produzioni attuali! Quando noi confrontiamo sull'emisfero meridionale dei grandi tratti di terra dell'Australia, dell'Africa meridionale, e dell'America meridionale occidentale, fra le latitudini di 25° e 35°, noi troviamo quelle parti estremamente conformi in tutte le loro condizioni, quantunque non sia possibile indicare tre faune e tre flore più dissimili. Se facciasi il paragone delle produzioni dell'America meridionale al 35° di latitudine sud, con quelle al 25° di latitudine nord, le quali conseguentemente stanno sotto un clima molto diverso, si osserva che esse sono assai più strettamente connesse fra loro che non lo siano le produzioni dell'Australia e dell'Africa, sotto un clima quasi uguale. Altri fatti analoghi si notano rispetto agli abitanti del mare.

Un secondo fatto segnalato che si presenta nella nostra rivista generale è che le barriere d'ogni sorta e gli ostacoli alla libera migrazione sono in rapporti stretti ed importanti colle differenze fra le produzioni delle varie regioni. Noi lo vediamo nella differenza grande di quasi tutte le produzioni terrestri dei due mondi, tranne le parti settentrionali dove le terre sono quasi congiunte e dove, sotto un clima leggermente diverso, debbono essere avvenute libere migrazioni per le forme adatte alle regioni temperate del nord, come oggi può verificarsi per le produzioni esclusivamente artiche. Lo stesso fatto si osserva nella differenza notevole esistente fra gli abitanti dell'Australia, dell'Africa e dell'America meridionale alle medesime latitudini: perchè queste contrade sono isolate fra loro nel miglior modo possibile. Anche sopra ciascun continente si trova il medesimo fatto; perchè sui lati opposti di una catena di montagne alte e continue, sui termini dei grandi deserti, e talora anche alle due sponde dei larghi fiumi si incontrano produzioni differenti. Ma poichè le catene di montagne, i deserti, ecc., non sono barriere insormontabili e non esistono da sì lungo tempo come i mari che si frappongono ai continenti, le differenze sono in grado inferiore a quelle che riscontransi nei diversi continenti.

Se ora esaminiamo il mare, troviamo la stessa legge. Le faune marine delle coste orientali ed occidentali dell'America meridionale e centrale sono assai diverse; assai poche specie di molluschi, di crostacei e di echinodermi sono loro comuni; il Günther però ha recentemente dimostrato che ai lati opposti dell'istmo di Panama circa il 30 per 100 delle specie sono le medesime, e questo fatto ha condotto alcuni naturalisti all'idea che l'istmo fosse prima aperto. A ponente delle coste di America si estende la vasta superficie di un oceano aperto, senza un'isola che possa servire di stazione agli emigranti; al di là abbiamo delle barriere di un'altra fatta e, non appena oltrepassato questo mare, noi incontriamo nelle isole orientali del Pacifico un'altra fauna totalmente distinta. Per modo che noi vediamo qui tre faune marine distribuite dal nord al sud in linee parallele, non lontane l'una dall'altra, e in climi corrispondenti; ma, essendo separate da barriere insuperabili di terra o di mare aperto, esse sono affatto distinte. Procedendo poi più verso ponente, oltre le isole orientali delle parti tropicali del Pacifico, non incontriamo barriere insuperabili ed invece troviamo innumerevoli isole come luoghi di fermata, o coste continue, finchè giungiamo alle coste d'Africa dopo di avere traversato un emisfero; e in questo vasto spazio noi vediamo delle faune marine non bene definite nè distinte. Benchè sì pochi animali marini siano comuni alle tre faune prossime, ora nominate, dell'America orientale ed occidentale e delle isole del Pacifico orientale, pure molti pesci si estendono dal mare Pacifico fino al mare delle Indie, e molti molluschi sono comuni alle isole orientali del Pacifico ed alle coste orientali dell'Africa, sotto meridiani quasi esattamente opposti.

Un terzo fatto grande, che in parte si comprende nei riflessi precedenti, è l'affinità delle produzioni del medesimo continente o di uno stesso mare, quantunque le specie siano distinte nei loro vari punti e nelle loro varie stazioni. È questa una legge della maggiore generalità, ed ogni continente ne offre innumerevoli esempi. Nondimeno il naturalista viaggiando, per esempio, dal nord al sud, non può mancare di riflettere al modo, secondo il quale i gruppi successivi degli esseri specificamente distinti, ed evidentemente affini, si rimpiazzano l'uno coll'altro. Egli vedrà delle razze distinte di uccelli, fra loro molto affini, dotati di un canto simile, che costruiscono i loro nidi in un modo analogo, e che hanno uova colorate quasi nello stesso modo. Le pianure vicine allo stretto di Magellano sono abitate da una specie di Rhea (struzzo americano), e al nord delle pianure della Plata vive un'altra specie del medesimo genere; e non vi si trova alcuno struzzo vero, nè casoar elmuto, i quali stanno sotto la medesima latitudine in Africa ed in Australia. In queste medesime pianure della Plata noi vediamo l'Agouti e il Bizcacha, animali che hanno abitudini quasi uguali a quelle delle nostre lepri e dei nostri conigli e appartengono al medesimo ordine dei roditori, ma posseggono un tipo d'organizzazione perfettamente americano. Se ascendiamo gli alti picchi delle Cordigliere, troviamo una specie alpina di Bizcacha; e se esaminiamo le acque noi non troviamo il castoro o il tipo muschiato, ma il Coypu ed il Capybara, che sono roditori del tipo americano. Si potrebbero citare moltissimi altri esempi. Se consideriamo le isole lungo le coste americane per quanto esse differiscano nella struttura geologica, i loro abitanti, sebbene possano formare altrettante specie particolari, sono essenzialmente del tipo americano. Or risaliamo addietro fino alle epoche passate, e vedremo (come si dimostrò nel capo precedente) che i tipi americani saranno prevalenti sul continente e nei mari dell'America. In questi fatti noi ravvisiamo qualche profonda connessione organica, la quale prevale nello spazio e nel tempo, sopra le regioni terrestri ed acquee, e rimane indipendente dalle loro condizioni fisiche. Dovrebbe essere ben poco curioso quel naturalista che non si sentisse ispirato a ricercare quale sia questa relazione.

Secondo la mia teoria, questa connessione è semplicemente la ereditabilità, la quale produce, per quanto noi sappiamo positivamente, organismi affatto simili, ovvero, come avviene nel caso delle varietà, quasi simili fra loro. La dissomiglianza degli abitanti di diverse regioni può attribuirsi alle modificazioni ottenute mediante l'elezione naturale e, in grado assai minore, all'influenza diretta delle condizioni fisiche. Il grado di tale dissomiglianza dipenderà dalla migrazione delle forme di vita più dominanti da una regione in un'altra, dall'essere avvenuta questa migrazione più o meno rapidamente e in tempi più o meno remoti, - dalla natura e dal numero delle forme che più anticamente immigrarono - e dalla loro azione o reazione nelle mutue loro lotte per l'esistenza, essendo la relazione fra organismo ed organismo la più rilevante di tutte le relazioni, come ho notato altrove. Così la grande importanza delle barriere consiste negl'impedimenti che esse frappongono alla migrazione; sono dunque un elemento non meno essenziale di quello del tempo, per il lento processo delle modificazioni mediante l'elezione naturale. Le specie molto estese, ricche di individui, che già trionfarono contro molti competitori nelle vaste regioni da esse occupate, avranno quindi una probabilità maggiore di prendere nuovi posti, quando si diffondessero in nuovi paesi. Nel nuovo loro soggiorno saranno esposte a condizioni nuove, e frequentemente andranno soggette ad ulteriori modificazioni e perfezionamenti; per tal modo diverranno sempre più vittoriose e produrranno nuovi gruppi di discendenti modificati. Con questo principio della ereditabilità delle modificazioni, è facile intendere perchè alcune sezioni di generi, come pure dei generi interi, ed anche delle famiglie, siano confinate nelle stesse aree, come si osserva comunemente.

Io non credo che esista una legge di sviluppo necessario, come notai nell'ultimo capo. Siccome la variabilità di ogni specie è una facoltà indipendente, e contribuirà colla elezione naturale al miglioramento dell'individuo sol quando sia vantaggiosa all'individuo stesso nella sua lotta complessa per l'esistenza, così il grado di modificazione nelle specie differenti non sarà uniforme. Se, per esempio, un certo numero di specie, che sono in concorrenza diretta con tutte le altre, emigrasse in corpo in una nuova regione la quale in seguito divenisse isolata, esse non sarebbero soggette a modificazioni che in piccolo grado; perchè nè la migrazione, nè l'isolamento in sè possono recare alcuna conseguenza. Questi principii influiscono solamente nel mettere gli organismi in nuove relazioni scambievoli e, in grado assai minore, per le loro relazioni colle condizioni fisiche della regione. Nell'ultimo capitolo abbiamo veduto che alcune forme hanno conservato caratteri quasi uguali, fino da un periodo geologico immensamente remoto; nello stesso modo certe specie emigrarono sopra vasti paesi e non si modificarono gran fatto, o rimasero inalterate.

Secondo questi concetti è chiaro che le diverse specie di un medesimo genere, benchè dimorino nelle parti più distanti del mondo, debbono in origine essere partite da una stessa sorgente, essere prodotte dal medesimo progenitore. Rispetto poi a quelle specie, che negli interi periodi geologici non subirono che piccole modificazioni, non è improbabile che emigrassero da una stessa regione; perchè nei grandi cambiamenti geografici e climatologici che avvennero dai tempi più antichi, tali migrazioni poterono effettuarsi. Ma in molti altri casi, nei quali abbiamo ragione di pensare che le specie di un genere furono prodotte in epoche relativamente più vicine a noi, questa difficoltà diviene molto grave. Ora è anche evidente che gl'individui della medesima specie, benchè oggi si trovino in regioni distanti ed isolate, debbono essere partiti da un luogo solo, quello cioè in cui i loro progenitori furono prodotti; perchè, come si disse nell'ultimo capitolo, è incredibile che individui identici possano essersi formati, mediante la elezione naturale, da parenti specificamente diversi.

SINGOLI CENTRI DI SUPPOSTA CREAZIONE

Frattanto noi siamo giunti alla questione se le specie siano state create in un solo punto o in diversi punti della superficie della terra; questione che è stata ampiamente discussa dai naturalisti. Certamente vi sono molti casi, nei quali riesce assai difficile il comprendere, come una medesima specie possa avere emigrato da qualche punto nei diversi luoghi distanti ed isolati in cui attualmente si trova. Eppure la semplicità dell'idea che ogni specie fu in origine prodotta in una sola regione appaga lo spirito. Chi la respinge nega la vera causa della generazione ordinaria, insieme alla migrazione susseguente, e ricorre all'azione di un miracolo. Generalmente si ammette che, nella pluralità dei casi, l'area abitata da una specie sia continua; e quando una pianta o un animale abita due punti tanto lontani l'uno dall'altro, o separati da un intervallo di tal sorta che non può essere agevolmente sorpassato colla migrazione, questo fatto si riguarda come una cosa rimarchevole ed eccezionale. La capacità di emigrare attraverso il mare è forse limitata più distintamente nei mammiferi terrestri che in tutti gli altri esseri organizzati; e perciò non abbiamo alcun caso di mammiferi che abitino luoghi assai distanti sul globo. Non vi sarà geologo che dubiti, riguardo a questo soggetto, che la Gran Bretagna non fosse un tempo unita all'Europa, e per questo motivo possieda i medesimi quadrupedi. Ma se le stesse specie possono essere prodotte in due punti separati, perchè non troveremo noi un solo mammifero comune all'Europa e all'Australia, o all'America meridionale? Le condizioni della vita sono quasi uguali, per modo che una moltitudine di animali europei e di piante furono naturalizzati in America e nell'Australia, ed alcune di queste piante aborigene sono assolutamente identiche nei luoghi più distanti dell'emisfero boreale e dell'australe? La risposta, che credo sia calzante, consiste in ciò, che i mammiferi non sono atti ad emigrare, e che per l'opposto alcune piante, coi loro diversi mezzi di dispersione, valicarono gli estesi ed interrotti spazi frapposti. La grande e decisa influenza che le barriere d'ogni fatta esercitarono sulla distribuzione, si spiega soltanto nell'ipotesi che la grande maggioranza delle specie avesse origine da una parte sola, e che non fossero tutte capaci di emigrare dall'altra parte. Alcune poche famiglie, molte sotto-famiglie, un gran numero di generi e una quantità anche maggiore di sezioni di generi, sono circoscritte in una sola regione; e parecchi naturalisti hanno osservato che i generi più naturali, vale a dire quei generi in cui le specie sono più affini fra loro, generalmente sono locali, oppure che, ove siano molto estesi, la loro estensione è continua. Quale strana anomalia non sarebbe, se, discendendo di un grado più basso nella serie fino agl'individui di una stessa specie, una regola direttamente opposta prevalesse; e le specie non fossero locali, ma bensì prodotte in due o più aree affatto distinte!

Quindi mi sembra, e in ciò concordemente con molti altri naturalisti, che la supposizione più probabile sia che ogni specie sia stata prodotta in una sola regione, dalla quale abbia poi emigrato di mano in mano che lo permisero le sue attitudini ad emigrare e i suoi mezzi di esistenza, sotto le condizioni passate e presenti. Certamente conosciamo molti casi in cui non si sa spiegare in che modo una medesima specie possa essere passata da un punto ad un altro. Ma i cambiamenti geografici e climatologici, che avvennero certamente nelle recenti epoche geologiche, debbono avere interrotta o avere resa discontinua la estensione di molte specie che in origine era continua. Per modo che noi siamo ridotti a considerare se le eccezioni alla continuità della estensione siano tanto frequenti e sì gravi che ci costringano ad abbandonare l'opinione, resa probabile dalle considerazioni generali, che ogni specie fu prodotta in una sola area e da quella emigrò fin dove potè giungere. Sarebbe inutilmente tedioso il discutere tutti i casi eccezionali di quelle specie che ora vivono in luoghi separati e distinti; nè pel momento pretendo che possa darsi qualche spiegazione a molti di questi casi. Ma, dopo alcune osservazioni preliminari, discuterò alquanto sopra parecchie delle più stringenti categorie di fatti; vale a dire l'esistenza di una stessa specie sulle cime delle catene di monti molto lontane, e in luoghi distanti delle regioni artiche ed antartiche; indi (nel capo seguente) la vasta distribuzione delle produzioni di acqua dolce; in terzo luogo la presenza delle medesime specie terrestri sulle isole e nei continenti, benchè separate da centinaia di miglia di mare aperto. Se la esistenza delle stesse specie in punti distanti ed isolati della superficie terrestre può in molti casi spiegarsi, partendo dal principio che ogni specie abbia migrato da un solo centro di origine: allora, ove si rifletta alla nostra ignoranza riguardo agli antichi mutamenti climatologici e geografici e ai diversi mezzi accidentali di trasporto, mi pare incomparabilmente più sicura l'opinione che questa sia la regola generale.

Nel discutere questo argomento potremo nel medesimo tempo considerare un punto ugualmente importante per noi, cioè, se le varie specie distinte di un genere, le quali secondo la mia teoria sono tutte derivate da un progenitore comune, possano essersi allontanate dall'area abitata dal loro progenitore (soggiacendo a modificazioni durante qualche fase della loro migrazione). Se potesse dimostrarsi che avviene quasi invariabilmente che una regione, in cui la massima parte degli abitanti si trova in stretti rapporti od appartiene ai medesimi generi delle specie di una seconda regione, probabilmente ricevette in qualche antico periodo degli immigranti provenienti da questa regione, la mia teoria ne sarebbe rafforzata; perchè allora sarebbe assai facile capire, seguendo il principio delle modificazioni ereditarie, in che modo gli abitanti di una regione potessero presentare qualche affinità con quelli di un'altra dalla quale trassero origine. Un'isola vulcanica, per esempio, sollevata e formata a poche centinaia di miglia dal continente, probabilmente ne riceverebbe nel corso dei tempi alcuni abitatori, e i loro discendenti, benchè modificati, sarebbero ancora affini manifestamente, per l'eredità, cogli abitanti di quel continente. I fatti di tal natura sono comuni e rimangono inesplicabili secondo l'ipotesi delle creazioni indipendenti, come vedremo in seguito più completamente. Questa idea delle relazioni esistenti fra le specie di una regione e quelle di un'altra, non differisce molto (sostituendo alla parola specie la parola varietà) da quella che recentemente fu esposta in uno scritto ingegnoso del Wallace, nel quale egli concludeva: «Ogni specie ha avuto un'origine coincidente, vuoi per il luogo, vuoi per il tempo, con quella di una specie molto affine». Ed io ora so, per una corrispondenza scambiata con lui, che egli attribuisce questa coincidenza alla generazione diretta, con successive modificazioni.

Le precedenti osservazioni sui «centri di creazione singoli e multipli» non risolvono direttamente un'altra questione congenere, cioè, se tutti gl'individui di una stessa specie siano provenuti da una sola coppia, o da un solo ermafrodito, oppure se discendano da molti individui creati simultaneamente, come alcuni autori hanno supposto. Rispetto a quegli esseri organici che non s'incrociano mai (quando ciò sussista), seconda la mia teoria, le specie debbono essersi formate per una successione di varietà perfezionate, che non si saranno mai congiunte con altri individui o varietà, ma che si saranno surrogate l'una dopo l'altra; cosicchè, ad ogni successivo stadio di modificazione e di perfezionamento, tutti gli individui di ogni varietà sarebbero derivati da un solo parente. Ma nel maggior numero dei casi, cioè riguardo a tutti quegli organismi che abitualmente si accoppiano per ogni riproduzione o che spesso si incrociano, io credo che durante il lento processo di modificazione gl'individui di ogni specie si saranno conservati quasi uniformi coll'incrociamento, per modo che molti individui si saranno modificati simultaneamente, e tutto il complesso delle loro modificazioni non dovrà attribuirsi, in ogni stadio, alla discendenza da un solo progenitore. Per chiarire il mio concetto dirò che i nostri cavalli inglesi da corsa differiscono leggermente da quelli delle altre razze; ma essi non debbono la loro differenza e la loro superiorità alla provenienza da una sola coppia, ma alla cura continua nello scegliere ed addestrare molti individui nel corso di molte generazioni.

Prima di discutere le tre classi di fatti da me scelti perchè offrono la maggiore difficoltà nella teoria dei «singoli centri di creazione», debbo dire poche parole sui mezzi della dispersione.

MEZZI DI DISPERSIONE

C. Lyell ed altri autori trattarono abilmente di questo soggetto. Qui posso fare soltanto un brevissimo estratto dei fatti più importanti. Il cambiamento di clima deve avere esercitato una grande influenza sulla migrazione. Quando il clima era diverso in una regione, la migrazione poteva compiersi in una grande scala, mentre attualmente il passaggio è impedito; io dovrò nullameno discutere questo ramo del soggetto con qualche dettaglio. I mutamenti di livello nel suolo avranno potuto riescire altamente efficaci. Uno stretto istmo, ad esempio, attualmente separa due faune marine; supponiamo che si sommerga o che sia stato sommerso in altre epoche e le due faune si mescoleranno o potranno essersi confuse anticamente. Dove oggi si estende il mare possono essere state congiunte le isole ed anche i continenti fra loro, e così le produzioni terrestri erano libere di passare da un luogo all'altro. Nessun geologo contesterà che nel periodo degli organismi esistenti avvennero grandi oscillazioni di livello. Edoardo Forbes sostiene che tutte le isole dell'Atlantico erano recentemente unite all'Europa o all'Africa, e così che l'Europa si congiungeva coll'America. Alcuni autori hanno anche supposto che esistettero delle terre a guisa di ponti in ogni mare le quali legavano quasi tutte le isole ai continenti. Se dovessero confermarsi gli argomenti addotti dal Forbes, si dovrebbe ammettere che non esiste forse un'isola sola che non fosse in epoca recente unita a qualche continente. Questa opinione taglia il nodo Gordiano della dispersione delle medesime specie nei punti più distanti e rimuove molte difficoltà; ma, per quanto mi è dato giudicare, noi non siamo autorizzati ad ammettere queste enormi mutazioni geografiche nel periodo recente delle specie attuali. Mi sembra che non ci manchino molte prove delle grandi oscillazioni di livello dei nostri continenti; ma non già di cambiamenti così vasti nella loro posizione ed estensione quali avrebbero per fermo dovuto verificarsi, quando nel periodo recente essi fossero stati congiunti l'uno coll'altro e colle diverse isole oceaniche interposte. Io ammetto pienamente l'esistenza primitiva di molte isole che ora giacciono sotto il mare, le quali possono aver servito come luoghi di riposo alle piante e a molti animali nella loro migrazione. Nei mari in cui si produce il corallo, queste isole sommerse sono presentemente indicate dai banchi circolari di corallo o dagli atolli che lo sormontano. Quando si potrà stabilire completamente, e credo che un giorno vi giungeremo, che ciascuna specie è partita da un solo punto di origine, e quando, nel corso del tempo, noi impareremo qualche cosa di preciso intorno ai mezzi di distribuzione, allora saremo in caso di speculare con sicurezza quale sia stata la primitiva estensione delle terre.

Ma non credo che si arriverà mai a provare che i continenti, che sono al presente affatto separati, abbiano potuto in un'epoca ancora recente essere uniti fra loro senza interruzione o quasi in continuità; e che si congiungessero inoltre colle molte isole oceaniche esistenti. Parecchi fatti riguardanti la distribuzione mi sembrano contrari all'opinione di quelle prodigiose rivoluzioni geografiche nel periodo recente, considerate necessarie secondo le idee esposte dal Forbes ed appoggiate dai molti suoi seguaci. Questi fatti sono: la grande differenza delle faune marine sui lati opposti di ogni continente, l'intima relazione degli abitanti terziari di parecchie terre ed anche di diversi mari coi loro abitanti attuali; un certo grado di relazione fra la distribuzione dei mammiferi e la profondità del mare (come vedremo fra poco), ed altri fatti analoghi. La natura e le proporzioni relative degli abitanti delle isole oceaniche mi sembrano pure in opposizione coll'ipotesi dell'antica loro continuità coi continenti. Anche la loro composizione, quasi universalmente vulcanica, viene a contrastare coll'idea che esse siano frammenti di continenti sommersi; e quando esse fossero esistite come catene di monti sulle terre, alcune almeno di queste isole sarebbero formate di granito, di schisti metamorfici, di antiche roccie fossilifere ed altre roccie consimili, come le altre elevazioni montuose, invece di essere semplici coni di materie vulcaniche.

Debbo ore dire qualche cosa di quelli che furono chiamati mezzi accidentali, e che più propriamente avrebbero a dirsi mezzi occasionali di distribuzione. Mi limiterò alle sole piante. Nelle opere di botanica certe piante si riguardano come le più adatte ad una estesa diffusione; ma la maggiore o minore difficoltà di essere trasportate a traverso del mare può dirsi quasi completamente ignota. Prima delle poche esperienze da me istituite coll'aiuto di Berkeley, non si sapeva come i semi delle piante potessero resistere alla dannosa azione dell'acqua del mare. Con molta sorpresa trovai che, sopra 87 sorta di semi, 64 germogliarono dopo una immersione di 28 giorni, e alcuni pochi sopravvissero ad una immersione di 137 giorni. Fa d'uopo notare che certi ordini ne soffrono assai più di altri; si provarono nove leguminose, le quali resistettero malamente all'acqua salata, ad eccezione di una sola; sette specie degli ordini affini delle idrofillee e delle polemoniacee rimasero tutte estinte dopo l'immersione di un mese. Per maggiore sicurezza, avevo scelto principalmente i semi piccoli, spogliati della loro capsula o del frutto; ma siccome tutti questi semi scendevano al fondo in pochi giorni, non avrebbero potuto attraversare grandi tratti di mare galleggiando, sia che rimanessero offesi dall'acqua del mare, sia che non ne risentissero alcun danno. In seguito esperimentai alcuni frutti con capsule più grandi ed alcuni galleggiarono per lungo tempo. È noto che il legno verde sta a galla meno facilmente del legno secco; e pensai che le onde potevano gettare a terra delle piante e dei rami e deporli sui banchi ove si sarebbero disseccati; indi una nuova marea li avrebbe ripresi e restituiti al mare. Perciò feci disseccare i tronchi e i rami di 94 piante coi loro frutti maturi e li abbandonai all'acqua del mare. La maggior parte calò a fondo rapidamente, ma alcuni, che quando erano verdi rimanevano alla superficie per un tempo molto breve, se si disseccavano vi rimanevano più lungamente; per esempio, delle nocciuole mature si affondarono immediatamente, ma secche galleggiarono per 90 giorni, indi essendo piantate germogliarono. Una pianta di asparago colle bacche mature galleggiò per 23 giorni, se invece era secca galleggiava per 90 giorni, e dopo i suoi semi germogliavano. I semi maturi di Helosciadium andarono al fondo in due giorni, ma se erano secchi restavano a galla per circa 90 giorni e in seguito vegetavano. Infine, sopra 94 piante secche, 18 galleggiarono pei primi 28 giorni ed alcune di esse stettero alla superficie per un periodo molto più lungo. Così 64/87 semi diversi germogliarono dopo un'immersione di 28 giorni, e 18/94 piante con frutta mature galleggiarono (ma non tutte appartenenti alla medesima specie, come nell'esperienza precedente) per 28 giorni circa, dopo il disseccamento; e per quanto possiamo arguire da un numero sì scarso di fatti, sarebbe a concludersi che i semi di 14/100 piante di ogni paese possono essere trasportati dalle correnti del mare per 28 giorni e conservare ad onta di ciò la loro facoltà di germogliare. Nell'Atlante fisico di Johnston la velocità media delle varie correnti dell'Atlantico è di 33 miglia al giorno (alcune di queste correnti percorrono fino a 60 miglia al giorno); e stando a questa media i semi delle 14/100 piante di un dato paese potrebbero essere trasportati fino ad una distanza di 924 miglia di mare, verso un'altra regione; e quando fossero giunti alla spiaggia e un vento di mare li trasportasse in un luogo favorevole, essi vi germoglierebbero.

Posteriormente alle mie esperienze, Martens ne fece alcune altre consimili, ma in un modo molto migliore, perchè egli riponeva i semi entro una cassetta in balìa delle onde, cosicchè si trovavano alternativamente bagnati ed esposti all'aria, come le piante galleggianti. Egli provò 98 sorta di semi, quasi tutti diversi da quelli che furono da me sperimentati; ma scelse molti frutti grossi e semi di piante che vegetano in vicinanza al mare; locchè deve aver contribuito ad aumentare la durata media del tempo, durante il quale essi possono galleggiare e resistere all'azione nociva dell'acqua salsa. Ma egli d'altronde non fece in precedenza disseccare le piante o i rami colle loro frutta; locchè avrebbe permesso, come abbiamo osservato, ad alcune di esse il conservarsi alla superficie più lungamente. Ne risultò che 18/98 di quei semi galleggiarono per 42 giorni e furono poscia capaci di germogliare. Ma non dubito che le piante esposte ai flutti non debbano galleggiare per un tempo minore di quelle che nei nostri esperimenti erano protette contro i moti violenti. Perciò potrebbe forse ammettersi con sicurezza che i semi di 10/100 delle piante di una flora, dopo di essere stati disseccati, potrebbero essere trasportati sul mare per uno spazio di 900 miglia e poscia germoglierebbero. Il fatto che i frutti più grossi spesso galleggiano più lungamente dei piccoli è interessante, nel riflesso che le piante fornite di semi o di frutti voluminosi difficilmente potrebbero essere trasportate altrove con mezzi diversi; e Alfonso De Candolle ha dimostrato che queste piante hanno generalmente poca estensione.

Ma i semi possono essere occasionalmente trasportati in un altro modo. Dei legni galleggianti sono gettati dal mare sopra quasi tutte le isole, anche su quelle che stanno nel mezzo degli oceani più vasti; e i nativi delle isole di corallo del Pacifico si procurano le pietre, di cui formano i loro utensili, solamente dalle radici degli alberi che vengono alla spiaggia, e su queste pietre viene imposta una tassa importante da quei governi. Ho trovato che, se nelle radici degli alberi sono penetrate delle pietre di forme irregolari, negl'interstizi si racchiudono spessissimo delle piccole particelle di terra, e con tale perfezione, che non se ne potrebbe perdere una sola nei tragitti più lunghi. Da una piccola porzione di terra, così completamente rinchiusa nel tronco di una quercia dell'età di 50 anni circa, germogliarono tre piante di cotiledoni; e io sono ben certo dell'accuratezza di questa osservazione. Posso anche dimostrare che gli uccelli morti, quando sono così trasportati sul mare, sfuggono talvolta all'immediata distruzione; e molte sorta di sementi conservano per molto tempo la loro vitalità, nel gozzo di questi uccelli galleggianti. I piselli e le veccie, per esempio, muoiono in pochi giorni quando siano immersi nell'acqua del mare; ma alcuni di questi semi che stavano raccolti nel gozzo di un colombo che aveva galleggiato sopra un'acqua salata artificiale per 30 giorni, con mia meraviglia germogliarono quasi tutti.

Gli uccelli viventi possono certamente essere gli agenti più efficaci pel trasporto delle sementi. Conosco molti fatti che provano quanto spesso avvenga che uccelli di molte specie siano trasportati dai venti a grandi distanze sopra l'oceano. In tali circostanze possiamo fondatamente valutare la rapidità del loro volo a 35 miglia l'ora, ed alcuni autori credono che sia anche maggiore. Non ho mai veduto un solo esempio in cui i grani nutrienti passassero inalterati per gl'intestini di un uccello; ma i semi dei frutti passano intatti anche negli organi digestivi del tacchino. Nel corso di due mesi raccolsi nel mio giardino 12 sorta di semi, che estrassi dagli escrementi di alcuni piccoli uccelli; tutti questi semi sembravano perfetti, anzi, avendone seminati alcuni, germogliarono. Ma conviene riflettere al fatto seguente, che è assai più importante. Il gozzo degli uccelli non produce succo gastrico e in esso i semi non soffrono menomamente, come risulta dalle mie esperienze, per cui non perdono la facoltà di vegetare. Inoltre si conosce positivamente che, quando un uccello ha trovato e divorato molto nutrimento, tutti i grani non passano nello stomaco che dopo dodici od anche diciotto ore. In questo intervallo un uccello può facilmente essere trasportato alla distanza di 500 miglia, e siccome sappiamo che i falchi assalgono gli uccelli stanchi, può in tal modo spandersi il contenuto dei loro gozzi lacerati. Alcuni falchi e i gufi mangiano la loro preda senza metterla in brani, e dopo un intervallo di dodici o di venti ore essi rigettano le pallottole dei peli e delle penne, le quali racchiudono semi atti a germogliare, come conosciamo dalle prove fatte nel Giardino Zoologico. Alcuni semi di avena, di frumento, di miglio comune, di miglio di Canaria, di canapa, di trifoglio e di bietola germogliarono dopo di essere rimasti per venti o ventun ore negli stomachi di vari uccelli rapaci: e due semi di bietola si svilupparono dopo di esservi dimorati per due giorni e quattordici ore. È noto che i pesci d'acqua dolce si cibano dei semi di molte piante acquatiche e terrestri: i pesci sono spesso divorati dagli uccelli e in tal modo i semi possono essere trasportati da un luogo all'altro. Io posi molte sorta di sementi negli stomachi di parecchi pesci morti, e diedi questi pesci alle aquile pescatrici, alle cicogne e ai pellicani; questi uccelli dopo un intervallo(24) di molte ore o rigettarono i semi colle pallottole, o li emisero insieme ai loro escrementi; e diversi semi conservarono la loro facoltà di germogliare. Certi semi però erano sempre estinti in questo processo.

Le locuste talvolta vengono portate dal vento a grande distanza da terra; io stesso ne presi una a 370 miglia dalla costa africana, e mi fu detto che altre sono state raccolte a distanze ancor maggiori. R. T. Lowe fece sapere a C. Lyell che nel novembre 1844 stormi di locuste visitarono l'isola di Madera. Esse vi arrivarono in quantità ingente, così fitte come i fiocconi di neve durante la più violenta bufera, e si estendevano tanto in alto quanto portava il telescopio. Per due o tre giorni girarono lentamente intorno all'isola, disposte in una elisse del diametro di almeno cinque o sei miglia, e si ponevano di notte sugli alberi più alti che ne erano interamente coperti. Poi scomparvero sul mare così rapidamente com'erano apparse, e non hanno di poi mai più visitata l'isola. Nella colonia Natal credesi da alcuni, ma senza prove sufficienti, che cogli escrementi delle locuste, che visitano spesso quel paese in grandi stormi, siano introdotti nelle loro praterie dei semi dannosi di zizzania. Anzi un certo Weale mi ha spedito in una lettera una piccola quantità di queste pallottole disseccate, ed io ne estrassi al microscopio parecchi semi, da cui allevai sette piante erbacee, appartenenti a due specie di due generi. Uno stormo quindi di locuste, come quello che ha visitato Madera, può essere facilmente il mezzo col quale parecchie specie di piante giungono in un'isola molto discosta da un continente.

Benchè i becchi ed i piedi degli uccelli siano generalmente molto netti, pure talvolta la terra vi aderisce. Una volta io levai 61 grani ed un'altra volta 22 grani di terra secca argillosa dal piede di una pernice, ed in essa trovai una pietruccia grossa come un seme di veccia. Il seguente esempio è ancora migliore. Da un amico mi fu spedito il piede di una beccaccia, a cui aderiva un poco di terra secca, che pesava soli 9 grani, ma questa conteneva il seme del Juncus bufonius, il quale germogliò e fiorì. Il signor Swaysland di Brighton, il quale durante gli scorsi quarant'anni ha prestato molta attenzione ai nostri uccelli di passaggio, mi assicura di avere ucciso più volte delle cutrettole, dei mignattini e delle sassaiuole al loro arrivo prima che si poggiassero sopra il terreno inglese, e di aver trovato più volte ai loro piedi dei piccoli grumi di terra. Molti fatti potrebbero addursi per dimostrare come il terreno sia dappertutto zeppo di semi. Porterò un esempio. Il prof. Newton mi mandò la gamba della Caccabis rufa che era ferita e non poteva volare; intorno alla gamba ferita ed al piede erasi raccolto un grumo di terra indurita, il quale, quando fu levato, pesava sei once e mezza. Questa terra era stata conservata per tre anni; e dopo che fu sminuzzata, annacquata e posta sotto una campana di vetro, spuntarono non meno di 82 piante. V'erano 12 monocotiledoni, tra cui l'avena comune ed almeno una graminacea, e 70 dicotiledoni, le quali, a giudicare dalle giovani foglie, appartenevano almeno a tre diverse specie. Di fronte a questi fatti possiamo noi dubitare che i molti uccelli che annualmente dalle burrasche vengono portati a grande distanza sul mare, e che ogni anno migrano, ad esempio, i milioni di quaglie attraverso al Mediterraneo, portino occasionalmente un paio di semi ai loro piedi nascosti nel sucidume? Ma tra poco dovrò ritornare su questo argomento.

Sappiamo che i grandi ghiacci galleggianti contengono talvolta terra e sassi, ed hanno anche trasportato dei rami, delle ossa e dei nidi di uccelli terrestri; quindi è assai probabile che essi possano trasportare accidentalmente anche dei semi da una parte all'altra delle regioni artiche ed antartiche come Lyell osservava; e durante il periodo glaciale da un luogo all'altro delle attuali regioni temperate. Il numero straordinario di specie di piante che sono comuni all'Europa e che si trovano nelle isole Azzorre, in confronto delle piante di altre isole oceaniche più vicine al continente e, come notava il Watson, il carattere in certo modo settentrionale della flora di quelle isole, rispetto alla latitudine, mi fece nascere il sospetto che esse siano state parzialmente popolate da semi portati dai ghiacci nell'epoca glaciale. Dietro un mio suggerimento, sir C. Lyell scrisse all'Hartung per chiedergli se egli avesse osservato dei massi erratici sopra queste isole, ed egli rispose di aver trovato dei grandi frammenti di roccie granitiche e di altre roccie, che non sono proprie dell'Arcipelago. Quindi noi possiamo fondatamente dedurre che i ghiacci trasportarono nei tempi primitivi le loro pesanti roccie sulle coste di queste isole, ed è almeno possibile che essi vi abbiano anche trasportato i semi delle piante nordiche.

Pensando che questi vari mezzi di trasporto, e parecchi altri che senza dubbio sono a scoprirsi, furono in azione un anno dopo l'altro per secoli e per centinaia di migliaia d'anni, a mio avviso sarebbe un fatto portentoso se molte piante non fossero in tal modo ampiamente disseminate. Questi mezzi di trasporto sono detti talvolta accidentali, ma ciò non è esatto; le correnti del mare non sono accidentali, nè accidentale è la direzione dei venti prevalenti. Potrebbe osservarsi che questi mezzi di trasporto non sarebbero atti a spargere i semi a distanze molto grandi; perchè i semi non conservano la loro vitalità, quando siano esposti per lungo tempo all'azione dell'acqua del mare: nè potrebbero conservarsi a lungo nel gozzo o negli intestini degli uccelli. Questi mezzi però basterebbero per trasporti occasionali, per tratti di mare di parecchie centinaia di miglia, da un'isola all'altra, o da un continente alle isole vicine, ma non già fra due continenti lontani. Le flore di continenti discosi l'uno dall'altro non potrebbero frammischiarsi, con questi mezzi, ad un alto grado; ma rimarrebbero distinte, come lo sono presentemente. Le correnti nel loro corso non potrebbero mai trasportare semi dall'America settentrionale alla Gran Bretagna, quantunque esse li trasportino dall'India occidentale alle nostre coste occidentali, ove giunti, quando non siano stati estinti per la lunga immersione nelle acque salate, non possono sostenere il nostro clima. Quasi ogni anno uno o due uccelli di terra vengono tradotti sopra l'intero Oceano Atlantico dall'America settentrionale alle coste occidentali dell'Irlanda o dell'Inghilterra; ma i semi non possono trasportarsi da questi viaggiatori che con un solo mezzo, cioè uniti alla terra, che si attacca ai loro piedi, il qual caso è in se stesso molto raro. Ma anche allora, quanto piccola non sarebbe la probabilità che il seme cadesse sopra un terreno favorevole, e potesse giungere a maturità! Ma sarebbe un grande errore l'arguire che un'isola poco popolata non potrebbe ricevere nuovi abitanti con mezzi analoghi, benchè situata più lontana dal continente, dal fatto che un'isola bene popolata, come la Gran Bretagna, non ha ricevuto negli ultimi pochi secoli, per quanto ci è noto, alcuni immigranti dall'Europa (e ciò sarebbe assai difficile a provarsi) o da qualche altro continente, per mezzo di occasionali circostanze. Di venti semi od animali trasportati in un'isola, anche meno popolata di forme della Gran Bretagna, forse uno solo sarebbe stato adatto alla nuova sua dimora da rimanervi naturalizzato. Ma questo non sarebbe, mi sembra, un argomento valido contro gli effetti dei mezzi di trasporto occasionali, nel lungo corso delle epoche geologiche, in un'isola che si fosse sollevata e prima che il numero de' suoi abitanti fosse divenuto completo. Sopra qualunque terra sterile, in cui vivano pochi insetti ed uccelli distruggitori, oppure che ne sia affatto priva, non v'ha dubbio che ogni seme che vi giunga fortuitamente, se sia adatto al nuovo clima, vi germoglierà e sopravviverà.

DISPERSIONE NEL PERIODO GLACIALE

L'identità di molte piante ed animali sulle cime di monti separati da centinaia di miglia di pianure, dove queste specie alpine non potrebbero vivere, è uno dei più segnalati casi noti della esistenza delle medesime specie in punti distanti, senza che via sia un'apparente possibilità che esse abbiano emigrato da un sito all'altro. Invero è un fatto rimarchevole il vedere tante piante della stessa specie vivere sulle regioni nevose delle Alpi o dei Pirenei, e insieme nelle estreme parti settentrionali dell'Europa; ma è assai più singolare che le piante delle Montagne Bianche negli Stati Uniti di America siano tutte uguali a quelle del Labrador, e quasi le medesime di quelle delle più alte montagne d'Europa, come osservò il dott. Asa Gray. Fino dal 1747 questi fatti persuasero il Gmelin che le stesse specie dovevano essere state create indipendentemente, in parecchi punti distinti; e noi avremmo potuto conservare quest'opinione, se l'Agassiz ed altri non avessero richiamato la più viva attenzione sul periodo glaciale, che ci porge una semplice spiegazione di questi fatti, come ora vedremo. Noi abbiamo ogni sorta di prove immaginabili, nel regno organico e nell'inorganico, che in un periodo geologico molto recente l'Europa centrale e l'America settentrionale soggiacquero ad un clima artico. Le rovine di una casa incendiata non ce ne narrano la storia più esattamente di ciò che vediamo nelle montagne della Scozia e della Gallia coi loro fianchi striati, colle loro superfici liscie, e coi loro massi erratici, trasportati dalle correnti di ghiaccio che riempivano totalmente le vallate vicine. Il clima d'Europa si è cambiato tanto profondamente, che nell'Italia settentrionale le gigantesche morene, abbandonate dagli antichi ghiacciai, sono ricoperte di vigne e di grano. Sopra una gran parte degli Stati Uniti i massi erratici e le roccie striate dai ghiacci galleggianti o da quelli di costa ci rivelano chiaramente un antico periodo freddo.

La influenza del clima glaciale sulla distribuzione degli abitanti dell'Europa, quale fu esposta con mirabile chiarezza da Edoardo Forbes fu considerevole. Ma noi ne seguiremo più facilmente gli effetti supponendo che un nuovo periodo glaciale sia cominciato e si sia compiuto lentamente, come accadde in epoca remota. A misura che il freddo aumenterà e che ogni zona più settentrionale si renderà più adatta agli esseri delle regioni artiche, e meno acconcia agli antichi abitanti che vi trovavano un clima più temperato, questi ultimi saranno cacciati dalle artiche produzioni, che occuperanno il loro posto. Gli abitanti dei paesi più temperati saranno costretti nel medesimo tempo ad incamminarsi verso il sud, finchè non incontrino barriere insormontabili, nel qual caso periranno. Le montagne saranno coperte di neve e di ghiaccio, e i loro antichi abitanti alpini scenderanno nelle pianure. Per tutto quel tempo in cui il freddo avrà raggiunto il suo massimo grado, avremo una fauna e una flora artica uniforme, che si estenderà sulle parti centrali dell'Europa fino al sud delle Alpi e dei Pirenei, e penetrerà anche nella Spagna. Le attuali regioni temperate degli Stati Uniti saranno pure invase dalle piante e dagli animali del nord, e questi saranno quasi uguali a quelli dell'Europa; perchè gli abitanti circumpolari, che noi supponiamo abbiano viaggiato dappertutto verso il mezzogiorno, sono singolarmente uniformi tutto all'intorno del globo.

Non appena il caldo ritorni, le forme artiche retrocederanno verso il nord, e saranno seguite nella loro ritirala dalle produzioni delle regioni più temperate. E di mano in mano che la neve si scioglierà alle basi dei monti le forme artiche occuperanno il suolo scoperto e non gelato, ascendendo nei monti ad altezze sempre maggiori quanto più il calore aumenti, mentre le altre forme identiche continueranno il loro viaggio al nord. Perciò quando la temperatura sia ridivenuta completamente calda, le medesime specie artiche, le quali ultimamente avevano vissuto riunite in corpo sulle pianure del Vecchio Mondo e del Nuovo, rimarranno isolate sulle cime delle montagne fra loro distanti (essendo state estinte su tutte le altezze minori) e nelle regioni artiche dei due emisferi.

Così possiamo spiegare l'identità di molte piante in luoghi tanto lontani, come le montagne degli Stati Uniti e quelle d'Europa. Inoltre possiamo intendere il fatto che le piante alpine di ogni catena di monti sono più specialmente conformi alle specie che vivono in linea retta al nord, o quasi al nord, delle medesime; perchè la prima migrazione al crescere del freddo, e la seconda migrazione al ritornare del caldo, generalmente saranno accadute verso il sud e verso il nord. Le piante alpine di Scozia, per esempio, secondo H. C. Watson, e quelle dei Pirenei, secondo Ramond, sono più specialmente affini alle piante della Scandinavia settentrionale, quelle degli Stati Uniti a quelle del Labrador, e finalmente quelle delle montagne della Siberia alle specie delle regioni artiche di questo paese. Queste viste essendo appoggiate sull'avvenimento perfettamente constatato di un antico periodo glaciale, mi pare che ci spieghino in un modo soddisfacente la presente distribuzione delle produzioni alpine ed artiche(25) di Europa e d'America; così quando noi trovassimo in altre regioni le medesime specie sulle cime di monti distanti, potremmo quasi conchiudere, senza altre prove, che un clima più freddo permise la loro antica migrazione a traverso dei bassi tratti interposti, divenuti in seguito troppo caldi per la loro esistenza.

Le forme artiche, durante la loro lunga migrazione al sud e la loro retrogressione al nord, saranno state esposte ad un clima quasi uguale e si saranno conservate in corpo tutte insieme, particolarità che merita di essere menzionata. Per conseguenza le loro mutue relazioni non saranno state molto disturbate e quindi non saranno andate soggette a molte modificazioni, in accordo ai principii inculcati in questo libro. Ma il caso sarà stato alquanto diverso nelle nostre produzioni alpine che rimasero isolate, dopo che il calore cominciò ad elevarsi, sulle prime al piede dei monti e da ultimo alla loro cima; perchè non può dirsi ugualmente che tutte le identiche specie del nord siano restate sulle catene dei monti lontane le une dalle altre, ed abbiano potuto sopravvivere colà dopo quell'epoca; anzi esse si saranno probabilmente confuse colle antiche specie alpine, le quali esistevano sulle montagne prima del principio dell'epoca glaciale, e che durante il periodo più freddo di quest'epoca saranno state temporaneamente spinte abbasso verso la pianura; e saranno anche state esposte ad influenze climatologiche alquanto diverse. Le loro mutue relazioni si saranno quindi turbate in qualche grado; e perciò avranno subìto delle modificazioni, come troviamo in realtà; mentre confrontando le attuali piante alpine e gli animali delle varie grandi catene di montagne dell'Europa, quantunque molte specie siano identicamente le stesse, alcune presentano delle varietà, altre sono considerate come forme dubbie, e molte altre specie sono distinte, ma tuttavia strettamente affini o rappresentative.

Nel dimostrare ciò che, a mio avviso, deve essere avvenuto effettivamente nell'epoca glaciale, supposi che al principio di quest'epoca le produzioni artiche fossero uniformi, come oggi, intorno alle regioni polari. Ma le considerazioni che precedono sulla distribuzione non si applicano solamente alle forme artiche, ma bensì anche a molte forme sub-artiche e ad alcune poche delle zone temperate settentrionali, perchè alcune di queste sono uguali nelle montagne più basse e nelle pianure dell'America settentrionale e dell'Europa; e potrebbe chiedersi con ragione come io dimostri la necessaria uniformità delle forme sub-artiche e di quelle delle zone settentrionali temperate intorno al globo, al principio del periodo glaciale. Presentemente le produzioni sub-artiche e quelle delle zone temperate settentrionali del Vecchio Mondo e del Nuovo sono disgiunte fra loro dall'Oceano Atlantico e dall'estrema porzione settentrionale del Pacifico. Durante il periodo glaciale, allorchè gli abitanti dei due mondi vivevano molto più verso il sud che al giorno d'oggi, essi dovevano essere anche più completamente separati da mari più vasti. Io credo che la precedente difficoltà possa togliersi, ove si rifletta ai più antichi cambiamenti di clima che accaddero in senso opposto. Abbiamo buoni argomenti per ritenere che nel periodo pliocenico più recente, prima dell'epoca glaciale, e quando la maggior parte degli abitanti del mondo erano specificamente i medesimi dell'epoca attuale, il clima era più caldo dell'odierno. Quindi possiamo supporre che gli organismi ora viventi sotto il clima della latitudine di 60°, nel periodo pliocenico abitassero molto più verso il nord, sotto il circolo polare, alla latitudine di 66° - 67°; e che le produzioni rigorosamente artiche allora vivessero nelle terre interrotte che sono anche più vicine al polo. Ora se noi guardiamo una sfera, troveremo che sotto il cerchio polare le terre sono quasi continue dall'Europa occidentale, per la Siberia, fino all'America orientale. Io attribuisco a questa continuità delle terre circumpolari e alla conseguente libera intermigrazione sotto un clima più favorevole, la uniformità necessaria nelle produzioni sub-artiche e settentrionali delle zone temperate del Vecchio Mondo e del Nuovo, in un periodo anteriore all'epoca glaciale.

Credendo, per le ragioni alle quali accennai, che i nostri continenti siano rimasti per lungo tempo in una posizione relativa quasi uguale, benchè soggetti a grandi e parziali oscillazioni di livello, io sono assai propenso ad estendere le precedenti idee e a dedurne che durante qualche periodo più antico e più caldo, come il periodo pliocenico primitivo, un gran numero delle medesime piante e degli stessi animali abitavano le quasi continue terre circumpolari; e che queste piante e questi animali, nel vecchio e nel Nuovo Mondo, cominciarono lentamente a rivolgersi verso il sud, quando il clima diveniva meno caldo assai prima del periodo glaciale. Io penso che noi ora vediamo i loro discendenti, quasi tutti in una condizione modificata, nelle parti centrali dell'Europa e degli Stati Uniti. Con questi concetti possiamo intendere la relazione di affinità esistente fra le produzioni dell'America settentrionale e dell'Europa, relazione che è tanto più rimarchevole se si consideri la distanza dei due continenti e la loro separazione per mezzo dell'Oceano Atlantico. Ci è facile inoltre spiegare il fatto singolare, avvertito da parecchi osservatori, che le produzioni dell'Europa e dell'America erano più strettamente affini fra loro negli ultimi periodi terziari, che nell'epoca attuale; perchè in questi periodi più caldi le parti settentrionali del Vecchio Mondo e del Nuovo debbono essere state unite quasi in continuità delle terre, che avranno servito a guisa di ponte per congiungere le due regioni, finchè il freddo impedì completamente l'intermigrazione dei loro abitatori.

Durante il calore lentamente diminuente del periodo pliocenico, non appena le specie che abitavano i due mondi emigrarono in comune al sud del circolo polare, esse dovettero separarsi interamente le une dalle altre. Questa separazione deve essersi effettuata in epoca molto remota, per quanto riguarda le produzioni delle zone più temperate. E siccome queste piante e questi animali migravano verso il sud, essi saranno stati frammisti in una delle due grandi regioni colle produzioni native dell'America e avranno lottato con esse; e nell'altra con quelle del Vecchio Mondo. Perciò qui tutto era favorevole alla produzione di molte modificazioni, di modificazioni maggiori di quelle che si ebbero nelle produzioni alpine, rimaste isolate, in un periodo assai più recente, sopra diverse catene di montagne e sulle terre artiche dei due mondi. Quindi avviene che se noi confrontiamo le produzioni ora esistenti nelle regioni temperate del Nuovo Mondo e del Vecchio, noi troviamo pochissime specie identiche (quantunque Asa Gray abbia ultimamente dimostrato che un maggior numero di piante, di quel che prima si era supposto, sono identiche); ma noi troviamo in ogni grande classe molte forme che alcuni naturalisti collocano tra le razze geografiche e che altri considerano quali specie distinte, ed una schiera di forme strettamente affini o rappresentative, che sono classificate da tutti i naturalisti come specificamente distinte.

Come nelle terre, anche nelle acque del mare, una lenta migrazione verso il sud di una fauna marina che, durante il periodo pliocenico od anche qualche periodo più remoto, era quasi uniforme lungo le coste continue del circolo polare, potrebbe dimostrare, secondo la teoria delle modificazioni, in che modo molte forme strettamente affini vivano attualmente in aree completamente staccate. Così può anche spiegarsi, a mio avviso, la presenza di molte forme rappresentative esistenti e terziarie sulle coste orientali ed occidentali dell'America settentrionale temperata; e il caso anche più singolare di molti crostacei strettamente affini (come furono descritti nella stupenda opera del Dana), di alcuni pesci e di altri animali marini nel Mediterraneo e nei mari del Giappone, mari che ora sono divisi da un continente e da quasi un emisfero di oceano equatoriale.

Questi casi di parentela, senza identità, degli abitanti di mari attualmente separati, come pure degli abitanti passati e presenti delle terre temperate dell'America settentrionale e dell'Europa, sono inesplicabili secondo la teoria della creazione. Non si può dire che essi siano stati creati simili, in ragione delle condizioni fisiche quasi simili delle aree; perchè se noi paragoniamo, per esempio, certe parti dell'America meridionale coi continenti meridionali del Vecchio Mondo, noi vediamo delle contrade perfettamente rispondenti in tutte le loro condizioni fisiche, ma coi loro abitanti completamente dissimili.

ALTERNANZA DEI PERIODI GLACIALI AL NORD E AL SUD

Ma fa mestieri che noi torniamo al nostro soggetto più immediato, cioè il periodo glaciale. Sono convinto che l'idea di Forbes può essere estesa largamente. In Europa noi abbiamo le prove più evidenti del periodo freddo, dalle coste occidentali della Gran Bretagna fino alla catena dell'Oural e verso il sud fino ai Pirenei. Dai mammiferi gelati e dalla natura della vegetazione dei monti, possiamo dedurre che la Siberia fu colpita nello stesso modo. Nel Libano, secondo il dott. Hooker, le nevi perpetue coprivano l'asse centrale e nutrivano dei ghiacciai che discendevano nelle vallate fino a 4000 piedi. Lo stesso osservatore ha trovato recentemente delle grandi morene, a piccole altezze nella catena dell'atlante dell'Africa settentrionale. Lungo l'Himalaya, sopra dei punti distanti 900 miglia, i ghiacciai hanno lasciato i segni dell'antica e lenta loro discesa; e nel Sikkim il dott. Hooker ha veduto crescere il grano turco sopra antiche morene gigantesche. Al sud dell'equatore abbiamo qualche prova diretta dell'antica azione glaciale nella Nuova Zelanda; e le medesime piante, trovate in monti molto lontani nell'isola, ci narrano la medesima storia. Se si avesse a confermare la verità di una descrizione che ne è stata fatta, anche nell'angolo sud-est dell'Australia si avrebbe una diretta constatazione dei fenomeni del periodo glaciale.

Rivolgiamoci all'America; nella metà settentrionale si sono osservati frammenti di roccia trasportati dai ghiacci sul lato orientale fino ad una latitudine sud di 36° - 37°, e sulle coste del Pacifico, dove il clima è al presente tanto diverso, se ne sono trovati fino al 46° di latitudine sud; si sono anche veduti dei massi erratici sulle Montagne Rocciose. Nelle Cordigliere dell'America meridionale equatoriale, i ghiacci una volta si estendevano molto al disotto del loro limite presente. Nel Chilì centrale io ho esaminato un vasto ammasso di tritumi, che giacciono trasversalmente sulla vallata di Portillo, e li attribuisco interamente all'azione glaciale; ma noi avremo più innanzi delle notizie preziose su questo argomento dal([26]) dott. Forbes, il quale mi annunzia di aver trovato sulle Cordigliere da 13° - 30° di latitudine sud, ad un'altezza di circa

12.000 piedi, delle roccie profondamente solcate, simili a quelle che egli era solito trovare in Norvegia, e parimenti delle grandi masse di tritumi che contenevano sassi striati. Su tutto questo spazio delle Cordigliere ora non esistono veri ghiacciai, anche ad altezze molto più considerevoli. Molto più al sud da ambe le parti del continente, fra la latitudine di 41° e la estremità più meridionale, abbiamo gl'indizi più evidenti dell'antica zona glaciale, nei massi smisurati che vennero trasportati lungi dalla loro situazione primitiva.

Questi fatti diversi, e cioè che l'effetto del ghiaccio si è esteso attorno all'emisfero boreale ed all'australe; che questo periodo fu in ambedue gli emisferi recente in senso geologico; che, a giudicare dagli effetti, esso è durato lungamente in ambedue; ed infine che ancora recentemente i ghiacciai sono discesi ad un basso livello lungo tutta la catena delle Cordigliere: - mi aveano condotto alla conclusione che durante l'epoca glaciale la temperatura si fosse abbassata contemporaneamente su tutta la superficie terrestre. Ma il Croll ha dimostrato in una serie di memorie interessantissime che una condizione glaciale del clima è il risultato di varie cause fisiche, che entrano in azione per l'aumento delle eccentricità dell'orbita terrestre. Tutte queste cause tendono allo stesso fine; ma la più potente sembra l'influenza indiretta delle eccentricità dell'orbita sulle correnti oceaniche. Secondo il Croll i periodi freddi ritornano regolarmente ogni dieci o quindicimila anni, ed essi si fanno estremamente severi ad intervalli più lunghi pel concorso di determinate circostanze, tra cui, come ha dimostrato C. Lyell, la più importante è la relativa posizione della terraferma e dell'acqua. Il Croll calcola che l'ultimo grande periodo glaciale risalga a circa 240.000 anni ed abbia durato con leggiere alterazioni di clima circa 160.000 anni. Quanto a periodi glaciali più antichi, parecchi geologi furono indotti a ritenere, da prove dirette, che ne siano esistiti durante le formazioni miocenica ed eocenica, per non parlare di formazioni più antiche. Ma il risultato per noi più importante, a cui giunse il Croll, si è questo, che mentre l'emisfero boreale attraversa un periodo freddo, la temperatura dell'emisfero australe è di fatto elevata con inverni più miti, principalmente in seguito al cambiamento nella direzione delle correnti marine. E viceversa ciò accade nell'emisfero boreale, quando l'australe passa per un periodo glaciale. Queste conclusioni gettano tanta luce sulla distribuzione geografica, che io inclino a ritenerle vere. Ma innanzi tutto io voglio esporre i fatti che richiedono una spiegazione.

Nell'America meridionale, il dott. Hooker ha provato che 40 o 50 specie di piante fanerogame della Terra del Fuoco, le quali costituiscono una parte non piccola di quella scarsa flora, sono comuni all'Europa, non ostante la distanza enorme che separa questi due luoghi; e vi sono anche molte specie strettamente affini. Sulle più elevate montagne del Brasile il Gardener trovò alcuni generi europei che non esistono nelle vaste ed ardenti contrade interposte. Così l'illustre Humboldt trovò, molti anni sono, sulla Sila di Caracas delle specie di generi caratteristici delle Cordigliere.

Nell'Africa, e precisamente sulle montagne dell'Abissinia, si hanno alcune forme caratteristiche dell'Europa ed altre poche rappresentative della flora del Capo di Buona Speranza. Nello stesso Capo di Buona Speranza si trovano alcune specie europee che non si credono introdotte colà dall'uomo, e sulle montagne si trovano parecchie forme rappresentative dell'Europa che non furono scoperte nelle parti intertropicali dell'Africa. Il dott. Hooker ha anche dimostrato recentemente che parecchie piante viventi nelle parti superiori dell'alta isola Fernando Po e sugli attigui monti Cameroon nel golfo di Guinea sono strettamente affini con quelle dei monti dell'Abissinia e con quelli dell'Europa temperata. A quanto sembra, secondo una comunicazione fattami dal dott. Hooker, R. T. Lowe avrebbe scoperto alcune di queste forme temperate sui monti delle isole del Capo Verde. Tale distribuzione delle medesime forme temperate, pressochè sotto all'equatore, attraverso all'intero continente africano fino ai monti delle isole del Capo Verde, costituisce uno dei fatti più sorprendenti che si conoscano intorno alla distribuzione delle piante.

Sull'Himalaya e sulle catene di monti isolate della penisola dell'India, sulle alture di Ceylan, e sui coni vulcanici di Java, si rinvengono molte piante o identiche fra loro, o rappresentative le une delle altre e nello stesso tempo rappresentative di quelle d'Europa, le quali mancano nelle pianure calde frapposte. Una lista dei generi raccolti sui picchi più elevati di Java presenta l'immagine di una collezione fatta sopra una collina d'Europa! Anche più stringente è il fatto che le forme dell'Australia meridionale sono chiaramente rappresentate dalle piante che crescono sulle sommità delle montagne di Borneo. Alcune di queste forme australiane, secondo il dott. Hooker, si estendono lungo le alture della penisola di Malacca e sono rade e sparpagliate da una parte sopra l'India e dall'altra verso il nord sino al Giappone.

Sulle montagne meridionali dell'Australia il dott. F. Müller ha scoperto varie specie europee; nelle pianure si trovano delle specie che non furono introdotte dall'uomo in quella regione; e si potrebbe formare una lunga lista, da quanto mi comunicò il dott. Hooker, di generi europei trovati in Australia, ma non nelle intermedie regioni torride. Nella mirabile opera Introduction to the Flora of New Zealand del dott. Hooker sono citati analoghi fatti importanti, riguardo alle piante di questa grande isola. Per conseguenza noi osserviamo che per tutto il mondo le piante che si sviluppano sulle montagne più alte e sulle pianure temperate dello emisfero boreale e dell'australe sono talvolta identiche. Sarebbe da notarsi che queste piante non sono strettamente artiche, giacchè, come ha osservato recentemente H. C. Watson, «nel retrocedere dalle latitudini polari alle equatoriali, le flore alpine o dei monti realmente divengono sempre meno artiche». Oltre queste forme identiche e strettamente affini molte specie che abitano distretti tra loro molto discosti appartengono a generi che più non si rinvengono nelle interposte pianure tropiche.

Questo breve ragionamento si applica alle sole piante; ma potrebbero esporsi alcuni fatti analoghi sulla distribuzione degli animali terrestri. Nelle produzioni marine si trovano dei casi consimili; così, per esempio, posso citare un'osservazione tratta dalla più alta autorità, il prof. Dana, cioè che «certamente è un fatto straordinario che nella Nuova Zelanda si abbiano crostacei assai più somiglianti a quelli della Gran Bretagna, sua antipode, che a quelli di ogni altra parte del mondo». Anche J. Richardson parla della ricomparsa di forme nordiche di pesci sulle coste della Nuova Zelanda, della Tasmania, ecc. E il dott. Hooker mi narrava che venticinque specie di alghe sono comuni alla Nuova Zelanda ed all'Europa, ma non sono state trovate nei mari tropicali intermedi.

Stando ai fatti suesposti, e cioè alla presenza di forme temperate sulle alture traverso tutta l'Africa equatoriale, e lungo la penisola dell'India, il Ceylan e l'Arcipelago Malese, e in modo meno marcato traverso il vasto spazio dell'America meridionale tropicale, sembra cosa quasi certa, che in un periodo passato e precisamente durante la parte più fredda dell'epoca glaciale le pianure di questi grandi continenti sotto all'equatore siano state abitate da un numero considerevole di forme temperate. In quell'epoca il clima equatoriale al livello del mare era probabilmente uguale a quello che ora domina alle stesse latitudini ad un'altezza di cinque a seimila piedi, e forse anche più freddo. Durante quel tempo freddissimo le pianure sotto all'equatore saranno state vestite di una vegetazione mista, tropica cioè e temperata, simile a quella descritta dall'Hooker, che ora prospera sulle basse pendici dell'Himalaya ad un'altezza di quattro a cinquemila piedi, solo che in quella v'era forse maggiore prevalenza delle forme temperate. Anche il Mann ha trovato che nell'isola montuosa Fernando Po nel golfo di Guinea ad un'altezza di circa cinquemila piedi incominciano a comparire le forme temperate europee. Sui monti del Panama il dott. Seemann ha trovato ad un'altezza di soli duemila piedi la vegetazione uguale a quella del Messico, «forme della zona torrida armonicamente unite con quelle della temperata».

Ora vogliamo vedere se la conclusione del Croll, secondo cui nel tempo, nel quale l'emisfero boreale era dominato dal maggior freddo dell'epoca glaciale, lo emisfero australe era in fatto più caldo, rischiari alquanto la presente, apparentemente inesplicabile, distribuzione geografica di diversi organismi nelle parti temperate d'ambedue gli emisferi e sulle montagne dei tropici. L'epoca glaciale, misurata con un numero di anni, deve aver durato lungamente; e se pensiamo che alcune piante ed animali naturalizzati in pochi secoli si sono estesi sopra vaste superfici, quel tempo apparirà lungo abbastanza per qualsiasi grado di migrazione. Man mano che il freddo aumentava, le forme artiche invadevano le regioni temperate; e pei fatti su citati non può sussistere alcun dubbio che alcune delle forme dominanti temperate più vigorose e più diffuse abbiano invaso le bassure equatoriali. Allo stesso tempo gli abitanti di queste bassure calde saranno migrati verso le regioni tropiche e subtropiche del Sud, giacchè in quel periodo l'emisfero australe era più caldo. Non appena col declinare dell'epoca glaciale i due emisferi riacquistarono la primitiva temperatura, le forme nordiche temperate, le quali abitavano nelle bassure sotto all'equatore, saranno state cacciate nell'antica loro patria, o saranno state distrutte, e sostituite dalle forme equatoriali reduci dal Sud. Frattanto alcune delle forme nordiche temperate avranno quasi certamente, ascendendo, raggiunto il più vicino altipiano, e se questo era sufficientemente elevato, vi si saranno lungamente conservate, a guisa delle forme artiche sulle montagne dell'Europa. E saranno sopravvissute anche colà, dove il clima non era loro interamente favorevole; imperocchè il mutamento di temperatura sarà avvenuto assai lentamente, e senza dubbio le piante posseggono una certa capacità di acclimazione, come risulta dal fatto ch'esse trasmettono ai loro discendenti un diverso potere costituzionale di resistere al caldo ed al freddo.

Secondo il corso regolare delle cose, l'emisfero australe sarà alla sua volta soggetto ad un intenso periodo glaciale, mentre il boreale si renderà più caldo; allora, inversamente, saranno le forme temperate australi che immigreranno nelle bassure equatoriali. Le forme nordiche, le quali erano rimaste sulle montagne, discenderanno e si mescoleranno colle forme meridionali. Queste ultime, ritornato il caldo, si saranno recate nell'antica loro patria, lasciando sulle montagne alcune poche specie, e conducendo seco verso il Sud alcune forme nordiche temperate che erano discese dalle loro stazioni montuose. Noi troveremo quindi identiche alcune poche specie nelle zone temperate nordiche ed australi e sulle montagne delle regioni tropiche interposte. Ma le specie lasciate per lungo tempo su questi monti o sugli opposti emisferi avranno dovuto lottare con molte forme nuove, e saranno state esposte a condizioni fisiche alquanto diverse; avranno quindi subìto delle modificazioni in alto grado, ed appariranno in generale come varietà o come specie rappresentative, ciò che appunto succede. Nè dobbiamo dimenticare che già prima in ambedue gli emisferi vi furono dei periodi glaciali, da che potremo comprendere, come, in accordo colle idee suesposte, avvenga che tante specie affatto distinte abitino le stesse aree ampiamente separate ed appartengano a certi generi che ora non si rinvengono più nelle zone torride intermedie.

Abbiamo un fatto rimarchevole, sul quale insistettero assai il dottore Hooker riguardo all'America e Alfonso De Candolle rispetto all'Australia, cioè che sembra molto maggiore il numero delle piante identiche e dalle forme affini che migrarono dal Nord al Sud, di quelle che seguirono una direzione opposta. Perciò noi vediamo solamente poche forme vegetali del Sud sui monti di Borneo e dell'Abissinia. Io penso che questa migrazione preponderante dal Nord al Sud sia dovuta alla maggiore estensione delle terre del Nord ed all'essere state più copiose nella loro patria le forme nordiche e quindi all'avere le medesime progredito, per mezzo della elezione naturale e della concorrenza fino ad un grado più elevato di perfezione od una facoltà di predominio più forte di quelle forme meridionali. Per conseguenza, quando le medesime nel periodo glaciale furono frammiste colle altre, le forme settentrionali saranno state più capaci di vincere le forme meridionali meno vigorose. Precisamente come oggi noi osserviamo che molte produzioni europee coprono il terreno della Plata e in grado minore quello dell'Africa, avendo fino ad una certa estensione battuto le produzioni indigene; al contrario, pochissime forme del mezzogiorno si sono naturalizzate in qualche parte di Europa, benchè delle pelli, della lana ed altri oggetti facili a trasportare semi siano stati largamente importati nell'Europa dalla Plata negli ultimi due o tre secoli e dall'Australia negli ultimi trenta o quarant'anni. Qualche cosa di consimile deve essere avvenuto sulle montagne intertropicali. Senza dubbio prima del periodo glaciale quelle montagne erano popolate di forme alpine indigene; ma queste dovettero quasi dappertutto cedere il posto alle forme più dominanti, sorte nelle superfici più vaste e nelle contrade più produttive del settentrione. In molte isole le produzioni native sono quasi uguagliate od anche sorpassate dalle produzioni naturalizzate; e se le native non sono state totalmente distrutte, però furono grandemente ridotte di numero, e questo è il primo stadio verso l'estinzione. Un monte è un'isola sul continente; e le montagne intertropicali debbono essere state completamente isolate prima del periodo glaciale; ed io credo che le produzioni di queste isole sul continente cedettero ad altre, generate nelle regioni più estese del Nord, esattamente nella stessa guisa con cui le produzioni delle isole furono recentemente surrogate in ogni luogo dalle forme continentali naturalizzate per opera dell'uomo.

I medesimi principii servono anche a spiegare la distribuzione degli animali terrestri e dei prodotti marini nelle zone temperate nordica e meridionale e sulle montagne intertropicali. Se durante il culmine del periodo glaciale le correnti marine erano molto diverse dalle attuali, alcuni abitatori dei mari temperati possono bene aver raggiunto l'equatore; di essi alcuni pochi, giovandosi delle correnti più fredde, avranno forse potuto migrare verso il Sud, mentre gli altri avranno cercato i fondi più freddi e vi saranno sopravvissuti finchè l'emisfero australe alla sua volta sarà stato soggetto ad un clima glaciale ed avrà permesso il loro progresso; nello stesso modo circa, come, al dire del Forbes, esistono anche oggi nelle maggiori profondità dei mari temperati boreali degli spazi isolati abitati da forme artiche.

Sono ben lontano dal supporre che siano eliminate tutte le difficoltà per le considerazioni qui esposte, riguardo alla distribuzione e alle affinità delle specie affini che vivono nelle zone temperate settentrionali e meridionali, e sulle montagne delle regioni intertropicali. Restano ancora molte obbiezioni da risolvere. Nè pretendo descrivere le linee esatte e i mezzi delle migrazioni o le ragioni per cui certe specie emigrano ed altre no; o per qual motivo certe specie si sono modificate ed hanno dato origine a nuovi gruppi di forme ed altre rimasero inalterate. Noi non possiamo sperare di spiegare questi fatti, finchè non sapremo dire come si naturalizzi una specie e non un'altra, per fatto dell'uomo, in una regione nuova; e come l'una si estenda il doppio o il triplo, od anche sia più comune e numerosa due o tre volte dell'altra, nelle loro dimore naturali.

Restano tuttora da risolversi molte difficoltà; come, ad esempio, la presenza, dimostrata dal dott. Hooker, di specie identiche in luoghi tanto lontani tra loro, come la Terra di Kerguelen, la Nuova Zelanda e la Terra del Fuoco; ma credo che verso la fine del periodo glaciale, i ghiacci abbiano contribuito in gran parte alla loro dispersione, come fu notato da Lyell. Ma l'esistenza di parecchie specie affatto distinte, appartenenti a generi esclusivamente confinati nel mezzogiorno, in questi ed altrettanti punti distanti dell'emisfero meridionale, è una difficoltà assai più notevole, secondo la mia teoria della discendenza modificata. Perchè alcune di codeste specie sono tanto distinte, che non possiamo supporre che il tempo trascorso dal principio del periodo glaciale fosse sufficiente per le loro migrazioni e per le consecutive modificazioni fino al grado necessario. Mi sembra che i fatti indichino che le specie particolari e molto distinte partirono da qualche centro comune, spandendosi intorno a guisa di raggi da quel centro. Sono poi disposto ad ammettere nell'emisfero boreale e nell'australe un antico periodo più caldo, anteriore all'epoca glaciale, in cui le terre antartiche, oggi coperte di ghiaccio, alimentarono una flora affatto speciale ed isolata. Io suppongo che, prima che questa flora fosse distrutta dall'epoca glaciale, alcune di queste forme fossero disperse fino a raggiungere diversi punti dell'emisfero australe, con mezzi occasionali di trasporto e coll'aiuto di isole già esistenti ed ora sommerse, che servirono da luoghi di riposo. Con questi mezzi credo che le coste meridionali dell'America, dell'Australia e della Nuova Zelanda prendessero un carattere leggermente analogo, mediante le medesime forme particolari di vita vegetativa.

C. Lyell, in un passo importante, ha trattato, con un linguaggio quasi identico al mio, degli effetti delle grandi alternative del clima sopra la distribuzione geografica. E noi abbiamo visto, come le conclusioni del Croll, che cioè i successivi periodi glaciali di un emisfero coincidevano con periodi più caldi nell'opposto emisfero, unitamente alle modificazioni effettuate dalla elezione naturale, possano aiutarci a spiegare una moltitudine di fatti nella distribuzione attuale delle stesse forme di vita e delle forme affini. I flutti della vita durante un periodo sono partiti dal Nord, durante un altro periodo dal Sud, ed in ambedue i casi hanno raggiunto l'equatore; ma essi scorsero con maggior impeto dal Nord, in modo da inondare liberamente il Sud. Come il flusso depone in linee orizzontali le materie che trasporta, benchè elevate a maggior altezza in quelle coste in cui la marea è più forte, così anche le onde viventi lasciarono i loro depositi animati sopra le cime dei nostri monti, seguendo una linea che insensibilmente si innalza dalle pianure artiche ad una grande altezza sotto l'equatore. I vari esseri, così abbandonati a diverse altezze, possono paragonarsi alle razze selvagge dell'uomo, che furono cacciate sui monti di quasi tutti i paesi in cui si trovano e colà sopravvivono servendoci di memoria, piena d'interesse per noi, degli antichi abitatori delle pianure circonvicine.

CAPO XIII

DISTRIBUZIONE GEOGRAFICA
(continuazione)

Distribuzione delle produzioni d'acqua dolce - Degli abitanti delle isole oceaniche - Assenza dei batraci e dei mammiferi terrestri - Sulla relazione degli abitanti delle isole con quelli dei continenti più vicini - Sulle colonie provenienti dalla sorgente più vicina, colle modificazioni susseguenti - Sommario del presente capo e del precedente.

PRODUZIONI DI ACQUA DOLCE

Siccome i laghi e i sistemi dei fiumi sono separati fra loro da barriere di terra, si potrebbe ritenere che le produzioni d'acqua dolce non si fossero estese ampiamente niella stessa regione; e sembrando che il mare sia una barriera anche più insuperabile, si potrebbe credere che quelle produzioni non siano mai state estese in paesi lontani. Ma i fatti provano esattamente il contrario. Non solamente molte specie di acqua dolce, appartenenti a classi affatto differenti, hanno una enorme estensione, ma alcune delle specie affini prevalgono in un modo singolare per tutto il mondo. Io ricordo ancora da quanta meraviglia fui preso, quando, raccogliendo per la prima volta degli animali nelle acque dolci del Brasile, trovai tanta somiglianza negli insetti, molluschi, ecc., con quelli della Gran Bretagna; mentre le specie terrestri di quei contorni erano molto differenti.

Ma questa facoltà che posseggono le produzioni d'acqua dolce, di estendersi ampiamente, benchè inaspettata, può in molti casi spiegarsi considerando che esse divennero più atte, in una maniera molto utile ad esse, alle migrazioni brevi e frequenti da stagno a stagno o da corrente a corrente. Questa attitudine alla dispersione produce, come conseguenza quasi necessaria, la diffusione delle specie. Possiamo ora esaminare soltanto pochi casi, tra cui i pesci ne offrono alcuni di difficilissima spiegazione. Si riteneva, prima, che la medesima specie di acqua dolce non si trovi mai in due continenti tra loro molto distanti. Ma il dott. Günther ha dimostrato recentemente che il Galaxias attenuatus vive nella Tasmania, nella Nuova Zelanda, nelle isole Falkland e sul continente dell'America meridionale. È questo un caso maraviglioso, il quale probabilmente accenna ad una dispersione da un centro antartico durante un caldo periodo passato. Questo uso è reso però alquanto meno sorprendente dal fatto che le specie di questo genere hanno la facoltà di attraversare, con mezzi non conosciuti, considerevoli spazi di mare; così trovasi una specie che è comune alla Nuova Zelanda ed alle isole Aukland, che ne distano circa 230 miglia inglesi. Talvolta i pesci di acqua dolce hanno una vasta e quasi capricciosa distribuzione sullo stesso continente, così che due sistemi di fiumi hanno comune una parte de' loro pesci, mentre l'altra parte è diversa. È probabile che siano occasionalmente trasportati con quei mezzi che chiamiamo accidentali. Così non raramente i pesci sono trasportati in luoghi distanti dai turbini, ed è noto che le uova conservano la loro vitalità lungo tempo dopo essere state levate dall'acqua. Ma la loro dispersione devesi principalmente attribuire a cambiamenti nel livello della terraferma durante l'attuale periodo, in seguito a cui alcuni fiumi confluirono in uno. Si può anche dimostrare con esempi che ciò è avvenuto, senza cambiamento di livello, per effetto delle inondazioni. La grande diversità fra i pesci che vivono ai versanti opposti di catene di montagne, le quali sono continue ed hanno perciò da tempi remoti impedito la confluenza dei loro fiumi, conduce allo stesso risultato. Alcuni pesci di acqua dolce discendono da forme assai antiche, e quindi il tempo a grandi cambiamenti geografici non è mancato, e quelle forme hanno quindi avuto il tempo ed i mezzi per diffondersi ampiamente colle migrazioni. Oltreciò il dott. Günther fu recentemente, da diverse considerazioni, indotto a ritenere, che nei pesci le stesse forme abbiano una lunga durata. I pesci marini possono lentamente essere abituati all'acqua dolce, e secondo il Valenciennes non vi ha forse gruppo di pesci limitato unicamente a questo ambiente, cosicchè una forma marina appartenente a un gruppo di acqua dolce può migrare lungo una costa di mare, e divenire senza grande difficoltà adattata a vivere nelle acque dolci di una terra lontana.

Alcune specie di molluschi d'acqua dolce hanno una estensione molto grande e le specie affini che, secondo la mia teoria, sono discese da un progenitore comune e debbono derivare da una sola sorgente, prevalgono sopra tutto il globo. La loro distribuzione mi fece sulle prime rimanere molto perplesso, mentre le loro uova non sono facilmente trasportate dagli uccelli ed esse sono immediatamente uccise dall'acqua del mare, come gli adulti. Nè potevo rendermi ragione del modo con cui alcune specie naturalizzate si sono diffuse rapidamente nella medesima regione. Ma due fatti da me osservati spargono qualche luce su questo argomento (e certamente molti altri fatti analoghi si scopriranno). Io ho veduto per due volte un'anitra uscire improvvisamente da uno stagno coperto di lenti palustri, rimanendo queste piccole piante attaccate al suo dorso; ora mi è avvenuto che nel levare da un acquario una piccola lente palustre per metterla in un altro, involontariamente ho popolato quest'ultimo coi molluschi di acqua dolce del primo. Ma un'altra influenza è forse più efficace; io ho sospeso una zampa di anitra in un acquario in cui stavano schiudendosi molte uova di molluschi di acqua dolce e trovai che un grandissimo numero di molluschi, estremamente piccoli ed appena sbucciati dall'uovo, si erano portati sul piede e vi stavano attaccati con tanta forza che anche scuotendoli fuori dell'acqua non potevano levarsi, quantunque se fossero stati di un'età più adulta si sarebbero lasciati cadere spontaneamente. Questi molluschi appena sviluppati, benchè acquatici per natura, sopravvissero sul piede dell'anitra nell'aria umida, da dodici a venti ore; in questo intervallo di tempo un'anitra, o un airone può volare ad una distanza di sei o settecento miglia e non mancherebbe di arrestarsi sopra uno stagno o presso un ruscello di un'isola oceanica o di qualunque altro luogo distante, in cui il vento lo trasportasse attraverso l'oceano. Sir Carlo Lyell mi ha narrato che un Dyticus è stato colto nel mentre trasportava un Ancylus (mollusco d'acqua dolce simile alle patelle) che fortemente aderiva al primo; e un coleottero acquatico della stessa famiglia, un Colymbetes, volò una volta a bordo del Beagle che era lontano 45 miglia dalla terra più vicina; ora niuno potrebbe indovinare a quale distanza sarebbe giunto, quando fosse stato secondato dal vento.

Riguardo alle piante, tutti sanno da lungo tempo quanto sia enorme l'estensione di molte specie d'acqua dolce ed anche di quelle delle paludi, tanto nei continenti, quanto sulle isole oceaniche più lontane. Questo fatto, come fu notato da Alfonso De Candolle, si osserva segnatamente in quei grandi gruppi di piante terrestri, i quali non hanno che specie acquatiche; perchè pare che queste ultime acquistino immediatamente una estensione molto vasta, come se fosse una conseguenza diretta. A mio avviso i mezzi favorevoli di dispersione bastano a spiegare il fatto. Ho già ricordato prima che la terra, sebbene di rado, pure occasionalmente si attacca ai piedi e ai becchi degli uccelli. Ora le gralle che frequentano le sponde melmose delle paludi, se prendono la fuga improvvisamente, esporteranno più facilmente la melma coi loro piedi. E può dimostrarsi che gli uccelli di quest'ordine sono quelli che viaggiano più degli altri, e si trovano talvolta sulle isole più remote e più sterili, in alto mare. Essi non possono posarsi sulla superficie del mare, per cui il fango non potrebbe essere sciolto dall'acqua che ne laverebbe le zampe; e quando prendessero terra, essi certamente volerebbero ai naturali serbatoi d'acqua dolce, che sogliono preferire. Non credo che i botanici sappiano di quanti semi sia pieno il pantano delle paludi; ho fatto alcuni esperimenti, ma non esporrò in questa occasione che il risultato più notevole. Nel mese di febbraio io ho preso tre cucchiaiate di melma sotto l'acqua da tre punti diversi, sul margine di un piccolo stagno; questo fango secco pesava soltanto sei oncie e tre quarti; lo conservai coperto nel mio studio per sei mesi, staccando e contando ogni pianta che nasceva. Le piante appartenevano a molte specie e salirono al numero di 537; eppure la melma densa, che le conteneva tutte, stava in una tazza! Considerando questi fatti, mi parrebbe invero una circostanza inesplicabile se avvenisse che gli uccelli acquatici non trasportassero i semi delle piante d'acqua dolce a grandi distanze, e che per conseguenza l'estensione di queste piante non fosse immensa.

I medesimi risultati possono attendersi anche riguardo alle uova di alcuni degli animali più piccoli d'acqua dolce.

Ma probabilmente altre cause ignote avranno anche la loro influenza. Io ho detto che i pesci d'acqua dolce mangiano certe sorta di semi, sebbene ne rigettino molte altre specie dopo averli ingoiati; anche i piccoli pesci mangiano semi di moderate dimensioni, come quelli del giglio d'acqua giallo e del Potamogeton. Gli aironi ed altri uccelli vanno tutti i giorni alla caccia dei pesci; essi, dopo di averli mangiati, riprendono il volo e si volgono verso altre acque o sono trasportati dal vento a traverso del mare. Abbiamo veduto che i semi conservano la loro facoltà germinativa dopo molte ore, quando sono emessi colle pallottole, ovvero negli escrementi. Quando io vidi la grandezza dei semi dell'elegante giglio d'acqua, il Nelembium, e mi ricordai le osservazioni di Alfonso de Candolle su questa pianta, io pensavo che la distribuzione di essa dovesse rimanere affatto inesplicabile; ma Audubon dichiara di aver trovato i semi del gran giglio acquatico meridionale (probabilmente il Nelumbium luteum, secondo il dott. Hooker) nello stomaco di un airone. Quantunque io non abbia constatato il fatto, pure l'analogia mi fa credere che un airone, volando da una palude all'altra e prendendo un pasto abbondante di pesci, probabilmente rigetterà dal suo stomaco una pallottola contenente dei semi di Nelumbium non digeriti; oppure che i semi possano cadere, mentre quest'uccello alimenta i suoi piccoli, nello stesso modo con cui talvolta cadono i pesci.

Riflettendo a questi vari mezzi di distribuzione, non deve dimenticarsi che quando uno stagno o un fiume si formano per la prima volta, per esempio sopra un'isoletta nascente, non vi sarà alcuna produzione; ed ogni seme od uovo che vi cada avrà una forte probabilità di prosperare. Sebbene vi abbia sempre la lotta per l'esistenza fra gli individui delle varie specie, per quanto siano scarse, in ogni stagno già occupato, pure essendo piccolo il numero delle specie in confronto di quelle della terra, la concorrenza sarà probabilmente meno severa fra le specie acquatiche che fra le terrestri; per conseguenza una forma venuta dalle acque di un'altra regione avrà maggiore probabilità di stabilirsi nella nuova dimora di quel che non abbiano i coloni terrestri. Fa d'uopo inoltre rammentare che molte produzioni d'acqua dolce sono molto basse nella scala della natura e che vi sono motivi di ritenere che questi esseri inferiori si trasformino o restino modificati meno rapidamente degli esseri elevati; per cui la stessa specie acquatica disporrà di un tempo più lungo per le sue migrazioni. Non dobbiamo poi dimenticare che probabilmente molte specie, anticamente disseminate sopra una immensa estensione continua, siano rimaste estinte nelle regioni intermedie. Ma credo che la vasta distruzione delle piante di acqua dolce e degli animali inferiori, sia che conservino la stessa identica forma, sia che si modifichino di qualche grado, dipenda in principal modo dalla dispersione grande dei loro semi e delle uova fatte dagli animali e più specialmente dagli uccelli d'acqua dolce che hanno molta potenza di volo: i quali naturalmente passano da un bacino d'acqua all'altro.

SUGLI ABITANTI DELLE ISOLE OCEANICHE

Passiamo ora all'ultima delle tre classi di fatti da me prescelti, come quelle che presentano le obbiezioni più forti contro l'ipotesi che tutti gli individui d'una medesima specie e delle specie affini siano derivati da un solo progenitore; e perciò siano tutti usciti da un luogo di origine loro comune, nonostante che nel corso del tempo essi siano giunti ad abitare dei punti distanti del globo. Ho già dichiarato che non potrei ammettere l'idea di Forbes sulle estensioni continentali, opinione che quando fosse razionalmente abbracciata ci condurrebbe a stabilire che, in un periodo recente, tutte le isole esistenti erano più o meno perfettamente congiunte a qualche continente. Questa opinione eliminerebbe molte difficoltà, ma non servirebbe a spiegare tutti i fatti che riguardano le produzioni isolane. Nelle considerazioni che seguono non mi limiterò alla sola questione della dispersione, ma tratterò di alcuni altri fatti che possono determinare la verità di una delle due teorie, cioè di quella delle creazioni indipendenti, o dell'altra della discendenza con modificazioni.

Le specie d'ogni sorta che stanno nelle isole oceaniche sono poche, in confronto di quelle che abitano sopra una uguale superficie continentale; Alfonso De Candolle ammette questo fatto rispetto alle piante, e Wollaston in quanto agli insetti. Se noi riflettiamo alla vasta superficie e alle svariate regioni della Nuova Zelanda, la quale si estende per 780 miglia di latitudine; e paragoniamo le sue piante fanerogame, che sono soltanto 750, con quelle esistenti sopra un'area uguale al Capo di Buona Speranza o in Australia, dobbiamo pur convenire che qualche causa ha prodotto una tale differenza nel numero, indipendentemente affatto da qualunque differenza nelle condizioni fisiche. Anche la contea uniforme di Cambridge ha 847 piante, e la piccola isola di Anglesea ne possiede 764; ma alcune felci ed altre piante introdotte sono comprese in questi numeri, e quindi il confronto, anche per qualche altro rapporto, non è interamente completo ed esatto. Si hanno delle prove che l'isola sterile dell'Ascensione possedeva una mezza dozzina di piante fanerogame; tuttavia molte altre piante si naturalizzarono in quella isola, come lo furono nella Nuova Zelanda e in ogni altra isola oceanica che possa nominarsi. Si crede che a Sant'Elena le piante e gli animali che vi furono introdotti distrussero interamente o quasi interamente molte produzioni indigene. Colui che adotta la teoria della creazione di ogni specie distinta, dovrà ammettere che non fu creato un numero sufficiente di piante e animali meglio adatti sopra le isole oceaniche; perchè l'uomo ha involontariamente popolato quelle isole da varie sorgenti assai più completamente e perfettamente che non fece la natura.

Sebbene il numero delle specie degli abitanti nelle isole oceaniche sia scarso, la proporzione delle specie endemiche (cioè di quelle che non si trovano in qualunque altra parte del mondo) è, spesso estremamente grande. Se noi paragoniamo, per esempio, il numero dei molluschi terrestri endemici di Madera o degli uccelli endemici dell'Arcipelago Galapagos col numero delle specie trovate in un continente, e si paragoni la superficie di quelle isole con quella del continente stesso, vedremo quanto sia fondata questa proposizione. Questo fatto poteva prevedersi, seguendo la mia dottrina, perchè, come spiegai altrove, quelle specie che dopo lunghi intervalli arrivano occasionalmente in un distretto nuovo ed isolato, e debbono competere con altre specie associate, saranno soggette a modificazioni in modo eminente, e daranno spesso origine a gruppi di discendenti modificati. Ma perchè in un'isola quasi tutte le specie di una classe sono peculiari, non ne segue che quelle di un'altra classe, o di un'altra sezione della medesima classe siano pure particolari a quella regione. Questa differenza sembra dipendere in parte dall'aver immigrato con facilità ed in massa quelle specie che non si erano modificate: per modo che le loro mutue relazioni non furono molto turbate; ed in parte dal frequente arrivo di immigranti non modificati dalla madre-patria e dal loro conseguente incrociamento con essi. Rispetto agli effetti di questo incrociamento, deve ricordarsi che la progenie che ne nasce quasi certamente acquista maggior vigore; cosicchè anche un incrociamento occasionale produrrà un effetto maggiore di quello che dapprima poteva aspettarsi. Diamone alcuni esempi. Nelle isole Galapagos vi sono 26 uccelli terrestri; 21 di questi (e forse 23) sono particolari di quelle isole; al contrario sopra 11 uccelli marini, 2 soli sono peculari; ed è ovvio che gli uccelli marini possono giungere più facilmente a queste isole degli uccelli terrestri. La Bermuda, dall'altra parte, che giace quasi alla medesima distanza dall'America settentrionale, come le isole Galapagos dall'America meridionale, e che ha un suolo affatto particolare, non possiede alcun uccello terrestre endemico. E noi sappiamo dalla mirabile descrizione della Bermuda di J. M. Jones che moltissimi uccelli dell'America settentrionale, nelle loro grandi migrazioni annue, visitano quest'isola o periodicamente, o accidentalmente. Anche Madera non possiede alcun uccello speciale, e tuttavia molti uccelli europei ed africani sono quasi tutti gli anni trasportati colà, come ho saputo da E. V. Harcourt. L'isola è abitata da 99 specie di uccelli, di cui una sola è propria dell'isola, ma strettamente affine con una forma europea; 3-4 altre sono limitate ad essa ed alle isole Canarie. Per modo che queste due isole, la Bermuda e Madera, furono popolate da uccelli, i quali per lunghe età avevano lottato insieme nelle antiche loro dimore e divennero scambievolmente adatti fra loro; e quando si stabilirono nelle nuove regioni, ogni razza sarà stata mantenuta dalle altre nel proprio posto e in conformità delle sue abitudini, e quindi sarà stata poco soggetta a modificazioni. Qualunque tendenza a modificarsi sarà anche stata impedita dagli incrociamenti cogli immigranti non alterati della madre-patria. Madera è anche abitata da un numero portentoso di molluschi terrestri particolari, al contrario nessuna specie di conchiglie marine è confinata nelle sue coste. Ora, sebbene non sappiamo come siansi disperse colà le conchiglie marine, pure si può presumere che le loro uova o le larve, attaccate forse alle piante marine o ai legni galleggianti, ovvero ai piedi delle gralle, siano trasportate più facilmente delle conchiglie terrestri fino a 300 o 400 miglia di alto mare. I differenti ordini d'insetti di Madera presentano, a quanto sembra, dei fatti analoghi.

Alle isole oceaniche mancano talvolta animali di intere classi, ed i loro posti sono occupati da altre classi; nelle isole Galapagos i rettili e nella Nuova Zelanda gli uccelli giganteschi senz'ali stanno nel posto dei mammiferi. Sebbene qui la Nuova Zelanda sia menzionata tra le isole oceaniche, è dubbio se ad esse appartenga, poichè è di grandezza ragguardevole e non separata dall'Australia da un mare profondo. Stando al suo carattere geologico ed alla direzione delle catene di montagne W. B. Clarke ha recentemente sostenuto che quest'isola, insieme colla Nuova Caledonia, debbasi considerare come un'appendice all'Australia. Quanto alle isole Galapagos il dott. Hooker ha dimostrato che i numeri proporzionali dei diversi ordini di piante differiscono assai da quelli che si hanno altrove. Questi fatti si attribuiscono generalmente alle condizioni fisiche delle isole; ma questa spiegazione mi pare molto incerta. Mi sembra che la facilità delle immigrazioni debba riguardarsi almeno altrettanto importante, come la natura delle condizioni locali.

Potrebbero citarsi molti fatti singolari concernenti gli abitanti d'isole molto lontane. Così in certe isole, non abitate dai mammiferi, alcune piante endemiche hanno dei magnifici semi ad uncini; eppure poche relazioni sono più sorprendenti della proprietà dei semi ad uncini di essere trasportati dalla lana o dal pelo dei quadrupedi. Questo caso, secondo le mie idee, non offre alcuna difficoltà, perchè un seme ad uncini può essere tradotto in un'isola con alcuni altri mezzi; e anche se la pianta si modifichi leggermente, ma conservi ancora i suoi semi ad uncini, formerebbe una specie endemica dotata di un'appendice inutile, come lo sarebbe un organo rudimentale, per esempio come lo sono le ali ripiegate sotto le elitre saldate di molti coleotteri isolani. Le isole posseggono spesso alberi ed arbusti appartenenti ad ordini che altrove non comprendono che specie erbacee; ora gli alberi generalmente hanno una estensione molto ristretta, qualunque ne sia la cagione, come ha dimostrato Alfonso De Candolle. Perciò gli alberi sono poco adatti ad emigrare verso lontane isole oceaniche; ed una pianta erbacea, sebbene abbia poca probabilità di competere con successo in statura con un albero pienamente sviluppato, quando si stabilisca in un'isola ed abbia a lottare colle sole piante erbacee, può facilmente ottenere un vantaggio su queste, crescendo ad una maggiore altezza e superando le altre piante. Se l'elezione naturale deve tendere in tal modo ad accrescere la statura delle piante erbacee che si sviluppano in un'isola oceanica, a qualunque ordine appartengano, essa può cambiarle prima in arbusti e infine formarne degli alberi.

MANCANZA DEI BATRACI E DEI MAMMIFERI TERRESTRI NELLE ISOLE OCEANICHE

In quanto alla mancanza di ordini interi sulle isole oceaniche, Bory de Saint-Vincent da molto tempo ha osservato che i batraci (rane, rospi, salamandre) non furono mai trovati sopra alcune delle molte isole che sono sparse in tutti i grandi oceani. Mi sono impegnato a verificare questa asserzione ed ho constatato che sussiste pienamente, se si prescinde dalla Nuova Zelanda, dalla Nuova Caledonia, dalle isole Andaman e forse dalle isole di Salomone e dalle Seychelles. Ma dissi già essere cosa dubbia, se la Nuova Zelanda e la Nuova Caledonia possansi annoverare tra le isole oceaniche, e maggiore è ancora il dubbio a riguardo del gruppo delle Andaman e di Salomone e delle Seychelles. Questa generale assenza delle rane, dei rospi e delle salamandre in tante isole oceaniche non potrebbe attribuirsi alle loro condizioni fisiche; infatti sembra che le isole siano particolarmente convenienti a questi animali: perchè le rane furono introdotte a Madera, nelle Azzorre e all'Isola Maurizio, e vi si moltiplicarono in modo da divenire dannose. Ma sapendosi che questi animali e le loro uova fecondate sono immediatamente uccisi dall'acqua del mare, deve essere assai difficile il loro trasporto a traverso del mare, e da ciò risulta, secondo le mie idee, il motivo per cui non esistono in ogni isola oceanica. Del resto sarebbe molto arduo lo spiegare per quale ragione non siano state create colà, seguendo la teoria delle creazioni indipendenti.

I mammiferi presentano un altro caso simile. Ho riveduto diligentemente i viaggi più antichi e non ho ancora compiute le mie ricerche, ma non ho finora trovato un solo esempio bene accertato di mammiferi terrestri (eccettuati gli animali domestici che si conservano dagli abitanti) che abitano un'isola situata a 300 miglia da un continente o da una grande isola continentale; e molte isole che sono ad una distanza molto minore ne sono prive. Le isole Falkland, che sono abitate da una volpe simile al lupo, formano quasi una eccezione; ma questo gruppo non può riguardarsi come oceanico, mentre poggia sopra un banco legato col continente e distante dal medesimo 280 miglia circa; inoltre i ghiacci galleggianti trasportarono anticamente dei massi di roccie sulle loro coste occidentali e quindi possono anche avervi depositato delle volpi, come accade spesso anche al presente nelle regioni artiche. Nondimeno non potrebbe asserirsi che le isole piccole non possono dar ricetto ai piccoli mammiferi, perchè questi si trovano in molte parti del mondo sopra piccolissime isolette, in prossimità dei continenti; nè può citarsi un'isola sola in cui i nostri minori mammiferi non siano stati naturalizzati e non si siano moltiplicati grandemente. Nè potrebbe dirsi, in base dell'opinione comunemente adottata delle creazioni, che in quei luoghi mancasse il tempo per la creazione dei mammiferi; molte isole vulcaniche infatti sono abbastanza antiche, come lo provano le meravigliose degradazioni che soffrirono e i loro strati terziari; vi fu inoltre del tempo sufficiente per la produzione di specie endemiche appartenenti ad altre classi; ed è cosa nota che sui continenti i mammiferi appariscono e si perdono più rapidamente degli altri animali inferiori. Sebbene non si incontrino mammiferi terrestri nelle isole oceaniche, pure in quasi tutte queste isole si osservano dei mammiferi volanti. La Nuova Zelanda possiede due pipistrelli che non si trovano in qualsiasi altra parte del mondo; l'isola Norfolk, l'Arcipelago Viti, le isole Bouin, gli arcipelaghi delle Caroline e delle Marianne e l'Isola Maurizio, posseggono tutte i loro pipistrelli speciali. Ora potrebbe domandarsi, come la supposta forza creatrice abbia formato su quelle isole remote soli pipistrelli e non altri mammiferi? Secondo il mio modo di vedere, a quest'interrogazione può rispondersi agevolmente; perchè niun mammifero terrestre può essere trasportato sopra grandi spazi di mare, ma i pipistrelli possono facilmente volare fino a quelle isole. Si sono veduti pipistrelli che erravano di giorno sull'Oceano Atlantico a molta distanza dalle terre, e due specie dell'America settentrionale sia regolarmente, sia accidentalmente visitano la Bermuda alla distanza di 600 miglia dal continente. Ho appreso dal Tomes, che ha studiato particolarmente questa famiglia, che molte di queste specie hanno una estensione enorme e si trovano sui continenti e sulle isole più lontane. Conseguentemente non ci resta che da supporre che queste specie erranti siano state modificate, mediante l'elezione naturale nelle loro nuove dimore, in relazione alla nuova loro posizione: e allora facilmente capiremo la presenza dei pipistrelli endemici sulle isole, colla mancanza di tutti gli altri mammiferi terrestri.

Oltre l'assenza dei mammiferi terrestri, in relazione alla distanza delle isole dai continenti, vi è anche un'altra relazione, fino ad un certo punto indipendente dalla distanza, fra la profondità del mare che separa un'isola dal continente più vicino e la presenza in entrambi della medesima specie di mammiferi o di specie affini, in condizioni più o meno modificate. Windsor Earl ha fatto alcune notevoli osservazioni, a questo riguardo, sul grande Arcipelago Malese che è attraversato presso Celebes da una striscia di mare molto profondo; questo spazio divide due faune mammologiche completamente diverse. Da un lato di questo spazio le isole giacciono sopra banchi sottomarini non molto profondi e sono abitate da quadrupedi identici, o almeno molto affini. Senza dubbio in questo grande arcipelago si notano alcune anomalie, e in certi casi è molto difficile formare un giudizio intorno alla probabile naturalizzazione di alcuni mammiferi e decidere se abbia da attribuirsi all'opera dell'uomo; ma noi avremo presto molte notizie sulla storia generale di quell'arcipelago, per le ricerche e lo zelo mirabile del Wallace. Io non ebbi ancora tempo di continuare l'esame di tale soggetto per tutte le parti del mondo; ma per quanto potei osservare, la relazione ora detta generalmente si verifica. Noi vediamo la Gran Bretagna separata dall'Europa mediante un Canale poco profondo e i mammiferi sono i medesimi da ambe le parti dello stretto; e troviamo dei fatti analoghi sopra molte isole divise dall'Australia per mezzo di consimili canali. Le isole delle Indie Occidentali giacciono sopra un banco sommerso, alla profondità di 1000 braccia, e vi troviamo le forme americane; ma le specie ed anche i generi sono molto distinti. Siccome il complesso delle modificazioni in ogni caso dipende fino ad un certo grado dal tempo trascorso, ed è chiaro che nei cambiamenti di livello le isole separate da canali poco profondi possono essere state unite più facilmente in continuità della terraferma in un periodo recente di quelle isole che sono separate da canali profondi, ci sarà facile intendere la frequente relazione che si nota fra la profondità del mare e il grado di affinità dei mammiferi abitanti le isole con quelli del continente più vicino, - relazione che sarebbe inesplicabile secondo la teoria degli atti indipendenti di creazione.

Tutte le precedenti considerazioni sugli abitanti delle isole oceaniche, vale a dire la scarsezza delle specie, - la ricchezza delle forme endemiche in particolari classi o sezioni di classi, - la mancanza di interi gruppi, come di quello dei batraci e dei mammiferi terrestri, non ostante la presenza dei pipistrelli, - le proporzioni singolari di certi ordini di piante, - lo sviluppo delle forme erbacee in alberi, ecc.,- mi sembra che concordino meglio coll'idea dei mezzi occasionali di trasporto, i quali ebbero una grande influenza nel lungo corso dei tempi, di quello che coll'opinione che tutte le isole oceaniche siano state anticamente unite per mezzo di terre continue col continente più vicino; perchè in questa seconda ipotesi la migrazione probabilmente sarebbe stata assai più completa; e se si ammettano le modificazioni, tutte le forme viventi sarebbero state più equabilmente modificate, in tal caso, in ragione della importanza superiore delle relazioni fra organismo ed organismo.

Non nego che esistano ancora molte e gravi difficoltà per dimostrare in che modo diversi abitanti delle isole più remote possano essere giunti nelle loro attuali dimore, sia conservando ancora la stessa forma specifica, sia modificandosi dopo il loro arrivo. Ma non deve trascurarsi la probabilità dell'antica esistenza di molte isole come luoghi di stazione, delle quali non rimane oggi alcun avanzo. Darò qui un solo esempio di questi casi difficili. Quasi tutte le isole oceaniche, anche le più isolate e le più piccole, contengono dei molluschi terrestri che generalmente appartengono a specie endemiche, ma talvolta anche a specie che trovansi altrove. Il dott. Augusto A. Gould ha esposto vari fatti interessanti riguardo ai molluschi terrestri delle isole del Pacifico. Ora è cosa nota che i molluschi terrestri sono facilmente uccisi dall'acqua salata; le loro uova, quelle almeno che furono da me sperimentate, si affondano nell'acqua del mare e vi muoiono. Devono dunque esistere, secondo la mia teoria, alcuni mezzi ignoti ma altamente efficaci pel trasporto delle medesime. Non potrebbero i giovani molluschi, appena usciti dall'uovo, accidentalmente arrampicarsi e restare attaccati ai piedi degli uccelli che si fermarono sul terreno ed essere così trasportati da essi? Mi sono immaginato che i molluschi terrestri, quando passano l'inverno ed hanno la bocca della loro conchiglia munita di un opercolo membranoso, possano trovarsi nascosti nelle fessure dei legni galleggianti e traversare dei bracci di mare di qualche larghezza. Ho trovato che varie specie possono sostenere, senza danno, in questo stato un'immersione di sette giorni nell'acqua del mare; uno di questi molluschi era l'Helix pomatia, la quale, dopo un riposo invernale, venne immersa di nuovo per venti giorni nell'acqua marina e la ricuperai in uno stato perfetto. In questo tempo essa avrebbe potuto essere trasportata da una corrente marina di mediocre celerità fino alla distanza di 600 miglia geogr. Siccome questa specie di Helix possiede un grosso opercolo calcareo, lo levai, ed appena se ne era formato un altro membranoso, la sommersi di nuovo per quattordici giorni nell'acqua marina, dopo di che si riebbe perfettamente e se ne andò. Simili esperimenti fece di recente il barone Aucapitaine; egli mise 100 lumache terrestri, appartenenti a 10 specie, in una cassa munita di fori, e le sommerse durante quattordici giorni nell'acqua marina. Delle 100 lumache ne camparono ventisette. La presenza dell'opercolo sembra essere stata importante, poichè dei dodici esemplari della Cyclostoma elegans, la quale ha un opercolo, 11 si conservarono vivi. Se considero che la Helix pomatia, con cui io ho sperimentato, ha resistito sì bene all'acqua marina, è rimarchevole che dei 55 esemplari appartenenti a quattro specie di Helix, co' quali ha sperimentato l'Aucapitaine, neppure uno siasi conservato. Del resto non è probabile che le lumache terrestri siano state spesso trasportate in questo modo; i piedi degli uccelli sono un mezzo di trasporto più probabile.

RELAZIONE DEGLI ABITANTI DELLE ISOLE CON QUELLI DEI CONTINENTI PIÙ VICINI

Il fatto per noi più importante e singolare, riguardo agli abitanti delle isole, sta nella loro affinità con quelli dei continenti più vicini, quantunque non siano le medesime specie. Potrebbero citarsi moltissimi esempi di questa legge. Ne prenderò un solo dall'Arcipelago Galapagos, posto sotto l'equatore fra 500 e 600 miglia dalle coste dell'America meridionale. Quivi quasi tutte le produzioni terrestri ed acquatiche portano l'impronta evidente del continente americano. Vi sono ventisei uccelli di terra e di questi, ventuno o forse ventitre sono classificati come specie distinte, e si suppone che siano state create colà; eppure la stretta affinità di questi uccelli colle specie americane in ogni carattere, nelle loro abitudini, nel portamento, nel suono della voce, è manifesta. Altrettanto deve dirsi degli altri animali, e di quasi tutte le piante, come fu dimostrato dal dott. Hooker nella sua stupenda Memoria sulla flora di quell'arcipelago. Il naturalista, esaminando gli abitanti di queste isole vulcaniche del Pacifico che sono lontane per alcune centinaia di miglia dal continente, sente tuttavia di essere ancora sulla terra americana. Per qual motivo ciò avviene? Per qual motivo dovrebbero le specie conservare l'impronta così palese dell'affinità che le connette a quelle create in America, se supponiamo che quelle specie siano state create nell'Arcipelago Galapagos? Nelle condizioni di vita di queste isole, nella loro geologica natura, nella loro altezza, nel loro clima e nelle proporzioni con cui le varie classi sono insieme associate, qui non abbiamo nulla che somigli alle condizioni delle coste dell'America meridionale; anzi in fatto abbiamo una dissomiglianza considerevole per tutti questi rispetti. Al contrario havvi un grado notevole di somiglianza nella natura vulcanica del suolo, nel clima, nell'altezza e nella grandezza delle isole, fra l'Arcipelago Galapagos e quello del Capo Verde. Ma quale intera ed assoluta differenza non si riscontra nei loro abitanti! Gli abitanti delle isole di Capo Verde hanno con quelli d'Africa rapporti analoghi a quelli che passano fra gli abitanti delle isole Galapagos e quelli d'America. Io credo che tali fatti non possano ricevere alcuna spiegazione, secondo l'opinione ordinaria delle creazioni indipendenti; all'opposto, secondo le idee da me propugnate, è facile vedere che le isole Galapagos potevano ricevere coloni dall'America, sia mediante mezzi occasionali di trasporto, oppure (dottrina alla quale non credo) per mezzo di una terra che anticamente legava queste isole al continente; parimenti le isole di Capo Verde li avrebbero ricevuti dall'Africa. Questi coloni sarebbero stati soggetti a modificazioni: ma il principio d'eredità tradisce ancora la loro patria originale.

Potrebbero constatarsi molti altri fatti analoghi; ma è questa una regola quasi universale, che cioè le produzioni endemiche delle isole hanno molti rapporti con quelle dei continenti vicini o delle altre isole prossime. Le eccezioni sono poche e la maggior parte può spiegarsi. Così le piante della terra di Kerguelen, benchè questa regione sia più vicina all'Africa che all'America, sono maggiormente affini a quelle dell'America, come si conosce dalle descrizioni del dott. Hooker; ma quando si ammetta che quest'isola sia stata popolata principalmente di semi misti alla terra e alle pietre trasportate dai ghiacci galleggianti condotti dalle correnti predominanti, quest'anomalia scompare. Le piante endemiche della Nuova Zelanda sono in affinità più stretta coll'Australia, che è il continente più vicino, che con qualsiasi altra regione: ciò è naturale e doveva prevedersi; ma esse hanno anche una evidente affinità con l'America meridionale, la quale, sebbene sia il continente più vicino dopo l'Australia, è tanto distante che il fatto diventa anomalia. Ma codesta difficoltà è quasi eliminata quando si rifletta che la Nuova Zelanda, l'America meridionale ed altre isole meridionali furono, in epoca remota, popolate parzialmente da un punto quasi intermedio ma lontano, cioè dalle isole antartiche, quando esse erano coperte di vegetazione prima che cominciasse il periodo glaciale. L'affinità fra la flora dell'angolo sud-ovest dell'Australia e quella del Capo di Buona Speranza, la quale, sebbene sia poca, pure è reale, come mi assicurò il dott. Hooker, è un fatto assai più rimarchevole e presentemente non può darsene alcuna spiegazione; ma questa affinità si limita alle sole piante e certamente potrà in seguito esserne rivelata la cagione.

La legge per cui gli abitanti di un arcipelago, quantunque distinti specificamente, sono strettamente affini a quelli del continente più vicino, talvolta si applica in una piccola scala, benchè in una maniera più interessante; nei limiti del medesimo arcipelago. Così le diverse isole dell'Arcipelago Galapagos sono occupate da specie che sono in rapporti molto stretti in modo meraviglioso, come altrove ho dimostrato; cosicchè gli abitanti di ogni isola separata, sebbene distinti in gran parte, sono connessi fra loro in grado incomparabilmente maggiore di quello che cogli abitanti di ogni altra parte del mondo. E ciò doveva precisamente prevedersi, secondo le mie idee, perchè quelle isole sono così vicine, che debbono quasi inevitabilmente ricevere degli immigrati dalla stessa sorgente originale, o l'una dall'altra. Ma questa dissomiglianza fra gli abitanti endemici delle isole può usarsi come un argomento contrario alla mia teoria; perchè potrebbe chiedersi come mai sia avvenuto che in diverse isole, situate a poco distanza fra loro, aventi la stessa natura geologica, la stessa altezza, il medesimo clima, ecc., molti immigranti sieno stati modificati differentemente, benchè soltanto leggermente. Questa mi è sembrata per molto tempo una grave obbiezione: ma essa è fondata principalmente sull'errore, profondamente radicato, di considerare le condizioni fisiche di un paese come le più importanti per i suoi abitatori; al contrario credo non possa contrastarsi che la natura degli abitanti, coi quali ogni altro deve lottare, sia un elemento di successo almeno ugualmente importante e in generale assai più influente. Ora se noi consideriamo quegli abitanti delle isole Galapagos che trovansi in altre parti del mondo (lasciando in disparte pel momento le specie endemiche, che non possono comprendersi qui rettamente, mentre dobbiamo ricercare come esse si siano modificate dopo il loro arrivo), noi troviamo un complesso considerevole di differenza nelle varie isole. Questa differenza doveva infatti ammettersi secondo l'ipotesi che le isole siano state popolate con mezzi occasionali di trasporto; un seme di una pianta, per esempio, essendo stato portato sopra una di quelle isole e quello di un'altra sopra un'isola diversa. Quindi allorchè nei tempi antichi una specie immigrante si stabilì in una di queste isole o in parecchie, ovvero quando posteriormente si sparse da un'isola all'altra, si sarà trovato esposto certamente a condizioni di vita diverse nelle differenti isole, perchè avrà dovuto competere con differenti gruppi di organismi. Una pianta, per esempio, avrà trovato un terreno più conveniente per essa, occupato più completamente da piante distinte in un'isola che nell'altra, e sarà stata in balìa degli attacchi di nemici alquanto differenti. Se quindi essa variava, l'elezione naturale avrà favorito probabilmente delle varietà diverse nelle varie isole. Alcune specie però poterono estendersi e conservare non pertanto il medesimo carattere in tutto il gruppo, precisamente come si osserva nei continenti in cui certe specie si diffondono assai e rimangono inalterate.

Il fatto in realtà sorprendente, che si nota nelle isole dell'Arcipelago Galapagos e in grado minore in alcuni altri casi analoghi, è che le nuove specie formate in ogni isola separata non si sono rapidamente sparse nelle altre isole. Ma queste isole, sebbene siano in vista l'una dell'altra, sono divise da profondi canali, in molti punti più larghi del canale della Manica, e non abbiamo ragione di supporre che in un periodo antico siano state congiunte. Le correnti del mare sono rapide e traversano l'arcipelago, e i venti forti vi sono molto rari; per cui queste isole sono in fatto molto più efficacemente separate fra loro di quel che apparisce dalla carta geografica. Nondimeno un buon numero di specie, sia di quelle che trovansi anche in altre parti del mondo, sia di quelle che sono confinate nell'arcipelago, sono comuni a diverse isole; e possiamo dedurre da certi fatti che queste specie probabilmente passarono da qualcuna di esse nelle altre. Ma noi ci facciamo spesso, io credo, un concetto erroneo della probabilità che le specie affini invadano i territori delle altre, quando si stabilisca fra le medesime una libera comunicazione. Senza dubbio se una specie ha un vantaggio qualunque sopra un'altra, essa in breve tempo la soppianterà interamente, o almeno in parte; ma se ambedue sono ugualmente bene adatte ai loro posti rispettivi nella natura, esse probabilmente vi rimarranno e si conserveranno separate quasi indefinitamente. Essendoci familiare il fatto che molte specie, naturalizzate per opera dell'uomo, si sono sparse con meravigliosa rapidità sopra nuovi paesi, siamo disposti ad inferirne che la maggior parte delle specie debba diffondersi così; ma dovremmo rammentare che le forme naturalizzate in nuove regioni non sono generalmente molto affini cogli abitanti indigeni, ma sono specie molto distinte, appartenenti a generi distinti nella pluralità dei casi, come fu dimostrato da Alfonso De Candolle. Anche molti uccelli dell'Arcipelago Galapagos, sebbene tanto adatti per volare da un'isola all'altra, sono distinti in ciascuna di esse; così vi sono tre specie strettamente affini di tordo poliglotto, ciascuna delle quali è confinata nella propria isola. Ora ci sia permesso supporre che il tordo poliglotto dall'isola Chatham sia spinto dal vento sull'isola Charles, che ha il proprio tordo poliglotto; per qual motivo riuscirà a stabilirsi nella nuova dimora? Noi possiamo sicuramente sostenere che l'isola Charles è ben popolata colla specie propria, perchè annualmente questa depone uova in quantità maggiore di quelle che possono essere allevate; e possiamo anche inferire che il tordo poliglotto speciale dell'isola Charles sia almeno tanto adatto alla sua patria, quanto lo è la specie particolare all'isola Chatham.

C. Lyel e Wollaston mi hanno comunicato un fatto rimarchevole che si riferisce a questo argomento; vale a dire, che Madera e la vicina isoletta di Porto Santo possiedono molti molluschi terrestri distinti ma rappresentativi, alcuni dei quali vivono nei crepacci delle roccie, e sebbene una quantità considerevole di questi sia trasportata annualmente da Porto Santo a Madera, pure in quest'ultima isola non si è colonizzata la specie di Porto Santo; ciò non ostante le due isole ricevettero alcuni molluschi terrestri europei, i quali certamente hanno qualche vantaggio sopra le specie indigene. Io credo che dietro questi riflessi noi non dobbiamo farci le meraviglie se le specie endemiche e rappresentative dell'Arcipelago Galapagos non si sono sparse da un'isola all'altra. In molti altri casi, come in vari distretti di un medesimo continente, le prime occupazioni avranno probabilmente esercitato un'influenza importante, coll'impedire la mescolanza delle specie sotto le medesime condizioni di vita. Così gli angoli sud-est e sud-ovest dell'Australia sono in condizioni fisiche quasi identiche e sono congiunti da una terra continua, però sono abitati da un grande numero di mammiferi, di uccelli e di piante distinte; e secondo il Bates la stessa cosa avviene coi lepidotteri, e cogli altri animali che abitano la vallata grande, aperta e continua del fiume delle Amazzoni.

Il principio che determina il carattere generale della fauna e della flora delle isole oceaniche, cioè, che gli abitanti, quando non sono identici, sono tuttavia evidentemente connessi cogli altri abitanti di quella regione dalla quale possono più prontamente essere venuti i coloni, essendo poi questi successivamente modificati e meglio conformati alle nuove loro dimore, questo principio è applicabile universalmente a tutta la natura. Noi vediamo che ciò si verifica in ogni montagna, in ogni lago e in ogni palude. Perchè le specie alpine sono affini a quelle delle pianure che le circondano, eccettuate però quelle forme, principalmente di piante, che si sono disseminate ampiamente per tutto il mondo nella recente epoca glaciale; così abbiamo nell'America meridionale i colibrì alpini, i roditori alpini, le piante alpine, ecc., tutti di forme esclusivamente americane; ed è manifesto che una montagna, di mano in mano che lentamente si sollevava, doveva naturalmente essere colonizzata dalle pianure circonvicine. Altrettanto dicasi degli abitanti dei laghi e degli stagni, colla riserva che le grandi facilitazioni dei trasporti diedero le medesime forme generali al mondo intero. Noi vediamo il medesimo principio in alcuni animali ciechi che abitano nelle caverne dell'America e dell'Europa.

Potrebbero anche citarsi altri fatti analoghi. Infine io credo si riconoscerà universalmente la verità del fatto, che quando in due regioni, a qualsiasi distanza si trovino, si incontrano molte specie strettamente affini o rappresentative, vi si dovranno trovare ugualmente alcune specie identiche; e laddove si trovano molte specie affini, si incontreranno molte forme che alcuni naturalisti considerano quali specie distinte ed altri quali varietà; queste forme dubbie ci rappresentano i diversi gradi del processo di modificazione.

Questa relazione fra la facoltà di emigrare e l'estensione delle migrazioni di una specie, sia nel tempo attuale, sia in qualche antico periodo sotto condizioni fisiche differenti, colla esistenza in punti distanti del mondo di altre specie affini si prova anche in un altro modo più generale. Il Gould mi ha fatto osservare da molto tempo che in quei generi d'uccelli che sono molto estesi pel mondo, molte specie hanno pure una grande diffusione. Non dubito che questa regola sia generalmente fondata, ma sarebbe difficile provarla. Fra i mammiferi la vediamo chiaramente spiegata nei pipistrelli, e in grado minore nei felidi e nei canidi. Noi la riscontriamo anche se paragoniamo la distribuzione delle farfalle e dei coleotteri. Essa si applica altresì alla maggior parte delle produzioni d'acqua dolce, di cui tanti generi sono sparsi sopra tutto il globo; e molte specie hanno una estensione enorme. Ciò non vuol dire che nei generi sparsi pel mondo intero tutte le specie abbiano una vasta estensione, od anche in media siano molto estese; ma solamente che alcune di esse hanno la prerogativa di spargersi ampiamente; perchè la facilità con cui le specie largamente sparse variano e danno origine a nuove forme deve in gran parte determinare la loro media estensione. Per esempio, due varietà di una medesima specie abitano l'America e l'Europa, e la specie ha perciò una immensa estensione; ma se la variazione fosse stata un po' più forte, le due varietà sarebbero state riguardate come specie distinte, e l'estensione comune sarebbe stata grandemente diminuita. Nè tanto meno si vuol significare che una specie, la quale evidentemente sia dotata della facoltà di attraversare le barriere e di estendersi in vaste proporzioni, come sarebbe il caso di certi uccelli, che hanno un volo portentoso, debba di necessità diffondersi ampiamente; perchè non bisogna mai dimenticare che una vasta estensione non suppone soltanto la facoltà di oltrepassare le barriere, ma l'altra facoltà più importante di ottenere la vittoria in lontane regioni nella lotta per l'esistenza coi nuovi competitori. Partendo dal principio che tutte le specie di un genere sono derivate da un solo progenitore, quantunque al presente esse siano distribuite nei luoghi più distanti del mondo, noi dobbiamo trovare, e credo che in regola generale troveremo, che almeno alcune di queste specie si estendono grandemente.

Non dobbiamo dimenticare che molti generi di tutte le classi sono estremamente antichi, per cui in tali casi vi fu il tempo sufficiente per la dispersione e per una successiva modificazione. Vi sono anche alcune ragioni fondate sulle prove geologiche per credere che gli organismi di ogni grande classe, inferiori nella scala naturale, generalmente si modificano con minore prontezza delle forme superiori; e quindi le forme inferiori avranno una probabilità più grande di estendersi largamente e di conservare altresì il medesimo carattere specifico. Questo fatto, unito all'altro che i semi e le uova di molte forme inferiori sono assai piccoli e meglio adatti ai trasporti in luoghi lontani, probabilmente serve a chiarire la legge, conosciuta già da lungo tempo e che fu recentemente discussa con grande scienza da Alfonso De Candolle rispetto alle piante, vale a dire, che quanto più un gruppo di organismi è basso nella scala naturale, tanto più è atto ad estendersi ampiamente.

Le relazioni fin qui esaminate, cioè - che gli organismi inferiori che si modificano lentamente prendono una estensione maggiore degli organismi elevati; - che alcune specie di generi molto estesi si diffondono grandemente; - che le produzioni alpine, lacustri e quelle degli stagni sono in rapporti d'affinità con quelle delle pianure vicine e delle terre secche; - che esiste un'intima connessione fra le specie distinte che vivono nelle isole di uno stesso arcipelago; - e specialmente che si nota una relazione singolare fra gli abitanti di ogni intero arcipelago o di ogni isola e quelli del continente più vicino; tutte queste relazioni sono, a mio credere, completamente inesplicabili, secondo l'opinione ordinaria della creazione indipendente di ogni specie, ma sono invece suscettibili di spiegazione nell'ipotesi della colonizzazione dalla sorgente più vicina e più pronta, combinata colle modificazioni susseguenti e coll'adattamento migliore dei coloni alle nuove loro dimore.

SOMMARIO DI QUESTO CAPO E DEL PRECEDENTE

In questi due capi io mi sono studiato di dimostrare che se facciamo il debito calcolo della nostra ignoranza sugli effetti complessivi di tutti i cambiamenti nel clima e nell'altezza delle terre, che certamente avvennero nel periodo recente, e degli altri cambiamenti consimili che possono essersi verificati nel medesimo periodo; se noi ricorderemo come siamo profondamente ignoranti rispetto ai molti mezzi curiosi di trasporto occasionale, - soggetto sul quale non si istituirono ancora esperienze accurate; se riflettiamo (e questa è una riflessione importante) che una specie può spesso essersi estesa senza interruzione sopra una vasta superficie, e quindi essere rimasta estinta in alcuni tratti intermedi, non sono più insuperabili le difficoltà che si oppongono all'opinione che tutti gli individui di una medesima specie, comunque disposti in qualsiasi luogo, sono derivati dai medesimi parenti. E noi giungiamo a questa conclusione che fu già adottata da molti naturalisti sotto la denominazione di «centri singoli di creazione», mediante alcune considerazioni generali e segnatamente desunte dall'importanza delle barriere e dalla distribuzione analoga dei sotto-generi, dei generi e delle famiglie.

Riguardo alle specie distinte del medesimo genere, le quali, secondo la mia teoria, debbono essere state prodotte da una sola sorgente paterna; quando si facciano le stesse riflessioni, come sopra, sulla nostra ignoranza e si ricordino che alcune forme di vita si trasformano più lentamente, richiedendo così degli enormi periodi di tempo per le loro migrazioni, non credo che le difficoltà siano invincibili; sebbene queste difficoltà siano in tal caso molto gravi, come in quello della dispersione degl'individui di una medesima specie.

Per chiarire con un esempio gli effetti dei mutamenti climatologici sulla distribuzione, ho cercato di dimostrare come sia stata efficace l'influenza del periodo glaciale moderno, che io sono pienamente convinto agisse simultaneamente sul mondo intero, o almeno sopra grandi zone longitudinali. Per dimostrare quanto siano diversi i mezzi di trasporto occasionali, ho discusso con qualche ampiezza i mezzi di dispersione delle produzioni d'acqua dolce.

Se non si trovasse alcuna difficoltà invincibile nell'ammettere che gl'individui di una medesima specie e delle specie affini, nel lungo corso dei tempi, procedettero da una stessa sorgente; allora tutti i fatti principali della distribuzione geografica potrebbero spiegarsi colla teoria delle migrazioni, in uno colle modificazioni posteriori e colla moltiplicazione delle forme nuove. Possiamo così valutare l'alta importanza delle barriere, sì di terra che d'acqua, le quali dividono le nostre varie provincie zoologiche e botaniche. Possiamo inoltre spiegare la localizzazione dei sotto-generi, dei generi e delle famiglie; e come avvenga che sotto latitudini diverse, per esempio, nell'America meridionale, gli abitanti delle pianure e delle montagne, delle foreste, degli stagni e dei deserti, siano in modo tanto misterioso collegati insieme per un certo grado di affinità, e siano parimenti connessi agli esseri estinti che anticamente esistevano sul medesimo continente. Richiamando alla mente che le mutue relazioni da organismo ad organismo sono della più alta importanza, possiamo riconoscere perchè due superfici, poste in condizioni fisiche quasi uguali, siano di sovente abitate da forme di vita affatto differenti. Imperocchè, a seconda della lunghezza del tempo trascorso, dacchè i nuovi abitanti si introdussero in una regione; a seconda della natura della comunicazione che permetteva il passaggio a certe forme e non ad altre, in maggiore o minor numero; secondochè gli immigranti entrarono o no in una lotta più o meno diretta gli uni cogli altri e cogli indigeni; ed anche secondo che gli immigranti furono capaci di variare più o meno rapidamente, dovettero seguirne nelle differenti regioni, indipendentemente dalle loro condizioni fisiche, delle condizioni di vita infinitamente diverse, - e un insieme quasi infinito di azioni e di reazioni organiche; - e noi dobbiamo trovare, come infatti troviamo, nelle varie grandi provincie geografiche del mondo, alcuni gruppi di esseri modificati in sommo grado ed altri soltanto leggermente, alcuni sviluppati ed estesi con grande vigore, altri invece esistenti in piccolo numero.

In base di questi medesimi principii possiamo intendere, come ho tentato di dimostrare, per qual motivo le isole oceaniche debbano possedere pochi abitanti, la maggior parte dei quali debba essere endemica o particolare; e così per qual ragione, rispetto ai mezzi di migrazione, un gruppo di esseri, anche restrittivamente ad una sola classe, debba avere tutte le sue specie endemiche e un altro gruppo invece le abbia comuni con altre parti del mondo. Possiamo dimostrare come interi gruppi di organismi siano assenti dalle isole oceaniche, ad esempio, i batraci e i mammiferi terrestri, mentre le isole più appartate posseggano le loro specie di mammiferi volanti o pipistrelli. Possiamo dimostrare come vi sia qualche relazione fra la presenza dei mammiferi, in una condizione più o meno modificata, e la profondità del mare fra un'isola e il continente. Noi possiamo vedere chiaramente in che modo tutti gli abitanti di un arcipelago, sebbene specificamente distinti sulle diverse isole che lo compongono, siano strettamente affini fra loro e parimenti siano in qualche rapporto, meno intimo, con quelli del continente più vicino o probabilmente di quell'altra sorgente da cui gli immigranti sono probabilmente partiti. Infine sappiamo dire come avvenga che in due regioni, comunque distanti fra loro, vi sia una correlazione nella presenza di specie identiche, di varietà, di specie dubbie e di specie distinte, ma rappresentative.

Havvi un parallelismo stupendo fra le leggi della vita nel tempo e nello spazio, sul quale spesso ha insistito Edoardo Forbes; le leggi che governarono la successione delle forme nei tempi passati essendo quasi identiche a quelle che reggono presentemente le differenze che si trovano nelle diverse regioni. Noi vediamo questa analogia in molti fatti. La durata di ogni specie e di ogni gruppo di specie è continua nella successione dei secoli; perchè le eccezioni a questa regola sono tanto poche, che possono a ragione attribuirsi al non essersi peranco scoperte in un deposito intermedio le forme che vi mancano, ma che s'incontrano, nelle formazioni inferiori e superiori. Così, quanto allo spazio, è al certo una regola generale che la superficie abitata da una sola specie, o da un gruppo di specie, è continua; e le eccezioni, che non sono rare, possono spiegarsi, come mi sono adoperato a dimostrare, colle migrazioni in qualche antico periodo sotto condizioni differenti, e coi mezzi occasionali di trasporto, essendosi estinta la specie nei tratti intermedi. Nel tempo e nello spazio, le specie e i gruppi di specie hanno i loro punti di massimo sviluppo. I gruppi di specie che appartengono ad un certo periodo di tempo, o ad una certa superficie, sono spesso caratterizzati da particolarità poco importanti che sono comuni a essi, come le forme esterne e il colore. Nel riflettere alla lunga successione delle età, come nell'esaminare le provincie lontane del globo, noi troviamo che parecchi organismi differiscono poco, mentre altri appartenenti a classi differenti, o ad un ordine diverso od anche soltanto ad una famiglia diversa del medesimo ordine, differiscono grandemente. Nel tempo come nello spazio i membri inferiori di ogni classe generalmente si modificano meno dei superiori; ma in ambi i casi vi sono delle forti eccezioni alla regola. Secondo la mia teoria, queste varie relazioni corrispondenti sia per il tempo, sia per lo spazio, si spiegano facilmente; perchè se consideriamo le forme di vita che si cambiarono nelle epoche successive nella medesima parte del mondo, e quelle che si cambiarono dopo di avere migrato in luoghi distanti, nell'uno e nell'altro caso le forme di ciascuna classe furono collegate dal medesimo processo della generazione ordinaria, e quanto più due forme qualsiasi sono prossime fra loro, pel grado di parentela, esse saranno anche generalmente più vicine fra loro, nel tempo e nello spazio; in ambi i casi le leggi della variazione saranno state le medesime, e le modificazioni saranno state accumulate dal medesimo potere della elezione naturale.

CAPO XIV

MUTUE AFFINITÀ DEGLI ESSERI ORGANIZZATI
MORFOLOGIA - EMBRIOLOGIA
ORGANI RUDIMENTALI

Classificazione; gruppi subordinati ad altri gruppi - Sistema naturale - Regole e difficoltà della classificazione, spiegate per mezzo della teoria della discendenza con modificazioni - Classificazione delle varietà - La discendenza sempre impiegata nelle classificazioni - Caratteri di analogia o di adattamento - Affinità generali, complesse e divergenti - L'estinzione separa e definisce i gruppi - Morfologia; fra i membri di una stessa classe, fra le parti di un medesimo individuo - Embriologia; sue leggi spiegate per mezzo di quelle variazioni che non hanno luogo nella prima età e che vengono ereditate ad un'età corrispondente - Organi rudimentali; loro origine spiegata - Sommario.

CLASSIFICAZIONE

Dalla prima alba della vita tutti gli esseri organizzati rassomigliano gli uni agli altri secondo gradi discendenti, per cui possono classificarsi in gruppi subordinati ad altri gruppi. Questa classificazione evidentemente non è arbitraria, come quella dei gruppi di stelle nelle costellazioni. L'esistenza dei gruppi non avrebbe avuto che un significato molto semplice, se un gruppo fosse stato destinato esclusivamente ad abitare la terra ed un altro a vivere nelle acque: uno a nutrirsi di carne, un altro di materie vegetali, e così di seguito. Ma ciò non ha luogo menomamente nella natura: perchè tutti sanno che comunemente anche i membri del medesimo sotto-gruppo hanno abitudini differenti. Nei Capi secondo e quarto sulle Variazioni e sulla Elezione naturale ho procurato di dimostrare che in qualsiasi paese le specie più variabili sono quelle che si estendono ampiamente, che sono molto diffuse e comuni, in una parola le specie dominanti, appartenenti ai generi più ricchi di ogni classe. Io credo che le varietà o specie incipienti, così prodotte, da ultimo divengano specie nuove e distinte; e queste, pel principio di eredità, tendano a produrre altre specie nuove e dominanti. Perciò quei gruppi che sono ricchi, e che generalmente comprendono molte specie dominanti, tendono ad aumentare. Ho cercato inoltre di provare che, in seguito ai continui sforzi dei discendenti variabili di ogni specie per occupare il maggior numero possibile di posti differenti nell'economia della natura, i loro caratteri hanno una tendenza costante a divergere. Questo risultato emergeva dal considerare la diversità grande delle forme di vita, le quali in ogni piccola superficie si fanno una concorrenza molto viva, e dalla cognizione di certi fatti nella naturalizzazione.

Mi sono anche adoperato a constatare che nelle forme, le quali aumentano di numero e divergono nei caratteri, vi è una tendenza costante a surrogare ed esterminare le forme meno divergenti, meno perfezionate e più antiche. Prego il lettore ad esaminare di nuovo il diagramma che descrive l'azione di questi vari principii, come fu spiegato precedentemente, ed egli si accorgerà che il risultato inevitabile consiste in ciò, che i discendenti modificati, procedenti da un solo progenitore, rimarranno spezzati in gruppi subordinati ad altri gruppi. Ogni lettera della linea superiore di quella figura può rappresentare un genere comprendente varie specie; e tutti i generi di questa stessa linea formano insieme una classe, perchè tutti sono provenienti da un antico parente e per conseguenza ereditarono qualche cosa in comune. Ma i tre generi della parte sinistra hanno, pel medesimo principio, molte particolarità comuni, e formano una sotto-famiglia, distinta da quella che comprende i due generi immediatamente vicini sulla destra, i quali si scostarono dal parente comune al quinto stadio della progenie. Questi cinque generi hanno ancora qualche carattere comune e formano insieme una famiglia distinta da quella di cui fanno parte i tre generi che si trovano anche più a destra, i quali cominciarono a divergere in un'epoca più antica. Tutti questi generi poi derivati da A formano un ordine distinto da quello dei generi derivati da I. Per cui noi abbiamo qui molte specie discendenti da un solo progenitore aggruppate in generi; e questi generi sono pur essi compresi e subordinati a sotto-famiglie, famiglie e ordini tutti riuniti in una sola classe. Così a mio giudizio rimane chiarito il grande fatto della storia naturale, della subordinazione dei gruppi sotto altri gruppi, fatto sul quale non portiamo sempre sufficiente attenzione, perchè ci è molto familiare. Gli esseri organici, come tutti gli altri oggetti, si lasciano senza dubbio disporre a gruppi in varia guisa, sia artificialmente col mezzo di singoli caratteri, od in modo più naturale col mezzo di un complesso di caratteri. Noi sappiamo che così si possono classificare i minerali e perfino le sostanze elementari. In questo caso la classificazione non ha alcuna attinenza alla successione genealogica, ed al presente non può indicarsi la causa, per cui si scindono in gruppi. Ma negli esseri organici le cose stanno ben diversamente, ed il suesposto concetto ci dà la ragione della suddivisione in gruppi e sotto-gruppi, nè altra spiegazione fu mai tentata.

I naturalisti si studiano di coordinare le specie, i generi e le famiglie di ogni classe in un sistema naturale. Ma che cosa significa questo sistema? Alcuni autori lo riguardavano puramente come uno schema per disporre insieme quegli esseri viventi che sono più somiglianti e per separare quelli che sono più differenti: oppure anche come un mezzo artificiale di enunciare, colla maggiore brevità possibile, certe proposizioni generali, cioè di raccogliere con una sola sentenza i caratteri comuni a tutti i mammiferi, per esempio, e di dare con un'altra proposizione quelli comuni a tutti i carnivori, con un'altra quelli comuni al genere cane, ed infine, aggiungendo una sola sentenza, fare una descrizione completa di ogni razza dei cani. La semplicità e l'utilità di questo sistema sono incontestabili. Ma molti naturalisti pensano che l'espressione «Sistema naturale» denoti qualche cosa di più; essi credono che riveli il piano del Creatore; però finchè non sia meglio specificato se le parole «il piano del Creatore» significano l'ordine nel tempo o nello spazio, o in ambedue, ovvero denotino qualche altra cosa, mi sembra che con esse nulla si aggiunga alla nostra scienza. Tali espressioni che noi incontriamo spesso, sotto una forma più o meno oscura, come quel famoso detto di Linneo, che «i caratteri non formano il genere, ma che il genere fornisce i caratteri», mi sembra che nelle nostre classificazioni implicitamente includano qualche cosa di più della semplice rassomiglianza. Credo che infatti si sottintenda qualche cosa e che la prossimità di discendenza, - la sola causa conosciuta della somiglianza degli esseri organizzati, - sia il legame che in parte è manifestato dalle nostre classificazioni, e che ci è nascosto dai diversi gradi di modificazione.

Veniamo ora a considerare le norme seguite nella classificazione e le difficoltà che si incontrano, nel supposto che la classificazione ci presenti qualche ignoto piano di creazione, ovvero altro non sia che uno schema per enunciare delle proposizioni generali e per collocare insieme le forme più somiglianti fra loro. Si potrebbe forse ammettere (e negli antichi tempi si ammetteva) che quelle parti della struttura che determinano le abitudini della vita e la situazione generale di ogni essere nell'economia della natura siano di una grande importanza nella classificazione. Nulla può esservi di più falso. Niuno riguarda come di qualche importanza la somiglianza esterna del sorcio col topo-ragno, del ducongo colla balena, della balena col pesce. Queste rassomiglianze, sebbene intimamente connesse colla vita intera dell'essere, sono considerate semplicemente come «caratteri analogici o di adattamento»; ma avremo occasione di ritornare su queste relazioni. Potrebbe anzi porsi come regola generale che quanto meno una parte dell'organismo è destinata a scopi ed abitudini speciali, tanto più diviene importante per la classificazione. Per darne un esempio, Owen, trattando del ducongo, si esprime in questi termini: «Gli organi della generazione, essendo quelli che hanno le relazioni più lontane colle abitudini e col nutrimento di un animale, furono sempre riguardati da me come i più confacenti a fornire delle indicazioni chiare sulle sue vere affinità. Nelle modificazioni di questi organi siamo meno esposti a scambiare un carattere essenziale con un carattere di semplice adattamento». Così nelle piante; quanto è rimarchevole il fatto che gli organi di vegetazione, da cui dipende la loro vita intera, sono di poca significazione, mentre gli organi riproduttivi, coi loro prodotti, il seme e l'embrione, sono della massima importanza! Parlando delle differenze morfologiche, le quali non sono di alcuna importanza fisiologica, noi abbiamo visto come siano spesso del massimo valore per la classificazione. Ciò dipende dalla costanza con cui appariscono in molti gruppi affini; e tale costanza, alla sua volta, dipende da ciò che le eventuali leggere variazioni di struttura in siffatte parti non sono conservate ed aumentate dalla elezione naturale, la quale agisce solamente sui caratteri utili.

Che, la sola importanza fisiologica di un organo non valga a determinare il suo pregio nella classificazione, è quasi dimostrato dal fatto che nei gruppi affini, in cui il medesimo organo ha quasi il medesimo valore fisiologico, come abbiamo ogni ragione di ammettere, il valore di classificazione è interamente diverso. Niun naturalista può essersi occupato di qualche gruppo speciale senza rimanere colpito da questo fatto, che fu espressamente notato negli scritti di quasi tutti gli autori. Basterà citare l'autorità più stimata, Roberto Brown, il quale, nel parlare di certi organi delle proteacee, dice che la loro importanza generica, «come quella di tutte le loro parti, non solamente in questa, ma credo in quasi tutte le famiglie naturali, è molto disuguale ed in certi casi mi sembra completamente nulla». Anche in un'altra opera dice che i generi delle connaracee «differiscono nel possedere uno o più ovari, nella presenza o mancanza di albume, nella estivazione embriciata o valvare. Ognuno di questi caratteri, preso isolatamente, è spesso di una importanza più che generica, quantunque anche quando si prendano tutti in una volta sembrino insufficienti a separare il Cnestis dal Connarus». Per darne un esempio negli insetti, in una grande divisione degli imenotteri, le antenne sono le più costanti nella struttura, come ha osservato Westwood; in un'altra divisione esse differiscono assai e le loro differenze sono di un valore affatto secondario nella classificazione; eppure niuno probabilmente potrebbe dire che le antenne siano di un'importanza fisiologica diversa in queste due divisioni del medesimo ordine. Ma potrebbero darsi moltissimi esempi della importanza variabile di un medesimo organo essenziale in un gruppo di esseri, rispetto alla classificazione.

Così niuno potrà sostenere che gli organi rudimentali od atrofizzati siano di un alto valore fisiologico o vitale; ciò non ostante alcuni organi in questa condizione sono spesso di una grande importanza nella classificazione. Niuno contesterà che il dente rudimentale della mascella superiore dei ruminanti giovani e certe ossa rudimentali delle loro gambe non siano altamente utili per stabilire la stretta affinità che esiste fra i ruminanti e i pachidermi. Roberto Brown ha sostenuto con molta forza il fatto che la posizione dei fiori imperfetti è della più alta significazione nella classificazione delle graminacee.

Si hanno parecchi casi nei quali certi caratteri, tratti da quelle parti che debbono considerarsi di pochissima importanza fisiologica, sono generalmente riconosciuti di una utilità immensa nella definizione di gruppi interi. Per esempio, se esista o no una comunicazione libera fra le narici e la bocca, carattere che secondo Owen è il solo che distingue assolutamente i pesci dai rettili. - l'inflessione del margine inferiore della mascella inferiore nei marsupiali, - il modo con cui sono ripiegate le ali degli insetti, - lo sbiadito colore di certe alghe, - la pubescenza di certe parti del fiore delle graminacee, - la natura della veste dermica, come il pelo o le penne, dei vertebrati. Se l'ornitorinco fosse stato coperto di penne, anzichè di peli, questo carattere esterno e di poco rilievo sarebbe stato riguardato dai naturalisti come un importante aiuto, per determinare il grado di affinità di questa singolare creatura cogli uccelli.

La importanza dei caratteri meno rilevanti, in relazione alla classificazione, dipende principalmente dai loro rapporti con vari caratteri di maggiore o minore conseguenza. Infatti, nella storia naturale è evidente l'importanza di un certo aggregato di caratteri. Quindi, come spesso fu notato, una specie può allontanarsi dalle sue affini per certe particolarità, che sono di un alto valore fisiologico e di una prevalenza quasi universale, e tuttavia non lasciarci alcun dubbio sul posto che la medesima deve occupare. Perciò si è anche osservato che una classificazione stabilita sopra qualche carattere isolato, per quanto importante, pure non può mai sussistere; perchè nessuna parte dell'organizzazione è costante universalmente. L'importanza di un cumulo di caratteri, anche quando niuno di essi è importante, può solo spiegare l'aforisma di Linneo, che «i caratteri non danno il genere, ma il genere fornisce i caratteri»; perchè questa sentenza sembra fondata sopra un apprezzamento di molti piccoli punti di rassomiglianza, troppo insignificanti per essere definiti. Certe piante, appartenenti alle malpighiacee, portano contemporaneamente dei fiori perfetti e dei fiori rudimentali; riguardo a questi ultimi, come opinava A. De Jussieu, «il maggior numero dei caratteri propri della specie, del genere, della famiglia, della classe scompariscono, e così ci guastano la nostra classificazione». Ma allorchè l'Aspicarpa produsse in Francia per diversi anni soltanto dei fiori degeneri, allontanandosi in un modo tanto straordinario per moltissimi dei più importanti punti di struttura dal tipo dell'ordine, pure M. Richard sagacemente osservava col Jussieu che questo genere poteva rimanere nel gruppo delle malpighiacee. Questo fatto mi pare molto acconcio a provare con quale metodo siano talvolta formate le nostre classificazioni.

Praticamente i naturalisti non si preoccupano del valore fisiologico dei caratteri che intendono impiegare per definire un gruppo o per assegnare un posto a qualche specie particolare. Se essi trovano un carattere quasi uniforme e comune ad un gran numero di forme e non comune alle altre, gli attribuiscono molta importanza; se invece non sia comune che a un numero minore di forme, lo giudicano di un valore secondario. Questo principio fu apertamente dichiarato come il solo da seguirsi; e niuno lo espose con più chiarezza dell'illustre botanico Aug. St-Hilaire. Se certi caratteri si trovano sempre in relazione con altri, quantunque non possa scoprirsi una connessione palese fra essi, si ritengono di un valore speciale. Così trovandosi in quasi tutti i gruppi di animali certi organi importanti quasi uniformi, come quelli che servono alla circolazione o alla respirazione o alla riproduzione, si considerano molto utili per la classificazione; ma in altri gruppi di animali tutti questi organi, della massima importanza vitale, offrono soltanto dei caratteri di un valore secondario. Fritz Müller ha osservato recentemente che entro lo stesso gruppo di crostacei la Cypridina è fornita di un cuore, mentre manca in due generi affini, Cypris e Cytherea; una specie di Cypridina possiede branchie, le quali mancano in altre specie.

È facile riconoscere che i caratteri desunti dall'embrione debbono presentare un'importanza uguale a quelli che si desumono dall'adulto, perchè le nostre classificazioni, naturalmente, comprendono tutte le età delle specie. Ma non è ugualmente chiaro, secondo le opinioni comunemente accettate, come la struttura dell'embrione possa essere più importante, a questo scopo, di quella dell'adulto, il quale soltanto compie interamente il proprio ufficio nell'economia della natura. Pure due naturalisti eminenti, Milne Edwards e Agassiz, hanno vivamente propugnato il principio che i caratteri embrionali siano i più importanti di tutti nella classificazione degli animali; e questo fu generalmente ammesso. Ma la loro importanza venne talvolta esagerata, giacchè non furono esclusi i caratteri di adattamento delle larve; così Fritz Müller, per dimostrarlo, ha classificato la grande classe dei crostacei unicamente secondo le differenze embriologiche, ed ha trovato che tale classificazione non sarebbe naturale. Però in generale può sostenersi che i caratteri desunti dall'embrione sono di grandissimo valore non solo negli animali, ma anche nelle piante. Il medesimo fatto si verifica nelle piante fanerogame, delle quali le due principali divisioni vennero fondate sui caratteri tratti dall'embrione, - sul numero e sulla posizione delle foglie embrionali o dei cotiledoni, e sul modo di svilupparsi della piumetta e della radichetta. Nella nostra discussione sull'embriologia vedremo per quale motivo questi caratteri siano di tanta importanza, nel concetto che la classificazione tacitamente include l'idea della discendenza.

Le nostre classificazioni sono spesso influenzate manifestamente dalla catena delle affinità. Nulla può essere più facile del definire un certo numero di caratteri comuni a tutti gli uccelli; ma nel caso dei crostacei questa definizione si è finora trovata impossibile. Vi sono crostacei agli estremi opposti della serie che hanno a stento un solo carattere comune. Ciò non ostante le specie che sono a questi punti estremi, essendo chiaramente affini ad altre e queste ad altre ancora, e così di seguito, possono senza alcun equivoco riconoscersi come appartenenti a questa e non ad altra classe degli articolati.

La distribuzione geografica è stata usata spesso, sebbene forse non troppo logicamente, nella classificazione; e più specialmente nei gruppi molto vasti di forme strettamente affini. Temminck insistè sull'utilità e sulla necessità di questo metodo per certi gruppi d'uccelli; ed alcuni entomologi e botanici vi si attennero.

Da ultimo, rispetto al valore comparativo dei vari gruppi di specie, come ordini, sotto-ordini, famiglie, sotto-famiglie, e generi, pare che, almeno presentemente, esso sia quasi arbitrario. Parecchi dei migliori botanici, come il Bentham ed altri, hanno vivamente sostenuto che questo loro valore è appunto incerto. Si potrebbero citare degli esempi, tanto nelle piante quanto negli insetti, di un gruppo di forme, prima classificate dai naturalisti pratici come generi e poscia innalzate al rango di sotto-famiglie o di famiglie; e ciò non deve attribuirsi all'essersi scoperte importanti differenze di struttura, dietro ulteriori ricerche, differenze che prima si erano trascurate, ma bensì alla scoperta posteriormente fatta di molte specie affini con gradi leggieri di differenza.

Tutte le regole precedenti, non che le norme e difficoltà della classificazione si spiegano, se non mi inganno, coll'ipotesi che il sistema naturale sia fondato sulla discendenza con modificazioni; che quei caratteri, che sono riguardati dai naturalisti come tali da provare la vera affinità esistente fra due o più specie, sono stati ereditati da un progenitore comune, e sotto questo aspetto ogni classificazione esatta è genealogica; che la discendenza comune è il segreto legame che i naturalisti vanno cercando inavvertitamente e non già qualche ignoto piano di creazione, ovvero l'enunciato di proposizioni generali, o il solo scopo di riunire insieme e di separare oggetti più o meno simili.

Ma fa d'uopo che io dimostri più ampiamente il mio concetto. Io credo che la disposizione dei gruppi in ogni classe, essendo subordinata e relativa ad altri gruppi, debba essere anche strettamente genealogica per essere naturale; ma che il complesso delle differenze nei diversi rami o gruppi, benchè affini per qualche grado di consanguineità al loro comune progenitore, possa variare assai, dipendendo dai diversi gradi di modificazione a cui furono soggetti; ciò si ammette quando si classificano le forme sotto diversi generi, famiglie, sezioni od ordini. Il lettore intenderà meglio il mio concetto, se si prenderà la pena di consultare di nuovo il diagramma del capo quarto. Supponiamo che le lettere da A ad L rappresentino dei generi affini, che vissero nell'epoca siluriana, e che questi siano provenuti da una specie esistente in un periodo anteriore ignoto. Le specie di tre generi fra questi (cioè A, F ed I) trasmisero dei discendenti modificati all'epoca presente, che sono raffigurati nei 15 generi (a14 a z14) della linea orizzontale superiore. Ora tutti questi discendenti modificati, derivanti da una sola specie, sono rappresentati come affini di sangue o di progenie nel medesimo grado; potrebbero metaforicamente dirsi cugini allo stesso milionesimo grado; tuttavia essi differiscono grandemente e in grado diverso fra loro. Le forme derivanti da A, ora divise in due o tre famiglie, costituiscono un ordine distinto da quelle che partirono da I, e che sono pure spezzate in due famiglie. Le specie esistenti, che discesero da A, non possono collocarsi nel medesimo genere della madre-specie A; nè quelle provenienti da I colla forma madre I. Ma possiamo supporre che il genere F14 sia stato leggermente modificato e possa ancora collocarsi nella classificazione presso il genere originario F; appunto come è avvenuto di pochi esseri organizzati ora esistenti che appartengono ai generi siluriani. Per modo che l'insieme, o il valore, delle differenze esistenti fra gli esseri organizzati che sono tutti affini fra loro nello stesso grado di consanguineità, è divenuto molto differente. Ciò non ostante la loro disposizione genealogica rimane rigorosamente esatta, non solo nei tempi attuali, ma anche ad ogni periodo successivo della discendenza. Tutti i discendenti di A modificati, avranno ereditato qualche cosa in comune dal loro parente primitivo, come pure tutti i discendenti di I; ed altrettanto sarà avvenuto in ogni ramo subordinato di discendenti, ad ogni periodo successivo. Se però noi preferiamo di supporre che qualcuno dei discendenti di A o di I si siano modificati, al punto da perdere più o meno completamente le traccie della loro parentela, in tal caso i loro posti mancheranno, più o meno completamente, nella classificazione naturale, come sembra sia avvenuto talvolta negli organismi esistenti. Ora si è supposto che tutti i discendenti del genere F, per tutta la linea genealogica, siano stati modificati solo leggermente, ed essi formano perciò un solo genere. Ma questo genere, sebbene molto isolato, conserverà tuttora la sua posizione intermedia; perchè F era in origine intermedio pei suoi caratteri fra A ed I, e i vari generi derivati da questi ultimi avranno ereditato, fino ad una certa estensione, i loro caratteri. Questa naturale distribuzione viene raffigurata sul diagramma, per quanto può farsi in una figura dimostrativa, però in una maniera troppo semplice. Se non si fosse impiegato un diagramma a ramificazioni e si fossero scritti soltanto i nomi dei gruppi in una serie lineare, sarebbe stato anche meno possibile il disporli secondo il sistema naturale; e sappiamo essere impossibile il rappresentare sopra una superficie piana, mediante una serie, le affinità che scopriamo nella natura presso gli esseri di uno stesso gruppo. Così, secondo le mie idee, il sistema naturale è ramificato nella sua disposizione, come una genealogia; ma i gradi di modificazione, che i diversi gruppi hanno subìto, debbono esprimersi ordinandoli sotto differenti generi, sotto-famiglie, famiglie, sezioni, ordini e classi.

Non sarà senza qualche utilità lo spiegare questo concetto sulla classificazione, prendendo il caso delle lingue. Se noi possedessimo una genealogia perfetta della stirpe umana, una disposizione genealogica delle razze umane ci darebbe la migliore classificazione delle diverse lingue attualmente parlate in tutto il mondo; e quando tutte le lingue estinte e tutti i dialetti intermedi e lentamente variabili vi fossero compresi, questa disposizione sarebbe la più completa. Però potrebbe darsi che qualche lingua molto antica si fosse poco alterata e che non avesse dato origine che a poche lingue nuove, mentre altre lingue, avendo variato grandemente, avrebbero prodotto molte lingue e molti dialetti nuovi (in seguito alla diffusione e all'isolamento successivo delle diverse razze, derivanti da una razza primitiva, non che pel loro stato di civiltà). I vari gradi di differenza nelle lingue di un medesimo stipite sarebbero espressi per mezzo di gruppi subordinati ad altri gruppi; ma la disposizione più conveniente, od anzi la sola possibile, sarebbe la genealogica. Questa disposizione sarebbe rigorosamente naturale, in quanto collegherebbe fra loro tutte le lingue estinte e moderne mediante le affinità più strette e ci darebbe la figliazione e l'origine di ogni lingua.

A conferma di queste opinioni, diamo uno sguardo alla classificazione delle varietà, che si credono, o si conoscono, derivate da qualche specie. Queste varietà sono raccolte sotto le specie, come le sotto-varietà sono riunite sotto le varietà. Nelle nostre produzioni domestiche si richiedono diversi altri gradi di differenza, come abbiamo veduto nei colombi. L'origine dell'esistenza di gruppi subordinati ad altri gruppi è la medesima per le varietà come per le specie, cioè la prossimità della discendenza con diversi gradi di modificazione. Nel classificare le varietà si seguono quasi le stesse norme come nel classificare le specie. Alcuni autori hanno insistito sulla necessità di classificare le varietà secondo un sistema naturale, invece di seguire un sistema artificiale. Così noi ci guardiamo, per esempio, dal collocare insieme due varietà di ananasso, semplicemente pel riflesso che il loro frutto, benchè sia la parte più importante, si trova quasi identico; e niuno porrà insieme la rapa svedese e la rapa comune, quantunque i grossi steli alimentari siano tanto simili. Quella parte che si trova essere la più costante viene scelta nel classificare le varietà: perciò il grande agricoltore Marshall dice che le corna sono molto utili per la classificazione del bestiame, in quanto che sono meno variabili della forma o del colore del corpo, ecc.; al contrario nelle pecore le corna sono molto meno utili, perchè meno costanti. Nel classificare le varietà, io ritengo che se noi avessimo la discendenza reale, sarebbe universalmente preferita una classificazione genealogica, come tentarono di fare alcuni autori. Perchè noi potremmo essere sicuri che, a onta di qualsiasi modificazione, il principio dell'eredità conserverebbe tra loro unite quelle forme che erano affini nel maggior numero di punti. Nei colombi giratori, sebbene alcune varietà differiscano dalle altre pel carattere importante di avere un becco più lungo, pure sono tutte conservate nello stesso gruppo, in causa della comune abitudine di fare il capitombolo; ma le razze a faccia corta hanno quasi perduta od anche interamente perduta quest'abitudine; ciò non ostante, senza altri ragionamenti o riflessioni su questo soggetto, questi colombi giratori si lasciano nel medesimo gruppo, perchè consanguinei e somiglianti per certi altri rapporti.

Riguardo alle specie nello stato di natura, ogni naturalista introduce sempre la discendenza nelle sue classificazioni; perchè egli include i due sessi nel grado più basso, cioè in quello della specie; eppure tutti i naturalisti sanno quanto sia grande talvolta la differenza dei due sessi nei caratteri più importanti. A stento conosciamo un solo caso di un attributo comune ai maschi e agli ermafroditi di certi cirripedi adulti, e nondimeno niuno sogna di separarli. Non appena si riconobbe che le tre forme di orchidee Monachanthus, Myanthus e Catasetum, le quali si erano precedentemente classificate come tre generi distinti, sono talvolta prodotte sulla medesima pianta, furono tosto considerate come varietà; ma mi fu impossibile dimostrare che rappresentano le forme maschile, femminile ed ermafroditica di una medesima specie. Il naturalista comprende in una sola specie i diversi stadii di larva di uno stesso individuo, per quanto possano differire fra loro e dall'animale adulto; così egli vi comprende le così dette generazioni alternanti di Steenstrup, le quali possono considerarsi come appartenenti al medesimo individuo soltanto nel senso tecnico. Egli vi include i mostri; vi include le varietà, non solo perchè rassomigliano strettamente alla madre-forma, ma perchè derivano da essa.

Come la genealogia è stata generalmente adoperata per classificare insieme gli individui della medesima specie, sebbene i maschi, le femmine e le larve siano qualche volta estremamente differenti; e come si è anche impiegata per classificare delle varietà che furono soggette ad una certa quantità e talvolta a un grande complesso di modificazioni: non potrebbe forse questo medesimo elemento della discendenza essere stato usato inconsciamente, nel riunire le specie sotto i generi e i generi sotto gruppi più elevati, benchè in questi casi la modificazione sia stata più forte ed abbia impiegato un tempo più lungo per effettuarsi? Io credo che appunto questo elemento si sia seguìto inavvertentemente; e soltanto in questo modo io posso intendere le varie regole e norme che si sono adottate dai migliori nostri sistematici. Noi non abbiamo scritto delle genealogie; noi abbiamo dedotta la discendenza comune dalle rassomiglianze di ogni sorta. Perciò preferiamo quei caratteri che, a nostro giudizio, debbono essere stati meno facilmente modificati, in relazione alle condizioni di vita, a cui ogni specie fu esposta recentemente. Sotto questo aspetto gli organi rudimentali sono ugualmente utili e talvolta anche migliori di altre parti dell'organizzazione. Noi non ci occupiamo della poca importanza di un carattere; - come la sola inflessione dell'angolo della mascella, il modo con cui è piegata l'ala di un insetto, e così se la pelle sia coperta di peli o, di penne: - ma se esso prevalga in molte specie differenti, e specialmente in quelle aventi abitudini di vita molto diverse, assume un alto valore; perchè noi non possiamo spiegare la sua presenza in tante forme dotate di abitudini sì diverse, che per mezzo della eredità da un progenitore comune. Possiamo errare a questo riguardo in alcuni punti della struttura, ma quando parecchi caratteri, anche poco rilevanti, si presentano riuniti in un vasto gruppo di esseri dotati di abitudini differenti, possiamo rimanere quasi certi, per la teoria della discendenza, che questi caratteri furono ereditati da un antenato comune. E sappiamo che questi caratteri accumulati e correlativi hanno una speciale importanza nella classificazione.

Possiamo anche intendere in che modo una specie, o un gruppo di specie, possa allontanarsi, in parecchie delle sue caratteristiche più importanti, dalle specie affini ed essere nullameno classificato colle medesime. Questa classificazione può farsi con sicurezza e spesso viene adottata finchè un numero sufficiente di caratteri, anche di pochissima importanza, tradisce il nascosto legame della discendenza comune. Ove due forme non abbiano un solo carattere comune, ma nondimeno queste due forme estreme siano connesse fra loro da una serie di gruppi intermedi, possiamo inferirne la comune loro discendenza e porle tutte nella medesima classe. Siccome troviamo che gli organi del più alto valore fisiologico, quelli che servono a preservare la vita sotto le condizioni di esistenza più diverse, sono generalmente i più costanti, noi annettiamo ai medesimi una speciale importanza; ma se questi medesimi organi in un altro gruppo o in una sezione di esso si presentano molto differenti, noi attribuiamo ai medesimi una importanza minore nella nostra classificazione. Sono d'avviso che noi potremo perciò chiaramente riconoscere come i caratteri embriologici siano di tanta importanza nella classificazione. Anche la distribuzione geografica può giovarci talvolta, nel classificare i generi ricchi ed ampiamente sparsi, perchè tutte le specie del medesimo genere, le quali abitano una regione distinta ed isolata, sono derivate probabilmente dai medesimi parenti.

SOMIGLIANZE ANALOGHE

Secondo queste idee, ci è facile spiegare la disposizione importante che passa fra le affinità reali e le rassomiglianze analogiche o di adattamento. Il Lamarck pel primo pose in rilievo codesta distinzione e venne seguito abilmente dal Macleay e da altri. La rassomiglianza nella forma del corpo e nelle estremità anteriori foggiate a guisa di pinne, fra il ducongo, animale che offre qualche affinità coi pachidermi, e la balena, non che fra questi due mammiferi e i pesci è soltanto analogica. Così pure è analogica la somiglianza che esiste fra un topo ed un musaragno (Sorex), i quali appartengono ad ordini diversi; e dicasi altrettanto di un'altra somiglianza, su cui ha insistito il Mivart, fra un topo ed un piccolo marsupiale dell'Australia (Antechinus). A quanto mi sembra, queste ultime somiglianze si possono spiegare coll'adattazione a movimenti in simil modo attivi traverso le folte macchie e i luoghi erbosi, ed a nascondersi davanti ai nemici.

Negli insetti si trovano innumerevoli esempi di questo genere: così il Linneo, sedotto dall'apparenza esterna, ha classificato un omottero tra le tignuole. Qualche cosa di simile noi troviamo presso le nostre varietà coltivate nella forma del corpo sorprendentemente simile del maiale cinese e del maiale comune, e nel caule ingrossato della rapa comune e della rapa svedese. La somiglianza tra il levriere ed il corsiere inglese è difficilmente più bizzarra delle analogie che alcuni autori hanno stabilito tra animali fra loro molto discosti.

Secondo il mio concetto, che i caratteri sono di una importanza reale per la classificazione solo in quanto essi ci fanno conoscere la discendenza, possiamo facilmente intendere, come avvenga che i caratteri analogici o di adattamento siano quasi in niun valore pei sistematici, sebbene siano della massima importanza per la prosperità dell'essere. Perchè gli animali appartenenti a due linee di discendenza delle più distinte possono rapidamente uniformarsi a condizioni simili, ed assumere per conseguenza una forte rassomiglianza esterna; ma queste rassomiglianze non ci riveleranno la loro consanguineità colle proprie linee di discendenza, che anzi tenderanno a celarla. Così sapremo anche risolvere il paradosso apparente che gli stessi caratteri sono analogici, quando si confronta una classe o un ordine con un altro, ma ci danno invece delle vere affinità quando si paragonino fra loro i membri di una classe o di un ordine. Per tal modo la forma del corpo e le estremità foggiate a guisa di natatoie sono soltanto analogiche, quando si confrontino le balene coi pesci, non essendo che opportuni adattamenti in ambe le classi per muoversi a nuoto nell'acqua; ma la forma del corpo e le estremità simili alle pinne servono come caratteri che stabiliscono una vera affinità tra i diversi membri dell'intera famiglia: perchè questi cetacei sono conformi in tanti caratteri, grandi e piccoli, per cui non può dubitarsi che abbiano ereditato la loro forma generale del corpo e la struttura delle estremità da un progenitore comune.

Altrettanto si osserva riguardo ai pesci.

Si potrebbero citare numerosi esseri affatto distinti che offrono una somiglianza sorprendente in singole parti od organi che furono adattati ad una medesima funzione. Un buon esempio ci è dato dalla grande somiglianza delle mascelle nel cane e nel lupo della Tasmania (Thylacinus), animali che trovansi molto discosti fra loro nel sistema naturale. Ma questa somiglianza è limitata all'apparenza generale, cioè alla prominenza dei canini ed alla forma tagliente dei molari. In realtà i denti diversificano molto in quei due animali; così il cane porta in ciascun lato della mascella superiore quattro molari spurii e solamente due molari veri, mentre il Thylacinus possiede tre molari spurii e quattro veri. I molari nei due animali differiscono anche nella relativa grandezza e nella struttura. Alla dentiera stabile precede una dentiera caduca assai diversa. Naturalmente, ognuno può negare in ambedue i casi che i denti siano stati adattati alla dilaniazione delle carni colla scelta naturale di variazioni successive; ma se ciò si ammetta per un caso, non si comprende come lo si possa negare per l'altro. Vedo con piacere che un uomo così autorevole come il Flower è arrivato alla medesima conclusione.

Gli esempi straordinari citati in un campo precedente, che cioè pesci molto diversi possiedono organi elettrici, che insetti molto differenti hanno organi luminosi, e che le orchidee e le asclepiadee portano delle masse polliniche con dischi viscidi, appartengono alla stessa categoria delle somiglianze analoghe. Ma questi esempi sono così maravigliosi, che furono citati come difficoltà od obbiezioni alla mia teoria. In tutti questi casi può dimostrarsi che esistono determinate differenze fondamentali nell'accrescimento, o nello sviluppo delle parti, ed in generale anche nella struttura maturata. Lo scopo che deve essere raggiunto è il medesimo, ma i mezzi sono sostanzialmente diversi, sebbene possano apparire uguali all'esame superficiale. Il principio già menzionato sotto il nome di «variazione analoga» ha probabilmente avuto una parte in questi casi, voglio dire che i membri di una medesima classe, benchè siano di lontana parentela, hanno ereditato tanto di comune nella loro costituzione, che sotto l'azione di cause simili tendono a variare in modo simile; e ciò evidentemente favorirà l'acquisto, a mezzo dell'elezione naturale, di parti ed organi, che tra loro si somigliano in modo manifesto, indipendentemente da una diretta eredità da un comune progenitore.

Siccome i membri di classi distinte sono stati spesso adattati, per mezzo di piccole modificazioni successive, a vivere sotto circostanze quasi consimili, - ad abitare, per esempio, la terra, l'aria e l'acqua, così potremo forse spiegare come avvenga che talvolta si osserva un parallelismo numerico fra i sottogruppi di classi distinte. Un naturalista, colpito da un tale parallelismo in una classe qualsiasi, alzando o abbassando arbitrariamente il valore dei gruppi in altre classi (e tutta la nostra esperienza dimostra che questa valutazione è stata fin qui arbitraria), può facilmente estendere il parallelismo sopra una vasta scala; ed in tal modo si sono formate probabilmente le classificazioni settenarie, quinarie, quaternarie e ternarie.

Vi ha un'altra ed interessante classe di casi, ne' quali una grande somiglianza esterna non dipende da adattamento a simili abitudini di vita, ma fu acquistata allo scopo di protezione. Alludo al modo maraviglioso, col quale certe farfalle imitano altre specie molto diverse, come pel primo ci fece conoscere il Bates. Questo distinto osservatore ha trovato che in alcuni distretti dell'America meridionale, dove, ad esempio, una Ithomia abbonda in magnifici stormi, un'altra farfalla del genere Leptalis si rinviene mescolata nello stormo, e talmente somiglia ad una Ithomia in ogni gradazione e dettaglio di colore, che il Bates, sebbene avesse l'occhio esercitato colla pratica di undici anni e facesse sempre grande attenzione, fu nondimeno continuamente ingannato. Se le forme imitanti ed imitate siano prese e tra loro confrontate, si vede che diversificano assai nella struttura essenziale, ed appartengono non solo ad altri generi, ma spesso perfino ad altre famiglie. Se questo mimismo fosse occorso solamente una o due volte, si avrebbe potuto considerarlo come una singolare coincidenza e passarvi sopra. Ma se ci allontaniamo da un distretto, in cui una Leptalis imita una Ithomia, si troverà un'altra forma imitata da una imitante, comprese negli stessi due generi, ed ugualmente simili tra di loro. In complesso si citano non meno di dieci generi, i quali comprendono delle specie che imitano farfalle. La forma imitata e la imitante abitano sempre la medesima regione; non conosciamo alcuna forma imitante che abiti a distanza dalla imitata. Le forme imitanti sono quasi senza eccezione insetti rari; le imitate vivono quasi sempre a grandi stormi. Nello stesso distretto, in cui una Leptalis imita una Ithomia, trovansi talvolta altri lepidotteri che imitano la stessa Ithomia; così che nella stessa località si possono trovare specie di tre generi di farfalle, e perfino di una tignuola, le quali tutte somigliano in modo straordinario ad una specie di un quarto genere. Merita qui di essere particolarmente notato, che tanto molte delle forme imitanti di

Leptalis, come molte delle forme imitate possono essere riconosciute col mezzo delle serie graduate come semplici varietà di una medesima specie, mentre altre sono senza dubbio specie distinte. Ma perchè, potrà domandarsi, certe forme sono considerate come imitate, ed altre come imitanti? Il Bates risponde a questa domanda in modo soddisfacente, dicendo che la forma imitata conserva l'abito generale del gruppo cui appartiene; mentre la imitante ha cambiato il suo abito e non somiglia più ai suoi prossimi parenti.

Ora si tratta di sapere a quale causa si possa ascrivere che certe farfalle e tignuole assumono sì spesso l'abito di altre forme affatto distinte; per quale motivo la natura, a confusione del naturalista, si abbassi a manovre da scena! Il Bates ha dato senza dubbio la vera spiegazione. Le forme imitate, che vivono sempre assai numerose, devono in generale sfuggire in alto grado alla distruzione, altrimenti non potrebbero apparire in tali stormi; le numerose prove ora raccolte ci dicono che gli uccelli ed altri animali insettivori hanno per esse ripugnanza. Al contrario le forme imitanti, che abitano il medesimo distretto, sono relativamente rare, ed appartengono a gruppi rari. Esse devono quindi ordinariamente essere esposte ad una certa distruzione, perchè altrimenti, giudicando dal numero delle uova che depongono tutte le farfalle, dopo tre o quattro generazioni si troverebbero a stormi nell'intera regione. Se quindi un membro di un gruppo perseguitato e raro assumesse tale abito da somigliare ad una specie ben protetta, a segno da ingannare continuamente l'occhio esperto di un entomologo, esso ingannerebbe al certo spesso anche gli uccelli da preda e gli insetti, e sfuggirebbe quindi a completa distruzione. Si può quasi dire che il Bates ha veramente spiato il processo, col quale la forma imitante diventa nei caratteri esterni così simile alla imitata, poichè ha osservato che alcune tra le forme di Leptalis, le quali imitano parecchie altre farfalle, variano assai. In un distretto hannovi parecchie varietà, delle quali una sola somiglia in un certo grado alla comune Ithomia dello stesso distretto. In un altro distretto vivono due o tre varietà, di cui una è molto più frequente dell'altra e somiglia assai ad un'altra forma di Ithomia. Da questi fatti il Bates conclude che la Leptalis ha dapprima variato, e che una varietà, la quale accidentalmente somigliava fino ad un certo grado ad una farfalla dello stesso distretto, in seguito a tale somiglianza con una specie fiorente e poco perseguitata, aveva maggiore probabilità di sfuggire alla distruzione prodotta dagli uccelli da preda e dagli insetti, e fu quindi più spesso conservata; «i gradi meno perfetti di somiglianza saranno stati eliminati nel corso delle generazioni, e solo gli altri saranno stati preservati per la propagazione della specie». Noi abbiamo quindi nel fatto presente un bell'esempio di elezione naturale.

Anche il Wallace ed il Trimen hanno descritto parecchi casi ugualmente stringenti di imitazione nei lepidotteri dell'Arcipelago Malese, ed in alcuni altri insetti. Il Wallace ha scoperto un esempio di imitazione anche negli uccelli; ma nei mammiferi maggiori nulla fu trovato di questo genere. La maggiore frequenza della imitazione degli insetti, di fronte ad altri animali, è probabilmente dipendente dalla loro minore statura; gli insetti non possono difendersi da sè, eccettuate le specie che sono armate di pungiglione, ed io non ho mai udito che un tale insetto imiti un'altra forma, sì bene che sia imitato. Gli insetti non possono sfuggire agli animali maggiori col volo, e quindi, come il maggior numero delle creature deboli, devono ricorrere all'artifizio ed alla simulazione.

Si deve notare che il processo di imitazione probabilmente non ha mai cominciato in forme tra loro molto dissimili nel colore. Ma se incomincia in specie tra loro già simili, la massima somiglianza, se è utile, può facilmente essere raggiunta coi mezzi su descritti; e se la forma imitata subisse in seguito per qualsiasi causa delle lente modificazioni, la forma imitante dovrebbe percorrere la medesima via e cambiarsi ampiamente, cosicchè in fine avrà un aspetto o colore affatto diverso da quello degli altri membri della famiglia cui appartiene. Qui, però, si presenta qualche difficoltà, giacchè è necessario supporre che in alcuni casi gli antichi membri, appartenenti a parecchi gruppi distinti, prima di divergere tra loro nella estensione presente, somigliassero accidentalmente ad un membro di un altro gruppo, protetto in grado sufficiente, per ottenere una leggiera protezione. E questo fu il punto di partenza per giungere più tardi alla perfetta somiglianza.

NATURA DELLE AFFINITÀ CHE COLLEGANO INSIEME GLI ESSERI ORGANICI

I discendenti modificati delle specie dominanti, che appartengono ai generi più ricchi, avendo la tendenza di ereditare quei vantaggi che rendono vasti i gruppi delle medesime e che rendono dominanti i loro parenti, sono quasi certi di diffondersi ampiamente e di occupare dei luoghi sempre più vasti nell'economia della natura. I gruppi più estesi e più dominanti d'ogni classe tenderanno quindi ad aumentare ulteriormente: e per conseguenza, soppianteranno molti gruppi più piccoli e più deboli. Così possiamo dare la spiegazione del fatto, che tutti gli organismi, recenti ed estinti, sono compresi in pochi ordini grandi e sotto un numero di classi anche minore, e infine in un solo grande sistema naturale. A provare quanto sia piccolo il numero dei gruppi più elevati e come siano ampiamente sparsi per tutto il mondo, abbiamo il fatto rimarchevole che la scoperta dell'Australia non aggiunse un solo insetto che spettasse ad una classe nuova; e che nel regno vegetale, come imparai dal dott. Hooker, si aggiunsero soltanto due o tre famiglie poco estese.

Nel capo della Successione geologica ho voluto dimostrare, appoggiandomi al principio che ogni gruppo si fa generalmente assai divergente nel suo carattere, durante il processo di modificazione lungamente continuato, da che cosa provenga che le più antiche forme di vita presentano spesso dei caratteri in qualche lieve grado intermedi fra i gruppi esistenti. Una piccola quantità di forme primitive, antiche ed intermedie, essendo stata trasmessa fino all'epoca attuale occasionalmente, ci darà i così detti gruppi oscillanti od aberranti. Quanto più aberrante è una data forma, tanto maggiore deve essere il numero delle forme intermedie di collegamento, le quali, secondo la mia teoria, furono esterminate e perdute completamente. Abbiamo qualche prova che le forme aberranti hanno sofferto gravemente gli effetti della estinzione, perchè esse sono generalmente rappresentate da pochissime specie, e queste specie sono in generale molto distinte fra loro, il che suppone che l'estinzione di altre forme sia avvenuta. I generi ornitorinco e lepidosirena, per esempio, non sarebbero meno aberranti, se ognuno di essi fosse rappresentato da una dozzina di specie invece di una sola; ma questa abbondanza di specie, come ho trovato dopo alcune investigazioni, non si trova comunemente nei generi aberranti. Io credo che possiamo dar ragione di questo fatto solo col riguardare le forme aberranti come gruppi in decadenza, conquistati da competitori più fortunati, dei quali solo pochi membri furono conservati, per qualche coincidenza straordinaria di circostanze favorevoli.

Il Waterhouse ha osservato che, quando un individuo appartenente ad un gruppo di animali offre qualche affinità con un gruppo affatto distinto, quest'affinità in molti casi è generale, anzichè speciale; così, secondo Waterhouse, il Bizcacha è, fra tutti i roditori, il più affine ai marsupiali; ma nei punti in cui si avvicina a quest'ordine le sue relazioni sono generali e non già connesse a qualche data specie di marsupiali piuttosto che ad un'altra. Siccome i punti di affinità del Bizcacha coi marsupiali si credono reali e non di semplice adattamento, essi debbonsi attribuire, secondo la mia teoria, all'eredità comune. Perciò fa d'uopo supporre o che tutti i roditori, compreso il Bizcacha, si siano diramati da qualche marsupiale molto antico, che avrà posseduto un carattere molto antico in qualche grado intermedio, riguardo a tutti i marsupiali esistenti; oppure che i roditori e i marsupiali siano derivati da un progenitore comune e che questi due gruppi fossero poi soggetti a molte modificazioni in direzioni divergenti. In ambe le ipotesi possiamo ritenere che il Bizcacha ha conservato per l'eredità maggiori rassomiglianze al carattere dell'antico progenitore che gli altri roditori; e perciò non avrà speciali rapporti con ciascuno dei marsupiali esistenti, ma indirettamente con tutti o quasi tutti i marsupiali stessi, avendo in parte serbato il carattere del loro progenitore comune o di un antico individuo del gruppo. D'altra parte di tutti i marsupiali, come fu notato dal Waterhouse, il Phascolomys ha una rassomiglianza più stretta non ad una data specie, ma a tutto l'ordine generale dei roditori. In tal caso però può nascere il sospetto che la rassomiglianza sia semplicemente analogica, e dipenda dall'essersi il Phascolomys adattato ad abitudini consimili a quelle di un roditore. Il vecchio De Candolle ha fatto delle osservazioni quasi simili sulla natura generale delle affinità di famiglie distinte di piante.

Partendo dal principio della moltiplicazione e della graduale divergenza nei caratteri delle specie derivanti da un parente comune, mentre esse conservano per eredità alcuni caratteri in comune, possiamo giungere a spiegare le affinità eccessivamente complesse e divergenti, per mezzo delle quali tutti i membri di una stessa famiglia, o di un gruppo più elevato, sono collegati insieme. Perchè il parente comune di un'intera famiglia di specie, ora spezzata per la estinzione in gruppi e sotto-gruppi, avrà trasmesso alcuni de' suoi caratteri, modificati in vari modi e in diversi gradi a tutti; e le varie specie saranno per conseguenza collegate l'una coll'altra per mezzo di linee tortuose di affinità, linee di varia lunghezza (come può vedersi nel diagramma sì di sovente da noi citato), le quali risalgono passando per mezzo ai molti predecessori. Come riesce difficile dimostrare la parentela esistente fra la numerosa progenie di un'antica e nobile famiglia, anche coll'aiuto di un albero genealogico, ed è quasi impossibile farlo senza questa scorta: ne possiamo dedurre l'immensa difficoltà che i naturalisti incontrano, nel descrivere, senza l'aiuto di un diagramma, le varie affinità che essi riscontrano fra i molti membri viventi ed estinti di una stessa grande classe naturale.

Abbiamo veduto nel capo quarto che l'estinzione ebbe una parte importante nel definire ed estendere gli intervalli fra i diversi gruppi d'ogni classe. Così noi possiamo spiegare la separazione esistente fra certe classi, per esempio, quella che si osserva fra gli uccelli e tutti gli altri animali vertebrati, - colla ipotesi che si sono perdute interamente molte antiche forme di vita, le quali servivano anticamente a collegare i primi progenitori degli uccelli con quelli delle altre classi dei vertebrati. Sembra che l'estinzione sia stata meno completa fra le forme di vita che rannodavano una volta i pesci coi batraci; e sarà stata anche più ristretta in certe altre classi, come in quella dei crostacei, perchè le forme più diverse vi sono ancora legate insieme da una catena di affinità lunga, sebbene discontinua. La estinzione ha separato i gruppi: essa non li ha formati; perchè se ogni forma che un giorno esistette sulla terra fosse improvvisamente ricomparsa, quantunque sarebbe stato affatto impossibile il dare definizioni per le quali ogni gruppo potesse distinguersi dagli altri gruppi, mentre si confonderebbero insieme per gradazioni tanto minute, quanto lo sono quelle che vediamo fra le varietà esistenti, ciò nonostante potrebbe farsi una classificazione naturale o almeno una disposizione naturale. Sarà facile dimostrarlo avendo sott'occhio il diagramma. Le lettere da A ad L possono rappresentare undici generi siluriani, dei quali alcuni produssero vasti gruppi di discendenti modificati; ogni forma intermedia fra questi undici generi e il loro parente primordiale, e così ogni legame intermedio in ogni ramo e sotto-ramo dei loro discendenti, può supporsi ancora vivente; e può ammettersi che tali legami siano tanto insensibili come quelli che troviamo tra le varietà più strette. In tal caso sarebbe affatto impossibile il dare qualunque definizione, con cui potessero distinguersi i vari membri dei diversi gruppi dai loro parenti più immediati; oppure questi parenti dal loro antico ed ignoto progenitore. Tuttavia la disposizione naturale del diagramma sarebbe ancora giusta; e tutte le forme derivanti da A o da I dovrebbero, pel principio di eredità, avere qualche cosa di comune. In un albero possiamo specificare questo o quel ramo, sebbene siano tutti uniti e frammisti nella biforcazione dal tronco. Noi non potremmo definire, come dissi, i diversi gruppi; ma potremmo bensì scegliere dei tipi o delle forme che riunissero la maggior parte dei caratteri d'ogni gruppo, grande o piccolo, e dare in tal modo un'idea generale del valore delle differenze che passano fra gli uni e gli altri. Noi potremmo giungere a ciò, se riuscissimo a raccogliere tutte le forme di ogni classe che vissero in tutti i tempi nello spazio. Noi certamente non arriveremo giammai a fare una collezione così perfetta: nondimeno in certe classi si tende a questo risultato; e Milne Edwards ha ultimamente insistito, in un pregevole scritto, sull'alta importanza dello studio dei tipi, possano o no separarsi o definirsi i gruppi a cui questi tipi appartengono.

Finalmente abbiamo veduto che l'elezione naturale, che deriva dalla lotta per l'esistenza, e che quasi inevitabilmente produce l'estinzione di alcune specie e la divergenza del carattere in molti discendenti di una madre-specie dominante, spiega la grande caratteristica universale delle affinità di tutti gli esseri organizzati, vale a dire la loro distribuzione in gruppi subordinati ad altri gruppi. Noi ci serviamo dell'elemento della discendenza nel classificare gli individui di ambi i sessi e di tutte le età sotto una sola specie, sebbene abbiano pochi caratteri comuni; impieghiamo anche lo stesso elemento della discendenza nel classificare le varietà conosciute, per quanto siano differenti dal loro progenitore; ed io credo che questo elemento della discendenza sia il segreto anello di congiunzione che i naturalisti vanno cercando col termine Sistema naturale. Secondo questa idea che il sistema naturale, per quanto potè perfezionarsi, è genealogico nelle sue disposizioni, con vari gradi di differenza fra i discendenti da un parente comune, che vennero espressi mediante le parole generi, famiglie, ordini, ecc., possiamo intendere le regole che siamo costretti a seguire nelle nostre classificazioni. Possiamo spiegare i motivi per cui valutiamo certe rassomiglianze più di certe altre; come ci permettiamo di servirci di certi organi rudimentali ed inutili, o di altri organi di poca importanza fisiologica; come nel paragonare un gruppo con altro gruppo distinto, noi trascuriamo sommariamente i caratteri analogici o di adattamento, e ciò non pertanto adoperiamo gli stessi caratteri nei limiti di uno stesso gruppo. Possiamo infine dimostrare con evidenza come avvenga che tutte le forme viventi ed estinte possano riunirsi insieme in un grande sistema; e come i diversi individui d'ogni classe siano collegati fra loro dalle linee di affinità più complesse o divergenti. Probabilmente non potremo mai svolgere la tela inestricabile delle affinità esistenti fra i membri di ogni classe; ma quando noi abbiamo in vista un oggetto distinto, senza ricorrere a qualche ignoto piano di creazione, possiamo sperare di fare dei progressi lenti ma sicuri.

Il prof. Häekel, nella sua Morfologia generale ed in parecchie altre opere, ha impiegato recentemente la grande sua scienza ed abilità per rintracciare la filogenesi, ovvero le linee di discendenza di tutti gli esseri organici. Nel seguire le singole serie egli si affida principalmente ai caratteri embriologici, ma si giova anche degli organi omologhi e rudimentali, e dei periodi, durante i quali si ammette che le diverse forme di vita siano successivamente apparse nelle nostre formazioni geologiche. Egli fece così un primo grande tentativo, e ci mostrò come in avvenire la classificazione dovrà essere trattata.

MORFOLOGIA

Abbiamo veduto che i membri di una medesima classe, indipendentemente dalle loro abitudini di vita, si rassomigliano nel piano generale della loro organizzazione. Questa rassomiglianza viene spesso indicata col termine Unità di tipo, oppure col dire che le varie parti ed organi sono omologhi nelle differenti specie della classe. Questo argomento si abbraccia interamente col nome generale di Morfologia. Questa è la parte più interessante della storia naturale, e potrebbe dirsi che ne è l'anima. Quale cosa potrebbe essere più singolare della mano dell'uomo fatta per afferrare, della zampa della talpa destinata a scavare la terra, della gamba del cavallo, della natatoia della testuggine marina, e delle ali del pipistrello, organi che furono tutti costrutti sullo stesso modello e che sono formati di ossa consimili e disposte similmente le une rispetto alle altre? E per citare un esempio pure interessante, benchè di minore importanza, non è forse degno di considerazione il fatto che il piede posteriore del canguro, il quale è atto a saltare nelle aperte pianure, e quello del caola rampicante e fillofago, il quale è atto ad abbracciare i rami, come anche quello del bandicoot che vive al suolo e si nutre di insetti e di radici, e quello di alcuni altri marsupiali australesi sono conformati sul medesimo tipo straordinario, e cioè colle falangi del secondo e terzo dito assai sottili ed involte nella medesima cute, cosicchè sembrano formare un dito solo finito da due artigli? Malgrado questa somiglianza di costruzione, i piedi posteriori di questi animali assai diversi sono evidentemente impiegati agli scopi più differenti che si possano immaginare. L'esempio è tanto più sorprendente, perchè gli opossum dell'America, i quali hanno quasi le stesse abitudini di vita come alcuni de' loro parenti australesi, hanno i piedi conformati secondo il tipo ordinario. Il prof. Flower, cui devo queste notizie, osserva nella conclusione: «noi possiamo ciò chiamare uniformità di tipo, con che non ci accostiamo molto alla spiegazione del fenomeno»; e poi soggiunge «non ci suggerisce questo fenomeno con molta forza l'idea di una reale affinità, di una eredità da un comune antenato?».

Geoffroy St-Hilaire ha sostenuto con tutto lo zelo l'alta importanza della connessione relativa degli organi omologhi; le parti possono cambiare quasi indefinitamente nella forma e nella grandezza, quantunque rimangano sempre insieme collegate e riunite nel medesimo ordine. Noi non troviamo mai, per esempio, che siano collocate inversamente le ossa del braccio e dell'avambraccio, o quelle della coscia e della gamba. Quindi si danno gli stessi nomi alle ossa omologhe di animali completamente diversi. Noi osserviamo la stessa grande legge nella costruzione della bocca degli insetti. Che cosa infatti potrebbe darsi di più differente della proboscide spirale immensamente lunga di un lepidottero crepuscolario, del rostro rivolto indietro in modo particolare della cimice e delle grandi mascelle del cervo volante? - eppure tutti questi organi, inservienti a scopi tanto diversi, sono formati da modificazioni infinitamente numerose di un labbro superiore, delle mandibole e di due paia di mascelle. Analoghe leggi governano la conformazione della bocca e delle estremità dei crostacei; e si osservano altresì nei fiori delle piante.

Sarebbe affatto inattendibile l'indagare la somiglianza delle forme nei membri di una medesima classe, cercando di spiegarla colla loro utilità o mediante la dottrina delle cause finali. L'impossibilità di raggiungere questo intento fu ammessa chiaramente dall'Owen, nella sua opera, assai interessante, intitolata Nature of Limbs. Secondo l'opinione ordinaria della creazione indipendente di ogni essere, non possiamo far altro che constatare il fatto: e dire - che piacque al Creatore di costruire in questo modo ogni animale ed ogni pianta.

Invece, stando alla teoria della elezione naturale di piccole modificazioni successive, la spiegazione di questo fatto è chiara, perchè ogni modificazione è vantaggiosa in qualche modo alla forma modificata, ma spesso agisce anche sopra altre parti dell'organizzazione, in seguito alla correlazione di sviluppo. Nei cambiamenti di tal natura vi sarà poca o nessuna tendenza a modificare il modello originale ed a traslocare le varie parti. Le ossa di un arto possono essere accorciate od ingrossate in ogni proporzione ed anche rimanere a poco a poco avviluppate da una grossa membrana, in modo da servire come una natatoia; ovvero possono allungarsi tutte le ossa, o soltanto certe ossa di un piede palmato, in modo che la membrana che le congiunge si allarghi al punto da servire a guisa di un'ala; nondimeno in questo grande complesso di modificazioni non vi sarà alcuna tendenza ad alterare il sistema delle ossa o la disposizione e connessione relativa delle diverse parti. Se noi supponiamo che l'antico progenitore, l'archetipo, come potrebbe chiamarsi, di tutti i mammiferi, avesse le sue estremità costrutte sul modello generale attuale, qualunque ne fosse l'uso, possiamo tosto comprendere la significazione chiara della costruzione omologa delle membra in tutta la classe. Così riguardo alla bocca degl'insetti, non abbiamo che da supporre che il loro comune progenitore avesse un labbro superiore, delle mandibole e due paia di mascelle, queste parti essendo forse molto semplici nella forma; e allora la elezione naturale ci renderà conto della infinita diversità nella struttura e nelle funzioni della bocca degl'insetti. Tuttavia può concepirsi che il piano generale di un organo può rimanere oscurato, al punto che se ne perda ogni traccia, per mezzo dell'atrofia, ed infine per il completo assorbimento di certe parti, per la fusione di altre parti e pel raddoppiamento o la moltiplicazione di altre, - variazioni che sappiamo essere nei limiti della possibilità. Nelle natatoie degli estinti sauri marini giganteschi (Ichthyosaurus) e nella bocca di certi crostacei succhianti, sembra che il sistema generale sia stato in questo modo alterato fino ad un certo punto.

Ora passiamo ad un altro ramo di questo soggetto, il quale è ugualmente notevole; cioè il confronto che può istituirsi, non più fra le parti omologhe dei vari membri della classe, ma fra le diversi parti e gli organi diversi di uno stesso individuo. Si crede dalla maggior parte dei fisiologi che le ossa del cranio siano omologhe colle parti elementari di un certo numero di vertebre, - cioè siano corrispondenti nel numero e nella situazione rispettiva. Le estremità anteriori e posteriori in ogni individuo delle classi dei vertebrati sono evidentemente omologhe. La stessa legge ha luogo, se poniamo a confronto le mascelle tanto complicate e le zampe dei crostacei. Quasi tutti sanno che in un fiore la posizione relativa dei sepali, dei petali, degli stami e dei pistilli, non meno che la loro struttura interna, possono spiegarsi dal punto di vista che queste parti risultano da foglie metamorfosate, disposte in una spirale. Nelle piante mostruose abbiamo una prova diretta delle possibilità che un organo sia trasformato in un altro; e ci sarà facile ravvisare negli embrioni dei crostacei e in molti altri animali, non che nei fiori, che alcuni organi, i quali quando sono interamente sviluppati sono molto differenti, nel primo stadio di sviluppo sono invece esattamente simili.

Questi fatti non sono forse inesplicabili, partendo dall'ipotesi ordinaria della creazione? Per quale motivo è racchiuso il cervello in una scatola, composta di tanti pezzi d'osso; sì stranamente conformati? Come fu notato dall'Owen, l'utile derivante dallo spostamento di pezzi separati, nell'atto del parto dei mammiferi, non serve a spiegare la stessa costruzione nei cranii degli uccelli. Come dovrebbero essere state create delle ossa consimili a quelle di altri mammiferi nella formazione dell'ala e della gamba del pipistrello, mentre sono destinate ad usi totalmente diversi. Come potrebbe darsi che un crostaceo che abbia una bocca estremamente complessa, formata di molte parti, debba sempre avere, per conseguenza, un numero minore di zampe; oppure inversamente, quelli che posseggono molte zampe, debbano presentare delle bocche più semplici? Perchè dovrebbero i sepali, i petali, gli stami ed i pistilli di ogni fiore individuale essere tutti costrutti secondo il medesimo sistema, sebbene siano destinati ad uno scopo affatto diverso?

Al contrario, in base della teoria dell'elezione naturale, potremo rispondere in modo soddisfacente a codeste questioni. Nei vertebrati noi osserviamo una serie di vertebre interne che portano certi processi e certe appendici; negli annulosi noi vediamo il corpo diviso in una serie di segmenti che sostengono delle appendici esterne; e nelle piante fanerogame troviamo una serie di foglie successive, a spirale. Una ripetizione indefinita della stessa parte o del medesimo organo è la caratteristica comune di tutte le forme inferiori o poco modificate (come fu osservato dall'Owen); perciò noi possiamo ragionevolmente supporre che l'ignoto progenitore dei vertebrati avesse molte vertebre: l'ignoto progenitore degli annulosi molti segmenti: e quello delle piante fanerogame molte foglie, inserite sopra una linea spirale. Abbiamo veduto superiormente che le parti ripetute molte volte sono eminentemente soggette a variare di numero e di struttura; è quindi assai probabile che l'elezione naturale, durante il lungo e continuo processo di modificazione, siasi esercitata sopra un certo numero di elementi che erano somiglianti da principio, e ripetuti molte volte, e li abbia resi atti agli uffici più differenti. E siccome l'intero insieme delle modificazioni si sarà effettuato per gradazioni lente e successive, non dobbiamo stupirci di rinvenire in queste parti ed in questi organi un certo grado di rassomiglianza fondamentale, che fu conservata pel principio di eredità. E tale somiglianza sarà tanto più conservata, perchè le variazioni, le quali costituiscono la base delle susseguenti modificazioni col mezzo della elezione naturale, tendono ad essere simili fino dal principio, essendo uguali le parti in uno stadio precoce di sviluppo, ed esposte a condizioni quasi identiche. Siffatte parti, siano più o meno modificate, presenteranno delle serie omologhe, a meno che la comune origine non sia interamente celata.

Nella grande classe dei molluschi, sebbene possiamo omologare le parti di una specie con quelle di un'altra specie distinta, non riscontriamo che poche omologie di serie; cioè di rado siamo capaci di dire che una parte o un organo sia omologo con un altro del medesimo individuo. Questo fatto può comprendersi facilmente; perchè nei molluschi, anche nei membri più bassi della classe, non troviamo quasi mai tante ripetizioni indefinite di qualche organo, quante ne troviamo nelle altre grandi classi dei regni animale e vegetale.

La morfologia peraltro è un argomento assai più complicato di quanto possa sembrare a prima vista, come ha dimostrato recentemente Ray Lankester in una memoria interessante. Egli stabilisce un limite importante fra certe classi di casi che sono dai naturalisti indistintamente classificati tra le omologie. E propone di chiamare omogene quelle strutture che nei diversi animali si somigliano per effetto della discendenza da un comune progenitore con susseguente modificazione; ed omoplastiche quelle somiglianze che non possono essere spiegate nel modo citato. Egli crede, ad esempio, che il cuore degli uccelli e quello dei mammiferi siano omogenei, ossiano derivati da un comune progenitore; ma considera le quattro cavità in quelle due classi come omoplastiche, cioè come sviluppatesi indipendentemente. Il Lankester menziona anche la grande somiglianza delle parti al lato destro ed al lato sinistro del corpo, ed i segmenti che si succedono in un medesimo individuo; ed in tali casi trattasi di parti che generalmente si chiamano omologhe, che non hanno alcuna relazione colla discendenza di specie diverse da un comune progenitore. Le strutture omoplastiche sono quelle che io, in modo imperfetto, ho classificato come modificazioni o somiglianze analoghe. La loro formazione può attribuirsi in parte a ciò che organismi diversi o diverse parti di un medesimo organismo hanno variato in modo analogo; in parte a ciò che le simili modificazioni furono conservate allo stesso scopo generale od alla medesima funzione, come potrebbe dimostrarsi con molti esempi.

I naturalisti parlano frequentemente del cranio, come costituito di vertebre trasformate; riguardano le mascelle dei granchi quali zampe trasformate; gli stami e i pistilli dei fiori quali foglie trasformate; ma in questi casi sarebbe necessario esprimersi con maggiore esattezza, come osservava il prof. Huxley, parlando del cranio e delle vertebre, delle mascelle e delle zampe, ecc. - come di membri trasformati, derivanti da uno stesso elemento comune, anzichè prodotti l'uno dall'altro. Nullameno i naturalisti adoprano queste frasi soltanto in un senso metaforico; essi sono bene lontani dal voler significare che, in un lungo tratto della discendenza, gli organi primordiali d'ogni fatta - le vertebre in un caso, le zampe nell'altro caso - siano stati effettivamente trasformati in crani ed in mascelle. Pure la verosimiglianza del fatto, che siano avvenute modificazioni di tal sorta, è sì forte, che i naturalisti non possono evitare di impiegare delle espressioni che abbiano questo evidente significato. Secondo le mie idee, questi termini possono usarsi alla lettera; e viene spiegato il fatto meraviglioso, per esempio, delle mascelle di un granchio, le quali conservano molti caratteri, probabilmente trasmessi mediante la eredità, se furono realmente trasformate nel lungo corso della discendenza per metamorfosi di zampe vere, sebbene straordinariamente semplici.

SVILUPPO ED EMBRIOLOGIA

Questo è uno degli argomenti più importanti nel campo della storia naturale. Le metamorfosi degli insetti, come ognuno sa, sono generalmente percorse in modo rapido, con un paio di stadii; ma le trasformazioni, benchè siano nascoste, sono in realtà numerose e graduate. Così il Lubbock ha dimostrato che un certo insetto effemero (Chloëon) cambia più che venti volte la cute durante il suo sviluppo, ed ogni volta subisce un certo grado di cambiamenti; in tale caso abbiamo innanzi a noi la metamorfosi nel suo corso primitivo e graduale. Quanto siano grandi i cambiamenti di struttura che percorrono alcuni animali durante il loro sviluppo, ce lo dimostrano molti insetti, e più chiaramente ancora molti crostacei. Siffatti cambiamenti raggiungono il loro apice nella così detta metagenesi di alcuni animali inferiori. Che cosa può destare la maraviglia maggiormente di un corallario delicato e ramoso, portante dei polipi e fissato sopra una roccia sottomarina, il quale dapprima per gemmazione e poi per divisione trasversale produce una quantità di grandi libere meduse, le quali generano uova, da cui dapprima nascono animaletti liberamente nuotanti che si fissano sulle pietre e diventano polipai ramificati, e così di seguito in cicli senza fine? L'idea della sostanziale identità della metagenesi colla comune metamorfosi trovò recentemente un valido appoggio nella scoperta del Wagner, secondo cui la larva di una cecidomia, ossia di un moscherino, genera in via organica altre larve, e queste altre ancora, le quali in fine si trasformano in maschi e femmine mature che riproducono la specie nel solito modo col mezzo delle uova.

Credo opportuno menzionare, che quando si conobbe la scoperta del Wagner, io venni domandato, come si possa spiegare che le larve di queste mosche hanno la facoltà di riprodursi per via agamica. Finchè non si conosceva che un unico caso, non poteva darsi alcuna risposta. Ma il Grimm ha ora dimostrato che un'altra mosca, un Chironomus, si riproduce in modo affatto simile; ed egli crede che ciò avvenga spesso nello stesso ordine. Si è la crisalide, e non la larva del Chironomus che ha tale facoltà; ed il Grimm dimostra inoltre che questo caso congiunge insieme quello della cecidomia colla partenogenesi dei coccidi, ritenendo come partenogenesi quel fenomeno, in seguito a cui le femmine mature dei coccidi possono deporre uova feconde senza l'intervento dei maschi. Si conoscono ora parecchi animali, appartenenti a classi diverse, che possiedono la facoltà di riprodursi nel solito modo in età molto precoce. Se noi facciamo risalire la riproduzione partenogenetica per mezzo di stadii graduati ad un'età sempre più giovane - offrendoci il Chironomus colla sua crisalide uno stadio quasi esattamente intermedio, - noi possiamo forse spiegare il fenomeno maraviglioso della cecidomia.

Fu già notato incidentemente che certi organi sono nell'embrione esattamente simili, quantunque, allorchè sono perfettamente sviluppati, divengano affatto differenti e servano a diversi usi. Anche gli embrioni di animali distinti di una stessa classe sono spesso singolarmente simili. Non se ne potrebbe addurre una prova migliore di quella che si contiene nelle seguenti dichiarazioni di Von Baer, vale a dire, che «gli embrioni dei mammiferi, degli uccelli, dei rettili e serpenti, e probabilmente anche dei chelonii sono perfettamente somiglianti l'uno all'altro, tanto nel complesso delle loro parti quanto nel modo di svilupparsi delle medesime; a tal punto, che in pratica spesso non possiamo distinguere gli embrioni se non dalla loro grandezza. Io posseggo due piccoli embrioni nell'alcool, cui ho dimenticato di attaccare i nomi, ed ora sono affatto incapace di dire a quale classe appartengano. Questi embrioni possono essere lucertole o piccoli uccelli, o mammiferi assai giovani, tanto è completa la somiglianza nel modo di formazione della testa e del tronco di questi animali. Però in essi mancano anche le estremità. Ma supposto che le medesime vi fossero, nello stadio primitivo del loro sviluppo, non ci indicherebbero nulla; perchè il piede delle lucertole e dei mammiferi, le ali ed i piedi degli uccelli, non meno delle mani e dei piedi dell'uomo, derivano tutti dalla medesima forma fondamentale». Le larve dei crostacei si somigliano assai tra loro negli stadii corrispondenti di sviluppo, comunque grande sia la differenza tra le forme adulte; ed altrettanto avviene in molti altri animali. Talvolta appare anche in una più tarda età qualche traccia della legge della rassomiglianza embrionale: così gli uccelli del medesimo genere, o di generi strettamente affini, spesso si rassomigliano fra loro, nel loro primo e secondo abito giovanile, come vediamo nelle penne macchiate del gruppo dei tordi. Nella famiglia dei gatti la maggior parte delle specie sono rigate o macchiate a linee punteggiate; queste righe e macchie si distinguono chiaramente nei leoncini e nei piccoli puma. Talvolta, quantunque di rado, si osserva alcun che di tal sorta nelle piante: così le prime foglie dell'Ulex e le prime foglie delle acacie della Nuova Olanda, che invecchiando non producono che fillodi, sono pennate o divise, come le foglie ordinarie delle leguminose.

Quei punti della struttura, in cui gli embrioni di animali della stessa classe interamente diversi si rassomigliano, non hanno spesso alcuna relazione diretta colle loro condizioni di esistenza. Per esempio, non possiamo supporre che negli embrioni dei vertebrati gli archi branchiali arteriosi, scorrenti lungo le fessure branchiali, siano in relazione colle condizioni di vita consimili, nel giovane mammifero che si nutre nell'utero della madre, nell'uovo dell'uccello che viene covato nel nido, e nelle uova della rana sotto l'acqua. Noi non abbiamo maggiori motivi di ammettere questa relazione, di quello che se ne abbiano a credere che le ossa simili nella mano dell'uomo, nell'ala del pipistrello e nella natatoia di una testuggine siano riferite a condizioni di vita analoghe. Non vi sarà alcun osservatore abile che supponga che le righe dei leoncini, o le macchie del merlo giovine, siano di qualche utilità a questi animali.

Il caso però è diverso quando un animale, in qualche fase della sua vita embrionale, è attivo e deve provvedere a se stesso. Il periodo di attività può subentrare più o meno presto nella vita: ma in qualunque fase avvenga l'adattamento della larva alle sue condizioni vitali, esso è perfetto ed ammirabile, quanto in un animale adulto. Il modo importante, col quale ciò avviene, fu recentemente dimostrato dal Lubbock nelle sue osservazioni sulla grande somiglianza delle larve appartenenti ad insetti di ordini assai diversi, e sulla dissomiglianza di altre larve di uno stesso ordine di insetti per effetto delle abitudini di vita. In seguito a questi speciali adattamenti, la somiglianza delle larve o degli embrioni attivi degli animali affini tra loro, è talvolta molto diminuita; e si potrebbero citare dei casi di alcune larve, appartenenti a due specie o a due gruppi di specie, le quali differiscono fra loro non meno dei loro parenti adulti od anche maggiormente. Nella pluralità dei casi, però, le larve, quantunque attive, obbediscono ancora, più o meno rigorosamente, alla legge della comune rassomiglianza embrionale. I cirripedi ce ne somministrano un ottimo esempio: anche l'illustre Cuvier non si accorse che il Lepas fosse un crostaceo, com'è di fatto; ma basta uno sguardo sulla larva per dimostrare questa verità in modo incontrastabile. Così anche le due principali divisioni dei cirripedi, cioè i peduncolati ed i sessili, che differiscono immensamente nella loro esterna apparenza, hanno le larve in tutti i loro stadii appena distinguibili.

Nel processo di sviluppo l'embrione generalmente si eleva nell'organizzazione; io mi valgo di questa espressione, quantunque sia certo che non è possibile definire chiaramente che cosa s'intenda per organizzazione superiore od inferiore. Nessuno probabilmente disputerà che la farfalla sia più elevata della crisalide. In alcuni casi però l'animale adulto si ritiene generalmente inferiore alla sua larva nella scala naturale, come in certi crostacei parassiti. Tornando ancora ai cirripedi, le larve, nel primo stadio, hanno tre paia di gambe, un solo occhio semplice e una bocca a forma di proboscide, colla quale esse si nutrono abbondantemente, per crescere molto in grandezza. Nel secondo stadio, corrispondente allo stadio di crisalide delle farfalle, esse hanno sei paia di piedi natatorii stupendamente costrutti, un paio di occhi mirabilmente composti e delle antenne estremamente complicate; ma esse hanno allora una bocca chiusa ed imperfetta, e non possono prendere alimento. La loro funzione in questo stadio è di cercare coi loro organi sensitivi molto sviluppati un luogo conveniente al quale fissarsi, per compiere la loro metamorfosi ultima, e di giungervi per mezzo della loro grande attitudine al nuoto. Allorchè questa fase è compiuta, esse rimangono attaccate nel luogo scelto per tutta la vita: le loro natatoie si cambiano in organi da presa; riacquistano una bocca bene costrutta; ma non hanno antenne e i loro due occhi si trasformano di nuovo in un occhio solo, piccolo o molto semplice a guisa di un punto. In quest'ultimo stadio completo i cirripedi possono essere considerati indifferentemente come dotati di un'organizzazione più elevata od inferiore a quella che presentano nella condizione di larve. Ma in alcuni generi le larve producono degli ermafroditi che hanno la struttura ordinaria, oppure quei maschi che furono da me chiamati complementari e in questi lo sviluppo diviene certamente retrogrado; perchè il maschio è un semplice sacco che vive per poco tempo, ed è privo di bocca, di stomaco e di altri organi importanti, eccettuati quelli della riproduzione.

Noi siamo tanto abituati a trovare delle differenze di struttura fra l'embrione e l'adulto, come pure una stretta somiglianza negli embrioni di animali affatto differenti nella medesima classe, che possiamo essere indotti a considerare questi fatti come una contingenza necessaria, dipendente in qualche modo dallo sviluppo. Ma non abbiamo alcuna ragione plausibile per spiegare, ad esempio, per qual motivo l'ala del pipistrello, o la natatoia della testuggine marina non abbia ad essere scolpita nella debita proporzione con tutte le sue parti, tosto che qualche struttura diviene visibile nell'embrione. In alcuni gruppi interi di animali ed in certi individui d'altri gruppi l'embrione non differisce molto dall'adulto in alcun periodo; Owen ha osservato questo fatto nei cefalopodi, «nei quali non si ha metamorfosi alcuna, e il carattere di cefalopode si manifesta molto tempo prima che l'embrione sia completo». I molluschi terrestri ed i crostacei di acqua dolce nascono colla forma loro propria, mentre le specie marine di queste due grandi classi subiscono spesso nel loro sviluppo dei cambiamenti notevoli od anche assai rilevanti. Inoltre, nemmeno i ragni vanno veramente soggetti ad una metamorfosi. Le larve degli insetti, siano esse adatte alle abitudini attive più differenti, siano affatto inattive, essendo nutrite dai loro parenti o trovandosi in mezzo al proprio nutrimento, pure passano quasi tutte per uno stadio vermiforme; ma in alcuni casi, per esempio in quello degli afidi, come risulta dalle figure mirabili del professore Huxley, colle quali descrisse lo sviluppo di questi insetti, non troviamo alcuna traccia di uno stadio vermiforme.

In alcuni casi mancano solamente i primi stadii di sviluppo. Così Fritz Müller ha fatto l'interessante scoperta che alcuni crostacei affini al Penœus si mostrano dapprima nella semplice forma di Nauplius, poi attraverso due o tre stadii di Zoea, poi quello di Mysis, ed infine raggiungono la forma matura. Ora nell'intera grande classe dei malacostracei, a cui questi crostacei appartengono, non si conosce alcuna specie che dapprima apparisca colla forma di Nauplius, sebbene molti si presentino in quella di Zoea. Nondimeno il Müller sostiene con argomenti che tutti i crostacei comparirebbero sotto forma di Nauplii, se non avvenisse alcuna soppressione nello sviluppo.

Come possiamo noi spiegare tutti questi fatti dell'embrologia? cioè - la differenza molto generale, ma non universale, fra la struttura dell'embrione e quella dell'adulto; - il fatto che alcune parti dell'embrione medesimo individuale divengono infine dissimili e servono per uno scopo diverso, mentre nel primo periodo dello sviluppo erano consimili; - la scambievole rassomiglianza degli embrioni delle differenti specie e di una medesima classe, rassomiglianza che si trova in generale, ma non sempre; - la struttura dell'embrione, la quale non è in relazione stretta colle sue condizioni d'esistenza, quando se ne eccettui qualche periodo della vita, in cui esso diviene attivo e provvede al proprio sostentamento; - quei casi in cui l'embrione presenta una organizzazione più elevata dell'animale adulto nel quale si trasforma. Io credo che tutti questi fatti possano spiegarsi, partendo dal principio della discendenza modificata.

Comunemente si pensa che le piccole variazioni necessariamente si producono nelle prime fasi dell'embrione, forse perchè le mostruosità si manifestano nell'embrione in questo periodo primitivo. Ma questo fatto non è abbastanza fondato; al contrario abbiamo delle prove maggiori nel senso opposto: mentre sappiamo che gli allevatori dei bovini, dei cavalli e di parecchi animali di lusso, non possono stabilire positivamente, se non qualche tempo dopo la nascita, quali saranno i pregi o la forma definitiva di un animale. Noi lo vediamo manifestamente nei nostri stessi fanciulli; infatti non possiamo mai conoscere se diverranno grandi o piccoli, nè quali saranno le loro fattezze precise. La questione non consiste nel sapere a quale periodo della vita ogni variazione sia stata prodotta, ma bensì quando si sia spiegata interamente. La causa può aver agito, e credo che in generale abbia agito anche prima che l'embrione fosse formato; e la variazione può attribuirsi all'azione delle condizioni, alle quali l'uno o l'altro parente, od anche i loro antenati furono esposti, sugli elementi sessuali del maschio e della femmina. Deve essere affatto indifferente pel benessere di un animale giovane che egli acquisti la maggior parte de' suoi caratteri un poco prima od un poco più tardi nella sua vita, finchè egli rimane nell'utero della madre o nell'uovo, e finchè viene nutrito e protetto da' suoi genitori. Non sarebbe, per esempio, di alcuna importanza per un uccello, che prende più facilmente il proprio alimento quanto più lungo ne sia il becco, il possedere o no un becco di questa lunghezza particolare, finchè continuano a nutrirlo i suoi genitori.

Nel primo capo fu detto che si hanno delle prove per ritenere probabile che, in qualunque età si produca per la prima volta una variazione nei genitori, essa tenda a ripetersi nella prole all'età corrispondente. Certe variazioni possono apparire soltanto in età corrispondenti, come, per esempio, le particolarità della farfalla del baco da seta, allo stato di bruco e di crisalide; od anche quelle delle corna del bestiame quasi completamente sviluppato. Ma oltre tutto questo, le variazioni che, per quanto si conosce, possono manifestarsi prima o dopo nel corso della vita, tendono a riapparire in un'età corrispondente nella prole e nei parenti. Ciò non ostante io sono alieno dall'ammettere che questo fatto si verifichi costantemente; e potrei citare molti casi indubitati di variazioni (prendendo questa parola pel suo senso più largo) che sopravvennero più presto nei figli che nei genitori.

Quando fosse riconosciuta la verità di questi due principii, credo che si dimostrerebbero facilmente tutti i fatti principali della embriologia precedentemente enumerati. Ma consideriamo prima alcuni casi analoghi delle varietà domestiche. Alcuni autori che scrissero intorno al cane, hanno sostenuto che il levriere e l'alano, quantunque sembrino tanto differenti, sono realmente due varietà molto affini, e probabilmente traggono origine dal medesimo stipite selvaggio, quindi io era bramoso di vedere se i loro piccoli differiscano molto fra loro. Gli allevatori mi assicuravano che differiscono appunto quanto i loro genitori, e giudicando coll'occhio mi pareva quasi che così fosse; ma, per le misure prese accuratamente sui cani adulti e sui loro cagnolini di sei giorni, mi accorsi che questi non possedevano tutte le loro differenze proporzionali. Inoltre mi era stato detto che i puledri dei cavalli da tiro e da corsa fossero differenti, come quando questi animali raggiungono il loro sviluppo completo; ciò mi sorprendeva grandemente, ritenendo probabile che la differenza fra queste due razze fosse dovuta interamente alla elezione, nello stato di domesticità; ma avendo fatto del rilievi precisi sopra una cavalla e sopra un puledro di tre giorni di una razza di cavalli da corsa e di un'altra razza di pesanti cavalli da tiro, trovai che i puledri non avevano acquistato tutto l'insieme delle loro differenze proporzionali.

Parendomi concludenti le prove della discendenza delle varie razze domestiche di colombi da una sola specie selvatica, paragonai i colombi giovani di varie razze, entro le dodici ore dopo la nascita; ne misurai accuratamente le proporzioni (ma non darò qui alcun dettaglio) del becco, lo squarcio della bocca, la lunghezza delle narici e delle palpebre, la grandezza dei piedi e la lunghezza delle gambe nella specie selvatica originale, nel colombo gozzuto, nel colombo pavone, nel romano, nel barbo, nel colombo dragone, nel messaggere e nel colombo giratore. Ora alcuni di questi uccelli, quando sono adulti, presentano delle differenze tanto straordinarie, nella lunghezza e nella forma del becco, che dovrebbero certamente classificarsi in generi distinti, se fossero produzioni naturali. Ma quando gli uccelli nidiaci di queste razze diverse furono posti l'uno presso l'altro in una linea, sebbene la maggior parte di essi potesse distinguersi, pure le loro differenze proporzionali, nei diversi punti sopra specificati, erano incomparabilmente minori che nei colombi interamente sviluppati. Certi punti caratteristici di differenza - per esempio quella dello squarcio della bocca - possono a stento scoprirsi nei colombi presi dal nido. Ma si riscontra una notevole eccezione a questa regola, perchè i figli del colombo giratore a faccia corta differiscono da quelli del piccione torraiuolo selvatico e delle altre razze, in tutte le proporzioni, quasi esattamente quanto diversificano gli adulti.

I due principii, precedentemente esposti, mi pare che spieghino questi fatti, riguardo all'ultimo stadio embrionale delle nostre varietà domestiche. Gli amatori scelgono i loro cavalli, i loro cani e i loro colombi per la riproduzione, quando questi animali sono quasi completamente sviluppati; per essi è indifferente che le qualità e le strutture desiderate siano state acquistate nei primi o negli ultimi periodi della vita dell'animale, purchè le possegga quando sia giunto alla età matura. Gli esempi che abbiamo dati, e più particolarmente quello dei colombi, dimostrano che le differenze caratteristiche, le quali accrescono il pregio di ogni razza e furono accumulate mediante l'elezione dell'uomo, non comparvero in generale nel primo periodo della vita, ma furono ereditate dalla prole ad un'epoca corrispondente ed ugualmente inoltrata. Il caso del colombo giratore a faccia corta, che dodici ore dopo la nascita assume le proprie proporzioni, prova che codesta regola non è universale; perchè le differenze caratteristiche debbono essersi manifestate prima del periodo ordinario in cui hanno luogo, oppure debbono essere state ereditate in un'età tenera, anzichè in quella corrispondente.

Ora applichiamo alle specie che vivono nello stato di natura questi fatti ed i due principii precedenti, l'ultimo dei quali, sebbene non possa provarsene la verità, può dimostrarsi probabile. Prendiamo un genere di uccelli derivanti, secondo la mia teoria, da una sola specie-madre, della quale le varie specie nuove si modificarono, mediante l'elezione naturale, in relazione alle diverse loro abitudini. In seguito ai molti gradi piccoli e consecutivi delle variazioni, sopraggiunte in un'età più avanzata, ed ereditate in un'età corrispondente, gl'individui giovani delle nuove specie del nostro genere supposto, tenderanno manifestamente a rassomigliarsi l'uno all'altro assai più strettamente degli adulti, come appunto abbiamo verificato nel caso dei colombi. Noi possiamo estendere l'idea ad intere famiglie od anche alle intere classi. Le estremità, per esempio, che fanno l'ufficio di gambe nella specie-madre, possono essersi trasformate, per un lungo processo di modificazioni, in uno dei discendenti, in modo da agire come mani, in un altro come natatoie, in un altro come ali; e partendo dai due principii menzionati, - cioè, che ogni modificazione successiva si manifesta in una età inoltrata, e che si eredita in una età avanzata corrispondente, - le estremità anteriori negli embrioni dei diversi discendenti della specie-madre dovranno essere molto rassomiglianti, perchè non ancora modificate. E perciò in ciascuna delle nostre specie nuove le estremità anteriori dell'embrione differiranno grandemente da quelle dell'animale adulto; perchè in quest'ultimo le estremità furono soggette a molte modificazioni in un periodo avanzato della vita e furono conseguentemente cambiate in mani, in natatoie o in ali. Qualunque sia l'influenza che l'esercizio lungamente continuato o l'uso da una parte e il non-uso dall'altra possono avere nel modificare un organo, questa influenza si risentirà principalmente dall'animale maturo, il quale acquistò tutte le sue forze attive e deve provvedere alla propria esistenza; e gli effetti così prodotti saranno ereditati nell'età matura corrispondente. Al contrario l'embrione o l'animale giovane resterà inalterato; o sarà modificato in grado minore, per gli effetti dell'uso e del non-uso.

In certi casi i successivi gradi di variazioni possono derivare da cause che ci sono ignote completamente, nella prima fase della vita; oppure ogni grado di variazione può ereditarsi in un periodo anteriore a quello in cui dapprima si manifestò. In ambe le ipotesi (come nel colombo giratore a faccia corta), l'animale giovane o l'embrione sarebbe molto somigliante alla madre-forma adulta. Abbiamo veduto che questa è la regola dello sviluppo di certi gruppi interi di animali, come nelle seppie, nei molluschi terrestri, nei crostacei di acqua dolce, nei ragni, e in alcuni membri della grande classe degli insetti. Rispetto alla causa finale per cui il giovane in questi casi non soggiace ad alcuna metamorfosi o rassomiglia perfettamente ai suoi genitori fino dalla prima età, possiamo ritenere che ciò risulti dalle due circostanze che seguono: primieramente perchè l'animale giovane, nel corso delle modificazioni subite dalla specie per molte generazioni, dovette provvedere ai propri bisogni fino dai primi stadii dello sviluppo, e in secondo luogo perchè gli animali debbono seguire esattamente le stesse abitudini di vita dei loro genitori; mentre in tal caso sarebbe indispensabile per l'esistenza della specie che i piccoli animali si modifichino nella prima età in una maniera identica a quella con cui si modificarono i loro genitori, in consonanza delle loro abitudini simili. Quanto al fatto singolare che tante forme terrestri o di acqua dolce non subiscono alcuna metamorfosi, mentre le specie marine degli stessi gruppi soggiacciono a parecchi cambiamenti, Fritz Müller ha manifestato la supposizione che il processo di lenta modificazione e di adattamento di un animale alla vita in terraferma o nell'acqua dolce, anzichè nel mare, sia notevolmente semplificato colla soppressione dello stadio larvale; imperocchè non è probabile che vi siano in natura molti posti disoccupati o male occupati da altri organismi; adatti tanto per le larve come per le immagini, in condizioni di vita sì nuove e notevolmente cambiate. In tal caso l'acquisto graduato della struttura adulta in età sempre più tenera sarebbe favorito dall'elezione naturale, e tutte le traccie di un'antica metamorfosi sarebbero alfine cancellate.

Se, d'altra parte, sia utile per la forma giovanile differire alquanto dai genitori nelle abitudini di vita, ed avere in conseguenza una struttura alquanto diversa; oppure se per le larve, che già differiscono dai loro genitori, torni di vantaggio differire maggiormente, il giovane o la larva, secondo il principio della eredità in epoche di vita corrispondenti, potranno col mezzo della elezione naturale differire sempre più dai loro genitori fino ad un grado considerevole. Le differenze nelle larve possono essere correlative con quelle delle fasi successive di sviluppo, così che la larva alla prima fase può differire assai da quella della seconda fase, come avviene in molti animali. Anche l'adulto può acquistarsi stazioni ed abitudini, in cui gli organi di locomozione, dei sensi ed altri gli siano inutili, nel qual caso la metamorfosi potrebbe dirsi regressiva.

Secondo le osservazioni ora esposte può comprendersi come coi cambiamenti di struttura dei giovani, combinati colla trasmissione in epoche di vita corrispondenti, gli animali possono giungere a percorrere delle fasi di sviluppo affatto diverse dallo stato primitivo dei loro genitori adulti. Le migliori nostre autorità sono ora concordi nel ritenere che i diversi stadii di larva e di crisalide degli insetti siano apparsi in tale modo per adattamento, e non per eredità da una forma antica. L'esempio interessante della Sitaris, di un coleottero che percorre certe fasi non comuni di sviluppo, può chiarire come ciò avvenga. La prima forma larvale, come ce la descrisse il Fabre, è un insetto piccolo, vivace, con sei piedi, due lunghe antenne e quattro occhi. Queste larve nascono in un'arnia, ed appena i fuchi escono in primavera dalle loro cellule, ed escono prima delle femmine, vi si attaccano, e passano poi sulle femmine durante l'accoppiamento. Quando queste depongono le uova sul miele che si trova nelle cellule, la larva passa sull'uovo e lo divora. Più tardi essa subisce un cambiamento completo; gli occhi scompariscono, i piedi e le antenne diventano rudimentali, e la medesima si pasce di miele. A questo punta essa somiglia ad una solita larva di insetto. Infine subisce altri mutamenti e si fa coleottero perfetto. Se un insetto con metamorfosi simile a quella della Sitaris divenisse il progenitore di una nuova classe di insetti, il corso generale dello sviluppo e soprattutto delle prime fasi sarebbe probabilmente assai diverso da quello degli insetti ora esistenti; ed al certo i primi stadii di larva non rappresenterebbero la passata condizione di una forma adulta ed antica.

Dall'altro canto è assai probabile che in molti gruppi di animali gli stadii embrionali o larvali ci mostrino più o meno completamente la forma adulta del progenitore dell'intero gruppo. Nell'immensa classe dei crostacei le forme più diverse, come i parassiti succhianti, i cirripedi, gli entomostracei e perfino i malacostracei appariscono al loro primo stadio larvale sotto la forma simile del Nauplius; e siccome queste larve si nutrono e vivono in aperto mare e non sono adatte a peculiari condizioni di vita, è probabile, anche per altre ragioni esposte da Fritz Müller, che in una lontana epoca trascorsa sia esistito un animale adulto indipendente simile al Nauplius, ed abbia generato su molte linee divergenti di discendenza i succitati grandi gruppi di crostacei. È anco probabile, in seguito a quanto abbiamo detto intorno agli embrioni dei mammiferi, degli uccelli, dei pesci e dei rettili, che questi animali siano i discendenti modificati di un antico progenitore, il quale allo stato adulto era fornito di branchie, di una vescica natatoria, di quattro arti pinniformi e di una coda lunga, organi tutti utili per un animale acquatico.

Siccome tutti gli esseri organizzati, estinti e recenti, che esistettero sulla terra debbono classificarsi insieme in un solo sistema e furono tutti collegati da fine gradazioni, se le nostre collezioni fossero perfette, la disposizione migliore ed anzi la sola possibile sarebbe la genealogica; essendo la discendenza il segreto legame di connessione, secondo le mie idee; quello che i naturalisti hanno cercato sotto la denominazione di sistema naturale. Sotto questo aspetto noi possiamo intendere come avvenga che, per la maggior parte dei naturalisti, la struttura dell'embrione sia anche più importante di quella dell'adulto nella classificazione. Perchè l'embrione è l'animale nel suo stato meno modificato: e quindi ci fa conoscere la struttura del suo progenitore. Quando due gruppi d'animali, per quanto differiscano attualmente fra loro nella struttura o nelle abitudini, passano per i medesimi o per consimili stadii embrionali, possiamo ritenere per certo che entrambi sono provenuti dai medesimi o da quasi simili progenitori e sono per conseguenza nel medesimo grado di affinità. Così la struttura embrionale comune rivela una comune discendenza, ed essa rivela questa comune discendenza, anche se la struttura dell'adulto sia stata modificata ed alterata grandemente; abbiamo veduto, per esempio, che a prima vista i cirripedi possono riconoscersi, per mezzo delle loro larve, come appartenenti alla grande classe dei crostacei. Siccome lo stato embrionale di ogni specie e di ogni gruppo di specie ci dimostra in parte la struttura dei loro antichi progenitori meno modificati, ci è facile desumere la ragione per cui le forme di vita antiche ed estinte debbono rassomigliare agli embrioni dei loro discendenti([27]), - cioè delle nostre specie esistenti. Agassiz crede che questa sia una legge di natura; ma io mi limito a dichiarare che spero di vedere in seguito confermata la verità di questa legge. Essa può provarsi soltanto in quei casi in cui lo stato antico che ora si suppone rappresentato dagli embrioni esistenti, non sia stato mascherato dalle successive variazioni, avvenute in una prima fase dello sviluppo, durante una lunga sequela di modificazioni; oppure per le variazioni ereditate in un periodo anteriore a quello in cui si produssero per la prima volta. Non devesi però dimenticare che la supposta legge di rassomiglianza delle antiche forme di vita alle fasi embrionali delle forme recenti può essere vera, e nullameno restare per lungo tempo od anche per sempre senza alcuna dimostrazione, per non essere le nostre memorie geologiche abbastanza estese nelle epoche trascorse. In alcuni casi la legge non si troverà confermata, quando cioè in una forma antica nel suo stato di larva si è adattata ad una speciale condizione di vita, ed ha trasmesso il medesimo stato larvale ad un intero gruppo di discendenti, imperocchè questi allo stadio di larva non somiglieranno allo stato adulto di una forma ancor più antica.

I fatti principali dell'embriologia, che non sono inferiori a qualunque altro fenomeno nella storia naturale, mi sembrano dunque chiariti mediante il principio delle leggere modificazioni, le quali non si manifestano nei molti discendenti di qualche antico progenitore nel primo periodo della vita dei medesimi, sebbene le loro cause abbiano agito fin dal principio; modificazioni che furono ereditate ad un periodo corrispondente della vita, anzichè nelle prime fasi di essa. L'embriologia presenta quindi un interesse maggiore, quando noi consideriamo in tal modo un embrione come una pittura, più o meno offuscata, della madre-forma comune di ogni grande classe d'animali.

ORGANI RUDIMENTALI, ATROFIZZATI OD ABORTITI

Gli organi o le parti che si trovano in questa strana condizione, e che portano l'impronta della loro inutilità, sono estremamente comuni in tutta la natura. È impossibile citare alcuno degli animali superiori in cui non si rinvenga una qualche parte in istato rudimentale. Per esempio, le mammelle rudimentali sono molto generali nei maschi dei mammiferi; nei serpenti un polmone è rudimentale; e l'ala spuria di alcuni uccelli può sicuramente riguardarsi come un dito in uno stato rudimentale; ed in alcune specie tutta l'ala è così rudimentale che non può essere impiegata al volo. Alcuni casi di organi rudimentali sono molto curiosi; per esempio, la presenza dei denti nei feti delle balene, che, quando sono sviluppate, non hanno un solo dente nella loro bocca; e così la presenza dei denti che non escono mai dalle gengive nelle mascelle superiori dei nostri vitelli, prima della nascita.

Il significato degli organi rudimentali spesso è evidente: vi sono, per esempio, dei coleotteri di un medesimo genere (od anche di una medesima specie), che si rassomigliano perfettamente per ogni rispetto; uno dei quali ha delle ali pienamente sviluppate ed un altro presenta dei semplici lobi membranosi; qui sarebbe impossibile dubitare che tali rudimenti non rappresentino le ali. Gli organi rudimentali conservano talvolta la loro potenzialità e mancano semplicemente di sviluppo: come sarebbe il caso delle mammelle dei mammiferi maschi, ricordandosi molti esempi del completo sviluppo di questi organi in maschi adulti, fino al punto da secernere il latte. Così nelle mammelle del genere Bos, vi sono normalmente quattro capezzoli sviluppati e due rudimentali; ma nelle nostre vacche domestiche anche questi ultimi sono talvolta sviluppati e producono latte. Nelle piante di una medesima specie i petali ora sono semplici rudimenti e ora sono interamente sviluppati. Nelle piante a sessi separati i fiori maschi spesso hanno un pistillo rudimentale; e Kölreuter scoperse che, incrociando queste piante maschi con una specie ermafrodita, il rudimento del pistillo cresce di grandezza nella prole ibrida; ciò prova che il rudimento del pistillo ed il pistillo perfetto sono essenzialmente simili per natura. Un animale può possedere diverse parti che siano in istato perfetto, ed in un certo senso nondimeno rudimentali, perchè inutili. Così G. H. Lewes osserva che la larva del tritone comune possiede «delle branchie e passa la sua vita nell'acqua, ma la Salamandra atra, la quale vive nell'alta montagna, genera dei figli perfettamente sviluppati. L'animale non va mai nell'acqua». Tuttavia, se noi apriamo una femmina gravida, vi troviamo dentro delle larve con branchie distintamente pinnate, e se queste larve siano poste nell'acqua, esse nuotano così bene come quelle del tritone. Evidentemente questa organizzazione per una vita acquatica non allude alla vita futura dell'animale, nè è un adattamento ad una condizione embrionale; essa si riferisce solamente agli adattamenti degli avi, e ripete una fase di sviluppo dei progenitori.

Un organo che adempie a due funzioni può divenire rudimentale o abortire completamente per una di esse, anche se sia la più importante, e rimanere perfettamente efficace per l'altra. Così nelle piante l'ufficio del pistillo è quello di permettere ai tubi del polline di penetrare negli ovuli protetti nella sua base dall'ovario. Il pistillo è costituito di uno stimma sostenuto da uno stilo; ma in alcune composte i fiori maschi, che naturalmente non potrebbero essere fecondati, hanno un pistillo in uno stato rudimentale, perchè non è sormontato da uno stimma; ma lo stilo rimane bene sviluppato ed è rivestito di peli, come nelle altre composte, all'oggetto di staccare il polline dalle antere vicine. Un organo può anche divenire rudimentale per la funzione a cui è destinato e servire per un uso differente: in certi pesci la vescica natatoria sembra quasi rudimentale per la propria funzione, di aiutare i movimenti dell'animale rendendolo specificamente più leggero, e trasformata in un organo respiratorio o polmone. Potrebbero citarsi altri esempi consimili.

Gli organi che sono utili, per quanto piccolo sia il loro sviluppo, non potrebbero riguardarsi come rudimentali: essi possono chiamarsi organi nascenti, e possono acquistare, mediante l'elezione naturale, uno sviluppo ulteriore. Al contrario, gli organi rudimentali sono affatto inutili essenzialmente, come quei denti che mai non forano le gengive. Siccome sarebbero anche più inutili, se fossero in una condizione di minore sviluppo, quegli organi non possono, nello stato presente delle cose, essere stati formati per mezzo dell'elezione naturale, che agisce soltanto per la conservazione delle modificazioni utili. Quindi essi debbono avere qualche rapporto con una condizione più antica del loro attuale possessore, essendosi pur conservati per eredità, come esporremo. È difficile conoscere quali siano gli organi nascenti; se si consideri l'avvenire, non possiamo stabilire in che modo qualche parte si svilupperà e se ora quella parte sia nascente; se guardiamo al passato, la creature dotate di un organo in uno stato nascente saranno state generalmente soppiantate e distrutte dai loro successori, provvisti di quell'organo in una condizione più perfetta e maggiormente sviluppato. L'ala del pinguino è molto utile, esso l'adopera come una natatoia; potrebbe perciò rappresentare lo stato nascente delle ali degli uccelli. Non già che io creda che ciò sussista, anzi è più probabile che sia un organo ridotto e modificato, per una nuova funzione; l'ala dell'apterice gli è inutile ed è veramente rudimentale. Le glandole mammarie dell'ornitorinco possono forse considerarsi come in uno stato nascente, in confronto alle poppe della vacca; ed i ferni ovigeri di certi cirripedi, che sono leggermente sviluppati e che più non servono a trattenere le uova, sono branchie nascenti.

Gli organi rudimentali degl'individui d'una medesima specie sono molto soggetti a variare nel grado del loro sviluppo e per altri rapporti. Di più, nelle specie strettamente affini, lo stesso organo si rese rudimentale, in gradi talvolta assai diversi. Quest'ultimo fatto si verifica, per es., nello stato delle ali delle farfalle notturne di certi gruppi. Gli organi rudimentali possono anche abortire completamente; e ciò deve supporsi quando non troviamo in un animale o in una pianta alcuna traccia di un organo che l'analogia ci avrebbe indicato e che occasionalmente si incontra negli individui mostruosi della specie. Così nella bocca di leone (Antirrhinum) non si trova generalmente il rudimento di un quinto stame, pure qualche volta questo rudimento esiste. Nella ricerca delle omologie di una stessa parte, nei diversi membri di una stessa classe, nulla è più comune o più necessario dell'uso e della scoperta dei rudimenti. Ciò viene dimostrato evidentemente nei disegni dati dall'Owen delle ossa della gamba del cavallo, del bue e del rinoceronte.

È molto importante il fatto, che alcuni organi rudimentali si scoprano spesso nell'embrione, mentre in seguito scompariscono interamente, come i denti delle mascelle superiori delle balene e dei ruminanti. Io credo che sia anche una regola universale quella, che le parti o gli organi rudimentali sono di una grandezza maggiore, relativamente alle parti vicine, nell'embrione che nell'adulto; per modo che questi organi nella prima età sono meno rudimentali od anche può dirsi che non lo sono menomamente. Perciò suol dirsi che un organo rudimentale ha conservato nell'adulto la sua condizione embrionale.

Noi abbiamo esposto i fatti principali riguardanti gli organi rudimentali, Riflettendo ai medesimi, ognuno deve rimanerne compreso di meraviglia; perchè quel medesimo ragionamento, il quale ci attesta con tanta chiarezza che quasi tutte le parti e quasi tutti gli organi sono stupendamente adatti a certe funzioni, ci dimostra con uguale semplicità l'imperfezione o l'inutilità degli organi rudimentali, od atrofizzati. Nelle opere di storia naturale generalmente si legge che gli organi rudimentali sono stati creati «per amore di simmetria» o pel fine di «completare lo schema della natura»; ma codesta non mi pare una spiegazione, bensì una semplice riconferma del fatto. Nè può sostenersi a rigore di logica; così il Boa constrictor possiede i rudimenti degli arti posteriori e della pelvi e se si dice che queste ossa siano state conservate «per completare lo schema della natura»; perchè, domanda il Weismann, non si conservarono in altri serpenti che non ne hanno nemmeno una traccia? Si crederebbe forse sufficiente il dichiarare che, siccome i pianeti si muovono in orbite elittiche intorno al sole, i satelliti seguono un andamento consimile intorno ai pianeti, per amore di simmetria e per completare lo schema della natura? Un fisiologo eminente spiega la presenza degli organi rudimentali, supponendo che servano ad eliminare le materie eccedenti o dannose al sistema; ma potremo noi supporre che le minute papille, che spesso rappresentano il pistillo nei fiori maschi e che sono formate semplicemente di tessuto cellulare, abbiano questo scopo? Possiamo noi supporre che i denti rudimentali, che rimangono assorbiti posteriormente, possano essere, per effetto della secrezione del prezioso fosfato di calce, di qualche utilità al vitello che nello stato di embrione rapidamente si sviluppa? Quando le dita dell'uomo vengono amputate, talvolta sulle estremità monche appariscono delle unghie imperfette; ora si potrebbe credere, con uguale ragione, che queste traccie di unghie si siano formate per la secrezione della materia cornea, come che per questo scopo siano fatte le unghie rudimentali che crescono sulle natatoie del manato.

Secondo la mia teoria della discendenza modificata, l'origine degli organi rudimentali è molto semplice. Noi abbiamo una quantità di casi di organi rudimentali nelle nostre produzioni domestiche, - come il moncone di una coda nelle razze prive di coda, - la traccia di un orecchio nelle razze che non hanno orecchie, - il ritorno di piccole corna pendenti nelle razze dei bestiami senza corna e in particolare, secondo Yonatt, negli animali giovani, - e lo stato generale del fiore intero nel cavolo-fiore. Spesso noi osserviamo nei mostri i rudimenti di varie parti. Ma io dubito che alcuno di questi casi possa spargere qualche luce sulla origine degli organi rudimentali nello stato di natura, oltre la prova che ne ricaviamo che i rudimenti si producono: perchè se si pesino bene le ragioni da un lato e dall'altro si propenderà a ritenere che allo stato di natura le specie non subiscano mai dei cambiamenti grandi e repentini. Dallo studio poi dei nostri prodotti domestici noi impariamo che il non-uso delle parti conduce ad una riduzione della grandezza, e che questo risultato è trasmissibile per eredità.

A quanto pare, si fu principalmente il non-uso che rese gli organi rudimentali. Dapprima egli conduce gli organi a lenti passi ad una riduzione sempre crescente, finchè diventano rudimentali. Ciò è accaduto cogli occhi degli animali viventi in oscure caverne, e colle ali degli uccelli che abitavano isole oceaniche, dove raramente venivano costrette dai carnivori a volare, e perdettero in fine completamente questa facoltà. Inoltre un organo, utile in determinate condizioni, può in altre diventare perfino dannoso; così le ali degli insetti che abitano in isole piccole ed aperte. In tale caso l'elezione naturale tenderà a ridurre lentamente questo organo, fino a renderlo innocuo e rudimentale.

Ogni cambiamento di funzione che possa effettuarsi per gradi insensibilmente piccoli entra nel dominio della elezione naturale; per modo che un organo, reso inutile o dannoso per un dato scopo, per le cambiate abitudini di vita, può essere modificato ed impiegato ad un fine diverso. Oppure un organo può essere conservato per una sola delle sue funzioni primitive. Se un organo divenga inutile, può essere molto variabile, perchè le sue variazioni non sarebbero contrastate dalla elezione naturale. Qualunque sia il periodo della vita, in cui il non-uso o la elezione riduca un organo a minori dimensioni (e ciò si verificherà generalmente quando l'individuo giunse a maturità e nella sua piena facoltà di agire), il principio di eredità nelle età corrispondenti riprodurrà nella stessa fase della vita quest'organo nel suo stato ridotto; e per conseguenza, non potrà alterarlo o ridurlo nell'embrione che assai di rado. In questo modo possiamo intendere come si abbia una maggiore grandezza relativa degli organi rudimentali nell'embrione, una minore grandezza relativa dei medesimi nell'adulto. Se, ad esempio, un dito negli animali adulti di una specie sia stato sempre meno adoperato in molte generazioni in seguito a qualche cambiamento nelle abitudini, o se un organo o ghiandola abbia funzionato con intensità decrescente, noi possiamo aspettarci di trovare quella parte ridotta di grandezza(28) nei discendenti adulti della specie, e pressochè allo stato originale di sviluppo nell'embrione.

Ma sussiste ancora una difficoltà. Se un organo non è più oltre adoperato e per ciò viene notevolmente ridotto, come accade che la riduzione continua, finchè dell'organo non rimane che un vestigio, e come può finalmente scomparire affatto? Non sembra possibile che il non-uso eserciti ancora una influenza, quando un organo sia reso inattivo. Qui è necessaria una ulteriore spiegazione ch'io non posso dare. Se, ad esempio, potesse provarsi che ogni parte della organizzazione tenda a variare piuttosto verso una diminuzione di grandezza che verso un aumento, noi potremmo comprendere in quale modo un organo reso inutile possa farsi rudimentale, indipendentemente dagli effetti del non-uso, ed in fine, scomparire, imperocchè le variazioni conducenti ad una diminuzione di grandezza non sarebbero ulteriormente inceppate nel cammino dalla elezione naturale. Il principio di economia, di cui parlai in un capitolo precedente, e secondo il quale sono risparmiati i materiali che sarebbero necessari per la formazione di un organo inutile al possessore, ha forse una qualche parte nel rendere rudimentali le parti superflue. Ma questo principio sarà limitato alle prime fasi del processo di riduzione; imperocchè non possiamo ammettere che, ad esempio, una piccolissima papilla, la quale in un fiore maschile rappresenta il pistillo del fiore femminile e consta di tessuto cellulare, sia più oltre ridotta od assorbita per risparmiare nutrimento.

Siccome gli organi rudimentali, quali che siano i gradini pei quali furono degradati fino alla presente inutile loro condizione, ci raccontano lo stato passato delle cose e furono conservati solamente in forza del potere della ereditarietà: - ci sarà facile riconoscere, nel concetto che ogni classificazione debba essere genealogica, per qual motivo i sistematici abbiano trovate le parti rudimentali altrettanto utili e forse più utili di quelle parti che sono di un'alta importanza fisiologica. Gli organi rudimentali potrebbero paragonarsi alle lettere di una parola, che si conservano nel compitare, ma non vengono pronunciate, le quali tuttavia ci guidano nella ricerca della sua etimologia. Possiamo concludere, in base della dottrina della discendenza con modificazioni, che l'esistenza di organi in una condizione rudimentale, imperfetta ed inutile, oppure di organi pienamente abortiti, lungi dal presentare una difficoltà insuperabile, come sicuramente sarebbe secondo la teoria ordinaria delle creazioni indipendenti, si sarebbe potuta prevedere; e trova una spiegazione nelle leggi di eredità.

SOMMARIO

Nel presente capo mi sono studiato di dimostrare che la subordinazione di un gruppo all'altro, in tutti gli organismi e in ogni tempo, la natura delle affinità per mezzo delle quali tutti gli esseri viventi ed estinti sono congiunti in un grande sistema da relazioni complesse, divergenti ed involute; le regole adottate e le difficoltà incontrate dai naturalisti nelle loro classificazioni; il valore attribuito ai caratteri più costanti e prevalenti, siano essi di alta importanza vitale o di poca entità; la differenza grandissima di valore fra i caratteri analogici e di adattamento e quelli di vera affinità, ed altrettali regole - derivano tutte naturalmente dall'ipotesi della parentela comune di quelle forme che i naturalisti considerano come affini, combinata colle loro modificazioni per elezione naturale, colle loro contingenze d'estinzione e colla divergenza dei caratteri. Riflettendo a queste idee sulla classificazione, fa d'uopo ricordare che l'elemento della discendenza fu impiegato universalmente nel disporre insieme i sessi, le età e le varietà conosciute di una specie, per quanto possano essere differenti nella struttura. Se si estendesse l'uso di questo elemento della discendenza, - la sola causa certamente conosciuta della somiglianza degli esseri organizzati, - non giungeremmo a spiegare il significato delle parole sistema naturale; questo sistema è genealogico nella disposizione che si va cercando, e i gradi delle differenze acquistate sono espressi coi termini varietà, specie, generi, famiglie, ordini e classi.

Partendo da questo principio della discendenza modificata, tutti i grandi fatti della morfologia divengono facili ad intendersi, - sia che si consideri il medesimo piano applicato negli ordini omologhi delle diverse specie di una classe, qualunque sia la funzione che compiono; sia che si considerino le parti omologhe, disposte secondo un sistema uniforme in ogni animale e in ogni pianta.

Il principio delle variazioni leggiere e successive, che non sopravvengono necessariamente, nè generalmente nella prima età della vita e sono ereditati in periodo corrispondente dai discendenti, porta molta luce sui fatti più rilevanti della embriologia; vale a dire con esso si può spiegare la rassomiglianza delle parti omologhe di un embrione individuale, le quali, quando siano pienamente sviluppate, divengono affatto differenti fra loro nella struttura e nelle funzioni: e la rassomiglianza delle parti ed organi omologhi nelle differenti specie di una classe, sebbene appropriate negli individui adulti alle funzioni più disparate. Le larve sono embrioni attivi che si modificarono specialmente in relazione alle loro abitudini di vita, mediante il principio della trasmissione delle modificazioni ad un'età corrispondente. Per questo principio la presenza degli organi rudimentali e il loro aborto finale non ci offrono alcuna difficoltà inesplicabile; quando si pensi che se gli organi si atrofizzano pel non-uso o per l'elezione ciò avverrà generalmente in quel periodo della vita in cui l'individuo deve provvedere ai propri bisogni, e si tenga conto della grande efficacia del principio di eredità; - al contrario, la loro presenza deve prevedersi. L'importanza dei caratteri embriologici e degli organi rudimentali nella classificazione emerge dal concetto che una classificazione è naturale solo in quanto è genealogica.

Finalmente mi sembra che le varie classi di fatti, da noi trattati in questo capo, stabiliscano che le innumerevoli specie, i molti generi e le famiglie degli esseri organizzati (dei quali è popolato il mondo) sono derivati tutti da progenitori comuni, ciascuno nella propria classe o nel proprio gruppo, e tutti furono modificati nel corso della discendenza; e ciò si dimostra con tanta chiarezza, che io adotterei senza esitazione questa teoria, anche se non fosse sostenuta da altri fatti ed argomenti.

CAPO XV

RICAPITOLAZIONE E CONCLUSIONE

Ricapitolazione delle difficoltà che si oppongono alla teoria della Elezione naturale - Ricapitolazione delle circostanze generali e speciali in favore di essa - Cagioni della credenza generale nella immutabilità delle specie - Come possa estendersi la teoria dell'Elezione naturale - Effetti dell'adozione di essa nello studio della Storia naturale - Osservazioni finali.

Non essendo questo volume che una lunga argomentazione, il lettore potrà desiderare una breve ricapitolazione dei fatti e delle deduzioni principali.

Non posso negare che si sono sollevate molte gravi obbiezioni contro la teoria della discendenza modificata mediante l'elezione naturale. Io mi sono ingegnato di dare a queste obbiezioni tutta la loro forza. Non vi ha certamente cosa che si possa ammettere più difficilmente di quella, che gli organi e gli istinti più complessi non siano stati perfezionati con mezzi che sono superiori alla ragione dell'uomo, sebbene analoghi alla medesima, ma invece mediante l'accumulazione di piccole variazioni, ciascuna delle quali fosse proficua all'individuo che la possiede. Ciò non ostante questa difficoltà, quantunque sembri insuperabile alla nostra immaginazione, non può considerarsi di qualche valore, se si accettino le seguenti proposizioni: cioè, che gli organi e gli istinti sono variabili in grado leggero quanto si voglia, - che esiste una lotta per l'esistenza, la quale conduce alla conservazione di ogni deviazione di struttura o d'istinto che sia vantaggiosa, - e infine, che vi sono state delle gradazioni nel perfezionamento di ogni organo, le quali erano utili alla specie. Io credo che la verità di queste proposizioni non possa impugnarsi.

Certamente è assai difficile congetturare quali fossero le gradazioni per mezzo delle quali molte strutture si perfezionarono, più specialmente nei gruppi degli esseri organizzati che sono interrotti e in decadenza, e che soffrirono molte estinzioni; ma noi osserviamo nella natura tante straordinarie gradazioni, che dobbiamo essere molto guardinghi nell'affermare che un organo od istinto, od anche un individuo completo non potrebbe essere giunto al suo stato presente, per mezzo di molti cambiamenti graduali. Bisogna convenire che nella teoria della elezione naturale vi sono alcuni casi di una speciale difficoltà; uno dei più curiosi è l'esistenza di due o tre caste definite sterili o di operaie, nella stessa colonia di formiche; tuttavia ho procurato di far vedere come si possano vincere.

Riguardo alla quasi universale sterilità delle specie quando si incrociano, la quale forma un contrasto tanto rimarchevole colla fecondità quasi universale delle varietà incrociate, debbo richiamare alla mente del lettore la ricapitolazione dei fatti posti sulla fine del capo nono, che mi sembra valga a dimostrare concludentemente che la sterilità non è una qualità speciale innata, più di quello che lo sia l'incapacità dell'innesto fra due alberi; ma che dipende da differenze incidentali o costituzionali nei sistemi riproduttivi delle specie incrociate. La verità di questa conclusione emerge dalla vasta differenza nel risultato degli incrociamenti reciproci delle medesime due specie; vale a dire, quando da ciascuna delle due specie si prende prima il padre, indi la madre. Lo studio delle piante dimorfe e trimorfe ci conduce per analogia alla medesima conclusione; imperocchè le forme che vengono fecondate in modo illegittimo non danno semi, oppure ne danno pochi, e i discendenti sono più o meno sterili; e tali forme appartengono indubbiamente ad una medesima specie, nè differiscono tra loro altrimenti che negli organi e nelle funzioni della riproduzione.

Quantunque molti autori abbiano affermato che la fecondità delle varietà, quando sono incrociate, e della loro prole meticcia, è generale, non si può ritenere esatta questa opinione, dopo i fatti citati sull'autorità di Gärtner e di Kölreuter. La maggior parte delle varietà, sulle quali si fecero esperienze, furono prodotte allo stato di domesticità; ed appunto perchè la domesticità (non intendo la sola reclusione) tende ad eliminare la sterilità, la quale, a giudicare dall'analogia, avrebbe colpito le specie-madri al loro incrociamento, non dobbiamo aspettarci che essa produca sterilità nell'incrociamento dei loro discendenti modificati. La sterilità poi, a quanto pare, viene tolta dalla stessa causa, la quale permette ai nostri animali domestici di riprodursi ampiamente sotto svariate circostanze; e ciò sembra dipendente dal fatto che essi animali si abituano gradatamente a frequenti cambiamenti delle condizioni di vita.

Due serie parallele di fatti sembrano gettare un po' di luce sulla sterilità delle specie al loro primo incrociamento e sui discendenti ibridi. Da un lato abbiamo buone ragioni per credere che i leggeri cambiamenti nelle condizioni di vita diano forza e fecondità agli esseri organici; noi sappiamo anche che l'incrociamento fra individui diversi di una medesima varietà e fra varietà diverse accresce il numero dei discendenti e reca loro certamente un aumento di vigore e di statura. Ciò dipende principalmente dal trovarsi esposte le forme incrociate a condizioni di vita alquanto diverse; imperocchè io mi sono accertato con una serie di difficili esperimenti che, se tutti gl'individui di una stessa varietà sono esposti per parecchie generazioni alle medesime condizioni, il vantaggio dell'incrociamento è spesso scemato od anche tolto. Questo è un lato della questione. Dall'altro canto, noi sappiamo che le specie, le quali per lungo tempo siano state esposte a condizioni pressochè uniformi, ed in captività vengano sottoposte a condizioni nuove e notevolmente cambiate, o periscono, oppure, se restano in vita, si fanno sterili, benchè altrimenti siano perfettamente sane. Ciò non avviene, oppure avviene in grado leggero, nei nostri prodotti domestici, i quali lungamente sono stati esposti a condizioni fluttuanti. Se quindi gli ibridi, i quali derivano dall'incrociamento di due specie diverse, sono scarsi di numero, perchè muoiono subito dopo la concezione od in età assai precoce, e perchè, anche vivendo, sono più o meno sterili, la ragione assai probabile è questa, che essi, essendo il prodotto di due organizzazioni diverse confuse insieme, furono assoggettati ad un grande cambiamento nelle condizioni di vita. Chi sapesse spiegare in modo preciso perchè, ad esempio, un elefante od una volpe nella loro patria non si riproducano allo stato di captività, mentre il maiale ed il cane generano riccamente nelle più diverse condizioni, quello saprà dare una risposta precisa anche alla domanda, perchè due distinte specie nel loro incrociamento ed i loro discendenti ibridi siano più o meno colpiti dalla sterilità, mentre due varietà domestiche nel loro incrociamento ed i loro figli meticci sono perfettamente fecondi.

Passando alla distribuzione geografica, le difficoltà che si incontrano nella teoria della discendenza modificata sono abbastanza serie. Tutti gli individui della stessa specie e, tutte le specie del medesimo genere e perfino i gruppi più elevati debbono derivare da parenti comuni; e perciò per quanto distanti ed isolate siano le parti del mondo in cui si trovano attualmente, essi debbono essere passati, nel corso delle generazioni successive, da un qualche luogo a tutti gli altri. Spesso siamo affatto incapaci di congetturare come questo passaggio possa essere avvenuto. Tuttavia abbiamo dei motivi di credere che qualche specie conservasse la medesima forma specifica per lunghi periodi, per epoche enormemente lunghe, se misurate cogli anni, e quindi non dobbiamo dare troppa importanza alla vasta diffusione occasionale di una medesima specie; perchè nei periodi molto lunghi vi sarà sempre stata una maggiore probabilità per le grandi migrazioni, con mezzi d'ogni sorta. Una estensione discontinua ed interrotta può spiegarsi frequentemente coll'estinzione delle specie nelle regioni intermedie. Non si potrà negare che noi siamo tuttora molto ignoranti quanto alla portata dei diversi cambiamenti climatologici e geografici che si fecero sulla terra nei periodi moderni; questi cambiamenti avranno facilmente agevolato le migrazioni. Ho voluto darne un esempio, procurando di dimostrare quanto sia stata efficace la influenza del periodo glaciale sulla distribuzione delle medesime specie e delle specie rappresentative in tutto il mondo. Ma ci sono ancora affatto ignoti i molti mezzi occasionali di trasporto. Riguardo poi alle specie distinte che abitano in regioni molto distanti ed isolate, siccome il processo di modificazione fu necessariamente assai lento, tutti i mezzi di migrazione saranno stati possibili, durante un periodo di tempo molto lungo; per conseguenza la difficoltà della vasta diffusione delle specie di uno stesso genere viene alquanto diminuita.

Nella teoria dell'elezione naturale si suppone che sia esistito un numero interminabile di forme intermedie, le quali collegavano insieme tutte le specie di ogni gruppo, per mezzo di gradazioni tanto minute quanto le nostre varietà attuali. Ora potrebbe domandarsi: perchè non troviamo queste forme transitorie intorno a noi? Perchè tutti gli esseri organizzati non sono commisti fra loro in un caos inestricabile? Quanto alle forme esistenti, ricorderemo che non abbiamo alcuna ragione per sperare (eccettuati alcuni casi rari) di scoprire i legami che direttamente le connettono, ma soltanto quelli che le congiungevano a qualche forma estinta o soppiantata. Anche in un'area molto estesa, che rimase continua per un lungo periodo, e nella quale il clima e le altre condizioni di vita variano insensibilmente, quando si passa da un distretto occupato da una data specie in un altro distretto abitato da una specie strettamente affine, non possiamo ragionevolmente aspettarci di trovare spesso delle varietà intermedie nella zona intermedia. Perchè abbiamo qualche fondamento di credere che soltanto poche specie di un genere siano quelle soggette a cambiamenti; mentre le altre specie si estinguono interamente e non lasciano altre progenie modificata. Di quelle specie che si trasformano, poche si cambiano contemporaneamente nello stesso paese; e tutte le modificazioni si effettuano lentamente. Ho anche dimostrato che le varietà intermedie, dapprima esistenti probabilmente nelle zone intermedie, saranno state surrogate dalle forme affini da una parte e dall'altra; queste ultime, trovandosi in maggior numero, si saranno modificate e perfezionate generalmente, molto più presto delle varietà intermedie che erano più scarse; per modo che le varietà intermedie, a lungo andare, saranno state soppiantate ed esterminate.

Ammessa questa dottrina della distruzione di una infinità di legami intermedi fra gli abitanti viventi e gli estinti del mondo: e in ogni periodo successivo fra le specie estinte e le specie anche più antiche, perchè ogni formazione geologica non contiene queste forme transitorie? Perchè tutte le collezioni di avanzi fossili non presenteranno le prove evidenti della gradazione e del mutamento delle forme di vita? Quantunque le ricerche geologiche abbiano certamente rivelato la esistenza anteriore di molte forme transitorie, che riuniscono più strettamente fra loro molte forme di vita; esse non ci dànno le gradazioni insensibili ed infinite fra le specie passate e presenti che si richiedono nella mia teoria, e quest'obbiezione è la più ovvia e la più rilevante di quelle che possono sollevarsi contro di essa. Come avviene che certi gruppi di specie affini si mostrano talvolta apparentemente d'improvviso (ed è spesso certamente una falsa apparenza) nei diversi strati geologici? Siccome è noto che la vita organica su questa terra è apparsa in un tempo incalcolabilmente remoto, assai anteriore alla deposizione degli intimi strati cambriani, perchè non troviamo noi dei grandi depositi sotto questo sistema, pieni di avanzi dei progenitori dei gruppi di fossili cambrici? Imperocchè questi strati debbono essere stati depositati altrove, secondo la mia teoria, in quelle epoche antiche ed affatto ignote della storia del mondo.

A codeste questioni ed obbiezioni io rispondo solamente col supporre che le memorie geologiche sono assai più imperfette di quel che pensi la maggior parte dei geologi. Il numero degli oggetti che si conservano nei nostri musei è assolutamente un nulla in confronto delle innumerevoli generazioni di specie innumerevoli, che senza dubbio esistettero. La madre-forma di due o più specie non sarebbe in tutti i suoi caratteri direttamente intermedia fra i vari suoi discendenti modificati, più di quello che lo sia il colombo gozzuto ed il colombo pavone. Noi non saremmo capaci di riconoscere una specie come lo stipite di un'altra, anche se potessimo esaminarle accuratamente, finchè non possedessimo parimenti molte delle forme intermedie fra il loro stato passato e l'attuale; ora non possiamo sperare di scoprire queste forme, attesa la imperfezione degli avanzi geologici. Se due, tre o più forme transitorie fossero scoperte, sarebbero riguardate semplicemente come altrettante specie nuove, tanto più se trovate in differenti substrati geolologici, anche se le loro differenze fossero leggere. Potrebbero nominarsi molte forme dubbie esistenti, le quali non sono probabilmente che semplici varietà; ma chi vorrà sostenere che nelle età future si scopriranno tante forme transitorie fossili che i naturalisti arriveranno a stabilire, secondo le regole comuni, se queste forme dubbie siano varietà? Soltanto una piccola porzione del mondo è stata geologicamente esplorata. Inoltre i soli esseri organizzati di certe classi possono essere conservati nello stato di fossili, almeno in una quantità abbastanza grande. Molte specie, una volta formate, non subiscono mai ulteriori cambiamenti, ma si estinguono senza lasciare dei discendenti modificati; e i tempi, durante i quali le specie soggiacquero a certe modificazioni, furono lunghi sì, se calcolati con un numero di anni, ma probabilmente corti al confronto di quelli, durante i quali le specie rimasero inalterate. Le specie molto sparse variano più delle altre, e di sovente le varietà sono dapprima locali, - e queste due cause rendono meno facile la scoperta delle forme intermedie. Le varietà locali non si diffondono in altre regioni lontane, finchè non siano state modificate e perfezionate notevolmente; e quando passano in nuove contrade, e che vi siano poi scoperte in una formazione geologica, si crederà che vi fossero create improvvisamente e saranno classificate semplicemente quali specie nuove. Le formazioni furono in generale intermittenti nella loro accumulazione; ed io sarei per vedere che la loro durata fosse più breve della durata media delle forme specifiche. Le formazioni successive sono separate generalmente l'una dall'altra da periodi enormi in cui non avveniva alcuna deposizione; perchè le formazioni fossilifere abbastanza profonde da resistere alle future corrosioni possono generalmente accumularsi soltanto là dove si depone molto sedimento, sul letto del mare che si abbassa. Negli alterni periodi di elevazione e di livello stazionario, le memorie geologiche generalmente mancano. In questi ultimi periodi si avrà probabilmente maggiore variabilità nelle forme viventi; mentre in quelli di abbassamento sarà maggiore l'estinzione.

Quanto all'assenza di formazioni fossilifere sotto gli strati cambriani, mi basterà richiamare l'ipotesi fatta nel capo nono: sebbene cioè i nostri continenti ed oceani abbiano passato un tempo lunghissimo nelle relative loro posizioni quasi uguali alle presenti, non abbiamo ragioni per ammettere che queste fossero sempre tali; per conseguenza sotto al grande Oceano possono trovarsi sepolte delle formazioni assai più antiche che qualsiasi altra di quelle che oggi conosciamo. Relativamente all'obbiezione che il tempo trascorso dopo la solidificazione del nostro pianeta non sia stato sufficiente a produrre tanta somma di cambiamenti organici - obbiezione su cui ha insistito V. Thompson, e che è una delle più gravi! - io posso solamente rispondere, in primo luogo, che noi non sappiamo con quanta prestezza, misurata cogli anni, le specie si cambino; in secondo luogo che molti filosofi non vogliono ammettere che noi sappiamo tanto intorno alla costituzione dell'universo e quella della terra per giudicare della loro trascorsa durata.

Tutti ammetteranno la imperfezione delle memorie geologiche; ma pochi saranno disposti a convenire che siano imperfette al punto che si richiede dalla mia teoria. Se si considerino degl'intervalli di tempo abbastanza lunghi; la geologia manifestamente dichiara che tutte le specie si sono cambiate: e che si sono trasformate nel modo stabilito dalla mia teoria, perchè si cambiarono lentamente e gradatamente. Questo fatto risulta chiaramente dall'osservazione che gli avanzi fossili delle formazioni consecutive sono invariabilmente assai più affini fra loro, di quelli delle formazioni separate da un lungo periodo.

Sono queste in somma le diverse obbiezioni e difficoltà principali che possono giustamente sollevarsi contro la mia teoria; ed io ho esposto brevemente le risposte e le spiegazioni che si possono fare. Ho sentito per molti anni troppo profondamente queste difficoltà per dubitare del loro peso. Ma fa d'uopo riflettere che le obbiezioni più importanti si riferiscono a questioni, sulle quali noi confessiamo la nostra ignoranza, nè sappiamo quanto essa sia. Noi non conosciamo tutte le gradazioni transitorie possibili fra gli organi più semplici e i più perfetti; nè possiamo pretendere di sapere tutti i mezzi variati della distribuzione nel lungo corso degli anni, e quanto siano imperfette le memorie geologiche. Sebbene queste difficoltà siano molto gravi, esse non sono tali, a mio avviso, da rovesciare la teoria della discendenza da poche forme primordiali con modificazioni consecutive.

Ora passiamo all'altro lato della questione. Nello stato di domesticità noi troviamo una grande variabilità. Sembra che ciò debba attribuirsi principalmente al sistema riproduttivo, il quale è assai sensibile ai cambiamenti delle condizioni esterne della vita; per modo che questo sistema, quando non sia divenuto impotente, non riproduce più una prole esattamente simile alla madre-forma. La variabilità è diretta da molte leggi complesse, - dalla correlazione di sviluppo, dall'uso e dal non-uso, e dall'azione diretta delle condizioni fisiche della vita. È assai difficile il constatare a quante modificazioni siano andate soggette le nostre produzioni domestiche; ma possiamo inferire con sicurezza che l'insieme di queste modificazioni fu molto grande e che esse sono ereditabili per lunghi periodi. Finchè le condizioni della vita rimangono inalterate, abbiamo ragione di credere che una modificazione, già ereditata per molte generazioni, possa continuare ad essere trasmessa per un numero quasi infinito di generazioni. D'altra parte, noi abbiamo delle prove che la variabilità, quando si sia manifestata una volta, non cessa interamente, perchè anche le nostre più antiche produzioni domestiche producono occasionalmente delle varietà nuove.

L'uomo non produce effettivamente la variabilità; egli espone soltanto inavvertitamente gli esseri organizzati a nuove condizioni di vita, e allora la natura agisce sull'organizzazione e cagiona la variabilità. Ma l'uomo può scegliere e sceglie di fatto le variazioni che la natura gli presenta, e così le accumula in una data direzione. Egli adatta quindi gli animali e le piante al proprio vantaggio o diletto. Egli può farlo metodicamente, od anche inavvertitamente, preservando quegli individui che gli sono maggiormente utili, senza alcuna intenzione di alterare la razza. È indubitato che egli può trasformare i caratteri di una specie, scegliendo in ogni generazione successiva delle differenze individuali tanto piccole da sfuggire persino agli occhi esperti. Questo procedimento di elezione è stato l'agente principale nella produzione delle razze domestiche più distinte e più utili. Che molte delle razze prodotte dall'uomo abbiano in gran parte il carattere di specie naturali, risulta dagl'inestricabili dubbi, in cui cadono i naturalisti, se esse siano varietà o specie originali distinte.

Non esiste alcun motivo plausibile per ritenere che i principii, che agirono con tanta efficacia nello stato di domesticità, non abbiano agito anche nello stato di natura. Noi vediamo il più potente mezzo, sempre attivo, di elezione nella conservazione degli individui e delle razze favorite, durante la lotta per l'esistenza che continuamente si rinnova. La lotta per l'esistenza deriva immancabilmente dalla ragione geometrica di accrescimento, con cui si moltiplicano tutti gli esseri organizzati. Questo rapido aumento è provato dal calcolo, - e dall'osservazione della pronta propagazione di molti animali e di molte piante, in una successione di stagioni particolarmente favorevoli, o quando siano naturalizzati in una nuova regione. Nascono assai più individui di quanti ne possono vivere. Un solo grano nella bilancia deciderà quale individuo debba campare e quale debba morire, - quale varietà o specie crescerà di numero e quale altra diminuirà o finalmente rimarrà estinta. Siccome gli individui della medesima specie entrano fra loro per tutti i rapporti nella più stretta concorrenza, la lotta sarà in generale assai severa fra i medesimi; questa lotta sarà quasi ugualmente viva fra le varietà della medesima specie ed un po' meno severa fra le specie del medesimo genere. Ma la lotta sarà spesso assai forte anche fra gli esseri che sono molto lontani nella scala naturale. Il più piccolo vantaggio in favore di un essere, in qualunque età e in ogni stagione, sopra quello con cui egli si trova in lotta, oppure un migliore adattamento alle condizioni fisiche, anche in grado leggero, farà traboccare la bilancia.

Negli animali aventi sessi separati avrà luogo generalmente una lotta fra i maschi pel possedimento delle femmine. Gli individui più vigorosi, o quelli che lottarono con maggiore successo contro le loro condizioni di vita, lasceranno in generale una progenie più numerosa. Ma tale risultato dipenderà spesso dalla presenza di armi speciali o di mezzi difensivi, od anche dalle attrattive dei maschi; il più piccolo vantaggio assicurerà la vittoria.

Siccome la geologia dimostra evidentemente che ogni paese fu soggetto a grandi cambiamenti fisici, noi possiamo prevedere che gli esseri organizzati avranno variato nello stato di natura, allo stesso modo con cui generalmente variarono sotto le mutate condizioni di domesticità. Ora se vi abbia qualche variabilità allo stato di natura, sarebbe un fatto strano che l'elezione naturale non avesse agito. Si è affermato di sovente, quantunque l'asserzione sia destituita di prove, che la quantità delle variazioni allo stato di natura è rigorosamente limitata. L'uomo, sebbene agisca soltanto pei caratteri esterni e spesso a capriccio, può ottenere in breve tempo un grande risultato aggiungendo delle semplici differenze individuali alle sue produzioni domestiche; e tutti ammetteranno che nelle specie allo stato di natura vi sono almeno delle differenze individuali. Ma oltre queste differenze, tutti i naturalisti hanno riconosciuto esistere anche delle varietà che furono considerate abbastanza distinte da meritare una speciale menzione nelle loro opere sistematiche. Nessuno può tracciare una chiara distinzione fra le differenze individuali e le piccole varietà poco distinte, oppure fra le diverse varietà bene distinte, le sottospecie e le specie. Nei diversi continenti, o nelle diverse parti di un medesimo continente separate tra loro da barriere di qualsiasi genere, e sulle isole prossime ad un continente, quante forme non esistono che alcuni esperti naturalisti considerano come semplici varietà, altri come razze geografiche o sottospecie, altri ancora come specie distinte sebbene affini!

Se dunque gli animali e le piante variano realmente, sia pure con lentezza ed in grado leggero, perchè dubiteremo che col mezzo della elezione naturale o sopravvivenza del più adatto possano preservarsi, accumularsi ed ereditarsi quelle variazioni o differenze individuali che riescono in qualche modo utili agli esseri? Perchè la natura non potrà giungere a scegliere le variazioni vantaggiose ai suoi prodotti, viventi in condizioni di vita mutabili, quando l'uomo è in facoltà di prescegliere colla pazienza le variazioni che gli recano qualche utilità? Qual limite possiamo noi assegnare a questo potere che opera per lunghe epoche e scruta rigorosamente l'intera costituzione, la struttura e le abitudini di ogni creatura, - favorendo il buono e rigettando il dannoso? Io non saprei vedere alcun confine a questo potere, nello adattare con lentezza e mirabilmente ogni forma alle più complesse relazioni della vita. La teoria dell'elezione naturale, anche senza inoltrarci maggiormente in queste considerazioni, mi sembra probabile in se stessa. Ho già ricapitolato le difficoltà ed obbiezioni affacciate, colla maggiore precisione che potei: ora veniamo ai fatti speciali ed agli argomenti in favore della teoria.

Dal punto di vista che le specie non sono altro che varietà molto distinte e permanenti, e che ogni specie esistette dapprima come varietà, possiamo riconoscere come non si possa stabilire alcuna linea di demarcazione fra le specie, che comunemente si suppongono prodotte da atti speciali di creazione, e le varietà, la cui formazione si attribuisce a leggi secondarie. Dietro questa ipotesi possiamo anche spiegare il fatto, che laddove ebbero origine molte specie di un genere, e dove esse presentemente fioriscono, queste medesime specie debbono presentare molte varietà; perchè nei luoghi in cui la formazione delle specie fu molto attiva, dobbiamo ritenere, come regola generale, che sia tuttora in azione; e ciò appunto si verifica, se le varietà sono specie incipienti. Inoltre le specie dei generi più ricchi, che contengono un numero maggiore di varietà o specie incipienti, conservano fino ad un certo grado il carattere di varietà; perchè esse differiscono fra loro per un insieme di differenze minore di quello che esiste fra le specie dei generi più scarsi. Anche le specie strettamente affini dei generi più grandi hanno in apparenza un'estensione più limitata, e nelle loro affinità sono raccolte in piccoli gruppi intorno ad altre specie, - rispetto alle quali esse rassomigliano alle varietà. Queste relazioni sono strane, se si crede che ogni specie sia stata creata indipendentemente, ma divengono chiare se tutte le specie siano già esistite quali varietà.

Siccome ogni specie tende ad aumentare straordinariamente per la sua riproduzione in ragione geometrica, e siccome i discendenti modificati di ogni specie si moltiplicheranno tanto più, quanto diversificheranno maggiormente nelle abitudini e nella struttura, e diverranno atti ad occupare molti posti, affatto differenti, nell'economia della natura; vi sarà nell'elezione naturale una tendenza costante di preservare la prole più divergente di ogni specie. Perciò, durante un corso prolungato di modificazioni, le piccole differenze caratteristiche delle varietà di una medesima specie tenderanno ad aumentare, fino a divenire le differenze più grandi che caratterizzano le specie del medesimo genere. Le varietà nuove e perfezionate soppianteranno inevitabilmente e distruggeranno quelle meno perfette ed intermedie; e così le specie diveranno oggetti meglio definiti e distinti. Le specie dominanti, appartenenti ai gruppi più ricchi in ogni classe, tenderanno a dare origine a nuove forme dominanti; per modo che ogni gruppo grande tenderà a farsi sempre maggiore e simultaneamente più divergente nel carattere. Ma tutti i gruppi non possono riuscire ugualmente ad estendersi in questo modo, perchè il mondo non potrebbe contenerli, e per conseguenza i gruppi più dominanti abbattono i meno dominanti. Questa tendenza nei gruppi più ricchi di espandersi e divergere nel carattere, congiunta colla conseguenza quasi immancabile di molte estinzioni, spiega la disposizione di tutte le forme della vita in gruppi subordinati ad altri gruppi, tutti in poche grandi classi che prevalsero in ogni tempo. Questo grande fatto della classificazione dei gruppi di tutti gli esseri organizzati è affatto inesplicabile secondo la teoria delle creazioni.

Siccome l'elezione naturale agisce soltanto accumulando delle variazioni piccole, successive e favorevoli, non può produrre modificazioni grandi od improvvise; essa non può operare che per gradi molto brevi e molto lenti. Perciò il canone Natura non facit saltum, che viene confermato da ogni nuova conquista della nostra scienza, s'intende facilmente secondo questa teoria. Noi possiamo inoltre comprendere perchè in natura lo stesso scopo generale sia raggiunto con una infinita varietà di mezzi, imperocchè ogni particolarità, acquistata che sia, è per lungo tempo trasmessa per eredità, e le strutture in varia guisa modificate devono essere adottate allo stesso scopo generale. In breve, noi comprendiamo perchè la natura sia prodiga di varietà, sebbene parca d'innovazioni. Ma niuno potrebbe spiegare come questa sia una legge di natura, nell'ipotesi che ogni specie sia stata creata indipendentemente.

Mi sembra che molti altri fatti siano facili a spiegarsi in questa teoria. Quanto non sarebbe strano che un uccello, della forma del picchio, sia stato creato per nutrirsi di insetti colti sul terreno; che l'oca terrestre, la quale non nuota mai, o almeno assai di rado, sia stata provvista di piedi palmati; che sia stato creato un merlo che si tuffa nell'acqua e si ciba di insetti acquatici, e che si trovi una procellaria creata colle abitudini e la struttura convenienti alla vita di un pinguino! E così dicasi di infiniti altri casi. Ma nel concetto, secondo il quale ogni specie tende costantemente ad aumentare di numero, e la elezione naturale è sempre pronta ad adattare i discendenti lentamente variabili di ciascuna specie ad ogni posto vuoto o imperfettamente occupato nella natura, questi fatti perdono la loro singolarità, ed anzi si sarebbero potuti prevedere.

Noi possiamo comprendere perchè in generale nella natura esista quella bellezza che vi regna, giacchè nel complesso noi possiamo considerarla come un effetto della elezione naturale. Che la bellezza, secondo le nostre idee, soffra delle eccezioni, nessuno negherà il quale voglia dare uno sguardo a certi serpenti velenosi, ad alcuni pesci, e a qualche schifoso pipistrello avente una somiglianza contraffatta con un volto umano. Presso molti uccelli, lepidotteri ed altri animali la elezione sessuale ha dato al maschio, talvolta ad ambedue i sessi, i colori più brillanti ed altri ornamenti. Essa ha reso anche la voce di molti uccelli maschi armoniosa per le loro femmine, nonchè pel nostro orecchio. I fiori ed i frutti risaltano pe' loro magnifici colori di fronte alle foglie verdi, affinchè i fiori siano visti, visitati e fecondati dagli insetti, ed affinchè i semi dei frutti siano dispersi dagli uccelli. La ragione per la quale certi colori, suoni o forme producono piacere nell'uomo e nei sottoposti animali - ossia come dapprima sia stato raggiunto il sentimento della bellezza nella sua forma più semplice, - è cosa non meno oscura del modo col quale dapprincipio certi odori e sapori furono resi grati.

Posto che la elezione naturale agisca per mezzo della concorrenza, essa adatta e perfeziona gli abitanti d'ogni paese solo in relazione a quelli che convivono con essi, per modo che non dobbiamo fare le meraviglie se gli abitanti di qualche paese, quantunque secondo l'opinione ordinaria siano stati specialmente creati in rapporto col paese stesso, saranno battuti e sostituiti dalle produzioni naturalizzate importate da un'altra regione. Inoltre non possiamo meravigliarci se tutte le combinazioni della natura non sono perfette, almeno per quanto può desumersi dal nostro giudizio, e se alcune di queste disposizioni naturali ripugnano alle nostre idee sull'adattamento delle forme. Nè ci sorprenderà che l'aculeo dell'ape cagioni la morte dell'ape stessa; che i fuchi siano prodotti in sì gran numero per un solo atto, e che la maggior parte di essi sia uccisa dalle sterili operaie; che le nostre conifere producano una quantità enorme di polline; che l'ape regina abbia un odio istintivo per le proprie figlie feconde; che l'icneumone si nutra del corpo vivente dei bruchi; ed altri casi analoghi. Al contrario, secondo la teoria dell'elezione naturale, noi dovremmo stupirci di non trovare un maggior numero di casi, in cui manchi l'assoluta perfezione di adattamento.

Le leggi complesse e poco note che governano le variazioni sono, per quanto ci è dato giudicare, le medesime di quelle che governano la produzione delle forme specifiche. Nell'uno e nell'altro caso pare che le condizioni fisiche abbiano prodotto un effetto diretto di poca entità: tuttavia quando le varietà entrano in una zona, esse assumono occasionalmente alcuni dei caratteri delle specie proprie di questa zona. Nelle varietà come nelle specie, qualche risultato deve attribuirsi all'uso ed al non-uso; perchè quando si consideri, per esempio, il microttero di Eyton, le ali del quale sono inette al volo quasi nel medesimo stato di quelle dell'anitra domestica; e quando si pensi al tucotuco che vive sotterra ed è cieco occasionalmente, e a certe talpe che sono cieche abitualmente ed hanno i loro occhi rudimentali coperti dalla pelle, oppure si rifletta agli animali ciechi che abitano nelle caverne oscure dell'America e dell'Europa, è d'uopo riconoscere la efficacia di questo principio. Tanto nelle varietà quanto nelle specie, sembra che la correlazione di sviluppo abbia esercitato un'influenza più grande, in tal modo che quando una parte rimase modificata, le altre parti si modificarono necessariamente. Nelle varietà e nelle specie avvengono delle riversioni a caratteri perduti da lungo tempo. Secondo la teoria delle creazioni, quanto non è inesplicabile la comparsa delle righe sulle spalle e sulle gambe di diverse specie del genere cavallo e su quelle dei loro ibridi! Invece con quanta semplicità non spieghiamo noi questo fatto, quando ammettiamo che tutte queste specie sono derivate da un animale rigato, nella stessa maniera con cui le varie razze di colombi domestici provengono dal piccione torraiuolo ceruleo e rigato!

Secondo l'opinione ordinaria della creazione indipendente di ogni specie, perchè dovrebbero i caratteri specifici, o quelli per cui le specie di uno stesso genere differiscono fra loro, essere più variabili dei caratteri generici che sono comuni alle medesime? Per qual motivo, per esempio, il colore di un fiore sarebbe più soggetto a variare in qualche specie di un genere, se le altre specie, che suppongonsi create indipendentemente, hanno fiori diversamente colorati, di quello che se tutte le specie del genere producono fiori dello stesso colore? Se le specie non sono altro che varietà ben marcate, i caratteri delle quali divennero permanenti in alto grado, ci sarà facile intendere questo fatto; perchè esse variarono già in certi caratteri fino dall'epoca in cui si staccarono dal progenitore comune, e per queste modificazioni divennero specificamente distinte fra loro; e per conseguenza codesti caratteri sono più facilmente soggetti a nuove variazioni che i caratteri generici, i quali furono trasmessi per eredità senza cambiamenti, per un periodo enorme. Attenendoci alla dottrina delle creazioni, rimane inesplicabile come sia eminentemente suscettibile di variazione una parte sviluppata in modo straordinario in qualche specie di un genere, e perciò sia di grande importanza per la medesima specie, come si può naturalmente inferire; ma secondo la mia teoria questa parte, dacchè le diverse specie si diramarono dal progenitore comune, dovette subire un insolito complesso di variabilità e di modificazioni, e quindi possiamo arguire che questa parte sia in generale variabile ancora. Ma una data parte può svilupparsi nel modo più anormale, come l'ala del pipistrello, e nondimeno non essere più variabile di qualsiasi altra struttura, se quella parte sia comune a molte forme subordinate, vale a dire, se sia stata ereditata per un periodo molto lungo; dappoichè in tal caso sarà divenuta costante, per la elezione naturale continuata per lungo tempo.

Se ora passiamo agli istinti, alcuni dei quali sono tanto meravigliosi, essi non presentano una maggiore difficoltà di quella che possiamo trovare nelle strutture organiche per le modificazioni piccole o consecutive, ma vantaggiose che si presuppongono nella teoria dell'elezione naturale. Possiamo quindi farci un'idea del processo seguito dalla natura, per mezzo di lente gradazioni, nel dotare i differenti animali della stessa classe dei loro vari istinti. Ho procurato di far conoscere in quanta luce possano mettersi le mirabili facoltà architettoniche dell'ape domestica, mediante il principio del perfezionamento graduale. Senza dubbio l'abitudine influisce tal volta nel modificare gli istinti; ma essa non è certamente indispensabile, come si osserva negli insetti neutri che non lasciano alcuna progenie che erediti gli effetti dell'abitudine lungamente continuata. Secondo l'opinione che tutte le specie del medesimo genere derivano da uno stipite comune ed hanno ereditato molti caratteri in comune, possiamo spiegare come avvenga che le specie affini, quando sono poste in condizioni di vita notevolmente diverse, pure seguono i medesimi istinti; e per qual motivo, per esempio, il merlo dell'America meridionale rivesta il suo nido col fango, come le nostre specie inglesi. Se gli istinti si acquistano lentamente, per mezzo della elezione naturale, non dobbiamo meravigliarci che alcuni siano ancora imperfetti e soggetti ad errori, e che molti siano dannosi ad altri animali.

Quando le specie altro non siano che varietà bene distinte e permanenti, vedremo immediatamente per quale ragione la loro prole incrociata debba seguire le medesime leggi complesse nel grado di rassomiglianza ai parenti, nel rimanere assorbita dall'una o dall'altra specie-madre, per gl'incrociamenti successivi ed in altri punti analoghi, come la prole incrociata delle varietà conosciute. Questi fatti sarebbero al contrario molto strani, se le specie fossero state create indipendentemente, e le varietà fossero state prodotte da leggi secondarie.

Se noi ammettiamo che le memorie geologiche sono imperfette in estremo grado, allora quei fatti che esse ci presentano sono in armonia colla dottrina della discendenza modificata. Le nuove specie sono state formate lentamente e ad intervalli successivi; e la quantità delle modificazioni, dopo uguali intervalli di tempo, è affatto diversa nei differenti gruppi. L'estinzione delle specie e di interi gruppi di specie, che ebbe una parte tanto cospicua nella storia del mondo organico, segue quasi necessariamente dal principio della elezione naturale; perchè le forme antiche saranno sostituite da forme nuove e perfezionate. Nè le singole specie, nè i gruppi delle specie riappariranno, quando siasi interrotta una volta la catena della generazione ordinaria. La diffusione graduale delle forme dominanti e le modificazioni lente dei loro discendenti fanno sì che, dopo lunghi intervalli di tempo, le forme della vita sembrano cambiate simultaneamente per tutto il mondo. Il fatto di quegli avanzi fossili di ogni formazione, che sono in qualche grado intermedi di carattere fra i fossili della formazione anteriore e della posteriore, viene spiegato con semplicità per la posizione intermedia nella catena della discendenza. Il gran fatto che tutti gli esseri organizzati estinti appartengono al medesimo sistema degli esseri recenti e si trovano o nello stesso gruppo, o in gruppi intermedi, deriva dall'essere tanto gli esseri viventi, quanto gli estinti la progenie di parenti comuni. Siccome i gruppi che derivano da un antico progenitore si allontanarono generalmente pei loro caratteri, così il progenitore co' suoi primi discendenti sarà di sovente intermedio nel carattere rispetto agli ultimi suoi discendenti; e così siamo in grado di desumere la ragione del fatto che quanto più antico è un fossile, esso presenta più spesso una struttura intermedia fra i gruppi esistenti ed affini. Le forme recenti si considerano generalmente come più elevate delle forme antiche ed estinte, nel loro insieme, e le medesime sono tanto più elevate in quanto che le forme più recenti e più perfezionate distrussero gli esseri più antichi e meno perfetti, nella lotta per l'esistenza; esse avranno anche in generale i loro organi più specialmente destinati alle singole diverse funzioni. Questo fatto è perfettamente compatibile cogli esseri numerosi che conservano tuttora una organizzazione semplice e poco avanzata, conveniente a condizioni di vita molto semplice; inoltre è compatibile con alcune forme che retrocedettero nell'organizzazione, sebbene in ogni grado della discendenza divenissero più adatte alle loro abitudini di vita cambiate e degradate. Da ultimo, la legge della lunga durata delle forme affini sul medesimo continente, - dei marsupiali in Australia, degli sdentati in America, ed altrettali casi, diviene facile a concepirsi, perchè in una regione isolata le forme recenti e le estinte saranno affini naturalmente a cagione della discendenza.

Considerando la distribuzione geografica, se si ammetta che nel lungo corso della età fuvvi molta migrazione da una parte del mondo all'altra, dovuta agli antichi cambiamenti climatologici e geografici, ed ai molti mezzi occasionali ed occulti di dispersione, allora possiamo spiegare la maggior parte dei principali fatti della Distribuzione, seguendo la teoria della discendenza con modificazioni. Possiamo riconoscere perchè vi sia un parallelismo tanto singolare fra la distribuzione degli esseri organizzati nello spazio e la loro successione geologica nel tempo; poichè in ambi i casi gli esseri furono congiunti dal legame della generazione ordinaria, e i mezzi di modificazione furono i medesimi. Noi troviamo la piena significazione del fatto meraviglioso che deve essere stato notato da ogni viaggiatore, vale a dire, che sullo stesso continente, nelle condizioni le più diverse, in climi caldi o freddi, sulle montagne e nelle pianure, nei deserti e nelle paludi, quasi tutti gli abitanti di ogni grande classe hanno rapporti manifesti fra loro; perchè essi saranno in generale i discendenti dei medesimi progenitori e delle prime colonie. Con questo principio della migrazione anteriore, associato nella pluralità dei casi con quello delle modificazioni, possiamo spiegare insieme la identità di alcune piante, e la stretta affinità di molte altre sulle montagne più lontane nei climi più differenti, ricorrendo anche all'azione del periodo glaciale; e parimenti possiamo intendere come esista una mutua affinità in certi abitanti del mare nelle zone temperate settentrionali e meridionali, quantunque separate dall'intero oceano intertropicale. Sebbene due regioni possano presentare delle condizioni fisiche tanto simili quanto lo richieda la esistenza delle medesime specie, non dobbiamo farci caso che i loro abitanti siano interamente diversi, se furono separati gli uni dagli altri per un lungo periodo; perchè essendo la relazione di un organismo all'altro la più importante di tutte le relazioni, siccome le due regioni saranno state popolate da coloni provenienti da un terzo punto, ovvero l'una dall'altra, in diversi periodi e con proporzioni diverse, il processo di modificazione delle due aree deve essere stato differente inevitabilmente.

Il principio di migrazione, colle modificazioni susseguenti, ci servirà a spiegare perchè le isole oceaniche siano abitate da poche specie, molte delle quali sono affatto particolari e proprie di quelle isole. Noi vediamo chiaramente perchè questi animali che non possono attraversare grandi spazi di mare, come i batraci ed i mammiferi terrestri, non si trovino nelle isole oceaniche; e perchè, d'altra parte, nuove e particolari specie di pipistrelli, animali che possono portarsi al di là dei mari, si incontrino tanto spesso sulle isole più lontane dai continenti. Questi fatti, non meno che la presenza di peculiari specie di pipistrelli e l'assenza di altri mammiferi sulle isole dell'oceano, sono affatto inesplicabili nella teoria degli atti indipendenti di creazione.

L'esistenza di specie molto affini o rappresentative, in due regioni qualsiasi, implica, secondo la teoria della discendenza modificata, che le stesse forme-madri abitassero anticamente nelle due regioni, e noi troviamo quasi costantemente che, quando in due aree lontane si incontrano molte specie strettamente affini, vi esistono altresì alcune specie identiche, comuni ai due luoghi. In tutti quei paesi in cui stanno delle specie molto affini, quantunque distinte, si presentano anche molte forme dubbie e varietà della medesima specie. Dobbiamo poi considerare come una regola molto generale quella, che gli abitanti d'ogni regione hanno qualche rapporto con quelli della sorgente più vicina, da cui gl'immigranti possono essere partiti. Noi osserviamo questa regola in tutte le piante e negli animali dell'Arcipelago Galapagos, di Juan Fernandez e delle altre isole dell'America, che sono affini, nel modo più evidente, alle piante e agli animali del vicino continente americano; e quelli dell'arcipelago di Capo Verde e delle altre isole africane agli altri del continente africano. Bisogna ammettere che questi fatti non trovano alcuna spiegazione nella teoria delle creazioni.

Il fatto, che abbiamo constatato, che tutti gli esseri passati e presenti costituiscono un solo grande sistema naturale, formato di gruppi subordinati ad altri gruppi, i gruppi estinti del quale cadono spesso fra i gruppi recenti, si spiega nella teoria dell'elezione naturale colle sue contingenze dell'estinzione della divergenza dei caratteri. Per questi medesimi principii noi dimostriamo come siano tanto complesse ed involute le mutue affinità delle specie e dei generi di ogni classe. Noi vediamo la ragione, per cui certi caratteri sono assai più vantaggiosi di alcuni altri per la classificazione; come i caratteri di adattamento siano di ben poca importanza per la classificazione, sebbene siano di una importanza rilevante per l'individuo; come i caratteri desunti dalle parti rudimentali, quantunque non siano in alcun modo utili all'essere, sono spesso di molto valore nella classificazione; e infine come i più importanti fra tutti i caratteri siano gli embriologici. Le affinità reali di tutti gli esseri organizzati sono dovute all'eredità, ossia alla discendenza comune. Il sistema naturale è una disposizione genealogica, nella quale noi dobbiamo scoprire le linee di discendenza mediante i caratteri più permanenti, comunque sia piccola la loro importanza vitale.

La disposizione delle ossa essendo simile nella mano dell'uomo, nell'ala del pipistrello, nella natatoia della testuggine marina e nella gamba del cavallo, - lo stesso numero di vertebre formando il collo della giraffa e quello dell'elefante, - questi e moltissimi altri fatti analoghi si spiegano tosto da se stessi, secondo la teoria della discendenza, con successive modificazioni piccole e lente. La somiglianza nel modello dell'ala e della gamba di un pipistrello, sebbene usate per fini diversi, - delle mascelle e delle zampe di un granchio, - e così quella dei petali, stami e pistilli di un fiore, si intende parimenti, quando si pensi alle modificazioni graduali delle parti o degli organi, che erano consimili nel primo progenitore di ogni classe. Partendo dal principio delle variazioni successive, che non si manifestano sempre nella prima età e che si ereditano nell'età corrispondente e non già nel periodo primiero della vita, noi possiamo spiegare chiaramente il fatto che gli embrioni dei mammiferi, degli uccelli, dei rettili e dei pesci sono tanto somiglianti, mentre le forme adulte sono affatto diverse. Finalmente dobbiamo desistere dal maravigliarci di trovare nell'embrione di un mammifero o di un uccello a respirazione aerea, delle aperture branchiali e degli archi branchiali arteriosi simili a quelli del pesce, che deve respirare l'aria sciolta nell'acqua, coll'aiuto di branchie bene sviluppate.

Il non-uso, in concorso talvolta della elezione naturale, tenderà spesso a diminuire un organo, quando questo sia divenuto inutile per le abitudini cambiate, oppure per le mutate condizioni di vita; da questo punto di vista rileveremo chiaramente il significato degli organi rudimentali. Ma il non-uso e l'elezione agiranno generalmente sopra ogni creatura, quando essa sia giunta a maturità e cominci a prendere molta parte nella lotta per l'esistenza e non avranno quindi che pochissima influenza sopra qualche organo nella prima età; perciò un organo non sarà ridotto, nè reso rudimentale in questa medesima età. Il vitello, per esempio, ha ereditato dei denti che mai non forano le gengive della mascella superiore, da un progenitore antico che aveva i suoi denti bene sviluppati; e possiamo ritenere che i denti dell'animale adulto furono ridotti, nelle successive generazioni, dal non-uso o dalla modificazione della lingua e del palato od anche delle labbra, organi che mediante l'elezione naturale si resero più adatti a masticare, senza il loro aiuto; al contrario nel vitello i denti rimasero inalterati dall'elezione e dal non-uso; e pel principio di eredità nelle età corrispondenti, furono ereditati da un periodo remoto fino al presente. Se invece si volesse ammettere che ogni essere organizzato ed ogni organo separato sia stato particolarmente creato, sarebbe completamente inesplicabile la presenza di tali parti, come i denti del vitello embrionale e le ali ripiegate sotto le elitre insieme congiunte di alcuni coleotteri, le quali portano con tanta frequenza l'evidente impronta della inutilità. Può affermarsi che la natura abbia cercato di rivelarci il suo schema di modificazione, per mezzo degli organi rudimentali e delle strutture omologhe, mentre sembra che per parte nostra ostinatamente non si voglia comprendere.

Ormai ho ricapitolato i fatti e le considerazioni principali che mi convinsero profondamente che le specie sono state modificate nel lungo corso delle generazioni. Ciò avvenne principalmente in seguito alla elezione naturale delle numerose variazioni utili, successive, leggere, aiutata in modo efficace dagli effetti ereditari dell'uso e non-uso delle parti ed in modo meno importante, in relazione cioè alle strutture di adattamento, indifferentemente se ora od in passato, dalla diretta azione delle condizioni esterne e dall'apparsa delle variazioni che alla nostra ignoranza apparisce spontanea. Sembra ch'io abbia prima troppo poco apprezzato la frequenza ed il valore di queste ultime forme di variazioni, non considerandole capaci di condurre a modificazioni stabili di struttura, indipendentemente dalla elezione naturale. Ma siccome le mie deduzioni furono di recente mal comprese, e si è affermato che io attribuisca la modificazione delle specie esclusivamente alla elezione naturale, mi sia permesso di citare le seguenti mie parole che trovansi nella prima edizione dell'opera in luogo molto emergente, e cioè alla fine della introduzione: «io sono convinto che l'elezione naturale è, se non l'unico, almeno il principale mezzo di modificazione». Ma ciò non valse. Grande è la forza della erronea interpretazione, ma la storia della scienza c'insegna che fortunatamente questa forza non persiste a lungo.

Non posso credere che una teoria falsa valga a spiegare le diverse grandi classi di fatti che abbiamo specificati superiormente, come può farsi, a mio avviso, colla teoria dell'elezione naturale. Si è detto recentemente che questo sia un modo incerto di argomentazione; ma è il metodo che si impiega nel giudicare gli avvenimenti comuni della vita, e di cui spesso si valsero i più eminenti naturalisti. Per tali vie si giunse alla teoria ondulatoria della luce, e fino a questi ultimi tempi l'idea della rivoluzione della terra intorno al proprio asse, difficilmente poteva sostenersi con una prova diretta. Non si può opporre l'obbiezione che la scienza nello stato attuale non getta alcuna luce sul problema assai più elevato dell'essenza o dell'origine della vita. Chi giungerà a scoprire quale sia l'essenza dell'attrazione di gravità? Ma non vi ha alcuno che non accetti i risultati che emergono da codesto ignoto elemento dell'attrazione; non ostante che Leibnitz accusasse Newton di introdurre «nella filosofia delle qualità occulte e dei miracoli».

Io non trovo alcuna ragione per pensare che le opinioni espresse in questo volume possano ferire i sentimenti religiosi di chicchessia. Del resto per dimostrare quanto siano fugaci queste impressioni, ci piace ricordare che la più grande scoperta che sia mai stata fatta dall'uomo, vale a dire la legge dell'attrazione di gravità, fu anche attaccata dal Leibnitz «come sovversiva della religione naturale e, conseguentemente, della religione rivelata». Un celebre autore ed eminente teologo mi scrisse «che egli aveva gradatamente imparato a riconoscere che possiamo formarci un giusto e nobile concetto della Divinità, pensando che Essa abbia create poche forme originali, capaci di svilupparsi da se stesse in altre forme utili, anzichè professando l'opinione che Essa debba ricorrere a nuovi atti di creazione, per riempire i vuoti cagionati dall'azione delle sue leggi».

Potrebbe chiedersi quale sia il motivo, per cui tutti i più grandi naturalisti e geologi viventi respingano l'idea della mutabilità delle specie. Non può sostenersi che gli esseri organizzati nello stato di natura non vadano soggetti ad alcuna variazione; nè può provarsi che l'insieme delle variazioni, prodotte nel corso di lunghe età, sia limitato nella quantità; non si è posta, nè poteva porsi, alcuna distinzione chiara fra le specie e le varietà bene marcate. Così non può ammettersi che le specie, quando sono incrociate, sono sterili invariabilmente, e le varietà sono in tal caso costantemente feconde, o pure che la sterilità è una dote speciale e un segno della creazione indipendente. La credenza che le specie fossero produzioni immutabili era quasi inevitabile, finchè si ritenne che la storia del mondo fosse di una breve durata; ma ora che abbiamo acquistato qualche idea del corso dei tempi, noi non siamo troppo disposti a credere, senza prove, che le memorie geologiche siano abbastanza complete da fornirci una chiara dimostrazione della trasformazione delle specie, se queste furono soggette a variazioni.

Ma la cagione principale della nostra ripugnanza naturale nell'ammettere che una specie abbia dato origine ad un'altra specie distinta, è quella che noi siamo sempre poco facili a credere ad ogni grande cambiamento, di cui non si vedano i gradi intermedi. Tale difficoltà è simile a quelle che molti geologi esternarono, quando Lyell per il primo stabiliva che le lunghe catene di roccie interne sui continenti furono formate dall'azione lenta dei flutti contro le coste, e che questi flutti stessi escavarono le grandi vallate. La mente non può farsi un concetto adeguato dell'espressione, cento milioni d'anni; nè può riunire e percepire gli effetti complessivi di molte piccole variazioni accumulate per un numero quasi infinito di generazioni.

Quantunque io sia pienamente convinto della verità delle idee esposte in questo libro sotto forma di compendio, non ho alcuna speranza di convincere gli abili naturalisti che hanno la mente preoccupata da una moltitudine di fatti considerati, per molti anni, da un punto di vista direttamente opposto al mio. Egli è tanto facile capire la nostra ignoranza, nelle espressioni analoghe a queste: il piano della creazione, l'unità di tipo, ecc., e credere per questo di dare una spiegazione, quando invece altro non si fa che constatare un fatto. Chiunque propende ad ammettere un peso maggiore alle difficoltà non spiegate, che alla dimostrazione di un certo numero di fatti, respingerà senza dubbio la mia teoria. Pochi naturalisti soltanto, dotati di molta flessibilità di spirito, e che hanno già cominciato a dubitare dell'immutabilità delle specie, possono tener conto di questo libro; ma io guardo con calma e fiducia l'avvenire, e quei giovani naturalisti che ora si formano, i quali saranno capaci di esaminare ambi i lati della questione con imparzialità. Coloro che professano i principii della mutabilità delle specie presteranno un ottimo servigio esprimendo coscienziosamente la loro opinione; perchè in questo modo soltanto potranno dissipare tutti i pregiudizi che circondano questo argomento.

Parecchi naturalisti eminenti hanno pubblicato recentemente l'opinione che una quantità di specie credute tali in ogni genere non sono specie reali; ma che altre specie sono appunto reali, vale a dire, sono state create indipendentemente. Mi pare che questa conclusione sia singolare. Essi ammettono che una moltitudine di forme, le quali fino ad ora essi avevano riguardate quali creazioni speciali che anche la maggior parte dei naturalisti considerano tuttora come tali, le quali hanno per conseguenza ogni esterna apparenza caratteristica di vere specie, - essi ammettono che queste forme siano state prodotte per mezzo della variazione, ma ricusano di estendere il medesimo concetto alle altre forme leggermente diverse. Tuttavia essi non pretendono di poter definire o congetturare quali siano le forme della vita create, e quali quelle prodotte da leggi secondarie. Essi ammettono la variazione come una vera causa nell'un caso, ma la respingono arbitrariamente nell'altro, senza porre alcuna distinzione fra i due casi. Verrà un giorno in cui questa idea sarà riguardata come un comico esempio della cecità delle opinioni preconcette. Questi autori non mi sembrano maggiormente sorpresi da un atto miracoloso di creazione, che da una nascita ordinaria. Ma credono essi realmente che, nei periodi innumerevoli della storia della terra, certi atomi elementari siano stati improvvisamente riuniti a formare dei tessuti viventi? Credono essi che ad ogni supposto atto di creazione si sia prodotto un solo individuo ovvero molti? Tutte le innumerevoli sorta di animali e di piante furono create allo stato di uova e di semi, oppure interamente sviluppate? Nel caso dei mammiferi, dobbiamo credere che questi fossero creati coi falsi contrassegni degli organi, per mezzo dei quali traggono il loro nutrimento dall'utero della madre? Senza dubbio codeste questioni non possono risolversi nemmeno da coloro che, nello stato presente della scienza, credono alla creazione di poche forme originali od anche di una forma di vita qualsiasi. Fu detto da diversi autori che non è meno facile il credere alla creazione di cento milioni di esseri, che a quella di uno solo; ma l'assioma filosofico di Maupertuis della minima azione dispone lo spirito ad accogliere più volentieri il numero più piccolo; e certamente non dobbiamo pensare che gli esseri innumerevoli di ogni grande classe siano stati creati con caratteri evidenti, ma ingannevoli, che proverebbero la loro provenienza da un solo parente.

Come ricordo ad uno stato passato di cose io ho conservato nei paragrafi che precedono ed altrove parecchie proposizioni, da cui risulta che i naturalisti credono ad una separata creazione di ciascuna specie, e fui molto censurato perchè così mi espressi. Ma tale era indubbiamente l'opinione generale, quand'io pubblicai la prima edizione dell'opera presente. Io avevo parlato prima con molti naturalisti sul tema della evoluzione, e non avevo trovato nemmeno una simpatica accoglienza. Probabilmente alcuni credevano allora ad una evoluzione; ma, o se ne tacquero, o si espressero in modo così ambiguo, che tornava difficile capire le loro idee. Ora le cose sono affatto cambiate, e quasi ogni naturalista ammette il grande principio della evoluzione. Ve ne hanno tuttavia ancora alcuni, i quali ritengono che le specie abbiano potuto produrre repentinamente, con mezzi del tutto sconosciuti, delle forme affatto diverse; ma come io ho dimostrato, si possono opporre delle prove valenti all'idea di modificazioni grandi e repentine. La ipotesi che nuove forme siansi sviluppate dalle vecchie e interamente diverse in modo subitaneo e con mezzi sconosciuti, considerata come punto di vista scientifico e come introduzione ad ulteriori indagini, non può recare che un ben piccolo vantaggio di fronte alla credenza che le specie siano nate dal fango della terra.

Potrebbe chiedersi quale sia l'estensione che io attribuisco alla dottrina della modificazione delle specie. A tale questione difficilmente può rispondersi, perchè quanto più distinte sono le forme da noi considerate, tanto più gli argomenti divengono deboli. Ma certi argomenti del massimo valore si estendono assai. Tutti i membri di intere classi possono collegarsi insieme con vincoli di affinità, e tutti possono classificarsi, pel medesimo principio, in gruppi subordinati ad altri gruppi. Gli avanzi fossili tendono talvolta a riempire le vaste lacune che si trovano fra gli ordini esistenti.

Gli organi rudimentali dimostrano evidentemente che un antico progenitore li possedeva in uno stato di completo sviluppo; e ciò implica in alcuni casi una enorme quantità di modificazioni nei discendenti. In certe classi varie strutture sono formate col medesimo sistema, e nell'età embrionale le specie si rassomigliano molto fra loro. Perciò non posso dubitare che la teoria della discendenza modificata abbracci tutti i membri della medesima classe. Io credo che gli animali derivino da quattro o cinque progenitori al più e le piante da un numero uguale o minore di forme.

L'analogia mi condurrebbe anche più avanti, cioè alla opinione che tutti gli animali e le piante derivino da un solo prototipo. Ma l'analogia può essere una guida ingannevole. Nondimeno tutti gli esseri viventi hanno molte qualità comuni, - la loro composizione chimica, la loro struttura cellulare, le leggi del loro sviluppo e la facoltà di essere affetti dalle influenze dannose. Noi lo vediamo anche nelle circostanze meno importanti; per esempio, il medesimo veleno colpisce ugualmente le piante e gli animali; eppure il veleno che si depone dal Cynips produce delle protuberanze mostruose nei rosai e nelle quercie. In tutti gli esseri organizzati la unione di cellule elementari del maschio e della femmina sembra necessaria occasionalmente per la formazione di un essere nuovo. In tutti, per quanto oggi sappiamo, la vescichetta germinativa è la stessa. Per modo che ogni essere organico individuale parte da un'origine comune. Anche se consideriamo le due divisioni principali, - cioè il regno animale e il regno vegetale, - certe forme inferiori sono intermedie pei loro caratteri, al punto che i naturalisti disputarono a quale dei due regni dovessero riferirsi; e come osservò il professore Asa Gray, «le spore ed altri corpi riproduttivi di molte alghe inferiori possono condurre sulle prime una vita decisamente animale, indi una indubitata esistenza vegetale». Perciò, secondo il principio della elezione naturale colla divergenza di carattere, non può sembrare incredibile, che da una di queste forme inferiori ed intermedie siano sorti gli animali e le piante; e se noi ammettiamo ciò, dobbiamo anche concedere che tutti gli esseri organizzati, che esistettero sulla terra, possono essere stati prodotti da una qualche forma primordiale. Ma questa deduzione è principalmente fondata sull'analogia e poco monta che sia accettata o respinta. Il caso è differente nei membri di ogni grande classe, come i vertebrati, gli articolati, ecc., perchè qui, come abbiamo osservato, abbiamo nelle leggi della omologia e della embriologia, ecc., diverse prove, che tutti sono provenuti da un solo stipite.

Quando le idee da me esposte in questo libro e sostenute da Wallace nel Linnean Jornal, o idee analoghe sull'origine delle specie, saranno generalmente accettate, possiamo vagamente prevedere che avverrà una notevole rivoluzione nella storia naturale. I sistematici potranno continuare i loro lavori come al presente; ma essi non saranno più molestati continuamente dal dubbio insolubile se questa o quella forma sia in essenza una specie. Sono certo, e parlo per esperienza, che questo non sarà un piccolo vantaggio. Si porrà fine alle molte discussioni che si sono fatte, per decidere se una cinquantina di rovi inglesi siano vere specie. I sistematici avranno solo da decidere (e ciò non sarà sempre facile) se ogni data forma sia abbastanza costante e distinta dalle altre forme, da essere suscettibile di una definizione; e quando possa definirsi, se le differenze siano abbastanza importanti da meritare un nome specifico. Quest'ultimo punto diverrà una considerazione assai più essenziale che oggi non sia; perchè le differenze, per quanto piccole, fra due forme qualsiasi, quando non siano connesse da gradazioni intermedie, sono considerate dalla maggior parte dei naturalisti come sufficienti ad elevare le due forme al rango di specie. Quindi noi saremo costretti a riconoscere che la sola distinzione possibile fra le specie e le varietà ben marcate consiste in ciò: che queste ultime sono attualmente collegate da gradazioni intermedie, mentre al contrario le specie furono in tal guisa collegate in epoca più antica. Per conseguenza, senza rigettare la considerazione della esistenza presente di gradazioni intermedie fra due forme qualsiansi, noi saremo condotti a pesare con maggior accuratezza e a dare un valore più forte all'attuale complesso delle differenze che passano fra le medesime. Egli è molto probabile che le forme, ora conosciute generalmente come semplici varietà, possono in seguito meritare un nome specifico, come la Primula vulgaris e la Primula veris; ed in tal caso il linguaggio comune ed il linguaggio scientifico saranno in armonia. In somma avremo da trattare le specie come si trattano i generi da quei naturalisti che ammettono essere i generi combinazioni puramente artificiali, fatte per comodità. Questa non può essere una prospettiva molto lieta; ma noi almeno saremo liberi dalla vana ricerca dell'essenza ignota del termine specie.

Gli altri rami più generali della storia naturale presenteranno allora un interesse maggiore. I termini impiegati dai naturalisti, come: affinità, parentela, unità di tipo comune, paternità, morfologia, caratteri di adattamento, organi rudimentali ed abortiti, ecc., non saranno più metaforici, ma avranno un significato evidente. Quando non riguarderemo più un essere organizzato nel modo con cui un selvaggio considera un vascello come una cosa interamente superiore alla sua intelligenza; quando conosceremo([29]) che ogni produzione della natura ebbe la sua storia; quando contempleremo ogni struttura complicata ed ogni istinto come il risultato di molti adattamenti, ciascuno dei quali fu vantaggioso all'individuo, quasi nella stessa guisa con cui consideriamo ogni grande invenzione meccanica come il prodotto del lavoro, dell'esperienza, della ragione ed anche degli errori di numerosi operai; quando noi prendiamo ad esaminare ogni essere organizzato da questo punto di vista, posso dirlo per esperienza, quanto diverrà più interessante lo studio della storia naturale!

Un vasto campo di osservazione, quasi inesplorato, sarà aperto sulle cause e sulle leggi della variazione, sulla correlazione di sviluppo, sugli effetti dell'uso e del non-uso, sull'azione diretta delle condizioni esterne, ecc. Lo studio delle produzioni domestiche crescerà di valore immensamente. Una varietà nuova, allevata dall'uomo, formerà un soggetto più importante ed interessante di studio che una specie di più, aggiunta alla moltitudine di specie già conosciute. Le nostre classificazioni diverranno, per quanto si potrà fare, altrettante genealogie; e così ci daranno veramente ciò che può chiamarsi il piano della creazione. Quando avranno in vista un oggetto definito, le regole di classificazione diverranno certamente più semplici. Noi non abbiamo in tal caso nè alberi genealogici, ne prosapie araldiche; e dobbiamo scoprire e tracciare le molte linee divergenti della discendenza delle nostre genealogie naturali, per mezzo dei caratteri d'ogni sorta che furono ereditati da lungo tempo. Gli organi rudimentali ci indicheranno infallibilmente la natura delle strutture perdute in epoche remote. Le specie e gruppi di specie, dette aberranti, e che possono fantasticamente chiamarsi fossili viventi, ci aiuteranno a compiere il disegno delle antiche forme della vita. L'embriologia ci rivelerà la struttura, che rimase alterata, dei prototipi di ogni grande classe.

Quando potremo essere certi che tutti gli individui della medesima specie e tutte le specie strettamente affini della maggior parte dei generi, sono derivate in un periodo non molto lontano da un solo progenitore ed emigrarono da un dato luogo di origine; e quando saremo più addentro nella cognizione dei molti mezzi di migrazione, allora, pei lumi che ci fornisce attualmente e che continuerà a fornirci la geologia, sugli antichi cambiamenti di clima e di livello delle terre, noi saremo in grado sicuramente di seguire, in un modo mirabile, le antiche migrazioni degli abitanti del mondo intero. Anche al presente paragonando le differenze che presentano gli animali marini sui lati opposti di un continente e la natura dei diversi abitanti del continente stesso, in relazione ai loro mezzi apparenti di migrazione, potrà darsi qualche nozione sull'antica geografia.

La nobile scienza della geologia perde la sua gloria per l'estrema imperfezione delle memorie. La crosta della terra, co' suoi avanzi sepolti, non deve riguardarsi come un museo completo, ma come una scarsa collezione fatta a caso o ad intervalli rari. Si riconoscerà che l'accumulazione di ogni grande formazione fossilifera dovette dipendere da uno straordinario concorso di circostanze e che

---

gl'intervalli di riposo e di inazione fra gli stadii successivi furono di una lunga durata. Ma noi giungeremo ad apprezzare la durata di questi intervalli con qualche sicurezza, facendo il confronto fra le forme organizzate anteriori e le posteriori. Noi dobbiamo essere molto cauti nel cercare di stabilire una correlazione di esatta contemporaneità fra due formazioni, le quali racchiudono poche specie identiche, mediante la successione generale delle loro forme di vita. Siccome le specie si producono e si estinguono, per cause che agiscono lentamente e che esistono ancora, e non già per atti miracolosi di creazione e col mezzo di catastrofi: e siccome la più importante di tutte le cause dei cambiamenti organici è quasi indipendente dalle condizioni fisiche alterate, e forse anche improvvisamente alterate, voglio dire, la mutua relazione di un organismo all'altro, - poichè il perfezionamento di un essere determina il perfezionamento o l'esterminio degli altri; ne segue che l'insieme dei cambiamenti organici nei fossili delle formazioni consecutive, probabilmente può darci una precisa misura della durata del tempo che effettivamente trascorse. Tuttavia un certo numero di specie, che si conservano riunite, possono continuare per un lungo periodo senza modificarsi; mentre durante il medesimo periodo alcune di queste specie, emigrando in nuovi paesi ed entrando in concorrenza colle specie straniere associate ad esse, possono subire delle modificazioni; per modo che non dobbiamo esagerare l'applicazione dei mutamenti organici nella misura del tempo.

In un lontano avvenire io veggo dei campi aperti alle più importanti ricerche. La psicologia sarà fondata sopra il principio già bene propugnato da Herbert Spencer, che cioè ogni facoltà e capacità mentale siasi necessariamente sviluppata a gradi. Si spanderà una viva luce sull'origine dell'uomo e sulla sua storia.

Alcuni autori fra i più eminenti sembrano pienamente soddisfatti dell'opinione che ogni specie sia stata creata indipendentemente. Nel mio concetto, si accorda meglio con ciò che noi sappiamo, intorno alle leggi impresse dal Creatore alla materia, l'idea, che la produzione e l'estinzione degli abitanti passati e presenti del mondo siano dovute a cagioni secondarie, simili a quelle che determinano la nascita e la morte degl'individui. Allorquando io riguardo tutti gli esseri non come creazioni speciali, ma come i discendenti diretti di pochi esseri, che esistettero molto tempo prima che si formasse lo strato più antico del sistema siluriano, mi sembra che quegli esseri si nobilitino. Giudicando dal passato, possiamo inferire con sicurezza che niuna delle specie viventi trasmetterà la sua configurazione identica alle future età. Pochissime specie, ora esistenti, trasmetteranno una progenie qualsiasi alle epoche avvenire; perchè il modo con cui tutti gli esseri organizzati sono insieme congiunti, dimostra che la maggior parte delle specie di ciascun genere e tutte le specie appartenenti a molti generi, non hanno lasciato alcun discendente, ma rimasero interamente estinte. Noi possiamo anche penetrare nel futuro, con uno sguardo profetico, fino a predire che le specie comuni e più ampiamente diffuse, appartenenti ai gruppi più vasti e dominanti di ogni classe, saranno quelle che in ultimo prevarranno e procreeranno delle specie nuove e dominanti. Siccome tutte le forme viventi della vita sono i discendenti diretti di quelle che esistettero molto tempo prima dell'epoca siluriana, possiamo essere certi che la successione ordinaria, per mezzo della generazione, non è mai stata interrotta e che nessun cataclisma non venne mai a desolare il mondo intero. Quindi possiamo pensare con qualche confidenza ad un tranquillo avvenire, di una lunghezza egualmente incalcolabile. Se riflettiamo che l'elezione naturale agisce soltanto per il vantaggio di ogni essere, col mezzo delle variazioni utili, tutte le qualità del corpo e dello spirito tenderanno a progredire verso la perfezione.

È cosa molto interessante il contemplare una spiaggia ridente, coperta di molte piante d'ogni sorta, cogli uccelli che cantano nei cespugli, con diversi insetti che ronzano da ogni parte e coi vermi che strisciano sull'umido terreno: ed il considerare che queste forme elaborate con tanta maestria, tanto differenti fra loro e dipendenti l'una dall'altra, in maniera così complicata, furono tutte prodotte per effetto delle leggi che agiscono continuamente intorno a noi. Queste leggi, prese nel senso più largo, sono: lo Sviluppo colla Riproduzione; l'Eredità che è quasi implicitamente compresa nella Riproduzione; la Variabilità derivante dall'azione diretta e indiretta delle condizioni esterne della vita e dall'uso o dal non-uso; la legge di Moltiplicazione in una proporzione tanto forte da rendere necessaria una Lotta per l'Esistenza, dalla quale deriva l'Elezione naturale, la quale richiede la Divergenza del Carattere e l'Estinzione delle forme meno perfezionate. Così dalla guerra della natura, dalla carestia e dalla morte segue direttamente l'effetto più stupendo che possiamo concepire, cioè la produzione degli animali più elevati. Vi ha certamente del grandioso in queste considerazioni sulla vita e sulle varie facoltà di essa, che furono in origine impresse dal

Creatore in poche forme od anche in una sola; e nel pensare che, mentre il nostro pianeta si aggirò nella sua orbita, obbedendo alla legge immutabile della gravità, si svilupparono da un principio tanto semplice, e si sviluppano ancora infinite forme, vieppiù belle e meravigliose.

FINE

INDICE

Sunto storico dei recenti progressi della dottrina sull'origine delle specie   Introduzione

CAPO I

VARIABILITÀ ALLO STATO DOMESTICO.

Cause della variabilità - Effetti dell'abitudine e dell'uso o non-uso degli organi - Correlazione di sviluppo - Ereditabilità - Caratteri delle varietà domestiche - Difficoltà di distinguere le varietà dalle specie - Origine delle varietà domestiche da una o più specie - Colombi domestici, loro differenze e loro origine - Principio di elezione applicato da lungo tempo e suoi effetti - Elezione metodica e inconscia - Origine ignota delle nostre produzioni domestiche - Circostanze favorevoli al potere elettivo dell'uomo.

CAPO II

VARIAZIONE ALLO STATO DI NATURA

Variabilità - Differenze individuali - Specie dubbie - Le specie molto estese, molto diffuse e comuni variano assai - Le specie dei grandi generi in ogni paese variano più delle specie dei generi piccoli - Molte specie dei generi grandi rassomigliano a varietà per essere strettamente e diversamente affini fra loro o geograficamente assai circoscritte.

CAPO III

LOTTA PER L'ESISTENZA

È sostenuta dall'elezione naturale - Questo termine deve impiegarsi in un senso largo - Progressione geometrica d'accrescimento - Rapido accrescimento degli animali e delle piante naturalizzate - Natura degli ostacoli all'accrescimento - Concorrenza universale - Effetti del clima - Protezione derivante dal numero degl'individui - Rapporti complessi degli animali e dei vegetali nella natura - Lotta per l'esistenza più severa fra gli individui e le varietà di una medesima specie; spesso anche fra le specie del medesimo genere - I rapporti più importanti sono quelli che passano da uno ad altro organismo.

CAPO IV

ELEZIONE NATURALE, O SOPRAVVIVENZA DEL PIÙ ADATTO

Elezione naturale; confronto del suo potere col potere elettivo dell'uomo - Sua azione sopra caratteri di poca importanza - Sua forza in ogni età e sui due sessi - Elezione sessuale - Della generalità degli incrociamenti fra individui della medesima specie - Circostanze favorevoli e contrarie all'elezione naturale, come gli incrociamenti, l'isolamento o il numero degli individui - Azione lenta - Estinzione prodotta dall'elezione naturale - Divergenza dei caratteri in relazione colla diversità degli abitanti d'ogni regione ristretta e colla naturalizzazione - Effetti dell'elezione naturale sui discendenti di un comune progenitore per la divergenza dei caratteri e l'estinzione delle specie - Essa spiega la classificazione degli esseri organizzati - Progressi dell'organizzazione - Persistenza delle forme inferiori - Convergenza dei caratteri - Moltiplicazione infinita delle specie - Sommario.

CAPO V

LEGGI DELLE VARIAZIONI

Effetti delle condizioni esterne - Uso e non-uso degli organi combinato coll'elezione naturale; organi del volo e della vista - Acclimazione - Correlazione di sviluppo - Compensazione ed economia di sviluppo - False correlazioni - Le strutture multiple, rudimentali ed inferiori sono variabili - Le parti sviluppate in modo insolito sono assai variabili: i caratteri speciali sono più variabili dei caratteri generici: i caratteri sessuali secondari sono variabili - Le specie di un medesimo genere variano analogamente - Riversioni a caratteri molto antichi - Sommario.

CAPO VI

Difficoltà contro la teoria della discendenza con modificazioni - Assenza o rarità delle varietà intermedie - Transizioni nelle abitudini della vita - Abitudini diverse nella stessa specie - Specie dotate di abitudini affatto differenti da quelle delle specie affini - Organi di estrema perfezione - Mezzi di transizione - Casi difficili - Natura non facit saltum - Organi di poca importanza - Organi non sempre assolutamente perfetti - Le leggi dell'Unità di tipo e delle Condizioni d'esistenza sono comprese nella teoria dell'Elezione naturale.

CAPO VII
OBBIEZIONI DIVERSE CONTRO LA TEORIA DELL'ELEZIONE NATURALE.

Longevità - Le modificazioni non sono necessariamente contemporanee - Modificazioni che non sembrano di utilità diretta - Sviluppo progressivo - I caratteri di lieve importanza funzionale sono i più costanti - L'elezione naturale ritiensi insufficiente a spiegare gli stadii incipienti delle strutture utili - Cause che disturbano l'acquisto delle strutture utili a mezzo dell'elezione naturale - Gradazioni di struttura nei cambiamenti di funzione -

Organi molto diversi nei membri di una medesima classe sviluppatisi dalla stessa sorgente - Ragioni che impediscono di ammettere le modificazioni grandi e repentine.

CAPO VIII

DEGLI ISTINTI

Istinti paragonabili alle abitudini, ma diversi nella loro origine - Istinti graduali - Afidi e formiche - Istinti variabili - Istinti degli animali domestici, loro origine - Istinti naturali del cuculo, del Molothrus - dello struzzo e delle api parassite - Formiche che tengono schiavi - Api domestiche; loro istinto costruttore di celle - Le modificazioni di istinto e di struttura non sono necessariamente simultanee - Difficoltà della teoria dell'Elezione Naturale rapporto agli istinti - Insetti neutri e sterili - Sommario.

CAPO IX

IBRIDISMO

Distinzione fra la sterilità dei primi incrociamenti e quella degl'ibridi - Sterilità varia in diversi gradi, non universale; aumentata da incrociamenti stretti, diminuita per mezzo della domesticità - Leggi che governano la sterilità degli ibridi - La sterilità non è una dote speciale, ma incidentale per altre differenze organiche - Cagioni della sterilità dei primi incrociamenti e di quella degl'ibridi - Parallelismo fra gli effetti delle mutate condizioni di vita e degli incrociamenti - Fecondità delle varietà incrociate e della loro prole meticcia; essa non è generale - Ibridi e meticci paragonati, indipendentemente dalla loro fecondità - Sommario.

CAPO X

SULLA IMPERFEZIONE DELLE MEMORIE GEOLOGICHE

Sulla mancanza delle forme intermedie fra le varietà attuali - Sulla natura delle varietà intermedie estinte; sul loro numero - Sulla enorme durata dei periodi geologici, dedotta dalle deposizioni e dai denudamenti - Lunghezza del tempo trascorso calcolata per anni - Della scarsezza delle nostre collezioni paleontologiche - Dei denudamenti delle aree granitiche - Della intermittenza delle formazioni geologiche - Denudamento delle superfici granitiche - Dell'assenza delle varietà intermedie in ogni formazione - Della improvvisa comparsa di gruppi di specie - Della subitanea loro comparsa anche nei più antichi strati fossiliferi che si conoscano - Età della terra abitabile.

CAPO XI

SULLA SUCCESSIONE GEOLOGICA DEGLI ESSERI ORGANIZZATI

Della comparsa lenta e successiva di nuove specie - Della diversa rapidità dei loro cambiamenti - Le specie che rimangono estinte non ricompariscono - I gruppi di specie seguono, nella loro apparizione o nella loro scomparsa, le medesime leggi generali delle singole specie - Sulla Estinzione - Sui cambiamenti simultanei delle forme viventi per tutto il mondo - Sulle affinità delle specie estinte fra loro e colle specie viventi - Sullo stato di sviluppo delle forme antiche - Sulla successione dei medesimi tipi nelle stesse superfici - Sommario di questo capo e del precedente.

CAPO XII

DISTRIBUZIONE GEOGRAFICA

La presente distribuzione non può spiegarsi per mezzo delle differenti condizioni fisiche - Importanza delle barriere - Affinità delle produzioni del medesimo continente - Centri di creazione - Mezzi di dispersione per cambiamenti del clima e del livello della terra e per circostanze accidentali - Dispersione avvenuta durante il periodo glaciale - Alternanza dei periodi glaciali al Nord e al Sud.

CAPO XIII

DISTRIBUZIONE GEOGRAFICA
(continuazione)

Distribuzione delle produzioni d'acqua dolce - Degli abitanti delle isole oceaniche - Assenza dei batraci e dei mammiferi terrestri - Sulla relazione degli abitanti delle isole con quelli dei continenti più vicini - Sulle colonie provenienti dalla sorgente più vicina, colle modificazioni susseguenti - Sommario del presente capo e del precedente.

CAPO XIV

MUTUE AFFINITÀ DEGLI ESSERI ORGANIZZATI
MORFOLOGIA - EMBRIOLOGIA
ORGANI RUDIMENTALI

Classificazione; gruppi subordinati ad altri gruppi - Sistema naturale - Regole e difficoltà della classificazione, spiegate per mezzo della teoria della discendenza con modificazioni - Classificazione delle varietà - La discendenza sempre impiegata nelle classificazioni - Caratteri di analogia o di adattamento - Affinità generali, complesse e divergenti - L'estinzione separa e definisce i gruppi - Morfologia; fra i membri di una stessa classe, fra le parti di un medesimo individuo - Embriologia; sue leggi spiegate per mezzo di quelle variazioni che non hanno luogo nella prima età e che vengono ereditate ad un'età corrispondente - Organi rudimentali; loro origine spiegata - Sommario.

CAPO XV

RICAPITOLAZIONE E CONCLUSIONE

Ricapitolazione delle difficoltà che si oppongono alla teoria della Elezione naturale - Ricapitolazione delle circostanze generali e speciali in favore di essa - Cagioni della credenza generale nella immutabilità delle specie - Come possa estendersi la teoria dell'Elezione naturale - Effetti dell'adozione di essa nello studio della Storia naturale - Osservazioni finali.